FÍSICO-QUÍMICA

Blucher

WALTER J. MOORE

*Professor de Físico-Química da
University of Sydney, Austrália e
da Indiana University, EUA*

FÍSICO-QUÍMICA

volume 1

TRADUÇÃO DA 4.ª EDIÇÃO AMERICANA

Supervisão: IVO JORDAN
*Professor Titular do Instituto de
Química da Universidade de São Paulo*

Tradução: HELENA LI CHUN, IVO JORDAN e
MILTON CAETANO FERRERONI

Professores do Instituto de Química da Universidade de São Paulo

Título original
Physical Chemistry
© 1972 by Prentice-Hall, Inc.
A edição em língua inglesa foi publicada por
PRENTICE-HALL, INC., NEW JERSEY, EUA

Físico-Química – vol. 1
© 1976 Editora Edgard Blücher Ltda.
15ª reimpressão – 2019

Blucher

Rua Pedroso Alvarenga, 1245, 4º andar
04531-934 – São Paulo – SP – Brasil
Tel.: 55 11 3078-5366
contato@blucher.com.br
www.blucher.com.br

É proibida a reprodução total ou parcial por
quaisquer meios sem autorização escrita da
editora.

Todos os direitos reservados pela Editora
Edgard Blücher Ltda.

FICHA CATALOGRÁFICA

	Moore, Walter John
M813f	Físico-química/ Walter J. Moore;
v.2-	tradução da 4ª ed. Americana: Helena
	Li Chun [e outros] supervisão: Ivo Jordan.
	– São Paulo: Blucher, 1976.

v.ilust.

Bibliografia.
ISBN 978-85-212-0013-0

1. Físico-Química.

75-1163	CDD-541.3

Índices para catálogo sistemático:
1. Físico-Química   541.3

Conteúdo

Prefácio XI

1. Sistemas físico-químicos 1

1.1. O que é ciência? 1
1.2. Físico-Química 2
1.3. Mecânica: força 3
1.4. Trabalho mecânico 4
1.5. Energia mecânica 5
1.6. Equilíbrio 6
1.7. As propriedades térmicas da matéria 8
1.8. Temperatura como propriedade mecânica 10
1.9. A elasticidade do ar e a Lei de Boyle 10
1.10. A Lei de Gay-Lussac 12
1.11. Definição do mol 13
1.12. Equação de estado de um gás ideal 14
1.13. A equação de estado e as relações PVT 15
1.14. O comportamento PVT de gases reais 18

1.15. Lei dos estados correspondentes 19
1.16. Equações de estado para gases 20
1.17. A região crítica 21
1.18. A equação de Van Der Waals e a liquefação de gases 21
1.19. Outras equações de estado 23
1.20. Misturas de gases ideais 24
1.21. Misturas de gases não-ideais 25
1.22. Os conceitos de calor e capacidade calorífica 26
1.23. Trabalho nas variações de volume 27
1.24. Conceito geral de trabalho 30
1.25. Processos reversíveis 30
Problemas 31

2. Energética 34

2.1. História da primeira lei da termodinâmica 34
2.2. O trabalho de Joule 36
2.3. Formulação da primeira lei 36
2.4. A natureza da energia interna 37
2.5. Uma definição mecânica de calor 38
2.6. Propriedades das diferenciais exatas 39
2.7. Processos adiabático e isotérmico 40
2.8. Entalpia 40
2.9. Capacidades caloríficas 41
2.10. A experiência de Joule 42
2.11. A experiência de Joule-Thomson 43
2.12. Aplicação da primeira lei aos gases ideais 44

2.13. Exemplos de cálculos de gases ideais 46
2.14. Termoquímica — Calores de reação 48
2.15. Entalpias de formação 50
2.16. Termoquímica experimental 51
2.17. Calorímetros de condução de calor 55
2.18. Calores de solução 58
2.19. Variação da entalpia de reação com a temperatura 60
2.20. Entalpias de ligação 62
2.21. Afinidade química 65
Problemas 66

3. Entropia e energia livre 70

3.1. O ciclo de Carnot 70
3.2. A segunda lei da termodinâmica 73
3.3. A escala termodinâmica de temperatura 73
3.4. Relação entre as escalas de temperatura termodinâmica e do gás ideal 75
3.5. Entropia 76
3.6. Primeira e segunda leis combinadas 77

3.7. A desigualdade de Clausius 78
3.8. Variações de entropia em um gás ideal 78
3.9. Variação da entropia na mudança de estado de agregação 79
3.10. Variação de entropia em sistemas isolados 80
3.11. Entropia e equilíbrio 82

3.12. A termodinâmica e a vida 83
3.13. Condições de equilíbrio para sistemas fechados 84
3.14. A função de Gibbs — Equilíbrio a T e P constantes 85
3.15. Variações isotérmicas de A e G 85
3.16. Potenciais termodinâmicos 87
3.17. Transformações de Legendre 87
3.18. Relações de Maxwell 88
3.19. Dependência da função de Gibbs da pressão e da temperatura 90
3.20. Variação da entropia com a pressão e temperatura 92
3.21. Aplicações das equações de estado termodinâmicas 93
3.22. O acesso ao zero absoluto 94
3.23. A terceira lei da termodinâmica 99
3.24. Uma ilustração da terceira lei 99
3.25. Entropias da terceira lei 100
Problemas 102

4. Teoria cinética 106

4.1. Teoria atômica 106
4.2. Moléculas 107
4.3. A teoria cinética do calor 109
4.4. A pressão de um gás 109
4.5. Mistura de gases e pressão parcial 111
4.6. Energia cinética e temperatura 112
4.7. Velocidades moleculares 113
4.8. Efusão molecular 113
4.9. Gases imperfeitos — A equação de Van Der Waals 115
4.10. Forças intermoleculares e equações de estado 116
4.11. Velocidades moleculares — Direções 118
4.12. Colisões de moléculas com uma parede 120
4.13. Distribuição das velocidades moleculares 121
4.14. Velocidade em uma dimensão 125
4.15. Velocidade em duas dimensões 126
4.16. Velocidade em três dimensões 127
4.17. Análise experimental de velocidades 129
4.18. Equipartição da energia 130
4.19. Rotação e vibração das moléculas diatômicas 130
4.20. Movimento de moléculas poliatômicas 133
4.21. O princípio da equipartição e as capacidades caloríficas 134
4.22. Colisões entre as moléculas 135
4.23. Dedução da freqüência de colisões 137
4.24. Viscosidade de um gás 139
4.25. Teoria cinética da viscosidade dos gases 141
4.26. Diâmetros moleculares e constantes de força intermolecular 143
4.27. Condutibilidade térmica 144
4.28. Difusão 145
4.29. Solução da equação de difusão 147
Problemas 149

5. Mecânica estatística 152

5.1. O método estatístico 152
5.2. Entropia e desordem 154
5.3. Entropia e informação 156
5.4. Fórmula de Stirling para $N!$ 157
5.5. Boltzmann 158
5.6. Como o estado de um sistema é definido 158
5.7. *Ensembles* 160
5.8. Método de Lagrange para o máximo vinculado 163
5.9. Lei de distribuição de Boltzmann 164
5.10. Termodinâmica estatística 168
5.11. Entropia na mecânica estatística 171
5.12. A terceira lei na termodinâmica estatística 172
5.13. Cálculo de Z para partículas não-interagentes 175
5.14. Função de partição translacional 177
5.15. Funções de partição para movimentos moleculares internos 178
5.16. Função de partição clássica 180
Problemas 181

6. Mudanças de estado 184

6.1. Fases 184
6.2. Componentes 185
6.3. Graus de liberdade 186
6.4. Teoria geral do equilíbrio: o potencial químico 187
6.5. Condições de equilíbrio entre fases 188
6.6. A regra das fases 189
6.7. Diagrama de fase para um componente 190
6.8. Análise termodinâmica do diagrama PT 192
6.9. O sistema hélio 195
6.10. Pressão de vapor e pressão externa 196
6.11. Teoria estatística das mudanças de fases 197
6.12. Transformações sólido-sólido — O sistema enxofre 201
6.13. Medidas em pressões elevadas 202
Problemas 206

7. Soluções ... 209

7.1. Medidas de composição 209
7.2. Quantidades molares parciais: o volume molar parcial 211
7.3. Atividades e coeficientes de atividade 213
7.4. Determinação das quantidades molares parciais 213
7.5. Solução ideal — Lei de Raoult 215
7.6. Termodinâmica de soluções ideais 217
7.7. Solubilidade de gases em líquidos — Lei de Henry 218
7.8. Mecanismo da anestesia 219
7.9. Sistemas de dois componentes 221
7.10. Diagramas pressão-composição 222
7.11. Diagramas temperatura-composição 223
7.12. Destilação fracionada 224
7.13. Soluções de sólidos em líquidos 225

7.14. Pressão osmótica 227
7.15. Pressão osmótica e pressão de vapor 230
7.16. Desvios de soluções da idealidade 231
7.17. Diagramas de ponto de ebulição 233
7.18. Solubilidade de líquidos em líquidos 233
7.19. Condição termodinâmica para a separação de fases 235
7.20. Termodinâmica de soluções não-ideais 236
7.21. Equilíbrio sólido-líquido: diagramas eutéticos simples 237
7.22. Formação de compostos 239
7.23. Soluções sólidas 241
7.24. O diagrama ferro-carbono 243
7.25. Mecânica estatística de soluções 245
7.26. O modelo Bragg-Williams 248
Problemas 249

8. Afinidade química ... 254

8.1. Equilíbrio dinâmico 256
8.2. Entalpia livre e afinidade química 257
8.3. Condição para o equilíbrio químico 258
8.4. Entalpias livre padrão 259
8.5. Entalpia livre e equilíbrio em reações com gases ideais 262
8.6. Constante de equilíbrio em unidades de concentração 263
8.7. Medida de equilíbrios gasosos homogêneos 264
8.8. Princípio de Le Chatelier e Braun 265
8.9. Variação da constante de equilíbrio com a pressão 267
8.10. Variação da constante equilíbrio com a temperatura 268
8.11. Constantes de equilíbrio calculadas a partir de capacidades caloríficas e da terceira lei 270
8.12. Termodinâmica estatística das constantes de equilíbrio 270
8.13. Exemplo de um cálculo estatístico de K_p 272

8.14. Equilíbrios em sistemas não-ideais — Fugacidade e atividade 273
8.15. Gases não-ideais — Fugacidade e estado-padrão 274
8.16. Uso da fugacidade em cálculos de equilíbrio 277
8.17. Estados-padrão para componentes de uma solução 278
8.18. Atividades de solvente e soluto não-volátil a partir da pressão de vapor da solução 280
8.19. Constantes de equilíbrio em solução 282
8.20. Termodinâmica de reações bioquímicas 284
8.21. Entalpia livre de formação de substâncias bioquímicas em solução aquosa 285
8.22. Efeitos da pressão sobre as constantes de equilíbrio 288
8.23. Efeito da pressão sobre a atividade 290
8.24. Equilíbrios químicos envolvendo fases condensadas 291
Problemas 291

9. Velocidades das reações químicas ... 295

9.1. A velocidade das reações químicas 295
9.2. Métodos experimentais na cinética 296
9.3. Ordem de uma reação 300
9.4. Molecularidade de uma reação 301
9.5. Mecanismo de reação 302
9.6. Equações de velocidade de primeira ordem 304
9.7. Equações de velocidade de segunda ordem 305
9.8. Equações de velocidade de terceira ordem 307
9.9. Determinação da ordem de reação 308
9.10. Reações reversíveis 309

9.11. Princípio do balanceamento detalhado 311
9.12. Constantes de velocidade e constantes de equilíbrio 312
9.13. Reações consecutivas 314
9.14. Reações paralelas 316
9.15. Relaxação química 317
9.16. Reações em sistemas de escoamento 319
9.17. Estados estacionários e processos dissipativos 322
9.18. Termodinâmica de não-equilíbrio 325
9.19. O método de Onsager 327
9.20. Produção de entropia 329
9.21. Estados estacionários 330

9.22. Efeito da temperatura sobre a velocidade de reação 331

9.23. Teoria da colisão em reações gasosas 332

9.24. Velocidades de reação e seções transversais 335

9.25. Cálculo das constantes de velocidade na teoria da colisão 337

9.26. Verificação da teoria da colisão de esferas rígidas 339

9.27. Reações de átomos e moléculas de hidrogênio 340

9.28. Superfície de energia potencial para $H + H_2$ 343

9.29. Teoria do complexo ativado 348

9.30. Teoria do estado de transição em termos termodinâmicos 351

9.31. Dinâmica química — Métodos de Monte Carlo 353

9.32. Reações em feixes moleculares 354

9.33. Teoria das reações unimoleculares 357

9.34. Reações em cadeia: formação de ácido bromídico 363

9.35. Cadeias de radicais livres 365

9.36. Cadeias ramificadas — Reações explosivas 367

9.37. Reações trimoleculares 369

9.38. Reações em solução 370

9.39. Catálise 372

9.40. Catálise homogênea 373

9.41. Reações enzimáticas 374

9.42. Cinética das reações enzimáticas 374

9.43. Inibição de enzimas 376

9.44. Uma enzima exemplar: a acetilcolinoestirase 377

Problemas 379

Prefácio

Oor universe is like an e'e
Turned in, man's benmaist hert to see,
And swamped in subjectivity.

But whether it can use its sicht
To bring what lies withoot to licht
To answer's still ayont my micht.

Hugh MacDiarmid
1926[1]

Esta quarta edição de *Físico-química*, tal como a anterior, é o resultado de uma substancial reformulação de todo o livro. Há cerca de 22 anos, no prefácio da primeira edição, afirmei que este livro não havia sido projetado com a intenção de ser uma coleção de fatos mas sim uma introdução a maneiras de pensar acerca do mundo. Na realidade, aquela edição havia sido escrita sob o título de *Fundamentos de físico-química*, exprimindo este título muito bem a intenção básica da obra. Tentei enfatizar discussões críticas de definições, postulados e operações lógicas. Os conceitos da Físico-química são atualmente estados transitórios no progresso da ciência. Os aspectos históricos encontrados no livro têm por finalidade auxiliar o estudante a atingir este entendimento, sem o qual a ciência se torna estática e relativamente desinteressante.

Para alguns estudantes da Físico-química, o uso da matemática constitui uma das maiores dificuldades. Tentamos convencer os estudantes de que o cientista deve aprender matemática enquanto estuda ciência. Não é necessário nem desejável aprender primeiro "matemática pura" e depois aplicá-la a problemas científicos. Na presente edição, o nível da dificuldade matemática é um pouco mais elevado do que o da anterior, mas em compensação são apresentadas discussões mais cuidadosas dos detalhes matemáticos. Contudo, muitos estudantes talvez achem interessante adquirir um dos vários livros excelentes de matemática para as ciências físicas, referência aos quais se faz no texto.

Na presente edição, a ordem dos assuntos foi alterada de modo a introduzir a mecânica estatística no texto o mais cedo possível para então usar seus métodos nas discussões subseqüentes. O exame dos livros-texto correntes de Química Geral e de Física (pré-requisitos universais para o estudo da Físico-química) revela que quase todos contêm o suficiente de física atômica e teoria quântica elementar para servir de fundamento adequado aos princípios da mecânica estatística, como os apresento no Cap. 5.

Tentei seguir as recomendações acerca da nomenclatura e de unidades da União Internacional de Química Pura e Aplicada, com exceção da manutenção de *atmosfera* como unidade de pressão, uma relíquia de unidades não-sistemáticas, que também deverá desaparecer no seu devido tempo. Provavelmente, dentro de uma década o sistema de unidades SI será de uso geral de todos cientistas[2].

[1]"Nosso universo é como um olho/ Voltado para dentro, de modo a ver o mais íntimo do coração do homem/ E mergulhado em subjetividade./ Contudo, responder se pode usar sua visão/ Para trazer o que jaz fora para a luz/ Ainda permanece além da minha capacidade". Extraído de "The Great Wheel" de Hugh MacDiarmid (C. M. Grieve) em *A Drunk Man Looks at the Thistle* (Edinburgh: Wm. Blackwood & Sons, 1926)

[2]M. A. Paul, "The International System of Units (SI) — Development and Progress", *J. Chem. Doc.* **11**, 3 (1971)

Não existem muitos problemas numéricos resolvidos no texto, mas os professores William Bunger, da Indiana State University, e Theodore Sakano, do Rose-Hulman Polytechnic Institute, prepararam um manual de soluções para todos os problemas no fim de cada capítulo. Minha experiência mostrou que os estudantes aprendem mais depressa se tiverem este manual acompanhando o texto.

É sempre um dever agradável agradecer aos colegas que tão generosamente contribuíram com ilustrações, correções e sugestões para melhorar o livro. Tantas pessoas me ajudaram que estou certo de esquecer de mencionar algumas, às quais também apresento os meus agradecimentos. Os editores foram felizes ao designar Thomas Dunn para uma análise geral do livro e Jeff Steinfeld para uma leitura crítica do manuscrito. Walter Kauzmann foi uma contínua fonte de ajuda, tanto nos extensos comentários que me enviou, como no excelente material que encontrei em seus livros, escritos com toda clareza. Por caminhos tortuosos, tomei conhecimento de uma exegese da terceira edição do livro de George Kistiakowsky, que me esclareceu diversos pontos.

Além desses esforços maiores desenvolvidos no livro como um todo, Peter Langhoff, Edward Bair, Donald McQuarrie, Robert Mortimer, John Bockris, Donald Sands, Edward Hughes, John Ricci, John Griffith, Dennis Peters, Ludvik Bass, Albert Zettlemoyer e Dieter Hummel (responsável pela tradução alemã) despenderam muito trabalho em capítulos individuais. Feliz é o autor que possui tão bons vizinhos como os citados. Os agradecimentos aos cientistas, que enviaram ilustrações, se encontram incluídos no texto. Na editora Prentice-Hall, Albert Belskie, editor de Química, foi uma fonte sólida de apoio e um bom conselheiro a cada instante.

Com todo este auxílio, pergunta-se porque o livro ainda está tão longe do estado ideal. A resposta deve ter alguma relação com o fato de não estarmos trabalhando mais perto do zero absoluto[3]. Como sempre, são bem-vindos os comentários dos leitores e tentarei corrigir todos os erros que os mesmos venham a encontrar.

W. J. M.

---

[3]Um resumo conciso da termodinâmica foi apresentado da seguinte maneira: (1) A Primeira Lei diz que não se pode ganhar; o melhor que se pode fazer é o empate. (2) A Segunda Lei diz que se pode empatar apenas no zero absoluto. (3) A Terceira Lei diz que nunca se chega ao zero absoluto

1

Sistemas físico-químicos

Nós (a divindade indivisível que opera em nós) sonhamos com o mundo. Sonhamos com um mundo resistente, misterioso, visível, ubíquo no espaço e estável no tempo; porém consentimos em sua arquitetura, na presença de interstícios tênues e eternos de sem-razão, para saber que é falso.

Jorge Luis Borges
1932[1]

No planeta Terra, o processo de evolução criou redes neurais chamadas *cérebros*. Alcançando um certo grau de complexidade, estas redes geraram fenômenos elétricos no espaço e no tempo, chamados *consciência, vontade* e *memória*. Os cérebros em alguns dos primatas superiores, *genus Homo*, inventaram um meio chamado *linguagem* para se comunicar uns com os outros e para armazenar informações. Alguns dos cérebros humanos persistentemente procuraram analisar os sinais vindos do mundo no qual eles tiveram a sua existência. Uma forma de análise, chamada *ciência*, provou ser especialmente efetiva no correlacionamento, modificação e controle dos sinais fornecidos pelos sentidos.

A maior parte da estrutura do cérebro foi construída conforme a informação codificada na seqüência básica de moléculas de DNA do material genético. Estruturação adicional foi causada por uma experiência relativamente uniforme durante seus períodos de crescimento e maturação. Então, hereditariedade e meio primitivo se combinaram para produzir cérebros adultos com capacidades estereotipadas para análise e comunicação.

A linguagem era efetiva nas comunicações que lidavam com o conteúdo dos dados sensoriais de entrada, mas não permitiam aos cérebros discorrer sobre eles próprios ou suas relações com o mundo sem cair em paradoxos ou contradições. Em particular, embora fosse possível encontrar milhares de livros cheios de resultados científicos, observar milhares de homens trabalhando no campo da ciência e experimentar os efeitos sísmicos da ciência, não foi possível uma explicação sobre o que é ciência ou mesmo o mecanismo pelo qual ela opera. Aspectos diferentes dessas questões são levantados de tempo em tempo.

1.1. O que é ciência?

De acordo com um ponto de vista, chamado *convencionalismo*, os cérebros humanos criaram ou inventaram certas estruturas lógicas bonitas chamadas *leis da natureza* e, então, idealizaram maneiras especiais, chamadas *experiências*, para selecionar os dados sensoriais de entrada a fim de que eles caíssem dentro de modelos obtidos através das leis. Sob o ponto de vista do convencionalismo, o cientista era como um artista criativo, trabalhando não com tintas ou mármore mas com as sensações desorganizadas de

---

[1]De "La Perpetua Carrera de Achilles e la Tortuga" em *Discusión* (Buenos Aires: M. Gleiser, 1932)

2 FÍSICO-QUÍMICA

um mundo caótico. Entre alguns filósofos científicos que apoiavam esta teoria estão Poincaré[2] Duhem[3] e Eddington[4].

Um segundo ponto de vista da ciência, chamado *indutivismo*, considerou que o procedimento básico da ciência era coletar e classificar dados sensoriais de entrada, numa forma chamada *fatos observáveis*. Desses fatos, por um método chamado *lógica indutiva*, o cientista tirava conclusões gerais que eram as leis da natureza. Francis Bacon, no seu *Novum Organum* de 1620, argumentou que este era o único método científico apropriado e, naquele tempo, sua ênfase aos fatos observáveis era um antídoto importante contra a confiança medieval na lógica formal, de capacidade limitada. A definição de Bacon concordava intimamente com as idéias dos leigos com respeito àquilo que os cientistas fazem, mas muitos outros filósofos competentes defendiam os aspectos essenciais do individualismo, incluindo-se entre estes Russell[5] e Reichenbach[6].

Uma terceira visão de ciência, chamada *dedutivismo*, enfatizava a importância primordial das teorias. De acordo com Popper[7], "teorias são redes lançadas para apanhar o que nós chamamos de o mundo: para racionalizá-lo, explicá-lo e dominá-lo. Nós nos esforçamos para tornar a malha cada vez mais fina e mais fina". De acordo com os dedutivistas, não existe nenhuma lógica indutiva válida, pois afirmações gerais nunca podem ser provadas a partir de circunstâncias particulares. Por outro lado, uma afirmação geral pode ser *invalidada* por uma circunstância contrária particular. Portanto, uma teoria científica nunca pode ser provada, mas pode ser refutada. O papel de uma experiência é então submeter uma teoria científica a um teste crítico.

As três filosofias apresentadas de nenhuma forma exauriram a variedade de esforços para englobar a ciência em termos de linguagem. Como estamos estudando a parte da ciência chamada *físico-química*, deveríamos parar algumas vezes (mas não muito freqüentemente) e perguntar para nós mesmos a qual escola filosófica estamos filiados.

1.2. Físico-Química

Existem dois enfoques razoáveis para o estudo da físico-química. Podemos adotar um enfoque sintético, começando com a estrutura e o comportamento da matéria em seu estado do maior subdivisão conhecido, e progredindo gradualmente de elétrons para átomos, para moléculas, para estados de agregação e reações químicas. Alternativamente, podemos adotar um tratamento analítico, começando com matéria ou substâncias, tais como as que encontramos no laboratório, e gradualmente vamos chegando até maiores estados de subdivisão, à medida que vamos necessitando deles para explicar os resultados experimentais. Este último método segue mais de perto o desenvolvimento histórico, embora uma obediência estrita à história seja impossível, num assunto amplo em que os diferentes ramos tenham progredido com velocidades diferentes.

Dois problemas principais foram de imediato objetos da físico-química: a questão da posição do equilíbrio químico, que é o principal problema da termodinâmica química, e a questão da velocidade das reações químicas, que é o campo da cinética química. Como esses problemas estão, no final das contas, envolvidos com as interações moleculares,

[2]Henri Poincaré, *Science and Hypothesis* (New York: Dover Publications, Inc., 1952)

[3]Pierre Duhem, *The System of the World*. 6 Vols. (Paris: Librarie Scientifique Hermann et Cie., 1954)

[4]Arthur Stanley Eddington, *The Philosophy of Physical Science* (Ann Arbor, Mich.: University of Michigan Press, 1958)

[5]Bertrand Russell, *Human Knowledge, Its Scope and Limits* (New York: Simon and Schuster Inc., 1948)

[6]Hans Reichenbach, *The Rise of Scientific Philosophy* (Berkeley: University of California Press, 1963)

[7]Karl R. Popper, *The Logic of Scientific Discovery* (New York: Harper Torchbooks, 1965)

Sistemas físico-químicos 3

suas soluções finais deverão estar implícitas na mecânica das moléculas e dos agregados moleculares. Portanto, a estrutura molecular é uma parte importante da físico-química. A disciplina que nos permite aliar os conhecimentos de estrutura molecular com os problemas de equilíbrio e cinética química é a mecânica estatística.

Começaremos nosso estudo de físico-química com a termodinâmica, que está baseada em conceitos comuns ao mundo diário. Seguiremos o mais próximo possível o desenvolvimento histórico do assunto, pois geralmente podemos adquirir maior conhecimento observando a construção de alguma coisa que inspecionando o produto final acabado.

1.3. Mecânica: força

A primeira coisa que deve ser dita da termodinâmica é que esta palavra deriva da *dinâmica*, que é o ramo da mecânica que lida com a matéria em movimento.

A mecânica se fundamenta no trabalho de Isaac Newton (1642-1727) e geralmente começa com o estabelecimento da equação

$$\mathbf{F} = m\mathbf{a}$$

com

$$\mathbf{a} = \frac{d\mathbf{v}}{dt} = \frac{d^2\mathbf{r}}{dt^2} \tag{1.1}$$

A equação exprime a proporcionalidade entre uma quantidade vetorial $\mathbf{F}$, chamada *força* aplicada a uma partícula material, e a aceleração $\mathbf{a}$ da partícula, um vetor na mesma direção, com um fator de proporcionalidade m, chamado massa. A Eq. (1.1) pode ser também escrita

$$\mathbf{F} = \frac{d(m\mathbf{v})}{dt} \tag{1.2}$$

onde o produto de massa e velocidade é chamado *momentum* (ou quantidade de movimento).

No Sistema Internacional de Unidades (SI), a unidade de massa é o quilograma[8] (kg), a unidade de tempo é o segundo[9] (s) e a unidade de comprimento é o metro[10] (m). A unidade de força no SI é o *newton* (N).

A massa poderia ser introduzida pela Lei da Gravitação de Newton,

$$F = \frac{Gm_1 m_2}{r_{12}^2}$$

segundo a qual existe uma força atrativa entre duas massas, m_1 e m_2, proporcional ao seu produto e inversamente proporcional ao quadrado de sua distância de separação, r_{12}. Se esta massa gravitacional é a mesma que a massa inercial da Eq. (1.1), a constante de proporcionalidade

$$G = 6{,}670 \times 10^{-11} \text{ m}^3 \cdot \text{s}^{-2} \cdot \text{kg}^{-2}$$

[8]Definido pela massa do protótipo internacional, um cilindro de platina, pelo Bureau Internacional de Pesos e Medidas, em Sèvres, perto de Paris

[9]Definido como a duração de 9 192 631 770 períodos da radiação correspondente à transição entre dois níveis hiperfinos, no estado fundamental do átomo de césio 133

[10]Definido como o comprimento igual a 1 650 763,73 comprimentos de onda no vácuo, da radiação correspondente à transição entre os níveis $2p_{10}$ e $5d_5$ do átomo de criptônio 86

O peso de um corpo W é a força com a qual ele é atraído em direção à Terra e pode variar ligeiramente sobre a sua superfície, pois ela não é uma esfera perfeita e de densidade uniforme. Então

$$W = mg$$

onde g é a aceleração de queda livre no vácuo.

Na prática, a massa de um corpo é medida comparando-se seu peso por meio de uma balança com padrões conhecidos ($m_1/m_2 = W_1/W_2$).

1.4. Trabalho mecânico

Na mecânica, se o ponto de aplicação de uma força **F** se move, diz-se que a força *realiza trabalho*. A quantidade de trabalho realizado pela força **F**, cujo ponto de aplicação se moveu de uma distância dr ao longo da direção da força, é

$$dw = F\,dr \qquad (1.3)$$

Se a direção de movimento do ponto de aplicação não é a mesma que a direção da força, mas com um ângulo θ em relação a ela, temos a situação apresentada na Fig. 1.1.

Figura 1.1   Definição de trabalho elementar

$dw = F\,dr \cos\theta$

A componente de **F** na direção do movimento é $F \cos \theta$ e o elemento de trabalho é

$$dw = F \cos \theta \, dr \qquad (1.4)$$

Se escolhemos um conjunto de eixos cartesianos XYZ, as componentes da força são F_x, F_y, F_z e

$$dw = F_x\,dx + F_y\,dy + F_z\,dz \qquad (1.5)$$

Para o caso de uma força que é constante em direção e intensidade, a Eq. (1.3) pode ser integrada

$$w = \int_{r_0}^{r_1} F\,dr = F(r_1 - r_0)$$

Um exemplo é a força atuando sobre um corpo de massa m no campo gravitacional da Terra. Para distâncias pequenas em comparação ao diâmetro da Terra, este $F = mg$. Para se elevar um corpo contra a atração gravitacional terrestre aplicamos a ele uma força externa igual a mg. Qual o trabalho realizado sobre uma massa de 1 kg quando ela é levantada uma distância igual a 1 m?

$$w = mgr_1 = (1)(9{,}80665)(1)\,\text{kg} \cdot \text{m} \cdot \text{s}^{-2} \cdot \text{m} = 9{,}80665\,\text{kg} \cdot \text{m}^2 \cdot \text{s}^{-2}$$
$$= 9{,}80665 \text{ newton-metro (Nm)} = 9{,}80665 \text{ joule (J)}$$

Uma aplicação da Eq. (1.3) onde a força não é constante é o estiramento de uma mola perfeitamente elástica. De acordo com a Lei de Hooke (1660) *ut tensio sic vis*: a força de restauração é diretamente proporcional a extensão,

$$F = -\kappa r \qquad (1.6)$$

Sistemas físico-químicos

onde κ é denominado *constante elástica* da mola. Portanto, o trabalho dw realizado sobre a mola para distendê-la a uma distância dr é

$$dw = \kappa r \, dr$$

Suponhamos que a mola esteja alongada de uma distância r_1,

$$w = \int_0^{r_1} \kappa r \, dr = \frac{\kappa}{2} r_1^2$$

O trabalho realizado sobre a mola convenciona-se que seja positivo.

No caso geral, podemos escrever a integral da Eq. (1.5) como

$$w = \int_a^b (F_x \, dx + F_y \, dy + F_z \, dz) \tag{1.7}$$

Os componentes da força podem variar de ponto para ponto ao longo da curva percorrida pelo ponto material. São funções das coordenadas espaciais x, y, z: $F_x(x, y, z), F_y(x, y, z)$, e $F_z(x, y, z)$. É evidente que o valor da integral depende da trajetória exata ou da curva entre dois limites a e b. É denominada *integral de linha*.

1.5. Energia mecânica

Em 1644, René Descartes declarou que, no início de tudo, Deus conferiu ao universo uma certa quantidade de movimento na forma de vórtices, e este movimento duraria eternamente e não poderia nem aumentar nem diminuir. Por quase um século após a morte de Descartes uma grande contravérsia pairou entre os seus seguidores e os de Leibniz sobre a questão se o movimento era conservado. Como sempre acontece, a falta de definições precisas dos termos usados evitou um encontro de idéias. A palavra *movimento* geralmente designava o que nós chamamos agora de *momentum*. De fato, o momentum, em qualquer direção, se conserva nas colisões entre corpos elásticos.

Em 1669, Huygens descobriu que, se ele multiplicasse cada massa m pelo quadrado de sua velocidade v^2, a soma desses produtos se conservaria em todas as colisões entre corpos elásticos. Leibniz chamou mv^2 a *vis viva*. Em 1735, Jean Bernoulli levantou a questão sobre o que aconteceria a esta *vis viva* numa colisão inelástica. Concluiu que alguma parte dela se perdia num tipo de *vis mortua*. Em todos os sistemas mecânicos operando sem atrito, a soma *vis viva* e *vis mortua* se conservava, isto é, tomava um valor constante. Em 1742, esta idéia foi exprimida claramente por Emile du Châtelet que afirmava que, embora fosse difícil acompanhar o curso da *vis viva* numa colisão inelástica, ela deveria, entretanto, se conservar de alguma forma.

O primeiro a usar a palavra "energia" parece ter sido d'Alembert, na Enciclopédia Francesa de 1785: "Existe num corpo em movimento um esforço ou *energia*, que não está presente, entretanto, num corpo em repouso". Em 1787, Thomas Young chamou a *vis viva* de "energia real" e a *vis mortua* de "energia potencial". O nome "energia cinética" para $\frac{1}{2}mv^2$ foi introduzido muito tempo depois por William Thomson.

Podemos dar a esses desenvolvimentos uma formulação matemática, começando com a Eq. (1.3). Consideremos uma partícula numa posição r_0 e apliquemos uma força $F(r)$ que depende apenas de sua posição. Na ausência de outras forças, o trabalho realizado sobre o corpo, num deslocamento finito de r_0 a r_1, é

$$w = \int_{r_0}^{r_1} F(r) \, dr \tag{1.8}$$

A integral em relação à distância pode ser transformada numa integral em relação ao tempo:

$$w = \int_{t_0}^{t_1} F(r) \frac{dr}{dt} \, dt = \int_{t_0}^{t_1} F(r) v \, dt$$

6 FÍSICO-QUÍMICA

Introduzindo a Lei das Forças de Newton, Eq. (1.1), obtemos

$$w = \int_{t_0}^{t_1} m\frac{dv}{dt}v\,dt = m\int_{v_0}^{v_1} v\,dv \tag{1.9}$$

$$w = \tfrac{1}{2}mv_1^2 - \tfrac{1}{2}mv_0^2$$

A energia cinética é definida por

$$E_k = \tfrac{1}{2}mv^2$$

Portanto,

$$w = \int_{r_0}^{r_1} F(r)\,dr = E_{k1} - E_{k0} \tag{1.10}$$

O trabalho realizado sobre o corpo se iguala à diferença entre as energias cinéticas dos estados, final e inicial.

Como a força na Eq. (1.10) é uma função, unicamente, de r, a integral define uma outra função de r que podemos escrever como

$$F(r)\,dr = -dU(r)$$

ou

$$F(r) = -\frac{dU(r)}{dr} \tag{1.11}$$

Então a Eq. (1.10) se torna

$$\int_{r_0}^{r_1} F(r)\,dr = U(r_0) - U(r_1) = E_{k1} - E_{k0}$$

ou

$$U_0 + E_{k0} = U_1 + E_{k1} \tag{1.12}$$

A nova função $U(r)$ é a *energia potencial*. A soma das energias potencial e cinética, $U + E_k$, é a energia mecânica total do corpo, e esta soma evidentemente permanece constante durante o movimento. A Eq. (1.12) tem a forma típica de uma *equação de conservação*. É uma afirmação do princípio mecânico da *conservação de energia*. Por exemplo, o ganho em energia cinética de um corpo caindo no vácuo é exatamente balanceado por uma igual perda em energia potencial.

Se uma força depende da velocidade bem como da posição, a situação é mais complexa. Este seria o caso da queda de um corpo não no vácuo mas num fluido viscoso, tal como o ar e a água. Quanto maior a velocidade, maior a resistência viscosa ou de atrito oposta à força da gravidade. Não podemos mais colocar que $F(r) = -dU/dr$, e não mais podemos obter uma equação do tipo da Eq. (1.11), porque a energia mecânica não é mais conservada. Dos primórdios da história sabe-se que a dissipação da energia por atrito é *responsável* pelo desprendimento de alguma coisa denominada *calor*. Será visto posteriormente como foi possível incluir o calor entre as maneiras de transformar energia e, desta maneira, obter um princípio de conservação de energia novo e mais geral.

Pode-se notar que, enquanto a energia cinética de um corpo em repouso é nula, não existe uma energia potencial nula por definição natural. Apenas diferenças de energia potencial podem ser medidas. Algumas vezes, contudo, uma energia potencial nula é escolhida *por convenção*; um exemplo é a escolha $U(r) = 0$ para a energia potencial gravitacional, quando dois corpos estão separados por uma distância infinita.

1.6. Equilíbrio

Os objetos comuns da experimentação química não são partículas individuais de qualquer tipo mas *sistemas* mais complexos que podem conter sólidos, líquidos e gases.

Sistemas físico-químicos

Um *sistema* é uma parte do universo separada do restante do mesmo por fronteiras definidas. A parte do universo externa ao sistema é chamada *vizinhanças* do mesmo. Se as fronteiras do sistema não permitem que ocorra qualquer mudança no sistema como conseqüência de uma mudança nas vizinhanças, diz-se que o sistema está *isolado*.

As experiências que realizamos com o sistema medem as suas *propriedades*, sendo estas atributos que nos permitem descrevê-lo de modo completo. Esta descrição completa define o *estado* do sistema.

Neste ponto surge a idéia da predição. Espera-se que, uma vez medidas as propriedades de um sistema, sejamos capazes de predizer o comportamento de um segundo sistema que tenha o mesmo conjunto de propriedades, a partir do conhecimento prévio do primeiro deles. Quando um sistema não apresenta nenhuma tendência de mudar suas propriedades com o tempo, diz-se que o mesmo atingiu um *estado de equilíbrio*. A condição de um sistema em equilíbrio é reprodutível e pode ser definida por um conjunto de propriedades, que são as *funções do estado*, isto é, que não dependem da história do sistema antes que o mesmo tenha atingido o equilíbrio[11].

Uma simples ilustração mecânica esclarecerá o conceito de equilíbrio. A Fig. 1.2(a) mostra três posições de equilíbrio diferentes de uma caixa sobre uma mesa. Nas posições *A* e *C*, o centro de gravidade da caixa se situa numa posição mais baixa, que em qualquer das posições intermediárias, ligeiramente deslocadas e se a caixa for ligeiramente inclinada, tenderá espontaneamente a retomar sua posição original de equilíbrio. A energia potencial gravitacional da caixa nas posições *A* ou *C* passa por mínimos, e estas duas posições representam estados de *equilíbrio estável*. Mas ainda se percebe que a posição *C* é mais estável que a *A*, pois bastará uma inclinação suficientemente grande para que da posição *A* a caixa passe à *C*. Na posição *A*, diz-se que a caixa está numa posição de *equilíbrio metaestável*. A posição *B* também é uma posição de equilíbrio, mas um estado de *equilíbrio instável*, como concordará qualquer pessoa que tenha tentado balançar

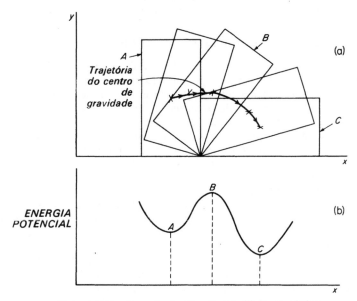

Figura 1.2 Uma ilustração de equilíbrio mecânico

[11] A especificação do estado de um sistema que não esteja em equilíbrio é um problema mais difícil. Requererá um número maior de variáveis e, algumas vezes, nem mesmo será possível na prática

8 FÍSICO-QUÍMICA

uma cadeira sobre dois pés. O centro de gravidade da caixa em B é mais alto que em qualquer posição ligeiramente deslocada, e o menor deslocamento será suficiente para levar a caixa às posições A ou C. A energia potencial em qualquer posição de equilíbrio instável é máxima e tal posição só pode ser atingida apenas na ausência de qualquer força perturbadora.

Essas relações podem ser apresentadas de uma forma mais matemática por meio do gráfico da energia potencial do sistema, em função da posição horizontal do centro de gravidade mostrada na Fig. 1.2(b). As posições de equilíbrio estável aparecem como mínimos na curva e a posição de equilíbrio instável é representada por um máximo. As posições de equilíbrio estável e instável se alternam desta maneira em qualquer sistema. Para uma posição de equilíbrio, a inclinação dU/dr da curva para U em função do deslocamento é igual a zero, podendo-se escrever a condição de equilíbrio como

$$\left(\frac{dU}{dr}\right)_{r=r_0} = 0$$

O exame da segunda derivada indicará se se trata de um equilíbrio estável ou instável.

$$\left(\frac{d^2U}{dr^2}\right) > 0 \quad \text{estável}$$

$$\left(\frac{d^2U}{dr^2}\right) < 0 \quad \text{instável}$$

Embora essas considerações tenham sido apresentadas em termos de um modelo mecânico simples, princípios semelhantes podem ser aplicados a sistemas físico-químicos mais complexos que serão estudados. Além de modificações puramente mecânicas, tais sistemas podem sofrer variações de temperatura, estado de agregação e reações químicas. O problema da termodinâmica é descobrir ou inventar novas funções que desempenharão nesses sistemas mais gerais o papel da energia potencial na mecânica.

1.7. As propriedades térmicas da matéria

Para especificar com precisão o estado de equilíbrio de uma substância estudada no laboratório, devem-se atribuir valores numéricos a algumas de suas propriedades medidas. Como existem equações que relacionam estas propriedades, não é necessário especificar os valores de toda e qualquer propriedade para definir exatamente o estado de uma substância. De fato, se ignoramos os campos de força (gravitacional e eletromagnético) externos e utilizamos um gás ou um líquido como substância em consideração[12], a especificação exata de seu estado exige os valores de apenas algumas quantidades. Por enquanto serão consideradas as substâncias puras para as quais não se necessitam de variáveis de composição. Para especificar o estado de um gás ou de um líquido puro, pode-se inicialmente definir a massa m da substância. Há muitas propriedades da substância que podem ser medidas para definir o seu estado. Em particular, consideraremos três variáveis termodinâmicas: pressão P, volume V e temperatura θ. Se duas quaisquer dessas propriedades forem fixadas, verificamos experimentalmente que o valor da terceira também estará fixado, devido à existência de uma relação entre as variáveis. Em outras palavras, das três variáveis de estado, P, V e θ, apenas duas são variáveis independentes. Note-se particularmente que é possível descrever o estado da substância totalmente em termos das duas variáveis mecânicas P e V, e não utilizar de maneira alguma a variável térmica θ.

O uso da pressão P como uma variável para descrever o estado de uma substância requer certo cuidado. Na Fig. 1.3, considere-se um fluido contido em um cilindro munido

---

[12]As propriedades de sólidos podem depender da direção de uma maneira bastante complicada

Sistemas físico-químicos

Figura 1.3 Definição da pressão em um fluido, desprezando-se o campo gravitacional no mesmo. A força F representada pelo peso inclui a força devido à atmosfera da Terra

de um pistão sem atrito. Pode-se calcular a pressão do fluido, dividindo-se a força que atua sobre o pistão pela sua área (P = força/área). No equilíbrio, esta pressão estará distribuída uniformemente, pelo fluido, de modo que qualquer área unitária especificada no fluido estará sob ação da força P. Uma pressão é assim uma tensão uniforme em todas as direções.

Nesta análise, desprezamos o efeito do peso do próprio fluido. Se este fosse considerado, atuaria uma força extra por unidade de área, que aumenta com a profundidade do fluido e é igual ao peso da coluna de fluido sobre a dada seção. Na análise subseqüente, este efeito do peso será desprezado e a pressão de um dado volume de fluido será considerada constante por todo o fluido. Esta simplificação significa "ignorar o campo gravitacional".

Se o fluido não estiver em equilíbrio, pode-se ainda falar acerca da pressão externa P_{ex} sobre o pistão, mas é óbvio que esta não será uma propriedade de estado do próprio fluido. Até que o equilíbrio se restabeleça, a pressão pode variar de um ponto ao outro do fluido e não se pode definir seu estado por uma única pressão P.

As propriedades de um sistema podem ser classificadas como *extensivas* ou *intensivas*. As primeiras são aditivas; seu valor para o sistema total é igual à soma dos valores correspondentes às partes individuais do sistema. Algumas vezes são denominadas *fatores de capacidade*. Como exemplos, têm-se o volume e a massa. Propriedades intensivas ou *fatores de intensidade* não são aditivas. Como exemplos, têm-se a temperatura e a pressão. A temperatura de qualquer pequena parte de um sistema em equilíbrio é a mesma do total.

Antes de utilizar a temperatura θ como uma quantidade física, devemos considerar como pode ser medida quantitativamente. O conceito de *temperatura* evoluiu da percepção sensorial de calor e frio. Verificou-se que tais percepções poderiam ser correlacionadas com leituras de *termômetros* baseados em mudanças de volumes de líquidos. Em 1631, o médico francês Jean Rey utilizou um bulbo de vidro com uma haste, parcialmente cheia de água, para acompanhar o desenvolvimento da febre em seus pacientes. Em 1641, Ferdinando II, o grão-duque de Toscana, fundador da Accademia del Cimento de Florença, inventou um *termoscópio* de álcool, contido num recipiente de vidro ao qual adicionou uma escala, registrando divisões iguais entre os volumes correspondentes "ao frio mais rigoroso do inverno" e "ao calor mais intenso do verão". Uma calibração

10 FÍSICO-QUÍMICA

baseada em um dos pontos fixos foi introduzida em 1688 por Dalencé, que escolheu o ponto de fusão da neve como $-10°$ e o ponto de fusão da manteiga como $+10°$. Em 1694, Renaldi utilizou o ponto de ebulição da água como ponto fixo superior e o ponto de fusão do gelo como inferior. Para tornar a especificação desses pontos fixos exata, devem-se adicionar as condições de que a pressão seja mantida a 1 atmosfera (atm) e que a água em equilíbrio com o gelo esteja saturada de ar. Em 1710, o sueco Elvius foi o primeiro a sugerir a atribuição dos valores $0°$ e $100°$ a esses pontos. Estes definem a *escala centígrada*, oficialmente chamada de *escala Celsius* em homenagem ao astrônomo sueco que utilizou um sistema semelhante.

1.8. Temperatura como propriedade mecânica

A existência de uma função temperatura pode ser baseada no fato de que, sempre que dois corpos forem postos separadamente em equilíbrio com um terceiro corpo, eles estão em equilíbrio entre si.

Pode-se escolher para o corpo (1) um fluido puro cujo estado é especificado por P_1 e V_1 e designá-lo *termômetro*, e usar alguma propriedade de estado deste corpo $\theta_1(P_1, V_1)$ para definir uma escala de temperatura. Quando qualquer segundo corpo (2) for colocado em equilíbrio com o termômetro, o valor de equilíbrio de $\theta_1(P_1, V_1)$ mede sua temperatura.

$$\theta_2 = \theta_1(P_1, V_1) \tag{1.13}$$

Note-se que a temperatura definida e medida desta maneira é explicada totalmente em termos das propriedades mecânicas, pressão e volume, suficientes para definir o estado dos fluidos puros. Abandonamos as percepções sensoriais de calor e frio e reduzimos o conceito de temperatura a um conceito mecânico. Um exemplo da Eq. (1.13) é um termômetro de líquido no qual P_1 é mantida constante e o volume V_1 é usado para medir a temperatura. Em outros casos, propriedades elétricas, magnéticas ou ópticas podem ser usadas para definir a escala de temperatura, pois em todos os casos a propriedade θ_1 pode ser expressa como uma função de estado do fluido puro, fixada mediante a especificação de P_1 e V_1.

1.9. A elasticidade do ar e a Lei de Boyle

O barômetro de mercúrio foi inventado em 1643 por Evangelista Torricelli, um matemático, que estudava com Galileu em Florença. A altura de uma coluna sob pressão atmosférica podia variar de um dia para o outro, por vários centímetros de mercúrio, mas uma *atmosfera*-padrão foi *definida* como a pressão unitária igual a 101 325 N por metro quadrado ($N \cdot m^{-2}$). Os que trabalham no campo de altas pressões geralmente usam o *quilobar* (kbar), $10^8 N \cdot m^{-2}$. Para baixas pressões, emprega-se comumente o *torr*, que é igual a atm/760[13].

Robert Boyle e seus contemporâneos sempre se referiram à pressão de um gás como à mola do ar. Sabiam que um volume de gás se comportava mecanicamente como uma mola. Se o comprimimos num cilindro com um pistão, este recua quando se relaxa a força que atua sobre ele. Boyle tentou explicar esta elasticidade do ar em termos das teorias corpusculares, populares naquela época. "Imagine o ar", disse ele, "como uma pilha de corpúsculos, uns sobre os outros, semelhante a um velo de lã. Este consiste de muitos fios delgados e flexíveis, cada um dos quais pode ainda se estirar como uma pequena mola." Em outras palavras, Boyle supôs que os corpúsculos do ar estivessem em contato íntimo uns com os outros, de modo que, quando o ar fosse comprimido,

[13]O torr difere da unidade mmHg convencional por menos de duas partes em 10^7

Sistemas físico-químicos

os corpúsculos individuais seriam comprimidos como molas. Esta hipótese não era correta.

Em 1660, Boyle publicou a primeira edição de seu livro *Novas experiências, físico--mecânicas, relativas à elasticidade do ar e seus efeitos*, onde descreveu observações feitas com uma nova bomba de vácuo que ele construíra. Verificou que, quando o ar nas vizinhanças de um reservatório de um barômetro de Torricelli era evacuado, a coluna de mercúrio caía. Essas experiências pareciam provar-lhe conclusivamente que a coluna era mantida pela pressão do ar. Contudo, dois ataques ao trabalho de Boyle foram publicados imediatamente. Um deles por Thomas Hobbes, filósofo político famoso, autor de *Leviatã*, e o outro por um devoto de Aristóteles, Franciscus Linus. Hobbes baseou sua crítica na "impossibilidade filosófica de um vácuo". ("Um vácuo é nada, e o que é nada não pode existir.") Linus alegou que a coluna de mercúrio era mantida por um fio invisível, que se estendia até a extremidade superior do tubo. Esta teoria parecia bastante razoável, dizia ele, pois qualquer pessoa pode sentir facilmente o puxão do fio cobrindo com o dedo a extremidade do tubo barométrico.

Em resposta a essas objeções, Boyle incluiu um apêndice na segunda edição de seu livro, publicado em 1662, onde descreveu uma nova e importante experiência. Foi utilizado essencialmente o aparelho mostrado na Fig. 1.4. Adicionando-se mercúrio à extremidade aberta de um tubo em forma de "J", a pressão poderia ser aumentada sobre o gás contido na outra extremidade fechada. Boyle observou que, à medida que a pressão

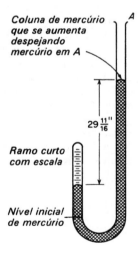

Figura 1.4 Tubo de Boyle ilustrando uma experiência na qual o volume de gás se reduziu à metade quando a pressão dobrou

aumentava, o volume do gás diminuía proporcionalmente. A temperatura do gás foi mantida praticamente constante durante essas medidas. Em linguagem moderna, seria possível enunciar os resultados de Boyle da seguinte maneira: *a temperatura constante, o volume de uma determinada amostra de gás varia inversamente com a pressão*. Em termos matemáticos, torna-se $P \propto 1/V$ ou $P = C/V$, sendo C uma constante de proporcionalidade. Esta relação equivale a

$$PV = C \quad \text{(a } \theta \text{ constante).} \tag{1.14}$$

A Eq. (1.14) é conhecida como *Lei de Boyle*. É obedecida razoavelmente por muitos gases a pressões moderadas, mas há um desvio apreciável no comportamento real dos gases, especialmente a elevadas pressões.

1.10. A Lei de Gay-Lussac

As primeiras experiências detalhadas sobre a variação dos volumes de gases com a temperatura, a pressões constantes, foram as publicadas por Joseph Gay-Lussac de 1802 a 1808. Trabalhando com "gases permanentes", como nitrogênio, oxigênio e hidrogênio, verificou que todos os diferentes gases mostravam a mesma dependência de V em função de θ.

Seus resultados podem ser expressos matematicamente da seguinte maneira: definimos uma escala de temperatura a gás admitindo que o volume do gás varie linearmente com a temperatura θ. Sendo V_0 o volume de uma amostra de gás a 0 °C, temos

$$V = V_0(1 + \alpha_0 \theta) \quad (1.15)$$

O coeficiente α_0 é a *expansividade térmica* ou o *coeficiente de expansão térmica*[14]. Gay-Lussac verificou que α_0 era aproximadamente igual a 1/267, mas Regnault, em 1847, com um procedimento experimental mais aperfeiçoado, obteve $\alpha_0 = 1/273$. Com este valor, a Eq. (1.15) pode ser escrita como

$$V = V_0\left(1 + \frac{\theta}{273}\right)$$

Esta relação é chamada *Lei de Gay-Lussac*. Esta lei estabelece que um gás, a pressão constante, se dilata de 1/273 de seu volume a 0 °C para cada grau de aumento de temperatura.

Medidas cuidadosas revelaram que os gases reais não obedecem exatamente às leis de Boyle e de Gay-Lussac. As variações são menores quando o gás se encontra a elevadas temperaturas e baixas pressões. Esses desvios variam ainda de um gás a outro; por exemplo, o hélio obedece bem, enquanto o dióxido de carbono é relativamente desobediente. É útil introduzir o conceito de *gás ideal*, um gás que obedece a essas leis exatamente. Como os gases a baixas pressões, isto é, baixas densidades, obedecem às leis dos gases razoavelmente, pode-se muitas vezes obter as propriedades dos gases ideais por extrapolação a pressão nula das medidas dos gases reais.

A Fig. 1.5 mostra os resultados da medida de α_0 para gases diferentes a pressões cada vez mais baixas. Note-se que a escala é muito expandida de maneira que as diferenças

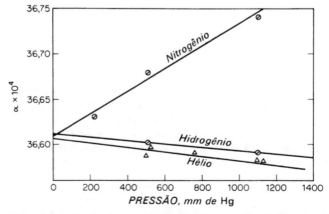

Figura 1.5 Extrapolação dos coeficientes de expansão térmica à pressão zero

[14] Na Sec. 1.13 define-se uma expansividade térmica, α, diferente

Sistemas físico-químicos

13

máximas não excedem a cerca de 0,5 %. Dentro da incerteza experimental, o valor obtido por extrapolação para todos os gases é o mesmo. Este é o valor de α_0 para um gás ideal. As melhores medidas fornecem

$$\alpha_0 = 36{,}610 \times 10^{-4}\ {}^{\circ}C^{-1}$$

ou

$$\frac{1}{\alpha_0} = 273{,}15{}^{\circ}C \pm 0{,}02{}^{\circ}C = T_0$$

Então, a Lei de Gay-Lussac para um gás ideal pode ser escrita

$$V = V_0\left(1 + \frac{\theta}{T_0}\right) \tag{1.16}$$

Agora é possível e mais conveniente definir uma nova escala de temperatura com esta representada pela letra T e chamada *temperatura absoluta*. A unidade de temperatura nesta escala é denominada Kelvin, $K^{(15)}$. Assim

$$T = \theta + T_0$$

Em termos de T, a Lei de Gay-Lussac, Eq. (1-16), se transforma em

$$V = V_0\left[1 + \frac{(T - T_0)}{T_0}\right]$$
$$V = \frac{V_0 T}{T_0} \tag{1.17}$$

Pesquisa intensa na área de baixas temperaturas, de 0 K a 20 K, revelou sérios inconvenientes na definição da escala de temperatura baseada em dois pontos fixos. Apesar das mais sérias tentativas, era impossível obter-se uma medida do ponto de fusão do gelo (onde água e gelo estão em equilíbrio a 1 atm de pressão) com exatidão maior que alguns centésimos de kelvin. Os resultados de muitos anos de trabalho forneceram de 273,13 K a 273,17 K.

Por isso, em 1954, a 10.ª Conferência do Comitê Internacional de Pesos e Medidas, realizada em Paris, definiu uma escala de temperatura dotada apenas de um ponto fixo fundamental e com uma escolha arbitrária de uma constante universal para a temperatura deste ponto. Escolheu-se o *ponto triplo da água*, quando água, gelo e vapor de água estão simultaneamente em equilíbrio. A temperatura deste ponto foi estabelecida como 273,16 K. O valor do ponto de fusão do gelo tornou-se então 273,15 K. O ponto de ebulição da água não é fixado por convenção, mas é simplesmente um ponto experimental a ser medido com a maior exatidão possível.

1.11. Definição do mol

De acordo com as últimas recomendações da União Internacional de Química Pura e Aplicada (International Union of Pure and Applied Chemistry — IUPAC), devemos considerar a *quantidade de substância n* como uma das quantidades físico-químicas básicas. A unidade SI da quantidade de substância é o *mol*. O mol é a quantidade de substância de um sistema que contém tantas unidades elementares quantas existem de átomos de carbono em 0,012 kg de carbono-12.

Esta unidade elementar deve ser especificada e pode ser um átomo, uma molécula, um íon, um elétron, um fóton etc., ou um grupo específico dessas entidades. Por exemplo,

[15]Lê-se, por exemplo, simplesmente "200 kelvin" ou 200 K

14   FÍSICO-QUÍMICA

1. Um mol de HgCl tem massa igual a 0,23604 kg.
2. Um mol de Hg_2Cl_2 tem massa igual a 0,47208 kg.
3. Um mol de Hg tem massa igual a 0,20059 kg.
4. Um mol de $Cu_{0,5}Zn_{0,5}$ tem massa igual a 0,06446 kg.
5. Um mol de $Fe_{0,91}S$ tem massa igual a 0,08288 kg.
6. Um mol de e^- tem massa igual a $5,4860 \times 10^{-7}$ kg.
7. Um mol de uma mistura contendo 78,09 moles % de N_2, 20,95 moles % de O_2 e 0,93 moles % de Ar e 0,03 moles % de CO_2 tem massa igual a 0,028964 kg.

1.12. Equação de estado de um gás ideal

Duas quaisquer das três variáveis P, V e T são suficientes para especificar o estado de uma dada quantidade de gás e para fixar o valor da terceira variável. A Eq. (1.14) é uma expressão para a variação de P com V a T constante, e a Eq. (1.17) é uma expressão para a variação de V com T a P constante.

$$PV = \text{const.} \quad \text{(a } T \text{ constante)}$$

$$\frac{V}{T} = \text{const.} \quad \text{(a } P \text{ constante)}$$

Pode-se facilmente combinar estas duas relações para obter

$$\frac{PV}{T} = \text{const.} \tag{1.18}$$

É óbvio que esta expressão contém as outras duas como casos especiais.

O próximo problema é o cálculo da constante da Eq. (1.18). A equação estabelece que o produto PV dividido por T é sempre o mesmo para todos os estados especificados do gás. Portanto, se se conhece esses valores para qualquer estado, pode-se deduzir o valor da constante. Tomemos como estado de referência um gás ideal a 1 atm de pressão (P_0) e a 273,15 K. O volume nessas condições é $22\,414 \text{ cm}^3 \cdot \text{mol}^{-1}(V_0/n)$. De acordo com a Lei de Avogadro (Sec. 4.2), este volume é o mesmo para todos os gases ideais. Se se trabalha com n moles do gás ideal no estado de referência, a Eq. (1.18) passará a

$$\frac{PV}{T} = \frac{P_0 V_0}{T_0} = \frac{(1 \text{ atm})(n)(22\,414 \text{ cm}^3)}{273,15 \text{ K}} = 82,057n \text{ cm}^3 \cdot \text{atm} \cdot \text{K}^{-1}$$

$$\frac{PV}{T} = nR$$

A constante R é denominada *constante dos gases por mol*. É comum escrever-se esta equação da seguinte maneira

$$PV = nRT \tag{1.19}$$

A Eq. (1.19) é chamada *equação de estado de um gás ideal* e é uma das relações mais úteis na físico-química. Contém as três leis dos gases: de Boyle, de Gay-Lussac e de Avogadro.

Obtivemos inicialmente a constante dos gases R em unidades $\text{cm}^3 \cdot \text{atm} \cdot \text{K}^{-1} \cdot \text{mol}^{-1}$. Note-se que o produto $\text{cm}^3 \cdot \text{atm}$ possui dimensões de energia. Alguns valores convenientes de R em várias unidades estão reunidos na Tab. 1.1.

A Eq. (1.19) permite o cálculo da massa de 1 mol do gás M a partir de medidas de sua densidade. Se se determina a massa m de um gás, numa ampola de gás de volume

Sistemas físico-químicos

Tabela 1.1 Valores da constante universal dos gases R
em várias unidades

(SI):	J·K^{-1}·mol^{-1}	8,31431
	cal·K^{-1}·mol^{-1}	1,98717
	cm^3·atm·K^{-1}·mol^{-1}	82,0575
	l·atm·K^{-1}·mol^{-1}	0,0820575

V, a densidade é $\rho = m/V$. A quantidade de gás é $n = m/M$. Portanto, a partir da Eq.
(1.19) obtém-se

$$M = \frac{RT\rho}{P}$$

1.13. A equação de estado e as relações PVT

Escolhendo-se P e V como variáveis independentes, a temperatura de uma certa
quantidade n de uma substância pura é uma função de P e V. Assim, se $V_m = V/n$,

$$T = f(P, V_m) \tag{1.20}$$

Para qualquer valor fixo de T, esta equação define uma *isoterma* da substância considerada. O estado da substância em equilíbrio térmico pode ser fixado especificando-se
duas quaisquer das três variáveis, pressão, volume molar e temperatura. A terceira variável
pode então ser encontrada resolvendo-se a Eq. (1.20). A Eq. (1.20) é uma forma geral
da *equação de estado*. Se não se desejar especificar uma variável independente particular,
poderá ser escrita como $g(P, V_m, T) = 0$; por exemplo, $(PV - nRT) = 0$.

Em termos geométricos, o estado de um fluido puro em equilíbrio pode ser representado por um ponto numa superfície tridimensional descrita pelas variáveis P, V e T.
A Fig. 1.6(a) mostra uma dessas superfícies PVT para um gás ideal. As linhas isotérmicas
que unem pontos a temperatura constante são mostrados na Fig. 1.6(b) projetadas sobre
o plano PV. A projeção das linhas de volume constante no plano PT origina as *isócoras*
ou *isométricas* mostradas na Fig. 1.6(c). Para gases não-ideais não se obteriam retas.
Linhas de pressão constante denominam-se *isóbaras*.

A inclinação de uma curva isobárica fornece a taxa de variação do volume com
a temperatura a pressão constante escolhida. Esta inclinação pode ser escrita $(\partial V/\partial T)_P$.
É uma derivada parcial porque V é uma função de duas variáveis T e P. A mudança
fracional de V com T é α, a expansividade térmica

$$\alpha = \frac{1}{V}\left(\frac{\partial V}{\partial T}\right)_P \tag{1.21}$$

Note-se que as dimensões de α são de T^{-1}.

Da mesma maneira, a inclinação de uma curva isotérmica dá a variação do volume
com a pressão a temperatura constante. Define-se β, a *compressibilidade isotérmica* de
uma substância como

$$\beta = \frac{-1}{V}\left(\frac{\partial V}{\partial P}\right)_T \tag{1.22}$$

O sinal negativo é introduzido pois um aumento de pressão diminui o volume e assim
$(\partial V/\partial P)_T$ é negativo. As dimensões de β são de P^{-1}.

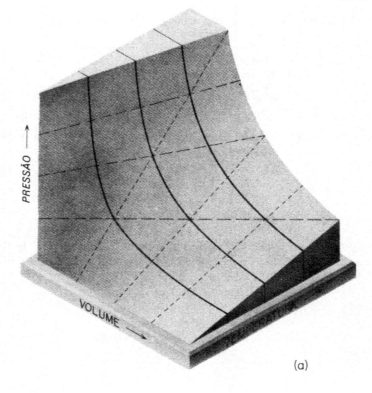

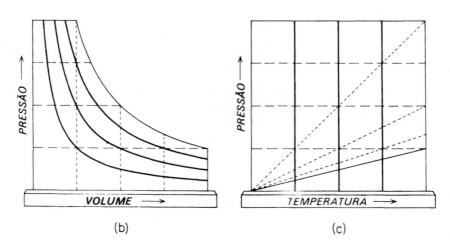

Figura 1.6 (a) Superfície PVT de um gás ideal. As linhas contínuas são isotermas, as tracejadas são isóbaras e as pontilhadas, isométricas. (b) Projeção da superfície PVT sobre o plano PV, mostrando as isotermas. (c) Projeção da superfície PVT sobre o plano PT, mostrando as isométricas. Conforme F. W. Sears, *An Introduction to Thermodynamics* (Cambridge, Mass., Addison-Wesley, 1950)

Sistemas físico-químicos

Como o volume é uma função tanto de T como P, a variação diferencial do volume pode ser escrita[16]

$$dV = \left(\frac{\partial V}{\partial T}\right)_P dT + \left(\frac{\partial V}{\partial P}\right)_T dP \qquad (1.23)$$

A Eq. (1.23) pode ser ilustrada graficamente pela Fig. 1.7, que mostra uma seção da superfície PVT em um gráfico onde V é o eixo vertical. A área $abcd$ representa um elemento infinitesimal da área da superfície obtido da interseção de planos paralelos aos determinados por VT e VP com a superfície PVT considerada. Consideremos que começamos com um estado de um gás especificado pelo ponto a, correspondente aos valores das variáveis de estado especificados por V_a, P_a e T_a. Agora, imagine-se uma variação em P e T pelas quantidades infinitesimais $P + dP$ e $T + dT$. O novo estado do sistema é representado pelo ponto c. A variação em V é

$$dV = V_c - V_a = (V_b - V_a) + (V_c - V_b)$$

Vemos, contudo, que $V_b - V_a$ é a variação em V que ocorreria se P fosse mantida constante e apenas a temperatura tivesse variado. A inclinação da linha ab é, portanto,

$$\lim_{\substack{T \to 0 \\ (P\,\text{const})}} \frac{V_b - V_a}{T_b - T_a} = \left(\frac{\partial V}{\partial T}\right)_P$$

Uma variação infinitesimal $V_b - V_a$ é, então, $(\partial V/\partial T)_P dT$. Da mesma maneira, podemos ver que $V_c - V_b$ é $(\partial V/\partial P)_T dP$. Portanto, a variação total em V é a soma dessas duas variações parciais, como é mostrada na Eq. (1.23). Para estas variações infinitesimais, como se mostra na Fig. 1.7, é indiferente qual das variações parciais seja considerada primeiro.

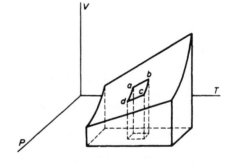

Figura 1.7 A superfície $V(P, T)$ para ilustrar as derivadas parciais $\left(\frac{\partial V}{\partial T}\right)_P$ e $\left(\frac{\partial V}{\partial P}\right)_T$

Podemos deduzir uma relação muito interessante entre os coeficientes das diferenciais parciais. Resolvendo a Eq. (1.23) obtemos

$$dP = \frac{1}{(\partial V/\partial P)_T} dV - \frac{(\partial V/\partial T)_P}{(\partial V/\partial P)_T} dT$$

Mas também por analogia à Eq. (1.23) que é uma forma geral,

$$dP = \left(\frac{\partial P}{\partial V}\right)_T dV + \left(\frac{\partial P}{\partial T}\right)_V dT$$

---

[16] W. A. Granville, P. F. Smith, W. R. Longley, *Elements of Calculus* (Boston: Ginn & Company, 1957), p. 445. A diferencial total de uma função de várias variáveis independentes é a soma das variações diferenciais que seriam causadas pela variação de cada variável separadamente. Isto é verdade pois a variação de uma variável não influencia a variação da outra variável independente

Os coeficientes de dT devem ser iguais, portanto

$$\left(\frac{\partial P}{\partial T}\right)_V = \frac{-(\partial V/\partial T)_P}{(\partial V/\partial P)_T} = \frac{\alpha}{\beta} \tag{1.24}$$

A variação de P com T para qualquer substância pode, portanto, ser facilmente calculada quando se conhecem α e β. Um exemplo interessante é o sugerido por um acidente comum de laboratório, o de quebrar um termômetro de mercúrio por superaquecimento. Se um termômetro for enchido com mercúrio a 50 °C, que pressão se desenvolverá dentro do termômetro se for aquecido a 52 °C? Para o mercúrio, nestas condições, $\alpha = 1.8 \times 10^{-4}\,°C^{-1}$ e $\beta = 3.9 \times 10^{-6}\,atm^{-1}$. Portanto, $(\partial P/\partial T)_V = \alpha/\beta = 46\,atm \cdot °C^{-1}$. Para $\Delta T = 2\,°C$ e $\Delta P = 92$ atm. Não é surpreendente que apenas um ligeiro superaquecimento quebre o termômetro.

1.14. O comportamento PVT de gases reais

As relações de pressão, volume e temperatura (PVT) para gases, líquidos e sólidos de preferência deveriam ser resumidas sucintamente na forma de equações de estado do tipo geral da Eq. (1.20). Apenas no caso dos gases tem-se feito considerável progresso no desenvolvimento dessas equações de estado. São obtidas pela correlação de dados PVT empíricos e também a partir de considerações teóricas baseadas na estrutura atômica e molecular. Essas teorias estão muito mais desenvolvidas para os gases, porém progressos recentes na teoria dos sólidos e dos líquidos parecem prometer que equações de estado apropriadas possam ser desenvolvidas também nesses casos.

A equação do gás ideal $PV = nRT$ descreve o comportamento PVT de gases reais apenas numa primeira aproximação. Um modo conveniente de mostrar esses desvios da idealidade é escrever para o gás real

$$PV = znRT \tag{1.25}$$

O fator z é chamado *fator de compressibilidade*. É igual a PV/nRT. Para um gás ideal, $z = 1$, e o desvio de idealidade será medido pelo desvio do fator de compressibilidade da unidade. A extensão dos desvios da idealidade depende da temperatura e da pressão, e assim z é função de T e P. Algumas curvas do fator de compressibilidade são mostradas na Fig. 1.8; são determinadas medindo-se experimentalmente os volumes das substâncias a diferentes pressões. (Os dados de NH_3 e C_2H_4 a elevadas pressões já correspondem a dados de substâncias líquidas.)

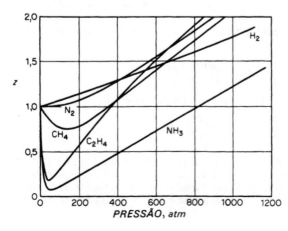

Figura 1.8 Fatores de compressibilidade $z = PV/nRT$ a 0 °C

Sistemas físico-químicos

1.15. Lei dos estados correspondentes

Consideremos um líquido em equilíbrio, com o seu vapor, em certas temperatura e pressão. Esta pressão de equilíbrio é denominada *pressão de vapor* do líquido. O líquido é mais denso que o vapor e, no caso de uma amostra da substância num tubo fechado e transparente, vê-se um menisco entre o líquido e o vapor indicando a coexistência das duas fases. Acima de uma certa temperatura, a temperatura crítica T_c apenas existe numa fase, independentemente de quanta pressão se aplique ao sistema. Diz-se que a substância acima da T_c está no *estado fluido*.

A pressão necessária para liquefazer o fluido na T_c é a *pressão crítica* P_c. O volume molar ocupado pela substância na T_c e P_c é o *volume crítico* V_c. Na Tab. 1.2 estão coletados os valores das constantes críticas para várias substâncias.

Tabela 1.2 Pontos críticos e constantes de Van Der Waals

Fórmula	$T_c(K)$	P_c(atm)	V_c(cm$^3 \cdot$mol^{-1})	$10^{-4}a$ (cm$^6 \cdot$atm$\cdot$mol^{-2})	b(cm$^3 \cdot$mol^{-1})
He	5,3	2,26	61,6	3,41	23,7
H_2	33,3	12,8	69,7	24,4	26,6
N_2	126,1	33,5	90,0	139	39,1
CO	134,0	34,6	90,0	149	39,9
O_2	154,3	49,7	74,4	136	31,8
C_2H_4	282,9	50,9	127,5	447	57,1
CO_2	304,2	72,8	94,2	359	42,7
NH_3	405,6	112,2	72,0	417	37,1
H_2O	647,2	217,7	55,44	546	30,5
Hg	1735,0	1036,0	40,1	809	17,0

As razões entre os valores de P, V e T e os valores críticos P_c, V_c e T_c são chamadas pressão, volume e temperatura *reduzidas*. Estas variáveis reduzidas podem ser escritas

$$P_R = \frac{P}{P_c}, \qquad V_R = \frac{V}{V_c}, \qquad T_R = \frac{T}{T_c} \qquad (1.26)$$

Em 1881, Van Der Waals mostrou que uma aproximação muito razoável, especialmente para pressões moderadas, válida para todos os gases seria uma equação de estado expressa em termos das variáveis reduzidas P_R, T_R, V_R, isto é, $V_R = f(P_R, T_R)$. Propôs chamar esta lei de *lei dos estados correspondentes*. Se esta lei fosse válida, a *razão crítica* P_cV_c/RT_c deveria ser a mesma para todos os gases. Realmente, como se pode verificar pela leitura dos dados da Tab. 1.2, a razão varia de 3 a 5 para os gases comuns.

Engenheiros químicos e todos os que trabalham e se interessam pelas propriedades de gases a elevadas pressões prepararam extensivamente gráficos úteis que mostram a variação do fator de compressibilidade z, com P e T, e encontraram que, com uma boa aproximação, mesmo a elevadas pressões z aparece como função universal de P_R e T_R.

$$z = f(P_R, T_R) \qquad (1.27)$$

Esta regra é ilustrada na Fig. 1.9 para diversos gases, onde gráficos de $z = PV/nRT$ são mostrados em função da pressão reduzida para várias temperaturas reduzidas. A pressões moderadas, a concordância é boa dentro de cerca de 1%.

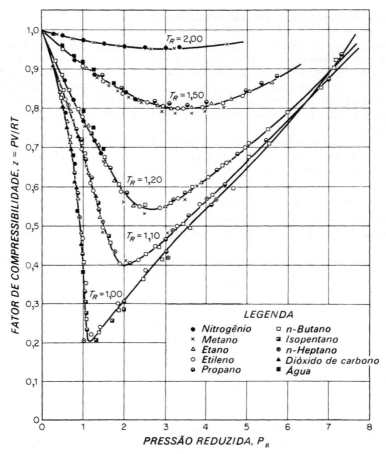

Figura 1.9 Fatores de compressibilidade em função das variáveis de estado reduzidas. Gong-Jen Su, *Ind. Eng. Chem.* **38**, 803 (1946)

1.16. Equações de estado para gases

Como a equação de estado foi escrita em termos das variáveis reduzidas, como $F(P_R, V_R) = T_R$, ela contém pelos menos duas constantes independentes, características do gás em questão, isto é, P_c e V_c. Muitas equações de estado, propostas com bases semi--empíricas, servem para representar os dados PVT mais exatamente do que a equação do gás ideal. Várias das equações mais bem conhecidas contêm também duas constantes adicionais. Por exemplo, a equação de Van Der Waals,

$$\left(P + \frac{n^2 a}{V^2}\right)(V - nb) = nRT \qquad (1.28)$$

e a equação de D. Berthelot,

$$\left(P + \frac{n^2 A}{TV^2}\right)(V - nB) = nRT \qquad (1.29)$$

Sistemas físico-químicos

A equação de Van Der Waals é uma representação razoavelmente boa dos dados de PVT para gases na faixa de desvios moderados da idealidade. Por exemplo, consideremos os seguintes valores em litros-atmosfera do produto PV para um mol de dióxido de carbono a 40 °C, observados experimentalmente e calculados pela equação de Van Der Waals. Temos escrito $V_m = V/n$ para o volume por mol.

P, atm	1	10	50	100	200	500	1 100
PV_m, obs.	25,57	24,49	19,00	6,93	10,50	22,00	40,00
PV_m, calc.	25,60	24,71	19,75	8,89	14,10	29,70	54,20

As constantes a e b são calculadas ajustando-se a equação aos dados experimentais de PVT ou a partir das constantes críticas do gás. Alguns valores das constantes de Van Der Waals a e b estão incluídos na Tab. 1.2. A equação de Berthelot é um pouco melhor que a de Van Der Waals para pressões não muito maiores que 1 atm e é preferida para uso geral nesta faixa.

1.17. A região crítica

O comportamento de um gás nas vizinhanças da região crítica foi estudado primeiramente por Thomas Andrews, em 1869, numa série clássica de medidas com o dióxido de carbono. Os resultados das determinações de A. Michels no caso de isotermas em torno da temperatura crítica de 31,01 °C são mostrados na Fig. 1.10.

Considere-se a isoterma a 30,4 °C, temperatura esta superior a T_c. À medida que o vapor é comprimido, a curva PV segue inicialmente AB, que é aproximadamente uma isoterma da Lei de Boyle. Quando o ponto B for atingido, surgirá um menisco e começará a formação de líquido. Compressões posteriores ocorrem então a pressão constante até que o ponto C seja atingido e, neste ponto, todo vapor foi convertido em líquido. A curva CD é uma isoterma do dióxido de carbono líquido e sua inclinação abrupta indica a baixa compressibilidade do líquido.

À medida que se tornam isotermas a temperaturas mais elevadas, percebe-se que os pontos de descontinuidade B e C vão se aproximando gradualmente, até 31,01 °C, onde coalescem, e não se observa aparecimento de uma segunda fase. Esta isoterma corresponde à temperatura crítica do dióxido de carbono. Isotermas obtidas em temperaturas acima da T_c não exibem formação de uma segunda fase a despeito da aplicação de uma elevada pressão.

Acima da temperatura crítica não há uma razão para fazer uma distinção entre líquido e vapor, pois há uma completa *continuidade de estados*, que pode ser demonstrada seguindo-se o caminho $EFGH$. O vapor no ponto E, a uma temperatura abaixo da T_c, é aquecido a volume constante até o ponto F, acima da T_c. É então comprimido ao longo da isoterma FG e finalmente resfriado a volume constante ao longo de GH. No ponto H, abaixo da T_c, o dióxido de carbono existe sob forma líquida, mas em nem um ponto ao longo deste caminho coexistem as duas fases, líquido e vapor. Deve-se concluir que a transformação de vapor em líquido ocorre suave e continuamente.

1.18. A equação de Van Der Waals e a liquefação de gases

A equação de Van Der Waals é uma representação razoavelmente exata para os dados PVT de gases em condições de desvios moderados da idealidade. Quando se aplica a equação dos gases a estados que desviam muito da idealidade, não obtemos uma representação quantitativa dos dados, mas ainda obtemos um quadro qualitativo interessante. Um exemplo típico é mostrado na Fig. 1.10, onde as isotermas de Van Der Waals, desenhadas como linhas interrompidas, são comparadas com as isotermas experimentais

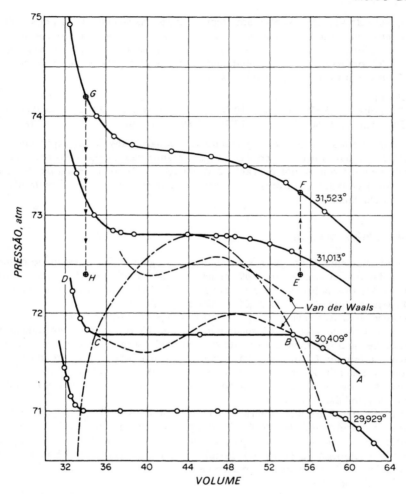

Figura 1.10 Isotermas do dióxido de carbono nas proximidades do ponto crítico. Michels, Blaisse e Michels, *Proc. Roy. Soc. A.* **160**, 367 (1937)

para o dióxido de carbono nas vizinhanças do ponto crítico. A equação de Van Der Waals é uma representação adequada das isotermas para o vapor homogêneo ou mesmo para o líquido hemogêneo.

Como se pode esperar, a equação não pode representar as descontinuidades que surgem durante a liquefação. Em vez da reta experimental, exibe um máximo e um mínimo na região bifásica. Notamos que à medida que a temperatura se aproxima da T_c, o máximo e o mínimo se aproximam gradualmente um do outro. No próprio ponto crítico, torna-se um ponto de inflexão da curva PV. A condição analítica para um máximo é que $(\partial P/\partial V)_T = 0$ e $(\partial^2 P/\partial V^2)_T < 0$; para um mínimo $(\partial P/\partial V)_T = 0$ e $(\partial^2 P/\partial V^2)_T > 0$. No ponto de inflexão, tanto a primeira como a segunda derivada são nulas, $(\partial P/\partial V)_T = = 0 = (\partial^2 P/\partial V^2)_T$.

De acordo com a equação de Van Der Waals, portanto, as três equações seguintes devem ser obedecidas, simultaneamente, no ponto crítico ($T = T_c$, $V = V_c$, $P = P_c$) para 1 mol de gás, $n = 1$:

Sistemas físico-químicos

$$P_c = \frac{RT_c}{V_c - b} - \frac{a}{V_c^2}$$

$$\left(\frac{\partial P}{\partial V}\right)_T = 0 = \frac{-RT_c}{(V_c - b)^2} + \frac{2a}{V_c^3}$$

$$\left(\frac{\partial^2 P}{\partial V^2}\right)_T = 0 = \frac{2RT_c}{(V_c - b)^3} - \frac{6a}{V_c^4}$$

Quando estas equações são resolvidas, encontramos para as constantes críticas

$$T_c = \frac{8a}{27bR}, \qquad V_c = 3b, \qquad P_c = \frac{a}{27b^2} \tag{1.30}$$

Os valores para as constantes de Van Der Waals e para R podem ser calculados a partir dessas equações. Prefere-se, contudo, considerar R como uma constante universal e obter a melhor concordância ajustando apenas a e b. Então, a Eq. (1.30) fornece a relação $P_c V_c / T_c = 3R/8$ para todos os gases.

Em termos das variáveis de estado reduzidas, P_R, V_R e T_R, obtêm-se para a Eq. (1.30)

$$P = \frac{a}{27b^2} P_R, \qquad V = 3bV_R, \qquad T = \frac{8a}{27Rb} T_R$$

A equação de Van Der Waals então pode ser escrita como

$$\left(P_R + \frac{3}{V_R^2}\right)\left(V_R - \frac{1}{3}\right) = \frac{8}{3} T_R \tag{1.31}$$

Uma equação de estado reduzida, semelhante à Eq. (1.31), pode ser obtida a partir de uma equação de estado que contenha apenas três constantes arbitrárias, tais como a, b e R, desde que possua uma forma algébrica capaz de dar um ponto de inflexão. A equação de Berthelot é comumente usada na seguinte forma, aplicável a pressões da ordem de 1 atm:

$$P_R V_R = nR'T_R\left[1 + \frac{9}{128}\frac{P_R}{T_R}\left(1 - \frac{6}{T_R^2}\right)\right] \tag{1.32}$$

sendo $R' = R(T_c/P_c V_c)$.

1.19. Outras equações de estado

Para representar o comportamento de gases com maior exatidão, especialmente a elevadas pressões ou perto das temperaturas de condensação, devem-se utilizar expressões que possuam mais de dois parâmetros ajustáveis. Considere-se, por exemplo, uma *equação virial* semelhante à de Kammerlingh-Onnes, obtida em 1901:

$$\frac{PV}{nRT} = 1 + \frac{B(T)n}{V} + \frac{C(T)n^2}{V^2} + \frac{D(T)n^3}{V^3} + \cdots \tag{1.33}$$

Aqui, B, C, D etc., funções da temperatura, são chamadas segundo, terceiro, quarto, etc. *coeficientes viriais*. A Fig. 1.11 mostra os segundos coeficientes viriais B de vários gases em função da temperatura. Este B é uma propriedade importante em cálculos teóricos de gases imperfeitos[17].

[17]Veja, por exemplo, T. L. Hill, *Introduction to Statistical Thermodynamics* (Reading, Mass.: Addison-Wesley Publishing Co., Inc., 1960), Cap. 15

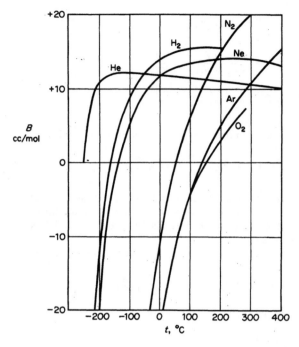

Figura 1.11 O segundo coeficiente inicial B de vários gases em função da temperatura

A equação virial pode ser estendida a tantos termos quantos forem necessários para representar os dados PVT a qualquer exatidão desejada. Pode ser aplicada também a misturas de gases e, nesses casos, fornece valiosos dados sobre o efeito de forças intermoleculares entre moléculas idênticas e diferentes[18].

Uma das melhores equações empíricas foi a proposta por Beattie e Bridgeman[19]. Esta equação contém cinco constantes além de R e reproduz os dados PVT sobre uma faixa muito ampla de pressões e temperaturas, mesmo próximo do ponto crítico, dentro de 0,5%. Uma equação com oito constantes, baseada num modelo razoável de fluidos densos, foi descrita e reproduz as isotermas na região líquida bastante bem[20].

1.20. Misturas de gases ideais

Pode-se especificar uma mistura definindo a quantidade de cada substância componente nela contida, $n_1, n_2, \ldots, n_j \ldots$. A quantidade total de todos os componentes é

$$n = \sum_{j=1}^{c} n_j$$

A composição da mistura pode ser convenientemente descrita em termos da *fração molar* X_j de cada componente,

$$X_j = \frac{n_j}{n} = \frac{n_j}{\sum n_j} \tag{1.34}$$

[18] Um exemplo é o sistema metano-tetrafluorometano, estudado por D. R. Douslin, R. H. Harrison e R. T. Moore, *J. Phys. Chem.* **71**, 3 477 (1967). Este artigo ilustra o contínuo interesse no trabalho experimental sobre as propriedades fundamentais de gases (ver a Tab. 1.3)
[19] J. A. Beattie e O. C. Bridgeman, *Proc. Am. Acad. Artg. Sci.* **63**, 229 (1928)
[20] M. Benedict, G. W. Webb e L. C. Rubin, *J. Chem. Phys.* **10**, 747 (1942)

Sistemas físico-químicos

Outra maneira para especificar a composição é a *concentração*,

$$c_j = \frac{n_j}{V} \tag{1.35}$$

A unidade SI de concentração é o mol por metro cúbico, mas o mol por decímetro cúbico é mais comumente empregado[21].

Se o sistema considerado for uma mistura de gases, podemos definir a *pressão parcial* P_j, de qualquer componente particular, como a pressão que aquele gás exerceria se ocupasse sozinho todo o volume. Conhecendo a concentração de um componente gasoso na mistura, podemos calcular sua pressão parcial a partir dos dados PVT ou de equação de estado. Para gases reais, não se espera que a soma dessas pressões parciais seja igual à pressão total da mistura. Mesmo que cada gás individualmente se comporte como um gás ideal, com

$$P_j = c_j RT \tag{1.36}$$

é possível que interações específicas entre gases diferentes cause P_j diferente da P. Desta maneira, é necessária uma definição separada de uma *mistura de gases ideal* como aquela para a qual

$$P = P_1 + P_2 + \cdots + P_c = \sum P_j \tag{1.37}$$

É chamada *lei das pressões parciais de Dalton*. Representa o comportamento de um tipo especial de mistura gasosa. É chamada de *lei* por razões históricas, pois muitas misturas de gases em pressões e temperaturas ordinárias seguem-na tanto quanto os gases individuais obedecem à lei do gás ideal.

Quando cada gás individualmente se comporta de maneira ideal, o sistema é uma *mistura ideal de gases ideais*:

$$P = RT(c_1 + c_2 + \cdots + c_c) = RT \sum c_j$$

$$P = \frac{RT}{V} \sum n_j$$

como

$$P_j = \frac{RT}{V} n_j$$

tem-se

$$P_j = X_j P \tag{1.38}$$

A pressão parcial de cada gás numa mistura ideal de gases ideais é igual ao produto de sua fração molar pela pressão total.

1.21. Misturas de gases não-ideais

O comportamento PVT de uma mistura de gases a uma dada composição constante pode ser determinado da mesma maneira como se fosse apenas um único gás puro. Os dados podem então ser ajustados a uma equação de estado. Quando esses dados forem obtidos para misturas de diferentes composições, verifica-se que os parâmetros das equações de estado dependem da composição da mistura.

A equação virial é a mais adequada para representar as propriedades PVT de misturas gasosas, pois relações teóricas entre os coeficientes podem ser obtidas da termo-

---

[21]O *litro* (l) é definido como 10^{-3} m^3 ou 1 dm^3. Por exemplo, uma solução com concentração 1,63 mol·dm^{-3} é comumente chamada solução 1,63 molar

26 FÍSICO-QUÍMICA

dinâmica estatística. Por exemplo, o segundo coeficiente virial B_m ou de uma mistura binária de gases é

$$B_m = X_1^2 B_{11} + 2X_1 X_2 B_{12} + X_2^2 B_{22} \qquad (1.39)^{[22]}$$

sendo X_1 e X_2 as frações molares dos dois componentes. O coeficiente B_{12} representa a contribuição ao segundo coeficiente virial devida à interação específica de gases diferentes. A Tab. 1.3 é um exemplo de dados preciosos dos segundos coeficientes viriais.

Tabela 1.3 Os segundos coeficientes viriais para misturas equimolares de CH_4 e CF_4

K	$B_1(CH_4)$ $(cm^3 \cdot mol^{-1})$	$B_2(CF_4)$ $(cm^3 \cdot mol^{-1})$	B_{12} $(cm^3 \cdot mol^{-1})$
273,15	−53,35	−111,00	−62,07
298,15	−42,82	−88,30	−48,48
323,15	−34,23	−70,40	−37,36
348,15	−27,06	−55,70	−28,31
373,15	−21,00	−43,50	−20,43
423,15	−11,40	−24,40	−8,33
473,15	−4,16	−10,10	+1,02
523,15	+1,49	+1,00	8,28
573,15	5,98	9,80	14,10
623,15	9,66	17,05	18,88

1.22. Os conceitos de calor e capacidade calorífica

As observações experimentais que levaram ao conceito de temperatura também conduziram ao de *calor*, mas por muito tempo os estudiosos não distinguiam claramente esses dois conceitos, utilizando muitas vezes o mesmo nome para ambos, calor ou calórico.

O excelente trabalho de Joseph Black sobre *calorimetria*, a medida de trocas de calor, foi publicada em 1803, quatro anos após sua morte. Em suas aulas sobre Fundamentos de Química, mostrou a distinção entre o fator intensivo *temperatura* e o fator extensivo *quantidade de calor*. Black demonstrou que o equilíbrio exigia uma igualdade de temperatura e não implicava a igualdade de "quantidades de calor" em corpos diferentes.

Procedeu então a investigação da capacidade de calor ou quantidade de calor necessária para aumentar a temperatura de diferentes corpos de um certo número de graus.

"A suposição original era a de que as quantidades de calor necessárias para aumentar o calor de diferentes corpos, do mesmo número de graus, eram diretamente proporcionais à quantidade de matéria em cada um deles. (...) Mas, assim que comecei a pensar neste assunto (em 1760), percebi que esta opinião era um engano e que as quantidades de calor que diferentes espécies de matéria devem receber para conduzi-las a um equilíbrio mútuo, ou para elevar suas temperaturas de um mesmo número de graus, não são proporcionais à quantidade de matéria de cada uma, mas em proporções totalmente diferentes para os quais não se pode ainda atribuir a nenhum princípio geral ou razão".

Ao explicar suas experiências, Black admitiu que o calor se comportava como uma substância que podia fluir de um corpo a outro, mas cuja quantidade total permaneceria sempre constante. Esta idéia de calor como uma substância foi totalmente aceita naquela

[22] J. E. Lennard-Jones e W. R. Cook, *Proc. Roy. Soc. (London)* **A 115**, 334 (1927)

Sistemas físico-químicos

época. O próprio Lavoisier incluiu o *calórico* na sua *Tabela de Elementos Químicos*. No tipo de experiências realizadas geralmente em *calorimetria*, o calor se comporta, de fato, de maneira muito semelhante a um fluido sem peso, mas este comportamento é a conseqüência de certas condições especiais. Consideremos uma experiência típica: um pedaço de metal de massa m_2 a temperatura T_2 é introduzido num recipiente isolado contendo uma massa m_1 de água a temperatura T_1. Impomos as seguintes condições: (1) o sistema está isolado das vizinhanças; (2) desprezaram-se todas as variações provenientes do recipiente; (3) não existem mudanças do tipo de vaporização, fusão ou solução em ambas as substâncias, e não ocorrem reações químicas. Nessas condições restritas, o sistema atinge finalmente a temperatura T, entre T_1 e T_2, e as temperaturas estão relacionadas por uma equação do tipo

$$c_2 m_2 (T_2 - T) = c_1 m_1 (T - T_1) \qquad (1.40)$$

Aqui, c_2 é o *calor específico* do metal e $c_2 m_2 = C_2$ é a *capacidade calorífica* da massa de metal utilizada. As quantidades correspondentes para a água são c_1 e $c_1 c_m = C_1$. O calor específico é a capacidade calorífica por unidade de massa.

A Eq. (1.40) tem a forma de uma equação de conservação como a Eq. (1.12). Nas condições estritas desta experiência, é permissível considerar que o calor é conservado e flui da substância mais quente para a mais fria até que suas temperaturas se igualem. O fluxo de calor é

$$q = C_2 (T_2 - T) = C_1 (T - T_1) \qquad (1.41)$$

Uma definição mais exata de calor será dada no próximo capítulo.

A *unidade de calor* foi originalmente definida em termos deste tipo de experiência em calorimetria. A *caloria-grama* era o calor absorvido por 1 g de água para elevar sua temperatura de 1 °C. Seguiu-se que o calor específico da água era 1 cal por °C.

Experiências mais cuidadosas mostraram que o próprio calor específico era uma função da temperatura. Era, portanto, necessário redefinir a caloria, especificando a faixa de temperatura na qual estava sendo medida. Escolheu-se como padrão 15°, provavelmente devido à falta de aquecimento central nos laboratórios europeus. Isto é, o calor necessário para elevar a temperatura de 1 g de água de 14,5 °C para 15,5 °C. Finalmente, outra mudança na definição de caloria mostrou-se necessária. Medidas elétricas eram capazes de fornecer dados de maior precisão que as calorimétricas. A 9.ª Conferência Internacional de Pesos e Medidas (1948) recomendou o *joule* (volt coulomb) como unidade de calor[23]. A unidade SI de capacidade calorífica é o joule por Kelvin ($J \cdot K^{-1}$).

Como a capacidade calorífica é uma função da temperatura, deve ser definida precisamente apenas em termos de um fluxo diferencial de calor dq e da variação dT de temperatura. Assim, no limite, a Eq. (1.41) se torna

$$dq = C \, dT \quad \text{ou} \quad C = \frac{dq}{dT} \qquad (1.42)$$

1.23. Trabalho nas variações de volume

Na discussão da transferência de calor focalizamos apenas um caso simples de um sistema isolado que não pode interagir mecanicamente com sua vizinhança: se esta res-

---

[23]A caloria é, contudo, ainda popular entre os químicos e o National Bureau of Standards *define* a *caloria* como exatamente igual a 4,1840 J. Em sua publicação de 1972, o Bureau planejava interromper o uso da caloria

Tal medida foi realmente tomada pelo Bureau e é recomendada pela União Internacional de Química Pura e Aplicada (N. do T.)

28 FÍSICO-QUÍMICA

trição não for aplicável, o sistema poderá executar trabalho sobre seu meio ambiente ou deste receber trabalho. Assim, em certos casos, apenas uma parte do calor adicionada por uma substância causa um aumento de temperatura e a restante é utilizada para o trabalho de expansão da substância. A quantidade de calor que deve ser adicionada para produzir uma certa variação de temperatura depende do processo pelo qual a mudança é efetuada.

O elemento diferencial de trabalho foi definido na Eq. (1.3) como $dw = F\,dr$, o produto de uma força pelo deslocamento de seu ponto de aplicação, quando ambos tiverem a mesma direção. A Fig. 1.3 mostrou um sistema termodinâmico simples, um fluido confinado em um cilindro munido de um pistão móvel que se desloca sem atrito. A pressão externa sobre o pistão de área A é $P_{ex} = F/A$. Se o pistão for deslocado por uma distância dr na direção da força F, o elemento de trabalho é

$$dw = \frac{F}{A} \cdot A\,dr = P_{ex}A\,dr = P_{ex}\,dV$$

Este é o trabalho realizado pela força. Na mecânica, o trabalho está sempre associado à força. Esta pode agir sobre um ponto de massa ou sobre uma coleção de pontos de massa ou sobre um corpo contínuo ou sistema. Dados as forças e os respectivos deslocamentos de seus pontos de aplicação, podemos calcular o trabalho.

Na termodinâmica, contudo, a atenção é dirigida ao sistema (uma parte definida do universo) e vizinhança (o resto do universo). Fala-se do trabalho realizado *sobre* o sistema, e do trabalho realizado *pelo* sistema sobre o ambiente. Adota-se a convenção internacional de que o trabalho realizado sobre o sistema é positivo enquanto o trabalho realizado *pelo* sistema é negativo[24]. Portanto, escreve-se para o *trabalho realizado pelo sistema*,

$$dw = -P_{ex}\,dV \qquad (1.43)$$

Como dV é negativo para uma compressão, o trabalho feito por uma força externa atuando sobre o sistema é positivo de acordo com a nossa convenção.

Note-se que o cálculo do trabalho exige que se conheça a *pressão externa*, P_{ex}, sobre o sistema. Não exige que o sistema esteja em equilíbrio com esta pressão externa. Se a pressão for *mantida constante* durante uma compressão finita de V_1 a V_2, pode-se calcular o trabalho feito sobre o fluido por integração da Eq. (1.43):

$$w = \int_{V_1}^{V_2} - P_{ex}\,dV = -P_{ex} \int_{V_1}^{V_2} dV = -P_{ex}(V_2 - V_1) = -P_{ex}\,\Delta V \qquad (1.44)$$

Se uma variação finita de volume for realizada, de maneira que a pressão externa possa ser conhecida a cada estado sucessivo da expansão ou da compressão, podemos obter um gráfico do processo de P_{ex} em função do volume V. Este gráfico é chamado *diagrama indicador*; um exemplo pode ser visto na Fig. 1.12(a). O trabalho realizado pelo sistema é igual à área sob a curva.

O trabalho realizado ao se ir do ponto A ao B no diagrama $P_{ex} - V$ depende do caminho particular percorrido. Considere-se, por exemplo, dois caminhos diferentes de A até B, mostrados na Fig. 1.12(b). Mais trabalho será realizado seguindo-se o caminho ADB que ACB, pois a área sob a curva ADB é maior. Indo-se de A a B pelo caminho ADB e retornando A ao longo de BCA, completamos um *processo cíclico*. O trabalho

---

[24]Alguns autores adotaram a convenção oposta por razões históricas, mas a convenção que se adota está de acordo com a *convenção aquisitiva geral* da termodinâmica, que considera todas as quantidades do ponto de vista do sistema: coloque-se dentro do sistema e chame tudo o que estiver entrando no sistema de *positivo*

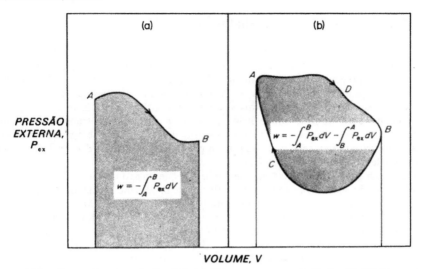

Figura 1.12 Ilustrações de trabalho PV. (*a*) Um processo geral de A a B. (*b*) Um processo cíclico ADBCA

líquido realizado pelo sistema durante este ciclo é a diferença das áreas sob os dois caminhos, que é a área sombreada da Fig. 1.12(b).

Numa discussão termodinâmica é sempre necessário definir cuidadosamente o que se entende por sistema e vizinhança. Na discussão da Fig. 1.3, admitimos tacitamente que o pistão era imaterial e que operava sem atrito. Portanto, o sistema era o gás, e o pistão e o cilindro foram tratados como fronteiras idealizadas, que poderiam ser desprezados para considerações do trabalho. Suponhamos, por outro lado, um cilindro real munido de um pistão, gerando considerável atrito com as paredes do cilindro. Neste caso, deve-se especificar cuidadosamente se o pistão e o cilindro devem ser incluídos como parte do sistema ou da vizinhança. Poderíamos realizar trabalho sobre o pistão e, deste, apenas parte seria utilizada sobre o gás, sendo o restante dissipado como calor gerado pelo atrito do pistão.

Se cada ponto sucessivo ao longo da curva $P_{ex} - V$ corresponder a um estado de equilíbrio do sistema, tem-se um caso muito especial, onde a P_{ex} é sempre igual a P, a pressão do próprio fluido. A curva indicadora torna-se uma curva de equilíbrio do sistema. Um caso deste tipo pode ser visto na Fig. 1.13. Apenas quando o equilíbrio for mantido será possível calcular o trabalho a partir das funções de estado da própria substância, P e V.

Figura 1.13 Ilustração do trabalho realizado sobre um sistema consistindo de um fluido em equilíbrio com uma pressão externa $P_{ex} = P$

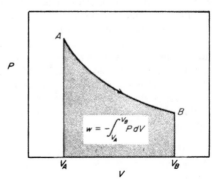

30 FÍSICO-QUÍMICA

1.24. Conceito geral de trabalho

Nos sistemas mecânicos descritos, formulou-se o trabalho como um produto de dois termos, um fator intensivo, que é uma força generalizada, e um fator extensivo, que é um deslocamento genérico. Esta formulação é também aplicável a trabalho não-mecânico.

Em físico-química, modificações ocorridas em células elétricas (pilhas) são de interesse. Uma descrição detalhada de tais sistemas será feita no Cap. 2, mas deve-se mencionar que no caso do trabalho elétrico a força generalizada se transforma na força eletromotriz da pilha (fem), E, e o deslocamento genérico será a carga dQ transferida através de um circuito externo à medida que a pilha é descarregada [$dQ < 0$]. O elemento de trabalho feito sobre a pilha é $E\,dQ$.

Da mesma maneira, no caso magnético, o fator intensivo é a intensidade do campo magnético, $\mathcal{H}$. Se este atuar sobre uma substância produzindo uma magnetização dM na direção do campo, o trabalho feito sobre a substância é $\mathcal{H}\,dM$.

Pode-se resumir os diversos tipos de trabalho como na Tab. 1.4. O trabalho realizado sobre o sistema é sempre considerado *positivo*.

Tabela 1.4 Exemplos de trabalhos

Fator intensivo	Fator extensivo	Elemento de trabalho dw
Tensão f	Distância l	$f\,dl$
Tensão superficial γ	Área A	$\gamma\,dA$
Pressão P	Volume V	$-P\,dV$
Força eletromotriz E	Carga Q	$E\,dQ$
Campo magnético $\mathcal{H}$	Magnetização M	$\mathcal{H}\,dM$

1.25. Processos reversíveis

O caminho percorrido no diagrama PV da Fig. 1.13 pertence a um caso especial, de grande importância nos argumentos termodinâmicos. É chamado *caminho reversível*. Um caminho reversível é o que liga estados intermediários que são estados de equilíbrio. Um processo realizado ao longo deste caminho reversível é denominado *processo reversível*.

Por exemplo, para expandir um gás reversivelmente, a pressão sobre o pistão deve ser removida tão lentamente, no limite infinitamente lento, que a cada instante a pressão em qualquer ponto do sistema é a mesma e igual à pressão oposta sobre o pistão. Apenas neste caso pode-se dizer que o estado do gás é representado pelas variáveis de estado, P e $V^{(25)}$. Em termos geométricos, o estado é representado por um ponto no plano PV. A linha que une tais pontos é a linha que liga pontos de equilíbrio.

Considere-se uma situação em que o pistão é removido instantaneamente. O gás tenderia rapidamente a preencher o espaço estabelecendo diferenças de pressão ao longo do volume de gás, mesmo eventualmente com produção de um estado de turbulência. O estado do gás nessas condições não mais poderia ser representado pelas duas variáveis, P e V. Realmente, um número muito grande de variáveis seria necessário, correspondente às pressões diferentes em pontos diferentes ao longo do volume de gás. Tal expansão rápida é um *processo irreversível* típico; os estados intermediários não são estados de equilíbrio.

[25] Pode-se representar um caminho irreversível no diagrama indicador com um gráfico de P_{ex} em função de V. Apenas no caso reversível P_{ex} é igual P, a propriedade de estado da própria substância

Sistemas físico-químicos

31

Processos reversíveis não podem ser efetuados na prática, pois devem ser realizados de maneira infinitamente lenta. Todos os processos que ocorrem naturalmente são, portanto, irreversíveis. O caminho reversível é o caminho-limite que é atingido à medida que se realiza o processo irreversível em condições que se aproximem mais e mais a condições de equilíbrio. Pode-se definir um caminho reversível exatamente e calcular o trabalho realizado ao percorrer tal caminho, mesmo que na prática nunca se possa realizá-lo reversivelmente. As condições para a reversibilidade podem, contudo, ser obtidas aproximadamente em certas experiências.

Na Fig. 1.13, a mudança de A para B pode ser realizada ao longo de diferentes caminhos reversíveis, estando desenhado apenas um deles. Estes caminhos diferentes são possíveis porque o volume é uma função da temperatura, bem como da pressão P. Se uma temperatura particular for escolhida e mantida constante durante o processo, apenas um caminho reversível é possível. Nesta *condição isotérmica*, o trabalho realizado sobre o sistema, indo-se de A a B através de um caminho que é reversível, é o *trabalho mínimo* possível para aquela temperatura em questão[26]. Isto é verdadeiro porque no caso reversível a expansão ocorre contra a força oposta máxima possível, que é exatamente aquele em equilíbrio com a força motriz.

PROBLEMAS

1. Uma ampola de vidro evacuada pesa 27,9214 g. Cheia de ar seco a 1 atm e a 25 °C, pesa 28,0529 g. Cheia de uma mistura de metano e etano, pesa 28,0140 g. Calcule a porcentagem molar de metano na mistura gasosa.

2. Um banho de óleo a 50,5 °C perde calor para o ambiente numa velocidade de $4,53 \text{ kJ} \cdot \text{min}^{-1}$. Sua temperatura é mantida por meio de uma resistência elétrica de $60 \,\Omega$, operando numa linha de 110 V. Um termorregulador liga e desliga a corrente. Que fração de tempo a corrente estará ligada? Suponha que, para reduzir as flutuações de temperatura, a resistência seja operada por um transformador de tensão variável. Que tensão deveria ser empregada para manter a resistência ligada 95% do tempo?

3. Calcule o trabalho realizado sobre um carro de 2 000 kg ao ser acelerado do repouso a $100 \text{ km} \cdot \text{h}^{-1}$, desprezando o atrito.

4. Uma bala de chumbo é atirada contra uma prancha de madeira. Que velocidade deve possuir para fundir na ocasião do impacto, se sua temperatura inicial é 25 °C e o aquecimento da prancha, desprezível? O ponto de fusão do chumbo é 327 °C e pode-se admitir que segue a regra de Dulong e Petit para avaliar o calor específico. O calor de fusão do chumbo é $5,19 \text{ kJ} \cdot \text{mol}^{-1}$. O fato de desprezar o aquecimento da prancha introduz muito erro no cálculo da velocidade?

5. Qual a produção média de potência em watts de um homem que queima 2 500 kcal de comida por dia? Avalie a produção de potência média adicional de um homem de 75 kg escalando uma montanha numa velocidade de 20 m/min.

6. Calcular a pressão exercida por 20 g de nitrogênio num frasco fechado de 1 l a 25° usando (a) a equação dos gases ideais e (b) a equação de Van Der Waals. Repetir o cálculo para um frasco de 100 cm³ de volume.

7. A tensão superficial da água é $72,75 \text{ dina} \cdot \text{cm}^{-1}$ a 20 °C. Calcular o trabalho mínimo para converter 1 dm³ de água em gotas de 1 μm.

8. Desenhar uma isoterma PV de Van Der Waals a 200 K para o etileno, baseando-se nos valores de a e b da Tab. 1.2. Assinale os limites da região bifásica na isoterma. A pressão de vapor do etileno a 200 K é 4,379 atm. Calcular as áreas entre as lombadas da isoterma de Van Der Waals e a porção achatada da curva PV experimental.

[26] Assim $w = - \int_{V_A}^{V_B} P \, dV$ tem o valor máximo possível negativo para o caso reversível

32 FÍSICO-QUÍMICA

9. A densidade do Al sólido a 20 °C é 2,70 g·cm^{-3} e a do líquido a 660 °C é 2,38 g·cm^{-3}. Calcular o trabalho fornecido ao ambiente quando 100 kg de Al são aquecidos de 20 °C a 660 °C a 1 atm de pressão.

10. Qual a força gravitacional em newton que se exerce entre duas massas de 1 kg cada e afastadas de 1 mm? Qual a força gravitacional entre dois nêutrons separados de 10^{-12} mm?

11. Calcular o trabalho realizado sobre a vizinhança quando 1 mol de água (a) congela a 0 °C e (b) ferve a 100 °C. Comparar estes valores com os correspondentes calores latentes.

12. A 318 K e 1 atm, N_2O_4 dissocia-se em $2NO_2$ numa extensão de 38 %. Calcular a pressão desenvolvida se um recipiente de 20 l, contendo 1 mol de N_2O_4, é aquecido a 318 K. Dar o resultado em N·m^{-2} e atm.

13. O coeficiente de expansão térmica do etanol é dado por

$$\alpha = 1,0414 \times 10^{-3} + 1,5672 \times 10^{-6}\theta + 5,148 \times 10^{-8}\theta^2$$

sendo θ a temperatura centígrada. Tomando-se 0° e 50° como pontos fixos da escala centígrada, qual será a leitura do termômetro de etanol quando um termômetro de gás ideal lê 30 °C?

14. A elevadas pressões e temperaturas, uma equação de estado muito razoável é $P(V - nb) = nRT$, sendo b uma constante. Calcule $(\partial V/\partial T)_P$ e $(\partial V/\partial P)_T$ a partir desta equação e a dV a partir da Eq. (1.23). Confirme a Eq. (1.24) para esta equação de estado.

15. Calcular o fator de compressibilidade z para N_2 a 80 atm e 100 K a partir das equações de Van Der Waals, Berthelot, Beattie-Bridgeman e Benedict-Webb-Rubin. As constantes necessárias serão encontradas nos trabalhos originais ou no Cap. 4 do livro *Molecular Theory of Gases and Liquids* de J. O. Hirschfelder e C. F. Curtiss (New York: John Wiley & Co., 1954).

16. Admita a lei dos gases ideais $PV = nRT$ e deduza uma expressão para o erro fracional total na pressão, calculada por medidas de volume e temperatura de n moles de gás, admitindo-se o erro em T independente do de V.

17. Uma equação de estado devida a Dieterici é

$$P(V - nb') \exp \frac{na'}{RTV} = nRT$$

Calcule as constantes a' e b' em termos das constantes críticas P_c, V_c e T_c do gás.

18. A densidade do SO_2 gasoso a 273,15 K é

P(atm)	0,25	0,50	1,00
ρ(g·dm^{-3})	0,71878	1,44614	2,92655

Comparar estes valores com os calculados pela equação de Berthelot. Extrapolar esses dados a $P = 0$ e calcular a massa molecular M de SO_2.

19. O volume de 1 kg de água entre $\theta = 0$ e 40 °C pode ser representado por

$$V = 999,87 - 6,426 \times 10^{-2}\theta + 8,5045 \times 10^{-3}\theta^2 - 6,79 \times 10^{-5}\theta^3$$

Calcular a temperatura na qual a água tem densidade máxima.

20. Um mol de gás ideal a 25 °C é mantido em um cilindro por um pistão à pressão de 10^7 N·m^{-2}. A pressão do pistão é removida em três estágios, primeiro a 5×10^6 N·m^{-2}, depois a 10^6 N·m^{-2} e depois a 10^5 N·m^{-2}. Calcule o trabalho realizado pelo gás durante essas expansões isotérmicas irreversíveis e comparar com o trabalho total realizado numa expansão isotérmica reversível de 10^7 a 10^5 N·m^{-2} a 25 °C.

21. Um kg de etileno é comprimido de 10^{-3} m^3 a 10^{-4} m^3 à temperatura constante de 300 K. Calcular o trabalho mínimo que deve ser gasto, admitindo que o gás seja (a) ideal e (b) de Van Der Waals.

Sistemas físico-químicos

33

22. Calcule o trabalho mínimo necessário para remover uma massa de 10^3 kg do campo gravitacional da Terra. Desprezando o atrito, calcule a velocidade inicial para que esta massa deixasse a superfície da Terra se fosse enviada como um projétil. Suponha, contudo, que fosse uma cápsula que pudesse ser acelerada a velocidade constante por um período de 100 s; neste caso, qual seria a força necessária para a cápsula a fim de permitir o escape de 10^3 kg de massa?

23. Calcular o trabalho reversível necessário para separar uma carga de $+ 1$ C de uma carga de $- 1$ C no vácuo de uma distância de (a) 1 mm e (b) 1 nm de infinito?

24. Uma esfera elástica de massa de 100 g com uma energia cinética de 1 J colide com outra esfera de massa 1 g inicialmente em repouso. Qual a energia máxima E_m que pode ser transferida da esfera em movimento à estacionária? Qual seria E_m se a massa da esfera em movimento fosse 1 g enquanto a da estacionária fosse 100 g?

25. Às vezes é necessário corrigir as pesagens devido ao efeito do empuxo do ar. Supor que se utilizam pesos de latão (densidade $\rho = 8{,}40$ g $\cdot$ cm^{-3}) para pesar 10,0000 g de alumínio no ar a 25° e a 1 atm. Qual o peso no vácuo?

26. Mostre que o trabalho máximo que pode ser realizado por n moles de gás ideal em expansão, a T constante, de V_1 a V_2 é $w(\max) = nRT \ln (V_2/V_1)$.

27. Um cientista louco sintetizou um gás incomum, chamado "zapon", que segue exatamente a equação de estado $(P + n^2 a/V^2)V = nRT$, isto é, a equação de Van Der Waals com $b = 0$, exceto que a é uma função da temperatura, de tal maneira que $T \leq T_z$, $a = 0$, mas para $T > T_z$, $a = a_0/T$, sendo a_0 uma constante. Faça gráficos de α e β para este gás em função de T.

28. As tensões superficiais de líquidos puros se ajustam bem à equação empírica

$$\gamma = \gamma_0 (1 - T_R)^{11/9}$$

onde T_R é a temperatura reduzida e γ_0, uma constante. Para CS_2, temos

$\theta(°C)$	-60	-50	-40	-30
$\gamma(\text{dina} \cdot \text{cm}^{-1})$	31,2	29,2	27,3	25,4

Calcular γ_0 e T_c, e comparar T_c com o valor experimental a 546,2 K.

29. A 273,15 K a densidade do óxido nítrico a várias pressões é

$P(\text{atm})$	1,0000	0,8000	0,5000	0,3000
$\rho(\text{g} \cdot \text{dm}^{-3})$	1,3402	1,0719	0,66973	0,40174

Calcular (ρ/P) a cada pressão e determinar um valor exato para a massa atômica no nitrogênio a partir do valor-limite de (ρ/P) para $P \longrightarrow 0$. Use o valor 15,9994 para a massa atômica do oxigênio.

30. Calcular o volume de um balão com uma força de suspensão de 200 kg a 25 °C e 1 atm se o balão for cheio de (a) hidrogênio e de (b) hélio. Calcular o volume do balão de hélio na estratosfera a -60 °C e 0,1 atm. Admitir que o ar é composto de 80% de N_2 e 20% de O_2.

2

Energética

Acontece freqüentemente que nos afazeres e ocupações comuns da vida as oportunidades de contemplar algumas das mais curiosas operações da natureza se nos apresentam. (. . .) Tenho tido freqüentemente ocasião para fazer esta observação; e estou convencido de que o hábito de manter os olhos abertos para tudo o que acontece no curso comum dos negócios da vida tem mais freqüentemente levado, como se fosse por acidente, ou às excursões divertidas da imaginação (. . .), a dúvidas úteis e esquemas conscientes para investigação e aperfeiçoamento do que todas as meditações mais intensas dos filósofos nas horas estritamente reservadas para estudo.

Benjamin Thompson, conde de Rumford
1798[1]

A primeira lei da termodinâmica é uma extensão do princípio de conservação da energia mecânica. Esta extensão se tornou natural depois que foi demonstrado que o consumo de trabalho poderia causar a produção de calor. Assim, tanto o calor como o trabalho foram vistos como entidades que descreviam a transferência de energia de um sistema para outro. Se existir uma diferença de temperatura entre dois sistemas em contato térmico, a energia poderá ser transferida de um sistema para outro sob forma de calor. A transferência de calor entre dois sistemas abertos pode também ocorrer pelo transporte de matéria de um sistema para outro. O trabalho é a forma pela qual a energia é transferida para um sistema pelo deslocamento de partes do sistema sob ação de forças externas[2]. Não deveríamos dizer que calor e trabalho são "formas de energia" visto que são entidades que têm significado somente em termos de *transferência de energia* entre sistemas. Não podemos falar de "calor do sistema" ou "trabalho de um sistema", embora possamos falar em "energia de um sistema"[3].

2.1. História da primeira lei da termodinâmica

As primeiras experiências quantitativas de conversão de trabalho em calor foram realizadas por Benjamin Thompson, natural de Woburn, Massachusetts, que se tornou conde de Rumford do Sacro Império Romano. Comissionado pelo duque de Baviera para supervisionar a perfuração de canhões no arsenal de Munique, ficou fascinado pelo calor desenvolvido durante esta operação. Sugeriu (1798) que este calor deveria provir da energia mecânica gasta, e conseguiu avaliar o calor que seria produzido por um cavalo trabalhando durante uma hora; em unidades modernas seu valor para este *equivalente mecânico do calor* seria $0,183 \text{ cal} \cdot \text{J}^{-1}$. As críticas contemporâneas a essas experiências

[1]"An Inquiry Concerning the Source of the Heat which Is Excited by Friction" (apresentado à Royal Society, 25 de janeiro de 1798)

[2]J. G. Kirkwood e I. Oppenheim, *Chemical Thermodynamics* (New York: McGraw-Hill Book Company, 1961), p. 18

[3]P. W. Bridgman, *The Nature of Thermodynamics* (Harvard University Press, 1941)

Energética 35

declaravam que o calor era desenvolvido porque o metal na forma de raspas finas tinha calor específico menor que o metal maciço. Rumford usou então uma broca cega, produzindo exatamente a mesma quantidade de calor com muito poucas raspas.

Os advogados da hipótese do calórico, como conseqüência, disseram que o calor seria devido à ação do ar sobre as superfícies metálicas. Em 1799, Humphry Davy forneceu apoio adicional à teoria de Thompson atritando dois pedaços de gelo através de um mecanismo de relógio no vácuo e notando sua rápida fusão, mostrando que, mesmo na ausência de ar, este calor latente poderia ser fornecido pelo trabalho mecânico. Entretanto, os tempos não estavam cientificamente preparados para uma teoria mecânica do calor até que o trabalho de Dalton e outros forneceram uma teoria atômica da matéria, e gradualmente uma compreensão do calor em termos de movimento molecular.

Por volta de 1840, a lei da conservação da energia foi aceita para sistemas puramente mecânicos, a interconversão do calor e trabalho foi bem estabelecida e foi compreendido que o calor era simplesmente uma forma de movimento das menores partículas que compõem uma substância. A generalização da conservação da energia para incluir variações de calor não tinha sido feita ainda claramente.

Assim, voltamo-nos ao trabalho de Julius Robert Mayer, uma das mais curiosas figuras na história da ciência. Ele nasceu em 1814, filho de um boticário em Heilbronn. Foi sempre um estudante medíocre, mas entrou na Universidade de Tübingen em 1832 para estudar medicina e obteve uma boa base em química sob a orientação de Gmelin. Formou-se em 1838, apresentando uma pequena dissertação sobre o efeito de santonina contra vermes em crianças. Nada em sua carreira acadêmica sugeria que ele estava prestes a dar uma grande contribuição à ciência.

Desejando conhecer o mundo, alistou-se como médico de bordo do navio de três mastros *Java,* deixando Roterdam em fevereiro de 1840. Passou a longa viagem no ócio, embalado pela brisa serena da costa; de acordo com Ostwald, desta maneira armazenou a energia psíquica que estava para explodir repentinamente logo que desembarcasse. De acordo com a própria história de Mayer, sua linha de pensamento começou abruptamente nas docas de Surabaya, quando diversos marinheiros precisaram ser sangrados. O sangue venoso era de um vermelho tão vivo que a princípio pensou que houvesse aberto uma artéria. Os médicos locais disseram-lhe, entretanto, que esta cor era típica do sangue dos trópicos, já que o consumo de oxigênio necessário para manter a temperatura do corpo era menor que nas regiões mais frias. Mayer começou a pensar de acordo com essas idéias. Já que o calor animal era criado pela oxidação dos alimentos, a questão levantada era a do que aconteceria se, além de aquecer o corpo, também produzisse trabalho. De quantidades idênticas de alimento, algumas vezes era obtido mais calor, outras vezes menos. Se um rendimento total fixo de energia é obtido a partir do alimento, então pode-se concluir que calor e trabalho são quantidades intercambiáveis da mesma espécie. Pela queima da mesma quantidade de alimento, o corpo animal pode produzir diferentes proporções de calor e trabalho, mas a soma dos dois deve ser constante. Mayer passava seus dias a bordo trabalhando fervorosamente em sua teoria. Tornou-se um homem obcecado por uma grande idéia, sua vida inteira dedicada a ela.

Na realidade, Mayer estava completamente confuso sobre as distinções entre os conceitos de força, momentum, trabalho e energia, e o primeiro artigo que escreveu não foi publicado pelo editor da revista a quem ele o submeteu. Poggendorf arquivou-o sem mesmo dignar-se a responder as cartas de Mayer. No início de 1842, Mayer havia revisto suas idéias e pudera equacionar calor com energia cinética e potencial. Em março de 1842, Liebig aceitou seu artigo para o *Annalen der Chemie und Pharmazie.*

"Aplicando os teoremas estabelecidos sobre relações de calor e volume dos gases, constata-se que a queda de um peso de uma altura de aproximadamente 365 m corresponde ao aquecimento de um peso igual de água de 0 °C a 1 °C.

36 FÍSICO-QUÍMICA

Esta imagem relaciona unidades mecânicas de energia com unidades térmicas. O fator de conversão é chamado equivalente mecânico de calor J. Assim,

$$w = Jq \qquad (2.1)$$

Em unidades modernas, J é geralmente dado em joules por caloria. Para erguer um peso de 1 g a uma altura de 365 m são necessários $365 \times 10^2 \times 981$ ergs de trabalho ou 3,58 J. Para aumentar a temperatura de 1 g de água de 0 °C a 1 °C é necessária 1,0087 cal. O valor de J calculado por Mayer é portanto 3,56 $J \cdot cal^{-1}$. O valor aceitado modernamente é 4,184. Mayer conseguiu estabelecer o princípio da conservação da energia, a primeira lei da termodinâmica, em termos gerais, e dar um exemplo numérico bastante grosseiro de sua aplicação. A determinação exata de J e a prova de que é uma constante independente do método de medida foram realizadas por Joule.

2.2. O trabalho de Joule

Embora Mayer tenha sido o pai filosófico da primeira lei, os belos e precisos experimentos de Joule estabeleceram firmemente a lei em bases experimentais ou indutivas. James Prescott Joule nasceu em 1918 perto de Manchester, filho de um próspero cervejeiro. Foi aluno de John Dalton. Aos 20 anos, começou suas próprias pesquisas em um laboratório montado por seu pai nas adjacências da cervejaria. Posteriormente, dirigiu os negócios com grande sucesso, além de prosseguir seu trabalho intenso em química e física experimentais.

Em 1840 publicou seu trabalho sobre os efeitos térmicos da corrente elétrica e estabeleceu a seguinte lei:

"Quando uma corrente de eletricidade voltaica se propaga ao longo de um condutor metálico, o calor desprendido em um dado tempo é proporcional à resistência do condutor multiplicada pelo quadrado da intensidade elétrica (corrente)".

Assim,

$$q = I^2 R/J \qquad (2.2)$$

O calor jouleano, como é agora chamado, pode ser considerado como o calor de atrito gerado pelo movimento dos transportadores de corrente elétrica.

Numa longa série de experimentos mais cuidadosas, Joule realizou medidas de conversão de trabalho em calor de várias maneiras: por aquecimento elétrico, por compressão de gases, forçando líquidos através de finos tubos e pela rotação de moinhos de palheta em água e mercúrio. Esses estudos culminaram em seu grande artigo "On the Mechanical Equivalent of Heat", lido perante a Royal Society em 1849. Após todas as correções, obteve o resultado final de que 772 libras pés (ft lb) de trabalho produziriam o calor necessário para aquecer 1 lb de água de 1 °F. Em nossas unidades, isto corresponde a $J = 4,154 \; J \cdot cal^{-1}$.

2.3. Formulação da primeira lei

O argumento filosófico de Mayer e o trabalho experimental de Joule levaram à aceitação definitiva da conservação da energia. Hermann von Helmholtz assentou o princípio em bases matemáticas melhores em seu trabalho *Über die Erhaltung der Kraft* (1847), onde estabeleceu claramente a conservação da energia como um princípio de validez universal e uma das leis fundamentais, aplicáveis a todos os fenômenos naturais.

Podemos usar o princípio para *definir* uma função U chamada de *energia interna*. Um *sistema fechado* é aquele onde não há transferência de massa pelas fronteiras. Suponha

Energética   37

que um sistema fechado qualquer sofra um processo pelo qual passe do estado A para o estado B. Se as únicas interações com sua vizinhança forem sob forma de transferências de calor q ao sistema, ou realização de trabalho w sobre o sistema, a variação em U será

$$\Delta U = U_B - U_A = q + w \qquad (2.3)$$

Pois bem, a primeira lei da termodinâmica afirma que esta diferença de energia ΔU depende somente dos estados inicial e final, e de maneira alguma do caminho seguido entre eles. Tanto q como w têm muitos valores possíveis dependendo de como o sistema passa de A para B, porém sua soma $q + w = \Delta U$ é invariável e independente do caminho. Se isso não fosse verdade, seria possível, passando de A para B ao longo de um caminho e então retornando de B para A ao longo de um outro, obter uma variação resultante de energia do sistema fechado em contradição ao princípio da conservação da energia, a primeira lei da termodinâmica. Portanto, podemos dizer que a Eq. (2.3) é uma expressão matemática da primeira lei. Para uma variação infinitesimal, a Eq. (2.3) torna-se

$$dU = dq + dw \qquad (2.4)$$

A função energia é indeterminada pois contém uma constante arbitrária aditiva; foi definida somente em termos da diferença de energia entre um estado e outro. Às vezes, por questão de conveniência, podemos adotar um estado convencional padrão para um sistema e admitir sua energia neste estado como igual a zero. Por exemplo, poderíamos escolher o estado do sistema a 0 K e 1 atm de pressão como nosso padrão. Então a energia U em qualquer outro estado seria a variação de energia na passagem do estado-padrão ao estado em questão.

A primeira lei tem sido freqüentemente estabelecida em termos da experiência humana universal de que é impossível construir uma máquina de movimento perpétuo, ou seja, uma máquina que produza trabalho útil, por um processo cíclico, sem nenhuma variação em sua vizinhança. Para ver como esta experiência está incorporada à primeira lei, considere um processo cíclico do estado A ao estado B e o retorno a A novamente. Se um movimento perpétuo fosse possível, poderíamos esperar obter, às vezes, um aumento líquido na energia $\Delta U > 0$ através de tal ciclo. Esta impossibilidade pode ser averiguada pela Eq. (2.3), que indica para qualquer ciclo $\Delta U = (U_B - U_A) + (U_A - U_B) = 0$. Um modo mais geral de expressar este fato é dizer que para qualquer processo cíclico a integral de dU se anula:

$$\oint dU = 0 \qquad (2.5)$$

2.4. A natureza da energia interna

Na Sec. 1.7, restringimos os sistemas sob consideração aos em estado de repouso na ausência de campos gravitacionais ou eletromagnéticos. Com essas restrições, as variações na energia interna U incluem variações na energia potencial do sistema e na energia transferida sob forma de calor. Pode-se considerar que as variações da energia potencial incluem as variações causadas pelos rearranjos das configurações moleculares que ocorrem durante mudanças de estado de agregação ou em reações químicas. Se o sistema se mover, a energia cinética é somada a U. Removendo-se as restrições quanto aos campos eletromagnéticos, amplia-se a definição de U de modo a incluir a energia eletromagnética. Analogamente, se houver interesse nos efeitos gravitacionais, como em operações de centrifugação, a energia do campo gravitacional deve ser incluída ou adicionada a U antes de aplicar a primeira lei.

Antecipando futuras discussões, pode-se mencionar que a interconversão de massa e energia pode ser facilmente medida em reações nucleares. A primeira lei deveria portanto tornar-se a lei de conservação de massa-energia. As variações de massa teoricamente associadas às variações de energia em reações químicas são tão pequenas que estão fora do intervalo de nossos atuais métodos de medida[4]. Assim, não precisam ser considerados em termodinâmica química comum.

2.5. Uma definição mecânica de calor

Antes de prosseguirmos, daremos uma definição melhor de calor. A Fig. 2.1 mostra o sistema I separado de sua vizinhança II por uma *parede adiabática*. Esta parede é definida como a que separa dois sistemas de modo a impedir que venham a entrar em equilíbrio térmico um com o outro. Tal definição não requer o conceito de fluxo de calor e, como é mostrado na Sec. 1.7, o equilíbrio térmico pode ser definido até mesmo sem referência à temperatura.

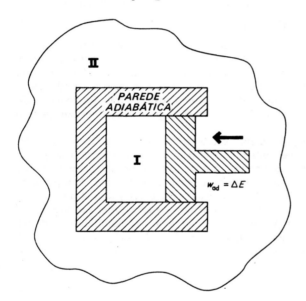

Figura 2.1 Um sistema I separado de suas vizinhanças II por uma parede adiabática

Quando a pressão do sistema I é aumentada, ele é comprimido de seu estado inicial A a um novo estado de equilíbrio B, sendo o trabalho adiabático realizado sobre o sistema w_{ad}. A primeira lei da termodinâmica pode ser enunciada da seguinte forma: "Quando um sistema passa de um estado A para um estado B, o trabalho adiabático depende somente dos estados inicial e final, e pode ser posto igual ao aumento em uma função de estado U, a energia interna". Este enunciado é uma conseqüência imediata da impossibilidade da máquina de movimento perpétuo. Logo, podemos escrever

$$\Delta U = U_B - U_A = w_{ad} \tag{2.6}$$

[4]A variação de energia correspondente a uma variação de massa Δm é $\Delta U = c^2 \Delta m$, onde c é a velocidade da luz. A reação mais exotérmica para uma dada massa de reagentes é a recombinação de dois átomos de hidrogênio (2H $\longrightarrow$ H$_2$), a qual tem $\Delta U = -431$ kJ · mol^{-1} ou $431 \times 10^3 \times 10^7 \times$ $\times (\frac{1}{2}) = 2{,}16 \times 10^{12}$ erg · (gH)$^{-1}$. O decréscimo de massa na recombinação de 2H seria $2{,}16 \times$ $\times 10^{12}/(3 \times 10^{10})^2 = 2{,}4 \times 10^{-9}$ g · (gH)$^{-1}$. Esta variação é pequena demais para ser detectada pelos métodos atuais de pesagem

Energética

39

Suponha agora que o sistema esteja novamente no estado A e que troquemos a parede adiabática por uma *parede diatérmica*, definida como uma parede que permite que os sistemas separados pela mesma entrem em equilíbrio térmico. O sistema é trazido do estado A ao estado B por um entre o número infinito de caminhos não-adiabáticos possíveis. O trabalho feito sobre o sistema é w. A diferença $w_{ad} - w$ é *definida* como o calor q transferido ao sistema na transformação de A para B.

$$q = w_{ad} - w \qquad (2.7)$$

Ou, da Eq. (2.6),

$$q = \Delta U - w$$

Assim, o calor q transferido num dado processo pode ser definido como a diferença entre o trabalho realizado sobre o sistema ao longo de um caminho adiabático de A para B e o trabalho feito ao longo de um dado caminho de A para B. Embora o conceito de *calor* tenha seguido uma linha bastante diferente em seu desenvolvimento histórico, esta definição em termos de trabalho dá uma certa satisfação lógica.

2.6. Propriedades das diferenciais exatas

Vimos na Sec. 1.23 que o trabalho realizado por um sistema ao ir de um estado a outro é função do caminho entre os estados e que $\oint dw$ não é em geral igual a zero. A razão disso se tornou imediatamente evidente quando se considerou o processo reversível. Tem-se que $\int_A^B dw = - \int_A^B P\, dV$. A expressão diferencial $P\, dV$ não pode ser integrada conhecendo-se apenas os estados inicial e final, pois P não é unicamente função do volume V mas também da temperatura T, e esta temperatura pode também mudar ao longo do caminho de integração. Por outro lado, $\int_A^B dU$ pode sempre ser levado a cabo, dando $U_B - U_A$, já que U é função somente do estado do sistema e não depende do caminho pelo qual o estado é alcançado ou da história prévia do sistema.

Não há nada de esotérico no conceito de uma função de estado. A temperatura T, o volume V e a pressão P são todas funções de estado como a energia U. Matematicamente, entretanto, distinguimos duas classes de expressões diferenciais. Aquelas como dU, dV ou dT são chamadas *diferenciais exatas*, por serem obtidas pela diferenciação de algumas funções de estado, tais como U, V ou T. Aquelas como dq ou dw são *diferenciais inexatas*, por não poderem ser obtidas somente pela diferenciação de uma função de estado do sistema. Reciprocamente, dq ou dw não podem ser integradas para fornecer q ou w. A primeira lei afirma que, embora dq e dw não sejam diferenciais exatas, sua soma $dU = dq + dq$ é uma diferencial exata.

As seguintes proposições são matematicamente equivalentes:

1. A função U é uma função do estado do sistema.
2. A diferencial dU é uma diferencial exata.
3. A integral de dU em um circuito fechado $\oint dU$ é igual a zero.

Se $f(x_1, x_2, \ldots, x_i, \ldots)$ é função de um número n de variáveis independentes $x_1, x_2, \ldots, x_i, \ldots$, a diferencial total df é definida em termos das derivadas parciais $(\partial f / \partial x_i)_{x_1, x_2, \ldots}$ e as diferenciais das variáveis independentes, $dx_1, dx_2, \ldots dx_i \ldots$, como

$$df = \sum \left(\frac{\partial f}{\partial x_i} \right)_{x_1, x_2 \ldots} dx_i \qquad (2.8)$$

Se existirem somente duas variáveis independentes x e y, a Eq. (2.8) se torna

$$df = \left(\frac{\partial f}{\partial x} \right)_y dx + \left(\frac{\partial f}{\partial y} \right)_x dy = M\, dx + N\, dy$$

40 FÍSICO-QUÍMICA

onde M e N são funções de x, y. Como a ordem de diferenciação não afeta o resultado,

$$\frac{\partial}{\partial y}\left(\frac{\partial f}{\partial x}\right)_y = \frac{\partial}{\partial x}\left(\frac{\partial f}{\partial y}\right)_x$$

ou

$$\left(\frac{\partial M}{\partial y}\right)_x = \left(\frac{\partial N}{\partial x}\right)_y \tag{2.9}$$

Esta é a *relação de reciprocidade de Euler*, que será útil em um grande número de derivações de equações termodinâmicas. Reciprocamente, se a Eq. (2.9) é válida, df é uma diferencial exata.

2.7. Processos adiabático e isotérmico

Dois tipos de processo ocorrem freqüentemente tanto em experiências de laboratório como em argumentos termodinâmicos. Um *processo isotérmico* é o que ocorre a temperatura constante, $T =$ constante, $dT = 0$. Para se aproximar das condições isotérmicas, as reações são geralmente realizadas em termostatos. Em um *processo adiabático*, não há adição nem retirada de calor do sistema; isto é, $q = 0$. Para um processo adiabático diferencial, $dq = 0$; portanto, da Eq. (2.4), $dU = dw$. Para uma transformação adiabática reversível de volume, $dU = -P\,dV$. Para uma transformação adiabática irreversível, $dU = -P_{ex}dV$. As condições adiabáticas se conseguem mediante um cuidadoso isolamento térmico do sistema. Alto vácuo é o melhor isolante contra condução de calor. As paredes altamente polidas minimizam as perdas de calor por radiação. Esses princípios são aplicados nos frascos de Dewar de vários tipos.

2.8. Entalpia

Não há realização de trabalho mecânico durante um processo realizado a volume constante, pois $V =$ constante, $dV = 0$ e $w = 0$. Segue-se que o aumento de energia é igual ao calor absorvido a volume constante

$$\Delta U = q_V \tag{2.10}$$

Se a pressão for mantida constante, como, por exemplo, nos experimentos realizados sob pressão atmosférica, e não houver outro trabalho além do trabalho $P\,\Delta V$,

$$\Delta U = U_2 - U_1 = q + w = q - P(V_2 - V_1)$$

ou

$$(U_2 + PV_2) - (U_1 + PV_1) = q_P \tag{2.11}$$

onde q_P é o calor absorvido sob pressão constante. Definimos agora uma nova função, chamada *entalpia*, por

$$H = U + PV \tag{2.12}$$

Assim, da Eq. (2.11)

$$\Delta H = H_2 - H_1 = q_P \tag{2.13}$$

O aumento de entalpia é igual ao calor absorvido sob pressão constante quando o único trabalho presente é o $P\Delta V$.

Deve-se notar que a entalpia H, como a energia U ou a temperatura T, é apenas uma função do estado do sistema e é independente do caminho pelo qual este estado é atingido. Este fato segue da definição na Eq. (2.12), já que U, P e V são todos funções de estado.

Energética   41

2.9. Capacidades caloríficas

As capacidades caloríficas são geralmente medidas a volume constante ou a pressão constante. Das definições nas Eqs. (1.42), (2.10) e (2.13), a capacidade calorífica a volume constante é

$$C_V = \frac{dq_V}{dT} = \left(\frac{\partial U}{\partial T}\right)_V \qquad (2.14)$$

e a capacidade calorífica a pressão constante é

$$C_P = \frac{dq_P}{dT} = \left(\frac{\partial H}{\partial T}\right)_P \qquad (2.15)$$

A capacidade calorífica a pressão constante C_P é geralmente[5] maior que a volume constante C_V, porque, a pressão constante, parte do calor adicionado à substância pode ser usada no trabalho de expandi-la, enquanto a volume constante todo o calor adicionado produz um aumento de temperatura. Uma equação importante para a diferença $C_P - C_V$ pode ser obtida:

$$C_P - C_V = \left(\frac{\partial H}{\partial T}\right)_P - \left(\frac{\partial U}{\partial T}\right)_V = \left(\frac{\partial U}{\partial T}\right)_P + P\left(\frac{\partial V}{\partial T}\right)_P - \left(\frac{\partial U}{\partial T}\right)_V \qquad (2.16)$$

Já que

$$dU = \left(\frac{\partial U}{\partial V}\right)_T dV + \left(\frac{\partial U}{\partial T}\right)_V dT \qquad (2.17)$$

e

$$dV = \left(\frac{\partial V}{\partial T}\right)_P dT + \left(\frac{\partial V}{\partial P}\right)_T dP$$

Substituindo-se este dV na expressão para dU, e comparando coeficientes, encontramos

$$\left(\frac{\partial U}{\partial T}\right)_P = \left(\frac{\partial U}{\partial V}\right)_T\left(\frac{\partial V}{\partial T}\right)_P + \left(\frac{\partial U}{\partial T}\right)_V$$

A substituição desta expressão na Eq. (2.16) fornece

$$C_P - C_V = \left[P + \left(\frac{\partial U}{\partial V}\right)_T\right]\left(\frac{\partial V}{\partial T}\right)_P \qquad (2.18)$$

O termo $P(\partial V/\partial T)_P$ pode ser visualizado como representante da contribuição à capacidade calorífica C_P devido à variação do volume do sistema contra a *pressão externa* P. O outro termo, $(\partial U/\partial T)_T(\partial V/\partial T)_P$, é a contribuição da energia necessária para a variação de volume contra as forças internas coesivas ou repulsivas da substância, representada por uma variação de energia com o volume a temperatura constante. O termo $(\partial U/\partial T)_T$ é chamado *pressão interna*[6]. No caso de líquidos e sólidos, que têm fortes forças coesivas, este termo é grande. No caso de gases, por outro lado, o termo $(\partial U/\partial V)_T$ é geralmente pequeno comparado com P. De fato, o primeiro experimento para medir $(\partial U/\partial V)_T$ para gases, por Joule em 1843, falhou completamente.

---

[5]As substâncias geralmente se expandem com o aumento de temperatura a pressão constante, mas em casos excepcionais pode haver uma contração, por exemplo, água entre 1 °C e 4 °C

[6]Note que, como $\partial U/\partial r$, a derivada da energia com respeito ao deslocamento é uma força, a derivada com respeito ao volume, $\partial U/\partial V$, é uma força por unidade de área ou uma pressão

2.10. A experiência de Joule

O desenho feito por Joule de sua aparelhagem é reproduzido na Fig. 2.2. Ele descreveu assim o experimento[7]:

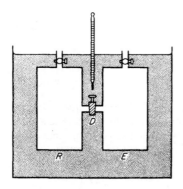

Figura 2.2 A experiência de Joule: ao se abrir a torneira D, o gás R se expande livremente para E, onde se fez, previamente, o vácuo. Mede-se a temperatura da água que circunda o recipiente

"Providenciei outro recipiente de cobre (E), que tinha uma capacidade de 134 pol³. (...) Eu tinha uma peça D ligada, no centro da qual havia um orifício de 1/8 de pol de diâmetro, que podia ser perfeitamente fechado por meio de uma torneira apropriada. (...) Tendo enchido o recipiente R com aproximadamente 22 atm de ar seco e evacuado o recipiente E por meio de uma bomba de vácuo, parafusei os dois juntos e os coloquei em um banho contendo 16,5 lb de água. Primeiro, a água foi vigorosamente agitada e sua temperatura tomada com o mesmo termômetro delicado utilizado nas experiências anteriores sobre o equivalente mecânico do calor. A torneira foi então aberta por meio de uma chave adequada e o ar permitido passar do recipiente cheio para o vazio até que se estabelecesse o equilíbrio entre os dois. Por fim, a água foi novamente agitada e sua temperatura cuidadosamente anotada".

Joule não encontrou variação mensurável de temperatura e sua conclusão foi a de que "não ocorre variação de temperatura quando se permite que o ar se expanda de maneira a não desenvolver potência mecânica" (isto é, a não produzir trabalho externo).

A expansão na experiência de Joule, com o ar se movendo rapidamente de R até o recipiente evacuado E, é um processo irreversível típico. Desigualdades de temperatura e pressão surgem em todas as partes do sistema, mas eventualmente um estado de equilíbrio é alcançado. Não houve variação da energia interna do gás pois nenhum trabalho foi feito pelo ou sobre o mesmo, e não houve troca de calor com a água circundante (de outra forma, a temperatura da água teria variado). Portanto $dU = 0$. Experimentalmente, encontra-se $dT = 0$. Joule concluiu que a energia interna deve depender somente da temperatura e não do volume. Em termos matemáticos, desde que

$$dU = \left(\frac{\partial U}{\partial V}\right)_T dV + \left(\frac{\partial U}{\partial T}\right)_V dT = 0$$

$$\left(\frac{\partial U}{\partial V}\right)_T = -C_V \left(\frac{\partial T}{\partial V}\right)_U$$

Então

$$\left(\frac{\partial U}{\partial V}\right)_T = 0 \quad \text{se} \quad \left(\frac{\partial T}{\partial V}\right)_U = 0$$

Energética 43

A experiência de Joule, entretanto, não foi capaz de detectar pequenos efeitos porque a capacidade calorífica de seu calorímetro de água era extremamente grande comparada à do gás usado.

2.11. A experiência de Joule-Thomson

William Thomson (Kelvin) sugeriu um procedimento melhor e, trabalhando com Joule, realizou uma série de experimentos entre 1852 e 1862. O esquema de sua aparelhagem é apresentado na Fig. 2.3. A idéia era reduzir o fluxo do gás proveniente do lado de alta pressão *A* para o lado de baixa pressão *C*, interpondo uma parede porosa *B*. Em suas primeiras tentativas, esta parede consistiu de um lenço de seda; no último trabalho, foi usada pedra porosa. Deste modo, quando o gás emerge para *C* já alcançou o equilíbrio e sua temperatura pode ser diretamente medida. O sistema inteiro é termicamente isolado de modo que o processo é adiabático e $q = 0$.

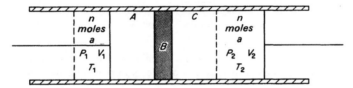

Figura 2.3 Esquema da experiência de Joule-Thomson: o gás a uma pressão mais elevada em *A* é expandido através de uma placa porosa *B* para uma pressão mais baixa em *C*

Suponhamos que a pressão inicial em *A* seja P_1, a pressão final em *C* seja P_2 e os volumes do gás a essas pressões sejam V_1 e V_2, respectivamente. O trabalho feito *sobre* o gás, forçando-o através da parede, é então P_1V_1, e o trabalho feito *pelo* gás na expansão para o outro lado é P_2V_2. Logo, o trabalho resultante feito sobre o gás é $w = P_1V_1 - P_2V_2$.

Segue-se que uma expansão de Joule-Thomson ocorre à entalpia constante:

$$\Delta U = U_2 - U_1 = q + w = 0 + w$$
$$U_2 - U_1 = P_1V_1 - P_2V_2$$
$$U_2 + P_2V_2 = U_1 + P_1V_1$$
$$H_2 = H_1$$

O coeficiente de Joule-Thomson, μ, é definido como a variação de temperatura com a pressão a entalpia constante.

$$\mu = \left(\frac{\partial T}{\partial P}\right)_H \tag{2.19}$$

Esta quantidade é medida diretamente da variação de temperatura ΔT do gás quando sofre uma queda de pressão ΔP através do obstáculo poroso. Alguns valores experimentais do coeficiente de Joule-Thomson, que são funções da temperatura e pressão, estão coletados na Tab. 2.1 para um gás típico.

Um μ positivo corresponde a um resfriamento na expansão; um μ negativo, a um aquecimento. A maioria dos gases a temperatura ambiente é resfriada por uma expansão de Joule-Thomson. O hidrogênio, entretanto, é aquecido se sua temperatura inicial for superior a 193 K, mas, se for primeiramente resfriado abaixo de 193 K, pode ser posteriormente resfriado pelo efeito de Joule-Thomson. A temperatura 193 K na qual $\mu = 0$ é chamada de *temperatura de inversão de Joule-Thomson para o hidrogênio*. As tempera-

FÍSICO-QUÍMICA

Tabela 2.1 Coeficientes de Joule-Thomson para o dióxido de carbono*

$$\mu\,(K\cdot atm^{-1})$$

Temperatura (K)	Pressão (atm)						
	0	1	10	40	60	80	100
220	2,2855	2,3035					
250	1,6885	1,6954	1,7570				
275	1,3455	1,3455	1,3470				
300	1,1070	1,1045	1,0840	1,0175	0,9675		
325	0,9425	0,9375	0,9075	0,8025	0,7230	0,6165	0,5220
350	0,8195	0,8150	0,7850	0,6780	0,6020	0,5210	0,4340
380	0,7080	0,7045	0,6780	0,5835	0,5165	0,4505	0,3855
400	0,6475	0,6440	0,6210	0,5375	0,4790	0,4225	0,3635

*De John H. Perry, *Chemical Engineers' Handbook* (New York: McGraw-Hill Book Company, 1941). Reorganizado de *International Critical Tables*, Vol. 5, onde outros dados podem ser encontrados

turas de inversão para outros gases, exceto o hélio, são consideravelmente mais altas. A expansão de Joule-Thomson fornece um dos mais importantes métodos de liquefação de gases.

2.12. Aplicação da primeira lei aos gases ideais

Uma análise da teoria da experiência de Joule-Thomson deve ser adiada até que a segunda lei da termodinâmica tenha sido estudada no próximo capítulo. Deve ser dito, entretanto, que o experimento com parede porosa contradisse a conclusão original de Joule de que $(\partial U/\partial V)_T = 0$ para todos os gases. Um gás real pode ter uma pressão interna considerável, mostrando a existência de forças coesivas, e sua energia depende de seu volume bem como de sua temperatura.

Um *gás ideal*, portanto, pode ser assim definido em termos termodinâmicos[8]:

1. A pressão interna $(\partial U/\partial V)_T = 0$
2. O gás segue a equação de estado, $PV = nRT$

Segue-se da Eq. (2.17) que a energia de um gás ideal é somente função de sua temperatura. Para um gás ideal,

$$dU = \left(\frac{\partial U}{\partial T}\right)_V dT = C_V\,dT, \qquad C_V = \left(\frac{dU}{dT}\right)$$

A capacidade calorífica de um gás ideal também depende somente de sua temperatura. Essas conclusões simplificam muito a termodinâmica de gases ideais de maneira que muitas discussões são realizadas em termos do modelo do gás ideal. Seguem-se alguns exemplos.

Diferença entre as capacidades caloríficas: Quando a Eq. (2.18) é aplicada a um gás, torna-se

$$C_P - C_V = P\left(\frac{\partial V}{\partial T}\right)_P$$

[8]Após uma definição termodinâmica de temperatura, obtida a partir da segunda lei da termodinâmica, podemos deduzir 1 de 2 ou deduzir 2 de 1 e da Lei de Boyle. Assim, a própria condição 2 define completamente um gás ideal

Energética 45

Então, como $PV = nRT$

$$\left(\frac{\partial V}{\partial T}\right)_P = \frac{nR}{P}$$

$$C_P - C_V = nR \tag{2.20}$$

Variações de temperatura: Como $dU = C_V dT$ para um gás ideal[9],

$$\Delta U = U_2 - U_1 = \int_{T_1}^{T_2} C_V \, dT \tag{2.21}$$

Do mesmo modo, para um gás ideal[9],

$$dH = C_P \, dT$$

$$\Delta H = H_2 - H_1 = \int_{T_1}^{T_2} C_P \, dT \tag{2.22}$$

Variação isotérmica reversível de volume ou pressão: Em uma variação isotérmica para um gás ideal, a energia interna permanece constante. Como $dT = 0$ e $(\partial U/\partial V)_T = 0$,

$$dU = dq - P \, dV = \left(\frac{\partial U}{\partial T}\right)_V dT + \left(\frac{\partial U}{\partial V}\right)_T dV = 0$$

Assim, da Eq. (2.4),

$$dq = -dw = P \, dV$$

Como

$$P = \frac{nRT}{V}$$

$$\int_1^2 dq = -\int_1^2 dw = \int_1^2 nRT \, \frac{dV}{V}$$

ou

$$q = -w = nRT \ln \frac{V_2}{V_1} = nRT \ln \frac{P_1}{P_2} \tag{2.23}$$

Como a variação de volume é realizada reversivelmente, P tem sempre seu valor de equilíbrio nRT/V, e o trabalho $-w$ na Eq. (2.23) é o trabalho máximo feito numa expansão, ou o trabalho mínimo necessário para efetuar uma compressão. A equação nos diz que o trabalho necessário para comprimir um gás de 10 a 100 atm é exatamente o mesmo para comprimi-lo de 1 a 10 atm.

Expansão adiabática reversível: Neste caso, $dq = 0$ e $dU = -PdV$. Como $dU = C_V dT$,

$$dw = C_V \, dT \tag{2.24}$$

Para uma variação finita,

$$w = \int_1^2 C_V \, dT \tag{2.25}$$

[9]Para qualquer substância, a volume constante, $dU = C_V \, dT$, e a pressão constante, $dH = C_P dT$. Para um gás ideal, U e H são funções somente de T, e estas relações se mantêm mesmo se V e P, respectivamente, não forem constantes

Podemos escrever a Eq. (2.24) como $C_V dT + PdV = 0$, de onde

$$C_V \frac{dT}{T} + nR \frac{dV}{V} = 0 \qquad (2.26)$$

Integrando entre T_1 e T_2, e V_1 e V_2, os volumes e temperaturas iniciais e finais, temos

$$C_V \ln \frac{T_2}{T_1} + nR \ln \frac{V_2}{V_1} = 0 \qquad (2.27)$$

Esta integração admite que C_V é uma constante, não uma função de T.

Podemos substituir por nR da Eq. (2.20) e, usando o símbolo convencional γ para a reação das capacidades caloríficas C_P/C_V, encontramos

$$(\gamma - 1) \ln \frac{V_2}{V_1} + \ln \frac{T_2}{T_1} = 0$$

Portanto,

$$\frac{T_1}{T_2} = \left(\frac{V_2}{V_1}\right)^{\gamma-1} \qquad (2.28)$$

Como, para um gás ideal,

$$\frac{T_1}{T_2} = \frac{P_1 V_1}{P_2 V_2}$$

temos

$$P_1 V_1^\gamma = P_2 V_2^\gamma \qquad (2.29a)$$

Foi mostrado, portanto, que para uma expansão adiabática reversível de um gás ideal (com C_V constante)

$$PV^\gamma = \text{const.} \qquad (2.29b)$$

Lembramo-nos de que, para uma expansão isotérmica, $PV = \text{const.}$

Essas equações estão no gráfico da Fig. 2.4. Uma dada queda de pressão produz um menor aumento de volume no caso adiabático porque a temperatura também cai durante a expansão adiabática.

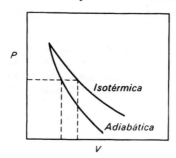

Figura 2.4 Expansões reversíveis isotérmica e adiabática de um gás ideal a partir da mesma pressão inicial

2.13. Exemplos de cálculos de gases ideais

Tomemos 1 m³ de gás a 273,2 K e 10 atm. Temos portanto $10^4/22{,}414 = 446{,}1$ mol. Calculemos o volume final e o trabalho feito em três diferentes expansões sob pressão final de 1 atm. Vamos admitir que o gás seja monoatômico como o neônio. A capacidade calorífica molar é então $C_{V_m} = \frac{3}{2}R$, independentemente da temperatura.

Energética 47

Expansão isotérmica reversível: Neste caso, o volume final

$$V_2 = \frac{P_1 V_1}{P_2} = \frac{(1)(10)}{(1)} = 10 \text{ m}^3$$

O trabalho feito pelo gás na expansão é igual ao calor absorvido pelo mesmo de sua vizinhança. Da Eq. (2.23),

$$-w = q = nRT \ln \frac{V_2}{V_1}$$
$$= (446,1)(8,314)(273,2)(2,303) \log(10)$$
$$= 232,85 \text{ kJ}$$

Expansão adiabática reversível: O volume final é calculado da Eq. (2.29a) com

$$\gamma = \frac{C_P}{C_V} = \frac{\frac{3}{2}R + R}{\frac{3}{2}R} = \frac{5}{3}$$

Assim,

$$V_2 = \left(\frac{P_1}{P_2}\right)^{1/\gamma} V_1, \qquad V_2 = (10)^{3/5}(1) = 3,981 \text{ m}^3$$

A temperatura final é obtida de $P_2 V_2 = nRT_2$

$$T_2 = \frac{P_2 V_2}{nR} = \frac{(1) \ 3,981}{(446,1)(8,206 \times 10^{-5})} = 108,8 \text{ K}$$

Para um processo adiabático, $q = 0$ e $\Delta U = q + w = w$. Além disso, como C_V é constante, a Eq. (2.21) dá

$$\Delta U = nC_V \Delta T = n(\tfrac{3}{2}R)(T_2 - T_1) = -914,1 \text{ kJ}$$

O trabalho feito *pelo gás* na expansão é portanto 914,1 kJ.

Expansão adiabática irreversível: Suponha que a pressão seja subitamente diminuída a 1 atm e o gás se expanda adiabaticamente contra esta pressão constante. Como esta expansão não é reversível, a Eq. (2.29) não pode ser aplicada. Como $q = 0$, $\Delta U = w$. O valor de ΔU depende somente dos estados inicial e final:

$$\Delta U = w = C_V(T_2 - T_1)$$

Além disso, para uma expansão a pressão constante, temos da Eq. (1.44)

$$-w = P_2(V_2 - V_1) = P_2\left(\frac{nRT_2}{P_2} - \frac{nRT_1}{P_1}\right)$$

Igualando as duas expressões para w, obtemos

$$-C_V(T_2 - T_1) = P_2\left(\frac{nRT_2}{P_2} - \frac{nRT_1}{P_1}\right)$$

A única incógnita é T_2

$$-\tfrac{3}{2}nR(T_2 - 273,2) = 1\left(\frac{nRT_2}{1} - \frac{nR \ 273,2}{10}\right)$$
$$T_2 = 174,8 \text{ K}$$

48   FÍSICO-QUÍMICA

Então

$$\Delta U = w = \tfrac{3}{2}nR(174,8 - 273,2)$$
$$w = -547,4 \text{ kJ}$$

Observe que há consideravelmente menos resfriamento do gás e menos trabalho realizado pelo mesmo na expansão adiabática irreversível do que na expansão reversível.

2.14. Termoquímica — Calores de reação

A termoquímica é o estudo dos efeitos do calor que acompanham as reações químicas, a formação de soluções e as mudanças de estado de agregação, como a fusão ou a vaporização. As transformações físico-químicas são classificadas como *endotérmicas*, acompanhadas por absorção de calor, ou *exotérmicas*, acompanhadas pela evolução de calor. Um exemplo de reação exotérmica é a queima do hidrogênio.

$$H_2 + \tfrac{1}{2}O_2 \longrightarrow H_2O \text{ (gás)}, \qquad \Delta H = -241\,750 \text{ J a } 291,15 \text{ K}$$

O calor é *desprendido do sistema* e portanto é escrito com sinal negativo. Uma reação endotérmica típica seria a da decomposição do vapor de água

$$H_2O \text{ (gás)} \longrightarrow H_2 + \tfrac{1}{2}O_2, \qquad \Delta H = 241\,750 \text{ J a } 291,15 \text{ K}$$

Como qualquer outra transferência de calor, o calor de uma reação depende das condições mantidas durante o processo na qual se realiza. Existem duas condições particulares que são importantes porque conduzem a calores de reação iguais a variações nas funções termodinâmicas. A primeira dessas condições é a de *volume constante*. Se o volume de um sistema é mantido constante, nenhum trabalho é efetuado sobre o sistema[10] e a Eq. (2.3) para a primeira lei de termodinâmica torna-se

$$\Delta U = q_V \qquad (2.30)$$

Assim, o calor de reação medido a volume constante é exatamente igual à variação de energia interna ΔU do sistema reagente. Esta condição é otimamente aproximada quando a reação é realizada numa bomba calorimétrica. A outra condição especial importante é a de *pressão constante*. No decorrer de um experimento sob condições ordinárias de laboratório a pressão é efetivamente constante. Muitos calorímetros operam a pressão atmosférica constante. Da Eq. (2.13)

$$\Delta H = q_P \qquad (2.31)$$

O calor de reação medido a pressão constante é exatamente igual à variação de entalpia, ΔH, do sistema reagente.

É geralmente necessário usar os dados obtidos com uma bomba calorimétrica, que dão ΔU, a fim de calcular ΔH. Da definição de H na Eq. (2.12)

$$\Delta H = \Delta U + \Delta(PV) \qquad (2.32)$$

Por $\Delta(PV)$ designamos a variação de PV para o sistema completo ou, em particular, PV dos produtos menos PV dos reagentes para a reação química indicada.

Se todos os reagentes e produtos são líquidos ou sólidos, esses valores de PV variam muito pouco durante a reação, quando a pressão for pequena (1 atm mais ou menos). Em tais casos, $\Delta(PV)$ é geralmente tão pequeno comparado com ΔH ou ΔU que pode

---

[10]Admite-se que nenhum trabalho "exceto trabalho PV" seria possível no arranjo experimental usado

Energética   **49**

ser desprezado, e afirmamos que $q_P \cong q_V$[11]. Para reações a altas pressões, entretanto (por exemplo, no fundo do oceano), $\Delta(PV)$ deve ser considerável mesmo para fases condensadas.

Para as reações nas quais ocorrem gases na equação de reação, os valores de $\Delta(PV)$ depende da variação do número de moles de gás como resultado da reação. Da equação do gás ideal, podemos escrever

$$\Delta(PV) = \Delta n(RT)$$

Portanto, da Eq. (2.32)

$$\Delta H = \Delta U + \Delta n(RT) \tag{2.33}$$

Por Δn designamos o número de moles dos produtos gasosos menos o número de moles dos reagentes gasosos.

Consideremos, por exemplo, a reação

$$SO_2 + \tfrac{1}{2}O_2 \longrightarrow SO_3$$

O ΔU para esta reação medida numa bomba calorimétrica é $-97\,030$ J a 298 K. Qual é ΔH? O $\Delta n = 1 - 1 - \tfrac{1}{2} = -\tfrac{1}{2}$. Portanto

$$\Delta H = \Delta U - \tfrac{1}{2}RT$$
$$\Delta H = -97\,030 - \tfrac{1}{2}(8{,}314)\,(298) = -98\,270 \text{ J}$$

Para especificar o calor da reação, é necessário escrever a equação química exata para a reação e especificar os estados de todos os reagentes e produtos, indicando particularmente a temperatura na qual a medida é feita. Como a maioria das reações são estudadas sob condições de pressão essencialmente constantes, ΔH é considerado, geralmente, o calor de reação. Seguem-se dois exemplos:

$$CO_2(1\text{ atm}) + H_2(1\text{ atm}) \longrightarrow CO(1\text{ atm}) + H_2O(g,\,1\text{ atm}),\quad \Delta H_{298} = \quad 41\,160 \text{ J}$$
$$AgBr + \tfrac{1}{2}Cl_2(1\text{ atm}) \longrightarrow AgCl(c) + \tfrac{1}{2}Br_2,\qquad\qquad \Delta H_{298} = -28\,670 \text{ J}$$

Como conseqüência imediata da primeira lei, ΔU ou ΔH para qualquer reação química é independente do caminho, ou seja, independente de qualquer reação intermediária que possa ocorrer. Este princípio, estabelecido experimentalmente pela primeira vez por G. H. Hess (1840), é chamado *a lei da soma constante de calores*. É sempre possível, portanto, calcular o calor de uma reação através da medida de reações muito diferentes. Por exemplo,

(1) $COCl_2 + H_2S \longrightarrow 2HCl + COS,$	$\Delta H_{298} =$	$-78\,705$ J
(2) $\quad COS + H_2S \longrightarrow H_2O(g) + CS_2(1),$	$\Delta H_{298} =$	$3\,420$ J
(3) $COCl_2 + 2H_2S \longrightarrow 2HCl + H_2O(g) + CS_2(1),$	$\Delta H_{298} =$	$-75\,285$ J

[11]Observe, entretanto, que não podemos realizar uma reação a P, T constante, e a V, T constante, e ao mesmo tempo exigir que P, V, T iniciais e finais sejam os mesmos em ambos os casos. Assim, a Eq. (2.32) torna-se em geral

$$q_P = \Delta U_P + P\Delta V$$

ou

$$\Delta H_V = q_V + V\Delta P,$$

dependendo se a condição de P ou V constantes for a escolhida

50 FÍSICO-QUÍMICA

2.15. Entalpias de formação

Um estado-padrão conveniente para uma substância é o estado no qual ela é estável a 298,15 K e 1 atm de pressão – por exemplo, oxigênio como O_2 (g), enxofre como S (cristal rômbico), mercúrio como Hg(l) etc. Por convenção, as entalpias dos elementos químicos neste particular estado-padrão são tomadas como iguais a zero. A *entalpia--padrão* de formação $\Delta H_f^{\ominus}$ de qualquer composto é o ΔH da reação pela qual é formado a partir de seus elementos, estando os reagentes e os produtos num dado estado-padrão. Por exemplo, para um estado-padrão a 298,15 K

$$(1) \quad S + O_2 \longrightarrow SO_2, \qquad \Delta H_{298}^{\ominus} = -296,9 \text{ kJ}$$
$$(2) \quad 2Al + \tfrac{3}{2}O_2 \longrightarrow Al_2O_3, \qquad \Delta H_{298}^{\ominus} = -1669,8 \text{ kJ}$$

O símbolo $\ominus$ indica que estamos escrevendo a entalpia *padrão* de formação, portanto a pressão dos reagentes e produtos é 1 atm; a temperatura absoluta é escrita como índice ou entre parênteses.

Os dados termoquímicos são convenientemente tabelados como as entalpias-padrão de formação $\Delta H_f^{\ominus}$. Alguns exemplos, selecionados de uma compilação do National Bureau of Standards[12], são dados na Tab. 2.2. A entalpia-padrão de qualquer reação a 298,15 K é então facilmente calculada como a diferença entre as entalpias-padrão de formação tabuladas dos produtos e dos reagentes.

Tabela 2.2 Entalpias-padrão de formação a 298,15 K

Composto	Estado	$\Delta H_f^{\ominus}(298)$ $(kJ \cdot mol^{-1})$	Composto	Estado	$\Delta H_f^{\ominus}(298)$ $(kJ \cdot mol^{-1})$
H_2O	g	−241,826	H_2S	g	− 20,63
H_2O	l	−285,830	H_2SO_4	l	−814,00
H_2O_2	g	−133,2	SO_2	g	−296,8
HF	g	−271,1	SO_3	g	−395,7
HCl	g	− 92,312	CO	g	−110,523
HBr	g	− 36,40	CO_2	g	−393,513
HI	g	+ 26,48	$COCl_2$	l	−205,9
HIO_3	c	−238,6	S_2Cl_2	g	− 23,85
NO	g	+ 90,25	NH_3	g	− 46,11
N_2O	g	+ 82,05	HN_3	g	+294,1

Muitos dos nossos dados termoquímicos têm sido obtidos das medidas dos calores de combustão. Se os valores de formação de todos os produtos de combustão forem conhecidos, o calor de formação de um composto pode ser calculado através de seu calor de combustão. Por exemplo,

$$(1) \quad C_2H_6 + \tfrac{7}{2}O_2 \longrightarrow 2CO_2 + 3H_2O(l) \qquad \Delta H_{298}^{\ominus} = -1560,1 \text{ kJ}$$
$$(2) \quad C(\text{grafita}) + O_2 \longrightarrow CO_2 \qquad \Delta H_{298}^{\ominus} = - 393,5 \text{ kJ}$$
$$(3) \quad H_2 + \tfrac{1}{2}O_2 \longrightarrow H_2O(l) \qquad \Delta H_{298}^{\ominus} = - 285,8 \text{ kJ}$$
$$(4) \quad 2C + 3H_2 \longrightarrow C_2H_6 \qquad \Delta H_{298}^{\ominus} = - 84,3 \text{ kJ}$$

[12]O Bureau publica uma coleção compreensiva dos dados termodinâmicos. As compilações mais recentes estão nas *Technical Notes* 270-3 (1968) e 270-4 (1969). Quando as tabelas estiverem completas, serão publicadas num único volume (ao redor de 1972) (*Selected Values of Chemical Thermodynamic Properties*)

Energética

51

Tabela 2.3 Entalpias de formação de hidrocarbonetos gasosos

Substância	Fórmula	$\Delta H_f^\ominus(298)$ (kJ·mol^{-1})
Parafinas		
Metano	CH_4	$-\ 74,75 \pm 0,30$
Etano	C_2H_6	$-\ 84,48 \pm 0,45$
Propano	C_3H_8	$-103,6\ \ \pm 0,5$
n-Butano	C_4H_{10}	$-124,3\ \ \pm 0,6$
Isobutano	C_4H_{10}	$-131,2\ \ \pm 0,6$
Olefinas		
Etileno	C_2H_4	$52,58 \pm 0,28$
Propileno	C_3H_6	$20,74 \pm 0,46$
1-Buteno	C_4H_8	$1,60 \pm 0,75$
cis-2-Buteno	C_4H_8	$-\ \ 5,81 \pm 0,75$
trans-2-Buteno	C_4H_8	$-\ \ 9,78 \pm 0,75$
2-Metilpropeno	C_4H_8	$-\ 13,41 \pm 1,25$
Acetilenos		
Acetileno	C_2H_2	$226,9\ \ \pm 1,0$
Metilacetileno	C_3H_4	$185,4\ \ \pm 1,0$

Os valores da Tab. 2.3 foram obtidos dos calores de combustão por F. D. Rossini e colaboradores no National Bureau of Standards. Foi admitido que o estado-padrão do carbono é a grafita.

Quando ocorrem mudanças no estado de agregação, os calores latentes apropriados devem ser somados. Por exemplo,

$$S\,(\text{rômbico}) + O_2 \longrightarrow SO_2 \qquad \Delta H_{298}^\ominus = -296,90\ \text{kJ}$$
$$\underline{S\,(\text{rômbico}) \longrightarrow S\,(\text{monoclínico}) \qquad \Delta H_{298}^\ominus = \qquad 0,29\ \text{kJ}}$$
$$S(\text{monoclínico}) + O_2 \longrightarrow SO_2 \qquad \Delta H_{298}^\ominus = -297,19\ \text{kJ}$$

2.16. Termoquímica experimental[13]

Um dos marcos no desenvolvimento da termoquímica foi a publicação de Lavoisier e Laplace em 1780 de suas memórias *Sur la Chaleur*. Eles descreveram o uso de um calorímetro de gelo onde o calor liberado era medido pela massa de gelo fundido. Mediram o calor de combustão do carbono, encontrando que "1 onça de carbono em combustão funde 6 libras e 2 onças de gelo". Este resultado corresponde a um calor de combustão de $-413,6$ kJ por mol enquanto o melhor valor moderno é de $-393,5$. O calorímetro é mostrado na Fig. 2.5(a). As regiões *a* e *b* foram enchidas de gelo, sendo que a camada externa de gelo evitava a transferência de calor para o calorímetro. Lavoisier e Laplace também mediram o calor desprendido por um porquinho-da-índia colocado no calo-

---

[13]As descrições do equipamento experimental e procedimento podem ser encontradas nas publicações da Seção de Termodinâmica do National Bureau of Standards: *J. Res. Nat. Bur. Std.* **6**, 1 (1931); **27**, 289 (1941). Um excelente relato geral de calorimetria experimental encontra-se no artigo de J. M. Sturtevant em *Physical Methods of Organic Chemistry*, Vol. 1, Parte 1, 3.ª ed., editado por A. Weissberger (New York: Interscience Publishers, 1959), pp. 523-654. Métodos experimentais e aplicações são descritos em *Experimental Thermodynamics*, editado por J. P. McCullough e D. W. Scott e publicado pela IUPAC por Butterworths, Londres, 1968

Figura 2.5(a)   O calorímetro de gelo de Lavoisier e Laplace (a escala é dada em polegadas). Era enchido de gelo nas regiões *a* e *b*, e o desenvolvimento de calor se dava na câmara *f*. A água formada pela pressão do gelo era colhida e medida em *d*

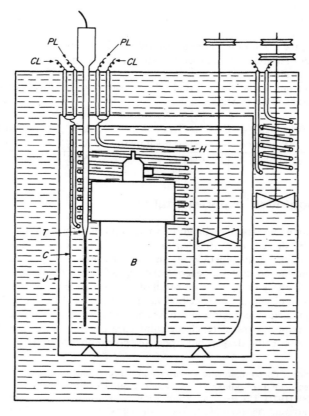

Figura 2.5(b)   A bomba calorimétrica usada do National Bureau of Standards. (*B*, bomba; *H*, aquecedor; *C*, recipiente calorimétrico; *T*, termômetro de resistência; *J*, camisa; *PL*, terminais para o potencial; *CL*, terminais para a corrente)

Energética **53**

rímetro e o compararam com a quantidade de "ar desflogisticado" (oxigênio) consumido pelo animal. Chegaram à seguinte conclusão:

> "(...) a respiração é portanto uma combustão, com certeza muito lenta, mas por outro lado perfeitamente similar à do carbono; ocorre no interior dos pulmões, sem emissão de luz visível, porque assim que a matéria do fogo se torna livre é imediatamente absorvida pela umidade destes orgãos. O calor desenvolvido na combustão é transferido ao sangue que atravessa os pulmões, e através dele é distribuído por todo o sistema animal".

A calorimetria tem sido sempre uma das técnicas mais exatas da físico-química e a engenhosidade experimental dedicada ao projeto de calorímetros é fabulosa[14]. A medida usual do calor de uma reação consiste essencialmente (1) da determinação cuidadosa da quantidade de reação química que produz uma variação definida no calorímetro e (2) da medida da energia elétrica necessária para produzir exatamente a mesma variação no calorímetro. A variação em questão é geralmente uma variação de temperatura. A energia elétrica é quase sempre usada porque pode ser medida com a maior precisão. O tipo de calorímetro largamente usado em medidas no National Bureau of Standars é mostrado na Fig. 2.5b. Se uma diferença de potencial E em volts (V) é aplicada a uma resistência R em ohms (Ω) durante um tempo de t segundos, a energia dissipada é $E^2 t/JR$ ou $E^2 t/4,1840\,R$ calorias.

Um calorímetro pode ser usado para determinar a capacidade calorífica de uma substância por meio da medida da energia elétrica fornecida e do resultante aumento de temperatura.

Para a medida de ΔH de uma reação química exatamente especificada, os reagentes devem ser puros e os produtos devem ser precisamente analisados. A última exigência pode ser geralmente satisfeita com uma bomba de combustão comum, contanto que o composto queimado contenha somente C, N, O e H. Para compostos de S, halogênios ou metais, podem surgir sérios problemas devido à combustão não-uniforme. Por exemplo, suponha que os produtos incluam água e H_2SO_4 – a não ser que a composição de H_2SO_4 aquoso seja uniforme, o ΔH observado não será constante, visto que o calor de solução do H_2SO_4 depende fortemente da composição. Para contornar tais dificuldades, a bomba calorimétrico rotativa, desenvolvida na Universidade de Lund, permite a agitação do conteúdo da bomba. Um exemplo de tal instrumento projetado por Hubbord e colaboradores no Laboratório de Termodinâmica do U.S. Bureau of Mines é mostrado na Fig. 2.6. A bomba rotativa aumentou muito o intervalo de confiança das medidas termoquímicas. Por exemplo, a seguinte reação foi estudada, inicialmente pela combustão do carbonilo metálico em oxigênio e então dissolvendo-se produtos em ácido nítrico:

$$Mn_2(CO)_{10} + 4HNO_3 + 6O_2 \longrightarrow 2Mn(NO_3)_2 + 10CO_2 + 2H_2O$$

Os valores conhecidos dos calores de formação do $Mn(NO_3)_2$, CO_2, H_2O e HNO_3, permitem o cálculo do calor de formação do carbonilo.

A medida direta de calores de reações outras que não de combustão é chamada *calorimetria de reações*. Um exemplo interessante é o da determinação do calor de formação de XeF_4 de

$$XeF_4\ (c) + 4\,KI\ (aq) \longrightarrow Xe + 4\,KF\ (aq) + 2\,I_2\ (c)$$

O resultado foi $\Delta H_f^{\ominus}\ (298) = -251$ kJ.

---

[14]G. T. Armstrong, *J. Chem. Educ.* **41**, 297 (1964), "The Calorimeter and Its Influence on the Development of Chemistry"

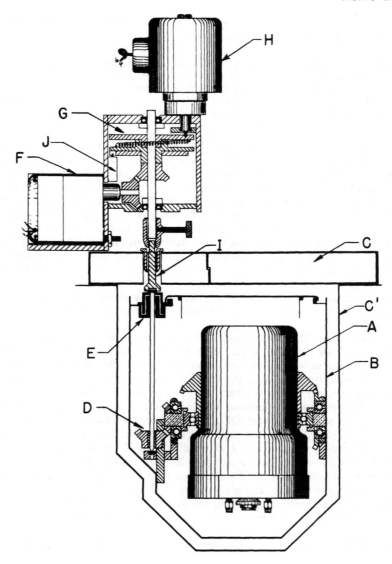

Figura 2.6(a) Uma bomba calorimétrica rotativa. A bomba A é mostrada em posição no recipiente calorimétrico B, por sua vez posicionado no recipiente termostatizado C. A haste motora L, movimentada mediante um par de engrenagens a 10 rpm e um motor síncrono F, entra no calorímetro através de um selo de óleo em E e gira o calorímetro através da engrenagem D. Quando a bomba está girando, um pino é mantido fora do furo na roda G por uma solenóide H. O relê J manda impulsos elétricos ao contador de giros e o motor é desligado automaticamente após o número prefixado de giros. W. D. Good, D. W. Scott e G. Waddington, em *J. Phys. Chem.* **60**, 1 080 (1950), dão detalhes da aplicação

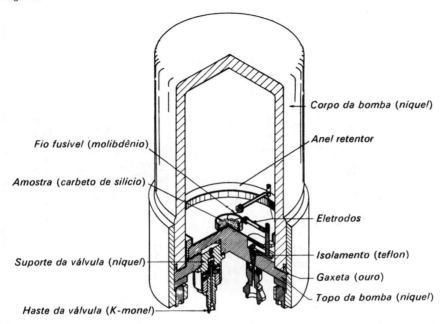

Figura 2.6(b)   Detalhes da bomba de combustão usada para determinar ΔH (combustão) do SiC. W. Hubbard et al., J. Phys. Chem. **65**, 1 168 (1961)

2.17. Calorímetros de condução de calor

Os calorímetros anteriormente descritos são calorímetros essencialmente adiabáticos, no sentido de que foram projetados para minimizar a transferência de calor entre o recipiente de reação e sua vizinhança. Se, entretanto, a transferência de calor para a vizinhança ocorrer através de um par termelétrico com junções múltiplas projetado para medir rapidamente a diferença de temperatura entre os reagentes e a vizinhança, poder-se-á medir a transferência de calor simplesmente integrando as leituras do par com o tempo. Um calorímetro deste tipo é chamado um *calorímetro de condução de calor*. Esses calorímetros podem ser usados para operações em batelada ou em operações de escoamento. São geralmente usados como calorímetros duplos onde a transferência de calor de um recipiente de reação é continuamente balanceada com a transferência de calor que ocorre com um recipiente de controle.

A Fig. 2.7(a) mostra um instrumento deste tipo projetado por Benzinger e Kitzinger[15] para o estudo de reações bioquímicas pelo método de *calorimetria de explosão de calor*. A aplicação da técnica de explosão de calor para medida de ΔH para a reação antígeno-anticorpo é ilustrada na Fig. 2.7(b). O aumento total de temperatura foi de somente 10^{-5} K e o calor medido foi de $-1,21 \times 10^{-2}$ J, equivalente a $-30,5$ kJ · mol^{-1} de anticorpo. Uma reação mais fácil de ser medida (porque grandes quantidades de reagentes eram disponíveis) foi a hidrólise de ATP,

$$ATP^{4-} + H_2O \longrightarrow ADP^{3-} + HPO_4^{2-} + H^+$$

que fornece $\Delta H(298) = -22,2$ kJ a pH 7,0.

[15] *Methods Biochem. Analysis* **8**, 309 (1960)

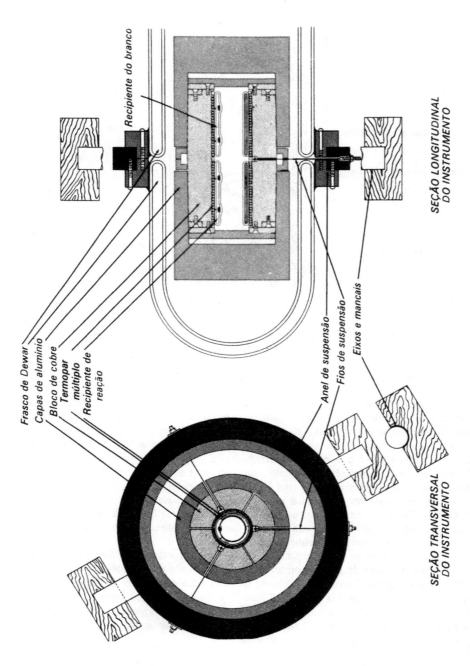

Figura 2.7(a) Calorímetro de explosão de calor projetado por T. H. Benzinger e construído por Beckman Instruments Company

Energética

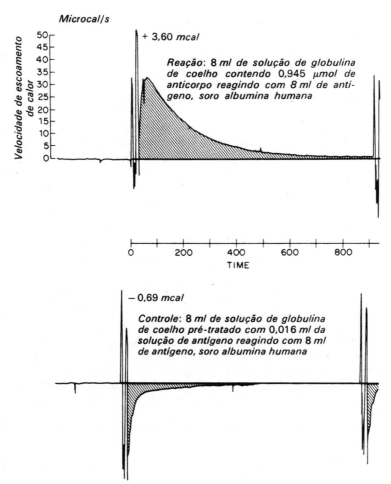

Figura 2.7(b)   Medida do ΔH de uma reação imunoquímica. *Acima*: interação antígeno--anticorpo específica. *Abaixo*: após a remoção do anticorpo específico mediante interação prévia com uma pequena quantidade de antígeno. Escala de tempos em segundo(s)

O calorímetro de condução de calor adapta-se bem para calorimetria de escoamento, onde uma corrente contínua de reagentes e produtos é misturada dentro do calorímetro. Este arranjo foi usado por J. M. Sturtevant e seus estudantes para muitos estudos bioquímicos interessantes[16]. Um exemplo foi o trabalho com a enzima ribonuclease, que catalisa a clivagem hidrolítica de cadeias polinucleotídicas de RNA. A proteína, que contém 124 aminoácidos, pode ser dividida entre os resíduos 20 e 21 produzindo S-ribonuclease e o chamado peptídeo-S. Sturtevant e Hearn mediram o ΔH num intervalo de temperaturas quando a S-ribonuclease se combina com o peptídeo-S. Como veremos no próximo capítulo, a medida de ΔH em várias temperaturas nos permite calcular também o ΔS e o ΔG (variações de entropia e de energia livre de Gibbs) de uma reação.

[16] J. M. Sturtevant, "Flow Calorimetry", *Fractions* (Beckman Instrument Co.) 1969, n.º 1, p. 1; J. M. Sturtevant e P. A. Lyons, *J. Chem. Thermodyn.* **1**, 201 (1969); e R. W. Menkins, G. D. Watt e J. M. Sturtevant, *Biochemistry* **8**, 1 874 (1969)

58   FÍSICO-QUÍMICA

Portanto, os dados termodinâmicos básicos das reações químicas podem ser facilmente obtidos por meio de calorímetros de condução de calor apropriados. Nesses estudos sobre ribonuclease, os dados termodinâmicos levaram a uma compreensão melhor da natureza da ligação entre moléculas de proteínas.

2.18. Calores de solução

Em muitas reações químicas, um ou mais reagentes estão em solução; portanto, a investigação dos calores de solução é um ramo importante da termoquímica. É necessário distinguir o *calor integral de solução do calor diferencial de solução*.

Muitos de nós podem se relembrar da primeira vez que prepararam uma solução diluída de ácido sulfúrico. Quando lentamente vertemos o ácido na água, sob agitação constante, a solução se torna imediatamente mais quente, mas notamos que a velocidade de aquecimento era menor ao fim, quando estávamos adicionando H_2SO_4 a uma solução aquosa moderadamente concentrada. Podemos escrever uma equação para a variação envolvida na adição de 1 mol de H_2SO_4 líquido a n_1 moles de água:

$$H_2SO_4 \text{ (l)} + n_1 H_2O \longrightarrow H_2SO_4 (n_1 H_2O)$$

A variação de entalpia ΔH_s nesta reação por mol de H_2SO_4 é chamado *calor integral de solução* por mol de H_2SO_4 para fornecer uma solução de composição final especificada. Neste caso, em termos de frações molares, a composição final seria $X_2(H_2SO_4) = 1/(n_1 + 1)$ e $X_1(H_2O) = n_1/(n_1 + 1)$.

Na Tab. 2.4, mostramos os ΔH medidos para uma série de diferentes valores de n_1. Notamos que, quando n_1 cresce e a solução se torna mais diluída, $-\Delta H_s$ por mol de H_2SO_4 aumenta constantemente tendendo a um valor-limite de $\Delta H_s = -96,19 \text{ kJ} \cdot \text{mol}^{-1}$, que é chamado *calor integral de solução a diluição infinita*. Os dados da Tab. 2.4 são também mostrados no gráfico da Fig. 2.8 sob a forma de ΔH_s *versus* n_2/n_1, a relação entre a quantidade de H_2SO_4 e de água.

A diferença entre os calores integrais de solução em duas concentrações diferentes especificadas dá o *calor de diluição*. Por exemplo, da Tab. 2.4

$$H_2SO_4\left(\frac{n_1}{n_2} = 1,0\right) \longrightarrow H_2SO_4\left(\frac{n_1}{n_2} = 5,0\right), \qquad \Delta H_{dil} = -29,96 \text{ kJ} \cdot \text{mol}^{-1} H_2SO_4$$

ou

$$H_2SO_4 \text{ (1,0 } H_2O) + 4 H_2O \longrightarrow H_2SO_4 \text{ (5,0 } H_2O)$$

Os ΔH_s mostrados na Tab. 2.4 e Fig. 2.8 são chamados calores integrais de solução porque representam a somatória de todos os ΔH envolvidos quando H_2SO_4 é adicionado a soluções que variam de composição desde a água pura até a concentração final de n_1 moles de água por mol de H_2SO_4.

Suponhamos que se meça a variação de entalpia por mol de H_2SO_4 causada pela adição de H_2SO_4 a uma solução de H_2SO_4 e H_2O a composição constante especificada, digamos, n_1 moles de H_2O e n_2 moles de H_2SO_4. A variação de entalpia em tal processo depende da composição especificada; portanto podemos escrevê-la como função de n_1 e n_2, formalmente, $\Delta H_2(n_1, n_2)$. Esta quantidade é chamada *calor diferencial de solução* de H_2SO_4 à composição especificada. Falando em termos práticos, não podemos, naturalmente, dissolver H_2SO_4 numa solução de H_2SO_4 e H_2O sem mudar a composição da solução, de modo que devemos definir o calor diferencial como o limite de $(\Delta H/\Delta n_2)$ a n_1 constante quando $\Delta n_2 \longrightarrow 0$. Assim,

$$\Delta H_2 = \lim_{\Delta n_2 \to 0} \left(\frac{\Delta H}{\Delta n_2}\right)_{n_1} = \left(\frac{\partial \Delta H}{\partial n_2}\right)_{n_1} \qquad (2.34)$$

Tabela 2.4 Calores integrais de solução
$H_2SO_4(l) + n_1H_2O \longrightarrow H_2SO_4(n_1H_2O)$

n_1/n_2 (mol H$_2$O/mol H$_2$SO$_4$)	$-\Delta H_s$(298,15 K) (kJ·mol^{-1} H$_2$SO$_4$)
0,5	15,73
1,0	28,07
1,5	36,90
2,0	41,92
5,0	58,03
10,0	67,03
20,0	71,50
50,0	73,35
100,0	73,97
1000,	78,58
10000,	87,07
100000,	93,64
∞	96,19

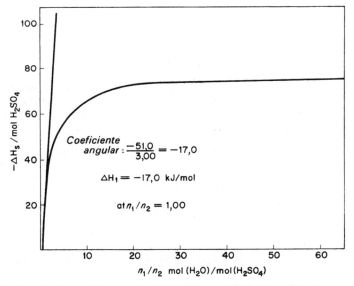

Figura 2.8 O calor integral de solução do H$_2$SO$_4$ em H$_2$O. O coeficiente angular da curva a qualquer composição dá ΔH_2, calor diferencial de solução do H$_2$SO$_4$ em H$_2$O. O cálculo mostrado para $n_2/n_1 = -1$ (solução equimolar) dá $\Delta H_2 = -18,00$ kJ/mol. Observe que $\Delta H_2 > 0$; ΔH_1 seria < 0

Vemos, portanto, que a inclinação da curva na Fig. 2.8, onde o calor integral de solução é colocado em gráfico em função de n_2/n_1, dá o calor diferencial de solução ΔH_2 a qualquer valor de composição n_2/n_1.

A relação entre os calores integral e diferencial de solução pode ser mostrada como segue. O ΔH integral depende do número de moles de cada um dos dois componentes, n_1 e n_2.

$$\Delta H_s = \Delta H_s(n_1, n_2)$$

60 FÍSICO-QUÍMICA

Assim, para uma transformação a T e P constantes

$$d(\Delta H_s) = \left(\frac{\partial \Delta H_s}{\partial n_1}\right) dn_1 + \left(\frac{\partial \Delta H_s}{\partial n_2}\right) dn_2 \tag{2.35}$$

Da Eq. (2.34),

$$d(\Delta H_s) = \Delta H_1 \, dn_1 + \Delta H_2 \, dn_2 \tag{2.36}$$

Integrando a composição constante de modo que ΔH_2 e ΔH_1 sejam constantes, temos

$$\Delta H_s = \Delta H_1 \, n_1 + \Delta H_2 \, n_2 \tag{2.37}$$

Conhecendo ΔH_2 e ΔH_s, podemos obter ΔH_1 da Eq. (2.37). Outros métodos de avaliação de ΔH_1 e ΔH_2 serão discutidos no Cap. 7.

2.19. Variação da entalpia de reação com a temperatura

Algumas vezes o ΔH de uma reação é medido a uma temperatura e precisamos saber seu valor em outra. Tal situação é mostrada em forma esquemática da seguinte maneira:

$$T_2: \qquad\qquad \text{Reagentes} \xrightarrow{\Delta H_{T2}} \text{Produtos}$$

$$C_P^{\text{re}}(T_2 - T_1) \quad \uparrow \qquad\qquad \uparrow \quad C_P^{\text{pr}}(T_2 - T_1)$$

$$T_1: \qquad\qquad \text{Reagentes} \xrightarrow{\Delta H_{T1}} \text{Produtos}$$

Neste diagrama, admite-se que as capacidades caloríficas C_P sejam constantes no intervalo de temperatura. O termo C_P^{re} significa a soma das capacidades caloríficas para todos os reagentes na equação estequiométrica de reação − analogamente se estende a C_P^{pr}. Da primeira lei é evidente que

$$\Delta H_{T1} + C_P^{\text{pr}}(T_2 - T_1) = C_P^{\text{re}}(T_2 - T_1) + \Delta H_{T2}$$

portanto

$$\Delta H_{T2} - \Delta H_{T1} = (C_P^{\text{pr}} - C_P^{\text{re}})(T_2 - T_1) \tag{2.38}$$

Se escrevermos a diferença $C_P^{\text{pr}} - C_P^{\text{re}}$ como ΔC_P, a Eq. (2.38) torna-se

$$\frac{\Delta H_{T2} - \Delta H_{T1}}{T_2 - T_1} = \Delta C_P \tag{2.39}$$

No limite, quando $(T_2 - T_1) \rightarrow 0$, a equação expressa em termos de diferenças assume a forma diferencial,

$$\frac{d(\Delta H)}{dT} = \Delta C_P \tag{2.40}$$

Essas equações foram obtidas pela primeira vez por Kirchhoff em 1858. Elas mostram que a taxa de variação de entalpia da reação com a temperatura é igual à diferença nas capacidades caloríficas C_P dos produtos e reagentes.

Há uma simplificação excessiva no tratamento dado visto que na verdade as próprias capacidades caloríficas variam com a temperatura. Com freqüência, entretanto, é suficientemente preciso usar o valor médio da capacidade calorífica no intervalo de temperatura considerado.

Como exemplo do uso da Eq. (2.39), considere a reação

$$H_2O\,(g) \longrightarrow H_2 + \tfrac{1}{2}O_2, \qquad \Delta H^{\ominus} = 241\,750\;\text{J a}\;291{,}15\;\text{K}$$

Energética 61

Qual seria o $\Delta H^{\ominus}$ a 298,15 K? No pequeno intervalo de temperatura, os valores efetivamente constantes de C_P por mol são

$$C_P(H_2O) = 33,56, \qquad C_P(H_2) = 28,83, \qquad C_P(O_2) = 29,12 \text{ J} \cdot \text{K}^{-1} \cdot \text{mol}^{-1}$$

Assim,

$$\Delta C_P = C_P(H_2) + \tfrac{1}{2}C_P(O_2) - C_P(H_2O) = 28,83 + 29,12 - 33,56 = 9,83 \text{ J} \cdot \text{K}^{-1}$$

Da Eq. (2.39),

$$\frac{\Delta H^{\ominus}_{298} - 241\ 750}{298 - 291} = 9,83$$

Portanto

$$\Delta H^{\ominus}_{298} = 241\ 820 \text{ J}$$

Para integrar a Eq. (2.40) mais exatamente, precisamos de expressões para as capacidades caloríficas dos reagentes e produtos no intervalo de temperatura de interesse.

Os dados experimentais de capacidade calorífica podem ser representados por uma série de potências

$$C_P = a + bT + cT^2 + \cdots \tag{2.41}$$

São dados na Tab. 2.5 exemplos de tais equações de capacidade calorífica. Essas equações com três termos concordam com os dados experimentais dentro de aproximadamente 0,5 % num intervalo de temperatura de 273 K a 1 500 K. Quando a expressão em série para ΔC_P é substituída[17] na Eq. (2.40), a integração pode ser realizada analiticamente. Assim, a pressão constante, para a variação de entalpia-padrão

$$d(\Delta H^{\ominus}) = \Delta C_P\, dT = (A + BT + CT^2 + \cdots)\, dT$$

$$\Delta H^{\ominus}_T = \Delta H^{\ominus}_0 + AT + \tfrac{1}{2}BT^2 + \tfrac{1}{3}CT^3 + \cdots \tag{2.42}$$

Tabela 2.5 Capacidade calorífica de gases a 1 atm de pressão (273 a 1 500 K)*

$$C_P = a + bT + cT^2 \qquad (C_P \text{ em J} \cdot \text{K}^{-1} \cdot \text{mol}^{-1})$$

Gás	a	$b \times 10^3$	$c \times 10^7$
H_2	29,07	−0,836	20,1
O_2	25,72	12,98	−38,6
Cl_2	31,70	10,14	−2,72
Br_2	35,24	4,075	−14,9
N_2	27,30	5,23	−0,04
CO	26,86	6,97	−8,20
HCl	28,17	1,82	15,5
HBr	27,52	4,00	6,61
H_2O	30,36	9,61	11,8
CO_2	26,00	43,5	−148,3
Benzeno	−1,18	32,6	−1100,
n-Hexano	30,60	438,9	−1355,
CH_4	14,15	75,5	−180,

*H. M. Spencer, *J. Am. Chem. Soc.* **67**, 1 858 (1945); H. M. Spencer e J. L. Justice, *J. Am. Chem. Soc.* **56**, 2 311 (1934)

[17]Para uma reação típica $\tfrac{1}{2}N_2 + \tfrac{3}{2}H_2 \longrightarrow NH_3$

$$\Delta C_P = C_P(NH_3) - \tfrac{1}{2}C_P(N_2) - \tfrac{3}{2}C_P(H_2)$$

62 FÍSICO-QUÍMICA

onde A, B, C etc. são as somas dos a, b, c... individuais na Eq. (2.41). Aqui, $\Delta H_0^{\ominus}$ é a constante de integração. Qualquer medida de $\Delta H^{\ominus}$ a uma temperatura conhecida T torna possível avaliar a constante $\Delta H_0^{\ominus}$ na Eq. (2.42). Então o $\Delta H^{\ominus}$ a outra temperatura qualquer (dentro do intervalo de validez das equações de capacidade calorífica) pode ser calculado da equação.

Existem à disposição tabelas bastante extensas de entalpias, que dão $(H_T - H_0)$ em função de T em um intervalo grande de temperatura. O uso dessas tabelas torna desnecessária a referência direta às capacidades caloríficas para os cálculos de $\Delta H_T^{\ominus}$.

2.20. Entalpias de ligação

Desde o tempo de Van't Hoff, os químicos procuram expressar as estruturas e as propriedades das moléculas em termos de ligações entre os átomos. Em muitos casos, é possível exprimir, com boa aproximação, o calor de formação de uma molécula como uma propriedade aditiva das ligações que formam a molécula. Esta formulação conduziu aos conceitos de *energia de ligação* e *entalpia de ligação*.

Consideremos uma reação onde uma ligação A—B é rompida entre um átomo A e um átomo B:

$$A\text{—}B\,(g) \longrightarrow A\,(g) + B\,(g) \tag{2.43}$$

Em termos desta reação, a *energia de ligação* A—B tem sido definida por diversos autores como:

1) A variação de energia no zero absoluto, $\Delta U_0^{\ominus}$.
2) A variação de entalpia no zero absoluto, $\Delta H_0^{\ominus}$.
3) A variação de entalpia a 298,15 K, $\Delta H_{298}^{\ominus}$.

As duas primeiras definições são úteis nas discussões da estrutura molecular, que geralmente se referem aos dados espectroscópicos das energias de dissociação das moléculas. A última definição é mais conveniente para a utilização dos dados termoquímicos e cálculos dos calores de reação. Adotaremos a definição 3 e seguiremos a notação sugerida por Benson[18] em seu excelente trabalho sobre energias de ligação. Assim, a energia de ligação $DH^{\ominus}$(A—B) da ligação A—B e definida como o $\Delta H_{298}^{\ominus}$ da reação da Eq. (2.43). É evidente que esta quantidade seria mais corretamente chamada uma *entalpia de ligação* e, muito embora este nome não seja ainda de uso comum, adotá-lo-emos para nossas discussões.

As entidades A e B na Eq. (2.43) não são necessariamente átomos; podem ser fragmentos de moléculas. Por exemplo, o $DH^{\ominus}$ da ligação C—C no etano seria o $\Delta H_{298}^{\ominus}$ da reação,

$$C_2H_6 \longrightarrow 2CH_3$$

É importante notar que para um dado tipo de ligação, o $DH^{\ominus}$ depende da molécula particular onde a ligação ocorre e de sua situação particular naquela molécula. Considere, por exemplo, a molécula CH_4 e imagine que os átomos de H sejam removidos dela um a um

$$
\begin{aligned}
&(1)\ CH_4 \longrightarrow CH_3 + H \\
&(2)\ CH_3 \longrightarrow CH_2 + H \\
&(3)\ CH_2 \longrightarrow CH\ + H \\
&(4)\ CH \longrightarrow C\ \ + H
\end{aligned}
$$

[18]S. Benson, *J. Chem. Educ.* **42**, 502 (1965)

Energética   63

Se pudéssemos determinar o ΔH de cada uma dessas reações, obteríamos o $DH^\ominus$ da ligação CH nesses quatro casos diferentes. Na realidade, é difícil obter tais dados com precisão, mas os valores aproximados são (1) 422, (2) 364, (3) 385 e (4) 335 kJ·mol^{-1}.

Para a maioria dos propósitos seria conveniente um tipo de informação muito mais simples. Assim, as quatro ligações C—H no metano são certamente todas equivalentes e, se pudermos imaginar o átomo de carbono reagindo com quatro átomos de hidrogênio para formar metano, poderíamos tomar um quarto dessa entalpia total da reação global como sendo a $DH^\ominus$ média de uma ligação C—H no CH_4. A reação em questão seria

$$CH_4 \longrightarrow C\,(g) + 4H$$

Para calcular tais valores médios de $DH^\ominus$, precisamos, portanto, das entalpias de formação das moléculas a partir dos átomos. Se conhecermos o ΔH de atomização para todos os elementos, poderemos usar esses dados para calcular as entalpias de ligação pelas entalpias-padrão de formação. Na maioria dos casos, não é tão difícil obter o ΔH para converter os elementos em gases monoatômicos. No caso de metais, este ΔH é simplesmente o calor de sublimação à forma monoatômica. Por exemplo,

$$Mg(c) \longrightarrow Mg(g), \qquad \Delta H^\ominus_{298} = 150{,}2 \text{ kJ}$$

$$Ag(c) \longrightarrow Ag(g), \qquad \Delta H^\ominus_{298} = 289{,}2 \text{ kJ}$$

Em outros casos, os calores de atomização podem ser obtidos a partir das energias de dissociação de gases diatômicos. Por exemplo,

$$\tfrac{1}{2}Br_2(g) \longrightarrow Br(g), \qquad \Delta H^\ominus_{298} = 111{,}9 \text{ kJ}$$

$$\tfrac{1}{2}O_2(g) \longrightarrow O(g), \qquad \Delta H^\ominus_{298} = 249{,}2 \text{ kJ}$$

Em muitos poucos casos, porém, verificou-se ser extremamente difícil obter os ΔH de atomização. O caso mais notório é também o mais importante, já que todas as entalpias de ligação de moléculas orgânicas dependem do mesmo − isto é, o calor de sublimação da grafita:

$$C(\text{cristal, grafita}) \longrightarrow C\,(\text{gás}).$$

Mesmo atualmente, nem todos os cientistas estão de acordo a respeito de qual seja o valor correto do calor de formação da grafita, porém o valor mais razoável parece ser $\Delta H^\ominus_{298} = 716{,}68$ kJ.

Algumas entalpias-padrão para conversão dos elementos de seu estado-padrão para a forma de gases monoatômicos (ΔH de atomização) são dados na Tab. 2.6. Com esses resultados, é possível calcular entalpias de ligação médias por meio das entalpias-padrão de formação. Consideremos, por exemplo, a aplicação dos dados termoquímicos para determinar a $DH^\ominus$ média das duas ligações O—H na água.

$$H_2 \longrightarrow 2H, \quad \Delta H^\ominus_{298} = \quad 436{,}0 \text{ kJ}$$

$$O_2 \longrightarrow 2O, \quad \Delta H^\ominus_{298} = \quad 498{,}3 \text{ kJ}$$

$$H_2 + \tfrac{1}{2}O_2 \longrightarrow H_2O, \Delta H^\ominus_{298} = -241{,}8 \text{ kJ}$$

Portanto,

$$2H + O \longrightarrow H_2O, \quad \Delta H^\ominus_{298} = -927{,}2 \text{ kJ}$$

Este é o $\Delta H^\ominus_{298}$ para a formação de duas ligações O—H; portanto o $DH^\ominus$ médio para as duas ligações O—H na água pode ser tomado como $927{,}2/2 = 463{,}6$ kJ. Este valor é muito diferente da entalpia de dissociação para HOH $\rightarrow$ H + OH, que é 498 kJ.

64 FÍSICO-QUÍMICA

Tabela 2.6 Entalpias-padrão de atomização de elementos*

Elemento	$\Delta H^{\ominus}_{298}$ (kJ)	Elemento	$\Delta H^{\ominus}_{298}$ (kJ)
H	217,97	N	472,70
O	249,17	P	314,6
F	78,99	C	716,68
Cl	121,68	Si	455,6
Br	111,88	Hg	60,84
I	106,84	Ni	425,14
S	278,81	Fe	404,5

*Dados da *NBS Circular* 500 e *NBS Technical Notes* 270-1 e 270-2

As principais fontes de dados para a determinação das energias de ligação são a espectroscopia molecular, a termoquímica e os estudos de impacto eletrônico. O método de impacto eletrônico emprega um espectrofotômetro de massa; a energia dos elétrons na fonte de íons é gradualmente aumentada até que a molécula seja quebrada em fragmentos pelo impacto de um elétron. O método espectroscópico é discutido na Sec. 17.10. A energia de dissociação da ligação calculada dos dados espectroscópicos é realmente $\Delta U^{\ominus}_0$. É geralmente conveniente calcular por este valor o $\Delta H^{\ominus}_{298}$. Da Eq. (2.33), $\Delta H^{\ominus}_0 = \Delta U^{\ominus}_0$ e da Eq. (2.38)

$$\Delta H^{\ominus}_{298} = \Delta H^{\ominus}_0 + \Delta C_P \cdot \Delta T$$

Para a reação da Eq. (2.43), podemos admitir que os reagentes e os produtos se comportem como gases ideais e que somente os graus de liberdade rotacional e translacional contribuam para a capacidade calorífica a 298 K (Sec. 4.21). Assim, $\Delta C_P = 2(\frac{5}{2})R - \frac{7}{2}R = \frac{3}{2}R$ e

$$\Delta H^{\ominus}_{298} = \Delta U^{\ominus}_0 + \tfrac{3}{2}R \cdot 298 = \Delta U^{\ominus}_0 + 3,75 \text{ kJ}$$

O $DH^{\ominus}$ da ligação A—B será aproximadamente constante numa série de compostos similares. Este fato torna possível compilar tabelas para as entalpias de ligação médias, que podem ser usadas para estimativas dos valores de $\Delta H^{\ominus}$ para reações químicas. Os $\Delta H^{\ominus}$ assim obtidos são próximos o suficiente dos valores experimentais para permitir uma estimativa rápida das entalpias de reação e entalpias de formação. Naturalmente, devem ser distinguidos os diferentes tipos de ligações, isto é, simples, duplas e triplas, no caso de ligações C—C. A Tab. 2.7 resume entalpias médias das ligações simples, $DH^{\ominus}$, como dadas por Pauling. A Tab. 2.8 fornece alguns valores individuais $DH^{\ominus}$ para moléculas específicas.

Tabela 2.7 Entalpias médias de ligações simples $(kJ \cdot mol^{-1})$*

	S	Si	I	Br	Cl	F	O	N	C	H
H	339	339	299	366	432	563	463	391	413	436
C	259	290	240	276	328	441	351	292	348	
N					200	270		161		
O		369			203	185	139			
F		541	258	237	254	153				
Cl	250	359	210	219	243					
Br		289	178	193						
I		213	151							
Si	227	177								
S	213									

*Segundo L. Pauling, *Nature of the Chemical Bond*, 3ª. ed. (Ithaca: Cornell University Press, 1960)

Energética

65

Tabela 2.8 Entalpias de ligações simples e múltiplas (kJ $\cdot$ mol^{-1})

Ligações triplas	$DH^\ominus$	Ligações duplas	$DH^\ominus$	Ligações simples	$DH^\ominus$	Ligações simples	$DH^\ominus$
N≡N	946	CH_2=CH_2	682	CH_3—CH_3	368	CH_3—H	435
HC≡CH	962	CH_2=O	732	H_2N—NH_2	243	NH_2—H	431
HC≡N	937	O=O	498	HO—OH	213	OH—H	498
C≡O	1075	HN=O	481	F—F	159	F—H	569
		HN=NH	456	CH_3—Cl	349	CH_3—NH_2	331
		CH_2=NH	644	NH_2—Cl	251	CH_3—OH	381
				HO—Cl	251	CH_3—F	452
				F—Cl	255	CH_3—I	234
						F—I	243

É interessante comparar os $DH^\ominus$ experimentais de uma dada ligação em uma grande variedade de compostos. Quando são encontradas variações apreciáveis, a razão é expressa em termos de fatores especiais na estrutura molecular, tais como caráter parcial de dupla, caráter iônico, impedimentos estéricos ou repulsões.

Como um exemplo do uso das entalpias de ligação tabuladas para calcular a entalpia-padrão de formação, considere o caso do C_2H_5OH:

$$
\begin{array}{c}
\text{H} \quad \text{H} \\
| \quad | \\
\text{H—C—C—O—H} \\
| \quad | \\
\text{H} \quad \text{H}
\end{array}
\qquad
\begin{array}{ll}
\text{Ligações} & DH^\ominus\text{(kJ)} \\
1\ \text{C—C} & 348 \\
5\ \text{C—H} & 5 \times 413 \\
1\ \text{C—O} & 351 \\
1\ \text{O—H} & 463 \\
\end{array}
$$

Assim,

$$2C\,(g) + O\,(g) + 6H\,(g) \longrightarrow C_2H_5OH, \qquad \Delta H^\ominus_{298} = -3227\ \text{kJ}$$

A partir das entalpias de atomização da Tab. 2.6,

$$
\begin{array}{lll}
2C\ \text{(grafita)} & \longrightarrow 2C\,(g) & 2 \times 717 = 1434 \\
\tfrac{1}{2}O_2 & \longrightarrow O & 249 \\
3H_2 & \longrightarrow 6H & \underline{6 \times 218 = 1308} \\
& & 2991\ \text{kJ}
\end{array}
$$

Portanto,

$$2C\,\text{(grafita)} + \tfrac{1}{2}O_2 + 3H_2 \longrightarrow C_2H_5OH\,(g), \qquad \Delta H^\ominus_{298} = -236\ \text{kJ}.$$

O valor experimental é $\Delta H^\ominus_{298} = -237$ kJ, de modo que a estimativa é boa dentro de cerca de 0,5%, a qual é melhor que a usual.

2.21. Afinidade química

Muitas determinações cuidadosas do calor de reação foram feitas por Julius Thomsen e Marcellin Berthelot pelos fins do século XIX. Eles foram inspirados a cumprir um vasto programa de medidas termoquímicas pela convicção de que o calor de reação era uma medida quantitativa da *afinidade química* dos reagentes. Nas palavras de Berthelot, em seu *Essai de mécanique chimique* (1878):

"Cada mudança química que se realiza sem intervenção de energia externa tende a produzir o corpo ou o sistema de corpos que liberta maior calor".

66 FÍSICO-QUÍMICA

Se bem que, como observou Otswald de maneira bastante sarcástica, a prioridade desse princípio errôneo não pertença a Berthelot,

"O que indubitavelmente é da responsabilidade de Berthelot são os numerosos métodos que encontrou para explicar os casos em que o princípio assim chamado entrava em contradição com os fatos. Em particular, sob a hipótese de decomposição parcial ou dissociação de uma ou mais substâncias reagentes, ele descobriu um método infalível para calcular uma evolução global de calor nos casos em que a observação experimental mostrava diretamente que havia uma absorção de calor".

O princípio de Thomsen e Berthelot é incorreto: implicaria que nenhuma reação endotérmica se daria espontaneamente e não se presta para considerar a reversibilidade da maioria das reações químicas. Para entender a verdadeira natureza da afinidade química e a força que promove as reações químicas é necessário ir além dos limites do primeiro princípio da termodinâmica, isto é, incluir os resultados do segundo princípio. No próximo capítulo veremos como isso se realizou.

PROBLEMAS

1. Deduza a expressão $(\partial U/\partial T)_P = C_P - P(\partial V/\partial T)_P$.
2. Mostre que para um gás ideal $(\partial H/\partial V)_T = 0$ e $(\partial C_V/\partial V)_T = 0$.
3. Um homem comum produz aproximadamente 10^4 kJ de calor por dia através de atividade metabólica. Se o homem fosse um sistema fechado de massa 70 kg com a capacidade calorífica da água, calcule seu aumento de temperatura em um dia. O homem é na verdade um sistema aberto e o principal mecanismo de perda de calor é a evaporação de água. Quanta água seria necessário evaporar por dia para manter sua temperatura constante a 37 °C? O ΔH (vaporização) da água a 37 °C é 2 405 J $\cdot$ g^{-1}.
4. Calcule ΔU e ΔH quando 1 kg de (a) hélio e (b) neônio são aquecidos de 0 °C a 100 °C num recipiente fechado de 1 m³ de volume. Admita que os gases são ideais com $C_V = \frac{3}{2}R$ por mol. Que informação seria necessária a este problema se os gases não fossem ideais?
5. Um mol de gás ideal a 300 K é expandido adiabática e reversivelmente de 20 a 1 atm. Qual a temperatura final do gás, admitindo $C_V = \frac{5}{2}R$ por mol?
6. Suponha que um pedaço de metal com volume de 100 cm³ a 1 atm seja comprimido adiabaticamente por uma onda de choque de 10^5 atm a um volume de 90 cm³. Calcule o ΔU e ΔH do metal. (Admita que a compressão ocorra a pressão constante de 10^5 atm.)
7. Amônia a 27 °C e 1 atm é passada à velocidade de 41 cm³ $\cdot$ s^{-1} num tubo isolado onde escoa sobre um fio eletricamente aquecido de resistência 100 ohm (Ω) sendo a corrente de 0,050 ampère (A). O gás deixa o tubo a 31,09 °C. Calcule C_P e C_V por mol de NH_3.
8. Quando carbeto de tungstênio WC foi aquecido com excesso de oxigênio numa bomba calorimétrica, foi encontrado para a reação

$$WC(c) + \tfrac{5}{2}O_2 \longrightarrow WO_3(c) + CO_2$$

que $\Delta U(300 \text{ K}) = -1\,192$ kJ. Qual o ΔH a 300 K? Qual o ΔH_f do WC a partir de seus elementos se os ΔH de combustão do C puro e W puro a 300 K são $-393,5$ kJ e $-837,5$ kJ, respectivamente?
9. Usando os dados da Tab. 2.2, calcule $\Delta H^{\ominus}$ (298) para as seguintes reações:

(a) $2HCl + CO_2 \longrightarrow COCl_2 + H_2O \text{ (g)}$
(b) $2HN_3 + 2NO \longrightarrow H_2O_2 + 4N_2$

Energética

67

10. Os $\Delta H_f^{\ominus}$ (298) para o benzeno, cicloexeno e cicloexano são 82,93, $-7,11$ e $-123,1$ kJ $\cdot$ mol^{-1}, respectivamente. Calcule $\Delta H^{\ominus}$ (298) para a reação

$$C_6H_6 \text{ (g)} + 3H_2 \longrightarrow C_6H_{12} \text{ (g)}$$

Compare este valor com o triplo do $\Delta H^{\ominus}$ (298) para

$$C_6H_{10} \text{ (g)} + H_2 \longrightarrow C_6H_{12} \text{ (g)}$$

Comente a diferença encontrada.

11. Dos dados de hidrogenação do benzeno a cicloexano dados no Problema 10 e dos dados de capacidades caloríficas na Tab. 2.5, calcule $\Delta H^{\ominus}$ para a reação a 500 K. Para o cicloexano gás. $C_P = 106,3 \text{ J} \cdot \text{K}^{-1} \cdot \text{mol}^{-1}$ a 298 K. Estime o erro causado em seu cálculo pela consideração que este C_P é constante de 298 K a 500 K.

12. A força restauradora F numa substância elástica distendida é uma função do comprimento l e da temperatura T; $F(l, T)$. Se U for também $U(l, T)$, mostre que a capacidade calorífica a F constante é

$$C_F = \left(\frac{\partial U}{\partial T}\right)_l + \left[\left(\frac{\partial U}{\partial l}\right)_T - F\right]\left(\frac{\partial l}{\partial T}\right)_F$$

13. O ΔH para oxidação do ferrocitocromo-c pelo íon ferricianeto,

$$\text{Fe}^{II} - \text{cit-}c + \text{Fe}^{III} \longrightarrow \text{Fe}^{III} - \text{cit-}c + \text{Fe}^{II}$$

foi estudado num microcalorímetro de fluxo a 25 °C num intervalo de pH com os seguintes resultados[19]

pH	6,00	7,00	8,00	9,00	9,75	10,00
$-\Delta H$(kJ$\cdot$mol^{-1})	53,6	52,8	45,4	37,1	7,87	$-2,93$

Faça um gráfico de ΔH *versus* pH. Como você interpretaria esses resultados?

14. Um gás segue a equação de estado

$$PV = nRT$$

Para este gás, $C_P = 29,4 + 8,40 \times 10^{-3} T (\text{J} \cdot \text{K}^{-1} \cdot \text{mol}^{-1})$.

(a) Calcule C_V em função de T.
(b) Dados os pontos $P_1 = 20,00$ atm, $V_1 = 2,00$ l e $P_2 = 5,00$ atm, $V_2 = 8,00$ l, imagine um processo adiabático por qual desses pontos possam ser ligados para 1 mol de gás.
(c) Calcule ΔU e ΔH para o gás para o processo dado em (b).

15. Este problema é de interesse em metereologia. Calcule as variações específicas de energia em joule por quilograma para os seguintes processos:

(a) Ar secado e aquecido a volume constante de 0 °C a 10 °C.
(b) Ar seco é expandido isotermicamente de um volume de 0,9 a 1,0 dm$^3 \cdot$ g^{-1} a 10 °C.
(c) A velocidade horizontal do gás é aumentada de 10 m $\cdot$ s^{-1} a 50 m $\cdot$ s^{-1}.

16. A equação de estado de um sólido monoatômico é

$$PV + nG = BU$$

onde G é uma função somente do volume molar (V/n) e B é uma constante. Prove que

$$B = \frac{\alpha V}{\beta C_V}$$

[19]G. D. Watt e J. M. Sturtevant, *Biochemistry* 8, 4 567 (1969)

68   FÍSICO-QUÍMICA

onde α é a expansividade térmica e β a compressibilidade isotérmica. Esta é a famosa *equação de Gruneisen* de interesse nos estudos do estado sólido.

17. Dez moles de nitrogênio a 300 K são mantidos por um pistão sob 40 atm de pressão. A pressão é *bruscamente* diminuída para 10 atm e o gás se expande adiabaticamente. Se C_V para o N_2 for admitido constante e igual a $20,8\,J\cdot K^{-1}\cdot mol^{-1}$, calcule a T final do gás. Admita que o gás seja ideal. Calcule ΔU e ΔH para a transformação no gás.

18. A entalpia de formação da solução sólida de NaCl e NaBr a 298 K em função da fração molar X_2 de NaBr é dada por

$$\Delta H_m(kJ\cdot mol^{-1}) = 5,996X_2 - 6,761X_2^2 + 0,765X_2^3.$$

Calcule: (a) ΔH quando 0,5 mol de NaBr formam uma solução sólida e (b) os calores diferenciais de solução ΔH_1 e ΔH_2 do NaCl e NaBr na solução 50 mol%.

19. Estime o ΔH de combustão da glicose usando as energias de ligação na Tab. 2.7. Compare seu resultado com o valor experimental de $14,7\,kJ\cdot g^{-1}$.

20. É estimado que o cérebro adulto consume o equivalente a 10 g de glicose por hora. Calcule a potência desenvolvida pelo cérebro em watts (W).

21. O calor integral de solução de m moles de NaCl em 1 000 g de H_2O a 298 K é dado por

$$\Delta H(kJ) = 3,861\,m + 1,992\,m^{3/2} - 3,038\,m^2 + 1,019\,m^{5/2}.$$

Calcule: (a) ΔH por mol de NaCl para formar uma solução molal, (b) ΔH por mol de NaCl para diluição infinita, (c) o ΔH de diluição por mol de NaCl de 1 a 0,1 m e (d) o ΔH diferencial por mol a 1,0 m NaCl.

22. Mostre que $(\partial U/\partial P)_V = \beta C_V/\alpha$.

23. Se um composto for queimado sob condições adiabáticas, de modo que todo calor produzido seja usado no aquecimento dos produtos gasosos, a temperatura máxima alcançada é chamada *temperatura de chama adiabática*. Calcule esta temperatura para a queima do metano (a) em oxigênio e (b) em ar (80% N_2, 20% O_2) suficiente para a combustão completa a CO_2 e H_2O (g). Use as capacidades caloríficas da Tab. 2.5, mas despreze os termos em T^2.

24. Calcule o ΔH para a combustão de CO a CO_2 (a) a 298 K e (b) a 1 680 K, aproximadamente a temperatura de um forno de explosão.

25. Quando 1 mol de H_2SO_4 é misturado com n moles de água a 25 °C,

$$\Delta H = \frac{-75,6n}{n + 1,80}$$

onde ΔH está em quilojoule e $n < 0$. Calcule o calor diferencial da solução de água, $\Delta H_w = (\partial \Delta H/\partial n_w)_{n_s}$, e o da solução de ácido sulfúrico, $\Delta H_s = (\partial \Delta H/\partial n_s)_{n_w}$, quando $n = 1$ e quando $n = 10$.

26. O volume de um cristal de quartzo a 30 °C é dado por

$$V = V_0(1 - 2,658 \times 10^{-10}P + 24,4 \times 10^{-20}P^2)$$

onde V_0 é o volume a $P = 0$ e P é dado em quilogramas por metro quadrado.

(a) Que pressão seria necessária para reduzir o volume de 1%?
(b) Faça um gráfico da compressibilidade a 30 °C *versus* P.
(c) Calcule o trabalho feito sobre 1 kg de cristal em uma compressão isotérmica reversível de 1%.

27. Mostre que $(\partial H/\partial P)_T = -\mu C_P$. Com os dados das Tabs. 2.1 e 2.5, calcule a variação de entalpia de 1 mol de CO_2 que é comprimido isotermicamente de 0 atm a

Energética 69

100 atm a 300 K. Comente brevemente os valores encontrados e como se comparam com os valores do gás ideal.

28. O ar de um quarto é aquecido de 0 °C a 20 °C, sendo a pressão do ar mantida constante. Qual o ΔU (variação de energia interna) do quarto? (Ignore os efeitos devido às paredes.)

29. A superfície curva de um cone perfeito é

$$A = \pi r \sqrt{r^2 + h^2}$$

onde r é o raio da base e h é a altura. Calcule $dA = M dr + N dh$ e aplique a regra de Euler para mostrar que dA é uma diferencial perfeita.

3

Entropia e energia livre

*A Ciência deve mais à máquina a vapor do que a máquina
a vapor deve à Ciência.*

L. J. Henderson
1917

Os experimentos de Joule mostraram que o calor não era conservado nos processos físicos, visto que poderia ser gerado através de trabalho mecânico. A transformação inversa, a conversão de calor em trabalho, tem sido de interesse para os engenheiros práticos desde o desenvolvimento da máquina a vapor por James Watt em 1769. Tal máquina opera essencialmente do seguinte modo: uma fonte de calor (por exemplo, chama de carvão) é usada para aquecer uma *substância de trabalho* (*e.g.*, vapor), ocasionando sua expansão por uma válvula para um cilindro provido de um pistão. A expansão força o pistão para frente e, por um acoplamento adequado, um trabalho mecânico pode ser obtido da máquina. A substância de trabalho, que é resfriada pela expansão, é retirada do cilindro por meio de uma válvula. Um volante retorna o pistão para sua posição original, pronto para uma nova expansão. Em termos mais simples, portanto, qualquer máquina térmica retira calor de um reservatório quente, converte parte deste calor em trabalho e devolve o remanescente para um reservatório frio. Na prática, ocorrem perdas de trabalho por atrito nos vários componentes móveis da máquina.

Quando a Revolução Industrial iniciou sua marcha no começo do século XIX na Inglaterra, foram feitos constantes aperfeiçoamentos nas máquinas a vapor. Toda máquina possuía sua própria relação de trabalho produzido por carvão queimado; visto que esta relação aumentava a cada avanço básico na tecnologia, não era previsto nenhum limite para a eficiência dessas máquinas. Não havia nenhuma teoria geral para prever a eficiência ε, definida como

$$\varepsilon = \frac{-w}{q_2} \tag{3.1}$$

onde $-w$ era o trabalho produzido e q_2 o calor fornecido.

Em 1824, a teoria desta *máquina inglesa* foi desenvolvida por um jovem engenheiro francês, Sadi Carnot, em uma monografia *Réflexions sur la Puissance Motrice du Feu*. Com notável discernimento, ele fez um modelo abstrato das características essenciais da máquina térmica e analisou sua operação com uma lógica fria e perfeita.

3.1. O ciclo de Carnot

Carnot imaginou um ciclo para representar a operação de uma máquina idealizada, onde o calor é transferido de um reservatório quente a temperatura θ_2, parcialmente convertido em trabalho, e parcialmente rejeitado a um reservatório mais frio a temperatura θ_1 [Fig. 3.1(a)]. A substância de trabalho pela qual essas operações são realizados retorna por fim ao mesmo estado que ocupava inicialmente, e portanto o processo global

Entropia e energia livre 71

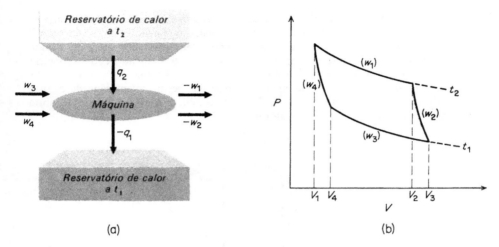

(a)   (b)

Figura 3.1 Componentes essenciais da máquina térmica de Carnot (a) e o diagrama indicador do ciclo de Carnot (b).

constitui um ciclo completo. Escrevemos as temperaturas como θ_1 e θ_2 para indicar que são temperaturas empíricas, medidas em qualquer escala conveniente.

As várias etapas no ciclo são realizadas reversivelmente. Para tornar a operação mais definida, podemos considerar que a substância de trabalho é um gás (não necessariamente ideal) e podemos representar o processo cíclico através do diagrama indicador da Fig. 3.1(b). As etapas no trabalho da máquina para um ciclo completo são então (a convenção de sinal é baseada na máquina (gás) como sistema):

1. O gás é colocado em contato com um reservatório quente a θ_2 e se expande reversível e isotermicamente a θ_2 de V_1 a V_2, absorve o calor q_2 do reservatório quente e executa trabalho $-w_1$ sobre sua vizinhança.

2. O gás, isolado de qualquer reservatório de calor, se expande reversível e adiabaticamente ($q = 0$) de V_2 a V_3 e executa trabalho $-w_2$, enquanto sua temperatura cai de θ_2 para θ_1.

3. O gás é colocado em contato com um reservatório de calor a θ_1, é comprimido reversível e isotermicamente a θ_1 de V_3 a V_4, enquanto o trabalho w_3 é feito sobre o mesmo, que por sua vez rejeita o calor $-q_1$ ao reservatório de calor.

4. O gás, isolado de qualquer reservatório de calor, é comprimido reversível e adiabaticamente ($q = 0$) de V_4 ao volume inicial V_1, enquanto o trabalho w_4 é feito sobre o mesmo e sua temperatura aumenta de θ_1 para θ_2.

A primeira lei da termodinâmica requer que, para o processo cíclico, $\Delta U = 0$. Agora, ΔU é a soma de todos os calores adicionados ao gás, $q = q_2 + q_1$, mais a soma de todos os trabalhos feitos sobre o gás, $w = w_1 + w_2 + w_3 + w_4$.

$$\Delta U = q + w = q_1 + q_2 + w = 0$$

O trabalho produzido pela máquina é igual, desta forma, ao calor absorvido do reservatório quente menos o calor cedido ao reservatório frio: $-w = q_2 - (-q_1) = q_1 + q_2$.

A eficiência da máquina é

$$\varepsilon = \frac{-w}{q_2} = \frac{q_2 + q_1}{q_2} \tag{3.2}$$

Como cada etapa neste ciclo é conduzida reversivelmente, o trabalho máximo possível é obtido para a substância de trabalho particular e temperaturas consideradas[1].

Considere agora uma outra máquina operando com uma substância de trabalho diferente. Vamos admitir que esta segunda máquina, II, trabalhando entre as mesmas temperaturas empíricas θ_2 e θ_1 seja mais eficiente que a máquina I; ou seja, pode fornecer uma quantidade de trabalho maior a partir da mesma quantidade de calor q_2 retirada do reservatório quente (ver a Fig. 3.2). Este resultado somente poderia ser obtido fornecendo-se menos calor ao reservatório frio.

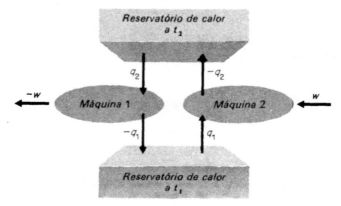

Figura 3.2 Diagrama mostrando a máquina II operando no sentido direto e a máquina I em sentido inverso (isto é, como bomba de calor)

Vamos imaginar agora que, depois de completado o ciclo por esta máquina, supostamente mais eficiente, a máquina original seja invertida. Desta forma, ela age como uma *bomba de calor*. Como o ciclo de Carnot original é reversível, todos os termos de calor e trabalho são alterados em sinal mas não em grandeza. A bomba de calor absorve o calor q_1 do reservatório frio; o trabalho w é fornecido à bomba por uma fonte externa; o calor $-q_2$ é libertado pela bomba ao reservatório quente.

Para o processo de ida (máquina II) $-w' = q_2 + q'_1$
Para o processo reverso (máquina I) $w + q_1 = -q_2$
Assim o resultado é $\overline{-w' + w = -q_1 + q'_1}$

Como $w' > w$ e $q'_1 < q_1$, o resultado global da operação combinada da máquina e da bomba de calor é que o calor $q'' = q'_1 - q_1$ foi retirado de um reservatório a temperatura constante θ_1 e o trabalho $w'' = w - w'$ foi obtido sem qualquer outra mudança ocorrendo em todo o sistema.

Neste resultado não há nada de contrário à primeira lei da termodinâmica, pois a energia não foi nem criada nem destruída. O trabalho realizado seria equivalente à extração de calor de um reservatório. Entretanto, uma conversão isotérmica de calor em trabalho sem qualquer mudança concomitante no sistema nunca foi observada. Pense no que ela implicaria: um navio não precisaria carregar combustível; poderia impelir-se absorvendo calor do oceano. Tal extração contínua de trabalho obtido do calor da vizinhança foi chamado *moto perpétuo de segunda espécie*, enquanto a produção de trabalho por um processo cíclico sem mudanças na vizinhança foi chamado de *moto*

---
[1]Nas etapas isotérmicas, o trabalho máximo é obtido na expansão e o trabalho mínimo é feito na compressão do gás (Sec. 2.12. "Variação isotérmica reversível de volume ou pressão"). Nas etapas adiabáticas, $\Delta U = w$ e os termos de trabalho são determinados somente pelos estados inicial e final

Entropia e energia livre

73

perpétuo de primeira espécie. A impossibilidade do último é postulada pela primeira lei da termodinâmica; a impossibilidade do primeiro é postulada pela segunda lei.

Se a máquina de Carnot, supostamente mais eficiente, liberasse a mesma quantidade de trabalho $-w$ que a máquina original, precisaria retirar menos calor $q'_2 < q_2$ do reservatório de calor. Então o resultado da operação da máquina II e da máquina I invertida, como bomba de calor, seria

(II) $\qquad -w = q'_2 + q'_1$

(I) $\qquad \dfrac{w + q_1 = -q_2}{}$

Resultado total: $\quad q_2 - q'_2 = q'_1 - q_1 = q$

Este resultado seria a transferência de calor q do reservatório frio a θ_1 para o reservatório quente a θ_2 sem qualquer outra mudança no sistema. Neste caso, também, nada haveria em contrário à primeira lei, mas seria ainda mais obviamente contrário à experiência do que o é o moto perpétuo de segunda espécie. Sabemos que o calor sempre flui de regiões mais quentes para regiões mais frias. Se juntarmos um corpo quente a um corpo frio, o mais quente nunca se torna mais quente e o frio, mais frio. Na verdade, um trabalho considerável deve ser gasto para refrigerar alguma coisa, para retirar calor dela. O calor por si próprio nunca flui montanha acima, isto é, contra um gradiente de temperatura.

3.2. A segunda lei da termodinâmica

Esta segunda lei pode ser precisamente expressa em várias formas equivalentes.

O princípio de Thomson: "É impossível imaginar uma máquina que, *trabalhando em um ciclo*, não produza outro efeito que não a extração de calor de um reservatório e a execução de igual quantidade de trabalho".

O princípio de Clausius: "É impossível imaginar uma máquina que, trabalhando em um ciclo, não produza outro efeito que não a transferência de calor de um corpo frio para um corpo quente.

Nesses enunciados da segunda lei, *trabalhando em um ciclo* deve ser enfatizado. O ciclo nos permite especificar que a substância retorna exatamente a seu estado inicial e portanto o processo pode ser realizado repetidamente. É bastante fácil converter calor em trabalho, isotermicamente, se um processo cíclico não for exigido: por exemplo, a simples expansão de um gás em contato com um reservatório de calor.

Vimos agora que, admitir a possibilidade de existir qualquer ciclo reversível mais eficiente que qualquer outro operando entre as mesmas temperaturas, leva a uma contradição direta da segunda lei da termodinâmica. Concluímos desta forma: *todos os ciclos de Carnot reversíveis, operando entre as mesmas temperaturas inicial e final, têm a mesma eficiência*. Como os ciclos são reversíveis, esta eficiência é a máxima possível. É completamente independente da substância de trabalho e é uma função somente das temperaturas de trabalho:

$$\varepsilon = g(\theta_1, \theta_2) \qquad\qquad (3.3)$$

3.3. A escala termodinâmica de temperatura

William Thomson (Kelvin) foi o primeiro a usar a segunda lei para definir uma *escala termodinâmica de temperatura*, que é completamente independente de qualquer substância termométrica. Das Eqs. (3.2) e (3.3) podemos escrever para a eficiência ε de um ciclo de Carnot reversível, independentemente da natureza da substância de trabalho,

$$\varepsilon = \frac{q_2 + q_1}{q_2} = g(\theta_1, \theta_2) \qquad\qquad (3.4)$$

Como $g(\theta_1, \theta_2) - 1$ é também uma função universal das temperaturas, digamos, $f(\theta_1, \theta_2)$, a Eq. (3.4) torna-se

$$\frac{q_1}{q_2} = f(\theta_1, \theta_2) \tag{3.5}$$

Considere agora dois ciclos de Carnot compartilhando uma isoterma a θ_2, como é mostrado na Fig. 3.3. Seja o calor absorvido pelo fluido em expansão ao longo das isotermas em θ_1, θ_2, θ_3 dado por q_1, q_2, q_3, respectivamente. Da Eq. (3.5),

$$\frac{q_1}{q_2} = f(\theta_1, \theta_2); \quad \frac{q_2}{q_3} = f(\theta_2, \theta_3); \quad \frac{q_1}{q_3} = f(\theta_1, \theta_3)$$

Assim,
$$f(\theta_1, \theta_3) = f(\theta_1, \theta_2) f(\theta_2, \theta_3) \tag{3.6}$$

Como θ_2 é uma variável independente, a única maneira pela qual a Eq. (3.6) pode ser satisfeita para qualquer escolha de θ_2 é se a função $f(\theta_1, \theta_2)$ tiver a forma especial

$$f(\theta_1, \theta_2) = \frac{F(\theta_1)}{F(\theta_2)}$$

onde $F(\theta)$ denota uma função arbitrária da única variável θ. Segue-se da Eq. (3.5) que

$$\frac{q_1}{q_2} = \frac{F(\theta_1)}{F(\theta_2)} \tag{3.7}$$

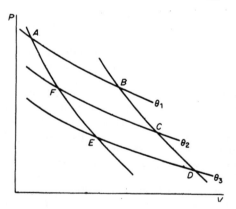

Figura 3.3 Dois ciclos de Carnot com isoterma comum (θ_2)

Kelvin decidiu usar a Eq. (3.7) como a base de uma *escala termodinâmica de temperatura*. Ele tomou as funções $F(\theta_1)$ e $F(\theta_2)$ para definir a função termodinâmica de temperatura T. Assim, uma razão de temperaturas na escala Kelvin foi definida como igual à razão do calor absorvido e do calor rejeitado no trabalho de um ciclo de Carnot reversível.

$$\frac{q_2}{-q_1} = \frac{T_2}{T_1} \tag{3.8}$$

A eficiência do ciclo da Eq. (3.2) torna-se então

$$\varepsilon = \frac{q_2 + q_1}{q_2} = \frac{T_2 - T_1}{T_2} \tag{3.9}$$

Entropia e energia livre

75

O ponto zero da escala termodinâmica é fisicamente fixado como a temperatura do reservatório frio onde a eficiência se torna igual à unidade, isto é, a máquina de calor torna-se perfeitamente eficiente. Da Eq. (3.9), no limite, quanto $T_1 \longrightarrow 0$, $\varepsilon \longrightarrow 1$.

A eficiência calculada da Eq. (3.9) é a máxima eficiência térmica que pode ser alcançada por uma máquina térmica. Como ela é calculada para um ciclo de Carnot reversível, representa algo ideal, que ciclos irreversíveis reais nunca podem alcançar. Assim, com uma fonte de calor a 393 K e um sumidouro a 293 K, a eficiência térmica máxima é 100/393 = 25,4%. Se a fonte de calor estiver a 493 K e o sumidouro ainda a 293 K, a eficiência é aumentada para 200/493 = 40,6%. É fácil ver porque a tendência em projetos de estações geradoras de energia tem sido aumentar a temperatura da fonte de calor. Na prática, a eficiência das máquinas a vapor comerciais raramente excede 80% do valor teórico. Turbinas a vapor podem geralmente operar algo mais próximas de sua eficiência térmica máxima uma vez que têm menos partes móveis, e conseqüentemente, menores perdas por atrito.

No caso de um ciclo de refrigeração, a eficiência máxima seria a de um ciclo de Carnot reversível agindo como bomba de calor. Neste caso, a eficiência seria

$$\varepsilon' = \frac{q_1}{w + q_1} = \frac{T_1}{T_2} \qquad (3.10)$$

Suponha, por exemplo, que desejemos manter um sistema a 273 K num ambiente a 303 K. A eficiência máxima do refrigerador seria $\varepsilon' = \frac{273}{303} = 90,1\%$.

3.4. Relação entre as escalas de temperatura termodinâmica e do gás ideal

A temperatura na escala Kelvin, ou termodinâmica, foi representada pelo símbolo T, que é o mesmo usado anteriormente para a escala absoluta de temperatura, baseada na expansão térmica de um gás ideal. Pode ser mostrado que essas escalas são de fato numericamente as mesmas, operando-se um ciclo de Carnot com um gás ideal como substância de trabalho.

Aplicando-se as Eqs. (2.23) e (2.24) às quatro etapas, temos

1. Expansão isotérmica: $\qquad -w_1 = q_2 = RT_2 \ln (V_2/V_1)$

2. Expansão adiabática: $\qquad -w_2 = \int_{T_1}^{T_2} C_V \, dT; \qquad q = 0$

3. Compressão isotérmica: $\qquad w_3 = -q_1 = -RT_1 \ln (V_4/V_3)$

4. Compressão adiabática: $\qquad w_4 = \int_{T_1}^{T_2} C_V \, dT; \qquad q = 0$

Pelo somatório desses termos, o trabalho total obtido é

$$-w = -w_1 - w_2 - w_3 - w_4 = RT_2 \ln \frac{V_2}{V_1} + RT_1 \ln \frac{V_4}{V_3}$$

Então, das Eqs. (2.23) e (2.26), $V_2/V_1 = V_3/V_4$,

$$-w = R(T_2 - T_1) \ln \frac{V_2}{V_1}$$

$$\varepsilon = \frac{-w}{q_2} = \frac{T_2 - T_1}{T_2}$$

A comparação com a Eq. (3.9) completa a prova da identidade das escalas de temperatura do gás ideal e da termodinâmica.

3.5. Entropia

O teorema de Carnot, Eq. (3.9), para um ciclo de Carnot reversível operando entre T_2 e T_1 qualquer que seja a substância de trabalho, pode ser escrito como

$$\frac{q_2}{T_2} + \frac{q_1}{T_1} = 0 \qquad (3.11)$$

Estenderemos agora este teorema a qualquer ciclo reversível e assim demonstraremos que a segunda lei leva a uma nova função de estado, a entropia.

A Fig. 3.4 mostra um processo cíclico geral ANA representado em um diagrama[2] PV. Sobrepusemos ao ciclo um sistema de adiabáticas. Essas adiabáticas podem ser desenhadas tão juntas quanto quisermos, de tal modo que dividam o ciclo geral em um conjunto de ciclos com partes infinitesimais tais como AA' e BB', unidas por pares de adiabáticas. Devemos visualizar um grande número de reservatórios de calor a temperaturas sucessivas que diferem somente de quantidades infinitesimais; o calor é transferido desses reservatórios quando a substância de trabalho entra sucessivamente em contato com eles enquanto atravessa o ciclo.

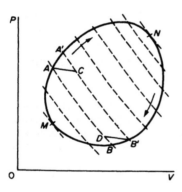

Figura 3.4 Processo cíclico geral. ANA no diagrama PV é atravessado por um conjunto de adiábaticas (linhas pontilhadas). Este diagrama é usado para provar que o teorema de Carnot [Eq. (3.11)] pode ser estendido a processos cíclicos

Desenhemos agora a *isoterma* infinitesimal a T_2 de A até C. Chamemos dq_2 a transferência real de calor ao longo de AA' e de dq'_2 a transferência ao longo do segmento isotérmico AC. Quando aplicamos a primeira lei da termodinâmica ao ciclo infinitesimal $AA'CA$, encontramos

$$-dw = dq_2 - dq'_2$$

Como dw é dado pela área do pequeno ciclo, é um infinitésimo de segunda ordem e deve ser desprezado em comparação com $dq_2 \approx dq'_2$. Ou seja, podemos estabelecer a transferência de calor à substância de trabalho em cada faixa do ciclo (definido por um par de adiabáticas adjacentes) como sendo igual a uma transferência correspondente em um processo isotérmico. O mesmo argumento obviamente se aplica a dq_1 e dq'_1 no outro extremo das adiabáticas.

Desde que $ACB'D$ é um ciclo de Carnot, podemos aplicar a Eq. (3.11) a ele para obter

$$\frac{dq_2}{T_2} + \frac{dq_1}{T_1} = 0$$

---

[2]Veja, por exemplo, P. S. Epstein, *Textbook of Thermodynamics* (New York: John Wiley & Sons, Inc., 1938), p. 57

Entropia e energia livre 77

Procedemos de maneira análoga com cada uma das faixas que compreendem o ciclo geral, e assim obtemos para o ciclo completo,

$$\oint \frac{dq}{T} = 0 \quad \text{(reversível)} \qquad (3.12)$$

Esta equação permanece verdadeira para *qualquer processo cíclico reversível*.

Recorde (Sec. 2.6) que a anulação da integral cíclica significa que o integrando é uma diferencial perfeita de alguma função de estado do sistema. Podemos assim definir uma nova função de estado S por

$$dS = \frac{dq}{T} \quad \text{(para um processo reversível)} \qquad (3.13)$$

Para uma mudança do estado A para o estado B,

$$\Delta S = \int_A^B \frac{dq}{T}$$

Assim,

$$\oint dS = \int_A^B dS + \int_B^A dS = S_B - S_A + S_A - S_B = 0$$

A função S foi pela primeira vez introduzida por Clausius em 1850; ele a chamou de *entropia* (do grego, τρέπειν, *dar uma direção*). A Eq. (3.13) indica que, quando a expressão diferencial inexata dq é multiplicada por $1/T$, torna-se uma diferencial exata; $1/T$ é chamado um *fator de integração*. O integrando $\int_A^B dq_{\text{rev}}$ é dependente do caminho, enquanto $\int_A^B dq_{\text{rev}}/T$ é independente. Esta é uma formulação alternativa da segunda lei da termodinâmica.

O diagrama TS na Fig. 3.5 é análogo ao diagrama PV da Fig. 3.1. No caso PV, a área sob a curva é uma medida do trabalho feito ao percorrer o caminho indicado. No diagrama TS, a área sob a curva é uma medida do calor adicionado ao sistema. Temperatura e pressão são fatores de intensidade; entropia e volume são fatores de capacidade. Os produtos PdV e TdS têm ambos as dimensões de energia.

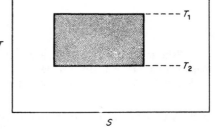

Figura 3.5 Ciclo de Carnot no diagrama TS. A área sombreada é $\oint TdS$, o calor transferido reversivelmente para o sistema

3.6. Primeira e segunda leis combinadas

Das Eqs. (3.13) e (2.4) obtemos uma relação importante algumas vezes chamada de *primeira e segunda leis combinadas*:

$$dU = T\,dS - P\,dV \qquad (3.14)$$

(Esta relação se aplica a qualquer sistema de composição constante no qual somente trabalho PV é considerado.) Se nós considerarmos U como função de S e V, $U(S, V)$,

$$dU = \left(\frac{\partial U}{\partial S}\right)_V dS + \left(\frac{\partial U}{\partial V}\right)_S dV$$

78 FÍSICO-QUÍMICA

A comparação com a Eq. (3.14) dá uma nova equação para a temperatura,

$$\left(\frac{\partial U}{\partial S}\right)_V = T \tag{3.15}$$

e para pressão,

$$\left(\frac{\partial U}{\partial V}\right)_S = -P \tag{3.16}$$

Por meios dessas equações, as variáveis intensivas P e T são dadas em termos de variáveis extensivas do sistema U, V e S.

3.7. A desigualdade de Clausius

A Eq. (3.12) é válida para um ciclo *reversível*. Clausius mostrou que, para um ciclo onde a irreversibilidade entra em qualquer estágio, a integral dq/T é sempre menor que zero

$$\oint \frac{dq}{T} < 0 \quad \text{(irreversível)} \tag{3.17}$$

Devemos notar que T na Eq. (3.17) é a temperatura do reservatório que fornece calor e não a temperatura do corpo ao qual o calor é fornecido. No caso de processos reversíveis, a distinção é, naturalmente, desnecessária porque não pode existir gradiente de temperatura sob condições reversíveis (de equilíbrio).

A prova da Eq. (3.17) é baseada no fato de a eficiência de um ciclo de Carnot irreversível ser sempre menor que a de um ciclo reversível operando entre as mesmas duas temperaturas. No ciclo reversível, a expansão isotérmica fornece o trabalho máximo e a compressão isotérmica requer o mínimo trabalho, de modo que a eficiência seja a maior para o caso reversível. Para casos irreversíveis concluímos, da Eq. (3.9), que

$$\frac{q_2 + q_1}{q_2} < \frac{T_2 - T_1}{T_2}$$

Rearranjando esta desigualdade, temos

$$\frac{q_2}{T_2} + \frac{q_1}{T_1} < 0$$

Esta relação é estendida aos ciclos irreversíveis em geral, seguindo o argumento baseado na Fig. 3.4. Em vez da Eq. (3.12), que se aplica aos casos reversíveis, obtemos a desigualdade de Clausius, dada pela Eq. (3.17).

3.8. Variações de entropia em um gás ideal

O cálculo das variações de entropia em um gás ideal é particularmente simples porque, neste caso, $(\partial U/\partial V)_T = 0$, e os termos de energia devido a forças coesivas nunca precisam ser considerados. Para um processo reversível em um gás ideal, a primeira lei requer que

$$dq = dU + P\,dV = C_V\,dT + \frac{nRT\,dV}{V}$$

Portanto

$$dS = \frac{dq}{T} = \frac{C_V\,dT}{T} + \frac{nR\,dV}{V} \tag{3.18}$$

Entropia e energia livre

79

Na integração

$$\Delta S = S_2 - S_1 = \int_1^2 C_V \, d\ln T + \int_1^2 nR \, d\ln V$$

Se C_V for independente da temperatura

$$S = C_V \ln \frac{T_2}{T_1} + nR \ln \frac{V_2}{V_1} \qquad (3.19)$$

Para o caso especial de uma variação de temperatura a volume constante, o aumento da entropia com o aumento da temperatura é,

$$\Delta S = C_V \ln \frac{T_2}{T_1} \qquad (3.20)$$

Se a temperatura de 1 mol de gás ideal cujo $C_V = 12,5 \, \text{J} \cdot \text{K}^{-1} \text{mol}^{-1}$ for dobrada, a entropia aumenta de $12,5 \cdot \ln 2 = 8,63 \, \text{J} \cdot \text{K}^{-1}$.

Para o caso de uma expansão isotérmica, o aumento de entropia torna-se

$$\Delta S = nR \ln \frac{V_2}{V_1} = nR \ln \frac{P_1}{P_2} \qquad (3.21)$$

Se 1 mol de gás ideal for expandido a duas vezes seu volume original, sua entropia aumenta do fator $R \ln 2 = 5,74 \, \text{J} \cdot \text{K}^{-1}$.

3.9. Variação da entropia na mudança de estado de agregação

Um exemplo de mudança de estado de agregação é a fusão de um sólido. A uma pressão fixa, o ponto de fusão é a temperatura definida T_m, onde sólido e líquido estão em equilíbrio. Para transformar parte do sólido em líquido, deve-se fornecer calor ao sistema. Enquanto sólido e líquido estiverem presentes, este calor adicionado não muda a temperatura do sistema, mas é absorvido pelo sistema como *calor latente de fusão* do sólido ΔH_m. Como a mudança ocorre sob pressão constante, o calor latente, pela Eq. (2.13), é igual à diferença de entalpia entre o líquido e o sólido. Por mol de substância,

$$\Delta H_m = H(\text{líquido}) - H(\text{sólido}).$$

No ponto de fusão, líquido e sólido coexistem em equilíbrio. A adição de um pouco de calor fundiria parte do sólido, a remoção de um pouco de calor solidificaria parte do líquido, mas o equilíbrio entre sólido e líquido seria mantido. O calor latente no ponto de fusão é necessariamente um calor reversível, porque o processo de fusão segue um caminho constituído de sucessivos estados de equilíbrio. Podemos portanto avaliar a entropia de fusão ΔS_m no ponto de fusão por aplicação direta da relação $\Delta S = q_{\text{rev}}/T$, que é válida para qualquer processo isotérmico reversível:

$$S(\text{líquido}) - S(\text{sólido}) = \Delta S_m = \frac{\Delta H_m}{T_m} \qquad (3.22)$$

Por exemplo, ΔH_m para o gelo é $5\,980 \, \text{J} \cdot \text{mol}^{-1}$, portanto $\Delta S_m = 5\,980/273,2 = 21,90$ $\text{J} \cdot \text{K}^{-1} \cdot \text{mol}^{-1}$.

Por um argumento análogo, a entropia de vaporização ΔS_v, o calor latente de vaporização ΔH_v e o ponto de ebulição T_b estão relacionados por

$$S(\text{vapor}) - S(\text{líquido}) = \Delta S_v = \frac{\Delta H_v}{T_b} \qquad (3.23)$$

80 FÍSICO-QUÍMICA

Uma equação análoga vale para a transformação de um sólido de uma forma polimórfica a outra, se a transformação ocorrer a T e P, onde as duas formas estão em equilíbrio, e se existir um calor latente associado a essa transformação. Por exemplo, estanho cinza e estanho branco estão em equilíbrio a 286 K e 1 atm, e $\Delta H_t = 2\,090$ J $\cdot$ mol^{-1}. Então $\Delta S_t = 2\,090/286 = 7,31$ J $\cdot$ K$^{-1} \cdot$ mol^{-1}.

3.10. Variação de entropia em sistemas isolados

A variação de entropia na passagem de um estado de equilíbrio A para um estado de equilíbrio B é sempre a mesma, independentemente do caminho entre A e B, já que a entropia é uma função de estado do sistema apenas. Não faz nenhuma diferença se o caminho é reversível ou irreversível. Entretanto, somente se o caminho for reversível a variação de entropia será dada por $\int dq/T$:

$$\Delta S = S_B - S_A = \int_A^B \frac{dq}{T} \text{ (reversível)} \tag{3.24}$$

Para calcular a variação de entropia em um processo irreversível, devemos inventar um método reversível para ir do mesmo estado inicial ao mesmo estado final e então aplicar a Eq. (3.24). No tipo de termodinâmica que formulamos neste capítulo (algumas vezes chamado *termostática*) a entropia S é definida somente para estados de equilíbrio. Portanto, para calcular uma variação de entropia, devemos projetar um processo que consiste de uma sucessão de estados de equilíbrio, isto é, um processo reversível.

Em qualquer sistema completamente isolado, estamos restritos a processos adiabáticos porque nenhum calor pode entrar ou sair do sistema[3]. Para um processo *reversível* em um sistema isolado, portanto, $dS = dq/T = 0/T = 0$, de modo que na integração $S = $ constante. Se a entropia de uma parte do sistema aumenta, a da parte restante deve diminuir de uma quantidade exatamente igual.

Um exemplo fundamental de um processo irreversível é a transferência de calor de um corpo mais quente para um corpo mais frio. Podemos fazer uso de um gás ideal para realizar a transferência reversível e desta maneira calcular a variação de entropia. O processo está resumido na Fig. 3.6. 1) O gás é colocado em contato térmico com o reservatório quente a T_2 e expandido reversível e isotermicamente até que absorva calor igual a q. Para simplificar o argumento, admitimos que os reservatórios tenham capacidades caloríficas tão grandes que as variações de temperatura pela adição ou retirada do calor q sejam desprezíveis. 2) O gás é então retirado do contato com o reservatório quente e deixado expandir-se adiabática e reversivelmente até que sua temperatura caia para T_1. 3) Em seguida, é colocado em contato com o reservatório mais frio a T_1 e comprimido isotermicamente até que devolva calor igual a q.

O reservatório quente perdeu então entropia igual a q/T_2, enquanto o reservatório frio ganhou entropia igual a q/T_1. A variação total de entropia dos reservatórios foi portanto $\Delta S = q/T_1 - q/T_2$. Como $T_2 > T_1$, $\Delta S > 0$, suas entropias aumentaram. A entropia do gás ideal, entretanto, descresceu de uma quantidade exatamente igual, de tal maneira que, para o sistema isolado completo do gás ideal mais os reservatórios de calor, $\Delta S = 0$ para o processo reversível. Se a transferência de calor tivesse sido realizada irreversivelmente — por exemplo, colocando-se os dois reservatórios em contato térmico direto e deixando que o calor q escoasse ao longo de um gradiente de temperatura assim

---

[3]O sistema completamente isolado é, naturalmente, um fruto da imaginação. Talvez nosso universo inteiro possa ser considerado um sistema isolado, mas nenhuma seção pequena dele pode ser rigorosamente isolada. Em geral, a precisão e a sensibilidade de nossa experiência permitirão determinar como o sistema deva ser definido

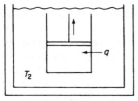  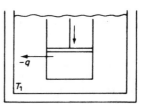

(1) *Expansão isotérmica reversível a* T_2

(2) *Expansão adiabática reversível* $T_2 \to T_1$, $q = 0$

(3) *Compressão isotérmica reversível a* T_1

Figura 3.6(a) Transferência reversível de calor de T_2 para T_1

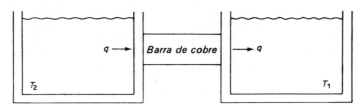

Figura 3.6(b) Transferência irreversível de calor de T_2 a T_1

estabelecido —, não haveria um decréscimo de entropia para compensar. A entropia do sistema isolado teria aumentado durante o processo irreversível de uma quantidade $\Delta S = q/T_1 - q/T_2$.

Provaremos agora que *a entropia de um sistema isolado sempre aumenta durante um processo irreversível*. A prova deste teorema é baseada na desigualdade de Clausius. Considere na Fig. 3.7 um processo geral irreversível em um sistema isolado, levando o estado A ao estado B. Ele está representado pela linha pontilhada. Em seguida, considere que o sistema retorna a seu estado inicial, A, por um caminho reversível representado pela linha sólida de B até A. Durante este processo reversível, o sistema não precisa ser isolado e pode trocar calor e trabalho com sua vizinhança. Como o ciclo completo é em parte irreversível, a Eq. (3.17) se aplica

$$\oint \frac{dq}{T} < 0$$

Escrevendo o ciclo em termos de suas duas seções, obtemos portanto

$$\int_A^B \frac{dq_{\text{irrev}}}{T} + \int_B^A \frac{dq_{\text{rev}}}{T} < 0 \qquad (3.25)$$

A primeira integral é igual a zero, já que durante o processo $A \to B$ o sistema é por hipótese isolado e portanto não é possível transferência de calor. A segunda integral, da Eq. (3.24), é igual a $S_A - S_B$. Assim, a Eq. (3.25) torna-se

$$S_A - S_B < 0 \quad \text{ou} \quad S_B - S_A > 0$$

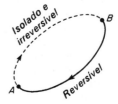

Figura 3.7 Um processo cíclico onde um sistema isolado passa de A a B por um processo irreversível e retorna ao estado inicial A por meio de um processo reversível durante o qual não se encontra isolado

82 FÍSICO-QUÍMICA

Provamos desta forma que a entropia do estado final B é sempre maior que a do estado inicial A. se A passa para B por um processo irreversível em um sistema isolado.

Como todos os processos que ocorrem naturalmente são irreversíveis, qualquer transformação que ocorra espontaneamente na natureza é acompanhada por um aumento líquido na entropia. Esta conclusão levou Clausius à sua afirmação concisa e famosa das leis da termodinâmica: "A energia do universo é constante; a entropia do universo tende sempre a um máximo".

3.11. Entropia e equilíbrio

Agora que a função entropia foi definida e um método para o cálculo das variações de entropia esboçado, dispomos de uma técnica poderosa para analisar o problema fundamental do equilíbrio físico-químico. Em nosso capítulo introdutório, foi mostrado que a posição de equilíbrio em sistemas puramente mecânicos é a posição de energia potencial mínima. Qual o critério para o equilíbrio em um sistema termodinâmico?

Podemos combinar as Eqs. (3.24) e (3.25) em uma expressão

$$\int \frac{dq}{T} \leq \Delta S \tag{3.26}$$

onde a igualdade se refere a processos reversíveis e a desigualdade, aos irreversíveis. Aplicada a um sistema isolado, para o qual $dq = 0$, a Eq. (3.26) fornece

$$\Delta S \geq 0 \quad \text{(sistema isolado)} \tag{3.27}$$

Como foi mostrado anteriormente, a entropia de um sistema isolado nunca pode diminuir. Visto que a entropia é definida somente para estados de equilíbrio, o fato de que possa aumentar em um sistema isolado implica podermos ainda produzir certas mudanças em tal sistema, mesmo que ele permaneça isolado.

Vamos portanto analisar mais detalhadamente quais as implicações da condição de que o sistema seja isolado. Qualquer sistema que isolarmos do mundo pode estar sujeito a numerosas *restrições*, que são impostas quando selecionamos ou projetamos o sistema. Especifiquemos as restrições que são condições necessárias e suficientes para que o sistema esteja isolado no sentido termodinâmico, e então vejamos que tipos de restrições posteriores ainda temos a liberdade de impor ao ou remover do sistema. Da primeira lei, a energia U de um sistema isolado deve ser constante, ou $dU = 0$. Também, como $dU = dq - P\,dV$ e $dq = 0$ para um sistema isolado, devemos ter $dV = 0$. Assim, as restrições necessárias para um sistema isolado são que U e V não podem variar.

Como um exemplo de um sistema isolado sujeito a uma restrição, considere dois volumes, de gás H_2 e de gás Br_2, separados por uma barreira presa no local por um parafuso fora do sistema isolado. Podemos manejar o parafuso pela parte externa do sistema de tal modo que nem U nem V do sistema variem. Assim que a restrição da barreira seja removida, o H_2 e o Br_2 se misturarão e reagirão, $H_2 + Br_2 \rightleftharpoons 2HBr$. Por este arranjo realizamos, portanto, uma reação química em um sistema isolado. O sistema passou de um estado de equilíbrio ($H_2 + Br_2$ separados) para um estado de equilíbrio bastante diferente (mistura de equilíbrio de H_2, Br_2 e HBr). Sabemos da Eq. (3.27) que $\Delta S > 0$ para esta transformação. A entropia original do sistema (com restrição imposta) aumentou para um valor maior (com a restrição particular removida).

Examinemos agora o novo estado de equilíbrio que foi alcançado. Sujeito ao conjunto de restrições agora existentes, não há qualquer variação possível do estado do sistema que permita movê-lo a um estado de equilíbrio de menor entropia. Com muita razão pode-se objetar que, como o sistema está em equilíbrio, não há variação possível

Entropia e energia livre

83

do sistema a não ser que posteriormente relaxemos as restrições. Isto é realmente verdadeiro e, para descrever as condições de equilíbrio, introduzimos a idéia de *deslocamentos virtuais* das variáveis de estado do sistema. Um deslocamento virtual não é um deslocamento físico real, mas pertence à classe dos deslocamentos matemáticos concebíveis. Suponha que δx_1, δx_2, δx_3, ..., etc. são os deslocamentos virtuais das variáveis x_1, x_2, x_3, ..., etc. Então a variação virtual de entropia seria

$$\delta S = \left(\frac{\partial S}{\partial x_1}\right)_{x_2, x_3, \cdots} \delta x_1 + \left(\frac{\partial S}{\partial x_2}\right)_{x_1, x_3, \cdots} \delta x_2 + \left(\frac{\partial S}{\partial x_3}\right)_{x_1, x_2, \cdots} \delta x_3 + \cdots$$

A condição de equilíbrio no sistema isolado requer que qualquer deslocamento virtual,

$$(\delta S)_{U,V} \leq 0 \text{ (para o equilíbrio).} \tag{3.28}$$

Este critério para o equilíbrio termodinâmico em um sistema isolado pode ser estabelecido da seguinte forma: em um sistema a energia e volume constantes a entropia é um máximo. A U e V constantes, S é um máximo. Como vimos, o máximo pode estar sujeito a restrições adicionais que tenhamos imposto ao sistema. Se removermos todas as tais restrições, a condição de equilíbrio é, naturalmente, o máximo absoluto de S a U e V constantes.

Se em vez de um sistema a U e V constantes, considerarmos um sistema a S e V constantes, o critério de equilíbrio obedece à seguinte forma: a S e V constantes, U é um mínimo. Esta é justamente a condição aplicável em mecânica onde os efeitos térmicos são excluídos. Em termos de uma variação virtual em U, é escrita segundo

$$(\delta U)_{V,S} \geq 0 \tag{3.29}$$

3.12. A termodinâmica e a vida

Uma questão geralmente levantada é se organismos vivos podem escapar de alguma maneira das exigências rigorosas da termodinâmica. Suponha, por exemplo, que encerremos um bebê elefante em um sistema isolado com muito ar fresco, água e alimento. Quando ele houvesse crescido e se tornado um elefante pesando aproximadamente 6 000 kg, verificaríamos que a entropia do sistema teria diminuido? Suponha que disséssemos que a resposta é *não*. Se considerarmos o elefante sozinho, a entropia da matéria contida em seu corpo pode ter diminuído, mas deve ter havido um aumento de entropia da matéria no resto do sistema mais que suficiente para causar um aumento líquido na entropia. Entretanto, o problema é mais ardiloso do que parece, pois o sistema, para começar, não está em equilíbrio no estado inicial nem estará em equilíbrio quando o elefante tiver alcançado seu crescimento máximo. Assim, embora possamos definir a energia U e o volume V do sistema, não podemos definir a entropia S em um estado de não-equilíbrio. Portanto, não dispomos de nenhum método para calcular a variação da entropia. A mesma dificuldade é ilustrada pelo problema que surgiria se o elefante morresse e se perguntássemos qual o ΔS para a transformação elefante vivo $\longrightarrow$ elefante morto. Embora o elefante morto pudesse, em princípio, ser um estado de equilíbrio (mantido suficientemente frio, como um mamute no gelo na Sibéria), o elefante vivo certamente não o é. Quando muito, é um estado estacionário em relação à entrada e à saída de combustível, oxigênio, produtos de combustão etc.

O mesmo problema surge quando consideramos o aparecimento espontâneo de vida em um caldo primitivo de moléculas pré-bióticas. Não somos capazes de definir nem o estado inicial nem o estado final como um estado de equilíbrio. Uma solução para o problema básico poderia ser encontrada se pudéssemos definir a entropia também para estados de não-equilíbrio. (Veremos até que ponto isso pode ser possível depois

84   FÍSICO-QUÍMICA

que tivermos examinado os cálculos de entropia pela mecânica estatística.) A termodinâmica comum de equilíbrio não pode portanto dizer nada diretamente sobre processos em sistemas vivos, embora, naturalmente, possa fornecer muitas informações úteis sobre as propriedades de vários compostos que formam tais sistemas. Se desejarmos aplicar termodinâmica a sistemas vivos sob condições de estado estacionário, deveremos formular uma nova ciência de *termodinâmica irreversível* (ver a Sec. 9.18).

3.13. Condições de equilíbrio para sistemas fechados

A direção, ou talvez melhor a tendência, de sistemas físico-químicos para o equilíbrio é determinada por dois fatores. Um, é a tendência ao mínimo de energia, o fundo da curva de energia potencial. O outro é a tendência ao máximo de entropia. Somente se U for mantido constante, S alcançará seu máximo; somente se S for mantido constante, U poderá alcançar seu mínimo. O que acontece quando U e S são forçados a assumir um compromisso?

As reações químicas são raramente estudadas sob condições de entropia constante ou energia constante. Geralmente, os químicos colocam seus sistemas em termostatos e os investigam sob condições de temperatura e pressão aproximadamente constantes. Algumas vezes as transformações estudadas se dão a volume e a temperatura constantes, como nas bombas calorimétricas. É mais desejável, portanto, obter critérios para equilíbrios termodinâmicos que sejam aplicáveis sob essas condições práticas. Um sistema sob essas condições é chamado de *sistema fechado*, uma vez que a massa não pode ser transferida através das fronteiras do sistema, embora a transferência de energia seja permitida.

Consideremos primeiramente um sistema fechado sob condições de volume e temperatura constantes. Tal sistema teria paredes perfeitamente rígidas de forma que nenhum trabalho PdV pudesse ser feito sobre ele. O frasco rígido seria rodeado por um banho termostático de capacidade calorífica virtualmente infinita, a uma temperatura constante T, de maneira que as transferências de calor poderiam ocorrer entre o sistema e o banho sem variação da temperatura do último. No equilíbrio, a temperatura do sistema seria mantida constante a T.

Helmholtz introduziu uma nova função de estado especialmente útil para discussões do sistema a T e V constantes ou, na verdade, sempre que quisermos especificar seu estado em termos de variáveis independentes T, V, e composições variáveis apropriadas. Esta função é a *energia livre de Helmholtz* e é definida como

$$A = U - TS \tag{3.30}$$

Sua diferencial completa seria

$$dA = dU - T\,dS - S\,dT \tag{3.31}$$

Da primeira lei, $dU = dq + dw$, portanto a Eq. (3.31) se torna

$$dA = dq - T\,dS + dw - S\,dT \tag{3.32}$$

Se somente o trabalho PdV for considerado,

$$dA = dq - T\,dS - P\,dV - S\,dT \tag{3.33}$$

A T e V constantes,

$$dA = dq - T\,dS$$

Da Eq. (3.26), $dq \le TdS$, onde a igualdade se aplica a transformações reversíveis e a desigualdade, às espontâneas. Portanto, a T e V constantes, para qualquer mudança nas variáveis independentes do sistema,

$$dA \le 0$$

Entropia e energia livre

85

Assim, a condição de equilíbrio em termos de um deslocamento virtual do equilíbrio δA torna-se

$$\delta A \geq 0 \ (a \ T \ e \ V \ \text{constantes, nenhum trabalho}). \tag{3.34}$$

Assim, num sistema fechado a T e V constantes, com nenhum trabalho feito sobre o sistema, a função de Helmholtz A é mínima no equilíbrio.

3.14. A função de Gibbs — Equilíbrio a T e P constantes

Provavelmente, a condição que com mais freqüência se encontra para um sistema fechado é a de temperatura e pressão constantes. Em primeira aproximação, esta seria a condição comum de operação em um termostato a pressão atmosférica, porém uma definição mais precisa exigiria que o sistema fosse colocado em um termostato de capacidade calorífica virtualmente infinita, a uma temperatura fixa T, e fosse encerrado em um sistema projetado para regular a pressão a P constante.

A função especial mais adequada para tais condições, nas quais o estado do sistema é especificado por T, P e pelas necessárias variáveis de composição, foi inventada por J. Willard Gibbs. Ela tem sido chamada de *energia livre de Gibbs*, *entalpia livre* ou simplesmente *função de Gibbs*, e é indicada por G. A definição é

$$G = H - TS = U + PV - TS \tag{3.35}$$

ou

$$G = A + PV$$

Sua diferencial total torna-se

$$dG = dU + P \, dV + V \, dP - T \, dS - S \, dT$$

A T e P constantes,

$$dG = dq + dw + P \, dV - T \, dS$$

Da Eq. (3.26), $dq \leq TdS$, e portanto para qualquer mudança nas variáveis independentes do sistema,

$$dG \leq 0 \ (a \ T \ e \ P \ \text{constantes, somente trabalho } PV)$$

A condição de equilíbrio em termos das variações virtuais em G no equilíbrio torna-se

$$\delta G \geq 0 \ (a \ T \ e \ P \ \text{constantes, somente trabalho } PV). \tag{3.36}$$

Em um sistema fechado a T e P constantes, com somente trabalho PV permitido, a função de Gibbs G é um mínimo no equilíbrio.

3.15. Variações isotérmicas de A e G

Considere na Fig. 3.8 um sistema que muda do estado 1 ao estado 2 via diferentes processos a temperatura constante. Existe um número infinito de caminhos isotérmicos que o sistema poderia atravessar entre os estados 1 e 2, mas somente um caminho é reversível. Como A é uma função de estado, $\Delta A = A_2 - A_1$ não depende do caminho. Da Eq. (3.30), para uma transformação isotérmica

$$A_2 - A_1 = U_2 - U_1 - TS_2 + TS_1$$

ou

$$\Delta A = \Delta U - T \, \Delta S \ \ (T \ \text{constante}). \tag{3.37}$$

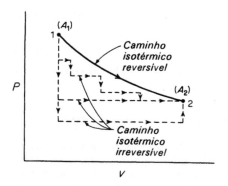

Figura 3.8 Caminhos isotérmicos percorridos por um sistema entre o estado 1 e o estado 2

Da Eq. (3.32) para o *caminho isotérmico reversível*, $dA = -PdV$ assim $\Delta A = w_{rev}$, o trabalho reversível realizado sobre o sistema. O trabalho máximo que pode ser *realizado pelo sistema* sobre sua vizinhança na transformação de 1 a 2 é $-\Delta A = -w_{rev}$.

Consideremos, por exemplo, que a transformação em questão seja a oxidação de 1 mol de 2,2,4,-trimetilpentano ("isoctano") a 298 K e 1 atm.

$$C_8H_{18}\ (g) + 12\tfrac{1}{2}O_2 \longrightarrow 8CO_2 + 9H_2O\ (g)$$

Podemos obter ΔU para esta reação medindo o calor de combustão de C_8H_{18} numa bomba calorimétrica. Ele é $\Delta U_{298} = -5\,109$ kJ. O ΔS pode ser obtido por métodos calorimétricos a serem descritos mais tarde. Ele é $\Delta S_{298} = 422$ J·K^{-1}. Da Eq. (3.37),

$$\Delta A = \Delta U - T\Delta S$$
$$\Delta A_{298} = -5109 - 298(0{,}422) = -5235 \text{ kJ}$$

Este é o ΔA para a reação a 298 K e 1 atm, independente de como é realizada. Ele nos diz que 5 235 kJ é o trabalho máximo possível de se obter da oxidação de 1 mol de isoctano a 298 K e 1 atm. Observe que este trabalho é realmente maior que $-\Delta U$ para a transformação, simplesmente porque ΔS é positivo. Este resultado não contraria a primeira lei porque o sistema não é isolado.

Se queimássemos o isoctano em um calorímetro, não obteríamos nenhum trabalho, $w = 0$. Se o queimássemos em uma máquina de combustão interna, obteríamos algum trabalho, talvez até 1 000 kJ. Poderíamos queimar o octano em uma célula de combustível e obter consideravelmente mais trabalho útil, talvez 3 000 kJ. Não haveria, entretanto, uma maneira prática de obter $-w_{rev} = 5\,235$ kJ, já que para obter o processo reversível seria necessário eliminar todas as perdas por atrito e realizar o processo na célula infinitamente lento, opondo sempre uma tensão quase igual à força eletromotriz. Apesar disso, é útil saber que $-\Delta A$ para a reação química fornece o limite superior do trabalho que pode ser obtido.

A variação na energia livre de Gibbs de um sistema em um processo *isotérmico* levando o estado 1 ao estado 2 é dada da Eq. (3.35) por

$$G_2 - G_1 = H_2 - H_1 - T(S_2 - S_1)$$
$$\Delta G = \Delta H - T\Delta S \quad (T \text{ constante}). \tag{3.38}$$

Se considerarmos um processo a pressão constante, da Eq. (3.35),

$$\Delta G = \Delta A + P\Delta V \quad (V \text{ constante}).$$

Entropia e energia livre

Calculemos ΔG para a combustão do isoctano. Da equação de reação,

$$P\,\Delta V = \Delta n\,RT = (17 - 13,5)RT = 3,5RT$$
$$= (3,5)(8,314)(298) = 8680\text{ J}$$

como $\Delta A = -5\,235$ kJ, obtemos $\Delta G = -5\,226$ kJ.

3.16. Potenciais termodinâmicos

Em mecânica, a energia potencial U serve como a função de potencial em termos da qual o equilíbrio pode ser especificado e a partir da qual forças que agem sobre o sistema podem ser deduzidas. Se o potencial U é dado como função das variáveis r_1, $r_2, \ldots, r_j \ldots$ definindo o estado do sistema, uma força generalizada agindo sobre o sistema é

$$F_j = -\left(\frac{\partial U}{\partial r_j}\right)_{r_1, r_2, \ldots}$$

A força é o gradiente do potencial. Por exemplo, se os r forem as coordenadas cartesianas comuns, x, y, z, os gradientes,

$$F_x = -\left(\frac{\partial U}{\partial x}\right)_{y,z}, \qquad F_y = -\left(\frac{\partial U}{\partial y}\right)_{x,z}, \qquad F_z = -\left(\frac{\partial U}{\partial z}\right)_{x,y}$$

fornecem as componentes da força que age sobre o sistema em cada um das três direções principais.

Como resultado de nosso estudo da primeira e da segunda leis da termodinâmica, encontramos duas novas funções que podem ser usadas como *potenciais termodinâmicos*. Para uma substância pura, estas funções podem ser escritas[4] $U(S, V)$ e $H(S, P)$. Especificamos as variáveis independentes em cada caso porque, *em termos de seu conjunto natural de variáveis independentes, cada função dá uma condição de equilíbrio simples*. As duas funções novas A e G são também potenciais termodinâmicos escritos em termos de suas variáveis naturais como $A(V, T)$ e $G(P, T)$.

Podemos considerar os gradientes de quaisquer desses potenciais termodinâmicos como forças generalizadas. Por exemplo, em sistemas a T e P constantes, como veremos mais tarde, é conveniente pensar em gradientes de G como as forças motrizes para processos físicos e químicos.

3.17. Transformações de Legendre

As diferenciais totais das funções termodinâmicas podem ser relacionadas por meio das *transformações de Legendre*, as quais definiremos primeiramente em termos matemáticos e então as aplicaremos às equações termodinâmicas. Suponha que temos uma função $f(x_1, x_2, \ldots, x_n)$, onde f é a variável dependente e $x_1, x_2, \ldots, x_n$ são as variáveis independentes. A diferencial total de f é

$$df = f_1\,dx_1 + f_2\,dx_2 + \cdots + f_n\,dx_n \tag{3.39}$$

onde

$$f_1 = \left(\frac{\partial f}{\partial x_1}\right)_{x_2 \cdots x_n} \quad \text{etc.}$$

---

[4]O uso do mesmo símbolo U para a *energia potencial* mecânica e para a *energia interna* termodinâmica pode não ser inteiramente justificado. Por que não?

88   FÍSICO-QUÍMICA

Agora, considere a função

$$g = f - f_1 x_1 \qquad (3.40)$$

Na diferenciação,

$$dg = df - d(f_1 x_1) = df - f_1\, dx_1 - x_1\, df_1$$

Ou, da Eq. (3.39)

$$dg = -x_1\, df_1 + f_2\, dx_2 + \cdots + f_n\, dx_n$$

Transformamos então uma variável independente de x_1 para f_1 e a variável dependente de f para g. A Eq. (3.40) é chamada *transformação de Legendre*.

Apliquemos uma transformação de Legendre à equação básica da Eq. (3.14):

$$U = U(V, S)$$
$$dU = -P\, dV + T\, dS$$

De acordo com a Eq. (3.40)

$$H = U - \left(\frac{\partial U}{\partial V}\right)_S V = U + PV$$

portanto,

$$dH = V\, dP + T\, dS$$

Analogamente, já que $(\partial U/\partial S)_V = T$,

$$A = U - \left(\frac{\partial U}{\partial S}\right)_V S = U - TS$$

$$dA = dU - T\, dS - S\, dT = -P\, dV - S\, dT$$

Finalmente, desde que $(\partial H/\partial S)_P = T$,

$$G = H - \left(\frac{\partial H}{\partial S}\right)_P S = H - TS$$

$$dG = dH - T\, dS - S\, dT = V\, dP - S\, dT$$

Matematicamente, portanto, a introdução dos novos potenciais termodinâmicos H, A e G é obtida efetuando as transformações de Legendre na função básica $U(S, V)$.

3.18. Relações de Maxwell

Vamos resumir as quatro relações importantes para as diferenciais dos potenciais termodinâmicos:

$$\begin{aligned}
dU &= -P\, dV + T\, dS \\
dH &= V\, dP + T\, dS \\
dA &= -P\, dV - S\, dT \\
dG &= V\, dP - S\, dT
\end{aligned} \qquad (3.41)$$

Por meio destas podemos deduzir imediatamente relações entre coeficientes de diferenciais parciais. Como,

$$dU = \left(\frac{\partial U}{\partial V}\right)_S dV + \left(\frac{\partial U}{\partial S}\right)_V dS$$

Entropia e energia livre

$$dH = \left(\frac{\partial H}{\partial P}\right)_S dP + \left(\frac{\partial H}{\partial S}\right)_P dS$$

$$dA = \left(\frac{\partial A}{\partial V}\right)_T dV + \left(\frac{\partial A}{\partial T}\right)_V dT \qquad (3.42)$$

$$dG = \left(\frac{\partial G}{\partial P}\right)_T dP + \left(\frac{\partial G}{\partial T}\right)_P dT$$

podemos igualar os coeficientes das diferenciais nas Eqs. (3.41) e (3.42) para obter

$$\left(\frac{\partial U}{\partial V}\right)_S = -P \qquad \left(\frac{\partial U}{\partial S}\right)_V = T$$

$$\left(\frac{\partial H}{\partial P}\right)_S = V \qquad \left(\frac{\partial H}{\partial S}\right)_P = T$$

$$\left(\frac{\partial A}{\partial V}\right)_T = -P \qquad \left(\frac{\partial A}{\partial T}\right)_V = -S \qquad (3.43)$$

$$\left(\frac{\partial G}{\partial P}\right)_T = V \qquad \left(\frac{\partial G}{\partial T}\right)_P = -S$$

Vimos algumas dessas equações anteriormente, mas vale a pena agrupá-las.

Se aplicarmos a relação de Euler Eq. (2.9) às diferenciais na Eq. (3.41), obtemos relações valiosas entre os primeiros coeficientes das diferenciais parciais, que são conhecidas como *equações de Maxwell*:

$$\left(\frac{\partial T}{\partial V}\right)_S = -\left(\frac{\partial P}{\partial S}\right)_V$$

$$\left(\frac{\partial T}{\partial P}\right)_S = \left(\frac{\partial V}{\partial S}\right)_P$$

$$\left(\frac{\partial P}{\partial T}\right)_V = \left(\frac{\partial S}{\partial V}\right)_T \qquad (3.44)$$

$$\left(\frac{\partial V}{\partial T}\right)_P = -\left(\frac{\partial S}{\partial P}\right)_T$$

Finalmente, deduzimos duas equações chamadas *equações termodinâmicas de estado* porque fornecem U e H em termos de P, V e T. Para U, da Eq. (3.30),

$$\left(\frac{\partial U}{\partial V}\right)_T = \left[\frac{\partial(A + TS)}{\partial V}\right]_T = \left(\frac{\partial A}{\partial V}\right)_T + T\left(\frac{\partial S}{\partial V}\right)_T$$

Das Eqs. (3.43) e (3.44),

$$\left(\frac{\partial U}{\partial V}\right)_T = -P + T\left(\frac{\partial P}{\partial T}\right)_V \qquad (3.45)$$

Para H, da Eq. (3.35)

$$\left(\frac{\partial H}{\partial P}\right)_T = \left[\frac{\partial(G + TS)}{\partial P}\right]_T = \left(\frac{\partial G}{\partial P}\right)_T + T\left(\frac{\partial S}{\partial P}\right)_T$$

Das Eqs. (3.43) e (3.44)

$$\left(\frac{\partial H}{\partial P}\right)_T = V - T\left(\frac{\partial V}{\partial T}\right)_P \qquad (3.46)$$

90 FÍSICO-QUÍMICA

Demos agora exemplos o bastante para ilustrar as maneiras como as funções termodinâmicas podem ser deduzidas e combinadas para fornecer uma variedade de formas maravilhosas proporcionando tanto o prazer como a utilidade (para emprestar uma frase de Guy de Maupassant). Os potenciais termodinâmicos e algumas de suas relações mais importantes estão resumidas na Tab. 3.1.

Tabela 3.1 Os potenciais termodinâmicos

Função	Os símbolos e variáveis naturais	Definição	Expressão diferencial	Relações de Maxwell correspondentes
Energia interna	$U(S, V)$		$dU = T\,dS - P\,dV$	$\left(\frac{\partial T}{\partial V}\right)_S = -\left(\frac{\partial P}{\partial S}\right)_V$
Entalpia	$H(S, P)$	$H = U + PV$	$dH = T\,dS + V\,dP$	$\left(\frac{\partial T}{\partial P}\right)_S = \left(\frac{\partial V}{\partial S}\right)_P$
Energia livre de Helmholtz Função de Helmholtz	$A(T, V)$	$A = U - TS$	$dA = -S\,dT - P\,dV$	$\left(\frac{\partial S}{\partial V}\right)_T = \left(\frac{\partial P}{\partial T}\right)_V$
Energia livre de Gibbs Função de Gibbs Entalpia livre	$G(T, P)$	$G = H - TS$	$dG = -S\,dT + V\,dP$	$\left(\frac{\partial S}{\partial P}\right)_T = -\left(\frac{\partial V}{\partial T}\right)_P$

3.19. Dependência da função de Gibbs da pressão e da temperatura

Da Eq. (3.41) temos

$$\left(\frac{\partial G}{\partial P}\right)_T = V \tag{3.47}$$

Para uma transformação isotérmica do estado 1 para o estado 2, portanto, $dG = VdP$ e

$$\Delta G = G_2 - G_1 = \int_1^2 V\,dP \quad (T \text{ constante}) \tag{3.48}$$

Para integrar esta equação, devemos conhecer a variação de V com P para a substância em estudo. Então, se G for conhecido a uma dada pressão e a uma dada temperatura, pode ser calculado para qualquer outra pressão na mesma temperatura. Se uma equação de estado for disponível, G pode ser resolvido para V como função de P e a Eq. (3.48) pode ser integrada depois da substituição de $V(P)$ por V. No caso simples de um gás ideal, $V = nRT/P$, e

$$\Delta G = G_2 - G_1 = \int_1^2 nRT \frac{dP}{P} = nRT \ln \frac{P_2}{P_1} \tag{3.49}$$

Por exemplo, se 1 mol de um gás ideal for comprimido isotermicamente a 300 K até o dobro de sua pressão original, a variação em G será

$$\Delta G = (1)(8,314)(300) \ln 2 = 1730 \text{ J}$$

Como outro exemplo, calculemos o ΔG quando 1 mol de mercúrio é comprimido de 1 atm a 101 atm a 298 K. O volume molar do mercúrio é $M/\rho = 200,61/\rho$, onde ρ é a densidade. Assim,

$$\Delta G = \int_1^2 V\,dP = 200,61 \int_1^2 \frac{dP}{\rho} \tag{3.50}$$

Para calcular esta integral exatamente, deveríamos conhecer $\rho = f(P)$. Vamos admitir, entretanto, que ρ seja quase constante neste intervalo de pressão e seja igual a 13,5 $g \cdot cm^{-3}$. Então

$$\Delta G = \frac{200,6}{13,5} \cdot 100 = 1486 \; cm^3 \cdot atm$$

$$= \frac{1486}{9,866} \; J = 150,6 \; J$$

A dependência de G com a temperatura, a pressão constante P, é obtida da Eq. (3.43),

$$\left(\frac{\partial G}{\partial T}\right)_P = -S \tag{3.51}$$

Como $G = H - TS$, a Eq. (3.51) pode também ser escrita

$$\left(\frac{\partial G}{\partial T}\right)_P = -S = \frac{G - H}{T} \tag{3.52}$$

A maneira como G e H se comportam em função de T é mostrada na Fig. 3.9. A Eq. (3.52) é uma forma da *equação de Gibbs-Helmholtz*. Pode também ser escrita em formas alternativas:

$$\left(\frac{\partial (G/T)}{\partial T}\right)_P = \frac{1}{T}\left(\frac{\partial G}{\partial T}\right)_P - \frac{G}{T^2} = \frac{-H}{T^2}$$

Também

$$\left(\frac{\partial (G/T)}{\partial (1/T)}\right)_P = \left(\frac{\partial (G/T)}{\partial T}\right)_P \left(\frac{\partial T}{\partial (1/T)}\right)_P = \left(\frac{\partial (G/T)}{\partial T}\right)_P (-T^2) = H$$

Se tivermos dois estados, 1 e 2, de um sistema, com

$$\Delta G = G_2 - G_1, \quad \Delta H = H_2 - H_1, \quad \Delta S = S_2 - S_1$$

a Eq. (3.52) torna-se

$$\left(\frac{\partial \Delta G}{\partial T}\right)_P = -\Delta S = \frac{\Delta G - \Delta H}{T} \tag{3.53}$$

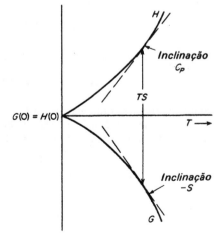

Figura 3.9 Variação da energia livre G e da entalpia de uma substância com T a P constante. Os coeficientes angulares limites são ambos nulos, de modo que C_P e $S \to 0$ para $T \to 0$

92 FÍSICO-QUÍMICA

A Eq. (3.53) é especialmente útil quando aplicada a reações químicas. Por exemplo, a variação da função de Gibbs, ΔG, para uma reação química $[(G$ dos produtos) $-(G$ dos reagentes)$]$ poderia ser estudada para uma série de temperaturas constantes diferentes, sempre sob a mesma pressão constante. A Eq. (3.53) descreve então como os ΔG observados dependem da temperatura onde a reação ocorre.

Como exemplo do uso da Eq. (3.52), calculemos a variação de G de 1 mol de N_2 quando aumentamos sua temperatura de 298 K para 348 K, a 2 atm de pressão, sabendo que a entropia do N_2 é $S = A + B \ln T$, com $A = 25{,}1$ e $B = 29{,}3 \, J \cdot K^{-1}$ (Em verdade, esta é uma aproximação grosseira.) Temos então

$$\left(\frac{\partial G}{\partial T}\right)_P = -S = -(A + B \ln T)$$

$$\Delta G = G_2 - G_1 = -\int_{298}^{348} (A + B \ln T) \, dT$$
$$= -(A - B)\,\Delta T - B(T_2 \ln T_2 - T_1 \ln T_1)$$
$$= 210 - 9960 = -9750 \, J$$

3.20. Variação da entropia com a pressão e temperatura

Uma das equações de Maxwell, a Eq. (3.44), nos fornece a relação da entropia com a pressão,

$$\left(\frac{\partial S}{\partial P}\right)_T = -\left(\frac{\partial V}{\partial T}\right)_P \tag{3.54}$$

Relembramos que $(\partial V/\partial T)_P$ está relacionado com a expansividade térmica, α, na Eq. (1.21)

$$\alpha = \frac{1}{V}\left(\frac{\partial V}{\partial T}\right)_P$$

Assim, integramos a Eq. (3.54) a temperatura constante para obter

$$\Delta S = S_2 - S_1 = -\int_{P_1}^{P_2} \alpha V \, dP \tag{3.55}$$

Para calcular esta integral, devemos conhecer V e α em função da pressão. Esses dados podem ser calculados de uma equação de estado para a substância considerada. Para um gás ideal, um resultado simples é obtido:

$$PV = nRT \quad e \quad \left(\frac{\partial V}{\partial T}\right)_P = \alpha V = \frac{nR}{P}$$

De acordo com isto, a Eq. (3.55) torna-se

$$\Delta S = -\int_{P_1}^{P_2} nR\frac{dP}{P} = nR \ln \frac{P_1}{P_2} = nR \ln \frac{V_2}{V_1}$$

como foi demonstrado na Sec. 3.8.

A variação da entropia com a temperatura é imediatamente calculada da Eq. (3.43) seja a volume constante, seja a pressão constante, como preferirmos.

$$\left(\frac{\partial U}{\partial S}\right)_V = T \quad e \quad \left(\frac{\partial H}{\partial S}\right)_P = T$$

Assim,

$$\left(\frac{\partial S}{\partial U}\right)_V = T^{-1} \quad e \quad \left(\frac{\partial S}{\partial H}\right)_P = T^{-1}$$

Entropia e energia livre

Portanto,

$$\left(\frac{\partial S}{\partial T}\right)_V = \left(\frac{\partial S}{\partial U}\right)_V\left(\frac{\partial U}{\partial T}\right)_V = T^{-1}C_V \quad \text{e} \quad \left(\frac{\partial S}{\partial T}\right)_P = \left(\frac{\partial S}{\partial H}\right)_P\left(\frac{\partial H}{\partial T}\right)_P = T^{-1}C_P \quad (3.56)$$

Quando conhecemos as capacidades caloríficas em função da temperatura, podemos integrar a Eq. (3.56) para obter as variações de entropia com a temperatura:

A volume constante: A pressão constante:

$$dS = C_V \frac{dT}{T} \qquad\qquad dS = C_P \frac{dT}{T}$$

$$S = \int \frac{C_V}{T} dT \qquad\qquad S = \int \frac{C_P}{T} dT \qquad (3.57)$$

$$\Delta S = \int_{T_1}^{T_2} C_V\, d\ln T \qquad\qquad \Delta S = \int_{T_1}^{T_2} C_P\, d\ln T$$

Essas integrações são convenientemente realizadas graficamente, como na Fig. 3.10, que mostra C_P/T num gráfico em função de T. A área sob a curva fornece ΔS entre os estados inicial e final. Se uma transição de fases ocorrer, $\Delta S_t = \Delta H_t/T_t$ correspondente deve ser incluído.

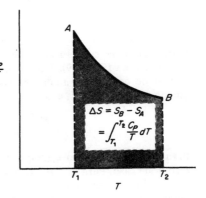

Figura 3.10 Estimativa gráfica da variação de entropia com a temperatura. Dados relativos à capacidade calorífica C_P em função de T permitem o cálculo de ΔS mediante este procedimento de integração

Por exemplo, dadas as capacidades caloríficas molares em $J \cdot K^{-1}$, $C_P(\text{gelo}) = 2{,}09 + 0{,}126\,T$, $C_P(\text{água}) = 75{,}3$ e $\Delta H_m = 6\,000\, J \cdot mol^{-1}$, calcule o ΔS quando 1 mol de água for aquecido de 263 K a 283 K. Da Eq. (3.57), podemos escrever imediatamente

$$\Delta S = \int_{263}^{273}(2{,}09 + 0{,}126T)\frac{dT}{T} + \frac{6000}{273} + \int_{273}^{283} 75{,}3\frac{dT}{T}$$

$$\Delta S = 2{,}09 \ln \frac{273}{263} + 1{,}26 + 22{,}0 + 75{,}3 \ln \frac{283}{273}$$

$$\Delta S = 26{,}1\ J \cdot K^{-1}$$

3.21. Aplicações das equações de estado termodinâmicas

Com a ajuda de nossas equações termodinâmicas de estado, Eq. (3.45), podemos facilmente provar a afirmação da Sec. 2.12 de que um gás deve ter pressão interna nula, $(\partial U/\partial V)_T = 0$, se ele obedecer à equação de estado $PV = nRT$. Para tal gás,

$$T\left(\frac{\partial P}{\partial T}\right)_V = \frac{nR}{V}$$

94 FÍSICO-QUÍMICA

Assim, da Eq. (3.45)

$$\left(\frac{\partial U}{\partial V}\right)_T = -P + T\frac{nR}{V} = -P + P = 0$$

Também com a ajuda da Eq. (3.45) podemos deduzir uma expressão muito útil para $C_P - C_V$. A Eq. (2.17) torna-se

$$C_P - C_V = \left[P + \left(\frac{\partial U}{\partial V}\right)_T\right]\left(\frac{\partial V}{\partial T}\right)_P = T\left(\frac{\partial P}{\partial T}\right)_V\left(\frac{\partial V}{\partial T}\right)_P$$

Então, da Eq. (1.24)

$$C_P - C_V = \frac{\alpha^2 V T}{\beta} \tag{3.58}$$

Uma aplicação importante da Eq. (3.46) é a análise do coeficiente de Joule-Thomson. Da Eq. (2.19),

$$\mu = \left(\frac{\partial T}{\partial P}\right)_H = -\frac{1}{C_P}\left(\frac{\partial H}{\partial P}\right)_T$$

Da Eq. (3.46),

$$\mu = \frac{T(\partial V/\partial T)_P - V}{C_P} \tag{3.59}$$

É evidente que o efeito de Joule-Thomson pode ser ou um aquecimento ou um resfriamento da substância, dependendo das grandezas relativas dos dois termos do numerador da Eq. (3.59). Em geral, o gás terá um ou mais pontos de inversão nos quais o sinal do coeficiente muda enquanto passa por zero. Da Eq. (3.59), a condição para um ponto de inversão é que

$$T\left(\frac{\partial V}{\partial T}\right)_P = \alpha V T = V \quad \text{ou} \quad \alpha = T^{-1}$$

Para um gás ideal, isto é sempre verdadeiro (Lei de Gay-Lussac), portanto μ é sempre zero neste caso. Para outras equações de estado, é sempre possível deduzir μ da Eq. (3.59) sem medida direta, se dados de C_P existirem disponíveis. Esta teoria é de importância fundamental no projeto de equipamento para a liquefação dos gases.

3.22. O acesso ao zero absoluto

Para avaliar a diferença entre a entropia S_0 de uma substância a 0 K e sua entropia S a uma temperatura T, podemos reescrever a Eq. (3.57):

$$S = \int_0^T \left(\frac{C_P}{T}\right) dT + S_0 \tag{3.60}$$

Se quaisquer mudanças de estado ocorrerem entre as temperaturas-limites, as variações correspondentes de entropia devem ser incluídas em S. Para um gás a temperatura T, a expressão geral para a entropia torna-se portanto

$$S = \int_0^{T_m} \frac{C_P(\text{cristal})}{T} dT + \frac{\Delta H_m}{T_m} + \int_{T_m}^{T_b} \frac{C_P(\text{líquido})}{T} dT$$

$$+ \frac{\Delta H_v}{T_b} + \int_{T_b}^T \frac{C_P(\text{gás})}{T} dT + S_0 \tag{3.61}$$

Esta equação nos diz como calcular a entropia de uma substância a partir das medidas calorimétricas (1) de sua capacidade calorífica no intervalo de temperatura começando perto de 0 K e (2) dos calores latentes de todas as mudanças de estado entre 0 K e a temperatura final T. Todos os termos da Eq. (3.61) podem ser medidos em um calorímetro, com exceção de S_0. A avaliação de S_0 torna-se possível em virtude da terceira lei fundamental da termodinâmica. O valor-limite da entropia de uma substância quando T se aproxima de 0 K é S_0.

Consideraremos primeiro os métodos usados para alcançar temperaturas muito baixas e então veremos como a entropia se comporta nesta região. A ciência da produção e do uso de temperaturas baixas é chamada *criogenia*. Algumas propriedades notáveis da matéria se tornam evidentes somente em temperaturas a distância de poucos graus do zero absoluto — por exemplo, a supercondutividade dos metais e o estado superfluido do hélio.

Um gás será resfriado numa expansão de Joule-Thomson se o coeficiente $\mu > 0$. Em 1860, William Siemens inventou um trocador de calor em contracorrente, que aumentou muito a utilidade do método de Joule-Thomson para produção de baixas temperaturas. Foi aplicado no processo de Hampson e Linde para produção de ar líquido[5]. O ciclo usado é mostrado na Fig. 3.11. O gás comprimido frio é ainda mais resfriado pela passagem através de uma válvula regulável. O gás expandido passa novamente pelo tubo de entrada, resfriando o gás não-expandido. Quando o resfriamento é suficiente para causar a condensação, o ar líquido pode ser retirado da parte inferior da aparelhagem. O nitrogênio líquido ferve a 77 K e o oxigênio a 90 K, e são facilmente separáveis por destilação fracionada.

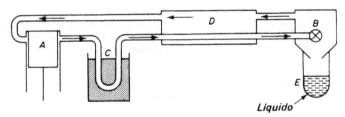

Figura 3.11 O processo de Hampson-Linde para liquefazer gases. O gás é comprimido em *A*, resfriado por um refrigerante em *C* e então passa através da válvula de expansão *B*, onde o resfriamento continua com o efeito de Joule-Thomson. O gás resfriado volta através de um trocador de calor de contracorrente *D*. Após ciclos repetidos o resfriamento em *C* é suficiente para liquefazer uma parte do gás e o líquido é colhido em *E*

Para liquefazer o hidrogênio, ele deve ser primeiro resfriado abaixo de sua temperatura de inversão de Joule-Thomson a 193 K; o processo Siemens pode então ser usado para trazê-lo abaixo de sua temperatura crítica a 33 K. A produção de hidrogênio líquido foi obtida a primeira vez desta maneira por James Dewar em 1898.

O ponto de ebulição do hidrogênio é 20 K. Em 1908, Kammerlingh-Onnes, fundador do famoso laboratório criogênico de Leiden, usou hidrogênio líquido para resfriar hélio abaixo de seu ponto de inversão a 100 K e então liquefazê-lo através da adaptação do princípio de Joule-Thomson. Temperaturas tão baixas como 0,84 K foram obtidas com a ebulição do hélio sob pressões reduzidas. Esta temperatura é quase o limite de tal método, uma vez que bombas gigantescas se tornam necessárias para o hélio gasoso.

[5] O oxigênio e o nitrogênio foram liquefeitos primeiramente por Cailletet em 1877 por meio de expansão rápida do gás frio comprimido. A primeira produção em larga escala de ar líquido foi obtida por Claude, em 1902, usando expansão contra um pistão

Em 1926, William Giauque e Peter Debye propuseram, independentemente, uma uma nova técnica de refrigeração chamada *desmagnetização adiabática*[6]. Giauque trouxe o método à realização experimental em 1933. Certos sais, notadamente os de terras raras, têm alta suscetibilidade paramagnética[7]. Os cátions agem como pequenos ímãs que se alinham na direção de um campo magnético externo aplicado. O sal é então *magnetizado*. Quando o campo é removido, o alinhamento dos pequenos ímãs desaparece e o sal é *desmagnetizado*.

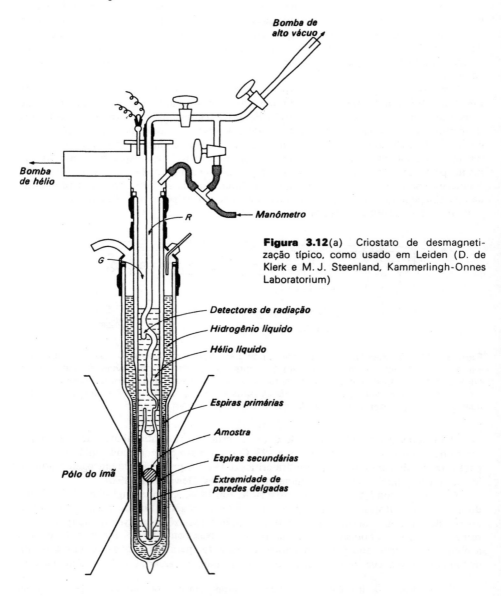

Figura 3.12(a) Criostato de desmagnetização típico, como usado em Leiden (D. de Klerk e M. J. Steenland, Kammerlingh-Onnes Laboratorium)

[6] *J. Am. Chem. Soc.* **49**, 1 870 (1927)
[7] Compare com a Sec. 17.26

Entropia e energia livre 97

Figura 3.12(b) Aparelhagem de desmagnetização montado no grande eletrímã do laboratório do Laboratório C.N.R.S., Bellevue, França. O diâmetro das espiras é, aproximadamente, 200 cm (N. Kurti, Universidade de Oxford)

Uma aprelhagem usada para a desmagnetização adiabática é mostrada na Fig. 3.12(a). O sal, sulfato de gadolíneo, por exemplo, é colocado na câmara interna de um vaso de Dewar duplo. É magnetizado enquanto está sendo resfriado com hélio líquido, que é introduzido ao redor da câmara interna. O hélio líquido é então removido, deixando o sal magnetizado resfriado, termicamente isolado de sua vizinhança pela barreira adiabática do espaço evacuado. O campo magnético é então reduzido a zero; este processo efetua a *desmagnetização adiabática* do sal; já que não há transferência de calor, $q = 0$.

Esta desmagnetização não é estritamente reversível, porém nenhum erro é introduzido no argumento se a considerarmos assim. Por que não? Para uma desmagnetização adiabática reversível, $\Delta S = 0$. A Fig. 3.13 representa o experimento de Giauque em um diagrama TS. Duas curvas são mostradas para o sal, uma no estado desmagnetizado, na ausência de um campo ($\mathcal{H} = 0$), e uma no estado magnetizado, na presença de um campo ($\mathcal{H} = \mathcal{H}_i$). Em um experimento particular, $\mathcal{H}_i$ foi 0,800 tesla (T) e a magnetização isotérmica inicial foi feita a 1,5 K.

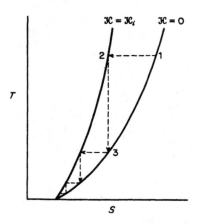

Figura 3.13 Estágios necessários de resfriamento mediante desmagnetização adiabática representados num diagrama *T-S*

A qualquer temperatura constante, o sal magnetizado está num estado de menor entropia do que o sal desmagnetizado. A T constante, a transição

sal desmagnetizado ⟶ sal magnetizado

vai de um estado de maior entropia e energia para um estado de menor entropia e energia. (É análoga neste aspecto a transição líquido ⟶ sólido.) A transição é mostrada como 1 ⟶ 2 no diagrama *TS*. Quando o campo é reduzido a zero há uma transformação isoentrópica ($\Delta S = 0$) no sistema de volta à curva $\mathcal{H} = 0$. Esta transformação é mostrada como 2 ⟶ 3 no diagrama *TS*. É evidente que a temperatura deve cair. No experimento citado, a temperatura caiu de 1,5 K a 0,25 K.

Em 1950, pesquisadores em Leiden alcançaram 0,0014 K pela desmagnetização adiabática de um sal paramagnético. Temperaturas ainda mais baixas têm sido alcançadas pela aplicação do mesmo princípio aos momentos nucleares magnéticos[8], sendo o atual recorde[9] de aproximadamente 2×10^{-5} K. A medida de tais temperaturas baixas representa problemas especiais. Um termômetro de pressão de vapor usando hélio é satisfatório abaixo de 1 K. Abaixo disto, as próprias propriedades magnéticas podem fornecer a escala de temperatura. Por exemplo, pode ser usada a Lei de Curie-Weiss para a suscetibilidade magnética: $\chi = \text{constante}/T$.

[8] Ver a Sec. 14.13
[9] D. de Klerk, M. J. Steeland e C. J. Gorter, *Physica* **16**, 571 (1950)

Entropia e energia livre

3.23. A terceira lei da termodinâmica

O acesso a aproximadamente 2×10^{-5} K do zero absoluto não significa que falta somente um pequeno passo, que logo será dado. Pelo contrário, a análise detalhada desses experimentos perto de 0 K indicam definitivamente que o zero absoluto é absolutamente inatingível.

A situação com a qual nos defrontamos é mostrada na Fig. 3.13. Nos estágios sucessivos da magnetização isotérmica e desmagnetização adiabática, a fração de resfriamento obtida em cada estágio diminui regularmente. Assim, mesmo que a reversibilidade perfeita pudesse ser obtida, alcançaríamos o zero absoluto somente no limite de uma série infinita de passos. Todos os processos de resfriamento possíveis estão sujeitos à mesma limitação. Como fizemos para a primeira e para a segunda leis, postulamos portanto a terceira lei da termodinâmica como uma generalização indutiva:

"É impossível por qualquer procedimento, não importa quão idealizado, reduzir a temperatura de qualquer sistema ao zero absoluto em um número finito de operações[10]".

Se novamente nos referirmos à Fig. 3.13, podemos ver que a inatingibilidade do zero absoluto está relacionada ao fato de no limite, quando $T \rightarrow 0$, as entropias dos estados magnetizado e desmagnetizado se aproximarem uma da outra. Para a magnetização isotérmica, portanto, no limite quando $T \rightarrow 0$, ΔS deve se aproximar a zero. Não há nada especial no caso magnético; qualquer procedimento de refrigeração pode ser reduzido a um diagrama TS deste tipo. Assim, para qualquer processo isotérmico reversível $a \longrightarrow b$, a terceira lei requer que no limite, como $T \rightarrow 0$, $S_0^a \longrightarrow S_0^b$, ou

$$S_0^a - S_0^b = \Delta S_0 = 0 \tag{3.62}$$

Esta afirmativa da terceira lei é análoga ao famoso *teorema do calor* proposto por Walther Nernst em 1906.

Realmente, o primeiro enunciado satisfatório da terceira lei foi dado em 1923 na primeira edição do livro *Termodynamics and the Free Energy of Chemical Substances* de G. N. Lewis e M. Randall:

"Se a entropia de cada elemento em algum estado cristalino deve ser tomada como zero no zero de temperatura absoluta, todas as substâncias têm uma entropia finita positiva; porém no zero absoluto de temperatura a entropia pode se tornar zero e só se torna nula no caso de substâncias perfeitamente cristalinas".

3.24. Uma ilustração da terceira lei

Somente as variações ou diferenças na entropia têm qualquer significado em termodinâmica. Quando falamos da entropia de uma substância a certa temperatura, queremos dizer a diferença entre sua entropia naquela temperatura e alguma outra temperatura, geralmente 0 K. Como os elementos químicos não se alteram em qualquer processo físico-químico, podemos atribuir qualquer valor arbitrário a suas entropias S_0 a 0 K sem afetar de maneira alguma os valores de ΔS para qualquer transformação química. É mais conveniente tomar os valores de S_0 para todos os *elementos químicos* como iguais a zero. Esta é uma convenção proposta pela primeira vez por Max Planck em 1912 e incorporada no enunciado de Lewis e Randall. Segue-se então que as entropias S_0 de todos os *compostos* químicos puros em seus estados estáveis a 0 K são também zero, já que da Eq. (3.62) $\Delta S_0 = 0$ quando são formados a partir de seus elementos.

[10]R. H. Fowler e E. A. Guggenheim, *Statistical Thermodynamics* (Londres: Cambridge University Press, 1940), p. 224

100 FÍSICO-QUÍMICA

Como exemplo, considere a aplicação da terceira lei aos dados sobre o elemento enxofre. Estabeleçamos $S_0 = 0$ para o enxofre rômbico e determinemos experimental-mente S_0 para o enxofre monoclínico para ver como a terceira lei é seguida. A temperatura de transição para S (rômbico) $\longrightarrow$ S (monoclínico) é 368,5 K e o calor latente da transição é 401,7 J·mol^{-1}. Da Eq. (3.61),

$$S_{368,5}^{\text{ro}} = S_0^{\text{ro}} + \int_0^{368,5} \frac{C_P}{T} \, dT$$

$$S_{368,5}^{\text{mono}} = S_0^{\text{mono}} + \int_0^{368,5} \frac{C_P}{T} \, dT$$

Para calcular S_0^{mono}, é necessário ter as capacidades caloríficas para o enxofre super--resfriado de 0 K a 368,5 K. Esta medida não oferece dificuldades porque a velocidade da transformação de enxofre monoclínico a enxofre rômbico é extremamente lenta a baixas temperaturas. Capacidades caloríficas são portanto disponíveis tanto para enxofre monoclínico[11] como para o rômbico[11]. As integrações das curvas C_P/T em função de T fornecem

$$S_{368,5}^{\text{ro}} = S_0^{\text{ro}} + 36,86(\pm 0,20) \quad \text{J·K}^{-1}\text{·mol}^{-1}$$
$$S_{368,5}^{\text{mono}} = S_0^{\text{mono}} + 37,82(\pm 0,40) \quad \text{J·K}^{-1}\text{·mol}^{-1}$$

Assim,

$$S_{368,5}^{\text{ro}} - S_{368,5}^{\text{mono}} = S_0^{\text{ro}} - S_0^{\text{mono}} - 0,96 \pm 0,65 \quad \text{J·K}^{-1}\text{·mol}^{-1}$$

Porém

$$S_{368,5}^{\text{ro}} - S_{368,5}^{\text{mono}} = \frac{-401,7}{368,5} = -1,09 \pm 0,01 \quad \text{J·K}^{-1}\text{·mol}^{-1}.$$

Portanto,

$$S_0^{\text{ro}} - S_0^{\text{mono}} = -0,15 \pm 0,65 \quad \text{J·K}^{-1}\text{·mol}^{-1}$$

que é zero, dentro do erro experimental. Assim, se estabelecermos $S_0^{\text{ro}} = 0$. teremos $S_0^{\text{mono}} = 0$ também.

Muitas verificações deste tipo têm sido feitas tanto para elementos como para compostos cristalinos. Não devemos nos esquecer, entretanto, de que $S_0 = 0$ é restrito a *substâncias cristalinas perfeitas*[12]. Assim, vidros, soluções sólidas e cristais, que retêm desordem estrutural até perto do zero, são excluídos da regra $S_0 = 0$. A discussão de tais excessões segue-se tão naturalmente da interpretação estatística de entropia que não prosseguiremos até que este assunto seja introduzido no Cap. 5.

3.25. Entropias da terceira lei

Agora é possível usar os dados da capacidade calorífica extrapolada para 0 K para determinar as *entropias da terceira lei*. Como exemplo, a determinação das entropias--padrão $S_{298}^{\ominus}$ para o gás cloreto de hidrogênio mostrada na Tab. 3.2. O valor $S_{298}^{\ominus} = 185,8 \pm 0,4$ J·K·mol^{-1} é o de HCl a 298,15 K e 1 atm de pressão. Uma pequena correção devida a não-idealidade do gás aumenta este valor para 186,6. Algumas entropias da terceira lei estão reunidas na Tab. 3.3.

[11]E. D. Eastman e W. C. McGavock, *J. Am. Chem. Soc.* **59**, 145 (1937); E. D. West, *J. Am. Chem. Soc.* **81**, 29 (1949)

[12]Uma exceção é o hélio líquido, para o qual $S \longrightarrow 0$ quando $T \longrightarrow 0$. Quando $T \longrightarrow 0$, o hélio torna-se um superfluido perfeito

Entropia e energia livre

Tabela 3.2 Estimativa da entropia do HCl a partir de medidas de capacidade calorífica

Contribuição	$J \cdot K \cdot mol^{-1}$
1. Extrapolação de 0-16 K (Teoria de Debye, Sec. 18.34)	1,3
2. $\int C_p \, d\ln T$ para o sólido I de 16-98,36 K	29,5
3. Transição, sólido I $\longrightarrow$ sólido II, 1 190/98,36	12,1
4. $\int C_p \, d\ln T$ para sólido II de 98,36-158,91 K	21,1
5. Fusão, 1 992/158,91	12,6
6. $\int C_p \, d\ln T$ para líquido de 158,91-188,07 K	9,9
7. Vaporização, 16 150/188.07	85,9
8. $\int C_p \, d\ln T$ para gás de 188,07-298,15 K	13,5
	$S^{\ominus}_{298,15} = 185,9$

Tabela 3.3 Entropias baseadas na terceira lei (substâncias em seus estados-padrão a 298,15 K)

Substância	$(S^{\ominus}_{298}/J \cdot K^{-1} \cdot mol^{-1})$	Substância	$(S^{\ominus}_{298}/J \cdot K^{-1} \cdot mol^{-1})$
		Gases	
H_2	130,59	CO_2	213,7
D_2	144,77	H_2O	188,72
HD	143,7	NH_3	192,5
N_2	191,5	SO_2	248,5
O_2	205,1	CH_4	186,2
Cl_2	223,0	C_2H_2	200,8
HCl	186,6	C_2H_4	219,5
CO	197,5	C_2H_6	229,5
		Líquidos	
Mercúrio	76,02	Benzeno	173
Bromo	152	Tolueno	220
Água	70,00	Bromobenzeno	208
Metanol	127	n-Hexano	296
Etanol	161	Cicloexano	205
		Sólidos	
C (diamante)	2,44	I_2	116,1
C (grafita)	5,694	NaCl	72,38
S (rômbico)	31,9	LiF	37,1
S (monoclínico)	32,6	LiH	247
Ag	42,72	$CuSO_4 \cdot 5H_2O$	305
Cu	33,3	$CuSO_4$	113
Fe	27,2	AgCl	96,23
Na	51,0	AgBr	107,1

A variação de entropia-padrão $\Delta S^{\ominus}$ numa reação química pode ser imediatamente calculada se as entropias dos produtos e dos reagentes forem conhecidas.

$$\Delta S^{\ominus} = \sum v_i S^{\ominus}_i$$

onde v_i é o número de moles estequiométricos na equação de reação, tomado com sinal positivo para os produtos e negativo para os reagentes. Uma das verificações experi-

102

FÍSICO-QUÍMICA

mentais da terceira lei mais satisfatórias é fornecida pela comparação dos valores de $\Delta S^{\ominus}$ obtidos desta maneira pelas medidas de capacidades caloríficas a baixa temperatura, com os valores de $\Delta S^{\ominus}$ obtidos ou por medidas de constantes de equilíbrio, K, e calores de reação, ou dos coeficientes de temperatura das forças eletromotrizes das pilhas (Sec. 12.7). Exemplos de tais comparações são mostrados na Tab. 3.4. Exceto para a formação do CO, as concordâncias estão dentro dos erros experimentais. A entropia da terceira lei do CO é baixa demais de aproximadamente $4,7\ J \cdot K^{-1} \cdot mol^{-1}$. A razão para esta discrepância se tornará evidente quando a interpretação estatística da terceira lei for considerada no Cap. 5. Resumidamente, CO não se torna um cristal perfeito quando $T \longrightarrow 0$, como conseqüência de duas orientações possíveis das moléculas de CO, cabeça-cauda ($\overrightarrow{CO}\ \overrightarrow{CO}$) e cabeça-cabeça ($\overrightarrow{CO}\ \overleftarrow{OC}$).

Tabela 3.4 Testes da terceira lei da termodinâmica

Reação	Temperatura (K)	$\Delta S^{\ominus}$ terceira lei $(J \cdot K^{-1} \cdot mol^{-1})$	$\Delta S^{\ominus}$ Experimental	Método
$Ag(c) + \frac{1}{2}Br_2(l) \longrightarrow AgBr(c)$	265,9	$-12,6 \pm 0,7$	$-12,6 \pm 0,4$	fem
$Ag(c) + \frac{1}{2}Cl_2(g) \longrightarrow AgCl(c)$	298,15	$-57,9 \pm 1,0$	$-57,4 \pm 0,2$	fem
$Zn(c) + \frac{1}{2}O_2(g) \longrightarrow ZnO(c)$	298,15	$-100,7 \pm 1,0$	$-101,4 \pm 0,2$	K e ΔH
$C + \frac{1}{2}O_2(g) \longrightarrow CO(g)$	298,15	$84,8 \pm 0,8$	$89,45 \pm 0,2$	K e ΔH
$CaCO_3(c) \longrightarrow CaO(c) + CO_2(g)$	298,15	$160,7 \pm 0,8$	$159,1 \pm 0,8$	K e ΔH

A grande utilidade das medidas da terceira lei no cálculo dos equilíbrios químicos tem levado a um desenvolvimento intenso das técnicas para medidas das capacidades caloríficas a baixa temperatura, com o uso do hélio e do hidrogênio líquido como refrigerantes. O procedimento experimental consiste essencialmente de uma medida cuidadosa do aumento de temperatura causada em uma amostra isolada por uma energia fornecida cuidadosamente medida.

PROBLEMAS

1. Uma máquina a vapor opera entre 138 °C e 38 °C. Qual a quantidade mínima de calor que deve ser retirada do reservatório quente para se obter um trabalho de 1 000 J?

2. Compare as eficiências máximas de máquinas térmicas operando com (a) vapor de água entre 130 °C e 40 °C e (b) vapor de mercúrio entre 380 °C e 50 °C.

3. Em regiões de invernos suaves, as bombas de calor podem ser empregadas para aquecer no inverno e resfriar no verão. Admitindo uma eficiência termodinâmica ideal da bomba, compare o custo de se manter um quarto a 25 °C no inverno e no verão, quando as temperaturas externas são de 12 °C e 38 °C, respectivamente. O que foi admitido para a realização desses cálculos? Suponha que a bomba funcione 50% do tempo quando a temperatura externa é de 12 °C. Se a temperatura externa cair a 0 °C, esta bomba de calor ainda poderia manter a temperatura interna a 25 °C?

4. Um sistema refrigerante é projetado para manter um refrigerador a −25 °C num ambiente à temperatura de + 25 °C. A transferência de calor para o refrigerador é estimada em $10^4\ J \cdot min^{-1}$. Admitindo-se que a unidade opere com 50% de sua eficiência máxima termodinâmica, estime a potência necessária.

5. Uma máquina térmica imaginária de gás ideal opera no seguinte ciclo: (1) aumento da pressão do gás, a volume constante V_2, de P_2 a P_1; (2) expansão adiabática de (P_1, V_2)

Entropia e energia livre

103

a (P_2, V_1); (3) decréscimo no volume do gás, a pressão constante P_2, de V_1 a V_2. Desenhe o ciclo num diagrama PV e mostra que a eficiência térmica é

$$\epsilon = 1 - \gamma \frac{(V_1/V_2) - 1}{(P_1/P_2) - 1}$$

onde $\gamma = C_P/C_V$ e as capacidades caloríficas independem da temperatura.

6. Prove que é impossível que duas adiabáticas reversíveis se interceptem em um diagrama PV.

7. Considere um estado inicial arbitrário P_0, V_0 para um gás num diagrama PV. Prove que nas vizinhanças deste estado existem outros estados P_i, V_i que são acessíveis por intermédio de um caminho adiabático reversível a partir de P_0, V_0. Este é um exemplo em duas dimensões do Princípio de Caratheodory que, na sua forma geral, pode ser usado como um enunciado da segunda lei[13]. Mostre que a prova da inacessibilidade implica que dq(reversível)$/T = dS$, onde dS é uma diferencial perfeita.

8. Qual a velocidade de saída do gás de hélio que se expande de 100 atm e 1 000 K para 1 atm através de um bocal de jato? Admita que o gás é ideal e que o escoamento é reversível e adiabático.

9. Considere o sistema mostrado na Fig. 3.6(b), onde o calor é conduzido pela barra metálica entre os reservatórios a T_2 e T_1. O que se pode dizer sobre o ΔS da barra condutora?

10. Um mol de um gás ideal é aquecido a pressão constante de 273 a 373 K. Calcule ΔS do gás se $C_V = \frac{3}{2}R$.

11. Calcule ΔS quando 0,5 mol de água líquida a 273 K for misturado com 0,5 mol de água líquida a 373 K, permitindo-se que o sistema alcance o equilíbrio em um recipiente adiabático. Admita que $C_P = 77$ J·K^{-1}·mol^{-1} no intervalo de 273 K a 373 K.

12. Uma corrente elétrica de 10 A circula através de um resistor de 10 Ω, que é mantido a temperatura de 10 °C através de água corrente. Em 10 s, qual o ΔS (a) do resistor e (b) da água?

13. Uma corrente elétrica de 10 A circula durante 10 s através de um resistor de 10 Ω, termicamente isolado, e numa temperatura inicial de 10 °C. Tendo o resistor massa de 10 g e $C_P = 1,00$ J·g^{-1}·K^{-1}, qual o ΔS do resistor e o ΔS das vizinhanças?

14. Um mol de um gás ideal é expandido adiabaticamente, porém de modo irreversível, de V_1 a V_2, sem realização de trabalho, $w = 0$. A temperatura do gás varia? (a) Qual o ΔS do gás e o ΔS de sua vizinhança? (b) Se a expansão fosse realizada isotérmica e reversivelmente, qual seria o ΔS do gás e de sua vizinhança?

15. Considere o diagrama TS para um dado gás ideal. Mostre que a relação dos coeficientes angulares de uma curva isobárica e isovolumétrica a mesma temperatura é C_P/C_V.

16. Um mol de um gás ideal, inicialmente a 400 K e 10 atm, é expandido adiabaticamente contra uma pressão constante de 5 atm até que o equilíbrio seja alcançado. Sendo $C_V = 18,8 + 0,021$ T J·K^{-1}·mol^{-1}, calcule ΔU, ΔH e ΔS para a transformação do gás.

17. Calcule o ΔS de mistura por mol a 300 K e 1 atm quando 1 mol de cada gás, N_2, O_2 e H_2, cada um a 300 K e 1 atm são misturados. Pode-se admitir que ΔS para cada gás é o correspondente à sua expansão de 1 atm a sua pressão parcial na mistura dos gases ideais.

18. Calcule o ΔS (de vaporização) dos seguintes líquidos em seus pontos normais de ebulição: benzeno, nitrogênio, n-pentano, mercúrio, éter dietílico, cicloexano, água. (Vão ser precisos os valores de T_b e ΔH_v dos manuais.) Comente brevemente os valores de ΔS obtidos.

---

[13]Ver H. Reiss, *Methods of Thermodynamics*, (New York: Blaisdell Publ. Co., 1965), pp. 22 e 71

104 FÍSICO-QUÍMICA

19. Calcule ΔU, ΔH, ΔS, ΔA e ΔG para a expansão de 1 mol de um gás ideal a 25 °C de 10 a 100 dm³.

20. A − 5 °C, a pressão de vapor do gelo é 3,012 mm e a da água líquida super-resfriada é 3,163 mm. O calor latente de fusão do gelo é 5,85 kJ · mol⁻¹ a − 5 °C. Calcule ΔG e ΔS por mol para a transição *água* ⟶ *gelo* a − 5 °C.

21. Para cada um dos seguintes processos, estabeleça quais das seguintes quantidades, ΔU, ΔH, ΔS, ΔG e ΔA, são iguais a zero para o sistema especificado.

(a) Um gás não-ideal percorre um ciclo de Carnot.
(b) Um gás não-ideal é expandido adiabaticamente através de uma válvula.
(c) Um gás ideal é expandido adiabaticamente através de uma válvula.
(d) Água líquida é vaporizada a 100 °C e 1 atm.
(e) H_2 e O_2 reagem para formar H_2O em uma bomba termicamente isolada.
(f) HCl e NaOH reagem formando NaCl e H_2O em solução aquosa a T e P constantes.

22. Deduza as seguintes relações

(a) $(\partial H/\partial P)_T = T(\partial S/\partial P)_T + V$
(b) $(\partial C_P/\partial P)_T = -T(\partial^2 V/\partial T^2)_P$
(c) $C_P = -T(\partial^2 G/\partial T^2)_P$

23. O volume molar do mercúrio, a $P = 0$ e 273 K, é 14,72 cm³ · mol⁻¹ e a compressibilidade $\beta = 3,88 \times 10^{-11}$ m² · N⁻¹. Admitindo que β seja constante com a variação de pressão, calcule ΔG_m para a compressão do mercúrio de 0 a 3 000 kg · cm⁻².

24. Na transição $CaCO_3$ (aragonita) ⟶ $CaCO_3$ (calcita), $\Delta G_m^{\ominus}(298) = -800$ J e $\Delta V_m = 2,75$ cm³. A que pressão a aragonita se transformaria na forma estável a 298 K?

25. Demonstre que um gás que obedece à Lei de Boyle e tem $(\partial U/\partial V)_T = 0$ segue a equação de estado $PV = nRT$.

26. Demonstra que $C_P - C_V = \alpha^2 V T/\beta$. Calcule $\gamma = C_P/C_V$ para o cobre sólido a 500 K, dados $V_m = 7,115$ cm³ · mol⁻¹, $\alpha = 5,42 \times 10^{-5}$ K⁻¹ e $\beta = 8,37 \times 10^{-12}$ m² · N⁻¹.

27. Deduza uma equação para o coeficiente de Joule-Thomson μ de um gás que obedece à equação de estado $P(V - nb) = nRT$.

28. Mostre que para um gás de Van Der Waals $(\partial U/\partial V)_T = a/V^2$.

29. Foi feito um estudo termodinâmico da molécula de tripticeno[14], de formato helicoidal ($C_{20}H_{14}$; 9,10-benzeno-9,10-deidroantraceno) mediante medidas de capacidade calorífica C_P de 10 K a 550 K. O composto funde a 527,18 K com $\Delta H_m = 7\,236$ cal · mol⁻¹. As capacidades caloríficas molares são conforme tabela abaixo:

T.K				*Sólido*				
cal·K⁻¹·mol⁻¹	10	20	30	40	50	60	70	80
	0,863	4,303	7,731	10,649	13,17	15,40	17,43	19,33
	90	100	120	140	160	180	200	
	21,16	22,98	26,67	30,55	34,63	38,91	43,37	
	220	240	260	280	298,15	320		
	48,01	52,83	57,79	62,88	67,56	73,16		
	350	400	450	500	527,18			
	80,67	92,53	103,85	113,98	119,38			
		Líquido						
	527,18	530	550					
	130,86	130,90	133,45					

[14] J. T. S. Andrews e E. F. Westrum, *J. Chem. Thermod.* **2**, 245 (1970)

Entropia e energia livre

105

1 cal = 4,1840 J. Calcule a entropia da terceira lei $S^{\ominus}$ para tripticeno a 298,15 K e para o líquido a 550 K em unidades $J \cdot K \cdot mol^{-1}$.

30. O trabalho reversível feito por uma indução magnética B no aumento da magnetização M de um sólido paramagnético é $dw = B\,dM$.

(a) Por analogia com C_V e C_P, podemos definir duas capacidades caloríficas C_M e C_B para os sistemas magnéticos. Mostre que

$$C_B - C_M = -T\left(\frac{\partial M}{\partial T}\right)_B \left(\frac{\partial B}{\partial T}\right)_M$$

(b) A temperaturas e campos moderados, os sólidos paramagnéticos seguem a equação de Curie, $M = \zeta B/T$, onde ζ é uma constante. Mostre que, neste caso, $C_B - C_M = M^2/\zeta$.
(c) A constante de Curie para o sulfato de gadolíneo é tabelada como $15,7\,cm^3 \cdot K \cdot mol^{-1}$. Calcule o trabalho feito sobre 1 mol deste sal quando é magnetizado reversivelmente por aumento do campo de 0 a 1,0 tesla (T).

*31. A eficiência de uma máquina térmica é $\epsilon = (T_2 - T_1)/T_2$, de modo que quando $T_1 \longrightarrow 0$, $\epsilon \longrightarrow 1$. Porém, se $\epsilon = 1$, todo o calor absorvido do reservatório quente seria convertido em trabalho, contrariando a segunda lei. Portanto, T_1 não pode ser zero. Parece, com este argumento, que a terceira lei pode ser deduzida a partir da segunda lei. Você é capaz de encontrar qualquer falha nesta dedução proposta?

Teoria cinética

"Você nunca estudou atomística quando era jovem?", perguntou o Sargento, com um olhar inquiridor e surpreso.
"Não", respondi.
"Esta é uma falha séria", falou, "porém eu lhe direi. Tudo é composto de pequenas partículas de si mesmo e elas estão voando em círculos concêntricos e arcos e segmentos, e outras inumeráveis figuras geométricas, numerosas demais para mencioná-las todas, nunca permanecendo paradas ou em repouso, mas girando e se movendo rapidamente para lá e para cá, e voltando outra vez, o tempo todo. Esses diminutos cavalheiros são chamados átomos. Você acompanhou meu raciocínio?"
"Sim."
"Eles são tão vivos quanto vinte duendes gingando no topo de uma pedra de túmulo."

Brian O'Nolan
1967[1]

A termodinâmica lida com pressões, volumes, massas, temperaturas, energias e relações entre elas, sem buscar elucidar detalhadamente a natureza dessas propriedades.

A termodinâmica nos permite deduzir relações entre propriedades em larga escala (*macroscópicas*) dos sistemas, porém em nenhum caso explica por que o sistema tem um certo valor numérico para uma dada propriedade. Por exemplo, podemos deduzir da termodinâmica uma equação para relacionar o ponto de fusão de um sólido com a pressão externa [Eq. (6.20)], mas não podemos deduzir da termodinâmica o fato de o ponto de fusão da prata sob 1 atm de pressão ser 1 234 K. Para entender completamente porque as propriedades macroscópicas da matéria tem seus valores reais, devemos ter uma teoria que explore a matéria em uma escala mais fina (uma teoria *microscópica*) em termos de partículas elementares, campos de força e outros princípios de estrutura e interação.

4.1. Teoria atômica

A palavra átomo é derivada do grego $\alpha\tau o\mu o\varsigma$, significando indivisível; acreditava-se que os átomos eram as partículas eternas mínimas das quais todos os materiais eram feitos. Nosso conhecimento do atomismo grego provém principalmente do longo poema do romano Lucrécio, em *De Rerum Natura* ("Da Natureza das Coisas"), escrito no primeiro século antes de Cristo. Lucrécio expôs as teorias de Epicuro e de Demócrito:

"... em primeiro lugar, não se nos impõe limite no Universo, em nenhuma direção, nem à direita, nem à esquerda, nem acima, nem abaixo: como eu o demonstrei, como a própria realidade proclama, como esclarece a própria natureza do vazio. Temos que considerar, então, um ponto inverossímil, de que, se o espaço é infinito em todos os sentidos e os

---

[1] De *The Third Policeman* por "Flann O'Brian". Direitos autorais 1967, de Evelyn O'Nolan. Com permissão do editor, Walker & Co., New York

Teoria cinética 107

átomos em número infinito giram de mil maneiras no universo sem limite, possuídos de um eterno movimento, só tenha sido criado um céu e uma Terra, e que fora destes toda a matéria é inativa. Sobretudo, sendo este mundo uma criação natural: os mesmos átomos, chocando-se entre si espontaneamente, ao acaso depois de se terem unido de mil maneiras diferentes em encontros casuais, vãos e estéreis, acertaram por fim alguns formar os agregados que deram para sempre origem a estes grandes corpos, terra, mar, céu e raças de seres vivos. Assim, uma vez mais, é preciso reconhecer que existem em outras partes outras combinações de matéria semelhantes a este mundo que o éter abraça avidamente"[2].

As propriedades das substâncias eram determinadas pelas formas de seus átomos. Os átomos de ferro eram duros e fortes, com pontas que os uniam em um sólido; átomos de água eram macios e escorregadios como sementes de papoula; átomos de sal eram pontudos e cortantes e espetavam a língua; os átomos rodopiantes de ar penetravam em toda a matéria.

Mais tarde, os filósofos se sentiram inclinados a desacreditar da teoria atômica. Achavam difícil explicar em termos de átomos as muitas qualidades dos materiais. Este problema foi prenunciado em um dos fragmentos de Demócrito que sobreviveu de aproximadamente 420 antes de Cristo.

O Intelecto: "Aparentemente há cor, aparentemente doçura, aparentemente amargor, realmente há somente os átomos e o vazio". Os Sentidos: "Pobre Intelecto, você deseja nos derrotar, enquanto de nós você empresta suas evidências. Sua vitória é de fato sua derrota".

Os quatro elementos de Heráclito e Aristóteles, terra, ar, fogo e água, forneceram pelo menos uma representação simbólica da composição de um mundo sensitivo. Os átomos foram quase esquecidos até o século XVII, quando os alquimistas procuraram a pedra filosofal pela qual os elementos aristotélicos poderiam ser combinados para fazer ouro.

Os escritos de Descartes (1596-1650) ajudaram a restaurar a idéia da estrutura corpuscular da matéria. Gassendi (1592-1655) introduziu muitos dos conceitos da teoria atômica atual; seus átomos eram rígidos, moviam-se ao acaso num vazio e colidiam uns com os outros. Essas idéias foram estendidas por Hooke, quem primeiramente propôs (1678) que a *elasticidade* de um gás era o resultado das colisões de seus átomos com as paredes do recipiente que os contém. Em 1738, Daniel Bernoulli forneceu um tratamento matemático deste modelo e deduziu corretamente a Lei de Boyle considerando as colisões dos átomos com as paredes do recipiente que os contém. Este trabalho foi desprezado por aproximadamente 120 anos até que foi "redescoberto" em 1859[3].

4.2. Moléculas

Boyle abandonou a noção alquimista dos elementos e os definiu como substâncias que não haviam sido ainda decompostas em laboratório, mas, até o trabalho de Antoine Lavoisier de 1772 a 1783, o pensamento químico foi dominado pela teoria do flogisto de Georg Stahl, que era na verdade um sobrevivente das concepções alquimistas. Com Lavoisier, os elementos adquiriram seu significado moderno e a química se tornou uma ciência quantitativa. A lei das proporções definidas e a lei das proporções múltiplas tornaram-se bastante bem estabelecidas em 1808, quando John Dalton publicou seu *Novo Sistema de Filosofia Química*.

[2]De *The Way Things Are*, *De Rerum Natura* de Tito Lucrécio Caro, traduzido por Rolfe Humphries (Bloomington, Ind.: Indiana University Press, 1968)

[3]E. Mendoza, *Physics Today* **14**, 36 (1961)

108   FÍSICO-QUÍMICA

Dalton propôs que os átomos de cada elemento tinham uma massa atômica característica, e que eles eram as unidades que se combinavam nas reações químicas. Esta hipótese
forneceu uma explicação clara para as leis das proporções múltiplas e definidas. Dalton
não dispunha de um modo inequívoco para atribuir massas atômicas e fez a suposição
infundada de que, no composto mais comum entre dois elementos, combinava-se um
átomo de cada um. De acordo com este sistema, a água seria HO e a amônia NH. Se
a massa da unidade de combinação do hidrogênio fosse tomada como unitária, os resultados analíticos dariam então no sistema de Dalton O = 8 e N = 4,5.

Nesta mesma época, Gay-Lussac estudava as combinações químicas dos gases,
tendo verificado que as relações dos *volumes* dos gases reagentes eram números inteiros
e pequenos. Esta descoberta forneceu um método mais lógico para a atribuição de massas
atômicas. Gay-Lussac, Berzelius e outros pensavam que o volume ocupado pelos átomos
de um gás deveria ser muito pequeno comparado com o volume total do gás, de modo
que volumes iguais de gases deveriam conter igual número de átomos. As massas de tais
volumes iguais seriam portanto proporcionais às massas atômicas. A idéia foi recebida
friamente por Dalton e muitos de seus contemporâneos, que apontaram reações, tais
como as que eles escreviam como N + O ⟶ NO. Experimentalmente, verificava-se
que o óxido nítrico ocupava o mesmo volume que o oxigênio e o nitrogênio do qual era
formado, embora evidentemente contivesse somente a metade dos "átomos"[4].

Até 1860 a solução deste problema não era compreendida pela maioria dos químicos,
embora meio século antes ela tivesse sido dada por Amadeo Avogadro. Em 1811, ele
publicou no "Journal de Physique" um artigo que mostrava claramente a distinção entre
molécula e *átomo*. Os "átomos" de hidrogênio, oxigênio e nitrogênio são na realidade
moléculas contendo *cada uma* dois átomos. Volumes iguais de gases deveriam conter o
mesmo número de moléculas (*Princípio de Avogadro*).

Como 1 mol de qualquer substância contém por definição o mesmo número de
moléculas, de acordo com o Princípio de Avogadro, os volumes molares de todos os
gases deveriam ser os mesmos. A extensão do ajuste dos gases reais a esta regra pode
ser vista através dos volumes molares na Tab. 4.1, calculada de medidas de densidade
dos gases. Para um gás ideal a 0 °C e 1 atm, o volume molar deveria ser $22\,414\,cm^3$. O
número de moléculas em 1 mol é atualmente chamado *número de Avogadro, L*.

Tabela 4.1 Volumes molares de gases em cm^3 a 0 ºC 1 atm de pressão

Acetileno	22 085	Etileno	22 246
Amônia	22 094	Hélio	22 396
Argônio	22 390	Hidrogênio	22 432
Cloro	22 063	Metano	22 377
Dióxido de carbono	22 263	Nitrogênio	22 403
Etano	22 172	Oxigênio	22 392

O trabalho de Avogadro foi ignorado até ser convincentemente apresentado por
Canizzaro na Conferência de Karlsruhe em 1860. A razão desta negligência foi provavelmente a crença profundamente arraigada de que as combinações químicas ocorriam em
virtude de uma afinidade entre elementos diferentes. Depois das descobertas elétricas
por Galvani e Volta, esta afinidade era geralmente atribuída às atrações entre cargas
opostas. A idéia de que dois átomos de hidrogênio idênticos pudessem formar a molécula
H_2 era abominada pela filosofia química do começo do século XIX.

[4]Os corpúsculos elementares dos compostos eram então chamados "átomos" do composto

4.3. A teoria cinética do calor

Pelo fenômeno do atrito, até mesmo os povos primitivos sabiam da ligação entre calor e movimento. Quando a teoria cinética foi aceita durante o século XVII, o calor foi identificado com o movimento mecânico dos átomos ou corpúsculos. Nas palavras de Francis Bacon:

> "Quando eu falo de movimento, que é o gênero do qual o calor é uma espécie, não quero dizer com isso que calor gera movimento ou movimento gera calor (embora ambas afirmativas sejam verdadeiras em certos casos), mas que o próprio calor, sua essência e quintessência, é movimento e nada mais. (...) Calor é um movimento de expansão, não uniformemente no corpo inteiro mas nas pequenas partes dele (...) o corpo adquire um movimento alternativo, perpetuamente vibrando, porfiando, lutando e iniciando por repercussão de onde emerge o furor do fogo e do calor"[5].

Embora tais idéias fossem impetuosamente discutidas durante os anos intermediários, a teoria do calórico, considerando o calor como um fluido sem peso, foi a hipótese de trabalho da maioria dos filósofos naturais até que o trabalho quantitativo de Rumford e Joule levou à adoção geral da teoria mecânica. Esta foi rapidamente desenvolvida por Boltzmann, Maxwell, Clausius e outros, de 1860 a 1890.

De acordo com os princípios da teoria cinética tanto a temperatura como a pressão são manifestações do movimento molecular. A temperatura é uma medida da energia cinética translacional média das moléculas, e a pressão se origina da força média resultante de choques repetidos das moléculas com as paredes do recipiente que as contém.

4.4. A pressão de um gás

Daremos agora uma versão moderna da dedução de Bernoulli da pressão de um gás em termos das propriedades das suas moléculas constituintes[6].

Consideremos na Fig. 4.1 uma parede plana de área A e um conjunto de N moléculas movendo-se com velocidades ao acaso em um volume V adjacente à parede. O modelo mais simples de teoria cinética de um gás admite que o volume ocupado pelas moléculas pode ser desprezado quando comparado com o volume total. Admite-se também que as moléculas se comportam como esferas rígidas, sem forças de atração ou repulsão entre as mesmas, exceto durante os contatos das colisões. Um gás que segue tal modelo de teoria cinética é chamado um *gás perfeito*.

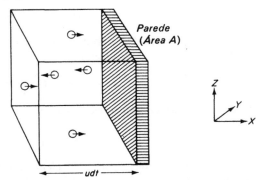

Figura 4.1 Colisões com uma área A perpendicular ao eixo X dadas por moléculas do gás com componente de velocidade entre u e $u + du$. A pressão do gás sobre a parede é calculada a partir da velocidade de transferência da quantidade de movimento à parede (força) por unidade de área

---

[5] *The Novum Organon ou a True Guide to the Interpretation of Nature*, 1.ª ed. latina, Londres, 1620

[6] W. Kauzmann, *Kinetic Theory of Gases* (New York: W. A. Benjamin, Inc., 1966), pp. 50-59

110 FÍSICO-QUÍMICA

Focalizemos nossa atenção nas moléculas com uma componente de velocidade na direção X que tem um valor entre u e $u + du$. Observe que o eixo positivo dos X tem direção normal à parede. A fração de moléculas $dN(u)/N$ que tem uma componente de velocidade entre u e $u + du$ será especificada por uma *função de densidade* $f(u)$, tal como

$$\frac{dN(u)}{N} = f(u)\,du \tag{4.1}$$

Podemos também interpretar $f(u)du$ como a *probabilidade* de a componente da velocidade molecular estar situada entre u e $u + du$. Como u pode variar de $-\infty$ a $+\infty$, a probabilidade de que seu valor esteja em algum lugar neste intervalo é unitária:

$$\int_{-\infty}^{+\infty} f(u)\,du = 1 \tag{4.2}$$

Posteriormente, neste capítulo, deduziremos uma expressão explícita para $f(u)$, mas não necessitaremos dela para a presente análise.

Em um intervalo de tempo dt, todas as moléculas com uma componente de velocidade positiva ($u > 0$) entre u e $u + du$ colidirão com a parede, se estiverem inicialmente a uma distância $u\,dt$ da parede. O número de tais moléculas que colidem com a área A da parede é, portanto, o número de moléculas no intervalo de velocidade especificado, que em $t = 0$ estiverem situados em um volume de base A e comprimento $u\,dt$ ou no volume $Au\,dt$. Da Eq. (4.1), o número de moléculas no intervalo de velocidade especificado por unidade de volume é $(N/V)f(u)du$ e, portanto, o número dessas colisões especiais no tempo dt se torna $(N/V)f(u)Au\,du\,dt$. Em cada uma dessas colisões, uma molécula sofre uma variação na quantidade de movimento de $+mu$ a $-mu$ ou de magnitude $2mu$. Portanto, a variação de quantidade de movimento dp devida a essas colisões no tempo dt torna-se

$$dp = 2mu\frac{V}{N}f(u)Au\,du\,dt = 2mu^2\frac{N}{V}A\,f(u)\,du\,dt$$

A contribuição dessas colisões particulares a pressão é a força (velocidade de variação de quantidade de movimento) por unidade de área,

$$dP = \frac{dp/dt}{A}$$

ou

$$dP = 2mu^2\frac{N}{V}f(u)\,du \tag{4.3}$$

Como somente velocidades positivas ($0 < u < \infty$) contribuem para a pressão, a pressão total se torna

$$P = 2m\frac{N}{V}\int_0^\infty u^2 f(u)\,du$$

A *componente de velocidade média quadrática* é definida por

$$\overline{u^2} = \int_{-\infty}^\infty u^2 f(u)\,du$$

A função densidade para velocidades positivas deve ser a mesma das negativas, de modo que

$$\overline{u^2} = 2\int_0^\infty u^2 f(u)\,du$$

Teoria cinética   111

Daí obtemos a expressão da teoria cinética para a pressão de um gás perfeito

$$P = Nm\frac{\overline{u^2}}{V} \tag{4.4}$$

A magnitude da velocidade de uma molécula gasosa está relacionada com as magnitudes de suas componentes u, v e w ao longo dos três eixos retangulares por

$$c^2 = u^2 + v^2 + w^2$$

Como nenhuma componente particular tem preferência sobre qualquer outra (o gás é isotrópico no que diz respeito às velocidades e outras propriedades moleculares),

$$\overline{u^2} = \overline{v^2} = \overline{w^2} = \frac{\overline{c^2}}{3}$$

Assim, a Eq. (4.4) torna-se

$$P = Nm\frac{\overline{c^2}}{3V} \tag{4.5}$$

A quantidade $\overline{c^2}$ é a *velocidade média quadrática* das moléculas gasosas.

A energia cinética translacional total das moléculas é

$$E_k = N(\tfrac{1}{2}m\overline{c^2})$$

Assim, da Eq. (4.5), $P = 2E_k/3V$ ou

$$PV = \tfrac{2}{3}E_k \tag{4.6}$$

Como a energia cinética é uma constante, inalterada pelas colisões elásticas, a Eq. (4.6) é equivalente à Lei de Boyle. Um gás perfeito poderia ser definido como aquele no qual toda energia é energia cinética.

4.5. Mistura de gases e pressão parcial

Se usarmos o modelo do gás perfeito da Sec. 4.4 para calcular a pressão de uma mistura gasosa, obtemos uma soma de termos como a Eq. (4.6), um para cada gás

$$P_1 = \frac{2}{3}\frac{E_{k1}}{V}$$

$$P_2 = \frac{2}{3}\frac{E_{k2}}{V} \quad \text{etc.}$$

P_1 é a pressão que o gás (1) exerceria se ocupasse sozinho todo o volume. Isto é chamado *pressão parcial* do gás (1).

De acordo com nosso modelo, as moléculas do gás podem interagir somente por meio de colisões elásticas de modo que a energia cinética da mistura deve ser igual à soma das energias cinéticas individuais.

$$E_k = E_{k1} + E_{k2} + \cdots + E_{kc}$$

Da Eq. (4.6), a pressão total da mistura é

$$P = \frac{2}{3}\frac{E_k}{V}$$

Portanto,

$$P = P_1 + P_2 + \cdots + P_c \tag{4.7}$$

112   FÍSICO-QUÍMICA

Esta é a *Lei de Dalton das pressões parciais*, que é válida para mistura de gases ideais. A extensão do desvio para gases não ideais pode ser considerável, como é mostrado no exemplo bastante típico de uma mistura de 50,06% de argônio e 49,94% de etileno:

Calculado da Lei de Dalton	30,00	70,00	110,00
Pressão real, atm, 25°C	29,15	64,55	101,85

4.6. Energia cinética e temperatura

O conceito de temperatura foi primeiramente introduzido em conexão com o estudo do equilíbrio térmico. Quando dois corpos são colocados em contato, a energia escoa de um para o outro até que um estado de equilíbrio seja alcançado. Os dois corpos estão então à mesma temperatura. Descobrimos que a temperatura pode ser convenientemente medida por meio de um termômetro de gás ideal, sendo esta escala empírica idêntica à escala termodinâmica deduzida da segunda lei.

Foi apresentada em termodinâmica uma distinção entre trabalho mecânico e calor. De acordo com a teoria cinética, a transformação de trabalho mecânico em calor é simplesmente uma degradação do movimento em larga escala a um movimento em escala molecular. Um aumento na temperatura do corpo é equivalente a um aumento na energia cinética translacional média de suas moléculas constituintes. Podemos exprimir esta equivalência, matematicamente, dizendo que a temperatura é uma função de E_k somente, $T = f(E_k)$. Sabemos que esta função deve ter a forma especial $T = 2/3 (E_k/nR)$, ou

$$E_k = \tfrac{3}{2}nRT \tag{4.8}$$

de modo que a Eq. (4.6) possa ser consistente com a relação do gás ideal, $PV = nRT$.

A temperatura não é meramente uma função mas realmente é proporcional à energia cinética translacional média das moléculas. A interpretação do zero absoluto pela teoria cinética é então a cessação completa de todo movimento molecular — o ponto zero de energia cinética[7].

Se a energia interna total de um gás é dada por esta energia cinética translacional,

$$U = E_k = \tfrac{3}{2}nRT$$

A capacidade calorífica de tal gás seria

$$C_V = \left(\frac{\partial U}{\partial T}\right)_V = \tfrac{3}{2}nR \tag{4.9}$$

Se a capacidade calorífica do gás exceder este valor, podemos concluir que este gás está absorvendo alguma outra forma de energia além da translacional.

A energia cinética translacional média pode ser decomposta nos três *graus de liberdade* correspondentes às velocidades paralelas às três coordenadas retangulares. Assim, para 1 mol do gás, sendo L o número de Avogadro,

$$E_k = \tfrac{1}{2}Lm\overline{c^2} = \tfrac{1}{2}Lm\overline{u^2} + \tfrac{1}{2}Lm\overline{v^2} + \tfrac{1}{2}Lm\overline{w^2}$$

Para cada grau de liberdade translacional, portanto, da Eq. (4.8)

$$E_{1_k} = \tfrac{1}{2}Lm(\overline{u^2}) = \tfrac{1}{2}RT \text{ (por mol)} \tag{4.10}$$

Este é um caso especial de um teorema mais geral conhecido como *princípio da equipartição da energia*.

---

[7]Será visto mais tarde que este quadro foi algo modificado pela teoria quântica, que requer uma pequena energia residual, mesmo no zero absoluto

Teoria cinética

113

4.7. Velocidades moleculares

A Eq. (4.5) pode ser escrita

$$\overline{c^2} = \frac{3P}{\rho} \qquad (4.11)$$

onde $\rho = Nm/V$ é a densidade do gás. Das Eqs. (1.19) e (4.11), obtemos para a *velocidade quadrática média* $\overline{c^2}$, se M for a massa molar

$$\overline{c^2} = \frac{3RT}{Lm} = \frac{3RT}{M}$$

A raiz quadrada da velocidade quadrática média (vqm) é

$$c_{vqm} = (\overline{c^2})^{1/2} = \left(\frac{3RT}{M}\right)^{1/2} \qquad (4.12)$$

A *velocidade média* c, como veremos mais adiante, difere muito pouco da vqm, sendo

$$\bar{c} = \left(\frac{8RT}{\pi M}\right)^{1/2} \qquad (4.13)$$

Das Eqs. (4.12) ou (4.13), podemos facilmente calcular médias ou velocidades vqm das moléculas de um gás a qualquer temperatura. Alguns resultados são mostrados na Tab. 4.2.

Tabela 4.2 Velocidades médias de moléculas de gases a 273,15 K

Gás	$m \cdot s^{-1}$	Gás	$m \cdot s^{-1}$
Água	566,5	Hélio	1 204,0
Amônia	582,7	Hidrogênio	1 692,0
Argônio	380,8	Mercúrio	170,0
Benzeno	272,2	Metano	600,6
Cloro	285,6	Monóxido de carbono	454,5
Deutério	1 196,0	Nitrogênio	454,2
Dióxido de carbono	362,5	Oxigênio	425,1

De acordo com o princípio da equipartição de energia, notamos que, a qualquer temperatura constante, as moléculas mais leves têm as velocidades médias maiores. A velocidade molecular média do hidrogênio a 298 K é 1 768 m · s^{-1} ou 6 365 km · h^{-1}, aproximadamente a velocidade da bala de um rifle. A velocidade média de um átomo no vapor de mercúrio seria somente 638 km · h^{-1}.

4.8. Efusão molecular

Uma ilustração experimental direta das diferentes velocidades médias de moléculas de diferentes gases pode ser obtida de um fenômeno chamado *efusão molecular*. Consideremos o esquema mostrado na Fig. 4.2. As moléculas de um recipiente cheio de gás sob pressão escapam através de um pequeno orifício, tão pequeno que a distribuição das velocidades das moléculas do gás que permanecem no recipiente não é de modo algum afetada, isto é, não ocorre um escoamento apreciável de massa em direção ao orifício. O número de moléculas que escapa na unidade de tempo é então igual ao número de moléculas que, em seu movimento ao acaso, colidem com o orifício e este número

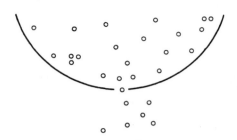

Figura 4.2 Efusão de gases. Na efusão molecular, cada molécula se move independentemente através do orifício

é proporcional à velocidade molecular média. Da Eq. (4.13), a velocidade relativa de efusão de dois gases diferentes seria

$$\frac{V_{E1}}{V_{E2}} = \frac{\bar{c}_1}{\bar{c}_2} = \left(\frac{M_2}{M_1}\right)^{1/2} \tag{4.14}$$

Portanto, a temperatura constante, a velocidade de efusão varia inversamente com a raiz quadrada da massa molecular. Thomas Graham (1848) foi o primeiro a obter evidências experimentais para esta lei. Alguns resultados são apresentados na Tab. 4.3.

Tanto o trabalho de Graham quanto o dos experimentadores posteriores evidenciaram que a Eq. (4.14) não é perfeitamente obedecida. A equação falha para altas pressões e orifícios grandes. Nestas condições, as moléculas podem colidir muitas vezes umas com as outras durante a passagem através do orifício, e se estabelece um escoamento hidrodinâmico dentro do recipiente em direção do orifício, levando à formação de um jato de gás de escape[8].

Tabela 4.3 Efusão de gases*

Gás	Velocidade de efusão relativa Observada	Calculada a partir da Eq. (4.14)
Ar	(1)	(1)
Dióxido de carbono	0,8354	0,8087
Hidrogênio	3,6070	3,7994
Nitrogênio	1,0160	1,0146
Oxigênio	0,9503	0,9510

*Fonte: Graham, "Sobre o Movimento dos Gases", *Phil. Trans. Roy. Soc.* (Londres) **36**, 573 (1846)

A lei de Graham sugere que o escoamento de efusão pode fornecer um bom método para separação de gases de diferentes massas moleculares. As barreiras permeáveis com poros finos são usadas na separação de compostos voláteis de isótopos. Em virtude de o comprimento dos poros ser consideravelmente maior que seu diâmetro, o escoamento do gás através de tais barreiras não segue a equação simples da efusão por orifício. A dependência da massa molecular é a mesma, entretanto, visto que cada molécula passa através da barreira independentemente das outras[9].

[8] Para uma discussão do escoamento em jato, ver H. W. Liepmann e A. E. Puckett, *Introduction to Aerodynamics of a Compressible Fluid* (New York: John Wiley & Sons, Inc., 1947), pp. 32ff

[9] Martin Knudsen, *Kinetic Theory of Gases* (Londres: Methuen), 1950

Teoria cinética   115

4.9. Gases imperfeitos — A equação de Van Der Waals

As propriedades calculadas para o *gás perfeito* da teoria cinética são as mesmas propriedades experimentais do *gás ideal* da termodinâmica. A extensão do modelo do gás perfeito pode, portanto, fornecer uma explicação para os desvios observados em relação ao comportamento do gás ideal.

O primeiro aperfeiçoamento do modelo é abandonar a hipótese de que o volume das moléculas pode ser desprezado quando comparado com o volume total do gás. O volume finito das moléculas diminui o espaço vazio disponível no qual as moléculas têm liberdade de movimento. Em vez do volume V na equação do gás perfeito, devemos escrever $V - nb$, onde b é chamado de *volume excluído por mol*. Tal volume não é exatamente igual ao volume ocupado por L moléculas, mas na realidade a quatro vezes este volume. Este resultado pode ser visto qualitativamente considerando-se as duas moléculas da Fig. 4.3(a), encaradas como esferas impenetráveis cada uma com *diâmetro d*.

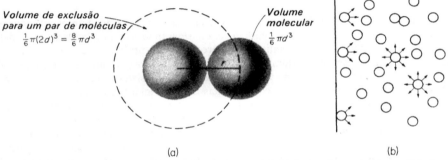

Figura 4.3 Correções à lei dos gases perfeitos. (a) Volume de exclusão e (b) forças intermoleculares

Os centros dessas duas moléculas não podem se aproximar mais do que a distância d; o volume excluído para o par é portanto uma esfera de *raio d*. Este volume é $(4/3)\pi d^3$ por par, ou $(2/3)\pi d^3$ por molécula, o que corresponde a quatro vezes o volume da molécula. A consideração de volumes moleculares finitos leva, portanto, a uma equação do gás da forma

$$P(V - nb) = nRT$$

Uma segunda correção da equação de estado de um gás perfeito vem das forças de coesão entre as moléculas. Relembramos que a definição termodinâmica do gás ideal inclui a exigência de que $(\partial U/\partial V)_T = 0$. Se esta condição não for satisfeita, a energia do gás dependerá de seu volume. O modelo molecular explica esta dependência pela energia potencial da interação entre as moléculas. A maneira como tais interações afetam a equação do gás pode ser vista considerando-se a Fig. 4.3(b). As moléculas no interior do volume gasoso estão em um campo de força uniforme, enquanto as moléculas que irão colidir ou estão colidindo com as paredes do recipiente sofrem uma atração resultante para o interior do gás. Esta atração diminui a pressão que seria exercida na ausência dessas forças atrativas.

A atração total para o interior é proporcional ao número de moléculas (v) da camada superficial e ao número de moléculas (v) na camada interior adjacente do gás. Note-se que se está admitindo que esses números (v) são iguais. A atração para o interior é, portanto, proporcional a v^2. A uma temperatura qualquer, v é inversamente proporcional a V/n, o volume por mol do gás. Portanto, a correção da pressão devida a estas forças

116

FÍSICO-QUÍMICA

coesivas é proporcional a $(V/n)^{-2}$ ou pode ser escrita como igual a $a(V/n)^{-2}$, onde a é a constante de proporcionalidade. À pressão experimental P deve-se acrescentar, portanto, n^2a/V^2 para compensar as forças de atração.

Seguindo esta linha de raciocínio, Van Der Waals obteve, em 1873, sua famosa equação de estado:

$$\left(P + \frac{n^2a}{V^2} \right)(V - nb) = nRT$$

Esta equação dá uma boa representação do comportamento dos gases a densidades moderadas, mas os desvios se tornam grandes em densidades mais altas. Os valores das constantes a e b são obtidos dos dados PVT experimentais a densidades moderadas ou, mais comumente, das constantes críticas do gás. Alguns desses valores foram coletados na Tab. 1.1.

4.10. Forças intermoleculares e equações de estado

O modelo de Van Der Waals dá uma representação pictórica dos fatores que causam desvios do comportamento do gás perfeito e, considerando sua simplicidade, o modelo é notavelmente efetivo. Uma análise mais profunda do problema, entretanto, indica logo a necessidade de um tratamento mais realista das forças entre as moléculas. O parâmetro b de Van Der Waals mede um tipo de força repulsiva que entra imediatamente em ação quando duas moléculas, consideradas esferas rígidas, entram em contato. O parâmetro a de Van Der Waals mede o efeito das forças atrativas mas não revela nada a respeito destas forças além do fato de as mesmas acarretarem uma diminuição da pressão de gás ideal, diminuição esta proporcional ao quadrado da concentração de moléculas no gás. Em conseqüência das interações entre os campos elétricos dos elétrons negativos e dos núcleos positivos a partir dos quais as moléculas são formadas, existem forças de interação entre qualquer par de moléculas, que dependem da natureza das moléculas e da distância que as separa. Para a maioria dos propósitos, é suficiente distinguir dois tipos principais de forças: (1) a força repulsiva devido primeiramente à repulsão eletrostática entre as nuvens eletrônicas externas da estrutura molecular e (2) uma força atrativa devido as correlações entre as posições relativas dos elétrons em uma molécula com as da outra, que ocorrem de tal maneira que dão origem a uma atração elétrica resultante. A teoria quantitativa dessas forças será discutida mais tarde depois do estudo básico de mecânica quântica e estrutura molecular. Por enquanto, vamos simplesmente esboçar as conclusões finais da teoria.

As forças atrativas[10] diminuem com a distância de acordo com uma lei inversa de sétima potência e, se as moléculas podem ser aproximadas como esferas (de modo que não exista uma direção especial num campo de força), a força atrativa pode ser simplesmente representada por

$$F_L = -k_L \, r^{-7}$$

onde k_L é uma constante positiva. A força repulsiva age num *intervalo consideravelmente menor*, isto é, diminui mais rapidamente com a distância r. Pode ser convenientemente representada por uma lei inversa de potência 13

$$F_R = k_R \, r^{-13}$$

onde k_R é uma constante positiva.

---

[10]A contribuição principal às forças atrativas são as forças de London ou forças de dispersão discutidas na Sec. 19.7

Teoria cinética

Em lugar de considerarmos as próprias forças, geralmente nos é mais conveniente considerar as funções de energia potencial $U(r)$ das quais a força pode ser obtida por $F = -dU/dr$.

Se a soma das forças atrativas e repulsivas for $F = k_R r^{-13} - k_L r^{-7}$,

$$U = \frac{k_R}{12} r^{-12} - \frac{k_L}{6} r^{-6} + \text{const.}$$

Quando $r = \infty$, $U = 0$, de modo que a constante de integração é zero. A energia potencial intramolecular geralmente é escrita na forma convencional

$$U(r) = 4\epsilon \left\{ \left(\frac{\sigma}{r}\right)^{12} - \left(\frac{\sigma}{r}\right)^{6} \right\} \qquad (4.15)$$

onde ϵ é a energia de atração máxima (fundo do poço de potencial) e σ é um dos valores de r para o qual $U(r) = 0$ (o outro é $r = \infty$). Este potencial é chamado de *potencial 6-12 de Lennard-Jones* em homenagem ao físico inglês que foi o primeiro a fazer aplicações extensas à teoria das imperfeições dos gases.

Na Fig. 4.4 colocamos em gráfico cada um dos termos da Eq. (4.15) bem como sua soma, a energia potencial intermolecular total, para o caso geral. São também mostradas as curvas dos potenciais de Lennard-Jones para diversos gases reais. As constantes ε e σ são obtidas ajustando-se os dados experimentais PVT à equação teórica de estado baseada na Eq. (4.15). As equações teóricas que nos permitem calcular a equação de estado a partir do potencial intermolecular são obtidas pela aplicação da mecânica estatística. Uma vez mais, daremos simplesmente o resultado neste capítulo e prometemos deduzi-la mais tarde.

A equação virial de estado foi

$$\frac{PV}{nRT} = 1 + B(T)\frac{n}{V} + \cdots$$

onde $B(T)$ é o segundo coeficiente virial. O segundo coeficiente virial é obtido teoricamente considerando-se somente as interações entre pares de moléculas. O terceiro coeficiente virial requereria a introdução de interações entre conjuntos de três moléculas etc. O resultado de um cálculo da mecânica estatística (Sec. 19.8) é que o segundo coeficiente virial para o potencial intermolecular do par é dado por

$$B(T) = 2\pi L \int_0^\infty [1 - e^{-U(r)/kT}] \, r^2 \, dr \qquad (4.16)$$

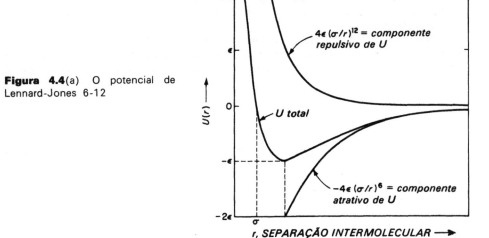

Figura 4.4(a) O potencial de Lennard-Jones 6-12

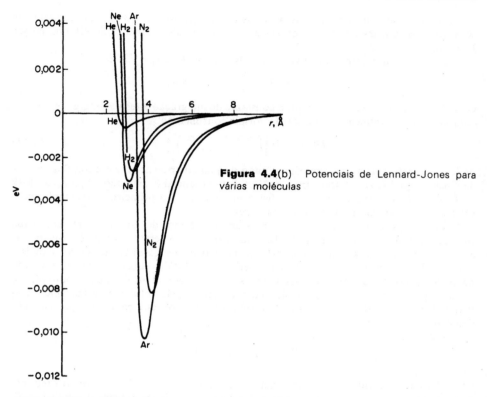

Figura 4.4(b)   Potenciais de Lennard-Jones para várias moléculas

4.11. Velocidades moleculares — Direções

A teoria cinética nos mostrará como deduzir muitas propriedades mensuráveis se pudermos especificar o comportamento das moléculas que compõem o gás. Os dados de que precisamos são as massas e as velocidades das moléculas do gás e as leis das forças que agem entre elas. Não podemos, naturalmente, esperar conhecer as velocidades individuais de todas as moléculas em um gás e um conhecimento do tipo estatístico — que frações de moléculas têm velocidades dentro de um dado intervalo — é suficiente para as nossas deduções.

Como a velocidade é uma quantidade vetorial, tem direção bem como módulo. Na Fig. 4.5 mostramos a representação de um vetor velocidade como uma flecha que parte da origem a um ponto no espaço tridimensional. Este espaço, entretanto, não é

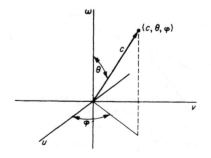

Figura 4.5   Coordenadas polares esféricas da velocidade espacial

Teoria cinética

nosso espaço tridimensional usual com coordenadas x, y, z, mas um *espaço velocidade* onde as distâncias ao longo dos eixos especificam u, v, w, as três componentes da velocidade ao longo das direções X, Y, $Z^{(11)}$. Assim, qualquer ponto neste espaço especifica a grandeza c da velocidade, através de

$$c^2 = u^2 + v^2 + w^2, \quad c = \sqrt{u^2 + v^2 + w^2}$$

e sua direção, como um vetor da origem ao ponto (u, v, w). A direção pode ser especificada em termos dos dois ângulos, φ, uma espécie de longitude, e θ, uma espécie de co-latitude (latitude medida do Pólo Norte). Portanto, c, θ e φ especificam tanto a magnitude como a direção do vetor velocidade em coordenadas polares no espaço velocidade.

Se estivermos trabalhando com um conjunto real de moléculas gasosas, podemos perguntar em vão quantas têm uma direção exata especificada por θ e φ. Visto que os ângulos estão continuamente variando, devemos permitir um certo intervalo de variação angular para expressarmos a questão significativamente. Suponhamos que circunscrevamos ao redor da origem uma esfera de raio c. Podemos agora considerar uma direção especificada por um elemento de ângulo sólido entre ω e $\omega + d\omega$. Assim como um ângulo comum é definido como a relação entre o comprimento do arco do círculo e seu raio, um ângulo sólido é especificado como a relação entre a área de uma superfície esférica e o quadrado de seu raio, $d\omega = dA/c^2$. A superfície total da esfera é $4\pi c^2$ e portanto o ângulo sólido total subtendido por uma esfera é $\omega = 4\pi$. A fração da superfície coberta por $d\omega$ é, conseqüentemente, $d\omega/4\pi$.

Da Fig. 4.6, vemos que

$$dA = c\,\text{sen}\,\theta\,d\varphi \cdot c\,d\theta = c^2\,\text{sen}\,\theta\,d\theta\,d\varphi$$

Portanto, o elemento de ângulo sólido é

$$d\omega = \text{sen}\,\theta\,d\theta\,d\varphi \tag{4.17}$$

Usaremos esta expressão para calcular o número médio de moléculas que se aproximam de uma superfície de uma dada direção.

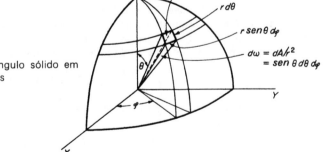

Figura 4.6 Elemento do ângulo sólido em coordenadas polares esféricas

---

[11] Em mecânica analítica, a quantidade de movimento ou momentum p é uma variável mais fundamental do que velocidade. Em vez de espaço velocidade, portanto, usa-se freqüentemente um espaço de momentum, com $p_j = mv_j$. O momentum de uma partícula é representado por um ponto no espaço momentum, com componentes, por exemplo, p_x, p_y, p_z. Podemos combinar três coordenadas x, y, z com três momenta p_x, p_y, p_z para definir um espaço euclidiano hexadimensional, chamado *espaço de fase*. Um ponto deste espaço define tanto as coordenadas como os componentes do momentum da partícula.

A especificação da direção do movimento de uma molécula é bastante fácil porque, num volume de gás *em equilíbrio*, todas as direções do movimento molecular são igualmente prováveis. Se o gás estiver na forma de um jato, ou feixe, ou se estiver escoamento através de um tubo, as direções todas não serão mais igualmente prováveis.

4.12. Colisões de moléculas com uma parede

Consideremos na Fig. 4.7 uma área da parede em contato com um volume V do gás contendo N moléculas. Nosso problema é calcular a freqüência das colisões com a parede, isto é, o número de moléculas que colidem com a parede na unidade de tempo. Obtemos primeiro uma expressão para o número de moléculas que colidem com a parede numa dada direção e então integramos para todas as direções possíveis. Consideremos então uma velocidade particular de grandeza compreendida entre c e $c + dc$, cuja direção esteja dentro de um ângulo sólido $d\omega$ a um ângulo θ da parede. Como todas as direções do movimento molecular são igualmente prováveis, a fração $d\omega/4\pi$ das velocidades moleculares terá esta direção, e uma fração $f(c)dc$ estará situada num intervalo especificado de velocidade, onde $f(c)$ é a função densidade. Num tempo dt, moléculas com velocidade c baterão na parede se estiverem a uma distância $c \cos \theta \, dt$ desta, onde $c \cos \theta$

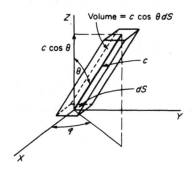

Figura 4.7 Elemento de volume a partir do qual moléculas que provêm de uma direção específica (θ, φ) com uma velocidade c atingem a superfície na unidade de tempo

é a componente da velocidade normal à parede. Se existirem N/V moléculas por unidade de volume, o número destas moléculas que colidem com a unidade de área é $(N/V)cf(c) \cos \theta \, dc \, dt$. O produto dos vários fatores enumerados dá o número de moléculas dN que colidem com a unidade de área da parede de uma direção especificada no tempo dt

$$dN = \frac{N}{V} c \cos \theta \, \frac{d\omega}{4\pi} f(c) \, dc \, dt$$

Introduzindo $d\omega = \text{sen} \, \theta \, d\theta \, d\varphi$ da Eq. (4.17) e integrando para todas as direções da parede, obtemos

$$\frac{dN}{dt} = Z = \frac{N}{4\pi V} \int_0^\infty \int_0^{2\pi} \int_0^{\pi/2} \text{sen} \, \theta \cos \theta \, d\theta \, d\varphi \, cf(c) \, dc$$

Como

$$\int_0^{\pi/2} \text{sen} \, \theta \cos \theta \, d\theta = \frac{1}{2}$$

a integração relativa às variáveis angulares dá

$$Z = \frac{N}{4V} \int_0^\infty cf(c) \, dc$$

Teoria cinética

Mas

$$\int_0^\infty cf(c)\, dc = \bar{c}$$

a velocidade média das moléculas, de modo que

$$Z_{parede} = \frac{1}{4}\frac{N}{V}\bar{c} \tag{4.18}$$

Esta é uma fórmula importante na teoria das reações de superfície. Ela também se aplica diretamente ao problema da efusão gasosa, porque, se imaginarmos que uma área da parede sólida é aberta para formar um orifício, a velocidade de efusão por aquela área seria exatamente igual à velocidade com que as moléculas colidem com aquela área. Assim, a Eq. (4.18) também é uma expressão quantitativa para a velocidade de efusão por unidade de área.

Calculemos da Eq. (4.18) a freqüência de colisões com a parede para o gás nitrogênio a 300 K e 1 atm. Como $PV = nRT$ e $n = N/L$.

$$\frac{N}{V} = \frac{PL}{RT} = \frac{1\,(atm) \times 6,02 \times 10^{23}}{82,05\,(cm^3 \cdot atm \cdot K^{-1}) \times 300\,K} = 2,45 \times 10^{19} cm^{-3}$$

$$\bar{c} = \left(\frac{8RT}{\pi M}\right)^{1/2} = \left(\frac{8 \times 8,314 \times 10^7 \times 300}{3,142 \times 28}\right)^{1/2} = 4,76 \times 10^4 \; cm \cdot s^{-1}$$

Então

$$Z_{parede} = \tfrac{1}{4}(2,45 \times 10^{19})(4,76 \times 10^4) = 2,92 \times 10^{23} \; s^{-1} \cdot cm^{-2}$$

4.13. Distribuição das velocidades moleculares

Em seu movimento constante, as moléculas de um gás colidem muitas vezes umas com as outras, e essas colisões fornecem o mecanismo pelo qual as velocidades das moléculas individuais estão continuamente mudando. Como resultado, existe uma distribuição de velocidades entre as moléculas; a maior parte tem velocidades com valores muito próximos da média, e relativamente poucas são as que têm valores muito acima ou muito abaixo da média.

A distribuição de velocidades entre moléculas de um gás foi parcialmente adivinhada e parcialmente calculada pelo físico teórico escocês James Clerk Maxwell muito antes de ser medida experimentalmente ou exatamente deduzida. De 1860 a 1865. Maxwell foi professor de Filosofia Natural do Kings College de Londres. Durante aqueles anos, publicou sua dedução da lei de distribuição[12] bem como o grande trabalho em que lançou os fundamentos da teoria eletromagnética.

Consideremos um conjunto de N moléculas em um volume de gás em equilíbrio a uma temperatura T. As velocidades das moléculas podem ser especificadas em termos das componentes u, v, w, paralelas aos três eixos cartesianos X, Y, Z. Como é mostrado na Fig. 4.5, podemos representar as velocidades como pontos num espaço de velocidades tal que a grandeza e a direção de cada velocidade seja representada por um vetor da origem a um ponto com coordenadas (u, v, w). A grandeza c do vetor velocidade (a velocidade molecular) é dada por $c^2 = u^2 + v^2 + w^2$.

Desejamos agora descrever a probabilidade de que uma componente de velocidade de uma molécula — digamos u — esteja compreendida em um intervalo de u a $u + du$. A probabilidade de que qualquer molécula tenha a componente entre u e $u + du$ é, por-

[12] J. C. Maxwell, *Phil. Mag.* **19**, 31 (1860)

122 FÍSICO-QUÍMICA

tanto, $f(u)du$. Analogamente, $f(v)$ e $f(w)$ podem ser definidas para as outras duas componentes.

Em seguida, perguntamos: qual o número de moléculas que têm *simultaneamente* as componentes de velocidade entre u e $u + du$, v e $v + dv$, w e $w + dw$? Podemos definir uma função densidade $F(u, v, w)$ para exprimir o resultado como

$$NF(u, v, w)\ du\ dv\ dw$$

Neste ponto, Maxwell introduziu uma hipótese aparentemente inocente, que entretanto levou a uma especificação exata da função $F(u, v, w)$. A suposição é que a probabilidade de ter uma componente da velocidade em um dado intervalo (digamos, u a $u + du$) é completamente independente da probabilidade de termos uma outra componente num dado intervalo (digamos, v a $v + dv$). Se as probabilidades são independentes, a probabilidade combinada é simplesmente o produto das probabilidades independentes. (Por analogia, a probabilidade de retirar uma carta do naipe de espadas de um baralho é de 1/4 e a de uma rainha de espadas é de 1/13, logo, a probabilidade de retirar uma rainha de espadas é de $1/4 \times 1/13 = 1/52$.) Assim, a suposição das probabilidades independentes nos permite escrever

$$F(u, v, w) = f(u)f(v)f(w) \tag{4.19}$$

Podemos justificar a suposição das probabilidades independentes para as componentes da velocidade? Digamos em primeiro lugar que podemos deduzir facilmente esta suposição através da mecânica quântica; quando obtivermos a solução para o problema da *partícula na caixa* (Sec. 13.20), veremos que a equação de Schrodinger para a função de onda ψ destes sistemas se separa em termos das coordenadas cartesianas x, y, z, de modo que

$$\psi(x, y, z) = X(x)Y(y)Z(z)$$

e, conseqüentemente, pode ser demonstrado que as componentes da velocidade da partícula têm probabilidades independentes. Este resultado, naturalmente, não era acessível a Maxwell em 1860. Uma prova satisfatória da lei de distribuição, entretanto, pode ser obtida por meio da mecânica clássica apenas, e Boltzmann foi o primeiro a compreender isso em 1896. Esta prova rigorosa é bastante difícil[13] e estaremos satisfeitos aqui com a dedução de Maxwell que é fácil, desde que a suposição das probabilidades independentes das componentes da velocidade seja aceita.

Precisamos de uma informação adicional sobre $F(u, v, w)$. Visto que o gás é isotrópico e está em equilíbrio, a função $F(u, v, w)$ deve ser função somente de c, $F(c)$ ou, melhor dizendo, a direção particular da velocidade não pode influenciar sua probabilidade. Se isso não fosse verdade, haveria uma tendência para o gás escoar numa certa direção, contradizendo a suposição do equilíbrio. Assim, podemos escrever,

$$F(u, v, w) = F(c) = f(u)f(v)f(w) \tag{4.20}$$

Tomando os logaritmos de ambos os lados da Eq. (4.20), obtemos

$$\ln F(c) = \ln f(u) + \ln f(v) + \ln f(w)$$

Na diferenciação

$$\left(\frac{\partial \ln F}{\partial u}\right)_{v, w} = \frac{d \ln F}{dc}\left(\frac{\partial c}{\partial u}\right) = \frac{u}{c}\frac{d \ln F}{dc} = \frac{d \ln f}{du}$$

---

[13]Uma boa discussão é dada por E. H. Kennard, *The Kinetic Theory of Gases* (New York: McGraw-Hill Book Company, 1938), pp. 32-48

Teoria cinética

123

O rearranjo fornece

$$\frac{d \ln F}{c\, dc} = \frac{d \ln f}{u\, du} \tag{4.21}$$

Seria obtido exatamente o mesmo resultado em termos das componentes v e w,

$$\frac{d \ln F}{c\, dc} = \frac{d \ln f}{u\, du} = \frac{d \ln f}{v\, dv} = \frac{d \ln f}{w\, dw}$$

ou

$$\frac{d \ln f}{u\, du} = \text{constante} \equiv -\gamma$$

Na integração, temos

$$f(u) = a e^{-\gamma u^2} \tag{4.22}$$

Obtemos a constante a da condição que

$$\int_{-\infty}^{+\infty} f(u)\, du = 1 = a \int_{-\infty}^{+\infty} e^{-\gamma u^2}\, du \tag{4.23}$$

Esta condição estabelece simplesmente que a integração das probabilidades para todas as componentes possíveis da velocidade deve ser igual à unidade. Como a integral na na Eq. (4.23) é igual a $(\pi/\gamma)^{1/2}$, $a = (\gamma/\pi)^{1/2}$, nossa função densidade se torna

$$f(u) = \left(\frac{\gamma}{\pi}\right)^{1/2} e^{-\gamma u^2}$$

Obtemos a constante γ calculando, em termos de $f(u)$, a energia cinética média para um grau de liberdade, que já é conhecido e é igual a $\frac{1}{2}kT$.

O teorema do valor médio[14] é o seguinte: se $p(x)$ é a função densidade de uma variável qualquer x, de modo que $p(x)dx$ é a probabilidade de a variável estar entre x e $x + dx$, o valor médio de qualquer função de x, $g(x)$ é dado por

$$\overline{g(x)} = \int_{-\infty}^{+\infty} p(x)g(x)\, dx \tag{4.24}$$

Aplicamos a Eq. (4.24) para calcular o valor médio da energia cinética em um grau de liberdade, $(1/2)mu^2$

$$\overline{\tfrac{1}{2}mu^2} = \tfrac{1}{2}kT = \int_{-\infty}^{+\infty} \left(\frac{\gamma}{\pi}\right)^{1/2} e^{-\gamma u^2} (\tfrac{1}{2}mu^2)\, du$$

---

[14]Podemos deduzir este teorema pela definição usual de valor médio em uma distribuição discreta. Suponhamos que, numa série de tentativas ou experimentos para encontrar o valor $g(x)$. o valor para x_1 ocorra n_1 vezes, para x_2, n_2 vezes etc. Então, o valor médio $g(x)$ é

$$\overline{g(x)} = \frac{\sum n_j g(x_j)}{\sum n_j}$$

las $n_j/\Sigma n_j$ é simplesmente a probabilidade p_j para o valor x_j, de modo que

$$\overline{g(x)} = \sum p_j(x_j)g(x_j)$$

onde o somatório é sobre todos os valores discretos x_j. Se, agora, deixarmos a separação entre os valores discretos passar ao limite para zero, o correspondente limite da soma torna-se uma integral sobre dx ou

$$\overline{g(x)} = \int_{-\infty}^{+\infty} p(x)g(x)\, dx \tag{4.24}$$

124 FÍSICO-QUÍMICA

ou

$$\frac{kT}{m}\pi^{1/2} = \gamma^{1/2} \int_{-\infty}^{+\infty} e^{-\gamma u^2} u^2 \, du$$

A integral é igual a $\pi^{1/2}/2\gamma^{3/2}$, de modo que

$$\gamma = \frac{m}{2kT}$$

Podemos escrever agora a função densidade como

$$p(u) = \left(\frac{m}{2\pi kT}\right)^{1/2} e^{-mu^2/2kT} \tag{4.25}$$

A função densidade para uma componente da velocidade molecular está intimamente relacionada à *função de densidade normal* $\varphi(x)$ da teoria de probabilidades, geralmente chamada *função gaussiana de densidade*. Esta função é definida por

$$\varphi(x) = \frac{1}{(2\pi)^{1/2}} e^{-x^2/2} \tag{4.26}$$

Portanto, fazendo $x^2 = mu^2/kT$, teríamos

$$p(u) = \left(\frac{m}{kT}\right)^{1/2} \varphi(x) \tag{4.27}$$

A integral

$$\Phi(x) = \frac{1}{(2\pi)^{1/2}} \int_{-\infty}^{x} e^{-y^2/2} \, dy = \int_{-\infty}^{x} \varphi(y) \, dy \tag{4.28}$$

é chamada *função de distribuição normal* ou *distribuição gaussiana*. Em linguagem estatística ou na da teoria de probabilidades, a *função densidade* fornece a fração de uma população situada entre x e $x + dx$, enquanto a *função distribuição* dá a fração cumulativa entre $-\infty$ e um limite superior x. As funções $\varphi(x)$ e $\Phi(x)$ foram extensamente tabeladas e tabelas excelentes devem ser encontradas em todas as bibliotecas[15].

As funções $\varphi(x)$ e $\Phi(x)$ estão em gráfico na Fig. 4.8. O domínio limitado pelo gráfico de $\varphi(x)$ e o eixo dos x apresenta área unitária,

$$\Phi(\infty) = \int_{-\infty}^{+\infty} \varphi(x) \, dx = 1$$

Também

$$\Phi(0) = \int_{-\infty}^{0} \varphi(x) \, dx = \tfrac{1}{2}$$

Em vez da variável padronizada x usamos às vezes uma nova variável $z = x/h$ onde z é chamado de *desvio*. No caso da distribuição das velocidades, por exemplo, $z \equiv u = (kT/m)^{1/2}x$, ou $h = (m/kT)^{1/2}$. Podemos mostrar facilmente que o *desvio* médio é

$$\bar{z} = \frac{1}{h\sqrt{\pi}} \longrightarrow \left(\frac{kT}{\pi m}\right)^{1/2}$$

[15]*Tables of the Error Function and Its Derivative*, National Bureau of Standards Applied Mathematics Serie 41 (Washington, D. C., 1954). A função erro é

$$\text{erf}(x) = \frac{2}{\sqrt{\pi}} \int_{0}^{x} e^{-t^2} \, dt = \frac{1}{\sqrt{\pi}} \int_{-x}^{+x} e^{-t^2} \, dt$$

de modo que

$$\text{erf}(x) = 2\Phi(\sqrt{2}\,x) - 1$$

Note que erf $(0) = 0$ e erf $(\infty) = 1$

Teoria cinética

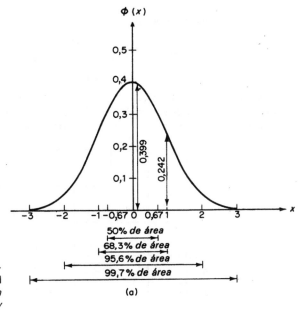

Figura 4.8 (a) A função de densidade normal. (b) A função normal de distribuição. De W. Feller, *An Introduction to Probability Theory and Its Applications* (New York: John Wiley, 1957)

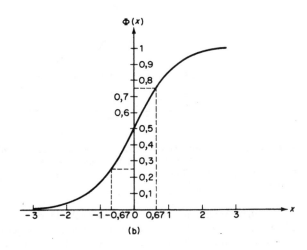

4.14. Velocidade em uma dimensão

Vale a pena examinar mais detalhadamente a função de densidade unidimensional da Eq. (4.25). Por exemplo, apliquemo-la ao cálculo da probabilidade de que a componente da velocidade de uma molécula de N_2 esteja entre 999,5 e 1 000,5 m · s^{-1} a 300 K. Podemos então admitir $du \simeq \Delta u = 1$ m · s^{-1}, a intervalo de velocidade pequeno necessário. Em um grande número N_0 de moléculas, a fração dN/N_0 com uma componente de velocidade entre u e $u + du$ é simplesmente $p(u)\,du$ da Eq. (4.25); em outras palavras, a probabilidade de qualquer molécula das N_0 moléculas ter uma componente de velocidade neste intervalo é $p(u)\,du$. No exemplo escolhido,

$$p(u)\,du \simeq p(u)\,\Delta u = \left(\frac{28 \times 10^{-3}}{2\pi \times 8{,}317 \times 300}\right)^{1/2} \exp\left(\frac{-28 \times 10^{-3} \times 10^6}{2 \times 8{,}317 \times 300}\right)$$
$$= 4{,}84 \times 10^{-6}$$

Observe que, em vez de m/kT, usamos M/RT, onde M é a massa de 1 mol de N_2 e R é a constante dos gases por mol. Computamos, portanto, que aproximadamente 5 moléculas em cada milhão terão a componente da velocidade no intervalo especificado.

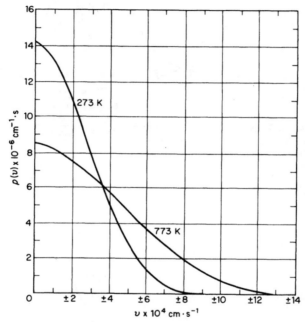

Figura 4.9 As funções de densidade de uma componente da velocidade molecular para o nitrogênio a 273 K e 773 K. Estas curvas são exemplos da função de densidade normal mostrada na Fig. 4.8. São simétricas em relação a $v = 0$ e apenas metade da função completa está mostrada no gráfico

A distribuição unidimensional de velocidade é representada para o nitrogênio a 273 e 773 K na Fig. 4.9. O valor mais provável para a componente da velocidade é $u = 0$. A fração de moléculas com componente de velocidade num dado intervalo diminui a princípio lentamente e depois rapidamente, à medida que a velocidade aumenta. Da curva, e levando em consideração a Eq. (4.25), é evidente que, enquanto $\frac{1}{2}mu^2 < kT$, a fração de moléculas possuindo velocidade u decresce lentamente com o aumento de u. Quando $(1/2)mu^2 = 10\,kT$, a fração cai a e^{-10} ou 5×10^{-5} vezes seu valor a $(1/2)mu^2 = kT$. Assim, apenas uma pequena fração de qualquer porção de moléculas pode ter energias cinéticas muito maiores que kT por grau de liberdade.

4.15. Velocidade em duas dimensões

Em lugar de um gás unidimensional (um grau de liberdade de translação), consideremos agora um gás bidimensional. A probabilidade de uma molécula ter uma deter-

Teoria cinética

minada u não depende, de maneira alguma, do valor de seu componente Y da velocidade v. A fração de moléculas tendo simultaneamente componentes de velocidade entre u e $u + du$ e v e $v + dv$ é então simplesmente o produto de duas probabilidades individuais

$$p(u)p(v)\, du\, dv = \frac{m}{2\pi kT} \exp\left[\frac{-m(u^2 + v^2)}{2kT}\right] du\, dv \qquad (4.29)$$

Este tipo de distribuição pode ser representado graficamente como na Fig. 4.10, onde foi traçado um sistema de coordenadas com eixos u e v. Qualquer ponto do plano (u, v) representa um valor simultâneo de u e v; o plano é um espaço de velocidades a duas dimensões. Os pontos foram desenhados de modo a representar esquematicamente a densidade de pontos deste espaço, isto é, a freqüência relativa da ocorrência de conjuntos de valores simultâneos de u e v.

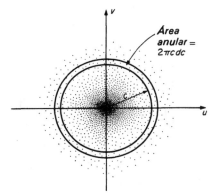

Figura 4.10 Distribuição de probabilidade num espaço de velocidade bidimensional. A densidade dos pontos é proporcional à probabilidade de que a velocidade de uma molécula do gás tenha os valores específicos de u e v

O gráfico é muito semelhante a um alvo que foi crivado de balas por um atirador visando seu centro. No caso molecular, cada componente individual de velocidade molecular, u ou v, visa o valor zero. A distribuição resultante representa o sumário estatístico dos resultados. Quanto mais perito o atirador, tanto mais próximos ficarão seus resultados distribuídos ao redor do centro do alvo. Para as moléculas, a perícia do atirador tem o seu análogo na frieza do gás. Quanto mais baixa a temperatura, tanto maior a chance de que o componente da velocidade molecular caia mais perto do zero.

Se, em vez das componentes individuais u e v, for considerada a velocidade resultante c, em que $c^2 = u^2 + v^2$, é evidente que o valor mais provável no caso já não será mais zero. A razão disso é que o número de modos pelos quais c pode ser construído a partir de u e v é diretamente proporcional a c, enquanto a princípio a probabilidade de qualquer valor de u ou v diminui vagarosamente com o aumento de velocidade.

Resulta da Fig. 4.10 que se pode obter a distribuição de c, a menos da direção, integrando-se a área anular entre c e $c + dc$, que é $2\pi c\, dc$. A fração requerida é então

$$\frac{dN}{N_0} = p(c)\, dc = \frac{m}{kT} \exp\left(\frac{-mc^2}{2kT}\right) c\, dc \qquad (4.30)$$

4.16. Velocidade em três dimensões

Pode-se agora obter a função densidade da velocidade tridimensional. A fração de moléculas que têm simultaneamente componentes de velocidade entre u e $u + du$, v e $v + dv$, e w e $w + dw$, é

$$\frac{dN}{N_0} = \left(\frac{m}{2\pi kT}\right)^{3/2} \exp\left[\frac{-m(u^2 + v^2 + w^2)}{2kT}\right] du\, dv\, dw \qquad (4.31)$$

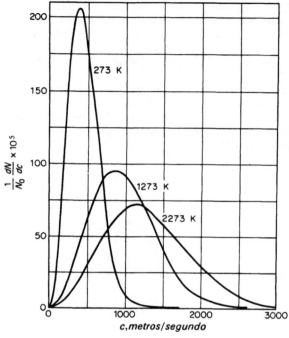

Figura 4.11 Probabilidades relativas das velocidades moleculares do nitrogênio a três temperaturas diferentes. O gráfico apresenta a função de densidade $4\pi(m/2\pi kT)^{3/2} \exp(-mc^2/2kT)$ da Eq. (4.32) em função de c

Deseja-se uma expressão para a fração de moléculas com uma velocidade entre c e $c + dc$, sem levar em conta a direção, onde $c^2 = u^2 + v^2 + w^2$. Essas são as moléculas cujos pontos de velocidade estão situados numa casca esférica de espessura dc e a uma distância c da origem. O volume desta casca é $4\pi c^2\, dc$. Portanto, a função densidade desejada é

$$\frac{dN}{N_0} = 4\pi\left(\frac{m}{2\pi kT}\right)^{3/2} \exp\left(\frac{-mc^2}{2kT}\right) c^2\, dc \qquad (4.32)$$

Esta é a expressão deduzida por Maxwell em 1860.

A Eq. (4.32) está colocada em gráfico na Fig. 4.11 para diversas temperaturas. A curva torna-se mais larga e mais achatada à medida que a temperatura aumenta, isto é, à medida que a velocidade média aumenta, a distribuição em torno da média se amplia.

Pode-se agora calcular a velocidade molecular média $\bar{c}$. Usando as Eqs. (4.32) e (4.24), temos

$$\bar{c} = \int_0^\infty f(c) c\, dc = 4\pi\left(\frac{m}{2\pi kT}\right)^{3/2} \int_0^\infty e^{-mc^2/2kT}\, c^3\, dc$$

O cálculo desta integral pode ser obtido de[16]

$$\int_0^\infty e^{-ax^2} x^3\, dx = \frac{1}{2a^2}$$

[16] Fazendo $x^2 = z$, temos

$$\int_0^\infty e^{-ax^2} x\, dx = \frac{1}{2}\int_0^\infty e^{-az}\, dz = \frac{1}{2}\left(\frac{e^{-az}}{a}\right)_0^\infty = \frac{1}{2a}$$

Então

$$\int_0^\infty e^{-ax^2} x^3\, dx = -\frac{d}{da}\int_0^\infty e^{-ax^2} x\, dx = \frac{1}{2a^2}$$

Teoria cinética

Fazendo as substituições apropriadas, encontramos

$$\bar{c} = \left(\frac{8kT}{\pi m}\right)^{1/2} \quad (4.33)$$

Analogamente, a energia cinética média é

$$\overline{\tfrac{1}{2}mc^2} = \frac{m}{2}\int_0^\infty f(c)c^2\, dc = 2\pi m\left(\frac{m}{2\pi kT}\right)^{3/2}\int_0^\infty e^{-mc^2/2kT}c^4\, dc$$

Visto que a integral

$$\int_0^\infty e^{-ax^2}x^4\, dx = \frac{3\pi^{1/2}}{8a^{5/2}}$$

obtém-se

$$\overline{\tfrac{1}{2}(mc^2)} = \tfrac{3}{2}kT \quad (4.34)$$

4.17. Análise experimental de velocidades

Diversos experimentos engenhosos têm sido imaginados para verificar a equação de Maxwell para as velocidade moleculares. Um tipo básico de aparelhagem é mostrado na Fig. 4.12. Um feixe de moléculas gasosas é delimitado pelas fendas S_1 e S_2, e interceptado por dois discos denteados D_1 e D_2, que podem ser gerados rapidamente em um eixo comum. Se uma molécula entrar através de um encaixe em D_1, ela sairá através de D_2 somente se seu tempo de trânsito em relação à distância d de D_1 a D_2 for igual a algum múltiplo inteiro do tempo necessário para girar de um entalhe ao próximo em D_2. Se a molécula tiver uma velocidade v na direção S_1S_2, e a velocidade angular dos discos for ω, seu raio r e o número de entalhes b,

$$\frac{d}{v} = n\frac{2\pi r}{b}\cdot\frac{1}{r\omega}$$

ou

$$v = db\omega/2\pi n$$

Acoplado a um receptor e a um detector para medir a intensidade do feixe transmitido, este esquema age como um *analisador de velocidade*. A distribuição das velocidades, medida com tais aparelhos, tem concordado com a equação de Maxwell dentro do erro experimental. Analisadores de velocidade semelhantes têm sido usados em estudos cinéticos com *feixes moleculares*, o que será descrito no Cap. 9.

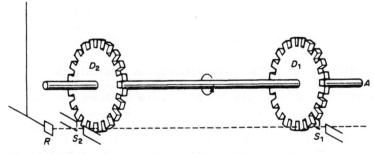

Figura 4.12 Aparelho esquemático para a separação de um feixe de moléculas do gás de acordo com os intervalos de velocidade

130 FÍSICO-QUÍMICA

4.18. Equipartição da energia

A Eq. (4.34) fornece a energia cinética translacional média de uma molécula de um gás. Observe-se que a energia média independente da massa da molécula. Por mol de gás

$$E_k(\text{translacional}) = \tfrac{3}{2}LkT = \tfrac{3}{2}RT$$

Para um gás monoatômico, como hélio, argônio ou vapor de mercúrio, esta energia cinética translacional é a energia cinética total do gás. Para gases diatômicos, como N_2 ou Cl_2, e poliatômicos, como CH_4 ou N_2O, há também energia associada aos movimentos de rotação e vibração.

Um modelo útil de molécula é aquele no qual se supõe que as massas dos átomos constituintes estão concentradas em pontos. Quase toda a massa atômica está, de fato, concentrada em um pequeno núcleo cujo raio é de cerca de 10^{-13} cm. Visto que as dimensões globais das moléculas são da ordem de 10^{-8} cm, um modelo baseado em massas puntiformes é razoável. Considere uma molécula composta de N átomos. Para representar as localizações instantâneas no espaço de N massas puntiformes, são necessárias $3N$ coordenadas. O número de coordenadas necessárias para localizar todos os pontos materiais (átomos) de uma molécula é chamado de o número de seus *graus de liberdade*. Assim, uma molécula de N átomos tem $3N$ graus de liberdade.

Os átomos que formam cada molécula se movem pelo espaço como uma entidade e, assim, o movimento de translação da molécula como um todo pode ser representado pelo movimento do *centro de massa* de seus átomos constituintes. São necessárias três coordenadas (graus de liberdade) para representar a posição instantânea do centro de massa. As demais coordenadas $(3N-3)$ representam os chamados *graus de liberdade internos*.

Os graus de liberdade internos podem ainda ser subdivididos em *rotações* e *vibrações*. Como a molécula tem momentos de inércia I relativos a eixos devidamente escolhidos, ela pode ser colocada em rotação em torno desses eixos. Se sua velocidade angular em torno de um eixo for ω, a energia cinética de rotação será $\tfrac{1}{2}I\omega^2$. O movimento vibratório, segundo o qual os átomos em uma molécula oscilam em relação a suas posições de equilíbrio, está associado a ambas as formas de energia, cinética e potencial, sendo, a este respeito, exatamente igual à vibração de uma mola comum. A energia cinética de vibração é também representada por uma expressão quadrática $\tfrac{1}{2}\mu v^2$. A energia de vibração potencial pode em *alguns casos* também ser representada por uma expressão quadrática, mas nas coordenadas q em lugar das velocidades, por exemplo, $\tfrac{1}{2}\kappa q^2$. Cada grau de liberdade vibracional contribuiria então com dois termos quadráticos para a energia total da molécula[17].

Mediante generalização da dedução que levou à Eq. (4.34), pode-se mostrar que cada um desses termos quadráticos, que perfazem a energia total da molécula, tem um valor médio de $(1/2)kT$. Esta conclusão, uma conseqüência direta da lei de distribuição de Maxwell-Boltzmann, é a expressão mais geral do princípio da equipartição da energia.

4.19. Rotação e vibração das moléculas diatômicas

Podemos vizualizar a rotação de uma molécula diatômica referindo-a ao modelo do rotor rígido da Fig. 4.13 que representaria uma molécula tal como H_2, N_2, HCl ou CO. As massas dos átomos m_1 e m_2 estão concentradas em pontos, distantes de r_1 e r_2, respectivamente, do centro de massa. A molécula tem, portanto, momentos de inércia em torno dos eixos X e Z, mas não do eixo Y sobre o qual estão situadas as massas

[17]As quantidades μ e κ serão definidas mais tarde

Teoria cinética

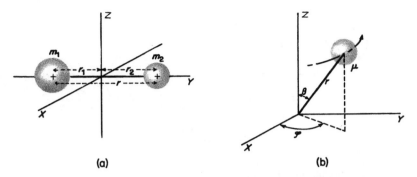

Figura 4.13 Modelo de uma molécula diatômica como um rotor rígido. A energia do sistema em (a) é idêntica à de (b) onde uma única massa gira a uma distância fixa r da origem

puntiformes. A distância entre as massas puntiformes é fixada em r de modo que tal molécula é um tipo de *rotor rígido*.

A energia de rotação de um corpo rígido é dada por

$$E_{rot} = \tfrac{1}{2}I_1\omega_1^2 + \tfrac{1}{2}I_2\omega_2^2 + \tfrac{1}{2}I_3\omega_3^2 \qquad (4.35)$$

onde os ω são as velocidades angulares de rotação e os I, os momentos de inércia em relação ao eixo principal de rotação. Para o rotor rígido diatômico $\omega_1 = \omega_2$, $I_3 = 0$ e $I_1 = I_2 = I$ com

$$I = m_1 r_1^2 + m_2 r_2^2$$

As distâncias r_1 e r_2 do centro de massa são

$$r_1 = \frac{m_2}{m_1 + m_2} r, \qquad r_2 = \frac{m_1}{m_1 + m_2} r$$

Assim,

$$I = \frac{m_1 m_2}{m_1 + m_2} r^2 = \mu r^2 \qquad (4.36)$$

A quantidade

$$\mu = \frac{m_1 m_2}{m_1 + m_2} \qquad (4.37)$$

é chamada *massa reduzida* da molécula. O movimento de rotação é equivalente ao da massa μ a uma distância r da interseção dos eixos.

São necessárias apenas duas coordenadas para descrever completamente tal rotação, por exemplo, dois ângulos θ e φ são suficientes para fixar a orientação do rotor no espaço. Existem portanto 2 graus de liberdade para a rotação de um rotor diatômico. De acordo com o princípio da equipartição da energia, a energia de rotação molar média deve portanto ser $E_{rot} = 2L(1/2\,kT) = RT$.

O modelo mais simples para a molécula diatômica em vibração (Fig. 4.14) é o oscilador harmônico. Sabe-se da mecânica que o movimento harmônico simples ocorre quando atua sobre uma partícula uma força restauradora F diretamente proporcional à sua distância x da posição de equilíbrio $x = r - r_e$. Assim,

$$F = -\kappa x = m\frac{d^2 x}{dt^2} \qquad (4.38)$$

A mesma equação se aplica à vibração de uma molécula diatômica quando admitimos $m = \mu$, a massa reduzida. A constante κ é chamada *constante de força*. O movimento de uma partícula sob a influência de tal força restauradora pode ser representado por uma

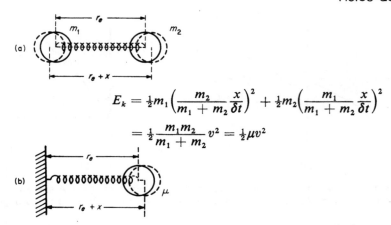

$$E_k = \tfrac{1}{2}m_1\left(\frac{m_2}{m_1+m_2}\frac{x}{\delta t}\right)^2 + \tfrac{1}{2}m_2\left(\frac{m_1}{m_1+m_2}\frac{x}{\delta t}\right)^2$$

$$= \tfrac{1}{2}\frac{m_1 m_2}{m_1+m_2}v^2 = \tfrac{1}{2}\mu v^2$$

Figura 4.14 Modelo de um vibrador diatômico. Um átomo de massa m_1 está separado de um átomo de massa m_2 pela distância r_e no equilíbrio e por $r_e + x$ durante a vibração, onde x é uma função do tempo t. A energia cinética do sistema em (a) é igual à do sistema em (b) onde uma única massa é mantida por uma mola idêntica ao suporte rígido

função de energia potencial $U(x)$, tal que

$$F = -\left(\frac{\partial U}{\partial x}\right) = -\kappa x \quad \text{e} \quad U(x) = \tfrac{1}{2}\kappa x^2 \qquad (4.39)$$

A curva de energia potencial é assim uma parábola. Um exemplo está desenhado na Fig. 4.15. O movimento do sistema, como foi sugerido em casos anteriores, é análogo ao de um disco se movendo sobre uma superfície equivalente. Partindo do repouso, em qualquer posição x terá apenas energia potencial, $U = \tfrac{1}{2}\kappa x^2$. À medida que desce sobre a superfície, adquire energia cinética, chegando ao máximo na posição $x = 0$, onde $r = r_e$ é a distância interatômica de equilíbrio. A partir daí, enquanto sobe no lado oposto do plano inclinado, a energia cinética é reconvertida em energia potencial. A energia total em qualquer tempo é sempre uma constante,

$$E_{\text{vib}} = \tfrac{1}{2}\left(\frac{dx}{dt}\right)^2 + \tfrac{1}{2}\kappa x^2$$

É evidente, portanto, que as moléculas em vibração podem, quando aquecidas, absorver energia sob a forma de energia de vibração, tanto cinética quanto potencial.

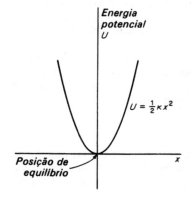

Figura 4.15 Curva de energia potencial do oscilador harmônico

Teoria cinética

133

O princípio da equipartição estabelece que a energia média para cada grau de liberdade de vibração é, portanto, kT, $\frac{1}{2}kT$ para a energia cinética mais $\frac{1}{2}kT$ para a energia potencial. Para uma molécula diatômica a energia média total por mol torna-se portanto,

$$\bar{E} = \bar{E}_{trans} + \bar{E}_{rot} + \bar{E}_{vib} = \tfrac{3}{2}RT + RT + RT = \tfrac{7}{2}RT$$

4.20. Movimento de moléculas poliatômicas

Os movimentos de moléculas poliatômicas também podem ser representadas pelos modelos mecânicos simples do rotor rígido e do oscilador harmônico. Se a molécula contém N átomos, existem $(3N-3)$ graus de liberdade internos. No caso de moléculas diatômicas, $3N-3 = 3$. Duas dessas três coordenadas são necessárias para representar a rotação, deixando assim uma coordenada de vibração. No caso de uma molécula triatômica, $3N-3 = 6$. Para dividir estes 6 graus internos de liberdade em rotações e vibrações, deve-se primeiro considerar se a molécula é linear ou angular. Se for linear, todas as massas atômicas pontuais estão sobre um mesmo eixo, não havendo, portanto, momento de inércia em torno do mesmo. Uma molécula linear se comporta como uma molécula diatômica em relação à rotação com apenas 2 graus de liberdade rotacional. Para uma molécula linear triatômica, há assim $3N-3-2 = 4$ graus de liberdade vibracionais. A energia média de tais moléculas, de acordo com o princípio de equipartição, será então

$$\bar{E} = \bar{E}_{trans} + \bar{E}_{rot} + \bar{E}_{vib} = 3(\tfrac{1}{2}RT) + 2(\tfrac{1}{2}RT) + 4(RT) = 6\tfrac{1}{2}RT \quad \text{por mol}$$

Uma molécula triatômica não-linear (angular) tem três momentos de inércia principais e, portanto, 3 graus de liberdade rotacionais. Qualquer molécula poliatômica não-linear tem $3N-6$ graus de liberdade vibracionais. Para o caso triatômico, existem, portanto, 3 graus de liberdade vibracionais. A energia média, de acordo com o princípio de equipartição, seria

$$\bar{E} = 3(\tfrac{1}{2}RT) + 3(\tfrac{1}{2}RT) + 3(RT) = 6RT \quad \text{por mol}$$

Exemplos de moléculas triatômicas lineares são HCN, CO_2 e CS_2. Moléculas triatômicas angulares incluem H_2O e SO_2.

O movimento vibratório de um conjunto de massas puntiformes ligadas por forças restauradoras lineares [isto é, uma molécula poliatômica onde os deslocamentos atômicos individuais obedecem à Eq. (4.38)] pode ser bastante complicado. É sempre possível, entretanto, representar o movimento vibratório complexo por meio de um número finito de movimentos simples, chamados *modos normais de vibração*. Em um modo normal de vibração, cada átomo na molécula oscila com a mesma freqüência. São mostrados na Fig. 4.16 exemplos dos modos normais para moléculas triatômicas lineares e angulares. A molécula angular apresenta três modos normais distintos, cada qual com sua freqüência característica. Naturalmente, as freqüências têm valores numéricos diferentes em compostos diferentes. No caso da molécula linear, existem quatro modos normais: dois correspondentes ao estiramento da molécula (v_1, v_3) e dois correspondentes à deformação angular (v_{2a}, v_{2b}). As duas vibrações de angulação diferem apenas porque uma está no plano do papel e outra (representada por + e –) é normal a este plano. Essas vibrações possuem a mesma freqüência e são chamadas *vibrações degeneradas*.

Quando descrevemos os movimentos translacionais das moléculas e suas conseqüências para a teoria cinética dos gases, foi aconselhável empregar a princípio um modelo simplificado. O mesmo procedimento foi seguido nesta discussão dos movimentos moleculares internos. Assim, as moléculas diatômicas realmente não se comportam como rotores rígidos, visto que a velocidades de rotação altas as forças centrífugas tendem

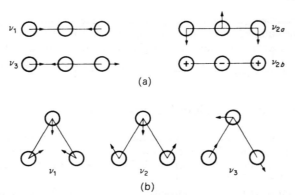

Figura 4.16 Modos normais de vibração de moléculas triatômicas. (a) Linear, exemplo, CO_2; (b) Angular, exemplo, H_2O. As setas indicam os deslocamentos no plano do papel enquanto + e − indicam deslocamentos normais àquele plano

a separar os átomos, esticando a ligação entre os mesmos. Analogamente, uma teoria mais detalhada mostra que as vibrações dos átomos não são estritamente harmônicas.

4.21. O princípio da equipartição e as capacidades caloríficas

De acordo com o princípio da equipartição, um gás ao ser aquecido deve absorver energia em todos os seus graus de liberdade, $(1/2)RT$ por mol para cada coordenada de translação ou rotação e RT por mol para cada vibração. A capacidade calorífica a volume constante, $C_V = (\partial U/\partial T)_V$, pode então ser diretamente calculada pela energia média.

De acordo com a Eq. (4.8), a contribuição da translação à C_{V_m} é $\frac{3}{2}R$. Como $R = 8,314$ J·K^{-1}, a capacidade calorífica molar é de 12,48 J·K^{-1}. Quando este número é comparado aos valores experimentais na Tab. 4.4, verifica-se sua confirmação somente para os gases monoatômicos He, Ne, Ar, Hg, que não possuem graus de liberdade internos. As capacidades caloríficas observadas dos gases diatômicos e poliatômicos são sempre mais altas e aumentam com a temperatura, de modo que se pode presumir estejam ocorrendo contribuições rotacionais e vibracionais.

Para um gás diatômico, o princípio da equipartição prediz uma energia média de $\frac{7}{2}RT$ ou $C_{V_m} = \frac{7}{2}R = 29,10$ J·K^{-1}·mol^{-1}. Para os gases diatômicos da tabela, este valor é alcançado somente a altas temperaturas. Para gases poliatômicos, a discrepância com a teoria clássica simples é ainda mais acentuada. O princípio da equipartição não pode explicar porque C_V observado é menor que o previsto, porque C_V aumenta com

Tabela 4.4 Capacidades caloríficas molares de gases (C_V em J·K^{-1}·mol$^-$ a temperatura K)

Gás	298,15	400	600	800	1 000	1 500	2 000
He	12,48	12,48	12,48	12,48	12,48	12,48	12,48
H_2	20,52	20,87	21,01	21,30	21,89	23,96	25,89
O_2	21,05	21,79	23,78	25,43	26,56	28,25	29,47
Cl_2	25,53	26,99	28,29	28,89	29,19	29,69	29,99
N_2	20,81	20,94	21,80	23,12	24,39	26,54	27,68
H_2O	25,25	25,93	27,98	30,36	32,89	38,67	42,77
CO_2	28,81	33,00	39,00	43,11	45,98	40,05	52,02

Teoria cinética

a temperatura, ou porque os valores de C_V diferem para os diversos gases diatômicos. A teoria é, portanto, satisfatória para o movimento de translação mas não se aplica a rotações e vibrações. Como o princípio da equipartição é uma conseqüência direta da teoria cinética, e em particular da lei de distribuição de Maxwell-Boltzmann, é evidente que se torna necessária uma teoria básica inteiramente nova para solucionar o problema das capacidades caloríficas. Este desenvolvimento é encontrado na teoria quântica, introduzida no Cap. 13.

4.22. Colisões entre as moléculas

Os eventos mais interessantes na vida de uma molécula ocorrem quando ela colide com outra molécula. As reações químicas entre as moléculas dependem de tais colisões. Os *processos de transporte* importantes em gases, pelos quais a energia (por condução de calor), a massa (por difusão) e o momentum (por viscosidade) são transferidos de um ponto a outro envolvem colisões entre moléculas gasosas. Daremos a princípio um breve e ultra-simplificado relato das colisões moleculares, desprezando a distribuição das velocidades moleculares, e depois um tratamento mais exato, incluindo a distribuição das velocidades.

Suponhamos que existam dois tipos de moléculas, A e B, que interagem como esferas rígidas com diâmetros d_A e d_B. O contato entre tais moléculas é mostrado na Fig. 4.17. Uma colisão ocorre sempre que a distância entre os centros se reduzir ao valor $d_{AB} = (d_A + d_B)/2$. Imaginemos uma esfera de *raio* d_{AB} circunscrita ao redor do centro de A. Sempre que o centro da molécula B estiver dentro desta esfera, pode-se dizer que B efetuou uma *colisão de esfera rígida* com A.

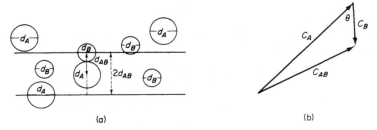

Figura 4.17 (a) Colisões moleculares e (b) velocidade relativa

Suponhamos agora que todas as moléculas B estão em repouso e que a molécula A atravessa rapidamente o volume das moléculas estacionárias B com uma velocidade média $\bar{c}_A$. Podemos imaginar que a molécula A em movimento varre na unidade de tempo um cilindro de volume $\pi d_{AB}^2 \bar{c}_A$. Se N_B/V é o número de moléculas de B por unidade de volume, existirão $\pi d_{AB}^2 \bar{c}_A N_B/V$ centros de moléculas de B encontrados pelas moléculas A em sua varredura na unidade de tempo. Podemos então estimar a freqüência de colisão para uma molécula A como

$$z_{AB} = \frac{\pi d_{AB}^2 \bar{c}_A N_B}{V}$$

Se existirem (N_A/V) moléculas de A por unidade de volume, a freqüência total de colisões entre moléculas A e B será

$$Z_{AB} = \frac{\pi d_{AB}^2 \bar{c}_A N_A N_B}{V^2}$$

136

FÍSICO-QUÍMICA

Esta estimativa despreza o efeito do volume das próprias moléculas (análogo ao termo de correção b de Van Der Waals para o modelo do gás perfeito), porém em baixas pressões esta correção seria pequena.

Um erro muito mais importante na dedução provém da hipótese de as moléculas B serem estacionárias enquanto A varre o volume. Na verdade, naturalmente, é a *velocidade de A em relação a B* que determina a freqüência das colisões. Esta velocidade relativa c_{AB} é a magnitude do *vetor diferença* entre as velocidades de A e B. Como se mostra na Fig. 4.17, a magnitude de c_{AB} depende do ângulo entre c_A e c_B.

$$c_{AB} = (c_A^2 + c_B^2 - 2c_A c_B \cos \theta)^{1/2} \tag{4.40}$$

Assim, nossa expressão para a freqüência de colisões seria

$$z_{AB} = \frac{\pi d_{AB}^2 \bar{c}_{AB} N_B}{V} \tag{4.41}$$

$$Z_{AB} = \frac{\pi d_{AB}^2 \bar{c}_{AB} N_A N_B}{V^2} \tag{4.42}$$

Mesmo que as moléculas não possam ser consideradas como esferas rígidas, podemos exprimir os resultados experimentais de vários processos de colisão em termos de uma *seção transversal de choque efetiva* σ_{AB}. Para esferas rígidas $\sigma_{AB} = \pi d_{AB}^2$. Para outros casos, σ_{AB} pode ser calculado a partir das expressões para as forças entre as moléculas.

Na próxima seção deduziremos rigorosamente a expressão para a freqüência de colisões. Encontraremos que

$$\bar{c}_{AB} = \sqrt{\frac{8kT}{\pi\mu}}$$

onde μ é a massa reduzida da Eq. (4.37).

Se considerarmos o volume de um único tipo de gás $m_1 = m_2$ na Eq. (4.37), a velocidade relativa torna-se simplesmente

$$\bar{c}_{AA} = \sqrt{2}\,\sqrt{\frac{8kT}{\pi m}} = \sqrt{2}\,\bar{c}$$

O número de colisões experimentadas por uma molécula na unidade de tempo é então

$$z_{AA} = \frac{\sqrt{2}\,\pi d^2 \bar{c} N_A}{V} \tag{4.43}$$

O número total de colisões na unidade de volume e na unidade de tempo é

$$Z_{AA} = \frac{\frac{1}{2}\sqrt{2}\,\pi d^2 \bar{c} N_A^2}{V^2} \tag{4.44}$$

(O fator $1/2$ é necessário para que as colisões não sejam contadas em dobro.)

Uma quantidade importante na teoria cinética é a distância média percorrida por uma molécula entre duas colisões. Esta distância é chamada *trajetória livre média*. O número médio de colisões experimentadas por uma molécula na unidade de tempo é z_{AA} na Eq. (4.33). Neste tempo a molécula percorre uma distância $\bar{c}$. A trajetória livre média λ é portanto $\bar{c}/z_{AA}$, ou

$$\lambda = \frac{1}{\sqrt{2}\,\pi(N/V)d^2} \tag{4.45}$$

Considere o exemplo de um gás ideal a CNPT para o qual $N/V = (6{,}02 \times 10^{23})/22\,414$ moléculas $\cdot$ cm^{-3}. Para $d = 4 \times 10^{-8}$ cm, $\lambda = 427 \times 10^{-8}$ cm.

Teoria cinética

4.23. Dedução da freqüência de colisões

Consideremos outra vez um volume gasoso contendo N_A moléculas de A e N_B moléculas de B. O número de moléculas de A com componentes da velocidade entre u e $u + du$, v e $v + dv$, w e $w + dw$ da Eq. (4.31) é

$$dN_A = N_A\left(\frac{m_A}{2\pi kT}\right)^{3/2} \exp\left[\frac{-m_A(u^2 + v^2 + w^2)}{2kT}\right] du\, dv\, dw \qquad (4.46a)$$

Analogamente, o número de moléculas de B, com componentes de velocidade entre u' e $u' + du'$, v' e $v' + dv'$, w' e $w' + dw'$, é

$$dN_B = N_B\left(\frac{m_B}{2\pi kT}\right)^{3/2} \exp\left[\frac{-m_B(u'^2 + v'^2 + w'^2)}{2kT}\right] du'\, dv'\, dw' \qquad (4.46b)$$

O número de colisões na unidade de volume e na unidade de tempo entre as moléculas A e B com velocidade nestes intervalos respectivos [da Eq. (4.42)] é

$$dZ_{AB} = \frac{dN_A\, dN_B\, \pi d_{AB}^2\, c_{AB}}{V^2} \qquad (4.47)$$

Aqui, c_{AB} é a velocidade relativa das moléculas A e B no intervalo de velocidade individual especificado, isto é,

$$c_{AB} = [(u - u')^2 + (v - v')^2 + (w - w')^2]^{1/2} \qquad (4.48)$$

Para calcular o número total de colisões na unidade de tempo entre todas as moléculas de A e B, substituímos as Eqs. (4.46a), (4.46b) e (4.48) na Eq. (4.47), e integramos para todos os valores de u, v, w, u', v', w'. O resultado é escrito como

$$Z_{AB} = \tfrac{1}{8} N_A N_B \pi d_{AB}^2 \frac{(m_A m_B)^{3/2}}{(\pi kT)^3} \int\int\int\int\int\int_{-\infty}^{+\infty} [(u - u')^2 + (v - v')^2 + (w - w')^2]^{1/2}$$

$$\exp\left[\frac{-m_A(u^2 + v^2 + w^2) - m_B(u'^2 + v'^2 + w'^2)}{2kT}\right] du\, dv\, dw\, du'\, dv'\, dw' \qquad (4.49)$$

Para realizar esta integração, devemos transformar as variáveis das seis componentes de velocidade ordinárias (nas assim chamadas coordenadas de laboratório) em um novo conjunto de seis variáveis de velocidade. Três dessas especificam as componentes da velocidade relativa c_{AB},

$$u_{AB} = u - u', \quad v_{AB} = v - v', \quad w_{AB} = w - w' \qquad (4.50)$$

As outras três variáveis fornecem as componentes da velocidade do centro de massa do sistema de duas partículas,

$$U = \frac{m_A u + m_B u'}{m_A + m_B}, \qquad V = \frac{m_A v + m_B v'}{m_A + m_B}, \qquad W = \frac{m_A w + m_B w'}{m_A + m_B} \qquad (4.51)$$

O uso das coordenadas do centro de massa aqui é análogo à separação da translação dos graus de liberdade internos na Sec. 4.18. Estas coordenadas nos permitem separar os termos de energia cinética devido ao movimento do centro de massa e assim, como veremos, nos permite integrar a Eq. (4.49), que se torna

$$Z_{AB} = \tfrac{1}{8} N_A N_B \pi d_{AB}^2 \frac{(m_A m_B)^{3/2}}{(\pi kT)^3} \int\int\int_{-\infty}^{+\infty} \exp\left[\frac{-(m_A + m_B)(U^2 + V^2 + W^2)}{2kT}\right] dU\, dV\, dW$$

$$\int\int\int_{-\infty}^{+\infty} (u_{AB}^2 + v_{AB}^2 + w_{AB}^2)^{1/2} \exp\left[\frac{-\mu(u_{AB}^2 + v_{AB}^2 + w_{AB}^2)}{2kT}\right] du_{AB}\, dv_{AB}\, dw_{AB} \qquad (4.52)$$

138 FÍSICO-QUÍMICA

Na expressão anterior, introduzimos a massa reduzida da Eq. (4.37). Além disso, na passagem da Eq. (4.49) para a Eq. (4.52) fizemos uso do fato de que

$$du\,dv\,dw\,du'\,dv'\,dw' = du_{AB}\,dv_{AB}\,dw_{AB}\,dU\,dV\,dW$$

Provamos esta relação para um conjunto de componentes (visto que o argumento também é válido para as outras duas). Quando trocamos as variáveis u e u' por novas variáveis u_{AB} (u, u') e $U(u, u')$, os produtos das diferenciais estão relacionados por

$$du_{AB}\,dU = \frac{\partial(u_{AB}, U)}{\partial(u, u')}\,du\,du'$$

onde $\partial(u_{AB}, U)/\partial(u, u')$ é o *jacobiano* da transformação, definido como o determinante,

$$\frac{\partial(u_{AB}, U)}{\partial(u, u')} = \begin{vmatrix} \dfrac{\partial u_{AB}}{\partial u} & \dfrac{\partial U}{\partial u} \\[2mm] \dfrac{\partial u_{AB}}{\partial u'} & \dfrac{\partial U}{\partial u'} \end{vmatrix}$$

que, neste caso, das Eqs. (4.50) e (4.51), é igual a

$$\begin{vmatrix} 1 & \dfrac{m_A}{m_A + m_B} \\[2mm] -1 & \dfrac{m_B}{m_A + m_B} \end{vmatrix} = 1$$

As três primeiras integrais na Eq. (4.52) apresentam a forma

$$\int_{-\infty}^{+\infty} \exp\left[\frac{-(m_A + m_B)U^2}{2kT}\right] dU = \left(\frac{2\pi kT}{m_A + m_B}\right)^{1/2} \tag{4.53}$$

já a partir do cômputo apresentado para a Eq. (4.23), se fizermos $\gamma = (m_A + m_B)/2kT$.

A segunda integral tripla pode ser avaliada depois da transformação para coordenadas polares,

$$u_{AB}^2 + v_{AB}^2 + w_{AB}^2 = c_{AB}^2$$

$$du_{AB}\,dv_{AB}\,dw_{AB} = c_{AB}^2 \sin\theta\,dc_{AB}\,d\theta\,d\phi$$

de modo que a integral tripla se torna (da Sec. 4.16)

$$\int_0^\infty\int_0^\pi\int_0^{2\pi} \operatorname{sen}\theta\,c_{AB}^3 \exp\left(\frac{-\mu c_{AB}^2}{2kT}\right) d\phi\,d\theta dc_{AB}$$

$$= 4\pi \int_0^\infty c_{AB}^3 \exp\left(\frac{-\mu c_{AB}^2}{2kT}\right) dc_{AB} = 8\pi\left(\frac{kT}{\mu}\right)^2 \tag{4.54}$$

Juntando os resultados das Eqs. (4.53) e (4.54), e substituindo na Eq. (4.52), obtemos finalmente

$$Z_{AB} = \tfrac{1}{8}N_A N_B\,\pi d_{AB}^2 \frac{(m_A m_B)^{3/2}}{(\pi kT)^3}\left(\frac{2\pi kT}{m_A + m_B}\right)^{3/2} 8\pi\left(\frac{kT}{\mu}\right)^2$$

$$Z_{AB} = N_A N_B\,\pi d_{AB}^2\left(\frac{8kT}{\pi\mu}\right)^{1/2} \tag{4.55}$$

Teoria cinética

Para o caso especial onde todas as moléculas são iguais, de modo que $m_A = m_B = m$ e $N_A = N_B = N/2$. μ torna-se $m_A/2$, e

$$Z_{AA} = \frac{N^2}{2}\pi d^2 \sqrt{2}\left(\frac{8kT}{\pi m}\right)^{1/2} = \tfrac{1}{2}\sqrt{2}\,\pi d^2 N^2 \bar{c} \tag{4.56}$$

4.24. Viscosidade de um gás

O conceito de viscosidade é encontrado primeiramente em problemas de escoamento de fluidos, tratado pela hidrodinâmica e pela aerodinâmica, como uma medida da resistência de atrito que um fluido em movimento oferece a uma força de cisalhamento aplicada. A Fig. 4.18(a) mostra a natureza desta resistência. Se um fluido escoar sobre uma superfície plana fixa, a camada de fluido adjacente à superfície plana limite se mantém imóvel e as camadas sucessivas têm velocidades cada vez maiores. A força de atrito F, que resiste ao movimento relativo de duas camadas adjacentes quaisquer, é proporcional a S, a área da interface entre elas, e a dv/dr, o gradiente de velocidade entre as mesmas. Esta é a *lei do escoamento viscoso de Newton*,

$$F = \eta S \frac{dv}{dr} \tag{4.57}$$

A constante de proporcionalidade η é chamada de *coeficiente de viscosidade*. É evidente que as dimensões de η são (massa) (comprimento)$^{-1}$ (tempo)$^{-1}$. A unidade SI é kg · m^{-1} · s^{-1}. A unidade CGS, chamada *poise* (P), é igual a um décimo da unidade SI.

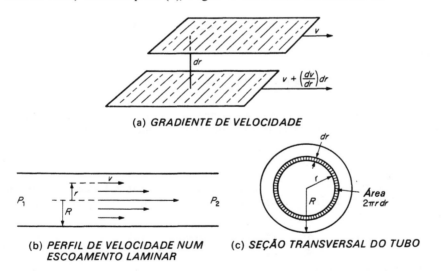

Figura 4.18 Aspectos do escoamento laminar considerado na dedução da equação de Poiseuille

O tipo de escoamento governado por esta relação é chamado de escoamento *laminar*. Seu caráter é, evidentemente, muito diferente do escoamento efusivo (ou difusivo) discutido previamente, já que é um escoamento maciço do fluido, onde sobre as velocidades moleculares distribuídas ao acaso se superpõe um componente da velocidade na direção do escoamento. Um caso importante do escoamento laminar é o que se dá através de canos ou tubos quando o diâmetro dos mesmos é grande comparado à trajetória livre

140   FÍSICO-QUÍMICA

média das moléculas do fluido. O estudo do escoamento através de tubos tem sido a base para muitas determinações experimentais do coeficiente de viscosidade.

A teoria do processo foi estudada pela primeira vez por J. L. Poiseuille, em 1844. Considere um fluido incompressível escoando por um tubo de seção transversal circular com raio R e comprimento l. Admite-se que o fluido nas paredes do tubo esteja em repouso e a velocidade de escoamento aumenta até atingir um máximo no centro do tubo [ver a Fig. 4.18(b)]. Seja v a velocidade linear a uma distância r qualquer do eixo do tubo. Um cilindro de fluido de raio r experimenta uma resistência viscosa dada pela Eq. (4.57) por

$$F_r = -\eta \frac{dv}{dr} \cdot 2\pi r l$$

Para o escoamento estacionário, esta força deve ser exatamente balanceada pela força que impele o fluido, contido neste cilindro, através do tubo. Como a pressão é a força por unidade de área, a força motriz é

$$F_r = \pi r^2 (P_1 - P_2)$$

onde P_1 é a pressão adiante e P_2 atrás.

Assim, para o escoamento estacionário

$$-\eta \frac{dv}{dr} \cdot 2\pi r l = \pi r^2 (P_1 - P_2)$$

$$dv = -\frac{r}{2\eta l}(P_1 - P_2) \, dr$$

Integrando

$$v = -\frac{(P_1 - P_2)}{4\eta l} r^2 + \text{const.}$$

De acordo com nossa hipótese, $v = 0$ quando $r = R$; esta condição de contorno determina a constante de integração de modo que finalmente obtemos

$$v = \frac{(P_1 - P_2)}{4\eta l} \ (R^2 - r^2) \tag{4.58}$$

O volume total do fluido que escoa pelo tubo por segundo é calculado integrando todos os elementos de área da seção transversal dados por $2\pi r \, dr$ [ver a Fig. 4.18(c)]. Assim,

$$\frac{dV}{dt} = \int_0^R 2\pi r v \, dr = \frac{\pi (P_1 - P_2) R^4}{8 l \eta} \tag{4.59}$$

Esta é a *equação de Poiseuille*. Foi deduzida para um fluido incompressível e pode, portanto, ser aplicada satisfatoriamente a líquidos, mas não a gases. Nos gases, o volume varia fortemente com a pressão. A pressão média ao longo do tubo é $(P_1 + P_2)/2$. Se P_0 é a pressão na qual o volume é medido, a equação se torna

$$\frac{dV}{dt} = \frac{\pi (P_1 - P_2) R^4}{8 l \eta} \cdot \frac{P_1 + P_2}{2 P_0} = \frac{\pi (P_1^2 - P_2^2) R^4}{16 l \eta P_0} \tag{4.60}$$

Medindo-se a vazão de escoamento através de um tubo de dimensões conhecidas, podemos determinar a viscosidade η do gás. Alguns resultados de tais medidas estão incluídos na Tab. 4.5.

Teoria cinética

Tabela 4.5 Propriedade de transporte de gases (a 273 K e a 1 atm)

Gás	Trajetória livre média λ m ($\times 10^9$)	Viscosidade η kg·m^{-1}·s^{-1} ($\times 10^6$)	Condutividade térmica κ J·K^{-1}·m^{-1}·s^{-1} ($\times 10^3$)	Capacidade calorífica específica c_V J·K^{-1}·kg^{-1} ($\times 10^{-3}$)	$\dfrac{\eta c_v}{\kappa}$
NH$_3$	44,1	9,76	21,5	1,67	0,76
Ar	63,5	21,0	16,2	0,314	0,41
CO$_2$	39,7	13,8	14,4	0,640	0,61
CO	58,4	16,8	23,6	0,741	0,43
Cl$_2$	28,7	12,3	7,65	0,342	0,55
C$_2$H$_4$	34,5	9,33	17,0	1,20	0,65
He	179,8	18,6	140,5	3,11	0,41
H$_2$	112,3	8,42	169,9	10,04	0,50
N$_2$	60,0	16,7	24,3	0,736	0,51
O$_2$	64,7	18,09	24,6	0,649	0,50

4.25. Teoria cinética da viscosidade dos gases

O quadro cinético da viscosidade dos gases tem sido representado pela seguinte analogia: dois trens estão se movendo no mesmo sentido, com velocidades diferentes, sobre trilhos paralelos. Os passageiros desses trens se divertem saltando de um trem para o outro. Quando um passageiro pula do trem mais veloz para o mais lento, ele transporta um momentum $m \, \Delta v$, onde m é sua massa e Δv, o excesso de velocidade de seu trem. Ele tende a apressar o trem mais lento quando pula sobre ele. Um passageiro que pula do trem mais lento para o mais rápido, por outro lado, tende a atrasá-lo. O resultado líquido desse jogo de pulos é, portanto, uma tendência a igualar as velocidades dos dois trens. Um observador afastado a uma distância tal, que não pudesse ver os saltadores, consideraria este resultado como conseqüência de uma *resistência de atrito entre os trens*.

O mecanismo pelo qual uma camada de gás em escoamento exerce uma resistência viscosa sobre uma camada adjacente é análoga, sendo que as moléculas gasosas fazem o papel dos passageiros saltadores. Consideremos na Fig. 4.19 um gás em estado de escoamento laminar paralelo ao eixo Y. Sua velocidade aumenta de zero, no plano $x = 0$,

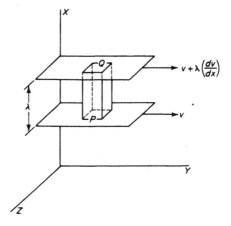

Figura 4.19 Teoria cinética da viscosidade dos gases. O diagrama representa duas camadas num escoamento laminar separadas pela trajetória livre média λ. A transferência de momentum entre as camadas é calculada para obter a força viscosa

142 FÍSICO-QUÍMICA

com o aumento de x. Se uma molécula passa de P a Q, durante um de seus percursos livres entre duas colisões, levará a Q, em média, uma quantidade de momentum menor que a comum às moléculas situadas na posição Q, em virtude de sua distância do eixo X. Reciprocamente, se uma molécula vai de Q a P, transportará para a camada mais baixa, e que se move mais lentamente, um valor de momentum em excesso ao correspondente a esta camada. O resultado final da agitação térmica ao acaso das moléculas é diminuir as velocidades médias das moléculas da camada Q e aumentar as da camada P. Este transporte de momentum tende a contrabalançar o gradiente de velocidade estabelecido pelas forças de cisalhamento que atuam sobre o gás.

É evidente do quadro da Fig. 4.19 que um gás em um estado de escoamento viscoso certamente não está no estado de equilíbrio descrito pela equação de Maxwell-Boltzmann. A ocorrência dos processos de transporte implica que o gás não é uniforme. O estudo teórico básico deste assunto é intitulado *A teoria matemática dos gases não-uniformes*[18]. No caso do escoamento viscoso, a não-uniformidade consiste do gradiente de velocidade (na direção x no nosso exemplo). Há um movimento dirigido da massa das moléculas gasosas na direção y. À medida que o momentum é transferido de uma camada para a próxima, este movimento dirigido é degradado em movimento térmico ao acaso das moléculas. Assim, o escoamento viscoso é acompanhado pela degradação da energia de movimento da massa em energia de movimento molecular. A temperatura do gás aumentará em conseqüência desta dissipação viscosa ou de atrito da energia mecânica em calor. Embora o gás em escoamento não esteja, certamente, num estado de equilíbrio, podemos, apesar disso, usar os valores médios do equilíbrio de propriedades, tais como velocidade e trajetórias livres médias, para elaborar uma teoria cinética aproximada da viscosidade. Fazendo isto, estamos admitindo implicitamente que a distribuição de Maxwell não é afetada de forma apreciável pelo fluxo de massa, e simplesmente somamos a velocidade de escoamento da massa às velocidades maxwellianas.

À vista das formidáveis dificuldades para chegar a qualquer teoria razoavelmente exata, daremos aqui uma dedução supersimplificada que servirá para salientar alguns fatores básicos que governam a viscosidade de um gás. O comprimento da trajetória livre média λ pode ser tomado como a distância média pela qual o momentum é transferido. Se o gradiente de velocidade é dv/dx, a diferença de velocidade entre os dois extremos da trajetória livre é $\lambda\,dv/dx$. Uma molécula de massa m, que passa da camada superior à inferior, portanto, transporta um momentum igual a $m\lambda\,dv/dx$. Da Eq. 4.19, o número que cruza *para cima e para baixo* a área unitária, na unidade de tempo, é $1/2N\bar{c}/V$. O transporte de momentum por unidade de tempo é então $1/2(N\bar{c}\cdot m\lambda/V)$ (dv/dx). Esta variação de momentum com o tempo é equivalente à força viscosa da Eq. (4.57), que era $F = \eta(dv/dx)$ por unidade de área. Assim,

$$\eta\frac{dv}{dx} = \tfrac{1}{2}\frac{Nm\bar{c}\lambda}{V}\frac{dv}{dx}$$

$$\eta = \tfrac{1}{2}\frac{Nm\bar{c}\lambda}{V} = \tfrac{1}{2}\rho\bar{c}\lambda \tag{4.61}$$

Eliminando λ das Eqs. (4.45) e (4.61), obtém-se

$$\eta = \frac{m\bar{c}}{2(2)^{1/2}\pi d^2} \tag{4.62}$$

Esta equação indica que a viscosidade de um gás independe de sua densidade. Este resultado aparentemente improvável foi previsto por Maxwell, e sua subseqüente verificação experimental foi um dos triunfos da teoria cinética. A dedução anterior esclarece a razão física deste resultado: em densidades baixas, menos moléculas saltam de

[18]Sydney Chapman e T. G. Cowling (Londres: Cambridge University Press, 1952)

Teoria cinética

143

camada em camada no gás que flui, porém, em virtude das trajetórias livres maiores, cada salto carrega proporcionalmente um momentum maior. Para gases imperfeitos, a equação falha e a viscosidade aumenta com a densidade.

A segunda conclusão importante da Eq. (4.62) é a de que a viscosidade de um gás aumenta com a temperatura; linearmente com $\bar{c} \propto T^{1/2}$. O aumento de η com T foi bem confirmado, mas a dependência é mais forte que a prevista por $T^{1/2}$. Isto ocorre porque as moléculas não são realmente esferas rígidas, mas devem ser consideradas um tanto moles ou rodeadas por campos de força. Quanto maior a temperatura, mais rapidamente as moléculas se movem e, portanto, mais profundamente uma molécula penetra no campo de força de outra antes de ser repelida. Esta correção à Eq. (4.62) foi formulada por Sutherland (1893) como correção ao diâmetro molecular d da esfera rígida:

$$d^2 = d_\infty^2 \left(1 + \frac{A}{T}\right) \tag{4.63}$$

onde d_∞ e A são constantes, sendo d_∞ interpretado como o valor de d quando T tende ao infinito. Trabalho mais recente procurou exprimir o coeficiente de viscosidade em termos das leis das forças existentes entre as moléculas.

4.26. Diâmetros moleculares e constantes de força intermolecular

Os dados de viscosidade dos gases e de outras propriedades de transporte dos gases se constituem uma das melhores fontes de informação sobre as forças intermoleculares. Se usarmos o modelo simples da esfera rígida para moléculas, os dados de transporte fornecerão valores para os diâmetros moleculares efetivos. Qualquer medida que forneça um valor para a trajetória livre média, λ dá imediatamente o diâmetro molecular d através da Eq. (4.45). A Tab. 4.6 resume valores para os diâmetros moleculares obtidos deste modo através das viscosidades gasosas.

Tabela 4.6 Diâmetros moleculares, em nanometro (nm)

Molécula	A partir de viscosidade do gás	A partir do b de Van Der Waals	A partir de refração molecular*	A partir do empacotamento mais denso
Ar	0,286	0,286	0,296	0,383
CO	0,380	0,316	–	0,430
CO_2	0,460	0,324	0,286	–
Cl_2	0,370	0,330	0,330	0,465
He	0,200	0,248	0,148	–
H_2	0,218	0,276	0,186	–
Kr	0,318	0,314	0,334	0,402
Hg	0,360	0,238	–	–
Ne	0,234	0,266	–	0,320
N_2	0,316	0,314	0,240	0,400
O_2	0,296	0,290	0,234	0,375
H_2O	0,272	0,288	0,226	–

*A teoria deste método é discutida em *Atoms and Molecules*, de M. Karplus e R. N. Porter (New York: W. A. Benjamin, 1970), p. 255

144 FÍSICO-QUÍMICA

Valores de d estimados por outros métodos também estão incluídos na tabela. A estimativa a partir do parâmetro b de Van Der Waals se baseia no fato de $b = 4Lv_m$, onde $v_m = \pi d^3/6$, que é o volume de uma molécula considerada como uma esfera rígida. O valor de d no empacotamento mais denso de moléculas em estruturas cristalinas se baseia no fato (Cap. 18) de tal empacotamento deixar um volume vazio de 26%, portanto $\pi d^3/6 = 0,74\, m/\rho$, onde ρ é a densidade da estrutura cristalina mais perfeitamente empacotada. A diversidade de valores obtidos quando os "diâmetros moleculares" são calculados por diferentes métodos indica que o modelo da esfera rígida é somente uma primeira aproximação mesmo para as moléculas mais simples.

Quando se vai além da aproximação da esfera rígida, os dados da viscosidade gasosa podem ser interpretados em termos dos modelos de forças intermoleculares, tais como as reunidas nos potenciais de Lennard-Jones. Quando se usam os potenciais de Lennard--Jones para calcular propriedades experimentais, é aconselhável usar as constantes de força obtidas dos dados de viscosidade, quando se deseja calcular propriedades de transporte, e constantes de força obtidas do segundo coeficiente virial, quando se deseja calcular propriedades termodinâmicas de equilíbrio. A Tab. 4.7 contém alguns exemplos das constantes de força de Lennard-Jones obtidas por essas fontes. As deduções teóricas necessárias e as tabelas completas podem ser encontradas no livro-padrão de referências deste assunto[19].

Tabela 4.7 Constantes de força para o potencial Lennard-Jones 6-12 (Eq. 4.15)

Gás	Constantes de força a partir da viscosidade		Constantes de força a partir do segundo coeficiente virial	
	ϵ/k (K)	σ (nm)	ϵ/k (K)	σ (nm)
He	10,22	0,2576	10,22	0,2556
Ne	35,7	0,2789	35,6	0,2749
Ar	124	0,3418	119,8	0,3405
Kr	190	0,361	171	0,360
Xe	229	0,4055	221	0,4100
H_2	38,0	0,2915	37,00	0,2928
N_2	91,5	0,3681	95,05	0,3698
O_2	113	0,3433	117,5	0,358
CO_2	190	0,3996	189	0,4486
CH_4	137	0,3882	148,2	0,3817

4.27. Condutibilidade térmica

A viscosidade de gases depende do transporte de momentum por um gradiente de momentum (velocidade). Um tratamento teórico análogo é aplicável à condutibilidade térmica e à difusão. A condutibilidade térmica de um gás é uma conseqüência do transporte de energia cinética por um gradiente de temperatura (isto é, energia cinética). A difusão nos gases é o transporte de massa devido a um gradiente de concentração.

O coeficiente de condutibilidade térmica κ é definido como o escoamento de calor por unidade de tempo $\dot{q}$, por unidade de gradiente de temperatura através da área unitária da seção transversal, isto é, por

$$\dot{q} = \kappa \cdot S \cdot \frac{dT}{dx}$$

[19]J. O. Hirschfelder, C. F. Curtiss e R. B. Bird, *Molecular Theory of Gases and Liquids* (New York: John Wiley & Sons, Inc., 1954)

Teoria cinética

Comparando-se com a Eq. (4.61)

$$\kappa \frac{dT}{dx} = \tfrac{1}{2} N V^{-1} \bar{c} \lambda \frac{d\epsilon}{dx}$$

onde $d\epsilon/dx$ é o gradiente de ϵ, a energia cinética média por molécula. Agora

$$\frac{d\epsilon}{dx} = \frac{dT}{dx} \frac{d\epsilon}{dT} \quad \text{e} \quad \frac{d\epsilon}{dT} = mc_V$$

onde m é a massa molecular e c_v é o calor específico (capacidade calorífica por unidade de massa). Segue-se que

$$\kappa = \tfrac{1}{2} N V^{-1} m c_V \bar{c} \lambda = \tfrac{1}{2} \rho c_V \bar{c} \lambda = \eta c_V \qquad (4.64)$$

Alguns coeficientes de condutibilidade térmica estão incluídos na Tab. 4.5. Deve ser enfatizado que, mesmo para um gás ideal, a teoria simples é aproximada, visto que admite que todas as moléculas se movem com a mesma velocidade $\bar{c}$ e que a energia é completamente trocada em cada colisão[20].

4.28. Difusão

Consideremos na Fig. 4.20 dois gases diferentes A e B a T e P constantes. O gás A está confinado entre $x = -l$ e $x = +l$, enquanto o gás B preenche o espaço remanescente na região de $-\infty$ a $-l$ e de $+l$ a $+\infty$. Esta escolha da geometria dá um problema a menos do grande número de problemas que foram resolvidos. Suponhamos que as barreiras planas entre os dois gases sejam instantaneamente removidas. Os gases começarão então a se misturar pelo processo de *difusão*. Os movimentos térmicos ao acaso e as colisões das moléculas gasosas levam a uma mistura contínua até que todo o volume tenha uma composição uniforme. Na situação da Fig. 4.20, a mistura ocorre pela difusão somente nas direções $+x$ e $-x$, e o problema é simplificado por esta restrição a uma direção.

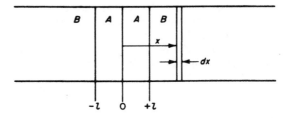

Figura 4.20 Um sistema de difusão unidimensional mostrando os planos iniciais de separação entre os gases A e B e uma camada de gás entre x e $x + dx$

Consideremos uma camada fina de gás entre x e $x + dx$. O número de moléculas de A ou de B por unidade de volume em qualquer instante t é uma função somente de x, isto é, $C_A(x, t)$ e $C_B(x, t)$ representam essas respectivas concentrações. O fluxo difusivo J_A de moléculas de A por um plano situado em x é igual ao número líquido de moléculas de A que passam pela área unitária do plano na direção x positiva na unidade de tempo. É proporcional ao gradiente da concentração de A em x, $\partial C_A/\partial x$,

$$J_A = -D_{AB} \frac{\partial C_A}{\partial x} \qquad (4.65)$$

---

[20]Uma introdução legível a teorias mais exatas dos processos de transporte é dada por James Jeans, *Introduction to the Kinetic Theory of Gases* (Londres: Cambridge University Press, 1959)

146 FÍSICO-QUÍMICA

A constante de proporcionalidade D_{AB} é chamada de *coeficiente de difusão*. A Eq. (4.65) é chamada *primeira lei de difusão de Fick*.

A T e P constantes em todo sistema, o número total de moléculas por unidade de volume independe de x, de modo que

$$\frac{\partial(C_A + C_B)}{\partial x} = \frac{\partial C_A}{\partial x} + \frac{\partial C_B}{\partial x} = 0 \qquad (4.66)$$

Das Eqs. (4.65) e (4.66), o fluxo total de moléculas de A e B por qualquer plano deve também ser zero,

$$J_A + J_B = 0 \qquad (4.67)$$

Se escrevermos

$$J_B = -D_{BA}\frac{\partial C_B}{\partial x}$$

de acordo com a Eq. (4.65), segue-se das Eqs. (4.66) e (4.67) que $D_{AB} = D_{BA}$, os quais poderiam ser escritos simplesmente como D. Assim, em uma solução de dois componentes, há somente um coeficiente de difusão a considerar; geralmente chamado *coeficiente de interdifusão* de A e B. Naturalmente, o valor deste coeficiente pode, e geralmente é o que ocorre, depender da composição da solução.

O fato de existir somente um coeficiente de difusão em uma solução de dois componentes deixa, às vezes, perplexos os estudantes que aprenderam métodos de traçadores isotópicos, os quais nos permitem marcar uma espécie e medir sua difusão em uma solução, seguindo o curso do traçador marcado. Com uma pequena proporção de moléculas de A^* ou B^* radiativos, podemos definir e medir *coeficientes de difusão de traçadores*

$$J_A^* = -D_A^*\frac{\partial C_A^*}{\partial x}$$

$$J_B^* = -D_B^*\frac{\partial C_B^*}{\partial x}$$

Os coeficientes D_A^* e D_B^* medem independentemente a difusão de A^* e B^* pela solução de A e B. (Como existem agora mais componentes que os dois originais A e B, não estamos contradizendo nossa afirmação prévia sobre a existência de um único coeficiente de interdifusão D.) No caso ideal, que é geralmente aplicável a gases a pressões moderadas, D é a média ponderada de D_A^* e D_B^*.

$$D = \frac{C_A D_A^* + C_B D_B^*}{C_A + C_B} = X_A D_A^* + X_B D_B^* \qquad (4.68)$$

onde X é uma fração molar.

A equação diferencial fundamental para difusão (em uma dimensão) pode ser deduzida como segue. Consideramos um volume, de seção transversal unitária, na região entre x e $x + dx$ da Fig. 4.20 e escrevemos uma expressão para o aumento da concentração de A com o tempo, $\partial C_A/\partial t$. Este aumento será igual ao excesso de moléculas de A que se difundem para aquela região em relação às que se difundem para fora dela, dividido pelo volume (dx). Assim,

$$\frac{\partial C_A}{\partial t} = \frac{1}{dx}[J_A(x) - J_A(x + dx)]$$

Porém

$$J_A(x + dx) = J_A(x) + \left(\frac{\partial J_A}{\partial x}\right)dx$$

Teoria cinética

147

Assim, da Eq. (4.65)

$$\frac{\partial C_A}{\partial t} = -\left(\frac{\partial J_A}{\partial x}\right) = \frac{\partial}{\partial x}\left(D \frac{\partial C_A}{\partial x}\right) \tag{4.69}$$

No caso em que D independe de x, a Eq. (4.69) se torna

$$\frac{\partial C_A}{\partial t} = D\left(\frac{\partial^2 C_A}{\partial x^2}\right) \tag{4.70}$$

Esta equação é chamada *segunda lei de difusão de Fick.*
Ela tem a mesma forma da equação diferencial parcial da condução de calor,

$$\frac{\partial T}{\partial t} = \beta\left(\frac{\partial^2 T}{\partial x^2}\right)$$

onde β é a difusividade térmica, igual à condutividade térmica dividida pela capacidade calorífica por unidade de volume. Assim, todas as soluções para problemas de condução de calor, que foram obtidos para uma grande variedade de condições de contorno, podem ser imediatamente aplicadas aos problemas de difusão[21].

Na dedução da Eq. (4.61), o coeficiente de viscosidade foi calculado pelo transporte de momentum por um gradiente de velocidade. O coeficiente de difusão mede o transporte de moléculas através de um gradiente de concentração. Assim, o tratamento simples da trajetória livre média fornece

$$D = \frac{\eta}{\rho} = \tfrac{1}{2}\lambda \bar{c} \tag{4.71}$$

Esta expressão seria válida para o coeficiente de difusão, medido em um gás puro por meio de moléculas traçadoras. Para uma mistura de dois gases diferentes, da Eq. (4.68),

$$D = \tfrac{1}{2}\lambda_1 \bar{c}_1 X_1 + \tfrac{1}{2}\lambda_2 \bar{c}_2 X_2$$

onde X_1 e X_2 são as frações molares.

Os resultados dos tratamentos teóricos dos processos de transporte estão resumidos na Tab. 4.8. Em lugar das fórmulas aproximadas deduzidas no texto, a tabela dá os resultados teóricos exatos para o modelo da esfera rígida.

Tabela 4.8 Processos de transporte em gases

Processo	Entidade transportada	Expressão teórica exata para esferas rígidas	Unidades SI do coeficiente
Viscosidade	Momentum, mv	$\eta = 0,499\rho\bar{c}\lambda$	$kg \cdot m^{-1} \cdot s^{-1}$
Condutividade térmica	Energia cinética, $\tfrac{1}{2}mv^2$	$\kappa = 1,261\rho\bar{c}\lambda c_V$	$J \cdot m^{-1} \cdot s^{-1} \cdot K^{-1}$
Difusão	Massa, m	$D = 0,599\lambda\bar{c}$	$m^2 \cdot s^{-1}$

4.29. Solução da equação de difusão

A equação diferencial parcial, a Eq. (4.70), é de segunda ordem, linear e homogênea. É do tipo parabólico e a solução deve se ajustar a uma condição de contorno e a uma condição inicial. A solução de contorno mais simples especificaria os valores de $C(t)$

[21]J. Crank, *The Mathematics of Diffusion* (Oxford: The Clarendon Press, 1956); H. S. Carslaw e J. C. Jaeger, *Conduction of Heat in Solids* (Oxford: The Clarendon Press, 1959)

para todos os instantes, nas fronteiras do domínio através das quais a difusão está ocorrendo. A condição inicial especificaria o valor de $C(x)$ a um instante qualquer que deve ser tomado como $t = 0$.

Por exemplo, podemos verificar facilmente pela substituição na Eq. (4.70) que a solução da equação é

$$C = \alpha t^{-1/2} \exp\left(\frac{-x^2}{4Dt}\right) \qquad (4.72)$$

onde α é uma constante. A que condições, de contorno e inicial, corresponde esta solução? Quando $t \to 0$, fornece $C = 0$ em todos os pontos, exceto $x = 0$ onde $c \to \infty$. Esta situação é chamada de uma *fonte plana instantânea* na origem. Seria correspondente ao diagrama da Fig. 4.20 se a largura de $-l$ a $+l$ fosse comprimida em um plano de espessura igual a zero em $x = 0$. A constante α está relacionada com a intensidade da fonte, isto é, com o número N de moléculas de B inicialmente presentes em $x = 0$. Como a massa é conservada, podemos escrever para qualquer tempo t

$$N = \int_{-\infty}^{+\infty} C\, dx = \alpha \int_{-\infty}^{+\infty} t^{-1/2} \exp\left(\frac{-x^2}{4Dt}\right) dx$$

$$N = 2\alpha(\pi D)^{1/2}$$

Então, a Eq. (4.72) se torna

$$C = \frac{N}{2(\pi Dt)^{1/2}} \exp\left(\frac{-x^2}{4Dt}\right) \qquad (4.73)$$

Observe que, para este problema unidimensional, a concentração C é dada como o número de moléculas por unidade de distância. Se considerarmos a difusão por uma seção transversal de área unitária, a concentração se tornaria *o número usual por unidade de volume*.

Quando a solução na Eq. (4.73) é colocada em gráfico na Fig. 4.21 para três valores diferentes de Dt, pode-se visualizar como as moléculas de B se afastam da fonte planar por difusão. [Deixaremos a extensão da solução para uma fonte de largura finita (Fig. 4.20) como problema — Eq. (4.24).]

Um modo interessante e importante de olhar o processo de difusão na Fig. 4.21 é focalizar nossa atenção em uma molécula individual de B e perguntar qual a probabilidade de que ela tenha difundido até uma distância x no tempo t. Devemos, naturalmente, permitir um certo intervalo de distância e então chamamos $p(x)dx$ a probabilidade

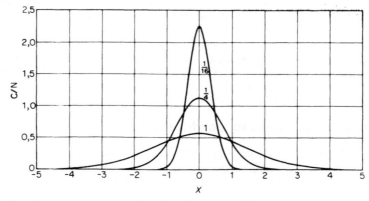

Figura 4.21 Curvas de concentração-distância para a difusão de uma fonte plana instantânea. Os números nas curvas são valores de Dt

Teoria cinética

149

de que a molécula tenha se difundido para uma região entre x e $x + dx$. Esta probabilidade é simplesmente o número de moléculas de B entre x e $x + dx$ dividido pelo número total na fonte original. Assim,

$$p(x)\, dx = \frac{C(x)\, dx}{N} = \frac{1}{2(\pi Dt)^{1/2}} \exp\left(\frac{-x^2}{4Dt}\right) dx$$

Com esta interpretação em mente, podemos perguntar agora qual a distância média quadrática $\bar{x}^2$ percorrida por uma molécula que se difunde no tempo t. (Não se pode usar simplesmente $\bar{x}$, visto que a difusão nas direções $+$ e $-$ é igualmente provável e $\bar{x} = 0$.) Assim,

$$\overline{x^2} = \int_{-\infty}^{+\infty} x^2 p(x)\, dx \tag{4.74}$$

Substituindo a Eq. (4.73) na Eq. (4.74) e integrando, encontramos

$$\overline{x^2} = 2Dt \tag{4.75}$$

Esta relação simples é usada freqüentemente para fornecer estimativas rápidas das distâncias médias de difusão, não somente em gases mas também em sistemas sólidos e líquidos.

Por exemplo, os geólogos se preocupam com a questão se a difusão no estado sólido pode ser um mecanismo para o transporte dos constituintes dos minerais. Um coeficiente de difusão típico em um sólido a temperatura ambiente seria o do hélio em turmalina, $10^{-8}\ cm^2 \cdot s^{-1}$. Dentro de que distância se poderia esperar que um átomo de hélio se difundisse num cristal de turmalina em 1 milhão de anos? Da Eq. (4.75)

$$\overline{x^2} = 2 \times 10^{-8} \times 10^6 \times 3{,}156 \times 10^7 = 6{,}212 \times 10^5$$
$$(\overline{x^2})^{1/2} = 7{,}88 \times 10^2\ cm$$

Tais figuras são interessantes quando tentamos responder a questões relativas ao efeito dos raios cósmicos sobre depósitos minerais.

PROBLEMAS

1. A que velocidades deveriam as moléculas de He e N_2 deixar as superfícies da Terra e da Lua, respectivamente, para escaparem para o espaço? A que temperaturas as velocidades médias $\bar{c}$ dessas moléculas seriam iguais às suas "velocidades de escape"? A massa da Lua pode ser tomada como 1/80 da massa da Terra.

2. Considere uma coluna de ar como tendo uma temperatura uniforme T no campo gravitacional da Terra. Mostre que a pressão a uma altitude x é dada por $P = P_0$ $\exp(-mgx/kT)$, onde P_0 é a pressão a $x = 0$, m é a massa molecular média das moléculas do ar e g é a aceleração gravitacional. Calcule P a uma altitude de 8 km se $P_0 = 760$ mmHg e $T = 273$ k.

3. Suponha que T diminua com a altitude de acordo com a fórmula $T = T_0 \exp$ $(-x/h)$, onde T_0 é a temperatura a $x = 0$ e h é a espessura de uma atmosfera tida como homogênea com densidade igual àquela em que $x = 0$ em todas as altitudes. Mostre que a fórmula barométrica torna-se então $P = P_0 \exp(1 - e^{x/h})$. Calcule a pressão a uma altitude de 8 km para $T_0 = 273$ K e compare o resultado com o encontrado no Problema 2.

4. A quantidade $\gamma = -dT/dx$, onde x é a altura na atmosfera, é chamada *taxa de lapso de temperatura*. Mostre que, se γ for constante, $P = P_0(T/T_0)^{g/R\gamma}$, onde g é a aceleração gravitacional.

150 FÍSICO-QUÍMICA

5. No método de Knudsen[22], a pressão de vapor é determinada pela velocidade com a qual uma substância, sob sua pressão de equilíbrio, se difunde através de um orifício. Em uma experiência, berílio em pó foi colocado dentro de uma caixa de molibdênio com um orifício de efusão de 3,18 mm de diâmetro. A 1 573 K, verificou-se que 8,88 mg de Be se difundiram em 15,2 min. Calcule a pressão de vapor do Be a 1 537 K.

6. Na dedução do termo a de Van Der Waals, afirma-se que a pressão do gás perfeito é reduzida como resultado das forças coesivas entre as moléculas gasosas. Assim, uma molécula colidindo com a parede não transporta tanto momentum devido à "atração" exercida pelas moléculas do gás. Mas poder-se-ia esperar que as moléculas que deixam a parede transportem um momentum extra devido às forças atrativas no gás. Portanto, não deveria haver correção de Van Der Waals para a pressão. Critique este argumento.

7. Considere um frasco de Dewar onde o espaço entre as paredes foi evacuado a uma pressão de 10^{-8} atm. Se o vaso contém nitrogênio líquido a 77 K e a temperatura externa é de 300 K, estime a condução de calor para o frasco por metro quadrado de superfície. (Admita que as superfícies fria e quente são paralelas.) Obtendo os dados adequados da literatura, avalie a transferência de calor para o vaso devido à radiação. Comente brevemente sobre os fatores importantes no projeto de frascos de Dewar.

8. Perrin estudou a distribuição de grãos de guta-percha ($d = 1,206$ g $\cdot$ cm^{-3}) esféricos e uniformes com 0,212 micrometros (μm) de raio suspensos em água a 15 °C, fazendo contagens em quatro planos horizontais equidistantes através de uma célula de 100 μm de profundidade. Os números relativos de grãos nos quatro níveis foram:

nível	5 μm	35 μm	65 μm	95 μm
número	100	47	22,6	12

Avalie o número de Avogrado L a partir destes dados.

9. A permeabilidade do vidro Pyrex a 20 °C ao hélio é dada como $4,9 \times 10^{-13}$ cm$^3 \cdot$ s^{-1} por milímetro de espessura e por milibar (mbar) de diferença de pressão parcial. O He contido na atmosfera ao nível do mar é aproximadamente 5×10^{-4} mol %. Suponha que um frasco Pyrex redondo de 100 cm^3 (0,7 mm de parede) seja evacuado a 10^{-12} atm e selado. Qual seria a pressão no frasco ao fim de um mês devido à difusão de hélio para dentro do frasco?

10. Suponha que a pressão de oxigênio num sistema de ultra alto vácuo foi reduzida a 10^{-10} torr a 30 °C. Uma superfície limpa de um cristal de germânio é formada pela clivagem dentro do sistema de vácuo. Se todas as moléculas de oxigênio que colidem com esta superfície forem convertidas a GeO, avalie o tempo necessário para cobrir metade dos sítios do Ge com oxigênio. (Você precisará pelo menos um dado numérico adicional. Relate qualquer hipótese feita.)

11. Qual a possibilidade de uma molécula de oxigênio no ar a 273 K e 1 atm atravessar (a) 10^{-5} mm, (b) 1 mm sem experimentar uma colisão?

12. Encontre a probabilidade de que uma variável x ao acaso com uma função de densidade gaussiana normal [Eq. (4.26)] caia dentro dos seguintes intervalos: (a) $-\sigma$ a $+\sigma$; (b) -2σ a $+2\sigma$; (c) -3σ a $+3\sigma$, onde σ é o desvio-padrão da média ($x = 0$).

13. Este é o problema do marinheiro bêbado em uma dimensão. Um marinheiro sai de um bar do porto ainda capaz de andar mas incapaz de navegar. Ele vai praticamente dando um passo a leste e um passo a oeste; isto é, cada passo tem uma probabilidade de 1/2 de estar em uma das direções. Depois que ele tiver dado N passos, qual a probabilidade de que esteja n passos do ponto de partida? Calcule n para $N = 100$, 1 000. (Este é o chamado *andar ao acaso em uma dimensão*. Uma boa solução e discussão são dadas por Chandrasekhar em seu clássico artigo de revisão[23]).

[22]M. Knudsen, *Ann. Physik* **29**, 179 (1909)

[23]S. Chandrasekhar, "Stochastic Problems in Physics and Astronomy", *Rev. Mod. Phys.* **15**, 1-89 (1943)

Teoria cinética

151

14. Deduza a lei de distribuição para as velocidades das moléculas gasosas em uma dimensão pelo resultado do movimento ao acaso no Problema 13.

15. Qual a fração das moléculas em hidrogênio e vapor de mercúrio que tem energia cinética entre 0,9 e 1,1 kT a 300 K e 1 000 K?

16. Que fração das moléculas em H_2 e N_2 tem energia cinética maior que 1,0 eV a 1 000 K e 3 000 K?

17. Um orifício de 0,2 nm de diâmetro é feito em um frasco de 1 dm^3 contendo Cl_2 a 300 K e a pressão de 1 mmHg (torr). Se o gás se difunde para o vácuo, quanto tempo levará a pressão para cair para 0,5 mmHg (torr)? Que hipótese você fez neste cálculo? Você pode justificá-las? Suponha que a pressão interna fosse inicialmente de 700 mmHg. Como você resolveria o problema neste caso?

18. Considere um gás em duas dimensões em um recipiente retangular. Calcule a velocidade com a qual as moléculas batem na parede unitária do recipiente.

19. Um cilindro de vidro fechado em ambas as extremidades tem um filtro de vidro sinterizado no meio dividindo-o em dois compartimentos de volume igual. Um lado é incialmente cheio com H_2 a pressão P e o outro lado com N_2 a pressão $2P$. A temperatura é constante. Os poros do filtro têm um diâmetro muito menor que a trajetória livre média dos gases. Descreva o que ocorre a partir de $t = 0$.

20. Um cilindro com um disco poroso similar ao do Problema 19 é preenchido em ambos os lados com H_2 a pressão P, e a temperatura em um lado T_2 é maior que a temperatura T_1 do outro lado. Descreva o que ocorre para $t > 0$. Suponha que um tubo largo também liga os dois lados. O que acontece? Comente brevemente sobre a aplicação da primeira e da segunda leis da termodinâmica a esses eventos.

21. Calcule o segundo coeficiente virial para um gás de esferas rígidas de diâmetro d sem forças atrativas, isto é, $U(r) = \infty$ para $0 \le r \le d$, e $U(r) = 0$ para $r > d$.

22. Um tubo de 1 m de comprimento é montado no meio de um eixo vertical e gira a 2 000 rotações por segundo (rps) a 315 K. Se o tubo fosse preenchido com vapor de UF_6 a 1 atm de pressão, calcule o enriquecimento isotópico em $^{235}UF_6$ comparado com sua concentração normal de 1 parte por 140 partes de $^{238}UF_6$.

23. Mostre que a fração de moléculas num gás que tem energia cinética entre E e $E + dE$ é

$$f(E) = \frac{2\pi}{(\pi kT)^{3/2}} e^{-E/KT} E^{1/2} \, dE$$

24. Suponha que pares de moléculas num gás têm energia potencial repulsiva $U(r) = A'r^{-12}$, onde A' é uma constante positiva e r é a distância entre os centros. Mostre que o segundo coeficiente virial é

$$B = \frac{2\pi L}{3} \left(\frac{A'}{kT} \right)^{1/4} \Gamma(\tfrac{3}{4})$$

onde Γ é a função gama. Considerando os coeficientes viriais no gráfico da Fig. 1.11, este modelo tem algum intervalo de utilidade prática?

5

Mecânica estatística

Se alguém sustentou alguma vez que o universo é um puro jogar de dados, os teólogos têm-no abundantemente refutado. "Quão freqüentemente", disse o arcebispo Tillotson, "deve um homem, depois de ter misturado um conjunto de letras num saco, lançá-las ao chão antes que elas caiam num exato poema, ou quando muito de modo a constituir um bom discurso em prosa! E, se não pode um pequeno livro ser tão facilmente feito ao acaso, como poderia ser feito esse grande volume do mundo?"

Charles S. Pierce
1878[1]

O problema central na Físico-Química é como calcular as propriedades macroscópicas de um sistema a partir de dados sobre as estruturas e as propriedades dos átomos e das moléculas de que ele é composto[2]. As propriedades macroscópicas dos sistemas em equilíbrio são as descritas pelas variáveis usuais da termodinâmica de equilíbrio. As propriedades macroscópicas dos sistemas não em equilíbrio são descritas pelas variáveis pertinentes aos vários processos de velocidade e fenômenos de transporte. Em princípio, deveríamos ser capazes de calcular tanto as propriedades de equilíbrio como as de não-equilíbrio dos sistemas a partir das propriedades de suas moléculas constituintes. Se essa tarefa fosse inteiramente cumprida, poderíamos encarar a Físico-Química como um capítulo acabado no livro da ciência. O estado atual do problema é um razoável caminho a partir de qualquer um desses objetivos. Como veremos, considerável progresso tem sido feito na teoria das propriedades de equilíbrio, porém a teoria para o não-equilíbrio, mais difícil, está ainda num estágio preliminar de desenvolvimento.

5.1. O método estatístico

Como um sistema típico, consideremos 1 g de oxigênio gasoso num volume de um litro a 300 K. Suponhamos que se possa obter informação completa e quantitativa sobre as propriedades de todas as moléculas individuais e suas interações entre si, em função do tempo. Essas propriedades incluiriam todas pelas quais a mecânica comum descreveria as moléculas: coordenadas, quantidades de movimento, energias cinética e potencial. As propriedades termodinâmicas a serem calculadas seriam as que descrevem o estado do sistema em equilíbrio sob as condições especificadas: pressão P, entropia S, energia interna U, energia de Gibbs G etc.

---

[1]"The Order of Nature" em *Philosophical Writings of Peirce* (New York: Dover Publications, 1955), p. 223

[2]Nas discussões subseqüentes, usaremos o termo *moléculas* para incluir átomos e moléculas, quer carregados quer descarregados. Em alguns livros, essas unidades elementares são chamadas *sistemas* e, o que chamamos *sistema*, é denominado uma *assembléia*

Mecânica estatística

Qualquer sistema de larga escala contém um número enorme de moléculas — cerca de $1{,}82 \times 10^{22}$ em 1 l de oxigênio. Não poderíamos possivelmente seguir o curso das variáveis que descrevem tantas moléculas individuais. Qualquer teoria que procure interpretar o comportamento dos sistemas macroscópicos em termos das propriedades moleculares deve portanto contar com os métodos estatísticos. Tais métodos são planejados para considerar o comportamento típico ou médio a ser esperado de uma grande coleção de objetos. De fato, quanto maior a coleção, mais dignos de fé são os resultados obtidos pelos métodos estatísticos. Por exemplo, ninguém pode determinar antecipadamente se um dado átomo de rádio se desintegrará dentro dos próximos 10 min, nos próximos 10 dias ou nos próximos 10 séculos. Se 1 mg de rádio é estudado, contudo, sabemos que cerca de $2{,}23 \times 10^{10}$ átomos se desintegrarão em qualquer período de 10 min.

A disciplina que nos permite efetuar a ligação teórica entre propriedades mecânicas microscópicas e propriedades termodinâmicas macroscópicas é, destarte, corretamente chamada *mecânica estatística*. Podemos simbolizar a ligação da maneira que se segue:

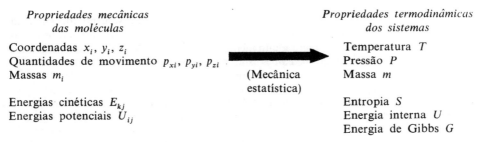

Em adição às propriedades precedentes existem *variáveis externas* que são comuns a ambas as descrições, à mecânica e à termodinâmica. Na maior parte dos casos que consideraremos, a única variável externa é o volume V. Em problemas que tratam das películas superficiais, teríamos também a área superficial A^σ. Outras especificações podem incluir um campo elétrico externo E e assim por diante.

O problema é *como fazer a seta operar* no programa precedente. Um aspecto curioso do programa é que não sabemos, e de fato não podemos saber, os valores das variáveis mecânicas para todas as moléculas no sistema. O que sabemos, contudo, é o bastante sobre os *valores possíveis* que essas variáveis mecânicas podem assumir para qualquer molécula isolada. Outro ponto curioso e importante é uma diferença fundamental entre mecânica e termodinâmica. Os sistemas termodinâmicos variam com o tempo sempre na mesma direção — em busca do estado de equilíbrio. Não existe nada nas propriedades mecânicas de uma molécula individual a indicar por que isso deveria ocorrer. A Fig. 5.1 representa dois gases A e B que difundem um no outro para formar uma mistura. Uma vez misturados, não se tornarão separados por meio de uma inversão do processo difusional. Porém, se focalizarmos a atenção em uma única molécula individual A e seguirmos sua trajetória, não existe razão pela qual todos os seus componentes de velocidade não poderiam ser invertidos de tal forma que ela poderia retroceder em seu caminho de volta a qualquer ponto de partida dado. Enquanto os processos termodinâmicos são inerentemente irreversíveis, os mecânicos são inerentemente reversíveis.

Se os dois gases são ideais, não existe variação de energia quando eles se misturam por interdifusão. A força motriz do processo de difusão é inteiramente devida ao aumento de entropia do processo. Qual a explicação deste aumento de entropia em termos das propriedades das moléculas? Ele não pode ser devido a quaisquer propriedades das moléculas como indivíduos. Deve estar relacionado a alguma propriedade de uma coleção inteira de moléculas.

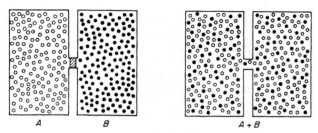

Figura 5.1 Mistura de dois gases diferentes por difusão. Quando a separação entre os dois recipientes é removida, os gases espontaneamente se misturarão mas a mistura não reverterá espontaneamente ao seu estado inicial

5.2. Entropia e desordem

Podemos obter um conhecimento da natureza interna do aumento de entropia quando dois gases se misturam por interdifusão, considerando inicialmente um processo de mistura que envolve um número muito menor de indivíduos. Suponha-se que tenhamos um baralho novo em que todos os naipes estão dispostos em ordem, desde o ás de espadas até 2 de paus. Existe uma única maneira como as cartas podem ser empilhadas de modo a formar esse arranjo completamente ordenado. Se uma única carta é mudada de lugar, a ordem perfeita é destruída. Existem 51 lugares diferentes onde se pode inserir uma determinada carta deslocada. Se simplesmente exigirmos que qualquer carta seja deslocada, existirão $W = (51)^2 = 2\,601$ diferentes arranjos que satisfazem a essa exigência. Na nomenclatura dos sistemas físicos a ser discutida posteriormente, deveríamos dizer que existem 2 601 *estados distintos* do baralho em que uma carta é deslocada.

Observe-se que cada arranjo isolado entre os arranjos deslocados é tão precisamente definido como o arranjo perfeitamente ordenado do baralho novo com o qual começamos. Existem $W = 2\,601$ arranjos diferentes que são todos descritos quando se diz que "uma carta está deslocada", sem especificar de que carta se trata e exatamente onde ela foi substituída no baralho. Se estamos dispostos a sacrificar esta *informação* precisa, podemos dizer que o arranjo com uma carta deslocada é 2 601 vezes mais *provável* que o arranjo em que a posição de cada carta é especificada ou, em particular, o arranjo original completamente ordenado. A probabilidade é proporcional ao número de estados $W^{(3)}$, de tal forma que a probabilidade relativa de dois arranjos quaisquer seria W_1/W_2.

Suponhamos agora que embaralhemos totalmente as cartas. O resultado é destruir completamente o arranjo ordenado. O resultado final será de fato um arranjo particular entre os 52! possíveis arranjos, mas não sabemos qual deles. *Perdemos toda a informação* que originalmente possuíamos sobre o arranjo das cartas no baralho. Podemos olhar para as cartas e voltar a ganhar informação tão extensa como a que perdemos, mas não devemos esperar retornar à situação original num tempo razoável por posterior embaralhamento das cartas.

Por que é a desordem produzida pelo embaralhamento essencialmente irreversível? Não é porque algum dado arranjo misturado seja mais provável que qualquer arranjo não-misturado, mas, ao contrário, porque o número de arranjos desordenados é muito maior que o de arranjos ordenados. Cada arranjo particular tem a mesma probabilidade, 1/52!, mas existem tantos arranjos desordenados de várias espécies que são predominantes

---

[3] A probabilidade é uma fração, ao passo que W de *per si* pode ser um grande número. No caso da carta deslocada, a probabilidade seria $p = W/N!$ Desde que o número total de arranjos do baralho é 52!, $p = 2\,601/52!$

Mecânica estatística

155

as oportunidades de que qualquer processo de mistura (embaralhamento) ao acaso termine em uma dessas muitas possibilidades.

Destarte, podemos resumir os resultados da mistura do modo que se segue:

Decréscimo de ordem
Aumento de desordem
Perda de informação

e acrescentamos:

Aumento de entropia

A analogia entre o embaralhamento das cartas e a mistura de gases por interdifusão é evidente. O estado inicial do sistema de dois gases com todas as moléculas A em um compartimento e todas as moléculas B no outro é semelhante a um baralho ordenado com todas as cartas vermelhas juntas e todas as cartas pretas juntas. A interdifusão ocorre em virtude dos movimentos térmicos das moléculas, enquanto que as cartas são misturadas mecanicamente. A mistura final de moléculas de A e B é menos ordenada que o sistema inicial de A puro e B puro. O estado misturado é mais provável que o estado não-misturado, porque existem mais maneiras de distribuir as moléculas de A e B de modo a resultar estados misturados do que maneiras das quais resultam estados puros. Perdemos informação no sentido de não podermos mais dizer se uma dada molécula A está numa certa parte do recipiente. O estado misturado tem uma entropia maior que o estado não-misturado.

Para definir uma relação quantitativa entre a entropia S e o número W de estados distintos de um sistema, recordemos que a entropia é uma função aditiva enquanto W é multiplicativa. Se considerarmos um sistema dividido em duas partes, a entropia do todo é a soma das entropias das partes, $S = S_1 + S_2$. Por outro lado, W do sistema combinado é o produto dos W das duas partes; $W = W_1 W_2$, uma vez que qualquer um dos W_1 estados da parte I pode ser combinado com qualquer um dos W_2 estados da parte II. Por conseguinte, a relação entre S e W deve ser logarítmica, cuja forma mais geral é

$$S = a \ln W + b \qquad (5.1)$$

O valor da constante a pode ser deduzido analisando, do ponto de vista do cálculo de probabilidades, uma transformação simples para a qual ΔS seja conhecida por meio da termodinâmica. Considere-se a expansão de 1 mol de gás ideal, originalmente sob pressão P_1 em um recipiente de volume V_1, para um recipiente evacuado de volume V_2. A pressão final é P_2 e o volume final é $V_1 + V_2$. Para essa transformação, tendo em conta que $R = Lk$,

$$\Delta S = S_2 - S_1 = R \ln \frac{V_1 + V_2}{V_1} = k \ln \left(\frac{V_1}{V_1 + V_2} \right)^{-L} \qquad (5.2)$$

Quando os recipientes são ligados, a probabilidade de encontrar uma dada molécula no primeiro recipiente é simplesmente a razão entre o volume V_1 e o volume total $V_1 + V_2$. Como as probabilidades são multiplicativas, a chance de encontrar todas as L moléculas no primeiro recipiente — isto é, a probabilidade p do estado original do sistema é $p_1 = [V_1/(V_1 + V_2)]^L$. No estado final, todas as moléculas devem estar em um ou outro dos recipientes, de tal forma que a probabilidade $p_2 = 1^L = 1$. Portanto, $p_2/p_1 = W_2/W_1 = [V_1/(V_1 + V_2)]^{-L}$.

Portanto, a partir da Eq. (5.1),

$$\Delta S = S_2 - S_1 = a \ln \frac{W_2}{W_1} = a \ln \left(\frac{V_1}{V_1 + V_2} \right)^{-L}$$

156 FÍSICO-QUÍMICA

A comparação com a Eq. (5.2) mostra que a é igual a k, a constante de Boltzmann, e a Eq. (5.1) se torna

$$S = k \ln W + b \qquad (5.3)$$

Para uma transformação do estado 1 ao estado 2,

$$\Delta S = S_2 - S_1 = k \ln \frac{W_2}{W_1}$$

Esta relação foi apresentada pela primeira vez por Boltzmann em 1896.

A probabilidade relativa de observar um decréscimo na entropia de ΔS abaixo do valor de equilíbrio pode ser obtida da Eq. (5.3) como

$$\frac{W}{W_{eq}} = e^{-\Delta S/k}$$

Para 1 mol de hélio, S/k a 273 K $= 9 \times 10^{24}$. A chance de observar um decréscimo de entropia de um milionésimo dessa quantidade é aproximadamente $e^{-10^{19}}$. Uma tal flutuação numa escala macroscópica é tão improvável que "nunca" é observada. Ninguém que observe um livro que está sobre uma carteira deveria esperar vê-lo espontaneamente voar para o teto no instante em que experimenta um rápido resfriamento. Contudo, não é impossível imaginar uma situação na qual todas as moléculas do livro se movem espontaneamente em uma dada direção. Uma tal situação é apenas extremamente improvável, uma vez que existem muitas moléculas em qualquer porção macroscópica de matéria. Qualquer um que veja um livro flutuando espontaneamente no ar está tratando com um fantasma e não com uma flutuação de entropia (provavelmente!). Apenas quando o sistema é muito pequeno existe uma chance experimental de se observar um *decréscimo relativo* apreciável de entropia.

5.3. Entropia e informação

Vimos que um aumento na informação especificada para um sistema corresponde a um decréscimo na entropia do sistema. É possível obter uma relação quantitativa entre entropia e informação?

O primeiro passo é considerar a medida quantitativa da informação fornecida pela *teoria da informação* de Weaver e Shannon[4]. Suponhamos que numa dada situação N diferentes possíveis eventos possam acontecer cada um deles tendo a mesma probabilidade *a priori*. À medida que ganhamos informação sobre a situação, suponhamos que se descubra que um dado evento realmente se deu. Quanto maior N inicial mais informação ganhamos estreitando os eventos de N até 1. Definimos a informação ganhada por

$$I = K \ln N \qquad (5.4)$$

onde K é uma constante ainda a ser especificada. A relação logarítmica na Eq. (5.4) é necessária pelo fato de a informação ser uma propriedade aditiva. Se tivéssemos dois sistemas independentes com N_1 eventos igualmente prováveis para o primeiro e N_2 para o segundo, o número total de eventos possíveis seria $N = N_1 N_2$ (desde que qualquer evento do primeiro conjunto possa ser combinado com qualquer um dos N_2 eventos do segundo). Portanto,

$$I = K \ln N_1 N_2 = K \ln N_1 + K \ln N_2 = I_1 + I_2$$

[4]Veja L. Brillouin, *Science and Information Theory* (New York: Academic Press, Inc., 1956)

Mecânica estatística   157

A escolha de K é determinada pela unidade de informação. Freqüentemente é conveniente transferir informação por meio de um código binário (por exemplo, num computador, um contato que pode estar quer ligado [1] ou desligado [0]). Se uma mensagem contém n símbolos como esses, existirão $N = 2^n$ possibilidades para seu arranjo. Então $I = \check{K} \ln N = Kn \ln 2$. Se a constante K é agora escolhida de forma que $K \ln 2 = 1$, então

$$I = n = \log_2 N$$

A unidade de informação assim definida é o *dígito binário* ou *bit*. Como um exemplo, suponhamos que se pretenda especificar uma numa série de 32 cartas, $I = \log_2 32 = 5$ (já que $2^5 = 32$), de tal forma que a especificação requer cinco *bits* de informação. (Cinco divisões sucessivas por dois das 32 cartas localizarão uma determinada carta.)

Podemos também medir informação em unidades termodinâmicas escolhendo a constante na Eq. (5.4) de forma que $K = k$, a constante de Boltzmann. Então, se nós inicialmente temos a informação $I_0 = 0$ correspondente a N_0 possibilidades e finalmente temos $I_1 > 0$ correspondente a N possibilidades,

$$I_1 = k \ln \left(\frac{N_0}{N_1}\right)$$

Se as possibilidades são equivalentes aos estados distintos no modelo de Boltzmann de um sistema termodinâmico,

$$\Delta S = S_1 - S_0 = k \ln \left(\frac{N_1}{N_0}\right)$$

Portanto,

$$-I_1 = S_1 - S_0 = \Delta S \tag{5.5}$$

Podemos então interpretar a entropia como informação negativa (*neginformação*) ou a informação como entropia negativa (*negentropia*).

5.4. Fórmula de Stirling para $N!$

No cálculo do número de diferentes arranjos possíveis das unidades microscópicas elementares (moléculas, osciladores, íons etc.) que constituem os sistemas macroscópicos, é freqüentemente necessário avaliar os fatoriais de números grandes. Uma fórmula útil devida a Stirling (1730) pode ser obtida como segue. Como

$$N! = N(N - 1)(N - 2)\cdots(2)(1)$$

$$\ln N! = \sum_{m=1}^{N} \ln m$$

À medida que m se torna grande, esta soma pode ser sempre calculada mais aproximadamente por uma integral, de tal forma que

$$\ln N! \approx \int_1^N \ln m \, dm = |m \ln m - m|_1^N$$

A partir de $N \gg 1$, o limite inferior é desprezível,

$$\ln N! \approx N \ln N - N \tag{5.6}$$

158 FÍSICO-QUÍMICA

A aproximação na Eq. (5.6) será adequada para nossas necessidades, mas existe também uma fórmula mais exata[5],

$$N! = \sqrt{2\pi N}\left(\frac{N}{e}\right)^N\left(1 + \frac{1}{12N} + \frac{1}{288N^2} + \cdots\right) \tag{5.7}$$

5.5. Boltzmann

Durante os últimos anos do século XIX, uma grande batalha intelectual foi travada no campo da teoria científica entre os que acreditavam em átomos como partículas fundamentais reais e os que os consideravam apenas como modelos úteis para discussões matemáticas num mundo baseado inteiramente em transformações de energia. O líder das forças do atomismo era Ludwig Boltzmann da Universidade de Viena, cujo nome está ligado ao de Maxwell, como co-fundador da teoria cinética dos gases, e ao de Gibbs no desenvolvimento da mecânica estatística.

Em 1895, uma conferência foi convocada em Lübeck para discutir as visões conflitantes da estrutura do mundo. A exposição em favor da energética foi feita por Helm, de Dresden. Atrás dele estava Wilhelm Ostwald, e atrás de ambos alinhava-se o poderoso sistema filosófico positivista do ausente Ernst Mach. O oponente principal da energética foi Boltzmann, secundado por Felix Klein. Arnold Sommerfeld reportou que a luta entre Boltzmann e Ostwald se assimilou externa e internamente

> à luta do touro com o elástico matador. Mas desta vez o touro conquistou o matador a despeito de toda a sua astúcia. Os argumentos de Boltzmann venceram. Todos os jovens matemáticos ficaram ao seu lado.

Boltzmann era sujeito a rápidas transições, da felicidade até a aflição, que ele atribuía ao fato de ter nascido nas horas mortas de um alegre baile de terça-feira de carnaval. Outros sugeriram que suas depressões eram causadas pela teoria atômica. Os inimigos do atomismo tradicional, sob a liderança de Mach, denominaram Boltzmann o último pilar daquele arrojado edifício da imaginação. Boltzmann pessoalmente sentiu cada tremor daquilo que então se acreditava ser um "edifício vacilante". Numa súbita intensificação de depressão ele cometeu o suicídio por afogamento em Duino próximo a Trieste durante uma excursão de verão em 1906.

De nossa posição privilegiada de agora, poderá parecer que os ataques de Mach e Ostwald ao atomismo foram apenas retrocessos menores num avanço global da teoria básica, que deveria atingir alguns de seus maiores sucessos na primeira metade do século XX. Pode ser indevidamente romântico denominar Boltzmann, como alguns o fizeram, de mártir da teoria atômica. Seu monumento é um busto de mármore branco feito por Ambrosi sob o qual foi gravada uma fórmula curta:

$$S = k \ln W \tag{5.8}$$

5.6. Como o estado de um sistema é definido

Na discussão da mecânica estatística que se segue, referir-nos-emos freqüentemente ao *estado* ou *estados* de um sistema. Em termodinâmica, verificamos que o estado de um sistema era determinado pela especificação dos valores numéricos de um certo número de propriedades denominadas *funções de estado*. Em mecânica estatística, definiremos

[5] Harold Jeffreys e Bertha S. Jeffreys, *Methods of Mathematical Physics*, 2.ª ed. (Londres: Cambridge University Press, 1950), p. 464

Mecânica estatística
159

também o estado de um sistema pela especificação dos valores de certas grandezas, mas, por estarmos agora tratando com as moléculas individuais que formam o sistema, necessitamos especificar muito mais valores. A especificação do estado é bastante diferente se usarmos a mecânica clássica ou a mecânica quântica para descrever o sistema.

Na mecânica clássica, o estado de um sistema de partículas individuais é determinado quando especificamos para cada partícula três coordenadas, dando sua posição no espaço, e três componentes da velocidade (ou quantidade de movimento) naquele ponto. Para um sistema de N átomos, portanto, os valores de $6N$ variáveis devem ser especificados. Se os átomos são combinados em moléculas, o número de coordenadas e velocidades não é alterado, apesar de que podemos dividi-los em graus de liberdade internos e translações do centro de massa, como foi descrito anteriormente. As coordenadas podem ser as cartesianas ordinárias x, y, z, ou algum outro tipo, como coordenadas esféricas polares, r, θ, ϕ. Em resumo, podemos usar um terno de coordenadas generalizadas, q_1, q_2, q_3. Igualmente, as velocidades podem ser consideradas como componentes $\dot{x}$, $\dot{y}$, $\dot{z}$, ou um terno generalizado $\dot{q}_1$, $\dot{q}_2$, $\dot{q}_3$.

A definição clássica do estado do sistema implica que podemos de algum modo seguir a pista das moléculas individuais. A mecânica clássica não requer que as moléculas sejam elas próprias distinguíveis de qualquer maneira, mas apenas que possa existir algum observador perspicaz que em princípio[6] possa seguir uma dada molécula através de suas várias colisões e trajetórias. Do ponto de vista clássico, quando uma molécula A colide com uma molécula B, podemos sempre calcular as posições e as quantidades de movimento finais de A e B, desde que conheçamos seus valores iniciais antes da colisão.

A mecânica quântica[7] descreve o estado de um sistema por um caminho completamente diferente do da mecânica clássica, e necessitamos dizer aqui umas poucas palavras sobre a descrição quantomecânica, mesmo considerando que pretendemos discuti-la com maiores detalhes no Cap. 14. A mecânica quântica especifica o estado de um sistema fornecendo o valor de uma função Ψ. Para uma única partícula, Ψ é uma função das coordenadas q_1, q_2, q_3, e do tempo, $\Psi(q_1, q_2, q_3, t)$. Realmente, a parte dependente do tempo pode ser separada para dar

$$\Psi = \psi(q_1, q_2, q_3)\rho(t)$$

onde $\psi(q_1, q_2, q_3)$ designa um *estado estacionário* do sistema. Neste capítulo trataremos apenas de estados estacionários. Observe-se que a função que define o estado estacionário $\psi(q_1, q_2, q_3)$ não depende das velocidades ou das quantidades de movimento. Poderíamos, contudo, obter outra função de estado $\Phi(p_1, p_2, p_3)$, onde quantidades de movimento em vez de coordenadas seriam as variáveis independentes[8]. Tanto ψ quanto Φ são suficientes para definir o estado e para fornecer todas as possíveis informações, quer sobre as coordenadas, quer sobre as quantidades de movimento.

A função ψ é uma amplitude de probabilidade — ou seja, ela não nos diz exatamente quais são as coordenadas ou as quantidades de movimento para um dado estado, mas

[6]O cínico observa que qualquer coisa dita ser possível "em princípio" tem a tendência de ser impossível na prática. Deve ser confessado que um dispositivo para acompanhar simultaneamente 10^{12} partículas seria uma das maravilhas do mundo

[7]Existe alguma objeção por parte do leitor pela introdução das idéias de mecânica quântica neste ponto? Nessa era aquariana, seria uma mente indevidamente encoberta aquela que viesse à físico-química em completa inocência relativamente à mecânica quântica. Os textos de Física do curso secundário introduzem os conceitos básicos dos níveis energéticos quantizados e os cursos mais elementares de Química de há muito abandonaram o realismo dos fertilizantes e fornos pelas exibições abstratas de orbitais coloridos com as cores do arco-íris

[8]A função Φ é uma transformada de Fourier de ψ

$$\Phi(p_1, p_2, p_3) = h^{-3/2} \int\int\int \psi(q_1, q_2, q_3)\, e^{-(2\pi i/h)(p_1 q_1 + p_2 q_2 + p_3 q_3)}\, dq_1 dq_2 dq_3$$

160 FÍSICO-QUÍMICA

nos permite calcular a probabilidade de que uma coordenada esteja dentro de um certo intervalo de q_1 a $q_1 + dq_1$ ou um componente da quantidade de movimento esteja entre p_1 e $p_1 + dp_1$.

Em geral, ψ é uma grandeza complexa tendo uma parte real e uma parte imaginária, $\psi = \alpha + \beta i$. A probabilidade é então dada pelo produto de ψ pelo seu complexo conjugado, $\psi = \alpha - \beta i$. Portanto, $\psi\psi^* \, dq_1$ fornece a probabilidade de que a coordenada esteja entre q e $q_1 + dq_1$. Observar que $\psi\psi^*$ é sempre real. Conquanto se possa pensar que a definição quantomecânica de estado é mais econômica que a clássica, porque não se necessita especificar as posições e as quantidades de movimento, o fato de necessitarmos especificar tanto uma parte real como uma parte imaginária da função ψ significa que o mesmo número de grandezas são necessárias em ambos os casos. Deveríamos enfatizar, contudo, que no caso da mecânica quântica, $\psi(q_1, q_2, q_3)$ especifica o estado da partícula, e a probabilidade de encontrar coordenadas e quantidades de movimento num dado intervalo é calculada a partir de ψ. No caso da mecânica clássica, os valores $q_1, q_2, q_3, p_1, p_2, p_3$ são de *per si* exatamente estabelecidos de modo a especificar o estado.

Adicionalmente, devemos mencionar que a mecânica quântica não permite a fixação simultânea das coordenadas e das quantidades de movimento dentro de qualquer precisão arbitrária. Elas estão sujeitas à famosa relação de incerteza de Heisenberg,

$$\Delta q_1 \cdot \Delta p_1 \geq \frac{h}{4\pi}$$

onde Δq_1 e Δp_1 são as incertezas em q_1 e em sua quantidade de movimento conjugada p_1. Portanto, uma especificação exata de uma coordenada q_1 $(\Delta q_1 \longrightarrow 0)$ implica uma completa perda de informação a respeito de sua quantidade de movimento conjugada p_1 $(\Delta p_1 \longrightarrow \infty)$ e vice-versa. Devido a essas incertezas nos valores da posição e da quantidade de movimento, não se pode, mesmo *em princípio*, acompanhar a trajetória das moléculas individuais de acordo com a descrição quantomecânica. Se uma colisão entre duas moléculas idênticas A e B é seguida *em alguns casos*, a faixa de incertezas será tal que não seremos capazes, após a colisão, de dizer qual molécula era originalmente A e qual era originalmente B.

Para um sistema contendo duas ou mais partículas idênticas, o estado quantomecânico é ainda especificado por uma função ψ. Por exemplo, para duas partículas, ψ seria uma função de seis coordenadas,

$$\psi(x_1, y_1, z_1, x_2, y_2, z_2)$$

Os estados estacionários são caracterizados por valores definidos para suas energias de tal forma que um estado ψ_j tem uma energia definida E_j. Algumas vezes, mais que um estado, ψ pode ter o mesmo valor para a energia E. Em tais casos, dizemos que o nível de energia apresenta uma *degenerescência g* igual ao número de funções ψ com a mesma energia. Na subseqüente discussão e enumeração de estados, será sempre conveniente pensar numa série de níveis de energia quantizados definidos, cada um especificado pela energia E_j e uma degenerescência g_j.

5.7. Ensembles[9]

Na formulação da mecânica estatística dada originalmente por Boltzmann, a determinação do número de estados de um sistema foi feita considerando diretamente as moléculas no sistema e sua distribuição entre os níveis de energia permitidos ou faixas

---

[9]Como esta palavra não tem sido traduzida, preferimos acompanhar a tendência (N. do T.)

Mecânica estatística

161

de energia. Cada maneira distinta de distribuir as N moléculas do sistema entre os estados de energia molecular forneceu um *estado distinguível* do sistema.

J. Willard Gibbs (1900) introduziu a idéia de um *ensemble* de sistemas. Como veremos, este conceito conduz a certas vantagens na computação das propriedades médias dos sistemas. Em particular, remedeia a *tarefa impossível de tomar a média em relação ao tempo* para sistemas contendo da ordem de L moléculas. Um *ensemble* é uma construção mental feita com a finalidade da análise matemática de um problema de mecânica estatística. Um *ensemble* consiste de um grande número de réplicas do sistema sob discussão, cada uma das quais é sujeita às mesmas restrições termodinâmicas que o sistema original[10].

Se o sistema original é uma massa isolada de gás, o número de moléculas que ele contém N e seu volume V é fixado, e sua energia E é fixada dentro de uma faixa extremamente estreita. Podemos construir um *ensemble* de $\mathcal{N}$ sistemas como este, cada membro tendo o mesmo N, V, E. Tal *ensemble* é mostrado esquematicamente na Fig. 5.2 e é denominado um *ensemble microcanônico*.

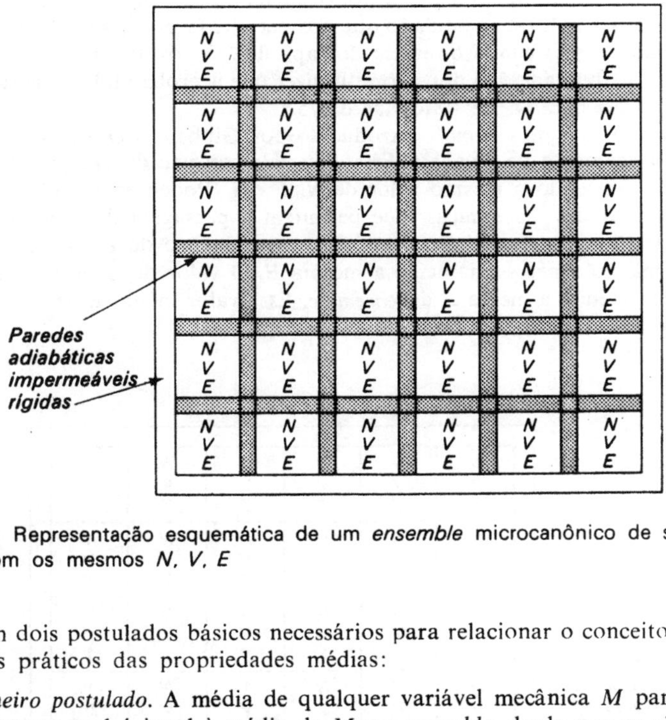

Figura 5.2 Representação esquemática de um *ensemble* microcanônico de sistemas cada um deles com os mesmos N, V, E

Existem dois postulados básicos necessários para relacionar o conceito do *ensemble* aos cálculos práticos das propriedades médias:

1. *Primeiro postulado.* A média de qualquer variável mecânica M para um tempo longo no sistema real é igual à média de M no *ensemble*, desde que os sistemas deste reproduzam o estado termodinâmico e as vizinhanças do sistema real que nos interessa. Falando estritamente, este postulado vale apenas no limite, quando $\mathcal{N} \rightarrow \infty$.

2. *Segundo postulado.* Num *ensemble* representativo de um sistema termodinâmico isolado (*ensemble* microcanônico), os membros são distribuídos com igual probabilidade

---

[10]Na mecânica clássica, o estado do sistema, especificado ao se darem as coordenadas q_i e p_i de cada molécula no sistema, seria representado por um ponto no espaço de fase. O *ensemble* seria representado por uma coleção de pontos no espaço de fase, correspondente a todas as possíveis distribuições de coordenadas e quantidades de movimento entre as moléculas do sistema real

162 FÍSICO-QUÍMICA

pelos possíveis *estados quânticos* consistentes com os valores especificados de N, V, E. Este é o *princípio das probabilidades* a priori *iguais*.

Podemos ter qualquer número de membros do *ensemble* para representar cada estado do sistema (desde que seja o mesmo número para cada um). O menor número $\mathscr{N}$ de sistemas no *ensemble* incluiria um sistema para cada estado do sistema original que é a base para o *ensemble*. A possibilidade de permitir $\mathscr{N} \longrightarrow \infty$ é uma vantagem importante do método do *ensemble*, pois significa que nunca precisamos nos preocupar com o uso da aproximação de Stirling para $N!$ quando usamos esse método.

Quando tivermos discutido a mecânica quântica posteriormente neste livro, veremos que para um sistema de volume definido, os estados energéticos permitidos podem ter apenas valores quantizados discretos. Podemos então pensar nos estados distinguíveis como sendo os estados energéticos discretos permitidos da teoria quântica. Na mecânica clássica, podemos imaginar o espaço de fase como dividido em células de volume $\delta\tau$; podemos então imaginar um espaço microscópico a ser especificado fornecendo a célula particular no espaço de fase onde o sistema está situado.

O postulado das probabilidades *a priori* iguais é absolutamente fundamental para a mecânica estatística. É este postulado que nos permite fazer a transição entre mecânica e termodinâmica (a seta citada no início do capítulo). O postulado corresponde à interpretação da probabilidade que nos permitiu dizer que a probabilidade de tirar qualquer carta ao acaso do baralho de 52 cartas é 1/52.

Um segundo tipo de *ensemble* introduzido por Gibbs é o *ensemble canônico*, mostrado esquematicamente na Fig. 5.3. Este *ensemble* consiste de um grande número de sistemas, cada um tendo o mesmo valor de N, V e T. Podemos considerar os sistemas separados por paredes diatérmicas, que permitem a passagem de energia mas não de partículas materiais. No equilíbrio, portanto, cada membro do *ensemble* canônico terá a mesma T, mas não necessariamente a mesma E. O valor de E flutuará em torno de um certo valor médio, a média E do *ensemble*. Esse valor médio E determina T para a totalidade do *ensemble*.

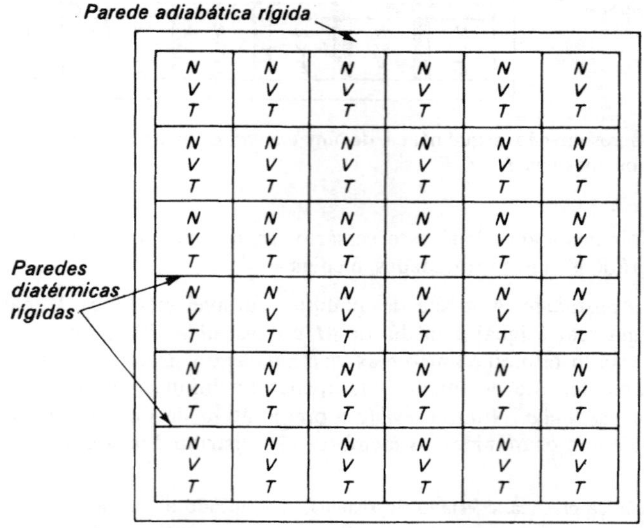

Figura 5.3 Representação esquemática de um *ensemble* canônico de N sistemas cada um deles com os mesmos N, V, T

Mecânica estatística

163

5.8. Método de Lagrange para o máximo vinculado

Precisamos neste ponto introduzir um procedimento matemático que será necessário na discussão subseqüente. O método de Lagrange destina-se a manter o máximo (ou mínimo) de alguma função $f(x_1, x_2 \ldots, x_n)$ sujeito a alguma condição ou condições adicionais sobre as variáveis independentes $(x_1 \ldots x_n)$, tal como $g(x_1, x_2 \ldots, x_n) = 0$ etc. Na ausência de qualquer vínculo como esse, teríamos as condições ordinárias para um extremante,

$$\delta f = \sum_{j=1}^{n} \frac{\partial f}{\partial x_j} \delta x_j = 0 \tag{5.9}$$

onde os δx_j são as variações dos x. Como os δx_j seriam independentes, eles podem assumir quaisquer valores arbitrários, de modo que a única maneira de satisfazer à Eq. (5.9) seria exigir que cada coeficiente dos δx_j tenda a zero,

$$\frac{\partial f}{\partial x_j} = 0 \quad \text{para todos } j$$

No caso em que há uma restrição sobre os x, teríamos uma relação tal como

$$g(x_i \cdots x_n) = 0$$

ou uma condição

$$\delta g = 0 = \sum_{j=1}^{n} \frac{\partial g}{\partial x_j} \delta x_j \tag{5.10}$$

Agora os δx_j não são mais todos independentes, porque, se conhecermos $n-1$ deles, podemos calcular o $n$ésimo a partir da Eq. (5.10).

O método de Lagrange nos ordena multiplicar a Eq. (5.10) por um parâmetro indeterminado λ e a adicionar o produto à Eq. (5.9). Esta operação fornece

$$\sum_{j=1}^{n} \left(\frac{\partial f}{\partial x_j} + \lambda \frac{\partial g}{\partial x_j} \right) \delta x_j = 0 \tag{5.11}$$

Devido à Eq. (5.10), os δx_j não são independentes; podemos pensar na Eq. (5.11) como uma equação que dá um dos δx_j em termos dos outros $n-1$. Suponha que designemos um particular δx_n e o consideremos como sendo o dependente. Como até aqui não impusemos qualquer tipo de condição para λ, o estratagema é exigir agora que

$$\frac{\partial f}{\partial x_n} + \lambda \frac{\partial g}{\partial x_n} = 0 \tag{5.12}$$

ou

$$\lambda = - \frac{\partial f / \partial x_n}{\partial g / \partial x_n}$$

O resultado é que o termo da soma na Eq. (5.11), que contém o δx_n, se anula e ficamos com uma soma de termos incluindo apenas variações independentes δx_j. Pelo mesmo argumento que foi aplicado à Eq. (5.9), os coeficientes dos $n-1$ δx_j independentes devem se anular:

$$\frac{\partial f}{\partial x_j} + \lambda \frac{\partial g}{\partial x_j} = 0, \quad j = 1, 2, \ldots, n-1 \quad (\text{isto é}, j \neq n) \tag{5.13}$$

164 FÍSICO-QUÍMICA

Se combinarmos a Eq. (5.13) com nossa escolha para λ a partir da Eq. (5.12), podemos escrever

$$\frac{\partial f}{\partial x_j} + \lambda \frac{\partial g}{\partial x_j} = 0 \text{ para todos } j \tag{5.14}$$

No caso em que existem vários vínculos, podemos facilmente estender o método de Lagrange introduzindo um multiplicador indeterminado separado, $\lambda_1, \lambda_2, \ldots$, etc. para cada um de tais vínculos.

5.9. Lei de distribuição de Boltzmann

Chegamos agora a um dos mais importantes problemas estudados por Boltzmann: a distribuição de um grande número de partículas entre diferentes estados energéticos acessíveis a elas. Já vimos um caso especial desse problema na lei de distribuição de Maxwell para as energias cinéticas. Boltzmann se interessou pelo problema mais geral da distribuição das partículas entre um conjunto de níveis de energia de qualquer espécie. No contexto da mecânica quântica (que virá posteriormente), esses estados energéticos seriam os discretos estados estacionários quantizados das partículas sob estudo.

Consideremos um sistema consistente de N partículas individuais não-interagentes (átomos, moléculas ou unidades elementares de alguma outra espécie). A suposição de *partículas não-interagentes* deve, de fato, ser relaxada um pouco para permitir uma interação fraca suficiente para preservar uma condição de equilíbrio. Para tornar o sistema mais definido, suponhamos que ele seja 1 litro de gás e que as partículas sejam as moléculas gasosas, que se consideram obedecendo aos requisitos para um gás perfeito, isto é, energia potencial desprezível em comparação com a energia cinética. As moléculas gasosas podem ainda interagir diretamente por colisões ou indiretamente por meio de colisões com as paredes do recipiente. Tais interações permitem que as condições de equilíbrio sejam estabelecidas e mantidas. Contudo, podemos especificar o estado energético de cada molécula individual em qualquer tempo *sem referência às energias de interação entre moléculas*. Portanto, podemos ainda denominar essas moléculas de *partículas não-interagentes*.

Este problema foi realmente tratado por Boltzmann sem empregar o conceito de *ensemble*. Em nosso exemplo, contudo, o litro de gás pode ser considerado como sendo um *ensemble* canônico, e as moléculas individuais fracamente interagentes são os membros que constituem o *ensemble*. Cada molécula pode ser considerada como estando num banho térmico constituído pelas $N-1$ outras moléculas, de tal forma que sua T está especificada[11]. O volume V (o volume total de gás) e o número de partículas (uma por membro) são todos constantes. Cada molécula tem o mesmo conjunto de estados energéticos permitidos, $\epsilon_1, \epsilon_2, \epsilon_3 \ldots$, etc. Podemos designar os números de ocupação N_j como os números de moléculas encontradas em cada um dos estados permitidos. Esses estados de energia podem ser ou os níveis de energia discretos dados pela teoria quântica ou as células no espaço de fase especificadas por uma pequena faixa de energia ϵ_j a $\epsilon_j + d\epsilon_j$ para cada partícula.

Como seus valores de N, V e E são fixados, o litro de gás é *um membro de um* ensemble *microcanônico*. Podemos agora aplicar os dois postulados básicos a um *ensemble* microcanônico constituído por $\mathcal{N}$ litros de um gás perfeito. Podemos por esse meio calcular a média do *ensemble* de qualquer propriedade do litro de moléculas gasosas e torná-la igual ao valor da média no tempo da propriedade. Para tomar a média, admitimos

---

[11]Note-se que a energia da molécula pode flutuar largamente, porém, como a molécula está em equilíbrio com o banho térmico, sua temperatura T é fixada. T é uma medida da *energia média* de todas as moléculas

Mecânica estatística   165

probabilidades a *priori* iguais para cada membro do *ensemble*. O problema de Boltzmann é calcular o valor médio do *ensemble* do número de ocupação N_j das partículas não-interagentes (moléculas) num estado com energia de partícula E_j, sujeito à condição de energia total constante e número de partículas constante,

$$\sum N_j \, \epsilon_j = E \qquad (5.15)$$

$$\sum N_j = N \qquad (5.16)$$

Suponhamos que as N partículas sejam designadas para os níveis de energia de tal maneira que existem N_1 no nível ϵ_1, N_2 em ϵ_2 ou, em geral, N_j no nível ϵ_j. Como a permutação de partículas dentro de um dado nível de energia não produz uma nova distribuição, o número de maneiras de realizar uma distribuição é o número total de permutações $N!$, dividido pelo número de permutações das partículas dentro de cada nível, $N_1! \, N_2! \cdots N_j! \cdots$ O número exigido é

$$W_n = \frac{N!}{N_1! \, N_2! \cdots N_j! \cdots} = \frac{N!}{\Pi_j N_j!} \qquad (5.17)$$

O índice n denota que esta é simplesmente uma de um grande número de possíveis distribuições. *O número total de estados distintos poderia ser obtido somando os W_n para todas as possíveis distribuições.*

$$W = \sum W_n = \sum_{\substack{\text{(sobre todas as} \\ \text{distribuições)}}} \frac{N!}{\Pi_j N_j!} \qquad (5.18)$$

Como exemplo desta fórmula, consideremos na Tab. 5.1 duas diferentes distribuições de quatro partículas, a, b, c, d entre quatro níveis energéticos $\epsilon_1, \epsilon_2, \epsilon_3, \epsilon_4$. Observe-se que as trocas das partículas *dentro do nível* ϵ_1 não são significativas, mas as trocas de partículas entre os níveis ϵ_1, ϵ_3 e ϵ_4 conduzem a uma nova distribuição.

Tabela 5.1 Exemplos de duas possíveis distribuições de quatro moléculas entre quatro estados energéticos

Distribuição (1) $N_1 = 2, N_2 = 0, N_3 = 1, N_4 = 1$				Distribuição (2) $N_1 = 3, N_2 = 0, N_3 = 1, N_4 = 0$			
Estados				*Estados*			
ϵ_1	ϵ_2	ϵ_3	ϵ_4	ϵ_1	ϵ_2	ϵ_3	ϵ_4
ab		c	d	abc		d	
ab		d	c	abd		c	
ac		b	d	acd		b	
ac		d	b	bcd		a	
ad		b	c				
ad		c	b				
bc		a	d				
bc		d	a				
bd		a	c				
bd		c	a				
cd		a	b				
cd		b	a				

$$W_{(1)} = \frac{4!}{2! \, 0! \, 1! \, 1!} = \frac{4 \cdot 3 \cdot 2 \cdot 1}{2 \cdot 1 \cdot 1 \cdot 1} = 12 \qquad\qquad W_{(2)} = \frac{4!}{3! \, 0! \, 1! \, 0!} = \frac{4 \cdot 3 \cdot 2 \cdot 1}{3 \cdot 2 \cdot 1 \cdot 1 \cdot 1} = 4$$

166 FÍSICO-QUÍMICA

Existem várias maneiras de resolver o problema matemático de computar a média de *ensemble* de N_j. Para um *ensemble* contendo um grande número de partículas, os *valores médios* do conjunto de N_j no equilíbrio podem ser feitos iguais aos *valores mais prováveis* de N_j para o sistema[12]. O conjunto mais provável de valores para N_j será o que fornece o maior número de estados distintos W. O procedimento neste caso é escrever W_n para um conjunto de números de população N_j e maximizar este W_n em relação a todas as possíveis variações dos N_j sujeitos aos vínculos das Eqs. (5.15) e (5.16)[13].

Tomando os logaritmos de ambos os lados da Eq. (5.17), o produtório é reduzido a um somatório.

$$\ln W_n = \ln N! - \sum_j \ln N_j! \tag{5.19}$$

A condição para um máximo[14] em W_n é que a variação[15] de W_n, e portanto de $\ln W_n$, seja nula. Como $\ln N!$ é uma constante,

$$\delta \ln W_n = 0 = \sum \delta \ln N_j! \tag{5.20}$$

Utilizando a fórmula de Stirling da Eq. (5.6), a Eq. (5.20) se torna

$$\delta \sum N_j \ln N_j - \delta \sum N_j = 0$$

$$\sum \ln N_j \, \delta N_j = 0 \tag{5.21}$$

As duas restrições nas Eqs. (5.15) e (5.16), como N e E são constantes, podem ser escritas

$$\delta N = \sum \delta N_j = 0$$

$$\delta E = \sum \epsilon_j \, \delta N_j = 0$$

Essas duas equações são multiplicadas por duas constantes arbitrárias, α e β, e somadas à Eq. (5.21) resultando

$$\sum \alpha \, \delta N_j + \sum \beta \epsilon_j \, \delta N_j + \sum \ln N_j \, \delta N_j = 0 \tag{5.22}$$

A variação δN_j pode ser agora considerada perfeitamente arbitrária (as condições restritivas foram removidas) de tal forma que, para que a Eq. (5.22) se mantenha, cada termo no somatório deva tender a zero. Como resultado

$$\ln N_j + \alpha + \beta \epsilon_j = 0$$
$$N_j = \exp(-\alpha - \beta \epsilon_j) \tag{5.23}$$

A constante α é obtida a partir da condição da Eq. (5.16), $\sum N_j = N$, daí

$$e^{-\alpha} \sum e^{-\beta \epsilon_j} = N$$

---

[12]T. L. Hill, *Introduction to Statistical Thermodynamics* (Reading, Massachusetts: Addison-Wesley Publishing Co. Inc., 1960), p. 478

[13]Note-se que W_n é apenas um termo na soma para obter W na Eq. (5.18). Maximizamos W_n de modo que ele corresponda ao maior termo na soma, ou seja, o conjunto mais provável de números de distribuição

[14]Esta condição é para um máximo ou um mínimo. O mínimo da Eq. (5.18) colocaria todas as partículas em um nível, uma solução sem interesse prático. O máximo de $\ln x$ se encontra no mesmo valor de x do que o máximo de x, pois $\ln x$ é uma função monotônica de x

[15]Uma referência útil é o Cap. 6, "Calculus of Variations", H. Margenau e G. M. Murphy, *The Mathematics of Physics and Chemistry* (Princenton, New Jersey: D. Van Nostrand Co., 1956)

Mecânica estatística

167

Dessa maneira, a Eq. (5.23) se torna

$$\frac{N_j}{N} = \frac{e^{-\beta \epsilon_j}}{\sum e^{-\beta \epsilon_j}} \tag{5.24}$$

A constante β é determinada calculando uma propriedade média conhecida de uma molécula em um gás perfeito, usando a Eq. (5.24) para computar a média com a nossa fórmula de valor médio da Sec. 4.13. A propriedade escolhida será a energia cinética média em um grau de liberdade, $\epsilon = \frac{1}{2}kT$.

$$\bar{\epsilon} = \frac{\sum \epsilon_j N_j}{\sum N_j} = \frac{\sum \epsilon_j e^{-\beta \epsilon_j}}{\sum e^{-\beta \epsilon_j}} \tag{5.25}$$

Em termos de qualquer componente da quantidade de movimento, digamos p_{xj},

$$\epsilon_j = \frac{1}{2m} p_{xj}^2$$

A partir da Eq. (5.25), portanto,

$$\bar{\epsilon} = \frac{\sum_j (p_{xj}^2/2m) \exp(-\beta p_{xj}^2/2m)}{\sum_j \exp(-\beta p_{xj}^2/2m)}$$

Os somatórios são tomados para todos os componentes de quantidade de movimento disponíveis à molécula gasosa. No caso clássico, as quantidades de movimento são continuamente variáveis e as somas podem ser substituídas por integrais,

$$\bar{\epsilon} = \frac{\dfrac{1}{2m} \displaystyle\int_{-\infty}^{+\infty} p_x^2 \exp(-\beta p_x^2/2m)\ dp_x}{\displaystyle\int_{-\infty}^{+\infty} \exp(-\beta p_x^2/2m)\ dp_x} \tag{5.26}$$

Como

$$\int_{-\infty}^{+\infty} e^{-ax^2}\ dx = \left(\frac{\pi}{a}\right)^{1/2}$$

e

$$\int_{-\infty}^{+\infty} x^2 e^{-ax^2}\ dx = \frac{1}{2}\left(\frac{\pi}{a^3}\right)^{1/2}$$

a integração da Eq. (5.26) produz

$$\bar{\epsilon} = \frac{1}{2\beta}$$

Como sabemos que $\bar{\epsilon} = \frac{1}{2}kT$, $\beta = 1/kT$. A Eq. (5.24) nos fornece a *lei de distribuição de Boltzmann*,

$$\frac{N_j}{N} = \frac{e^{-\epsilon_j/kT}}{\sum e^{-\epsilon_j/kT}} \tag{5.27}$$

O denominador desta expressão,

$$z = \sum e^{-\epsilon_j/kT} \tag{5.28}$$

é chamado *função de partição da partícula* ou, no caso de as partículas em questão serem moléculas, a *função de partição molecular.*

Freqüentemente, a lei de distribuição de Boltzmann é aplicada para calcular a relação dos números de partículas em dois diferentes estados discretos − por exemplo,

168 FÍSICO-QUÍMICA

N_0 no estado com energia ϵ_0, e N_1 no estado com energia ϵ_1. A partir da Eq. (5.27),

$$\frac{N_1}{N_0} = e^{-(\epsilon_1 - \epsilon_0)/kT} \qquad (5.29)$$

Devemos distinguir esta forma da lei de distribuição da apresentada na Eq. (5.27), que fornece o número num dado estado dividido pelo número total, a saber, N_1/N.

Um exemplo da distribuição de Boltzmann é mostrado na Tab. 5.2 para um conjunto de níveis energéticos igualmente espaçados da distância kT.

Tabela 5.2 Um exemplo de uma distribuição de Boltzmann

Número do nível	ϵ_j/kT	$e^{-\epsilon_j/kT}$	N_j para $N = 1\,000$
0	0	1,000	633
1	1	0,368	233
2	2	0,135	85
3	3	0,050	32
4	4	0,018	11
5	5	0,007	4
6	6	0,002	1
7	7	0,001	1
8	8	0,0003	0
9	9	0,0001	0
10	10	0,0000	0

$$z = \sum e^{-\epsilon_j/kT} = 1,582$$

É conveniente nesse ponto fazer uma extensão da lei de distribuição na Eq. (5.27). É possível que possa existir mais que um estado em correspondência ao nível energético ϵ_j. Se isso ocorrer, o nível será dito *degenerado* e lhe será atribuído um *peso estatístico* g_j igual ao número de níveis superpostos. Então a Eq. (5.27) se torna

$$\frac{N_j}{N} = \frac{g_j e^{-\epsilon_j/kT}}{\sum_j g_j e^{-\epsilon_j/kT}} \qquad (5.30)$$

Esta é a lei de distribuição de Boltzmann na sua forma mais geral.

A energia média $\bar{\epsilon}$ é dada por [ver a Eq. (5.25)]

$$\bar{\epsilon} = \frac{\sum N_j \epsilon_j}{\sum N_j} = \frac{\sum g_j \epsilon_j e^{-\epsilon_j/kT}}{\sum g_j e^{-\epsilon_j/kT}} = kT^2 \left(\frac{\partial \ln z}{\partial T}\right)_V \qquad (5.31)$$

A função de partição molecular é realmente útil quando o sistema em estudo pode ser considerado como constituído de elementos não-interagentes — por exemplo, um gás perfeito cujas moléculas não apresentam forças intermoleculares apreciáveis. A razão para essa restrição é que apenas neste caso podemos definir e enumerar os estados do sistema em termos dos estados energéticos quantomecânicos das moléculas individuais ou então das posições e quantidades de movimentos clássicos das moléculas individuais. Desde que ocorram interações entre moléculas, a descrição do estado do sistema deve incluir termos de energia potencial, tais como $U(r_{ij})$, que são funções das distâncias intermoleculares.

5.10. Termodinâmica estatística

Até agora, temo-nos interessado por partículas não-interagentes. Precisamos encontrar um tratamento mais geral para tratar os modelos de gases reais, líquidos ou sólidos.

Mecânica estatística

169

A termodinâmica não trata com partículas individuais, mas com sistemas contendo números muito grandes de partículas. A medida termodinâmica usual, o mol, contém $6,02 \times 10^{23}$ moléculas. Para aplicar a mecânica estatística ao cálculo das funções termodinâmicas, julgamos mais conveniente utilizar o *ensemble* canônico de Gibbs. Podemos mentalmente construir um tal *ensemble*, como é mostrado na Fig. 5.3, consistindo de um grande número $\mathcal{N}$ de sistemas, cada um contendo 1 mol (L moléculas) da substância sob consideração. Esses sistemas — membros do *ensemble* — são separados um do outro por paredes diatérmicas que permitem condução térmica mas não passagem de matéria. Cada sistema é mantido no mesmo volume constante V. O *ensemble* completo de sistemas é circundado por uma parede rígida adiabática que o isola completamente do resto do universo, de sorte que ele tem uma energia constante fixada E_t.

Podemos agora observar que o *ensemble* canônico é por si mesmo um sistema de de N, V e E ($= E_t$) fixados e portanto ele próprio é *um membro* de um *ensemble* microcanônico. Portanto, cada possível estado do *ensemble* canônico tem uma probabilidade *a priori* igual de acordo com o postulado 1 da Sec. 5.7. Podemos portanto calcular propriedades médias para o *ensemble* canônico dando a cada *estado do ensemble* o mesmo peso de acordo com o postulado 2. Suponhamos que o nosso sistema original seja 1 mol de O_2 gasoso. Nosso *ensemble* canônico consistirá de $\mathcal{N}$ volumes molares de O_2, cada um na mesma temperatura T, mas cada um tendo sua própria energia E_j[16]. Podemos usar o *ensemble* canônico para obter fórmulas estatístico-mecânicas para propriedades de 1 mol de O_2 sem fazer quaisquer suposições sobre o comportamento das moléculas em cada membro do *ensemble*. Se podemos avaliar numericamente as fórmulas assim obtidas é outro problema. Se pudermos computar o valor médio de uma propriedade em relação a todos os sistemas no *ensemble*, a média nos dará o comportamento médio no tempo do sistema termodinâmico real. É bom recordar que estamos falando de sistemas em equilíbrio, de tal modo que as propriedades calculadas são as grandezas termodinâmicas de equilíbrio molares ordinárias.

Os estados energéticos permitidos de qualquer sistema particular no *ensemble* serão especificados por $E_1, E_2, \ldots, E_j$ etc. Como todos os sistemas têm os mesmos V, T, N, eles todos têm o mesmo conjunto de valores permitidos de E_j, embora possam ocupar diferentes níveis do conjunto de E_j, ou seja, ter diferentes distribuições nos E_j. Se n_j é o número de sistemas do *ensemble* num estado com energia E_j, a energia total é

$$E_t = \sum n_j E_j \qquad (5.32)$$

e o número total de sistemas

$$\mathcal{N} = \sum n_j \qquad (5.33)$$

Como cada sistema no *ensemble* tem o mesmo volume V e o número de moléculas N, o volume do *ensemble* seria $\mathcal{N}V$ e o número total de moléculas $\mathcal{N}N$. Se pudéssemos num dado instante determinar os estados energéticos E_j a que pertence cada sistema no *ensemble*, poderíamos encontrar n_1 sistemas no estado E_1, n_2 em E_2, n_3 em E_3 e, em geral, n_j em E_j. O conjunto de números $n_1, n_2, n_3, \ldots, n_j \ldots$ é chamado uma *distribuição*. Existem muitas distribuições possíveis dos sistemas entre os estados energéticos, todos sujeitos, com efeito, às restrições da Eq. (5.32) e da Eq. (5.33).

Para qualquer distribuição dada **n** (onde **n** vale para todos os números de distribuição $n_1, n_2, n_3, \ldots, n_j \ldots$) existirá um grande número de maneiras como designar os sistemas do *ensemble* aos estados energéticos E_j. De fato, esse número será dado pela agora familiar expressão

$$W_t(\mathbf{n}) = \frac{\mathcal{N}!}{n_1! n_2! \cdots} = \frac{\mathcal{N}!}{\prod_j n_j!}$$

[16]Esta energia seria obtida a partir da solução de um problema quantomecânico de muitos corpos

170 FÍSICO-QUÍMICA

Se selecionarmos um sistema ao acaso do *ensemble* canônico, a probabilidade p_j de que ele esteja no estado E_j é simplesmente o *valor médio de* n_j dividido pelo número total de sistemas $\mathcal{N}$,

$$p_j = \frac{\bar{n}_j}{\mathcal{N}} = \frac{1}{\mathcal{N}} \frac{\sum_n W_t(\mathbf{n}) n_j(\mathbf{n})}{\sum_n W_t(\mathbf{n})} \tag{5.34}$$

Colocada em palavras, a Eq. (5.34) estabelece que o valor de n_j dado como média sobre todas as possíveis distribuições é tomado utilizando para a média ponderada dos $n_j(\mathbf{n})$ de uma dada distribuição como pesos o número de diferentes estados $W_t(\mathbf{n})$ que designam os sistemas do *ensemble* para aquela distribuição particular. De acordo com o postulado básico 2, cada um desses estados tem a mesma probabilidade *a priori*.

A média do *ensemble* canônico de uma propriedade mecânica, tal como energia, por exemplo, é simplesmente

$$\bar{E} = \sum_j p_j E_j$$

Se permitirmos que $\mathcal{N}$ se torne muito grande (no limite $\mathcal{N} \longrightarrow \infty$), a distribuição mais provável e as distribuições virtualmente indistinguíveis em relação a ela dominam completamente o conjunto de distribuições na Eq. (5.34). De fato, podemos conduzir o cálculo da Eq. (5.34) incluindo apenas a distribuição mais provável. Este resultado é equivalente a fazer a soma sobre todas as distribuições igual ao maior termo na soma — um resultado que a princípio parece um tanto fantástico, mas que pode mostrar ser válido para $\mathcal{N} \longrightarrow \infty$[17]. Portanto, nesse limite, incluímos apenas o peso $W_t(\mathbf{n}^*)$ onde $\mathbf{n}^*$ representa a distribuição mais provável. Então

$$p_j = \frac{\bar{n}_j}{\mathcal{N}} = \frac{n_j^*}{\mathcal{N}}$$

O problema agora se torna matematicamente semelhante ao tratado na dedução da distribuição de Boltzmann — ou seja, determinar o n_j^* mais provável sujeito às restrições das Eqs. (5.31) e (5.32). O resultado é

$$\frac{n_j^*}{\mathcal{N}} = \frac{e^{-\beta E_j}}{\sum e^{-\beta E_j}}$$

Poderíamos mostrar novamente que neste caso $\beta = 1/kT$, mas omitiremos a prova um tanto longa. Portanto

$$\frac{n_j^*}{\mathcal{N}} = \frac{e^{-E_j/kT}}{\sum e^{-E_j/kT}} \tag{5.35}$$

Poderíamos definir $Z = \Sigma e^{-E_j/kT}$, mas para uso futuro vale a pena introduzir explicitamente o fator g_j, o peso estatístico do estado energético E_j. Pode ocorrer que vários estados tenham a mesma energia (ou estão dentro de uma faixa tão estreita de uma dada energia de modo a ter praticamente a mesma energia). O fator g_j dá o número de tais estados com praticamente a mesma energia. Então definimos

$$Z(V, T, N) = \sum g_j e^{-E_j/kT} \tag{5.36}$$

onde Z é a *função de partição do ensemble canônico*. O somatório na Eq. (5.36) é agora tomado para os diferentes valores dos níveis energéticos e não para todos os estados

---

[17]Nós omitimos a dedução e indicamos T. L. Hill, *Introduction to Statistical Thermodynamics* (Addison-Wesley Publishing Co. Inc., 1960), p. 478 (Somos também gratos a Hill pelo tratamento do problema de *ensemble* canônico dado no texto)

Mecânica estatística 171

distintos, porque a introdução de g_j aglutinou juntos estados com a mesma energia. Em termos de Z, encontramos

$$\bar{E} = kT^2 \left(\frac{\partial \ln Z}{\partial T}\right)_{V,N} \tag{5.37}$$

Este $\bar{E}$, a média de *ensemble* canônico da energia, pode ser identificado com a U termodinâmica do sistema em que o *ensemble* foi baseado.

A partir da Eq. (5.37) a capacidade térmica molar sob volume constante torna-se

$$C_V = \left(\frac{\partial U}{\partial T}\right)_{V,N} = \frac{\partial}{\partial T}\left(kT^2 \frac{\partial \ln Z}{\partial T}\right)_{V,N}$$

$$C_V = \frac{k}{T^2}\left(\frac{\partial^2 \ln Z}{\partial(1/T)^2}\right)_{V,N} \tag{5.38}$$

5.11. Entropia na mecânica estatística

Para calcular a entropia pela mecânica estatística, retornamos ao teorema fundamental da Eq. (3.13)

$$dS = \frac{dq \ (\text{reversível})}{T}$$

onde verificamos que T^{-1} é um fator integrante para a diferencial do calor reversível. Agora, procuramos obter uma expressão para dq_{rev} em termos da função de partição do *ensemble* canônico Z da Eq. (5.36) e daí calcular dS. Para facilitar as operações matemáticas, novamente escrevemos $\beta = (kT)^{-1}$ e definimos uma função[18]

$$B = \ln Z = \ln \sum g_j e^{-E_j/kT} = \ln \sum g_j e^{-\beta E_j}$$

Para o *ensemble* canônico (ver a Fig. 5.3), Z e portanto B são funções de T, V e N. (Podemos imaginar que o *ensemble* é imerso em banhos térmicos com vários valores de T para estudar a variação de Z com T, e podemos imaginar que cada membro do *ensemble* está associado a um dispositivo idêntico para produzir uma variação em volume de modo a produzir trabalho.)

A partir de $B(V, T)$, portanto

$$dB = \left(\frac{\partial B}{\partial \beta}\right)_V d\beta + \sum_j \left(\frac{\partial B}{\partial E_j}\right)_T dE_j \tag{5.39}$$

A partir da Eq. (5.37)

$$\left(\frac{\partial B}{\partial \beta}\right)_V = -U$$

e a partir das Eqs. (5.35) e (5.36)

$$\left(\frac{\partial B}{\partial E_j}\right)_T = -\frac{\beta}{\mathcal{N}} n_j$$

Portanto a Eq. (5.39) se torna

$$dB = -Ud\beta - \frac{\beta}{\mathcal{N}} \sum n_j dE_j \tag{5.40}$$

ou

$$d(B + \beta U) = \beta\left(dU - \frac{1}{\mathcal{N}} \sum n_j dE_j\right) \tag{5.41a}$$

---

[18]Realmente, a dedução que será dada demonstra que $\beta = (kT)^{-1}$ e portanto suplementa a discussão na Sec. 5.10. Nossa dedução da entropia é baseada naquela dada por Erwin Schrödinger em seu maravilhoso pequeno livro *Statistical Thermodynamics* (Cambridge University Press, 1946)

172   FÍSICO-QUÍMICA

Temos assim obtido o resultado mais interessante de que β é um fator integrante de $[dU - (1/\mathcal{N})\Sigma n_j dE_j]$, convertendo-a numa diferencial perfeita de uma função $(B + \beta U)$. Uma suspeita nesse ponto de que $d(B + \beta U)$ é algo estreitamente relacionado com dS será prontamente justificada.

Consideremos

$$dS = \frac{dq_{rev}}{T} = \frac{dU - dw_{rev}}{T} \tag{5.41b}$$

É evidente que $k\,d(B + \beta U)$ será identificado como dS se pudermos mostrar que $(1/\mathcal{N})\Sigma n_j dE_j$ é a média de *ensemble* do trabalho feito sobre um sistema no *ensemble* canônico.

Realmente, a análise matemática já nos forçaria a essa conclusão, pois, se pretendemos relacionar a expressão termodinâmica da Eq. (5.41b) com a expressão mecânica estatística da Eq. (5.41a), não existirão funções de estado que se adaptarão exceto dS e $(kT)^{-1} = \beta$. Contudo, podemos também visualizar o resultado interpretando a expressão matemática na Eq. (5.41a) em termos de variações no *ensemble* canônico.

Vamos exigir que todos os sistemas no *ensemble* sejam acoplados a mecanismos idênticos de "parafusos, pistões e qualquer coisa" (para usar a frase de Schrödinger), que podemos manipular e por esse meio variar os estados dos sistemas. Quando realizamos isso, variamos os níveis energéticos E_j. Todos os E_j para todos os $\mathcal{N}$ sistemas idênticos do *ensemble* são portanto alterados exatamente da mesma maneira de tal forma que ainda temos um *ensemble* canônico de sistemas. É evidente, portanto, que $\Sigma n_j dE_j$ representa o trabalho feito sobre todos os sistemas no *ensemble* canônico e $(1/\mathcal{N})\Sigma n_j dE_j$ é a média de *ensemble* do trabalho feito sobre um membro do *ensemble*. Pelo nosso postulado básico, portanto, $(1/\mathcal{N})\Sigma n_j dE_j$ corresponde ao termo termodinâmico dw_{rev}. Portanto, o termo entre parênteses no lado direito da Eq. (5.41a) é o calor reversível e β é seu fator integrante. Provamos que

$$dS = k\,d\left(B + \frac{U}{kT}\right)$$

Por integração e substituição de $B = \ln Z$

$$S = k \ln Z + \frac{U}{T} + \text{const} \tag{5.42}$$

Como deveríamos esparar a partir de nossa discussão na Sec. 3.23, um valor absoluto para a entropia S não é determinado uma vez que a Eq. (5.42) contém uma constante arbitrária. A constante, contudo, é independente de $(B + U/kT)$ e portanto independente de N, V e T, as variáveis das quais aquela função depende. Portanto, a constante será sempre cancelada em quaisquer cálculos de variações de entropia para transformações químicas e/ou físicas num sistema.

5.12. A terceira lei na termodinâmica estatística

Existem duas partes para a discussão da terceira lei com base na mecânica estatística. O primeiro problema é considerar a constante na Eq. (5.42). A entropia S não tem nível zero fisicamente fixado, mas fazer const $= 0$ na Eq. (5.42) seria equivalente a adotar um tal nível zero definido para a entropia em todos os casos. Como foi mostrado na Sec. 5.11, para qualquer sistema sob estudo, a constante é realmente independente dos parâmetros do sistema de modo que a diferença em entropia ΔS entre quaisquer dois estados do sistema diferindo nos valores dos parâmetros definidores (volume, campo magnético, pressão etc.) se aproximará de zero em $T = 0$. Ademais, esse estabelecimento de $\Delta S \longrightarrow 0$ em $T = 0$ se aplica também a quaisquer transformações químicas possíveis no sistema.

Mecânica estatística

173

Schrödinger[19] discutiu esse ponto da seguinte maneira:

Um caso típico seria um sistema consistindo de L átomos de ferro e L átomos de enxofre. Em um dos dois estados termodinâmicos eles formam um corpo compacto, 1 molécula-grama[20] de FeS; no outro, 1 átomo-grama de Fe e 1 átomo-grama[20] de S, separados por um diafragma de tal forma que eles não possam sob nenhuma circunstância se unir; os níveis de energia muito mais baixos do composto químico são tornados inacessíveis. Agora, em todos esses casos, é apenas uma questão de acreditar na possibilidade de transformar um estado em outro por pequenos estágios reversíveis de tal forma que o sistema nunca deixe o estado de equilíbrio termodinâmico, ao qual todas as nossas considerações se aplicam. Todos os pequenos e lentos estágios desse processo podem então ser encarados como pequenas e lentas variações de certos parâmetros, alterando os valores dos ϵ_j. Então a constante não variará em todos esses processos – e a afirmação é válida.

Por exemplo, no caso mencionado, poderíamos gradualmente aquecer a molécula-grama de FeS até que ela evapore; a seguir continuar o aquecimento até que ela se dissocie tão completamente quanto desejado: em seguida separar os gases com a ajuda de um diafragma semipermeável; a seguir condensá-los separadamente abaixando a temperatura (realmente com um diafragma impermeável entre eles) e resfriá-los até zero. Tendo uma vez ou duas seguido através de tais considerações, você não se incomodará mais em pensar neles em detalhes mas apenas declarálas "cogitáveis" e a afirmação é válida.

Depois que isso tenha sido completamente revolvido na mente, o caminho mais simples de codificá-lo de uma vez por todas é, de fato, decidir a colocar "const" = zero em todos os casos. É possivelmente a única maneira de evitar confusão – nenhuma alternativa se sugere de *per si*. Mas encarar esse "fazer igual a zero" como o aspecto essencial é certamente capaz de criar confusão e desviar a atenção do ponto realmente em questão.

A segunda parte do tratamento estatístico da terceira lei é a dedução de uma expressão para S_0, o valor da entropia previsto pela Eq. (5.42) para $T = 0$. A partir da Eq. (5.36), encontramos[21]

$$S_0 = k \ln g_0 \qquad (5.43)$$

onde g_0 é o peso estatístico (degenerescência) do mais baixo estado energético possível do sistema.

Como um exemplo, consideremos um cristal perfeito no zero absoluto. Existirá geralmente um, e apenas um, arranjo de equilíbrio de seus átomos, íons ou moléculas

---

[19]*Statistical Thermodynamics*, p. 17 (Cambridge University Press)

[20]Deveríamos agora dizer 1 mol

[21]Quando $T \longrightarrow 0$ podemos certamente desprezar todos os termos em Z exceto os dois primeiros, de tal forma que a Eq. (5.42) se torna

$$S = \frac{1}{T} \frac{g_0 E_0 e^{-E_0/kT} + g_1 E_1 e^{-E_1/kT}}{g_0 e^{-E_0/kT} + g_1 e^{-E_1/kT}} + k \ln \left(g_0 e^{-E_0/kT} + g_1 e^{-E_1/kT} \right)$$

Próximo ao limite

$$e^{-E_1/kT} \ll e^{-E_0/kT}$$

de forma que

$$S = \frac{E_0}{T} + \frac{1}{T} \frac{g_1}{g_0} e^{-(E_1-E_0)/kT} + k \ln g_0 - \frac{E_0}{T} + k \frac{g_1}{g_0} e^{-(E_1-E_0)/kT}$$

No limite, quando $T = 0$, os termos exponenciais remanescentes decrescem muito mais rapidamente que T, de tal forma que ficamos somente com

$$S_0 = k \ln g_0$$

174 FÍSICO-QUÍMICA

constituintes. Em outras palavras, o peso estatístico do mais baixo estado energético é a unidade e, a partir da Eq. (5.43), a entropia em 0 K torna-se zero.

Em certos casos, contudo, as partículas em um cristal podem persistir em mais de um arranjo geométrico mesmo no zero absoluto. Um exemplo é o óxido nitroso. Duas moléculas adjacentes de N_2O podem ser orientadas quer como (ONN NNO) quer como (NNO NNO). A diferença de energia ΔU entre essas configurações alternativas é tão pequena que sua probabilidade relativa, exp $(\Delta U/RT)$, é praticamente 1, mesmo em baixas temperaturas. Quando o cristal é resfriado a temperaturas *extremamente baixas* nas quais mesmo um diminuto ΔU poderia produzir uma considerável reorientação no equilíbrio, a *velocidade* de rotação das moléculas dentro do cristal se torna extremamente lenta. Portanto, as orientações ao acaso são efetivamente congeladas. Como resultado, medidas de capacidade calorífica não incluirão uma entropia residual S_0 igual à entropia de mistura dos dois arranjos. De acordo com a Eq. (5.3), isto importa em

$$S_0 = -R \sum X_i \ln X_i = -R(\tfrac{1}{2} \ln \tfrac{1}{2} + \tfrac{1}{2} \ln \tfrac{1}{2}) = R \ln 2 = 5,77 \text{ J} \cdot \text{K}^{-1} \cdot \text{mol}^{-1}$$

Verificou-se que a entropia calculada a partir da estatística é realmente 4,77 $J \cdot K^{-1} \cdot mol^{-1}$ maior que o valor da terceira lei; esta diferença concorda com os 5,77 calculados dentro da incerteza experimental de $\pm 1,1$ em S_0. Vários exemplos desse tipo têm sido cuidadosamente estudados[22].

Outra fonte de entropia residual de mistura a 0 K provém da constituição isotópica dos elementos. Este efeito pode geralmente ser ignorado já que na maior parte das reações químicas as relações isotópicas variam desprezivelmente.

Quando tivermos encontrado como calcular Z a partir de dados espectroscópicos sobre as propriedades de moléculas (Secs. 5.14 e 5.15), seremos capazes de utilizar a Eq. (5.42) para computar as entropias molares padrão $S^\ominus$ de gases ideais. Alguns exemplos dos resultados de tais cálculos são comparados na Tab. 5.3 com os melhores valores a partir da terceira lei (medidas de capacidades caloríficas para cima a partir de temperaturas muito baixas).

Tabela 5.3 Comparação de entropias estatísticas (espectroscópicas) e da terceira lei (capacidades caloríficas)

Gás	Entropia do gás ideal a 1 atm, 298,15 K ($J \cdot K^{-1} \cdot mol^{-1}$)	
	Estatística	Terceira lei
N_2	191,5	192,0
O_2	205,1	205,4
Cl_2	223,0	223,1
HCl	186,8	186,2
HBr	198,7	199,2
HI	206,7	207,1
H_2O	188,7	185,3
N_2O	220,0	215,2
NH_3	192,2	192,1
CH_4	185,6	185,4
C_2H_4	219,5	219,6

[22]Para o caso interessante do gelo, ver L. Pauling, *J. Am. Chem. Soc.* **57**, 2 680 (1935)

Mecânica estatística   175

5.13. Cálculo de Z para partículas não-interagentes

A função de Helmholtz, $A = U - TS$, é importante em mecânica estatística porque está relacionada de um modo muito simples à função de partição Z e assim diretamente à pressão (e portanto à equação de estado) de uma substância. A partir da Eq. (5.42)

$$A = -kT \ln Z \qquad (5.44)$$

e

$$P = -\left(\frac{\partial A}{\partial V}\right)_T = kT\left(\frac{\partial \ln Z}{\partial V}\right)_T \qquad (5.45)$$

As equações precedentes prometem um caminho para calcular teoricamente os valores de todas as propriedades termodinâmicas, *se* nós pudermos determinar apenas $Z(V, T)$ (é um grande *se*). Do mesmo modo que Arquimedes, dado um ponto de apoio, poderia usar sua alavanca para mover o mundo, assim qualquer físico-químico, dadas as funções de partição Z, poderia calcular todas as propriedades de equilíbrio da matéria. Podemos antecipar que na maior parte dos casos não será fácil obter o desejado Z.

O único caso em que o cálculo de Z pode ser efetuado sem dificuldades matemáticas é para um sistema de partículas não-interagentes. Nesse caso, a energia do sistema pode ser escrita como a soma das energias das partículas individuais.

$$E = \epsilon_a + \epsilon_b + \epsilon_c + \cdots$$

Vamos inicialmente supor que as partículas individuais são distinguíveis uma da outra de tal modo que os índices a, b, c etc. subentendem que um sistema com partícula a num estado energético 1 e partícula b no estado energético 2 pode ser fisicamente distinguido de um sistema com b em 1 e a em 2.

Vamos recordar a definição das funções de partição de uma única partícula,

$$z_a = \sum e^{-\epsilon_{aj}/kT}, \qquad z_b = \sum e^{-\epsilon_{bj}/kT}$$

Podemos agora ver que o produto dos z, um para cada partícula no sistema, origina todos os possíveis valores da energia total,

$$Z = \sum e^{-E_j/kT} = \left(\sum e^{-\epsilon_{aj}/kT}\right)\left(\sum e^{-\epsilon_{bj}/kT}\right) \cdots = z_A z_B \cdots$$

Suponhamos, por exemplo, que existam duas partículas, uma com três estados energéticos, ϵ_{a1}, ϵ_{a2}, ϵ_{a3}, e uma com dois estados, ϵ_{b1} e ϵ_{b2}. Então

$$
\begin{aligned}
z_a z_b &= (e^{-\epsilon_{a1}/kT} + e^{-\epsilon_{a2}/kT} + e^{-\epsilon_{a3}/kT})(e^{-\epsilon_{b1}/kT} + e^{-\epsilon_{b2}/kT}) \\
&= e^{-(\epsilon_{a1}+\epsilon_{b1})/kT} + e^{-(\epsilon_{a1}+\epsilon_{b2})/kT} + e^{-(\epsilon_{a2}+\epsilon_{b1})/kT} \\
&\quad + e^{-(\epsilon_{a2}+\epsilon_{b2})/kT} + e^{-(\epsilon_{a3}+\epsilon_{b1})/kT} + e^{-(\epsilon_{a3}+\epsilon_{b2})/kT}
\end{aligned}
$$

Vemos que todos os possíveis estados energéticos para o sistema de duas partículas estão incluídos na soma.

Neste caso, as moléculas eram todas diferentes, como as marcadas por a, b, c etc. Se são todas moléculas da mesma espécie, não podem química ou fisicamente ser distinguidas umas das outras. Suponhamos, por exemplo, que consideremos de novo o litro de O_2 gasoso. Se duas moléculas de oxigênio no volume gasoso pudessem ser trocadas, o estado do gás seria exatamente, após a mistura, o que era antes dela. Troca das coordenadas espaciais entre um par de átomos não conduz a um estado diferente para o volume de gás. Um estado energético $\epsilon_{a1} + \epsilon_{b2}$ não pode de forma alguma ser distinguível de um estado $\epsilon_{a2} + \epsilon_{b1}$. Se as N moléculas fossem quimicamente da mesma espécie, porém unidades distintas, $Z = z_A z_B z_C$ tornar-se-ia, simplesmente, $Z = z^N$.

176   FÍSICO-QUÍMICA

Precisamos contudo corrigir essa expressão de modo a não contar certos estados muitas vezes. Quando formamos a função de partição

$$Z = \sum e^{-E_J/kT}$$

um estado como $\epsilon_{a1} + \epsilon_{b2}$ deve ser contado uma vez apenas, e não duas. Em geral, termos da seguinte espécie, em Z

$$e^{-(\epsilon_{ai}+\epsilon_{bj}+\epsilon_{ck}+\cdots)/kT}$$

onde $i \neq j \neq k$, ocorrerão $N!$ vezes na soma (pois as N moléculas podem ser permutadas entre os N estados de $N!$ maneiras). Se essa fosse a única espécie de termo extra na soma sobre os estados, o problema de correção para a não distinguibilidade das partículas seria fácil — simplesmente dividir z^N por $N!$

Infelizmente, existem também termos do tipo

$$e^{-(\epsilon_{ai}+\epsilon_{bi}+\epsilon_{ci}+\cdots)/kT}$$

que colocam duas ou mais moléculas no mesmo estado energético i. Nas temperaturas e densidades gasosas ordinárias, são disponíveis muito mais estados do que moléculas para preenchê-los. Então a oportunidade de mais de uma molécula ocupar o mesmo estado é muito pequena. Quando o número de estados é muito maior que o número de partículas, o número de estados ocupados de forma múltipla torna-se desprezivelmente pequeno em comparação com o número de estados singularmente ocupados[23].

Veremos posteriormente (Cap. 13), a partir da especificação quantomecânica de estados permitidos, que nas temperaturas e densidades ordinárias existem tantos estados disponíveis para moléculas gasosas que estamos justificados em desprezar ocupação múltipla. Destarte, podemos escrever

$$Z = \frac{z^N}{N!} \qquad (5.46)$$

Como uma conseqüência da Eq. (5.46), podemos calcular Z para um sistema de partículas não-interagentes, indistinguíveis (gás perfeito), desde que conheçamos a função de partição molecular z. Para calcular z, precisamos conhecer apenas os estados energéticos permitidos das moléculas. Esses estados energéticos podem ser determinados experimentalmente a partir de dados espectroscópicos suficientemente detalhados (Cap. 17). Para moléculas gasosas simples, contudo, podemos usar expressões teóricas para os estados energéticos deduzidas a partir da mecânica quântica.

[23]Por exemplo, suponhamos que existam 10 estados disponíveis para duas partículas. Podemos designar as partículas para os estados como se segue:

Estados de a

	1	2	3	4	5	6	7	8	9	10
1	$\checkmark$									
2		$\checkmark$								
3			$\checkmark$							
4				$\checkmark$						
5					$\checkmark$					
6						$\checkmark$				
7							$\checkmark$			
8					·			$\checkmark$		
9									$\checkmark$	
10										$\checkmark$

Estados de b

Apenas os pares de estados ao longo da diagonal correspondem aos estados duplamente ocupados. Existem apenas 10 destes entre os 100 possíveis arranjos, ou 10%. Se existem 100 estados para duas partículas, existirão apenas 10^2 estados duplos entre os 10^4 estados totais, ou 1%

Mecânica estatística

Como foi discutido na Sec. 4.18, a energia de uma molécula pode ser dividida em energia cinética translacional ϵ_t do centro de massa da molécula e termos energéticos ϵ_I (tanto cinética como potencial) associados aos graus de liberdade internos. Portanto, podemos escrever

$$\epsilon = \epsilon_t + \epsilon_I \qquad (5.47)$$

a partir da Eq. (5.28), segue-se que

$$z = z_t z_I \qquad (5.48)$$

de tal modo que a parte translacional da função de partição molecular ($z_t = \Sigma e^{-\epsilon t_i/kT}$) pode ser separada da parte interna.

5.14. Função de partição translacional

Na Sec. 13.20 resolveremos a equação de Schrödinger da mecânica quântica para deduzir a seguinte expressão para os níveis energéticos translacionais permitidos de uma partícula de massa m confinada em um paralelepípedo com lados de comprimento a, b, c:

$$E = \frac{h^2}{8m}\left(\frac{n_1^2}{a^2} + \frac{n_2^2}{b^2} + \frac{n_3^2}{c^2}\right)$$

Aqui, h é a constante de Planck, $6,62 \times 10^{-34}$ J·s, e n_1, n_2, n_3 são números inteiros chamados *números quânticos*. Os números quânticos especificam os níveis energéticos permitidos.

A função de partição molecular é

$$z = \Sigma\Sigma\Sigma \exp\left[-\frac{h^2}{8mkT}\left(\frac{n_1^2}{a^2} + \frac{n_2^2}{b^2} + \frac{n_3^2}{c^2}\right)\right]$$

onde n_1, n_2, n_3 são cada um deles somados desde 0 até ∞. Os níveis energéticos são tão próximos uns dos outros (devido ao pequeno valor de h^2) que as somas podem ser substituídas pelas integrais,

$$z = \int_0^\infty \int_0^\infty \int_0^\infty \exp\left[\frac{-h^2}{8mkT}\left(\frac{n_1^2}{a^2} + \frac{n_2^2}{b^2} + \frac{n_3^2}{c^2}\right)\right] dn_1 \, dn_2 \, dn_3$$

Temos então um produto de três integrais, cada uma da forma

$$\int_0^\infty e^{-n^2h^2/8mkTa^2} \, dn$$

Fazendo

$$x^2 = \frac{n^2 h^2}{8ma^2kT}$$

temos

$$z = \frac{a}{h}(8mkT)^{1/2} \int_0^\infty e^{-x^2} \, dx = \frac{(2\pi mkT)^{1/2} a}{h}$$

Para cada um dos três graus de liberdade translacionais, uma expressão semelhante é encontrada e, como $abc = V$, obtemos portanto

$$z = \frac{(2\pi mkT)^{3/2} V}{h^3} \qquad (5.49)$$

A função de partição Z por mol é

$$Z = \frac{1}{L!} z^L = \frac{1}{L!}\left[\frac{(2\pi mkT)^{3/2} V}{h^3}\right]^L \qquad (5.50)$$

178

FÍSICO-QUÍMICA

A energia molar é, portanto, a partir da Eq. (5.37)

$$U_m = \bar{E} = LkT^2 \frac{\partial \ln z}{\partial T} = RT^2 \frac{\partial \ln z}{\partial T} = RT^2 \frac{3}{2} \cdot \frac{1}{T} = \frac{3}{2} RT$$

Este é o resultado simples esperado a partir do princípio da equipartição.

Calculamos a entropia a partir da Eq. (5.42) com o auxílio da fórmula de Stirling, $L! \approx (L/e)^L$. Assim,

$$Z = \left[\frac{(2\pi mkT)^{3/2} eV}{Lh^3} \right]^L$$

$$\ln Z = L \ln \left[\frac{eV}{Lh^3} (2\pi mkT)^{3/2} \right]$$

A entropia molar é, portanto,

$$S_m = \frac{3}{2} R + R \ln \frac{eV}{Lh^3} (2\pi mkT)^{3/2}$$

$$S_m = R \ln \frac{e^{5/2} V}{Lh^3} (2\pi mkT)^{3/2} \tag{5.51}$$

Sackur e Tetrode pela primeira vez obtiveram essa famosa equação por argumentos um tanto insatisfatórios em 1913. Como um exemplo, usaremos essa equação para calcular a entropia do argônio a 298,2 K e 1 atm.

$$R = 8{,}314 \text{ J} \cdot \text{K}^{-1} \qquad \pi = 3{,}1416$$
$$e = 2{,}718 \qquad m = 6{,}63 \times 10^{-26} \text{ kg}$$
$$V = 22{,}414 \times 10^{-3} \text{ m}^3 \qquad k = 1{,}38 \times 10^{-22} \text{ J} \cdot \text{K}^{-1}$$
$$L = 6{,}02 \times 10^{23} \qquad T = 298{,}2 \text{ K}$$
$$h = 6{,}62 \times 10^{-34} \text{ J} \cdot \text{s}$$

Substituindo esses valores na Eq. (5.51), calculamos a entropia como sendo $154{,}7 \pm 0{,}1 \text{ J} \cdot \text{K}^{-1} \cdot \text{mol}^{-1}$. Qual a principal causa do erro provável de $\pm 0{,}1 \text{ J} \cdot \text{K}^{-1} \cdot \text{mol}^{-1}$? O valor da terceira lei é $154{,}6 \pm 0{,}2 \text{ J} \cdot \text{K}^{-1} \cdot \text{mol}^{-1}$.

5.15. Funções de partição para movimentos moleculares internos

Se conhecermos os estados energéticos internos de uma espécie molecular a partir de dados espectroscópicos, seremos capazes de calcular uma função de partição para movimentos moleculares, internos, e portanto a contribuição dos graus de liberdade internos para as propriedades termodinâmicas da substância. Portanto

$$z_I = \sum g_j e^{-\epsilon_j/kT} \tag{5.52}$$

Dentro de uma aproximação mais ou menos boa, é possível tomar a energia interna como uma soma de termos independentes, cada um para as energias rotacional, vibracional e eletrônica

$$\epsilon_I = \epsilon_r + \epsilon_v + \epsilon_e \tag{5.53}$$

A mecânica quântica fornece expressões teóricas para esses termos energéticos separados para moléculas diatômicas e poliatômicas. Se tivermos essas fórmulas de energia quanto-mecânica, podemos substituí-las na Eq. (5.52) para obter expressões úteis para as diferentes contribuições às funções de partição moleculares,

$$z_I = z_r \, z_v \, z_e \tag{5.54}$$

Mecânica estatística

Tabela 5.4 Funções de partição moleculares

Movimento	Graus de liberdade	Função de partição*	Ordem de grandeza
Translacional	3	$\dfrac{(2\pi mkT)^{3/2}}{h^3} V$	$10^{24}\text{-}10^{25} V$
Rotacional (molécula linear)	2	$\dfrac{8\pi^2 IkT}{\sigma h^2}$	$10\text{-}10^2$
Rotacional (molécula não-linear)	3	$\dfrac{8\pi^2(8\pi^3 ABC)^{1/2}(kT)^{3/2}}{\sigma h^3}$	$10^2\text{-}10^3$
Vibracional (por modo normal)	1	$\dfrac{1}{1 - e^{-hv/kT}}$	$1\text{-}10$

*O termo σ é um número de simetria igual ao número de posições indistinguíveis em que a molécula pode ser girada por rotações rígidas; A, B e C são momentos de inércia

Em vez de prosseguir com tal desenvolvimento nesse ponto, vamos apenas relacionar as fórmulas finais na Tab. 5.4 e adiar as deduções até que as fórmulas de energia quantomecânica sejam deduzidas no Cap. 14.

As fórmulas da Tab. 5.4 são bastante úteis, mas não devem ser encaradas como a resposta final ao cálculo das grandezas termodinâmicas a partir de dados de estrutura molecular. Elas são baseadas numa completa separação de movimentos vibracionais e rotacionais, o que é apenas uma aproximação, como veremos no Cap. 17. A solução fundamental e rigorosa do problema (para um gás de moléculas não-interagentes) é obtida através da Eq. (5.52) e dos níveis energéticos experimentais reais. As fórmulas na Tab. 5.4, baseadas na Eq. (5.53) e na Eq. (5.54), são boas aproximações para moléculas simples na maior parte das condições.

Como um exemplo da aplicação dessas equações, consideremos o cálculo da entropia molar de F_2 a 298,15 K, admitindo apenas as contribuições translacional e rotacional. A partir da Eq. (5.51), a entropia translacional é calculada como sendo $154,7 \text{ J} \cdot \text{K}^{-1}$. Então a entropia rotacional por mol é

$$S_{rm} = RT\frac{\partial \ln z_r}{\partial T} + k \ln z_r^L = R + R \ln z_r = R + R \ln \frac{8\pi^2 IkT}{2h^2}$$

Note-se que a energia rotacional é simplesmente RT de acordo com o princípio da equipartição. Substituindo $I = 32,5 \times 10^{-40} \text{ g} \cdot \text{cm}^2$, obtemos $S_{rm} = 48,1 \text{ J} \cdot \text{K}^{-1}$. Adicionando o termo translacional, temos

$$S_m = S_{rm} + S_{tm} = 48,1 + 154,7 = 202,8 \text{ J} \cdot \text{K}^{-1} \cdot \text{mol}^{-1}$$

Vamos agora calcular a contribuição vibracional à entropia de F_2 a 298,15 K. A freqüência de vibração fundamental é $v = 2,676 \times 10^{13} \text{ s}^{-1}$. Portanto

$$x = \frac{hv}{kT} = \frac{(6,62 \times 10^{-27})(2,676 \times 10^{13})}{(1,38 \times 10^{-16})(298,15)} = 4,305$$

A entropia vibracional por mol é

$$S_{vm} = RT\left(\frac{\partial \ln z_v}{\partial T}\right) + R \ln z_v$$

$$= R\left[\frac{x}{e^x - 1} - \ln(1 - e^{-x})\right]$$

180 FÍSICO-QUÍMICA

Com $x = 4,30$

$$S_{vm} = R(0,0590 + 0,0136) = R(0,0726)$$
$$= 0,605 \text{ J} \cdot \text{K}^{-1} \cdot \text{mol}^{-1}$$

Conquanto a contribuição vibracional seja pequena a 298 K, ela pode, certamente, tornar-se muito maior em temperaturas mais elevadas. A entropia estatística de F_2 por mol a 298,15 K é portanto

$$S_m = S_{tm} + S_{rm} + S_{vm} = 154,7 + 48,1 + 0,6 = 203,4 \text{ J} \cdot \text{K}^{-1} \cdot \text{mol}^{-1}$$

que se compara com o valor experimental de $S_m = 203,2 \text{ J} \cdot \text{K}^{-1} \text{mol}^{-1}$, obtido a partir de medidas de capacidade calorífica e da terceira lei.

Adiaremos a discussão de outros cálculos estatísticos de funções termodinâmicas — em particular, o histórico e importante problema da capacidade calorífica — até que tenhamos discutido a teoria quântica dos níveis energéticos internos no Cap. 14.

5.16. Função de partição clássica

Na Sec. 4.11, introduzimos a idéia de espaço de fase de uma partícula. Em vez de uma partícula individual, vamos supor que tenhamos um sistema macroscópico com s graus de liberdade — por exemplo, um gás contendo $s/3$ átomos. Podemos definir o estado do sistema em qualquer tempo especificando s valores das coordenadas e s valores dos componentes da quantidade de movimento. O espaço de fase pertencente ao sistema teria $2s$ dimensões e qualquer ponto nesse espaço especificaria o estado do sistema.

O conceito de espaço de fase pode ser estendido a sistemas com quaisquer números de pontos materiais. Por exemplo, o espaço de fase de 1 mol de gás monoatômico teria $6L$ dimensões, correspondendo a $3L$ coordenadas q_i e $3L$ quantidades de movimento p_i. Um elemento de volume diferencial nesse espaço de fase seria definido por

$$d\tau = dq_1 \, dq_2 \, dq_3 \cdots dq_{3L-2} \, dq_{3L-1} \, dq_{3L} \, dp_1 \, dp_2 \, dp_3 \cdots dp_{3L-2} \, dp_{3L-1} \, dp_{3L}$$

O estado de um sistema com s graus de liberdade pode ser representado por um ponto num espaço de fase $2s$-dimensional. Um *ensemble* canônico de sistemas pode então ser representado por uma coleção de pontos no espaço de fase, um para cada membro do *ensemble*. O somatório de estados energéticos discretos na Eq. (5.36) é substituído por uma integração sobre o volume total do espaço de fase para fornecer uma função de partição clássica:

$$Z = \frac{1}{N! h^s} \int \underset{\substack{\text{espaço} \\ \text{de fase}}}{\cdots} \int e^{-\mathcal{H}(q_1 \cdots p_s)/kT} \, dq_1 \cdots dp_s \qquad (5.54)$$

onde $\mathcal{H}$ (o hamiltoniano clássico) é a soma das energias cinética e potencial para o sistema. Observe especialmente o fator h^s precedendo a integral. Ele é o volume de uma célula no espaço de fase. Como o espaço de fase é um espaço combinado de quantidade de movimento e de coordenadas, um elemento de volume $dp \, dq$ tem as dimensões de $ml^2 t^{-1}$, uma grandeza conhecida em mecânica como *ação*. Como Z na Eq. (5.36) é adimensional, é obviamente necessário introduzir um fator com as dimensões de $(\text{ação})^{-s}$ na expressão clássica da Eq. (5.54) para preservar esse caráter adimensional, já que a integral na Eq. (5.54) de *per si* tem as dimensões $(pq)^s$ ou $(\text{ação})^s$.

A equivalência do fator tendo as dimensões de ação com a constante de Planck h pode ser estabelecida usando-se a Eq. (5.54) para calcular a função de partição molecular z para uma partícula em uma caixa. Como existe apenas energia cinética, para cada grau

Mecânica estatística

181

de liberdade temos, como na Sec. 5.14,

$$z = \frac{1}{h} \int_0^a \int_{-\infty}^{+\infty} e^{-p^2/2mkT} \, dp \, dq$$

$$z = \frac{(2\pi mkT)^{1/2} a}{h}$$

Portanto, a função de partição clássica é idêntica à calculada a partir da mecânica quântica, como deveria ser, desde que o volume da célula no espaço de fase fosse h^s.

A função de partição clássica da Eq. (5.54) tem muitas aplicações importantes. No Cap. 7, a aplicá-la-emos à teoria das soluções e, no Cap. 19, à teoria dos gases e líquidos imperfeitos.

PROBLEMAS

1. Cada uma das sete letras *timsech* é escrita sobre uma carta. As cartas são então baralhadas e colocadas numa fileira. Qual a probabilidade de obter a palavra *chemist*?

2. A composição isotópica do chumbo em átomos por cento é 204 1,5%; 206 23,6%; 207 22,6%; 208 52,3%. Calcular a entropia de mistura por mol de Pb a 0 K.

3. A composição isotópica do cloro é 75,4 átomos % de ^{35}Cl e 24,6 átomos % de ^{37}Cl. Suponhamos que, no limite de 0 K, cristais de Cl_2 contenham uma mistura ao acaso das espécies isotópicas. Calcular o ΔS de mistura por mol de Cl_2. Se o Cl_2 fosse completamente dissociado em átomos, qual seria o ΔS de mistura?

4. Na língua inglesa existem 27 letras (incluindo o espaço em branco). Supondo que todas as letras são igualmente prováveis, calcular o número de *bits* de informação por letra.

5. Suponhamos que as diferentes letras tenham diferentes probabilidades P_j. Mostrar que o conteúdo de informação em *bits* por letra é então

$$I = -K \sum_{j=1}^{27} P_j \ln P_j$$

onde $K = 1/(\ln 2)$[24]. Usando os dados de probabilidade referentes à língua inglesa[25], calcular I.

6. Este problema requer dois jogadores. Um jogador escreve uma sentença com quinze ou mais letras. O outro jogador adivinha cada letra começando com a primeira (incluindo o espaço em branco). Após cada adivinhação, ele dá uma resposta "Sim" ou "Não", e prossegue. Cada adivinhação representa um *bit* de informação. Calcular o número de *bits* por letra na sentença usada. Compare o resultado com o obtido no Problema 5 e discuta o resultado brevemente.

7. Foi estimado que a quantidade de informação contida numa célula bacteriana como *E. coli* é de 10^{11} a 10^{13} bits[26]. A massa da célula é de cerca de 10^{-13} g. Calcular a entropia negativa por grama de células associadas a seu conteúdo de informação. Como poderia você estimar a informação por célula?

8. Escreva a fórmula para o ΔS de mistura de N_1 moléculas do gás (1), N_2 do gás (2) e N_3 do gás (3), numa mistura ideal com uma pressão total de 1 atm. Compare esta fórmula com a fórmula de Shannon para a informação dada no Problema 5. Discuta a comparação.

[24]A fórmula é o trabalho de C. E. Shannon. Ver *Bell System Tech. J.* 30, 50 (1951)

[25]Por exemplo, L. Brillouin, *Science and Information Theory*, p. 5, ou qualquer livro sobre códigos e cifras

[26]H. J. Morowitz, *Bull. Math. Biophys.* 85, 17 (1955)

182 FÍSICO-QUÍMICA

9. A partir das Eqs. (5.45) e (5.49), mostrar que a equação de estado de um gás perfeito é $PV = nLkT$.

10. O número de maneiras de distribuir N partículas indistinguíveis entre os vários estados de um sistema é dado pelo produto $W = \Pi g_j^{N_j}/N_j!$, onde g_j é o peso estatístico do estado j e N_j é o número de partículas no estado j. Deduzir uma expressão para o número médio de partículas no estado j sujeito à condição $\Sigma g_j N_j = N$ e $\Sigma g_j N_j \epsilon_j = E$.

11. Calcular as funções de partição translacionais moleculares z para (a) H_2, (b) CH_4, (c) C_8H_{18}, em um volume de 1 cm^3 à temperatura $T = 298$ K.

12. Calcular a função de partição rotacional molar Z_r a 298 K para $^{14}N_2$ e $^{14}N^{15}N$, dado que a distância internuclear é 0,1095 nanometro (nm) para ambas as moléculas.

13. Deduzir fórmulas gerais para U, S, A e C_V para uma substância que pode existir em apenas dois estados separados por uma energia ϵ.

14. O estado eletrônico fundamental de Cl_2 é um dublete com uma separação de 881 cm^{-1}. A partir das fórmulas deduzidas no Problema 13, calcular as partes exclusivamente eletrônicas de U, S, A e C_V para Cl_2 e colocá-las num gráfico em função de T de 0 a 1 000 K.

15. Calcular as entropias molares padrão $S^{\ominus}$ (298 K) dos gases do grupo 0, hélio até radônio, e colocá-las num gráfico em função da massa molar M e em função de $M^{3/2}$.

16. Calcular a capacidade calorífica C_V por mol de CO_2 em intervalos de 100 K de 0 até 1 000 K. Admitir que o CO_2 seja um gás ideal. Sua molécula é linear com momento de inércia $I = 71,67 \times 10^{-40} \text{ g} \cdot \text{cm}^2$. Existem quatro graus de liberdade translacionais no CO_2, correspondentes aos números de onda $\sigma_1 = 2\,349 \text{ cm}^{-1}$, $\sigma_2 = 1\,320 \text{ cm}^{-1}$ e $\sigma_3 = 667 \text{ cm}^{-1}$ (duplamente degenerado) (ver a Fig. 17.11). Comparar os valores calculados de C_V com os valores experimentais encontrados na literatura[27].

17. Calcular a constante de equilíbrio K_P para a reação $I_2 \longrightarrow 2I$ a 1 000 K. A vibração fundamental do I_2 se dá em $\sigma = 214,4 \text{ cm}^{-1}$ e a distância internuclear é 0,2667 nm. O estado fundamental de I é um dublete $^2P_{3/2, 1/2}$ com uma separação de $7\,603 \text{ cm}^{-1}$. Qual seria o valor calculado de K_P se o estado fundamental fosse admitido como singlete?

18. O potencial de ionização do potássio é 4,33 eletronvolts (eV), ou seja, este é o valor de ΔU para $K \longrightarrow K^+ + e$. Calcular o grau de dissociação de K a 5×10^3 K e 10^{-3} atm.

19. Calcular a função de partição translacional Z para o hélio com $V = 1 \text{ cm}^3$ e $T = 100$ K a partir da Eq. (5.50). Considerando que os estados permitidos do átomo de hélio são dados pelos níveis energéticos quantomecânicos discretos de uma partícula numa caixa cúbica de lado 1 cm [Eq. (13.58)], estimar o número de estados que contribuem apreciavelmente para o Z encontrado a partir da Eq. (5.50). Qual o significado desse resultado para a validade da dedução da estatística de Boltzmann dada na Sec. 5.9?

20. Computar a probabilidade termodinâmica W para N moléculas quando (a) todas as moléculas têm a mesma velocidade $+ c$ em direção e grandeza; (b) metade das moléculas têm velocidades $+ c$ e metade $- c$; (c) cada um sexto tem velocidades $\pm c_1$, $\pm c_2$, $\pm c_3$, respectivamente. Mostrar que para $N \longrightarrow \infty$, cada distribuição é infinitamente mais provável que a precedente. Utilizar a aproximação de Stirling $N! \approx (2\pi N)^{1/2} (N/e)^N$.

21. Considere um conjunto de três níveis energéticos igualmente espaçados com um espaçamento ϵ. Atribua partículas para esses níveis numa progressão geométrica, por exemplo, 2 000, 200, 20. Essa atribuição corresponde a uma distribuição de Boltzmann? Calcular $W = N!/N_1!N_2!N_3!$ para essa atribuição. Mostrar que qualquer outra atribuição com a mesma energia total terá um W mais baixo (por exemplo, transfira 10 partículas do nível intermediário, 5 para o nível mais baixo e as outras 5 para o nível mais alto).

---

[27]Por exemplo, *Thermodynamic Functions of Gases*, ed. F. Din (Londres: Butterworth, 1962)

Mecânica estatística

183

22. Mostrar que a energia cinética total média das moléculas em um gás que atravessam um dado plano de área unitária na unidade de tempo é $2kT$. Comentar o fato de que esse valor é maior que $\frac{3}{2}kT$, a energia cinética média de todas as moléculas do gás.

23. Em 1871, J. C. Maxwell criou o *demônio selecionador*, "um ser cujas faculdades são tão aguçadas que pode seguir cada molécula em sua trajetória e seria capaz de fazer aquilo que é presentemente impossível para nós. (...) Suponhamos um recipiente dividido em duas partes, A e B, por uma divisão onde existe um pequeno orifício e que um ser que pode ver as moléculas individuais abra e feche esse orifício, de modo a permitir que apenas as moléculas mais rápidas passem de A para B, e apenas as mais lentas passem de B para A. Ele poderia, sem dispêndio de trabalho, aumentar a temperatura de B e reduzir a de A, em contradição com a segunda lei da termodinâmica". Discutir e criticar esse trecho de Maxwell. Poderia você salvar do demônio a segunda lei?

24. Considere 1 mol de criptônio a 300 K e volume V, e 1 mol de hélio no mesmo volume. Qual deve ser a temperatura do hélio se ambos os gases devem ter a mesma entropia? Como poderia ser interpretado esse resultado em termos da relação da entropia e a probabilidade?

25. O N_2 molecular é aquecido num arco elétrico e as observações espectroscópicas indicam que os números relativos de moléculas em estados vibracionais excitados com energias dadas por $\epsilon = (v + \frac{1}{2})h\nu$ são

v	0	1	2	3
N_v/N_0	1,00	0,26	0,07	0,00

(a) Mostrar que o gás está no equilíbrio termodinâmico com respeito à distribuição de energia vibracional.

(b) Qual a temperatura do gás?

(c) Que fração da energia total do gás é energia vibracional?

Mudanças de estado

A química, por meio de operações visíveis, analisa os corpos por certos princípios grosseiros e tangíveis, sais, enxofres e semelhantes. Mas a física, por meio de especulações delicadas, atua sobre esses princípios da mesma maneira como a química age sobre os próprios corpos; ela os divide em outros princípios, ainda mais simples, em corpúsculos projetados e movimentados de uma infinidade de maneiras: aqui temos a diferença básica entre a química e a física. O espírito da química é mais complexo, mais elaborado; assemelha-se às misturas nas quais os princípios estão intimamente emaranhados uns com os outros. O espírito da física é mais simples e livre; ascende mesmo, finalmente, às origens primárias. O outro espírito não vai ao verdadeiro fim das coisas.

Fontenelle
1733[1]

Mudanças do tipo da fusão do gelo, dissolução do açúcar na água, vaporização do benzeno ou transformação da grafita em diamante são chamadas *mudanças do estado de agregação* ou *mudanças de fase*. Caracterizam-se por variações descontínuas de certas propriedades do sistema em alguma temperatura e pressão definidas. A palavra *fase* se origina do grego $\varphi\alpha\sigma\iota\varsigma$, que significa *aparência*. É necessário distinguir mudanças de fase de mudanças químicas, que envolvem reações químicas, e de mudanças físicas, tais como expansão ou compressão, que ocorrem continuamente com variações na temperatura ou pressão. No estado sólido, especialmente, nem sempre se pode manter uma distinção entre uma mudança química e uma física, pois certas fases sólidas existem em uma faixa de composições dentro da qual as estruturas podem exibir vários graus de desordem[2].

6.1. Fases

Nas palavras de Josiah Willard Gibbs, professor de Física-Química na Universidade de Yale, quando um sistema for "totalmente uniforme, não apenas em relação à composição química mas também quanto ao estado físico", é chamado *homogêneo*, ou seja, consiste de apenas *uma fase*. Como exemplo, tem-se um volume de ar, uma dose de rum ou um pedaço de gelo. Meras diferenças de forma ou grau de subdivisão não bastam para determinar numa nova fase. Assim, uma massa de gelo moído ainda é apenas uma fase. Admitimos, neste estágio do problema, que uma superfície variável não afete de modo apreciável as propriedades de uma substância.

Um sistema que consiste de mais de uma fase é denominado *heterogêneo*. Cada parte do sistema física ou quimicamente diferente, homogênea e mecanicamente sepa-

---

[1]Bernard le Bovier de Fontenelle. *Histoire de l'Académie Royale des Sciences*, 1733

[2]J. A. Anderson, *Advan. Chem. Ser.* **39**, 1 (1963)

Mudanças de estado

rável é uma fase distinta. Assim, água com gelo moído é um sistema de duas fases. O conteúdo de um frasco de benzeno líquido, em contato com vapor de benzeno e ar, é um sistema bifásico: se adicionarmos açúcar (praticamente insolúvel em benzeno), o sistema resultante será trifásico: uma fase sólida, uma líquida e outra vapor.

Em sistemas formados totalmente por gases, só pode existir uma fase no equilíbrio, pois todos os gases são miscíveis em todas as proporções (a menos que ocorra uma reação química, como, por exemplo, $NH_3 + HCl$). Com os líquidos, dependendo de sua mútua solubilidade, uma ou mais fases podem aparecer. Hildebrand[3] mostrou uma curiosa fotografia de um tubo de ensaio contendo 10 camadas de líquidos estáveis. Com os sólidos geralmente ocorre uma intersolubilidade limitada e muitas fases sólidas podem coexistir num sistema em equilíbrio.

6.2. Componentes

A composição de um sistema pode ser descrita completamente em termos dos *componentes* nele presentes. O significado comum da palavra *componente* é relativamente restrito neste uso técnico. Desejamos impor uma condição de economia na descrição do sistema. Isto é feito usando o número *mínimo* de constituintes quimicamente diferentes necessários para descrever a composição de cada fase do sistema. Os constituintes escolhidos desta maneira são os *componentes*. Se as concentrações dos componentes para cada fase são definidas, então as concentrações em cada fase de todas as substâncias presentes no sistema estão fixadas univocamente. Esta definição pode ser expressada mais elegantemente dizendo-se que os componentes são os constituintes cujas concentrações podem ser *variadas independentemente* nas várias fases.

Uma maneira mais prática de definir o *número de componentes* é colocá-lo igual ao número total de constituintes químicos independentes no sistema menos o número de reações químicas distintas, que podem ocorrer no sistema, entre estes constituintes. *O número de constituintes independentes* é o número total menos o número de condições restritivas, tais como o balanço de material ou a neutralidade de cargas. Por *reação química distinta* compreendemos a que não pode ser escrita simplesmente como uma seqüência de outras reações no sistema.

Consideremos, por exemplo, um sistema composto de carbonato de cálcio, óxido de cálcio e dióxido de carbono. Existem três constituintes químicos diferentes, $CaCO_3$, CaO e CO_2. Uma reação ocorre entre eles, a saber: $CaCO_3 \longrightarrow CaO + CO_2$. Portanto, o número de componentes $c = 3 - 1 = 2$.

Um exemplo mais complexo é o sistema formado na mistura de $NaCl$, KBr e H_2O. Suponhamos que possamos isolar deste sistema também os constituintes KCl, $NaBr$, $NaBr \cdot H_2O$, $KBr \cdot H_2O$ e $NaCl \cdot H_2O$. As possíveis e distintas reações químicas entre estes constituintes são

$$NaCl + KBr \longrightarrow NaBr + KCl; \quad NaCl + H_2O \longrightarrow NaCl \cdot H_2O$$
$$KBr + H_2O \longrightarrow KBr \cdot H_2O; \quad NaBr + H_2O \longrightarrow NaBr \cdot H_2O$$

Existem aqui oito constituintes, mas vigora a condição de balanço de material, pois os moles de KCl devem ser sempre iguais à soma dos moles de $NaBr$ e $NaBr \cdot H_2O$. Portanto, o número de componentes, $c = (8 - 1) - 4 = 3$. Se removermos a condição de que todo $NaBr$ e KCl são formados a partir dos reagentes originais e se pedirmos que estes sais sejam adicionados separadamente ao sistema, teremos $c = 4$. Um modo mais simples de compreender isso é considerar que a composição de qualquer fase pode ser especificada em termos dos quatro íons (Na^+, K^+, Cl^- e Br^-) mais água, mas a condição de eletroneutralidade exige que $Na^+ + K^+ = Cl^- + Br^-$.

[3]Joel H. Hildebrand e Robert L. Scott, *Regular Solutions* (Englewood Cliffs, N. J.: Prentice-Hall. Inc., 1962)

186 FÍSICO-QUÍMICA

Uma reação química incluída no cálculo do número de componentes deve sempre ocorrer realmente no sistema e não apenas ser uma reação *possível*, que não ocorre devido à ausência de um catalisador apropriado ou outra condição necessária para que ocorra a uma velocidade mensurável. Assim, uma mistura de vapor de água, hidrogênio e oxigênio seria um sistema de três componentes se as condições fossem tais que a reação $H_2 + \frac{1}{2}O_2 \longrightarrow H_2O$ não ocorresse. Se, contudo, um catalisador apropriado estiver presente ou se a temperatura for suficientemente elevada para a reação ocorrer, então o sistema será $c = 3 - 1 = 2$ componentes. Se impusermos a condição de que todo H_2 e O_2 provêm da dissociação da H_2O, teremos um sistema de apenas um componente.

O exame cuidadoso de cada sistema individual é necessário para decidir a melhor escolha dos componentes. É geralmente sábio escolher como componentes aqueles constituintes que não podem ser convertidos em um outro por meio de reações químicas ocorrendo no sistema. Assim, $CaCO_3$ e CaO seriam uma escolha possível para o sistema $CaCO_3 \rightleftharpoons CaO + CO_2$, mas constituem uma escolha desaconselhável porque a concentração de CO_2 então deveria ser expressa por quantidades negativas. Enquanto a *identidade* dos componentes está sujeita a um certo grau de escolha, o *número* de componentes está sempre fixado definitivamente para qualquer caso dado.

6.3. Graus de liberdade

Para a descrição completa de um sistema, os valores numéricos de certas variáveis devem ser fornecidos. Essas variáveis são escolhidas entre as funções de estado do sistema, tais como pressão, temperatura, volume, energia, entropia e as concentrações dos vários componentes nas diferentes fases. Valores para todas as possíveis variáveis não precisam ser explicitamente fornecidas porque o conhecimento de algumas delas determina definitivamente os valores das demais. Para qualquer descrição completa, contudo, necessitamos de pelo menos um fator capacidade, pois, de outro modo, a massa do sistema ficaria indeterminada.

Uma característica importante dos equilíbrios entre fases é que são independentes das quantidades das fases presentes[4]. Desta maneira, a pressão do vapor de água sobre a água líquida não depende do volume do frasco nem da quantidade de água, quer alguns mililitros ou vários litros de água estejam em equilíbrio com a fase vapor. Analogamente, a concentração de uma solução saturada de sal em água é uma quantidade definida e fixa, independente do excesso, pequeno ou grande, de sal não-dissolvido presente.

Na discussão de equilíbrio entre fases, não é necessário considerar fatores de capacidade que expressem as massas das fases. Consideramos apenas fatores intensivos, tais como temperatura, pressão e concentrações. Dessas variáveis, algumas podem ser variadas independentemente, mas as restantes são fixadas pelos valores escolhidos para as variáveis independentes e pelas condições termodinâmicas do equilíbrio. O número de variáveis de estado intensivas que podem ser variadas independentemente sem alterar o número de fases é chamado *números de graus de liberdade* do sistema ou, também, *variância*.

Por exemplo, o estado de uma certa quantidade de um gás puro pode ser especificado completamente por meio de duas quaisquer das variáveis, pressão, temperatura e densidade. Se duas quaisquer forem conhecidas, pode-se calcular a terceira. Portanto, o sistema tem dois graus de liberdade; é um sistema *bivariante*.

No sistema água-vapor de água, é preciso especificar apenas uma variável para determinar o estado. Para uma dada temperatura, o valor da pressão do vapor de água em equilíbrio com a água líquida é fixo. O sistema tem um grau de liberdade, ou seja, é *univariante*.

[4]Esta afirmação será provada na próxima seção. É verdadeira desde que não se considerem variações de área das superfícies (ver o Cap. 11)

Mudanças de estado

187

6.4. Teoria geral do equilíbrio: o potencial químico

Sob condições de temperatura e pressão constantes, qualquer transformação do sistema se realiza de um estado de energia livre de Gibbs mais alta G_1 para um de energia livre de Gibbs mais baixa G_2. Por esta razão, tornou-se natural pensar na função de Gibbs, G, como num potencial termodinâmico, e pensar em qualquer transformação do sistema como uma passagem de um estado de maior a um de menor potencial. É óbvio que a escolha de G como função potencial é devida à escolha das condições de T e P constantes. A V e T constantes, a respectiva função potencial seria A; a P e S constantes, seria H etc.

Se um sistema contiver mais de um componente numa dada fase, seu estado não pode ser especificado sem alguma informação precisa sobre a *composição* daquela fase. Além de P, V e T, precisamos introduzir novas variáveis para medir as quantidades dos diferentes constituintes químicos do sistema. Como de costume, o mol é escolhido como medida química, com os símbolos n_1, n_2, n_3, ..., n_i, representando os *números de moles* dos componentes 1, 2, 3, ..., i da fase particular em questão.

Segue-se então que cada função termodinâmica depende tanto destes n_i como de P, V, T. Assim $U = U(V, T, n_i)$; $G = G(P, T, n_i)$; etc. Conseqüentemente, uma diferencial completa, por exemplo, da função de Gibbs é

$$dG = \left(\frac{\partial G}{\partial T}\right)_{P,\, n_i} dT + \left(\frac{\partial G}{\partial P}\right)_{T,\, n_i} dP + \sum_i \left(\frac{\partial G}{\partial n_i}\right)_{T,\, P,\, n_j} dn_i \tag{6.1}$$

A partir da Eq. (3.43), $dG = -S\, dT + V\, dP$ para qualquer sistema de composição constante, isto é, quando todos os $dn_i = 0$. Portanto, a Eq. (6.1) se torna

$$dG = -S\, dT + V\, dP + \sum \left(\frac{\partial G}{\partial n_i}\right)_{T,\, P,\, n_j} dn_i \tag{6.2}$$

O coeficiente $(\partial G/\partial n_i)_{T,P,n_j}$ foi introduzido por Gibbs, que o denominou *potencial químico*, ao qual deu o símbolo especial μ_i. Portanto,

$$\mu_i = \left(\frac{\partial G}{\partial n_i}\right)_{T,\, P,\, n_j} \tag{6.3}$$

É a variação da energia livre de Gibbs da fase com a variação do número de moles do componente i, sendo mantidos constantes a temperatura, a pressão e o número de moles dos demais componentes. Portanto, os potenciais químicos medem como a energia livre de Gibbs de uma fase depende de qualquer variação em sua composição.

A Eq. (6.2) pode agora ser reescrita

$$dG = -S\, dT + V\, dP + \sum \mu_i\, dn_i \tag{6.4}$$

Uma equação do tipo da Eq. (6.4), que inclui a variação de uma função termodinâmica com o número de moles de componentes diferentes, aplica-se a um *sistema aberto*. Podemos variar a quantidade de qualquer componente i em um sistema aberto, adicionando ou retirando dn_i deste componente. A P e T constantes, a Eq. (6.4) fica

$$dG = \sum \mu_i\, dn_i \quad (T \text{ e } P \text{ constantes}) \tag{6.5}$$

Uma equação deste tipo aplica-se a cada fase de um sistema de várias fases, e as transferências de massa dn_i podem ocorrer de uma fase a outra. Se considerarmos a fase como *fechada*, de modo a não ser permitida uma transferência de massa por suas fronteiras, aplicaremos a Eq. (3.43) e obteremos

$$\sum \mu_i\, dn_i = 0 \quad (T \text{ e } P \text{ constantes, fase fechada}) \tag{6.6}$$

Podemos, contudo, considerar todo o sistema de várias fases como fechado. Temos então a relação

$$\sum_i \mu_i^\alpha\, dn_i^\alpha + \sum_i \mu_i^\beta\, dn_i^\beta + \sum_i \mu_i^\gamma\, dn_i^\gamma + \cdots = 0 \tag{6.7}$$

188 FÍSICO-QUÍMICA

onde $\alpha, \beta, \gamma, \ldots$ representam as diversas fases. Podemos ainda transferir componentes pelas fronteiras das fases neste sistema, mas não pode haver entrada ou saída de massa no sistema, como um todo.

Outros aspectos e aplicações do potencial químico serão explorados no próximo capítulo sobre soluções. Agora, a nova função será usada na dedução de Gibbs da *regra das fases*, uma equação fundamental que governa o equilíbrio entre fases.

6.5. Condições de equilíbrio entre fases

Para um sistema que contém diversas fases em equilíbrio, podemos deduzir certas condições termodinâmicas para a existência do equilíbrio.

Para o equilíbrio térmico é necessário que as temperaturas de todas as fases sejam iguais. Caso contrário, ocorreria escoamento de calor de uma fase a outra. Esta condição, que se compreende intuitivamente, pode ser provada se considerarmos duas fases α e β nas temperaturas T^α e T^β. A condição para o equilíbrio, a volume e composição constantes, dada na Eq. (3.28) é $\delta S = 0$. Sejam S^α e S^β as entropias das duas fases. Suponhamos que ocorra uma transferência virtual de calor δq de α a β no *equilíbrio*. Então,

$$\delta S = \delta S^\alpha + \delta S^\beta = 0 \quad \text{ou} \quad -\frac{\delta q}{T^\alpha} + \frac{\delta q}{T^\beta} = 0$$

e, portanto,

$$T^\alpha = T^\beta \tag{6.8}$$

Para o equilíbrio mecânico é necessário que as pressões de todas as fases sejam iguais. Caso contrário, o volume de uma fase aumentaria às custas do da outra. Esta condição pode ser deduzida da condição de equilíbrio, a volume total e temperatura constantes, $\delta A = 0$. Suponhamos que uma fase se expanda na outra de δV, então,

$$\delta A = P^\alpha \delta V - P^\beta \delta V = 0$$
$$P^\alpha = P^\beta \tag{6.9}$$

Além das condições dadas pelas Eqs. (6.8) e (6.9), é necessária uma condição para exprimir as exigências do equilíbrio químico. Consideremos o sistema com as fases α e β mantidas a temperatura e pressão constantes, e simbolizemos por n_i^α e n_i^β as quantidades do componente i nas duas fases. A condição de equilíbrio $\delta G = 0$ da Eq. (3.36) fica

$$\delta G = \delta G^\alpha + \delta G^\beta = 0 \tag{6.10}$$

Suponhamos que o processo virtual, que ocorreu, consistiu da retirada de δn_i moles do componente i da fase α, que foram adicionados à fase β. (Este processo pode ser uma reação química ou uma mudança de estado de agregação.) Então, em virtude da Eq. (6.7), a (6.10) se torna

$$\delta G = -\mu_i^\alpha \, \delta n_i + \mu_i^\beta \, \delta n_i = 0$$
$$\mu_i^\alpha = \mu_i^\beta \tag{6.11}$$

Esta é a condição geral para o equilíbrio em relação ao transporte de matéria entre as fases num sistema fechado, incluindo o equilíbrio químico entre as fases. Para qualquer componente i no sistema, o valor do potencial químico μ_i deve ser o mesmo para cada fase quando o sistema estiver em equilíbrio a T e P constantes. As diversas condições de equilíbrio são resumidas a seguir:

Mudanças de estado

189

Fator capacidade	Fator intensidade	Condição de equilíbrio
S	T	$T^\alpha = T^\beta$
V	P	$P^\alpha = P^\beta$
n_i	μ_i	$\mu_i^\alpha = \mu_i^\beta$

6.6. A regra das fases

Entre 1875 e 1876, Gibbs publicou uma série de trabalhos intitulada "Sobre o equilíbrio de substâncias heterogêneas", em *Transactions of the Connecticut Academy of Sciences*. Com precisão e beleza brilhantes, Gibbs desvendou, nesses artigos, a ciência básica do equilíbrio heterogêneo.

A regra das fases de Gibbs fornece uma relação genérica entre os graus de liberdade de um sistema, f, o número de fases, p, e o número de componentes, c. Esta relação é sempre

$$f = c - p + 2 \tag{6.12}$$

A dedução é a seguinte: o número de graus de liberdade é igual ao número de variáveis intensivas necessárias para descrever um sistema menos o número das que não podem ser variadas independentemente. O estado de um sistema contendo p fases e c componentes é especificado no equilíbrio, se especificamos a temperatura, a pressão e as quantidades de cada componente em cada fase. O número de variáveis necessário é, portanto, $pc + 2$.

Seja n_i^α o número de moles de um componente i na fase α. Como o tamanho do sistema, ou a quantidade real de material em qualquer fase, não afeta o equilíbrio, não estamos realmente interessados nas quantidades absolutas e sim nas quantidades relativas dos componentes nas diferentes fases. Portanto, em vez do número de moles n_i, devem ser usadas as frações molares X_i^α que são dadas por

$$X_i^\alpha = \frac{n_i^\alpha}{\sum_i n_i^\alpha} \tag{6.13}$$

Para cada fase, a soma das frações molares é igual a 1.

$$X_1 + X_2 + X_3 + \cdots + X_c = 1$$

ou

$$\sum X_i = 1 \tag{6.14}$$

Se especificamos todas as frações molares exceto uma, esta pode ser calculada a partir da Eq. (6.14). Se existem p fases, existem p equações semelhantes à Eq. (6.14) e, portanto, não há necessidade de especificar p frações molares, pois estas podem ser calculadas. O número total de variáveis independentes a ser especificado é, portanto, $pc + 2 - p$ ou $p(c-1) + 2$.

No equilíbrio, as condições dadas pela Eq. (6.11) impõem um conjunto de restrições posteriores sobre o sistema por exigir que os potenciais químicos de cada componente seja o mesmo em qualquer fase. Estas condições são expressas por um conjunto de equações do tipo:

$$\mu_1^\alpha = \mu_1^\beta = \mu_1^\gamma = \cdots$$
$$\mu_2^\alpha = \mu_2^\beta = \mu_2^\gamma = \cdots$$
$$\vdots \qquad \vdots \qquad \vdots \tag{6.15}$$
$$\mu_c^\alpha = \mu_c^\beta = \mu_c^\gamma = \cdots$$

190 FÍSICO-QUÍMICA

Cada igualdade neste conjunto de equações significa uma condição imposta ao sistema, diminuindo a sua variância de 1. Por inspeção, constatamos que há $c(p-1)$ destas condições.

Os graus de liberdade são iguais ao número total de variáveis menos as condições restritivas e, portanto,

$$f = p(c - 1) + 2 - c(p - 1)$$
$$f = c - p + 2$$

(6.16)

6.7. Diagrama de fase para um componente

Da regra das fases, quando $c = 1$, $f = 3 - p$ e são possíveis três diferentes casos

$p = 1$, $\quad f = 2$, sistema bivariante

$p = 2$, $\quad f = 1$, sistema univariante

$p = 3$, $\quad f = 0$, sistema invariante.

Como o número máximo de graus de liberdade é dois, as condições de equilíbrio para um sistema de um componente podem ser representadas por um diagrama de fase bidimensional, sendo que a escolha mais conveniente de variáveis é P e T. Se desejamos, contudo, mostrar também as variações de volume do sistema, podemos construir um modelo em três dimensões da superfície PVT completa. Cada ponto desta superfície caracteriza um conjunto de valores de equilíbrio de P, V e T para a substância. É comum utilizar volume por mol (V_m) ou volume por grama (v) nesses gráficos.

A Fig. 6.1 mostra uma dessas superfícies PVT para o dióxido de carbono, uma substância que sofre contração ao ser congelada. No caso de uma substância que sofra expansão ao congelar, como a água, a superfície sólido-líquido teria a inclinação oposta.

Acompanhemos uma isoterma na superfície, por aumento de P a T constante, partindo do ponto a, que corresponde a CO_2 gasoso a $P = 1,00$ atm, $T = 293,15$ K e $V_m = 24\,570$ cm^3. À medida que a pressão aumenta, o volume diminui ao longo da linha ab até que, no ponto b, CO_2 líquido começa a se formar. A pressão neste ponto é de 56,3 atm e o volume molar do vapor em equilíbrio com o líquido é $V_m = 230,4$ cm^3. O volume do líquido é dado pelo ponto c, como $V_m = 56,5$ cm^3. A linha bc é chamada *linha de correlação*, pois liga pontos que representam fases em equilíbrio umas com as outras. Na isoterma a 293,15 K, a pressão permence constante a 56,3 atm até que o vapor seja totalmente convertido em líquido em c. Qualquer ponto entre b e c representa uma região de duas fases: coexistência do líquido e vapor, e, dependendo das quantidades relativas do líquido e do vapor, o volume pode ter qualquer valor entre o do vapor puro em b e o do líquido puro em c. O aumento de pressão além de c é aplicado à fase líquida pura, que possui uma compressibilidade baixa de modo que a isoterma aumenta abruptamente até interceptar a curva do ponto de fusão em d, que é muito próximo de $4\,950$ atm a 293,15 K. As densidades do CO_2 líquido e sólido nesta pressão não foram medidas diretamente, embora Bridgman tenha determinado o decréscimo de volume ao congelar, $\Delta V_m = 3,94$ cm$^3 \cdot$ mol^{-1}, de d a e no diagrama. De uma extrapolação grosseira dos dados de Holser e Kennedy[5], pode-se estimar para V_m do CO_2 líquido em d 35 cm^3, de modo que para o V_m do CO_2 sólido em e seja igual a cerca de 31 cm$^3 \cdot$ mol^{-1}. A isoterma continua com compressão posterior de CO_2 sólido ao longo da linha ef e além.

A Fig. 6.1 mostra também as projeções das superfícies PVT nos planos PV e PT. A projeção PT é a geralmente empregada como um "diagrama da regra das fases". No

[5] S. P. Clark, ed., *Handbook of Physical Constants*, Memoir 97 (Geological Society of America, 1966), p. 371

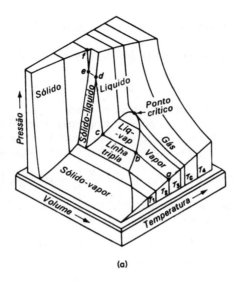

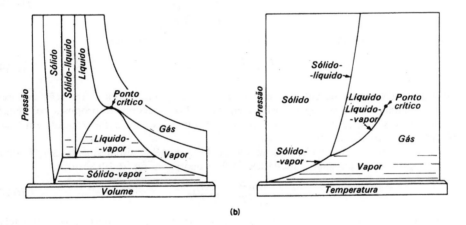

Figura 6.1 (a) Superfície *PVT* para uma substância que se contrai ao se congelar. (b) Projeções da superfície nos planos *PT* e *PV* [Segundo F. W. Sears, *An Introduction to Thermodynamics, The Kinetic Theory of Gases and Statistical Mechanics* (Reading, Mass.: Addison-Wesley), 1950]

diagrama *PT*, representam-se por linhas estados com duas fases em equilíbrio. Nos diagramas *VT* ou *VP*, tais estados são representados por áreas do plano, porque *V*(e não *P*) não é o mesmo para as duas fases em equilíbrio.

Em pressões suficientemente elevadas, o CO_2 sólido pode existir bem acima da temperatura crítica da transição líquido ⇌ vapor. Discussões acirradas têm sido travadas sobre a existência de um ponto crítico para uma transição sólido-líquido. Até o presente, as negações parecem ter se saído melhor com base no argumento de que a transição sólido-líquido exige uma mudança na simetria da estrutura da matéria, de modo que a continuidade de estados (Sec. 1.18) entre uma estrutura simétrica cristalina e um líquido isotrópico não seria possível.

192 FÍSICO-QUÍMICA

6.8. Análise termodinâmica do diagrama PT

Para investigar as condições termodinâmicas para uma mudança da fase, o ponto de partida é a relação

$$\mu^\alpha = \mu^\beta$$

Seja $\mu^\alpha(P_0, T_0)$ num ponto particular da curva PT (pode ser para os equilíbrios líquido-gás, líquido-sólido, sólido-gás ou sólido-sólido; a teoria termodinâmica é a mesma em todos os casos). O problema é encontrar $\mu^\alpha(P, T)$ num ponto infinitamente próximo.

Vamos então expandir $\mu^\alpha(T, P)$ em torno de $\mu^\alpha(P_0, T_0)$ usando o teorema de Taylor,

$$\mu^\alpha(T, P) = \mu^\alpha(T_0, P_0) + dP\left(\frac{\partial \mu^\alpha}{\partial P}\right)_T + dT\left(\frac{\partial \mu^\alpha}{\partial T}\right)_P + \cdots \qquad (6.17)$$

Da mesma forma, podemos exapandir $\mu^\beta(T, P)$. Sabemos que $\mu^\alpha(T_0, P_0) = \mu^\beta(T_0, P_0)$. Devemos determinar a razão de dP e dT, de modo que

$$\mu^\alpha(P_0 + dP, T_0 + dT) = \mu^\beta(T_0 + dT, P_0 + dP)$$

Dos dois primeiros termos na expansão da Eq. (6.17),

$$\frac{dP}{dT} = \frac{-\left(\frac{\partial \mu^\alpha}{\partial T} - \frac{\partial \mu^\beta}{\partial T}\right)}{\left(\frac{\partial \mu^\alpha}{\partial P} - \frac{\partial \mu^\beta}{\partial P}\right)} \qquad (6.18)$$

Mas $\partial \mu^\alpha/\partial T = -S^\alpha$, $\partial \mu^\alpha/\partial P = V^\alpha$ etc. Portanto, a Eq. (6.18) fica

$$\frac{dP}{dT} = \frac{S^\alpha - S^\beta}{V^\alpha - V^\beta} = \frac{\Delta S}{\Delta V} \qquad (6.19)$$

onde ΔS é a variação de entropia e V, a variação de volume para a transição de fases. Esta é a famosa equação de Clausius-Clapeyron. Foi inicialmente proposta pelo engenheiro francês Clapeyron, em 1834 e, cerca de trinta anos depois, foi colocada em bases sólidas termodinâmicas por Clausius.

Sendo ΔH_t o calor latente da mudança de fase, ΔS_t é simplesmente $\Delta H_t/T$, onde T é a temperatura na qual a mudança de fase ocorre. A Eq. (6.19) se torna

$$\frac{dP}{dT} = \frac{\Delta H_t}{T \, \Delta V_t} \qquad (6.20)$$

Esta equação é aplicável a qualquer mudança de estado (fusão, vaporização, sublimação, mudanças de formas cristalinas) desde que se empregue o calor latente apropriado.

Para se integrar exatamente a Eq. (6.20), seria necessário conhecer tanto ΔH_t como ΔV_t em função da temperatura e pressão[6]. As variações de ΔV_t seriam equivalentes aos dados de densidades das duas fases, nas faixas de T e P desejadas. Contudo, na maioria dos cálculos, numa faixa pequena de temperaturas, podemos considerar ΔH_t e ΔV_t constantes.

Como exemplo, vamos estimar o ponto de fusão do gelo sob 400 atm de pressão. As densidades do gelo e da água a 273,15 K e a 1 atm de pressão são $\rho_I = 0,9917 \, \text{g} \cdot \text{cm}^{-3}$ e $\rho_W = 0,9998 \, \text{g} \cdot \text{cm}^{-3}$, respectivamente. O calor latente de fusão, $\Delta H_f/M = 333,5 \, \text{J} \cdot \text{g}^{-1} = 3\,291 \, \text{cm}^{-3} \cdot \text{atm}^{-1} \cdot \text{g}^{-1}$. Se admitirmos que ΔH_f e as densidades são praticamente

---

[6]Uma discussão muito boa a respeito da variação da temperatura sobre ΔH_v é dada por E. A. Guggenheim em *Modern Thermodynamics* (Londres: Methuen & Co., Ltd., 1933), p. 57. ΔH_v varia consideravelmente com T, mas a variação em relação a P, para pressões moderadas, pode ser desprezada

Mudanças de estado

constantes nesta faixa de pressões com $V = M/\rho$, a Eq. (6.20) dará[7]

$$\frac{\Delta T}{\Delta P} = \frac{MT(\rho_W^{-1} - \rho_I^{-1})}{\Delta H_f}$$

$$\frac{\Delta T}{T} = (400)\frac{(1,0002 - 1,0905)}{3291}$$

$$\frac{\Delta T}{T} = -1,128 \times 10^{-3}$$

Com $T = 273$, $\Delta T = -3,08°$, e assim o ponto de fusão seria 270,07 K.

Para a mudança líquido $\longrightarrow$ vapor, a Eq. (6.20) fica

$$\frac{dP}{dT} = \frac{\Delta H_v}{T_b(V_g - V_l)} \tag{6.21}$$

Várias aproximações razoáveis podem ser feitas nesta equação. Se se despreza o volume do líquido comparado ao do vapor, que se admite comportar-se idealmente, $V_g = nRT/P$, e a Eq. (6.21) fica

$$\frac{d \ln P}{dT} = \frac{\Delta H_v}{nRT^2} \tag{6.22}$$

Uma equação semelhante seria uma boa aproximação para a curva de sublimação.

Como foi mostrado para a Eq. (3.57), pode-se também escrever a Eq. (6.22) como

$$\frac{d \ln P}{d(1/T)} = -\frac{\Delta H_v}{nR} \tag{6.23}$$

Num gráfico do logaritmo da pressão de vapor em função de $1/T$, multiplicando-se o valor da inclinação da curva num certo ponto por $-R$, obtém-se o calor de vaporização por mol. Em muitos casos, para uma pequena faixa de temperaturas, ΔH_v permanece efetivamente constante e a curva se apresenta como uma linha reta. É útil nos lembrarmos deste fato quando se extrapolam dados de pressões de vapor.

Dentro de qualquer faixa grande de temperatura, o calor latente de vaporização varia consideravelmente. Deve decrescer com o aumento de temperatura e aproximar-se de zero no ponto crítico. A Fig. 6.2 mostra como varia o calor latente de vaporização da água em função da temperatura.

Contudo, quando ΔH_v pode ser considerado constante, a forma integrada da Eq. (6.23) é

$$\ln \frac{P_2}{P_1} = \frac{\Delta H_v}{nR}\left(\frac{1}{T_2} - \frac{1}{T_1}\right) \tag{6.24}$$

Um valor aproximado para ΔH_v pode sempre ser obtido a partir da *regra de Trouton* (1884):

$$\frac{\Delta H_v}{nT_b} \approx 92 \text{ J} \cdot \text{K}^{-1} \cdot \text{mol}^{-1}$$

A regra é bem obedecida por muitos líquidos não-polares. Equivale à afirmação de que a entropia de vaporização por mol é aproximadamente a mesma para todos esses líquidos.

[7]Aproximamos $\ln[(T - \Delta T)/T]$ por $-\Delta T/T$

$$\ln\left(1 - \frac{\Delta T}{T}\right) = -\frac{\Delta T}{T} - \frac{1}{2}\left(\frac{\Delta T}{T^2}\right) - \cdots$$

de modo que o erro na aproximação seja cerca de 0,5%.

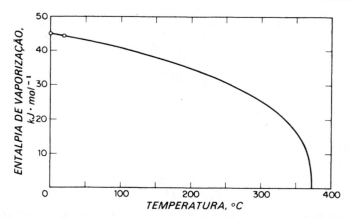

Figura 6.2 Calor de vaporização da água em função da temperatura

A mudança de estado usual (sólido a líquido, líquido a vapor etc.) é chamada *transição de primeira ordem*. Na temperatura de transição T_t, a pressão constante, as energias de Gibbs, G, para as duas formas são iguais, mas ocorre uma mudança descontínua na inclinação da curva de G em função de T para a substância. Como $(\partial G/\partial T)_P = -S$, há, portanto, uma interrupção na curva de S em função de T, sendo o valor de ΔS a T_t relacionável com o calor latente observado para a transição, através de $\Delta S = \Delta H_t/T_t$. Existe também uma variação descontínua em volume, ΔV, pois as densidades das duas formas não são iguais.

Várias transições foram estudadas nas quais não se detectaram variações de calor latente ou densidade. Como exemplos, têm-se as transformações de certos metais de sólidos ferromagnéticos a paramagnéticos nos respectivos pontos Curie e as transições de certos metais a baixas temperaturas a uma condição de supercondutividade. Nesses casos, há uma variação abrupta na inclinação, mas nenhuma descontinuidade na curva S em função de T na T_t. Como resultado, há uma descontinuidade ΔC_P na curva de capacidade calorífica, pois $C_P = T(\partial S/\partial T)_P$. Uma mudança de estado deste tipo é chamada uma *transição de segunda ordem*.

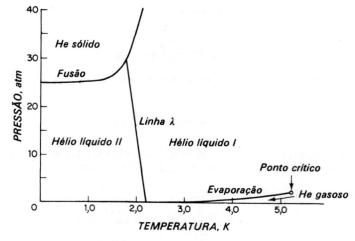

Figura 6.3 Diagrama de fases do hélio-4

6.9. O sistema hélio

As propriedades do hélio a baixas temperaturas são algumas vezes surpreendentes. Todas as demais substâncias se tornam sólidas a temperaturas suficientemente baixas, sob suas próprias pressões de vapor. No caso hélio, mesmo no limite $T \longrightarrow 0$, a fase sólida não se forma, a menos que se aplique uma elevada pressão.

Existem dois isótopos estáveis de hélio, ^{4}He e ^{3}He, sendo o último encontrado com uma abundância de apenas 1 parte em 10^6 no hélio atmosférico. O diagrama de fases do ^{4}He é mostrado na Fig. 6.3. À medida que a temperatura é reduzida ao longo de uma isóbara a 1 atm, uma transição ocorre apenas acima de 2 K do He-I líquido ordinário, para uma segunda fase líquida, o He-II líquido. Este é o único sistema conhecido onde duas fases líquidas coexistem para a mesma substância[8]. A curva de transição entre os dois líquidos é denominada curva λ. O He-II líquido se comporta *como se* fosse composto de dois fluidos totalmente miscíveis, sem qualquer viscosidade entre eles. Um dos dois fluidos é chamado o *fluido normal*, com uma densidade ρ_n, e o outro, o *superfluido*, com densidade ρ_s. A densidade do He-II líquido é, assim, $\rho = \rho_n + \rho_s$. O valor de ρ_n aumenta de 0 a 0 K a ρ na curva λ, enquanto a de ρ_s aumenta de 0 na curva λ a ρ a 0 K. O superfluido tem uma viscosidade $\eta = 0$. Como o He-II líquido é composto

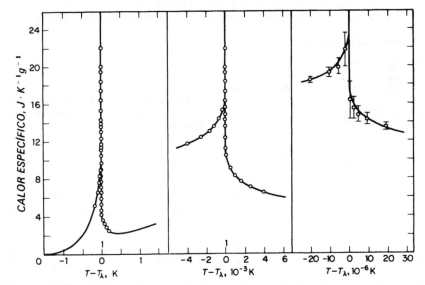

Figura 6.4 Calor específico do ^{4}He líquido sob a pressão do vapor saturado em função de $T - T_\lambda$. A largura da linha vertical logo acima da origem indica a porção do diagrama mostrado em escala expandida (em largura) na curva à direita [Segundo M. J. Buckingham e W. M. Fairbank, *Prog. Low. Temp. Phys.* **3**, 80 (1961)]

[8] Devemos mencionar a misteriosa *ortoágua* de Deryagin e outros, a qual foi reportada como tendo uma densidade 1,5 vez a da água ordinária. [Ver "Poliágua" de E. R. Lippincott, *et. al.*, *Science* **164**, 1 482 (1969)]. Até o presente, tal forma de água parece um dos *hronir* da estória de Borges. "Tlon, Uqbar, Orbis Tertius". Em 1963, Kurt Vonnegut publicou um notável romance de ficção científica *Cats Cradle* ("Berço dos gatos") baseada numa nova forma de água, infelizmente estável em relação à água comum. A destruição de toda a vida na Terra era conseqüência desta mudança de fase fictícia. "O gelo-nove foi a última dádiva de Felix Hoenikker, criada para a humanidade, antes de sua justa recompensa. (...) Ele havia preparado um pouco de gelo-nove. Era azul-pálido. Tinha um ponto de fusão de 114,4 F".

inteiramente de átomos ordinários de ^{4}He, não se pode acreditar que contenha dois fluidos fisicamente diferentes, mas suas propriedades são representadas matematicamente por tal modelo.

A transição He-II líquido $\rightleftharpoons$ He-I líquido não se comporta como uma transição de fase de primeira ordem comum, com um calor latente ΔH_t e uma variação de volume ΔV_t. Em ambos os lados da transição no gráfico de capacidade calorífica C_V em função de T, encontra-se, como é mostrada na Fig. 6.4, uma singularidade no ponto λ, onde $C_V \longrightarrow \infty$. A forma da curva resultante lembra uma letra grega λ, e esta é a origem do nome *transição lambda*.

Segundo uma classificação dada por Ehrenfest[9], uma transição de segunda ordem apresentaria uma interrupção finita na curva C_V-T. Em vista da singularidade logarítmica no ponto λ, a transição no hélio líquido não pode ser classificada como uma transição de segunda ordem e, realmente, escapa à classificação de Ehrenfest.

6.10. Pressão de vapor e pressão externa

Aumentando-se a pressão sobre um líquido, aumenta-se sua pressão de vapor. Em termos grosseiros, as moléculas são expelidas do líquido para a fase de vapor. Um sistema idealizado é mostrado na Fig. 6.5, onde pressão externa pode ser aplicada a um líquido através de um pistão, que é permeável ao vapor mas não ao líquido.

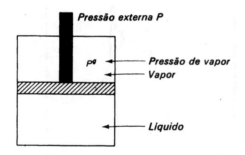

Figura 6.5 Um arranjo idealizado para aplicar pressão a um líquido através de um pistão permeável ao vapor

O tratamento desta situação foi dado originalmente por Gibbs. Voltemos à Eq. (6.17) e à condição de equilíbrio $\mu^g = \mu^l$. A temperatura constante, apenas o segundo termo na Eq. (6.17) precisa ser considerado para dar

$$dP^g \left(\frac{\partial \mu^g}{\partial P}\right)_T = dP^l \left(\frac{\partial \mu^l}{\partial P}\right)_T \qquad (6.25)$$

Da Eq. (3.49), para uma substância pura, $(\partial \mu / \partial P)_T = V_m$, o volume molar. Portanto, a Eq. (6.25) dá a *equação de Gibbs*,

$$V_m^g \, dP^g = V_m^l \, dP^l$$

ou

$$\frac{dP^g}{dP^l} = \frac{V_m^l}{V_m^g} \qquad (6.26)$$

Se o vapor se comporta como um gás ideal, $V_m^g = RT/P^g$, a Eq. (6.26) fica

$$\frac{d \ln P^g}{dP^l} = \frac{V_m^l}{RT} \qquad (6.27)$$

---

[9]Uma boa discussão é dada por M. Zemansky, *Heat and Thermodynamics*, 5.ª ed. (New York; McGraw-Hill Book Co., 1968), p. 377

Mudanças de estado

Como o volume molar do líquido não varia muito com a pressão, podemos admitir um V_m^l constante na integração da Eq. (6.27), obtendo

$$\ln \frac{P_1^g}{P_2^g} = \frac{V_m^l \, (P_1^l - P_2^l)}{RT} \tag{6.28}$$

Em teoria, pode-se medir a pressão de vapor de um líquido sob uma pressão hidrostática aplicada de duas maneiras: (1) com uma atmosfera de um gás "inerte" e (2) com uma membrana ideal, semipermeável ao vapor. Na prática, o gás inerte se dissolve no líquido e, neste caso, a aplicação da equação de Gibbs ao problema é de validade duvidosa.

Como um exemplo de uso da Eq. (6.28), estimemos a pressão de vapor de mercúrio sob uma pressão externa de 1 000 atm a 373,2 K. A densidade é 13,352 g/cm³. Portanto,

$$V_m^l = \frac{M}{\rho} = \frac{200,61}{13,352} = 15,025 \text{ cm}^3$$

e

$$\ln \frac{P_1^g}{P_2^g} = \frac{15,025(1000 - 1)}{82,05 \times 373,2} = 0,4902$$

Portanto $P_1^g/P_2^g = 1,633$. A pressão de vapor a 1 atm é 0,273 torr, de modo que a pressão de vapor calculada a 1 000 atm é 0,455 torr.

6.11. Teoria estatística das mudanças de fases

Um dos problemas mais difíceis, embora fascinante, da química teórica atual é como estabelecer uma teoria quantitativa para as mudanças de estado. As relações termodinâmicas aplicáveis a mudanças de fase são perfeitamente claras, mas não fornecem qualquer explicação dos valores numéricos de pontos de fusão, pontos de ebulição, constantes críticas, calores latentes e outras quantidades deste tipo, em termos de interações entre moléculas e propriedades estatísticas de seus conjuntos. Em termos muito gerais, em uma mudança de fase a pressão constante, um sistema passa de um estado de temperatura baixa, caracterizado por baixas entalpia H e entropia S, para uma maior temperatura, de maior H e S. Assim

$$\text{baixa } H \longrightarrow \text{alta } H, \qquad \Delta H_t$$

$$\text{baixa } S \longrightarrow \text{alta } S, \qquad \Delta S_t = \frac{\Delta H_t}{T}$$

No equilíbrio a T e P constantes

$$\Delta G = 0 = \Delta H - T \, \Delta S$$

de forma que

$$\Delta S_t = \frac{\Delta H_t}{T_t}$$

O sistema "paga" para a transição a um estado de maior energia por meio de uma desordem maior, que corresponde a uma entropia maior. No equilíbrio, compensam-se exatamente as duas forças motrizes, de modo que, para as fases α e β, $G_m^\alpha = G_m^\beta$, onde G_m é a energia livre de Gibbs por mol.

O comportamento das funções de energia livre para uma típica transição de primeira ordem, a fusão de um cristal, é mostrado na Fig. 6.6. O nítido ponto de transição é marcado por uma clara descontinuidade na inclinação da curva de G em função de T. Em termos matemáticos, existe uma *singularidade* na função $G(T)$ no ponto da transição de fases.

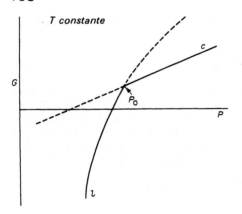

Figura 6.6 A energia de Gibbs, G, de uma substância pura em função da pressão (a T constante), mostrando uma transição cristal ⇌ líquido. As linhas sólidas representam a G da fase estável, e as interrompidas os valores extrapolados de G para a fase metaestável. O ponto P_0 é a pressão do ponto de fusão do cristal na temperatura T especificada

Podemos dividir em duas etapas o problema do tratamento termodinâmico-estatístico das mudanças de fase. A primeira etapa é o estabelecimento da função energia potencial U para a interação entre as moléculas, átomos ou íons que compõem o sistema. Em princípio, essas energias potenciais podem ser calculadas pela mecânica quântica, mas geralmente tais cálculos são muito difíceis e as funções potenciais se baseiam comumente em dados empíricos. Como exemplos, temos os potenciais Lennard-Jones mencionados em conexão com os gases não-ideais. O potencial do tipo Lennard-Jones fornece uma interação simples entre pares de partículas de modo que $U = U(r_{ij})$, onde r_{ij} é a distância entre as partículas i e j[10].

A segunda etapa no estudo teórico das mudanças de fase é calcular uma função de partição para o sistema de partículas que interagem e ver se a função prediz corretamente uma mudança de fase. Um exemplo desta abordagem foi o trabalho de Joseph Mayer sobre a teoria da condensação. Ele mostrou que, se a expressão para a energia potencial intermolecular contivesse termos atrativos e repulsivos, então a energia livre de Gibbs para o sistema $G(P, T)$ deveria ter necessariamente uma singularidade, abaixo de certa temperatura, que poderia ser identificada com a temperatura crítica, T_c.

A própria equação de Van Der Waals, tão simples, pode ser usada para indicar a mudança de estado vapor ⇌ líquido. Lembramo-nos de que a equação apresenta um máximo e um mínimo na região de duas fases, como são mostrados na Fig. 6.7. Podemos olhar esses lóbulos na curva de Van Der Waals como um esforço desesperado para representar uma transição de fase, mas as seções da curva onde $(\partial P/\partial V)_T > 0$ (a pressão aumenta na expansão) não correspondem a uma realidade física. O modelo de Van Der Waals é de longe demasiadamente simples para mostrar nítidas descontinuidades numa transição de fase.

Contudo, podemos encontrar os pontos finais preditos da região de duas fases a partir da condição de que a área hachurada acima da linha de união (AB) deve ser igual à que se encontra abaixo da mesma. Esta condição surge simplesmente da igualdade

---

[10] Contudo, essas interações entre pares de partículas são apenas uma primeira aproximação às interações que ocorrem entre partículas em meios densos. A energia de interação entre i e j é então modificada pela presença de outras partículas, k, l etc., de modo que os potenciais se tornam funções muito complexas de várias distâncias intermoleculares. Essencialmente, temos um *problema de muitos corpos* com todas as dificuldades matemáticas que ele introduz. Uma dificuldade, que se torna especialmente importante na teoria do estado sólido, é que nem sempre a energia do sistema pode ser expressa em termos das energias de interação entre partículas definidas. Em muitos casos, *interações coletivas* devem ser consideradas que pertencem ao sistema como um todo. Na teoria dos metais, por exemplo, os elétrons atuam coletivamente, como um tipo de plasma carregado negativamente, e não como partículas individuais

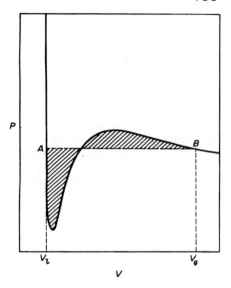

Figura 6.7 Transição de fases calculada a partir da equação de Van Der Waals. A isoterma mostrada é a de CO_2 a 253 K. Os pontos A e B são fixados pela condição de que as áreas hachuradas dos dois lóbulos devem ser iguais

das energias de Gibbs para os estados líquidos e vapor em equilíbrio, $G^g = G^l$, de modo que

$$\Delta G = G^g - G^l = 0$$

Mas

$$\Delta G = \int_l^g V \, dP$$

Da regra de integração por partes, se P_e for a pressão de equilíbrio líquido-vapor,

$$\int_l^g V \, dP = P_e(V^g - V^l) - \int_l^g P \, dV = 0$$

Olhando-se a Fig. 6.7, vê-se que esta expressão é a diferença entre as duas áreas hachuradas sob os lóbulos da curva de Van Der Waals.

Como $A = -kT \ln Z$ e $G = A + PV$, a singularidade em $G(T)$ no ponto de transição corresponde a uma singularidade na função de partição Z da Eq. (5.36). A dificuldade matemática da transição de fase retorna à questão de quanto uma função bem comportada, como Z, pode levar subitamente a uma singularidade. De fato, podemos mostrar que, se Z fosse simplesmente a soma sobre um número finito $\mathcal{N}$ de termos exponenciais, $\Sigma e^{-E_i/kT}$, nunca levaria a tal singularidade. Este teorema importante foi provado por Van Hove[11]. É apenas quando se tende ao limite, $\mathcal{N} \to \infty$, na nossa formulação mecânico-estatística das funções termodinâmicas que a possibilidade matemática de uma transição de fases aparece. Assim, da Eq. (5.42), a energia livre de Helmholtz é dada por

$$A = \lim_{\mathcal{N} \to \infty} [-kT \ln \sum_{\text{sobre } \mathcal{N}} e^{-E_i/kT}]$$

Uma transição de fases é um *fenômeno cooperativo*. Se uma pequena região de um cristal funde, a região fundida de desordem se espalha rapidamente, pelo cristal inteiro,

---

[11]Veja G. E. Uhlenbeck, "Remarks on the Condensation Problem", em *Lectures in Statistical Mechanics* (Providence, R.I.: American Mathematical Society, 1963)

de modo que mesmo parte do sistema mais distante de uma dada pequena região contribui para o estado termodinâmico do sistema naquela região. A desordem (ou a ordem na mudança oposta) varia rápida e nitidamente pois é uma propriedade cooperativa do sistema como um todo.

A abordagem de Mayer à condensação foi pela teoria de gases imperfeitos. Outra maneira de atacar o problema das mudanças de fase foi começar com o modelo do estado sólido, onde as moléculas estão dispostas num reticulado regular (ver a Sec. 18.4). Tais modelos de reticulados foram também aplicados a líquidos e mesmo a gases. Alguns pesquisadores da mecânica estatística, decididos a encontrar um modelo matemático, devotaram considerável atenção ao modelo do "reticulado gasoso unidimensional". O modelo básico de todas essas teorias de reticulados foi proposto originalmente por E. Ising em 1925[12], para tratar o ferromagnetismo, que é mostrado em duas dimensões na Fig. 6.8. As flexas em (b) representam os *spins* dos elétrons, que podem ter um ou outro sentido. Dada a lei de interação entre pequenos ímãs associados aos *spins*, o problema de Ising era deduzir a magnetização resultante do sistema como uma função da T. Aqui, novamente, podemos ver um problema combinatório no cálculo do número de configurações associadas a cada conjunto de estados de *spin*. A entropia de desordenar os *spins* compete com a energia de atração de *spins* ordenados. Em alguma temperatura T, deveria haver uma transição do estado ordenado (magnetizado) para o desordenado (desmagnetizado).

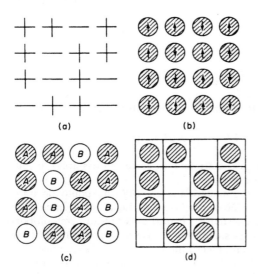

Figura 6.8 Uma configuração do modelo de Ising, (a), pode representar: (b) um arranjo de spins; (c) um arranjo de átomos numa liga binária; (d) uma configuração de um "gás de reticulado" [Segundo J. M. Ziman, *Principles of the Theory of Solids* (Londres: Cambridge University Press, 1964)]

No Cap. 11 será dada uma solução para o problema unidimensional de Ising, ao qual é aplicada para se obter a isoterma de adsorção de um gás nos sítios do reticulado de uma superfície sólida. Contudo, o problema unidimensional não conduz às mudanças de fase, pois não é possível uma ordenação de longo alcance. O fenômeno de mudança de fases aparece inicialmente no problema bidimensional. A solução matemática deste problema foi dada por Lars Onsager em 1944 para o caso de $X_A = X_b = 1/2$ (números iguais de *spins* + e −). Apesar dos esforços intensos dos químicos teóricos e dos matemáticos, o problema tridimensional ainda não foi resolvido. Se e quando a solução for obtida, será certamente um importante avanço na teoria matemática de mudanças de fase.

[12] *Z. Physik* **31**, 253 (1925)

6.12. Transformações sólido-sólido — O sistema enxofre

O enxofre sólido ocorre em duas formas cristalinas: a forma ortorrômbica, a baixa temperatura, e a forma monoclínica, a elevada temperatura. Na Fig. 6.9 é mostrado o diagrama de fase. A escala da pressão é logarítmica, para destacar a interessante região das baixas pressões.

O enxofre monoclínico funde sob sua própria pressão de vapor de 0,025 torr a 393,2 K, correspondente ao ponto E do diagrama. De E ao ponto crítico F estende-se a curva da pressão de vapor do enxofre líquido, EF. Também de E se estende a curva ED, a curva do ponto de fusão do enxofre monoclínico. A densidade do enxofre líquido é menor que a do sólido monoclínico, a situação comum em uma transformação sólido-líquido, e portanto ED se inclina para a direita, como é mostrado no diagrama. O ponto E é um ponto triplo onde as três fases coexistem, $S_m - S_{liq} - S_{vap}$.

A curva AB é a curva da pressão de vapor do enxofre ortorrômbico sólido. No ponto B, intercepta a curva de pressão de vapor do enxofre monoclínico BE e, também, a curva de transformação de enxofre ortorrômbico $\rightleftharpoons$ monoclínico, BD. Esta interseção determina o ponto triplo B onde o enxofre ortorrômbico, monoclínico e vapor coexistem. Como existem três fases e um componente, $f = c - p + 2 = 3 - 3 = 0$, e o ponto B é um ponto invariante, que ocorre sob a pressão de 0,01 torr e a 368,7 K.

A densidade do enxofre monoclínico é menor que a do ortorrômbico e, por isso, a temperatura de transição ($S_o \longrightarrow S_m$) aumenta com o aumento da pressão.

A inclinação de ED é maior que a de BD, de modo que as curvas se interceptam no ponto D, formando um terceiro ponto triplo no diagrama, $S_o - S_m - S_{liq}$. Isso ocorre

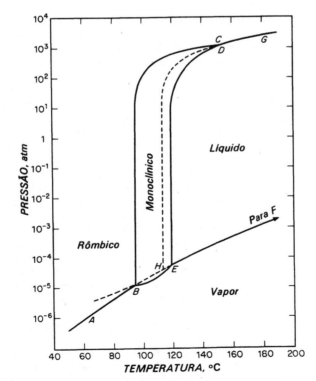

Figura 6.9 O sistema do enxofre num diagrama PT. Note a escala logarítmica de pressão

202 FÍSICO-QUÍMICA

a 428 K e a 1 290 atm. Em pressões maiores que esta, é de novo a forma sólida estável e DG é a curva do ponto de fusão de S_o nesta região de alta pressão. A faixa de existência estável de S_m está confinada à área totalmente incluída em BED.

Além dos equilíbrios estáveis representados por linhas sólidas, observam-se facilmente vários equilíbrios metaestáveis. Se aquecermos enxofre ortorrômbico muito rapidamente, passará o ponto de transição B sem mudança e finalmente fundirá a 387 K (ponto H). A curva EH é a curva de pressão de vapor metaestável do enxofre líquido super-resfriado. De H a D estende-se a curva do ponto de fusão metaestável de enxofre ortorrômbico. O ponto H é um ponto triplo metaestável, $S_o - S_{liq} - S_{vap}$. Todos esses equilíbrios metaestáveis são facilmente estudados devido à lentidão que caracteriza a velocidade do estabelecimento do equilíbrio entre as fases sólidas.

6.13. Medidas em pressões elevadas

É apenas um truísmo que nossa atitude perante o mundo físico seja condicionada pelas escalas de grandeza encontradas no ambiente terrestre. Tendemos a classificar as pressões e as temperaturas como elevadas ou baixas por comparação com a 10^5 N · m^{-2} e 293 K de um dia de verão no laboratório, apesar de que a maioria da matéria no universo esteja sob condições muito diferentes. Mesmo no centro da Terra, que não é, de maneira alguma, um corpo astronômico grande, a pressão é cerca de 4 000 kbar[13] e sob tal pressão as substâncias apresentarão propriedades muito distintas das que nos são familiares. No centro de uma estrela comparativamente pequena, como o nosso Sol, a pressão é de cerca 10^7 kbar.

O trabalho pioneiro de Gustav Tammann sobre medidas em pressões elevadas foi estendido por P. W. Bridgman e colaboradores em Harvard. Conseguiram-se pressões até de 400 kbar e métodos foram desenvolvidos para medida de propriedade de substâncias sob 100 kbar[14]. Tais pressões foram obtidas pela construção de vasos de pressão de ligas como Carboloy (carbeto de tungstênio cimentado com cobalto). Na técnica de câmaras múltiplas, o recipiente da substância em estudo está contido em outro e aplica-se pressão, tanto interna como externamente, ao recipiente interno por meio de prensas hidráulicas. Portanto, embora a pressão absoluta do recipiente interno possa ser de 100 kbar, a pressão diferencial que suas paredes devem suportar é de apenas 50 kbar.

O limite prático de qualquer aparelho de estágios múltiplos é atingido rapidamente, pois, embora a pressão máxima possa aumentar linearmente com o número de estágios, o volume absoluto da aparelhagem aumenta exponencialmente. Assim, os aparelhos mais modernos para pressões ultra-elevadas se baseiam na idéia de utilizar parte da força mecânica que produz a pressão para sustentar também o aparelho. A maior vantagem deste suporte está baseada no fato de pistões de carbeto falharem sob elevadas pressões, não por escoamento mas por fratura. Temos empregado pirofilita, um silicato de alumínio hidratado, como material de vedação porque transmite a pressão aplicada sem grande perda por atrito e é estável na maioria das condições de operação.

Um aparelho para elevadas pressões que fornece uma sustentação considerável ao pistão interno é a *bigorna tetraédrica* mostrada na Fig. 6.10. À medida que os pistões avançam, parte da pirofilita é extrudada entre as bigornas e este efeito ajuda a manter as faces do carbeto na região das pressões mais elevadas. Este aparelho, projetado por Tracy Hall, foi utilizado na primeira produção comercial de diamantes sintéticos.

[13]Pesquisadores no campo de elevadas pressões preferem atualmente usar como unidade de pressão o quilobar (kbar) = 10^8 N · m^{-2} = 1,01325 × 10^3 atm

[14]Para detalhes, veja P. W. Bridgman, *The Physics of High Pressures* (Londres: Bell and Co., 1949) e seu artigo de revisão, *Rev. Mod. Phys.* **18**, 1 (1946). O desenvolvimento recente pode ser encontrado em *High Pressure Physics and Chemistry*, editado por R. S. Bradley (New York: Academic Press, Inc., 1963)

Mudanças de estado

Figura 6.10 A bigorna tetraédrica utilizada para obtenção de elevadas pressões e temperaturas

O sistema do carbono é mostrado na Fig. 6.11. Produzimos diamantes por compressão da grafita a uma elevada temperatura[15]. Sem ação catalítica, foi estimado que uma pressão de 200 kbar a cerca de 4 000 K seria necessária para transformar grafita em diamante. Os recipientes de que dispomos não suportariam essas condições. Usando-se catalisadores metálicos, como tântalo e cobalto, obtém-se uma transformação rápida sob 70 kbar e a 2 300 K.

Para se obterem as mais elevadas pressões em laboratórios (ao redor de 2 000 kbar) utilizamo-nos de métodos dinâmicos nos quais uma onda de choque produzida por gás comprimido ou explosivo é forçada a percorrer através do espécime. Gases em elevada pressão e alta velocidade aceleram o material do espécime, e uma elevada pressão é produzida no espécime devido à inércia do material que foi acelerado. Dentro de alguns microssegundos (μs) todo espécime atinge uma elevada velocidade e uma elevada pressão, e, à medida que a frente de onda de choque atravessa o material, a onda de rarefação se espalha para trás, reduzindo de novo a pressão. Os diversos movimentos são acompanhados por fotografia de alta velocidade e os dados assim obtidos permitem calcular a pressão máxima atingida. Em 1961, B. J. Alder e R. M. Christian[16] encontraram evidências de formação de diamante na grafita submetida a elevada pressão a altas temperaturas. Alder observou: "Fomos milionários por um microssegundo".

[15] F. P. Bundy, *J. Chem. Phys.* **38**, 631 (1963)
[16] B. J. Alder e R. M. Christian, *Phys. Rev. Letters* **4**, 450 (1961)

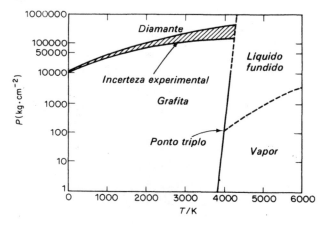

Figura 6.11(a) O diagrama de fases do carbono com escala logarítimica de pressão

Figura 6.11(b) Cristais de diamante grandes podem ser crescidos de um catalisador metálico fundido, como o níquel, a pressões ao redor de 60 kbar e um intervalo de 1 700-1 800 K. A fotografia mostra um cristal único recém-crescido de diamante, parcialmente escondido no centro do seu meio de crescimento de catalisador metálico, agora congelado. Ao redor do metal está seu isolamento refratário. O forno de tubo de carbono, que circunda o isolamento, foi removido. O cristal tem cerca de 5 mm de diâmetro (1 quilate) [R. H. Wentorf, General Electric Research and Development Center, Schenectady, New York. Detalhes do processo foram relatados no Simpósio de Processos de Velocidade em Elevada Pressão, Toronto, maio de 1970)]

Mudanças de estado

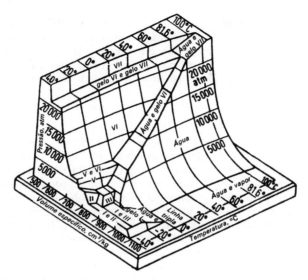

Figura 6.12 Superfície *PVT* para a água. Adaptada com mudanças de Zemansky (1968) por D. Eisenberg e W. Kauzmann, *The Structure and Properties of Water* (Oxford: Oxford University Press, 1969)

Medidas de água em elevadas pressões forneceram o diagrama de fases da Fig. 6.12. O ponto de fusão do gelo ordinário (gelo I) diminui com a compressão até atingir um valor de −22,0 °C a 2 040 atm. Posterior aumento de pressão provoca a transformação de gelo I numa nova modificação, gelo III, cujo ponto de fusão aumenta com o aumento da pressão. Foram encontradas no total seis formas polimórficas diferentes de gelo. Há cinco pontos triplos mostrados no diagrama da água. Numa pressão de cerca de 20 000 atm, a água líquida se congela a gelo VII em cerca de 100 °C. Não se mostra o gelo IV. Sua existência foi indicada pelo trabalho de Tammann mas não foi confirmada por Bridgman.

Respostas aos problemas geoquímicos mais importantes necessitam de dados posteriores sobre as propriedades de minerais em elevadas pressões. Como icebergs flutuam nos oceanos, montanhas flutuam num tipo de mar de rochas plásticas, que escoa facilmente sob pressão. A descontinuidade entre os minerais mais leves da crosta e os minerais mais densos subjacente é a famosa descontinuidade de Mohorovičić ou *M*. Em certos continentes, atinge cerca de 40 km abaixo da superfície, mas sob a plataforma de um oceano profundo atinge apenas de 7 a 10 km de profundidade. A descontinuidade *M* foi detectada originalmente por um súbito aumento na velocidade de ondas sísmicas. As primeiras teorias postularam uma diferença na composição química na descontinuidade *M*, mas a hipótese corrente é a de que a descontinuidade marca o local das transformações de fases, de formas cristalinas de baixa densidade de silicatos minerais, como albita e feldspatos de cálcio, a formas de alta densidade, como a jadeíta e a granada. A densidade varia de 2,95 a 3,50 g · cm^{-3} e o material de alta densidade é, obviamente, a forma estável em pressões mais elevadas. A pressão de transformação é de 15 a 20 kbar, dependendo da temperatura. De acordo com esta teoria, a descontinuidade *M* é simplesmente uma expressão natural da curva de transformação *PT* dessas duas classes de minerais, um tipo de diagrama de fases em larga escala. O processo do crescimento de uma montanha ocorreria, então, sempre que houvesse uma flutuação de temperatura debaixo da superfície, causando uma rápida queda no nível estável da transformação de fase e a formação de uma grande quantidade de material novo de densidade menor.

206 FÍSICO-QUÍMICA

Uma flutuação de temperatura de 10% na descontinuidade M deslocaria o equilíbrio suficientemente para elevar picos às alturas das Montanhas Rochosas. Mas o que causaria flutuação da ordem de 10%? Podemos estar certos de que a flutuação não é subita — pode levar vários milhões de anos. De acordo com as teorias correntes, a convecção para cima da rocha quente no manto poderia causar as flutuações necessárias na temperatura.

PROBLEMAS

1. O naftaleno funde a 80 °C. Seu calor de fusão é 19,29 kJ · mol⁻¹ a 80 °C e 19,20 kJ·mol⁻¹ a 70 °C. A capacidade calorífica do líquido é 223 J · K⁻¹ · mol⁻¹ e a do sólido é 214 J · K⁻¹ · mol⁻¹. Calcular a variação de entropia do naftaleno e da vizinhança quando 1 mol de naftaleno líquido super-resfriado a 70 °C congela ao sólido a 80 °C.

2. O ponto de fusão normal do mercúrio é –38,87 °C. Nesta temperatura, o volume específico do líquido é 0,07324 cm³ · g⁻¹ e o do sólido é 0,07014 cm³ · g⁻¹. O calor de fusão é 11,63 J · g⁻¹. Admitir que essas quantidades são todas independentes de T e P, e calcular (a) ΔS e ΔG quando 1 g de mercúrio líquido congela a –38,87 °C e (b) o ponto de fusão do mercúrio sob uma pressão de 200 atm.

3. Uma equação para a variação do calor latente de fusão λ com a temperatura de uma mudança de fase ao longo da curva de equilíbrio PT foi deduzida por Max Planck[17] como

$$\frac{d\lambda}{dT} = \Delta C_P + \frac{\lambda}{T} - \lambda \left(\frac{\partial \ln \Delta V}{\partial T}\right)_P$$

Deduzir a equação de Planck a partir de

$$d\lambda = \left(\frac{\partial \lambda}{\partial T}\right)_P dT + \left(\frac{\partial \lambda}{\partial P}\right)_T dP$$

4. A partir da equação de Planck do Problema 3, calcular $d\lambda/dT$ para a água, sendo dados os coeficientes de expansão térmica da água, α, e do gelo a 273 K como $-6,0 \times 10^{-5}$ e $11,0 \times 10^{-5}$, respectivamente. O calor latente de fusão a 273 K é 5,983 kJ · mol⁻¹ e os calores específicos são 4,184 J · K⁻¹ · g⁻¹ e 2,092 J · K⁻¹ · g⁻¹, respectivamente. O volume de gelo é 1,093 cm³ · g⁻¹.

5. Mostrar que, para uma transição sólido → vapor ou líquido → vapor, a equação de Planck do Problema 3 fica numa boa aproximação, $(d\lambda/dT) \approx \Delta C_P$. Seria esta aproximação também útil para uma transição sólido → líquido? Os Problemas 3, 4 e 5 são discutidos por K. Denbigh[18].

6. Esquematizar aproximadamente o diagrama do ácido acético a partir dos seguintes dados: (a) a forma α de baixa pressão funde a 16,6 °C sob sua própria pressão de vapor de 9,1 torr; (b) existe uma forma β de alta pressão, que é mais densa que α, mas tanto α como β são mais densas que o líquido; (c) o ponto de ebulição normal do líquido é 118 °C; (d) as fases α, β e líquido estão em equilíbrio a 55 °C e 2 000 atm.

7. O tungstênio puro funde a 3 370 °C. O líquido tem uma pressão de vapor de 5,00 torr a 4 337 °C e 60 torr a 5 007 °C. Calcular o ponto de ebulição normal do tungstênio.

8. Numa determinação experimental do calor latente de vaporização ΔH_v de um líquido puro, a partir de medidas de pressão de vapor, dentro de uma dada faixa de temperaturas e da equação de Clausius-Clapeyron é cometido um erro sistemático de 0,2 °C nas medidas de temperatura. Que erro será introduzido em ΔH_v, sendo o valor deste 40,0 kJ · mol⁻¹?

[17]*Treatise on Thermodynamics*, 3.ª ed. (New York: Dover Publications, Inc., 1927), p. 154
[18]*The Principles of Chemical Equilibrium* (Londres: Cambridge Press, 1964). Altamente recomendado

Mudanças de estado

9. Aquecendo-se um metal, este emite elétrons (emissão termoiônica). Sendo ϕ a diferença de energia entre um elétron em repouso no gás e no metal, mostre que a função de partição para o elétron do vapor é $Z_e = 2e^{-\phi/k\,T}(2\pi m_e kT/h^2)^{3/2}V$. Qual seria o número de elétrons por unidade de volume, em equilíbrio com o tungstênio metálico a 4 000 K, sendo $\phi = 4,25$ eV?

10. A pressão de vapor do iodo sólido é 0,25 torr e sua densidade é $4,93\,\text{g}\cdot\text{cm}^{-3}$ a 293 K. Admitindo-se válida a equação de Gibbs, estime a pressão de vapor do iodo sob uma pressão de 1 000 atm de argônio.

11. A partir dos seguintes dados, esquematizar o diagrama de fase do nitrogênio a baixas temperaturas. Existem três formas cristalinas, α, β, γ, que coexistem a 4 650 atm e 44,5 K. Neste ponto triplo, as variações de volume, ΔV, em $\text{cm}^3\cdot\text{mol}^{-1}$ são $\alpha \to \gamma$, 0,165; $\beta \to \gamma$, 0,208; e $\beta \to \alpha$, 0,043. A 1 atm e 36 K, $\beta \to \alpha$ com $\Delta V = 0,22$. Os valores de ΔS para as transições mencionadas são 1,25; 5,88; 4,59 e $6,52\,\text{J}\cdot\text{K}^{-1}\cdot\text{mol}^{-1}$, respectivamente[19].

12. Mostrar que a pressão de vapor de um sólido é dada por

$$\ln P = \ln \frac{kT}{V} + \ln \left(\frac{Z_g}{Z_s} e^{-\lambda/kT} \right)$$

onde Z_g e Z_s são funções de partição para o gás e o sólido, e λ é o calor latente de vaporização por molécula. A função de partição para o cobre sólido a 1 000 K é a Eq. (5.20) (como está deduzida no Cap. 18). Calcular a pressão de vapor do cobre a 1 000 K.

13. As pressões de vapor do gálio líquido são

T(K)	1 302	1 427	1 623
P(torr)	0,01	0,10	1,00

Calcular $\Delta H^\ominus$, $\Delta G^\ominus$ e $\Delta S^\ominus$ para a vaporização do gálio a 1 427 K.

14. Desenhar esquematicamente gráficos de G, S, V e C_P em função de T, a P constante, para transições típicas de primeira e segunda ordem. Deduzir a equação de Ehrenfest para uma transição de segunda ordem,

$$\frac{dP}{dT} = \frac{\Delta \alpha}{\Delta \beta}$$

sendo α a expansibilidade e β a compressibilidade.

15. A pressão da água a 298 K é 23,76 torr. Qual é $\Delta G^\ominus_{298}$ para a mudança $H_2O(g) \longrightarrow H_2O(l)$?

16. A 298 K, o calor de combustão padrão do diamante é $395,3\,\text{kJ}\cdot\text{mol}^{-1}$ e o da grafita é $393,4\,\text{kJ}\cdot\text{mol}^{-1}$. As entropias molares são 2,439 e $5,694\,\text{J}\cdot\text{K}^{-1}\cdot\text{mol}^{-1}$, respectivamente. Calcular o $\Delta G^\ominus$ para a transição grafita $\to$ diamante a 298 K e 1 atm. As densidades são $3,513\,\text{g}\cdot\text{cm}^{-3}$ e $2,260\,\text{g}\cdot\text{cm}^{-3}$, respectivamente, para o diamante e a grafita. Admitindo que as densidades e os ΔH_s são independentes da pressão, calcular as pressões nas quais diamante e grafita estariam em equilíbrio a 298 e 1 300 K.

17. A capacidade calorífica do zinco líquido de 419,5 a 907 °C pode ser representada por $C_P(\text{Zn}, \text{l}) = 7,09 + 1,15 \times 10^{-3}\,T$ em unidades de $\text{cal}\cdot\text{K}^{-1}\cdot\text{mol}^{-1}$. O Zn forma um gás monoatômico com $C_P(\text{Zn}, \text{g}) = \frac{5}{2}R$. O ponto de ebulição normal do Zn é 907 °C. Calcular a pressão de vapor de Zn a 500 °C, admitindo que o gás se comporta idealmente. Qual seria o resultado se se desprezasse a variação do calor de vaporização com T?

18. A partir do diagrama da Fig. 6.12, estimar o ponto triplo para o gelo VI-gelo VII-líquido. Qual a densidade aproximada da água líquida neste ponto triplo?

19. Fazendo N_2 e H_2 reagirem sobre um catalisador a alta pressão, forma-se um gás que contém 13 moles % de NH_3. O produto circula através de um refrigerador e

[19] J. Swenson, *Chem. Phys.* **23**, 1 963 (1955)

208 FÍSICO-QUÍMICA

sai a 30 °C e 300 atm. A densidade do NH_3 líquido a 30 °C é 0,595 g · cm^{-3} e sua pressão de vapor é 11,5 atm. Que fração do NH_3 que entrou no refrigerador foi condensada? Admitir que o gás NH_3 se comporte idealmente.

20. A pressão de vapor de água é dada por

$$\log_{10} P = A - \frac{2\,121}{T}$$

sendo A uma constante cujo valor depende das unidades escolhidas para P. O ΔH_{vap} da água a 373 K é 2 550 J · g^{-1}. (a) São introduzidos 10 g de água num recipiente evacuado, de volume constante, 10 dm^3. À temperatura de 323 K, qual será a massa de água líquida? (b) Aumenta-se a temperatura gradualmente. A que temperatura toda a água estará vaporizada?

Soluções

No inverno do ano de 1729, expus, em grandes recipientes abertos, cerveja, vinho, vinagre e salmoura à geada, que congelou quase toda a água desses líquidos num tipo de gelo esponjoso, suave, e uniu os fortes álcoois das bebidas fermentadas, de modo que, removendo o gelo, eles pudessem ser separados da água, que os diluía antes de ser congelados; e quanto mais frio fosse mais perfeita a separação: portanto, vemos que o frio impossibilita a água de dissolver o álcool, o sal e o vinagre: e é provável que o maior frio possível na natureza possa privar a água de todo o seu poder de dissolução.

Hermann Boerhaave
1732[1]

Uma solução é uma fase qualquer contendo mais de um componente. A solução pode ser gasosa, líquida ou sólida. Abaixo do ponto crítico, gases que não reagem quimicamente são miscíveis em todas as proporções. Fluidos acima do ponto crítico podem ter um intervalo limitado de solubilidade entre si. Líquidos geralmente dissolvem uma grande variedade de gases, sólidos ou outros líquidos, e a composição dessas soluções líquidas pode ser variada muito ou pouco, dependendo das relações de solubilidade do sistema particular. Soluções sólidas são formadas quando um gás, um líquido ou outro sólido se dissolve num sólido. São muitas vezes caracterizadas por um intervalo muito limitado de concentrações, embora se conheçam muitos pares de sólidos que são mutuamente solúveis em todas as proporções (exemplo, cobre e níquel).

7.1. Medidas de composição

A *fração molar* é a maneira mais conveniente de descrever a composição de uma solução, em discussões teóricas. Suponha uma solução que contém n_A moles do componente A; n_B moles do componente B; n_C moles C, etc. Então a fração molar do componente A é

$$X_A = \frac{n_A}{n_A + n_B + n_C + \cdots} \tag{7.1}$$

Se existirem apenas dois componentes,

$$X_A = \frac{n_A}{n_A + n_B}$$

A molalidade m_B de um componente B numa solução é definida como a quantidade do componente B por unidade de massa de algum outro componente, escolhido como solvente. A unidade SI de molalidade é o mol por quilograma ($mol \cdot kg^{-1}$). Uma vantagem da molalidade é que é fácil preparar uma solução de uma dada molalidade por

---

[1]*Elements of Chemistry*, 1732

210 FÍSICO-QUÍMICA

procedimentos exatos de pesagem. A relação entre a molalidade m_B (em $mol \cdot kg^{-1}$) e a fração molar X_B para uma solução de dois componentes, em que o solvente A tem massa molecular M_A, é

$$X_B = \frac{m_B}{(1\,000/M_A) + m_B}$$

ou

$$X_B = \frac{m_B M_A}{1\,000 + m_B M_A} \tag{7.2}$$

Notar que em soluções diluídas como $m_B m_A$ se torna muito menor que $1\,000$ a fração molar fica proporcional à molalidade, $X_B \propto m_B M_A/1\,000$.

A concentração c de um componente B numa solução é a quantidade do componente numa unidade de volume da solução $c = n/V$. Para algumas finalidades, é conveniente expressar a concentração C em termos de números de partículas (átomos, íons ou moléculas) numa unidade de volume da solução $C = N/V$. Para uma solução de dois componentes, onde M_A e M_B são as massas moleculares do solvente e soluto, respectivamente, e ρ é a densidade da solução e c está expresso em unidades de $mol \cdot dm^{-3}$,

$$X_B = \frac{c_B}{[(1\,000\rho - c_B M_B)/M_A] + c_B}$$

ou

$$X_B = \frac{c_B M_A}{1\,000\rho + c_B(M_A - M_B)} \tag{7.3}$$

Em soluções diluídas, ρ aproxima-se de ρ_A, a densidade de solvente puro, e o termo $C_B(M_A - M_B)$ fica muito menor que $1\,000\,\rho_A$, de modo que

$$X_B \approx \frac{c_B M_A}{1\,000\rho_A}$$

A fração molar será proporcional à concentração. Em soluções aquosas diluídas, $\rho \approx \rho_A \approx 1$, e a concentração fica aproximadamente igual numericamente à molalidade.

Como a densidade de uma solução varia com a temperatura, vemos das Eqs. (7.3) e (7.2) que a concentração c_B deve variar também com a temperatura enquanto que a molalidade m_B e a fração molar X_B são independentes da temperatura. Os métodos para a descrição da composição de soluções estão resumidos na Tab. 7.1.

Tabela 7.1 A composição das soluções

Nome	Símbolo	Definição	Unidade SI usual
Molalidade	m	Quantidade de soluto na unidade de massa do solvente	$mol \cdot kg^{-1}$
Concentração	c	Quantidade do soluto na unidade de volume da solução	$mol \cdot dm^{-3}$
Molalidade por volume	m'	Quantidade de soluto na unidade de volume do solvente	$mol \cdot dm^{-3}$
Porcentagem (massa)	$\%$	Massa do soluto em 100 unidades de massa da solução	Adimensional
Fração molar	X_A	Quantidade do componente A dividida pela quantidade total de todos os componentes	Adimensional

Soluções   211

7.2. Quantidades molares parciais: o volume molar parcial

As propriedades de equilíbrio das soluções são descritas em termos das funções de estado, tais como P, T, V, U, S, G, H. O problema básico da teoria termodinâmica de soluções é como estas funções dependem da composição da solução.

Consideramos uma solução contendo n_A moles de A e n_B moles de B. Admitamos que o volume V da solução seja tão grande que a adição de um mol extra de A ou B não altere apreciavelmente a concentração. Adicionemos, agora, 1 mol de A a esta grande quantidade de solução e meçamos o acréscimo resultante do volume da solução a temperatura e pressão constantes. Este aumento de volume por mol de A é chamado o *volume molar parcial* de A na solução, naquela pressão, temperatura e composição especificadas. É simbolizado por $V_A{}^{(2)}$. É a variação de volume com moles de A, a temperatura, pressão e moles de B constantes, e portanto é escrita como

$$V_A = \left(\frac{\partial V}{\partial n_A}\right)_{T, P, n_B} \tag{7.4}$$

Uma razão para introduzir esta função é que o volume de uma solução não é, em geral, simplesmente a soma dos volumes dos componentes individuais. Por exemplo, se 100 cm³ de álcool forem misturados a 25 °C com 100 cm³ de água, o volume não é 200 cm³ mas cerca de 190 cm³.

Se dn_A moles de A e dn_B moles de B forem adicionados à solução, o aumento de volume a temperatura e pressão constantes, como $V = V(n_A, n_B)$, é dado por

$$dV = \left(\frac{\partial V}{\partial n_A}\right)_{n_B} dn_A + \left(\frac{\partial V}{\partial n_B}\right)_{n_A} dn_B \tag{7.5}$$

ou, da Eq. (7.4),

$$dV = V_A\, dn_A + V_B\, dn_B \tag{7.6}$$

Esta expressão pode ser integrada e isto corresponde fisicamente a aumentar o volume da solução sem variar sua composição, V_A e V_B sendo, portanto, constantes[3]. O resultado é

$$V = n_A V_A + n_B V_B \tag{7.7}$$

[2] Usamos o mesmo símbolo para o volume molar de A puro e o volume molar parcial de A na solução. De fato, o volume molar parcial se torna o volume molar no caso de um componente puro. Muito raramente surgirá qualquer confusão entre essas duas quantidades. Se necessário, o volume molar de A puro como $V_A^{\bullet}$

[3] Matematicamente, a integração é equivalente à aplicação do teorema de Euler a uma função homogênea $V(n_A, n_B)$. Uma função $f(x, y, z)$ é chamada homogênea de grau n se, quando x, y, z forem multiplicados por qualquer número positivo k,

$$f(kx, ky, kz) = k^n f(x, y, z)$$

Derivando-se esta equação com relação a k, obtemos

$$\frac{df}{dk} = k\left(x\frac{\partial f}{\partial x} + y\frac{\partial f}{\partial y} + z\frac{\partial f}{\partial z}\right) = nk^{n-1}f$$

Notamos que

$$\frac{df}{dk} = \frac{\partial f}{\partial(kx)}\frac{d(kx)}{dk} + \frac{\partial f}{\partial(ky)}\frac{d(ky)}{dk} + \frac{\partial f}{\partial(kz)}\frac{d(kz)}{dk}$$

Se colocarmos $k = 1$

$$x\frac{\partial f}{\partial x} + y\frac{\partial f}{\partial y} + z\frac{\partial f}{\partial z} = nf \tag{7.8}$$

Este é o teorema de Euler sobre funções homogêneas. Agora $V(n_A, n_B)$ é uma função homogênea de grau 1 das variáveis n_A e n_B. (Se todos os n forem multiplicados por k, V estará multiplicado por k também.) Portanto, a Eq. (7.8) dá

$$n_A\left(\frac{\partial V}{\partial n_A}\right) + n_B\left(\frac{\partial V}{\partial n_B}\right) = V \tag{7.9}$$

212 FÍSICO-QUÍMICA

Esta equação nos diz que o volume da solução é igual ao número de moles de A vezes o volume molar parcial de A mais o número de moles de B vezes o volume molar parcial de B.

A diferenciação da Eq. (7.7) dá

$$dV = V_A \, dn_A + n_A \, dV_A + V_B \, dn_B + n_B \, dV_B$$

Por comparação com a Eq. (7.6), encontramos

$$n_A \, dV_A + n_B \, dV_B = 0$$

ou

$$dV_A = -\frac{n_B}{n_A} \, dV_B = \frac{X_B}{X_B - 1} \, dV_B \qquad (7.10)$$

A Eq. (7.10) é um exemplo da *equação de Gibbs-Duhem*. A presente aplicação foi dada em termos dos volumes molares parciais, mas pode-se substituir o volume por qualquer outra quantidade molar parcial.

Podemos definir quantidades molares parciais para qualquer função de estado extensiva. Por exemplo,

$$S_A = \left(\frac{\partial S}{\partial n_A}\right)_{T, P, n_B}, \qquad H_A = \left(\frac{\partial H}{\partial n_A}\right)_{T, P, n_B}, \qquad G_A = \left(\frac{\partial G}{\partial n_A}\right)_{T, P, n_B} \qquad (7.11)$$

As quantidades molares parciais são fatores intensivos, pois são fatores de capacidade por mol. A energia livre de Gibbs molar parcial G_A é equivalente ao potencial químico, μ_A.

Todas as relações termodinâmicas deduzidas nos capítulos anteriores podem ser aplicadas às quantidades molares parciais. Por exemplo,

$$\left(\frac{\partial G_A}{\partial P}\right)_T = \left(\frac{\partial \mu_A}{\partial P}\right)_T = V_A; \qquad \left(\frac{\partial \mu_A}{\partial T}\right)_P = -S_A; \qquad \left(\frac{\partial H_A}{\partial T}\right)_P = C_{PA} \qquad (7.12)$$

A teoria termodinâmica das soluções é expressa em termos dessas funções molares parciais, da mesma maneira como a teoria para as substâncias puras está baseada nas funções termodinâmicas ordinárias.

Consideremos a formação de uma solução binária de n_A moles do componente A e n_B moles do componente B:

$$n_A A + n_B B \longrightarrow \text{solução}$$

A dada T e P, o ΔG para o processo de dissolução é

$$\Delta G = G(\text{solução}) - n_A G_A^{\bullet} - n_B G_B^{\bullet}$$

onde $G_A^{\bullet}$ e $G_B^{\bullet}$ denotam as energias livres molares para os componentes puros. Por analogia com a Eq. (7.7),

$$G(\text{solução}) = n_A G_A + n_B G_B$$

Assim,

$$\Delta G = n_A(G_A - G_A^{\bullet}) + n_B(G_B - G_B^{\bullet}) \qquad (7.13)$$

(Note que $G_A \equiv \mu_1$, $G_B \equiv \mu_B$.)

Equações semelhantes podem ser escritas para a variação de qualquer variável termodinâmica de estado extensiva, U, H, S, V, A, C_V, C_P etc. Podemos então definir a *entalpia de solução, entropia de solução* etc. Pode ser também conveniente escrever as variações nas quantidades molares parciais nas soluções com o ΔG_A, ΔG_B, de modo que a Eq. (7.13) fica

$$\Delta G = n_A \, \Delta G_A + n_B \, \Delta G_B \qquad (7.14)$$

[Já vimos numa equação deste tipo para a entalpia de solução na Eq. (2.37).]

Soluções

213

7.3. Atividades e coeficientes de atividade

Em vez do potencial químico μ_A, é muitas vezes conveniente usar uma função relacionada à mesma, a *atividade absoluta*[4], λ_A, definida por

$$\mu_A = RT \ln \lambda_A \qquad (7.15)$$

As relações escritas em termos de μ são facilmente expressas em termos de λ. Por exemplo, a condição na Eq. (6.11) para o equilíbrio do componente A entre as fases gasosa e líquida seria

$$\lambda_A^g = \lambda_A^l \qquad (7.16)$$

Tratando-se com soluções, geralmente interessamo-nos pela diferença entre o valor de μ_A em solução e aquele em algum estado de referência. Esta diferença pode ser escrita

$$\mu_A - \mu_A^\ominus = RT \ln \frac{\lambda_A}{\lambda_A^\ominus} = RT \ln a_A \qquad (7.17)$$

A razão da atividade absoluta à atividade de algum estado de referência define a atividade relativa a_A. Tratando-se de soluções de não-eletrólito de *líquidos*, um estado de referência conveniente é o líquido puro sob $P = 1$ atm e a temperatura especificada para a solução. Se chamamos os valores neste estado de referência de $\mu_A^\bullet$ e $\lambda_A^\bullet$, a Eq. (7.17) fica

$$\mu_A - \mu_A^\bullet = RT \ln \frac{\lambda_A}{\lambda_A^\bullet} = RT \ln a_A$$

com

$$a_A = \frac{\lambda_A}{\lambda_A^\bullet} \qquad (7.18)$$

A atividade relativa, definida desta maneira, é geralmente chamada simplesmente *atividade*.

A razão da atividade a_A à fração molar X_A é denominada *coeficiente de atividade* γ_A:

$$a_A = \gamma_A X_A \qquad (7.19)$$

7.4. Determinação das quantidades molares parciais

O cálculo das quantidades molares parciais será agora descrito, usando-se o volume molar parcial como exemplo. Os métodos para H_A, S_A, G_A etc. são exatamente análogos.

O volume molar parcial V_A, definido pela Eq. (7.4), é igual à inclinação da curva obtida quando colocamos em gráfico o volume da solução em função da molalidade m_A de A. Isto porque m_A é o número de moles de A numa quantidade constante, ou seja, 1 kg do componente B.

A determinação dos volumes molares parciais por este *método da inclinação* é muito impreciso; o *método das interseções* é, por esta razão, geralmente o preferido. Para se empregar este método, define-se uma quantidade, chamada *volume molar médio da solução*, V_m, que é o volume da solução dividido pelo número total de moles dos vários constituintes. Para uma solução com dois componentes

$$V_m = \frac{V}{n_A + n_B}$$

---

[4]A palavra *absoluta* não implica uma escolha absoluta de níveis zero para a energia ou entropia. É usada simplesmente para distinguir λ da atividade relativa a

Então,
$$V = V_m (n_A + n_B)$$

e
$$V_A = \left(\frac{\partial V}{\partial n_A}\right)_{n_B} = V_m + (n_A + n_B)\left(\frac{\partial V_m}{\partial n_A}\right)_{n_B} \qquad (7.20)$$

Agora, a derivada em relação ao número de moles n_A de A é transformada numa derivada em relação à fração molar X_B de B,

$$\left(\frac{\partial V}{\partial n_A}\right)_{n_B} = \frac{dV}{dX_B}\left(\frac{\partial X_B}{\partial n_A}\right)_{n_B}$$

pois
$$X_B = \frac{n_B}{n_A + n_B}, \qquad \left(\frac{\partial X_B}{\partial n_A}\right)_{n_B} = -\frac{n_B}{(n_A + n_B)^2}$$

Então, a Eq. (7.20) fica

$$V_A = V_m - \frac{n_B}{n_A + n_B}\frac{dV}{dX_B}$$

$$V_m = X_B \frac{dV}{dX_B} + V_A \qquad (7.21)^{(5)}$$

A aplicação desta equação é ilustrada na Fig. 7.1, onde se mostra o gráfico do volume molar médio V_m de uma solução em função da fração molar. A linha S_1S_2 é a tangente à curva no ponto P, correspondente a uma fração molar definida, X'_B. A interseção O_1S_1 em $X_B = 0$ é V_A, o volume molar parcial de A na composição particular X'_B. Pode ser facilmente demonstrado que a interseção no outro eixo, O_2S_2, é o volume parcial de B, V_B.

Este método é usado geralmente para a determinação das quantidades molares parciais de soluções binárias. Não é restrito a volumes, mas pode ser aplicado a qualquer função de estado extensiva, S, H, U, G etc., uma vez fornecidos os dados necessários. Pode também ser aplicado aos calores de solução, e os calores molares parciais de solução assim obtidos são idênticos aos calores diferenciais descritos no Cap. 2.

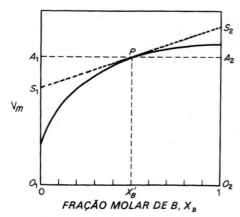

Figura 7.1 Determinação dos volumes molares parciais pelo método das interseções. A linha interrompida é a tangente à curva de V_M em função de X_B, numa fração molar particular X'_B. A interseção O_1S_1 dá V_A, o volume molar parcial de A em X'_B e a interseção O_2S_2 dá V_B, o volume molar parcial de B em X'_B

[5] Lembrar-se de que a forma-padrão para a inclinação e interseção da linha reta: $y = mx + b$. A Eq. (7.21), assim, se ajusta à linha reta S_1S_2 na Fig. 7.1

Soluções

Conhecendo-se a variação de uma propriedade molar parcial com a concentração para um componente de uma solução binária, pela equação de Gibbs-Duhem, Eq. (7.10), pode-se calcular a variação para o outro componente. Este cálculo pode ser efetuado integrando-se a Eq. (7.10). Por exemplo,

$$\int dV_A = -\int \frac{n_B}{n_A} dV_B = \int \frac{X_B}{X_B - 1} dV_B$$

onde X é a fração molar. Num gráfico de $X_B/(X_B - 1)$ em função de V_B, a área sob a curva dá a variação de V_A entre os limites superior e inferior da integração. O V_A de A puro é simplesmente o volume molar, $V_A^\bullet$, de A puro, que pode ser usado como ponto de partida para o cálculo de V_A para qualquer outra concentração.

A Fig. 7.2 mostra os volumes molares parciais de ambos os componentes em soluções de água e etanol.

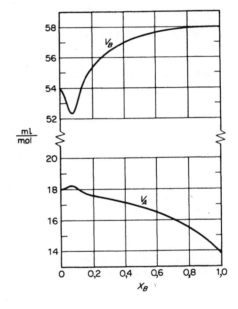

Figura 7.2 Volumes molares parciais em soluções de água e etanol a 20 °C. V_A (água), V_B (etanol), X_B (fração molar de etanol)

7.5. Solução ideal — Lei de Raoult

O conceito de gás ideal desempenhou um importante papel nas discussões da termodinâmica de gases e vapores. Muitos casos de interesse prático são tratados adequadamente pelas aproximações de gás ideal, e mesmo sistemas que se desviam muito da idealidade são convenientemente referidos à norma de comportamento estabelecida para o caso ideal. Seria muito útil encontrar um conceito semelhante para atuar como guia na teoria das soluções e felizmente isso é realmente possível. A idealidade num gás implica uma ausência total de forças coesivas; a pressão interna $(\partial U/\partial V)_T = 0$. A idealidade numa solução é definida por uma total uniformidade de forças coesivas. Se existem dois componentes A e B, as forças intermoleculares entre A e A, B e B, e A e B são todas iguais.

Uma propriedade importante da teoria de soluções é a pressão de vapor de um componente acima da solução. Esta pressão de vapor parcial é uma boa medida da tendência de uma dada espécie de solução escapar para a fase de vapor. A tendência de um componente para escapar da solução reflete diretamente o estado físico das interações

216   FÍSICO-QUÍMICA

dentro da solução, de modo que, estudando as tendências de escapar ou as pressões de vapor parciais, como função da temperatura, pressão e composição, podemos obter uma descrição das propriedades da solução. Podemos pensar numa analogia na qual uma nação representa uma solução e seus cidadãos, as moléculas. Se a vida nesta nação for boa, a tendência a emigrar será baixa. É claro que se pressupõe a ausência de barreiras artificiais.

Para um componente A de uma solução em equilíbrio com seu vapor

$$\mu_A^{sol} = \mu_A^{vap}$$

Se o vapor se comportar como um gás ideal, μ_A^{vap} pode ser relacionado à pressão de vapor parcial P_A de A acima da solução. Para uma mistura de gases ideais $dP/P = dP_A/P_A$. Da Eq. (7.12), a T constante,

$$d\mu_A^{vap} = V_A\, dP = RT\, \frac{dP}{P} = RT\, \frac{dP_A}{P_A}$$

Por integração, escrevendo-se $\mu_A^{\ominus,v}$ para o valor de μ_A^{vap} quando $P = 1$ atm, obtemos

$$\mu_A^{vap}(T, P) = \mu_A^{\ominus,v}(T) + RT \ln P_A$$

Portanto, no equilíbrio, também

$$\mu_A^{sol}(T, P) = \mu_A^{\ominus,v}(T) + RT \ln P_A \qquad (7.22)$$

Para o líquido puro em equilíbrio com o seu vapor,

$$\mu_A^{\bullet}(T, P) = \mu_A^{\ominus,v}(T) + RT \ln P_A^{\bullet}$$

Segue-se das duas últimas equações e da Eq. (7.17) que

$$\mu_A^{\bullet} - \mu_A^{sol} = RT \ln \frac{P_A^{\bullet}}{P_A} = RT \ln \frac{\lambda_A^{\bullet}}{\lambda_A}$$

Assim,

$$a_A = \frac{\lambda_A}{\lambda_A^{\bullet}} = \frac{P_A}{P_A^{\bullet}} \qquad (7.23)$$

Desde que o vapor se comporte como um gás ideal, a atividade relativa de um componente numa solução pode ser medida diretamente pela relação $P_A/P_A^{\bullet}$ das pressões parciais de A acima da solução e a de A puro.

Uma solução ideal é definida como aquela para a qual

$$a_A = X_A \qquad (7.24)$$

ou, da Eq. (7.19),

$$\gamma_A = \frac{a_A}{X_A} = 1$$

Da Eq. (7.23) segue que para esta solução ideal,

$$\frac{P_A}{P_A^{\bullet}} = X_A \qquad (7.25)$$

Em 1886, François Marie Raoult apresentou pela primeira vez dados extensos sobre pressões de vapor de soluções, que seguiram aproximadamente a Eq. (7.25), que é por isso denominada *Lei de Raoult*.

A seguir um exemplo de determinação de atividade a partir de pressões de vapor. A 298,15 K, a pressão de vapor de água pura é $P_A^{\bullet} = 23,76$ torr e a do propanol-1 puro é $P_B^{\bullet} = 21,80$ torr. Acima da solução na qual a fração molar da água é $X_A = 0,400$, a pressão parcial de vapor de água é 19,86 torr e a do propanol é 15,52 torr. Portanto, as atividades são

$$a_A = \frac{19,86}{23,76} = 0,836; \qquad a_B = \frac{15,52}{21,80} = 0,712$$

Os coeficientes de atividades são

$$\gamma_A = \frac{0,836}{0,400} = 2,09; \qquad \gamma_B = \frac{0,712}{0,600} = 1,19$$

Se o componente B adicionado a A puro abaixa a pressão de vapor, a Eq. (7.25) pode ser escrita em termos de um abaixamento relativo da pressão de vapor,

$$\frac{P_A^\bullet - P_A}{P_A^\bullet} = (1 - X_A) = X_B \qquad (7.26)$$

Esta forma de equação é especialmente útil para soluções de solutos pouco voláteis num solvente volátil.

As pressões de vapor do sistema brometo de etileno e brometo de propileno são mostradas na Fig. 7.3. Os resultados experimentais quase coincidem com as curvas teóricas previstas pela Eq. (7.25). Neste caso, a concordância com a Lei de Raoult é excelente.

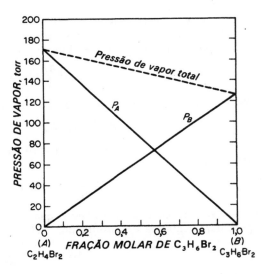

Figura 7.3 Pressões de vapor acima de soluções de brometo de etileno e brometo de propileno a 85 °C. As soluções obedecem à Lei de Raoult

Dificilmente encontramos soluções que obedeçam à Lei de Raoult bem dentro de um grande intervalo de concentrações, porque a idealidade em soluções implica uma completa semelhança de interações entre os componentes, que é raramente obtida. Contudo, soluções de isótopos fornecem bons exemplos de soluções ideais, mesmo no estado sólido.

7.6. Termodinâmica de soluções ideais

Quando a Lei de Raoult, Eq. (7.25), é posta na Eq. (7.22), obtemos

$$\mu_A(T, P) = \mu_A^\ominus(T) + RT \ln P_A^\bullet + RT \ln X_A \qquad (7.27)$$

Os dois primeiros termos são independentes da composição e podemos combiná-los

218 FÍSICO-QUÍMICA

como $\mu_A^{\bullet}(T, P)$. Portanto, para qualquer componente numa solução ideal,

$$\mu_A(T, P) = \mu_A^{\bullet}(T, P) + RT \ln X_A \tag{7.28}$$

Da Eq. (7.27) podemos calcular o volume molar parcial de A na solução, pois

$$V_A = \left(\frac{\partial \mu_A}{\partial P}\right)_T$$

O primeiro e o terceiro termos do segundo membro da Eq. (7.27) são independentes da pressão. Então, da Eq. (7.27),

$$V_A = RT \left(\frac{\partial \ln P_A^{\bullet}}{\partial P}\right)_T = V_A^{\bullet} \tag{7.29}$$

que prova que o volume molar parcial de um componente numa solução ideal é igual ao volume molar do componente puro. Não há variação de volume ($\Delta V = 0$) quando se misturam componentes para formar uma solução ideal.

De maneira semelhante, de $\partial(\mu_A/T)/\partial T = -H_A/T^2$, Eqs. (6.22) e (7.28), pode-se mostrar que

$$H_A = H_A^{\bullet} \tag{7.30}$$

Assim, não há calor de solução ($\Delta H = 0$) quando os componentes são misturados para formar uma solução ideal.

A variação de entropia, na mistura de componentes para formar uma solução ideal, é calculada como se segue. Das Eqs. (7.12) e (7.28)

$$S_A = -\left(\frac{\partial \mu_A}{\partial T}\right)_P = S_A^{\bullet} - R \ln X_A$$

Para mistura de n_A moles de A e n_B moles de B,

$$\Delta S = n_A (S_A - S_A^{\bullet}) + n_B (S_B - S_B^{\bullet})$$
$$\Delta S = -n_A R \ln X_A - n_B R \ln X_B$$

Por mol,

$$\frac{\Delta S}{(n_A + n_B)} = -R (X_A \ln X_A + X_B \ln X_B)$$

Este resultado pode ser estendido a qualquer número de componentes numa solução para dar a entropia de mistura por mol

$$\Delta S_m = -R \sum_i X_i \ln X_i \tag{7.31}$$

Calculemos a entropia de mistura dos elementos no ar formando a composição por volume como 79% N_2, 20% O_2 e 1% argônio.

$$\Delta S_m = -R (0,79 \ln 0,79 + 0,20 \ln 0,20 + 0,01 \ln 0,01)$$
$$\Delta S_m = 4,60 \text{ J} \cdot \text{K}^{-1} \cdot \text{mol}^{-1} \text{ de mistura}$$

7.7. Solubilidade de gases em líquidos — Lei de Henry

Consideremos uma solução de um componente B, que pode ser chamado soluto, em A, solvente. Se a solução for suficientemente diluída, uma condição básica é atingida, na qual cada molécula de B está efetivamente rodeada pelo componente A. O soluto B está, então, num ambiente uniforme, apesar do fato de A e B poderem formar soluções

Soluções

que estão muito distantes da idealidade em concentrações elevadas. Nessas soluções muito diluídas, a tendência de escapar de B do seu envoltório uniforme é proporcional à sua fração molar, mas a constante de proporcionalidade k não é mais $P_B^\bullet$, como para a solução ideal. Podemos escrever

$$P_B = kX_B \tag{7.32}$$

Esta equação foi estabelecida e verificada extensivamente por William Henry, em 1803, numa série de medidas da dependência da pressão da solubilidade de gases em líquidos. A Lei de Henry não se restringe a sistemas gás-líquido. É seguida por muitas soluções bastante diluídas e por todas as soluções no limite de diluição extrema[6].

Alguns dados sobre a solubilidade de gases em água dentro de uma ampla faixa de pressões está mostrada na Fig. 7.4. Se a Lei de Henry fosse obedecida exatamente, essas curvas de solubilidade deveriam ser todas linhas retas. De fato, as curvas para H_2, He e N_2 são muito lineares até cerca de 100 atm, mas, para O_2, podem-se ver desvios definitivos mesmo nesta faixa. A alta solubilidade de H_2 em água é interessante. Deveríamos esperar que a solubilidade em moderadas pressões depende da energia de atração entre as moléculas do soluto e do solvente, e nestes termos H_2 e He deveriam ter aproximadamente a mesma solubilidade. Em solventes não-polares, como CCl_4 ou benzeno, o hidrogênio não exibe uma solubilidade particularmente elevada (por exemplo, nunca tão elevada quanto nitrogênio). Portanto, é difícil resistir à conclusão de que ocorre alguma interação específica entre as moléculas de H_2 dissolvidas e a estrutura da água líquida[7].

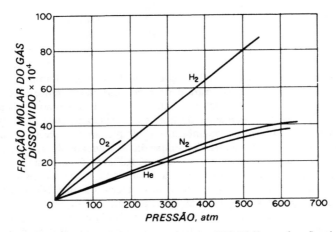

Figura 7.4 Solubilidade de gases em água a 298,15 K em função da pressão

7.8. Mecanismo da anestesia

Um dos problemas mais fascinantes e ainda não resolvidos em fisiologia médica é o mecanismo de os gases produzirem anestesia e narcose. Muitos anestésicos, como

[6] A forma da lei para solutos dissociados, tais como eletrólitos, será discutida na Sec. 10.15
[7] Seria razoável supor que a molécula de H_2 pudesse atuar como uma fraca ponte entre duas moléculas de água?

220 FÍSICO-QUÍMICA

criptônio e xenônio, são inertes quimicamente; de fato, pareceria que todos os gases produziriam um efeito anestésico a pressões suficientemente elevadas. Cousteau, em *Mundo silencioso*, faz um relato memorável da narcose de nitrogênio experimentada em grandes profundidades, *l'ivresse des grandes profondeurs* (a embriaguez das grandes profundidades), e que tem ceifado a vida de muitos mergulhadores[8].

A Tab. 7.2 resume alguns dados relativos a ratos que foram testados por um critério baseado no seu reflexo de retornar à posição certa. Numa câmara de ensaio os animais eram rodados na posição horizontal; se um rato não conseguisse colocar as quatro patas no chão dentro de 10 s, o anestésico era eficiente. Os resultados indicaram que mesmo o hélio produz narcose a pressões elevadas.

Tabela 7.2 As melhores estimativas para pressões anestésicas para ratos

N.º	Gás	Pressão (atm)	N.º	Gás	Pressão (atm)
1	He	190	10	C_2H_4	1,1
2	Ne	> 110	11	C_2H_2	0,85
3	Ar	24	12	Ciclo-C_3H_6	0,11
4	Kr	3,9	13	CF_4	19
5	Xe	1,1	14	SF_6	6,9
6	H_2	85	15	CF_2Cl_2	0,4
7	N_2	35	16	$CHCl_3$	0,008
8	N_2O	1,5	17	Halotano	0,017
9	CH_4	5,9	18	Éter	0,032

As primeiras tentativas para explicar as causas da anestesia foram feitas por Meyer (1899) e Overton (1901), que encontraram uma boa correlação entre a solubilidade de um gás em um lipídio (óleo de oliva) e sua eficácia narcótica. Como as membranas das células são compostas principalmente de lipídios e proteínas, sugeriu-se que as moléculas anestéticas se dissolvem nas membranas e bloqueiam o processo da condução de nervos de alguma maneira, até agora desconhecida. A atividade do anestésico dissolvido necessário para produzir anestesia está na faixa de 0.02 a 0.05. de modo que o anestésico pode certamente alterar as propriedades da membrana numa extensão considerável.

Em 1961, Linus Pauling[9] sugeriu uma nova teoria da anestesia baseada na idéia de que anestésicos gasosos reagem com água próximo às superfícies das membranas dos nervos para formar depósitos de hidratos microcristalinos. Na temperatura do corpo, as pressões parciais dos anestésicos nos tecidos nervosos são consideravelmente menores que as pressões de dissociação dos hidratos conhecidos. Pauling, portanto, sugeriu que a formação dos cristais de hidrato passa a ser aumentada nas vizinhanças das superfícies das membranas por meio de um tipo de ordenação cooperativa das moléculas de água, devido às grandes forças intermoleculares aí em atuação.

De fato, a correlação entre potência do anestésico e formação de hidratos foi tão boa quanto a da solubilidade em lipídios, pois ambos os fenômenos estão, por sua vez, relacionados às forças atrativas intermoleculares. Para fazer um teste das duas teorias, seria necessário encontrar um anestésico que se dissolvesse facilmente em lipídios, mas

[8]A narcose de gás inerte não deve ser confundida com a "doença da descompressão" (*the bends*), que é causada pela rápida liberação do gás dissolvido nos tecidos com conseqüente formação de bolhas e dano às células

[9]L. Pauling, *Science* **134**, 15 (1961). Ver também S. L. Miller, *Proc. Natl. Acad. Sci* **47**, 1 515 (1961)

Soluções

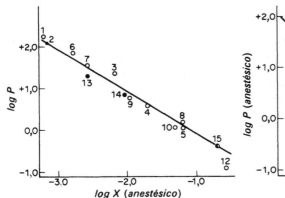

Figura 7.5(a) Gráfico do log da pressão anestésica em função do log da solubilidade em óleo de oliva a 37 °C. Tab. 7.2 mostra a correspondência entre os números e os compostos testados; os círculos cheios são compostos totalmente fluorados, os semi-cheios correspondem a compostos parcialmente fluorados. A inclinação da linha reta é unitária

Figura 7.5(b) Gráfico do log da pressão anestésica em função do log da pressão de dissociação do hidrato a 0 °C. A inclinação da linha reta é unitária

que formasse hidratos com dificuldade. Os compostos fluorados CF_4 e SF_6 parecem fornecer tal possibilidade e, quando o teste foi feito[10], os resultados mostrados nas Figs. 7.5(a) e 7.5(b) pareceram favorecer uma vizinhança do lipídio em vez de uma vizinhança aquosa como sítio da ação anestésica[11]. Experiência adicionais serão necessárias para resolver este problema e para fornecer uma compreensão final da anestesia ao nível molecular.

7.9. Sistemas de dois componentes

Para sistemas de dois componentes, a regra das fases, $f = c - p + 2$, torna-se $f = 4 - p$. Os seguintes casos são possíveis:

$p = 1, \quad f = 3 \quad$ sistema trivariante
$p = 2, \quad f = 2 \quad$ sistema bivariante
$p = 3, \quad f = 1 \quad$ sistema univariante
$p = 4, \quad f = 0 \quad$ sistema invariante

O número máximo de graus de liberdade é 3. Uma representação gráfica completa de um sistema de dois componentes requer, portanto, um diagrama tridimensional com coordenadas correspondentes a pressão, temperatura e composição. Como uma representação tridimensional é geralmente inconveniente, podemos manter uma das variáveis constante enquanto representamos o comportamento das outras duas. Desta maneira, obtêm-se gráficos planos mostrando a variação da pressão com a composição a temperatura constante, ou a variação da pressão com a temperatura a composição constante.

[10] K. W. Miller, W. O. M. Paton e E. B. Smith, *Brit. J. Anaesthesia* **39**, 910 (1962)
[11] Dados mais recentes sobre a pressão de dissociação do hidrato de CF_4 trouxeram-no perto da curva na Fig. 7.5(b) (ponto 13), mas SF_6 ainda parece anômalo. S. L. Miller, E. J. Eger e C. Lundgren, *Nature* **221**, 469 (1969)

7.10. Diagramas pressão-composição

O exemplo de um diagrama PX na Fig. 7.6 mostra o sistema 2-metilpropanol-1 + + propanol-2, que obedece razoavelmente bem à Lei de Raoult dentro do intervalo inteiro de composição. A reta superior (*curva do líquido*) representa a dependência da pressão de vapor total acima da solução, da fração molar no líquido. A linha curva inferior representa a dependência da pressão de vapor total da composição do vapor.

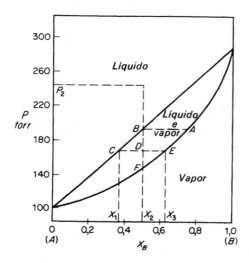

Figura 7.6 Diagrama pressão-composição (fração molar), a 60 °C, para o sistema 2-metilpropanol-1 (*A*) + propanol (*B*), que formam soluções praticamente ideais

Consideremos um líquido de composição X_2 sob uma pressão P_2. Este ponto fica numa região monofásica, onde existiriam três graus de liberdade. Destes, um é utilizado com a condição de temperatura constante para o diagrama. Então, para qualquer composição arbitrária X_2, a solução líquida, a T constante, pode existir numa faixa de diferentes pressões.

À medida que a pressão diminui ao longo da linha interrompida, a composição constante, nada ocorre até que se chegue à curva do líquido, em *B*. Neste ponto, o líquido começa a vaporizar. O vapor formado é mais rico que o líquido no componente mais volátil, propanol-2. A composição do primeiro vapor a aparecer é dada pelo ponto *A* na curva de vapor.

À medida que a pressão é reduzida posteriormente, abaixo de *B*, entra-se na região de duas fases do diagrama. Esta representa a região de coexistência estável do líquido e do vapor. A linha interrompida que passa horizontalmente por um ponto típico *D* na região de duas fases é chamada uma *linha de correlação*; liga as composições do líquido e do vapor que estão em equilíbrio.

Na região de duas fases, o sistema é bivariante. Um dos graus de liberdade é usado pela condição de temperatura constante restando apenas um. Quando se fixa a pressão nesta região, fixam-se também definitivamente as composições de ambas as fases, líquida e vapor. São dados, como vimos, pelos pontos finais das linhas de correlação.

A composição global do sistema no ponto *D*, da região bifásica, é X_2. É composta de líquido, com uma composição X_1, e vapor, com uma composição X_3. Podemos calcular as quantidades relativas de líquido e vapor exigidas para dar composição global. Sejam n_l e n_v a soma dos números de moles de ambos os componentes *A* e *B* no líquido e no vapor, respectivamente. Do balanço de material aplicado ao componente *B*,

$$X_2(n_l + n_v) = X_1 n_l + X_3 n_v$$

Soluções

ou

$$\frac{n_l}{n_v} = \frac{X_3 - X_2}{X_2 - X_1} = \frac{DE}{DC} \tag{7.33}$$

Esta expressão é denominada *regra da alavanca*. Aplica-se a duas composições quaisquer de duas fases em equilíbrio ligadas por uma linha de correlação num diagrama de fase para um sistema de dois componentes. Se o diagrama for representado em termos de frações de massa em vez de frações molares, a razão dos segmentos dará a razão das massas das duas fases.

À medida que a pressão é ainda mais diminuída ao longo de *BF*, mais líquido é vaporizado até que, finalmente, em *F* não há mais líquido. Um decréscimo posterior da pressão então ocorre na região unifásica, região apenas de vapor.

7.11. Diagramas temperatura-composição

O diagrama temperatura-composição do equilíbrio líquido-vapor é o diagrama de pontos de ebulição das soluções sob a pressão constante escolhida. Se a pressão for 1 atm, os pontos de ebulição serão os normais. O diagrama para o sistema 2-metilpropanol-1 + propanol-2 é mostrado na Fig. 7.7.

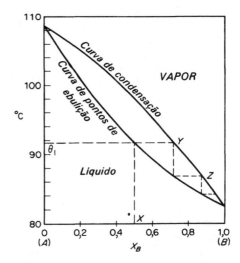

Figura 7.7 Diagrama pontos de ebulição-composição para o sistema 2-metilpropanol-1 (*A*) + propanol-2 (*B*), que formam soluções praticamente ideais

O diagrama de ponto de ebulição para uma solução ideal pode ser calculado se as pressões de vapor dos componentes puros forem conhecidas em função da temperatura. Os dois pontos de ebulição finais do diagrama mostrado na Fig. 7.7 são as temperaturas nas quais os componentes puros possuem pressões de vapor de 760 torr, isto é, 82,3 °C e 108,5 °C. A composição da solução que ferve entre essas duas temperaturas, por exemplo, a 100 °C, é calculada da seguinte maneira: sendo X_A a fração molar de C_4H_9OH, da Lei de Raoult temos

$$760 = P_A^\bullet X_A + P_B^\bullet (1 - X_A)$$

A 100 °C, a pressão de vapor de C_3H_7OH é 1 440 torr; a de C_4H_9OH é 570 torr. Então 760 = 570X_A + 1 440(1 - X_A) ou X_A = 0,781, X_B = 0,219. Isto fornece um ponto intermediário na curva do líquido; os outros são calculados da mesma maneira.

A composição do vapor é dada pela Lei de Dalton:

$$X_A^{vap} = \frac{P_A}{760} = \frac{X_A^{liq} P_A^\bullet}{760} = 0{,}781 \times \frac{570}{760} = 0{,}585$$

$$X_B^{vap} = \frac{P_B}{760} = \frac{X_B^{liq} P_B^\bullet}{760} = 0{,}219 \times \frac{1440}{760} = 0{,}415$$

A curva da composição do vapor em função da pressão é, portanto, facilmente construída a partir da curva do líquido.

7.12. Destilação fracionada

A aplicação do diagrama de ponto de ebulição à representação simplificada da destilação é mostrada na Fig. 7.7. A solução de composição X começa a ferver na temperatura θ_1. O primeiro vapor que se forma tem uma composição Y, mais rica no componente mais volátil. Se este for condensado e refervido, um vapor de composição Z será obtido. Este processo é repetido até que o destilado seja composto do componente B puro. Nos casos práticos, cada uma das frações sucessivas cobrirá uma faixa de composições, mas as curvas interrompidas verticais na Fig. 7.7 podem ser consideradas como representantes da composição média dentro dessas faixas.

Uma coluna de fracionamento é um aparelho que realiza automaticamente as condensações e as vaporizações sucessivas necessárias para a destilação fracionada. Um exemplo especialmente claro é a coluna de borbulhadores mostrada na Fig. 7.8. À medida que o vapor sobe da caldeira, borbulha através de uma camada de líquido existente no primeiro prato. Este líquido está um pouco mais frio que o da caldeira, de modo que ocorre uma condensação parcial. O vapor que sairá do prato será, portanto, aquele

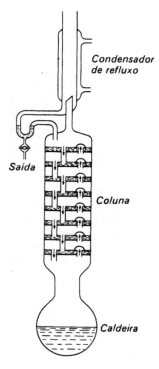

Figura 7.8 Uma coluna de fracionamento de borbulhadores

Soluções   225

enriquecido no componente mais volátil, comparado ao vapor que deixou a caldeira. Um enriquecimento semelhante ocorrerá em cada prato sucessivo. Cada equilíbrio entre o líquido e o vapor corresponde a um dos degraus da Fig. 7.7.

A eficiência de uma coluna de destilação é medida pelo número desses estágios de equilíbrio obtidos. Cada estágio é denominado um *prato teórico*. Numa coluna desse tipo bem projetada, cada unidade atua quase como um prato teórico. Descrevemos também o desempenho de vários tipos de colunas de empacotamento em termos de pratos teóricos. A separação dos líquidos cujos pontos de ebulição são muito próximos requer uma coluna com um número considerável de pratos teóricos. O número necessário real depende do *corte* que se remove da cabeça da coluna, isto é, a razão de destilado removido para o que retorna à coluna[12].

Suponhamos, por exemplo, que se comece com uma solução com fração molar $X_A = 0,500$ de butanol (A) em propanol (B) e a destilemos numa coluna com três pratos teóricos. O primeiro destilado a ser retirado terá uma composição, que pode ser lida na Fig. 7.7, de $X_B = 0,952$ de propanol.

7.13. Soluções de sólidos em líquidos

Curva de solubilidade e *curva de abaixamento do ponto de congelação* são dois nomes diferentes para a mesma coisa, isto é, a curva da temperatura em função da composição para um equilíbrio sólido-líquido, sob uma certa pressão constante, geralmente escolhida como 1 atm. Um desses diagramas é mostrado na Fig. 7.9(a) para o sistema benzeno + + naftaleno. A curva CE pode ser considerada como ilustrativa tanto (1) do abaixamento do ponto de congelação do naftaleno, por adição de benzeno, como (2) da solu-

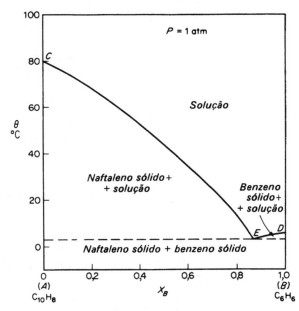

Figura 7.9(a)   Diagrama temperatura-composição para o sistema naftaleno (A) e benzeno (B). Os sólidos são mutuamente insolúveis e a solução líquida é praticamente ideal

[12] Para detalhes sobre a determinação de pratos teóricos numa coluna, ver C. S. Robinson e E. R. Gilliland, *Fractional Destillation* (New York: McGraw-Hill Book Company, 1950)

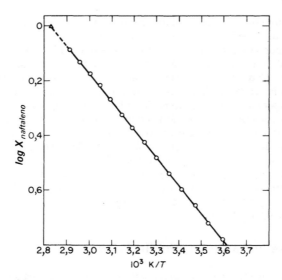

Figura 7.9(b)   Solubilidade de naftaleno em benzeno. Dados da Fig. 7.9(a) colocados como log X_A versus T^{-1}

bilidade de naftaleno sólido na solução. As duas interpretações são fundamentalmente equivalentes: num caso, consideramos T como função de X; no outro, X como função de T. O mínimo da curva, no diagrama sólido-líquido, o ponto E, é denominado o *eutético* (do grego, ἐυτηκτός, *facilmente fundível*).

Neste diagrama, as fases sólidas que se separam são mostradas como naftaleno puro (A) de um lado e benzeno puro (B) do outro. Esta representação não é exatamente correta, pois deve existir em pequena extensão a solução sólida de B em A e de A em B. Entretanto, a ausência de qualquer solução sólida é, em muitos casos, uma excelente aproximação.

Para um sólido puro A estar em equilíbrio com uma solução contendo A, é necessário que os potenciais químicos de A sejam 'os mesmos nas duas fases, $\mu_A^s = \mu_A^l$. Da Eq. (7.28), o potencial químico do componente A numa solução ideal é $\mu_A^l = \mu_A^{\bullet l} + RT \ln X_A$, onde $\mu_A^{\bullet l}$ é o potencial químico do líquido puro A. Assim, a condição de equilíbrio pode ser escrita

$$\mu_A^s = \mu_A^{\bullet l} + RT \ln X_A$$

Agora, μ_A^s e $\mu_A^{\bullet l}$ são simplesmente as energias livres molares do sólido e do líquido puros. Portanto,

$$\frac{G_A^{\bullet s} - G_A^{\bullet l}}{RT} = \ln X_A \qquad (7.34)$$

Como temos $\partial(G/T)/\partial T = -H/T^2$ da Eq. (3.52), a diferenciação da Eq. (7.34) em relação a T dá (com ΔH_f, o calor latente de fusão)

$$\frac{H_A^{\bullet l} - H_A^{\bullet s}}{RT^2} = \frac{\Delta H_f}{RT^2} = \frac{d \ln X_A}{dT} \qquad (7.35)$$

É uma boa aproximação considerar ΔH_f independente de T para intervalos moderados de temperatura. Integrando-se a Eq. (7.34) de $T^\bullet$ o ponto de congelação de A puro, fração molar unitária, a T, a temperatura na qual o sólido puro A está em equi-

Soluções

227

líbrio com a solução de fração molar X_A, obtemos

$$\frac{\Delta H_f}{R}\left(\frac{1}{T^\bullet} - \frac{1}{T}\right) = \ln X_A \qquad (7.36)$$

Esta é a equação para a variação de solubilidade X_A com a temperatura para um sólido puro numa solução ideal. Da Fig. 7.9(b), vemos que, para a solubilidade de naftaleno em benzeno, vale uma relação linear entre $\ln X$ e T^{-1}.

Como um exemplo da Eq. (7.36), calculemos a solubilidade do naftaleno numa solução ideal a 25 °C. O naftaleno funde a 80 °C e seu calor de fusão no ponto de fusão é 19,29 kJ·mol^{-1}. Assim, da Eq. (7.36),

$$\frac{19\,290}{8,314}(353,2^{-1} - 298,2^{-1}) = 2,303 \log X_A$$

$$X_A = 0,298$$

Esta é a fração molar de naftaleno em qualquer solução ideal, qualquer que seja o solvente. Realmente, a solução se aproximará da ideal apenas se o solvente for muito semelhante em propriedades químicas e físicas ao soluto. Valores experimentais típicos para a solubilidade X_A de naftaleno em vários solventes a 25 °C são os seguintes: clorobenzeno, 0,317; benzeno, 0,296; tolueno, 0,286; acetona, 0,224; hexano, 0,125.

Podemos reescrever a Eq. (7.36) em termos de $X_B = 1 - X_A$, a fração molar do soluto:

$$\frac{\Delta H_f}{R}\left(\frac{T - T^\bullet}{TT^\bullet}\right) = \ln(1 - X_B)$$

Para abaixamentos do ponto de congelação $(T^\bullet - T) = \Delta T_f$, pequenos comparados a $T^\bullet$, podemos colocar $TT^\bullet \approx T^{\bullet 2}$, assim expandindo o log em uma série de potências,

$$\frac{\Delta H_f(\Delta T_f)}{RT^{\bullet 2}} = -\ln(1 - X_B) = X_B + \frac{1}{2}X_B^2 + \frac{1}{3}X_B^3 + \cdots$$

Para soluções diluídas, $X_B \ll 1$, e

$$\Delta T_f \simeq \frac{RT_f^{\bullet 2}}{\Delta H_f} \cdot X_B = K_F m_B \qquad (7.37)$$

onde m_B é a molalidade de B e a *constante do abaixamento do ponto de congelação* é

$$K_F = \frac{RT_f^\bullet M_A}{(\Delta H_f)1\,000} \qquad (7.38)$$

Para a água, $K_F = 1,855$; benzeno, 5,12; cânfora, 40,0 etc. Devido ao valor excepcionalmente elevado de K_F para a cânfora, esta pode ser usada em micrométodos de determinação de pesos moleculares a partir do abaixamento de ponto de congelação.

7.14. Pressão osmótica

As propriedades de soluções diluídas, que dependem do número de moléculas do soluto e não do tipo de soluto têm sido chamadas *propriedades coligativas*[13]. Estas propriedades podem ser todas relacionadas com o abaixamento da pressão de vapor quando um soluto não-volátil é dissolvido num solvente. Incluem a elevação do ponto de ebulição[14], abaixamento do ponto de congelação e pressão osmótica.

[13]Do latim, *colligatus*, ligado ou amarrado junto. Evidentemente, a palavra tinha a intenção de conotar que as propriedades dependem da *coleção* de partículas do soluto

[14]Uma dedução da equação para a elevação do ponto de ebulição é agora incluída na maioria dos livros-texto de química geral e será deixada como exercício (Problema 14)

228 FÍSICO-QUÍMICA

Em 1748, J. A. Nollet descreveu uma experiência na qual uma solução de "espírito do vinho" era colocada num cilindro cuja boca era fechada com uma bexiga animal e imersa em água pura. A bexiga se expandiu consideravelmente e chegava mesmo, em algumas vezes, a se romper. A membrana animal é semipermeável; a água pode atravessá-la, mas o álcool não. O aumento de pressão no tubo, causado pela difusão de água para a solução, foi denominado *pressão osmótica* (do grego, $\omega\sigma\mu\acute{o}\varsigma$, *impulso*).

O primeiro estudo quantitativo detalhado da pressão osmótica é encontrado numa série de pesquisas feitas por W. Pfeffer e publicadas em 1887. Dez anos antes, Moritz Traube havia observado que películas coloidais de ferrocianeto cúprico agiam como membranas semipermeáveis. Pfeffer depositou este precipitado coloidal nos poros de potes de barro, introduzindo os potes primeiramente em solução de sulfato de cobre e depois em solução de ferrocianeto de potássio.

Medidas extensas de pressões osmóticas foram realizadas por H. N. Morse e J. C. W. Frazer e seus colaboradores, na Universidade Johns Hopkins, e por R. T. Rawdon (Universidade de Berkeley) e E. G. J. Hartley na Universidade de Oxford[15].

O método utilizado pelo grupo em Hopkins é mostrado na Fig. 7.10(a). A célula porosa impregnada com ferrocianeto cúprico é enchida com água e imersa num frasco contendo uma solução aquosa. A pressão é medida por meio de um manômetro ligado ao sistema. Deixa-se o sistema em repouso até que não haja um posterior aumento na pressão. Então, a pressão osmótica é exatamente equilibrada pela pressão hidrostática na coluna da solução. Pressões que atingem várias centenas de atmosferas foram medidas por uma variedade de métodos engenhosos. Estes incluem o cálculo da pressão pela variação do índice de refração da água sob compressão e a aplicação de manômetros piezelétricos.

Os pesquisadores ingleses utilizaram o aparelho mostrado na Fig. 7.10(b). Em vez de esperarem pela obtenção do equilíbrio e então lerem a pressão, aplicaram à solução uma pressão externa exatamente suficiente para equilibrar a pressão osmótica. Puderam detectar precisamente este equilíbrio, observando o nível do líquido no tubo capilar, que cairia rapidamente, se houvesse qualquer escoamento de solvente para a solução.

Alguns dados precisos de pressão osmótica estão resumidos na Tab. 7.3.

Em 1885, J. H. Van't Hoff mostrou que em soluções diluídas a pressão osmótica, Π, obedecia à relação $\Pi V = nRT$, ou

$$\Pi = cRT \qquad (7.39)$$

onde $c = n/V$ é a concentração molar do soluto. A validade da equação pode ser julgada por comparação dos valores experimentais e calculados de Π na Tab. 7.3.

Uma pressão osmótica surge sempre que duas soluções de concentrações diferentes (ou um solvente puro e uma solução) forem separadas por uma membrana semipermeável. Uma ilustração simples é uma solução gasosa de hidrogênio e nitrogênio. Uma folha delgada de paládio é permeável ao hidrogênio, mas praticamente impermeável ao nitrogênio. Colocando-se nitrogênio puro de um lado da barreira do paládio e uma solução de hidrogênio e nitrogênio do outro, satisfazem-se às condições para osmose. O hidrogênio escoa através do paládio do lado rico ao pobre em hidrogênio da membrana. Este escoamento continua até que o potencial químico de H_2, $\mu(H_2)$, seja o mesmo em ambos os lados da membrana. Neste exemplo, a natureza da membrana semipermeável está bastante clara. As moléculas de hidrogênio são cataliticamente dissociadas em átomos

[15] Uma excelente discussão detalhada pode ser encontrada num artigo de J. C. W. Frazer, "The Laws of Dilute Solutions", em *A Treatise on Physical Chemistry*, 2.ª ed., editada por H. S. Taylor (New York: D. Van Nostrand Co., Inc., 1931), pp. 353-414. Uma boa fonte de métodos experimentais e aplicações é "Determination of Osmotic Pressure", por R. H. Wagner e L. D. Moore em *Physical Methods of Organic Chemistry*, 1.ª parte. 3.ª ed., editada por A. Weissberger (New York: Interscience Publishers, 1959), pp. 815-894

Soluções 229

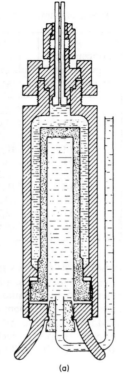

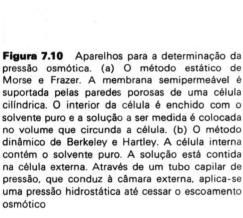

Figura 7.10 Aparelhos para a determinação da pressão osmótica. (a) O método estático de Morse e Frazer. A membrana semipermeável é suportada pelas paredes porosas de uma célula cilíndrica. O interior da célula é enchido com o solvente puro e a solução a ser medida é colocada no volume que circunda a célula. (b) O método dinâmico de Berkeley e Hartley. A célula interna contém o solvente puro. A solução está contida na célula externa. Através de um tubo capilar de pressão, que conduz à câmara externa, aplica-se uma pressão hidrostática até cessar o escoamento osmótico

(a)

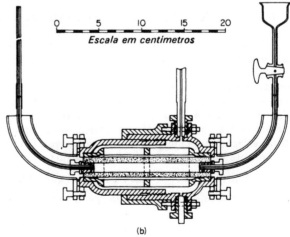

(b)

na superfície do paládio e estes átomos, talvez na forma de prótons e elétrons, difundem através da barreira.

    Um mecanismo baseado em algum tipo de diferença de solubilidade é responsável por muitos casos de semipermeabilidade. Por exemplo, membranas de proteínas, como as empregadas por Nollet, podem dissolver água, mas não álcool.

    Em outros casos, a membrana pode atuar como uma peneira ou como um feixe de capilares. As seções transversais desses capilares podem ser muito pequenas, de modo

230 FÍSICO-QUÍMICA

Tabela 7.3 Pressões osmóticas de soluções de sacarose em água a 20 °C

Molalidade (m)	Concentração molar (c) (mol·dm^{-3})	Pressão osmótica observada (atm)	Pressão osmótica calculada		
			Eq. (7.39)	Eq. (7.43)	Eq. (7.41)
0,1	0,098	2,59	2,36	2,40	2,44
0,2	0,192	5,06	4,63	4,81	5,46
0,3	0,282	7,61	6,80	7,21	7,82
0,4	0,370	10,14	8,90	9,62	10,22
0,5	0,453	12,75	10,9	12,0	12,62
0,6	0,533	15,39	12,8	14,4	15,00
0,7	0,610	18,13	14,7	16,8	17,40
0,8	0,685	20,91	16,5	19,2	19,77
0,9	0,757	23,72	18,2	21,6	22,15
1,0	0,825	26,64	19,8	24,0	24,48

que possam ser permeáveis a pequenas moléculas, como as de água, mas não a moléculas grandes, como as de carboidratos e proteínas.

Independentemente do mecanismo de ação de uma membrana semipermeável, o resultado final é o mesmo. O escoamento osmótico continua até que o potencial químico do componente em difusão tenha o mesmo valor de ambos os lados da barreira. Se o escoamento ocorre num recipiente fechado, necessariamente a pressão dentro deste aumenta. A pressão osmótica de equilíbrio final pode ser calculada por métodos termodinâmicos.

7.15. Pressão osmótica e pressão de vapor

Consideremos um solvente puro A, separado de uma solução de B em A, através de uma membrana somente permeável a A. No equilíbrio, a pressão osmótica Π se desenvolveu. A condição para o equilíbrio é que o potencial químico de A seja o mesmo em ambos os lados da membrana, $\mu_A^\alpha = \mu_A^\beta$. Assim, no equilíbrio, o μ_A da solução deve ser igual ao de A puro. Há dois fatores que fazem com que o valor de μ_A na solução seja diferente do de A puro. Estes fatores devem, portanto, ter efeitos exatamente iguais e opostos sobre μ_A. O primeiro é a variação de μ_A produzida pela diluição de A na solução. Esta variação causa um abaixamento de μ_A igual a $\Delta\mu = RT \ln P_A/P_A^\bullet$. Contrabalançando exatamente este efeito, ocorre o aumento de μ_A na solução devido a pressão imposta

Π. Da Eq. (7.12), $d\mu_A = V_A dP$, de modo que $\Delta\mu_A = \int_0^\Pi V_A\, dP$.

No equilíbrio, portanto, para que μ_A na solução seja igual a $\mu_A^\bullet$ no líquido puro,

$$\int_0^\Pi V_A\, dP = -RT \ln \frac{P_A}{P_A^\bullet}$$

Se se admitir que o volume molar parcial V_A seja independente da pressão, isto é, a solução é praticamente incompressível,

$$V_A \Pi = RT \ln \frac{P_A^\bullet}{P_A} \tag{7.40}$$

O significado desta equação é o seguinte: *a pressão osmótica é a pressão externa que deve ser aplicada à solução para elevar a pressão de vapor do solvente A à de A puro.*

Soluções

231

Em muitos casos. o volume molar parcial do solvente na solução V_1 pode ser aproximado ao volume molar do líquido puro $V_A^\bullet$. No caso especial de uma solução ideal, a Eq. (7.40) torna-se então

$$\Pi V_A^\bullet = -RT \ln X_A \tag{7.41}$$

Substituindo-se X_A por $(1 - X_B)$ e expandindo-se como na Sec. 7.13, obtemos a fórmula para uma solução diluída

$$\Pi V_A^\bullet = RT X_B \tag{7.42}$$

Como a solução é diluída

$$\Pi = \frac{RT}{V_A^\bullet} \cdot \frac{n_B}{n_A} \approx RTm' \tag{7.43}$$

Esta é a equação utilizada por Frazer e Morse como uma melhor aproximação que a de Van't Hoff. À medida que a solução se torna muito diluída, m', a molalidade por volume se aproxima de c, a concentração molar, e encontramos como produto final de uma série de aproximações

$$\Pi = RTc$$

Podemos julgar qual das Eqs. (7.39), (7.41) ou (7.42) representa mais adequadamente os dados experimentais por inspeção dos dados da Tab. 7.3[16].

7.16. Desvios de soluções da idealidade

Muito poucas das inúmeras soluções líquidas que têm sido investigadas seguem a Lei de Raoult dentro da faixa completa de concentrações. Por esta razão, aplicações mais práticas das equações ideais são feitas no tratamento das soluções diluídas. À medida que a solução se torna mais diluída, o comportamento do soluto B se aproxima mais do ditado pela Lei de Henry. A *Lei de Henry é, portanto, uma lei-limite que é seguida por todos os solutos no limite de extrema diluição*, isto é, à medida que $X_B \to 0$. O comportamento do solvente, quando a solução fica mais diluída, vai se aproximando cada vez mais ao dado pela Lei de Raoult. No limite de extrema diluição, à medida que $X_A \to 1$. todos os solventes obedecem à Lei de Raoult como uma lei-limite.

Uma das maneiras mais instrutivas de se discutir as propriedades de soluções não--ideais é em termos de seus desvios em relação à idealidade. As primeiras medidas extensas de pressão de vapor, que permitiram tais comparações, foram feitas por Jan von Zawidski ao redor de 1900.

Podemos distinguir dois tipos de desvios da idealidade: casos nos quais $a_A > X_A$ ou $\gamma_A > 1$ são *desvios positivos*; aqueles nos quais $a_A < X_A$ ou $\gamma_A < 1$ são *desvios negativos*. Em alguns casos, uma solução pode apresentar um desvio positivo num intervalo de concentrações e um negativo, em outro.

Um sistema que exibe um desvio positivo da Lei de Raoult é água + dioxano, cujo diagrama de pressão de vapor *versus* composição é mostrado na Fig. 7.11(a). Uma solução ideal seguiria as linhas interrompidas. O desvio positivo é caracterizado por pressões de vapor maiores que as calculadas para uma solução ideal. As tendências de escapar dos componentes na solução são maiores que as tendências de escapar dos líquidos puros individuais. O efeito tem sido atribuído a forças coesivas entre componentes diferentes menores que os dos líquidos puros. resultando numa **tendência de fuga da miscibilidade completa**. Colocando em termos simples, os componentes estarão mais satisfeitos consigo

[16]As pressões osmóticas de soluções de altos polímeros e proteínas fornecem alguns dos melhores dados sobre as propriedades termodinâmicas dessas macromoléculas. Uma investigação típica é a de M. J. Schick, P. Doty e B. H. Zimm, *J. Am. Chem. Soc.* **72**, 530 (1950)

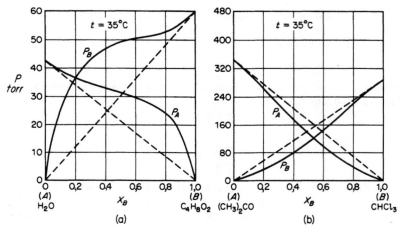

Figura 7.11 (a) Desvio positivo da idealidade. Pressões parciais de vapor no sistema água + + dioxano a 35 °C. (b) Desvio negativo da idealidade. Pressões parciais de vapor no sistema acetona + clorofórmio a 35 °C. (Os valores da Lei de Raoult são mostrados como linhas interrompidas)

mesmo do que quando misturados; são insociáveis. Uma tradução científica é obtida equacionando-se um componente satisfeito com um estado de baixa energia livre. Deveríamos esperar que esta imiscibilidade incipiente se reflitisse num aumento no volume quando da mistura e também numa absorção de calor quando da mistura.

O outro tipo de desvio da Lei de Raoult é o desvio negativo, ilustrado pelo sistema clorofórmio + acetona na Fig. 7.11(b). Neste caso, a tendência de escapar de um componente da solução é menor que a do líquido puro. Este fato pode ser resultante de forças atrativas entre as moléculas de líquidos diferentes na solução maiores que aquelas entre as moléculas iguais nos líquidos puros. Em alguns casos, uma associação real ou formação de composto pode ocorrer na solução. Como resultado, nos casos de desvios negativos, deveríamos esperar uma contração de volume e um desprendimento de calor quando da mistura dos líquidos.

Em alguns casos de desvio da idealidade, a descrição simples baseada em diferenças de forças de coesão pode não ser adequada. Por exemplo, desvios positivos são sempre observados em soluções aquosas. A água pura está, ela própria, fortemente associada e a adição de um segundo componente pode despolimerizar a água em alguma extensão, causando um aumento da pressão parcial de vapor.

Um desvio positivo suficientemente grande da idealidade pode levar a um máximo no diagrama PX, e um desvio negativo suficientemente grande, a um mínimo. Uma ilustração deste tipo de comportamento é mostrada na Fig. 7.12(a). No máximo ou mínimo na curva de pressão de vapor, o vapor e o líquido devem ter a mesma composição.

Se tivermos medido uma das curvas de pressão de vapor parcial num sistema binário, como as das Figs. 7.11 e 7.12(a), poderemos sempre calcular a outra com o auxílio de uma equação do tipo Gibbs-Duhem. Por analogia com a Eq. (7.10),

$$d \ln P_A = \left(\frac{X_B}{X_B - 1}\right) d \ln P_B$$

Uma expressão relacionada a esta, e que inclui explicitamente as inclinações das curvas P versus X, é

$$(1 - X_B)\left(\frac{\partial \ln P_A}{\partial X_B}\right)_T + X_B\left(\frac{\partial \ln P_B}{\partial X_B}\right)_T = 0 \qquad (7.44)$$

Esta forma é chamada *equação de Duhem-Margules*.

Soluções

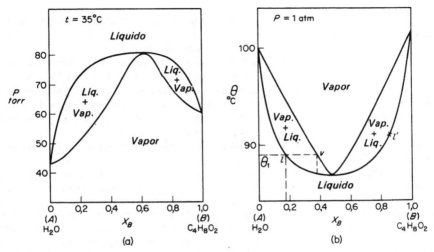

Figura 7.12 O sistema água + dioxano ilustra um desvio positivo da Lei de Raoult. (a) Diagrama *PX* a 35 °C; (b) diagrama *TX* a 1 atm (diagrama de pontos de ebulição normais)

7.17. Diagramas de ponto de ebulição

O diagrama PX da Fig. 7.12(a) tem no diagrama ponto de ebulição (TX) da Fig. 7.12(b) a sua contrapartida. Um máximo na curva PX corresponde a um mínimo na curva TX.

Uma solução com a composição correspondente a um ponto de máximo ou de mínimo no diagrama de ponto de ebulição é denominada *solução azeotrópica* (do grego, ζηιν, *ferver* e, α-τρόπος, *inalterado*), pois não há mudança na composição durante a ebulição. Tais soluções não podem ser separadas por destilação a pressão constante. De fato, por algum tempo pensou-se que eram compostos químicos reais, contudo, mudando-se a pressão, altera-se a composição da solução azeotrópica.

A destilação de um sistema com um ponto de ebulição máximo ou mínimo pode ser discutida com referência à Fig. 7.12(b). Se a temperatura de uma solução de composição l for elevada, começará a ferver na temperatura θ_1. O primeiro vapor que destila tem a composição v, mais rica que o líquido original no componente B. A solução residual, portanto, torna-se mais rica em A e, se o vapor for sendo continuamente removido, o ponto de ebulição do resíduo aumentará, pois sua composição se move ao longo da curva do líquido de l em direção a A puro. Se uma destilação fracionada for realizada, conseguir-se-á uma separação final entre A puro e solução azeotrópica. Da mesma maneira, uma solução de composição original l' pode ser separada em B, puro e o azeotrópico.

7.18. Solubilidade de líquidos em líquidos

Quando o desvio positivo da Lei de Raoult se torna suficientemente grande, os componentes não podem mais formar uma série contínua de soluções. À medida que se adicionam sucessivas porções de um componente ao outro, atinge-se finalmente a solubilidade-limite, além da qual duas fases líquidas distintas são formadas. Com certa constância, o aumento da temperatura tende a aumentar a solubilidade pois a energia cinética térmica faz ultrapassar a relutância de os dois componentes se misturarem livremente.

Em outras palavras, o termo $T\,\Delta S$ em $\Delta G = \Delta H - T\,\Delta S$ se torna mais importante. Uma solução que exibe um grande desvio positivo da idealidade em temperaturas elevadas, portanto, sempre se separa em duas fases quando resfriada.

Um exemplo deste comportamento é o sistema n-hexano + nitrobenzeno mostrado no diagrama TX da Fig. 7.13. Na temperatura e na composição indicadas pelo ponto x, duas fases coexistem, as soluções conjugadas representadas por y e z. As quantidades relativas das duas fases são proporcionais, como é normal, aos segmentos da linha de correlação. À medida que se eleva a temperatura ao longo da isopleta XX', a quantidade da fase rica em hexano diminui e a quantidade da fase rica em nitrobenzeno aumenta. Finalmente, em Y, a fase rica em hexano desaparece completamente e em temperaturas acima de Y existe apenas numa solução.

Este desaparecimento gradual de uma solução é característico de sistemas que possuem todas as composições menos uma. A exceção é a composição correspondente ao máximo na curva TX. Esta composição é denominada *composição crítica* e a temperatura no máximo é a *temperatura crítica da solução* ou *temperatura consoluta superior*. À medida que um sistema de duas fases, que possui uma composição crítica, for gradualmente aquecido (linha cc' na Fig. 7.13), não haverá desaparecimento gradual de uma fase. Mesmo na vizinhança imediata do máximo d, a razão dos segmentos das linhas de correlação praticamente permanece constante. As composições das duas soluções conjugadas se aproximam gradualmente uma da outra até que, no ponto d, a linha de separação entre as duas fases desaparece subitamente e uma única fase permanece.

À medida que a temperatura crítica é lentamente aproximada da parte superior, um fenômeno curioso é observado. Imediatamente antes que a fase única homogênea se transforme em duas fases, a solução apresenta uma opalescência perlada. Acredita-se que esta *opalescência crítica* seja causada pelo espalhamento de luz das pequenas regiões de densidades ligeiramente diferentes, que são formadas no líquido, na separação incipiente das duas fases. Estudos por raios X revelaram que estas regiões podem permanecer mesmo vários graus acima do ponto crítico[17].

É estranho o fato de alguns sistemas exibirem uma temperatura crítica inferior de solubilidade. Em temperaturas elevadas, duas soluções parcialmente miscíveis estão presentes e se tornam completamente intersolúveis quando suficientemente resfriadas.

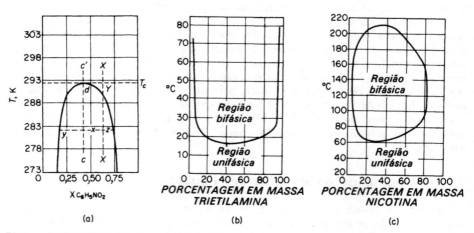

Figura 7.13 Miscibilidade parcial de dois líquidos. (a) n-hexano + nitrobenzeno; (b) trietilamina + água; (c) nicotina + água.

[17] G. Brady, *J. Chem. Phys.* **32**, 45 (1960)

Um exemplo é o sistema trietilamina + água mostrado na Fig. 7.13(b), com uma temperatura crítica inferior de solubilidade de 18,5 °C a 1 atm de pressão. Note-se o grande aumento de solubilidade à medida que a temperatura se aproxima deste ponto. Este comportamento estranho sugere que os grandes desvios negativos da Lei de Raoult (por exemplo, formação de composto) se tornam suficientes, a baixa temperatura, para contrabalançar os desvios positivos responsáveis pela imiscibilidade.

Finalmente, alguns sistemas exibem temperaturas críticas de solubilidade inferiores e superiores. São mais comuns sob elevadas pressões e podemos esperar que todos os sistemas que apresentam uma temperatura crítica inferior de solubilidade exibam uma superior a pressões e temperaturas suficientemente elevadas. Um exemplo é a pressão atmosférica do sistema nicotina + água da Fig. 7.13(c).

7.19. Condição termodinâmica para a separação de fases

A interpretação da *lacuna de solubilidade* nos sistemas dotados de intersolubilidade limitada se baseia na energia livre da mistura. A Fig. 7.14 mostra a energia de Gibbs da mistura G_M [$= \Delta G$ na Eq. (7.14)] em função da composição de uma solução binária para três casos diferentes. Podemos encontrar tais resultados em três temperaturas diferentes para um sistema do tipo dos mostrados na Fig. 7.13.

Em (a), os componentes são miscíveis em todas as proporções. O critério para esta condição é que a curva G_M versus X seja convexa inferior em todo o intervalo de X. O critério de miscibilidade completa é, portanto, que para todo X

$$\frac{\partial^2 G_M}{\partial X^2} > 0$$

No caso (b), desenhamos uma curva interrompida entre os pontos X'_A e X''_A para mostrar a variação de G_M nesta região, calculada para uma única fase líquida. Existem dois pontos de inflexão onde $(\partial^2 G_M/\partial X^2) = 0$. Notamos que em qualquer ponto da região entre X'_A e X''_A, G_M pode ser diminuído se o sistema se separar em duas fases líquidas distintas, uma composição X'_A e outra de composição X''_A. Estas composições representam os extremos de uma linha de correlação entre duas soluções conjugadas no diagrama TX inicial.

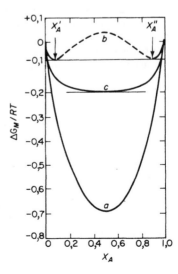

Figura 7.14 Energia de Gibbs de mistura. *a*, uma fase líquida; *b*, duas fases líquidas; *c*, no ponto crítico

236   FÍSICO-QUÍMICA

Em (c), vemos um caso-limite de um sistema que exibe um ponto crítico; os pontos de inflexão, que demarcam os limites da solubilidade, moveram-se juntos até coincidirem no ponto crítico. A condição para o ponto crítico é que tanto $(\partial^2 G_M/\partial X^2)$ como $(\partial^3 G_M/\partial X^3)$ sejam iguais a 0.

De um ponto de vista teórico, podemos esperar que estas derivadas superiores de G_M sejam muito sensíveis a pequenas variações no formato e parâmetro das leis de forças intermoleculares sobre as quais se procura construir uma análise das propriedades de soluções.

7.20. Termodinâmica de soluções não-ideais

Propriedades termodinâmicas de soluções não-ideais podem geralmente ser expostas mais claramente pelo cálculo das diferenças entre os valores na solução real e os valores que apresentariam numa solução ideal da mesma composição. Tais diferenças são denominadas *funções de excesso*.

Por exemplo, consideremos a energia livre de Gibbs para qualquer componente A:

Solução real $\qquad\qquad G_A - G_A^{\bullet} = RT \ln a_A = RT \ln X_A + RT \ln \gamma_A$

Solução ideal $\qquad\qquad G_A^{id} - G_A^{\bullet} = RT \ln X_A$

Função de excesso $\qquad\quad G_A^{ex} = G_A - G_A^{id} = RT \ln \gamma_A$

Para uma solução binária de A e B,

$$\Delta G_M^{ex} = RT(X_A \ln \gamma_A + X_B \ln \gamma_B) \tag{7.45}$$

Como para uma solução ideal, ΔH e ΔV de mistura são nulos, as funções de excesso ΔH^{ex} e ΔV^{ex} são simplesmente funções da mistura. Calculamos a entropia de excesso de

$$\Delta S_M^{ex} = -\left(\frac{\partial \Delta G_M^{ex}}{\partial T}\right)_{P,X}$$

Hildebrand introduziu (1929) o conceito de uma *solução regular*, na qual a entropia de mistura é virtualmente ideal, enquanto ΔH_M pode diferir marcadamente de zero.

Havendo uma mudança no volume de mistura, este ΔV causará por si mesmo alguma variação na entropia. Portanto, a comum ΔS_P^{ex}, medida a pressão constante, deveria ser corrigida para ΔS_V^{ex}, medida a volume constante, antes de fazermos qualquer comparação com modelos teóricos para o ΔS (por exemplo, cálculos a partir de mecânica estatística). A correção[18], devida a Scatchard, é

$$\Delta S_P - \Delta S_V = \frac{\alpha}{\beta} \Delta V \tag{7.46}$$

onde α é a expansividade térmica e β é a compressibilidade.

Na Fig. 7.15, as funções de excesso são mostradas para soluções de CH_3I em três diferentes clorometanos[19]. É interessante notar que o ΔS_V^{ex} é muito pequeno para os sistemas CH_2Cl_2 e CCl_4, que assim preenchem aproximadamente os critérios de Hildebrand para regularidade.

[18]$S_P = S_V + \int_V^{V+\Delta V} \left(\frac{\partial S}{\partial V}\right)_T dV'$

Da equação de Maxwell, Eq. 3.46, $(\partial S/\partial V)_T = (\partial P/\partial T)_V = \alpha/\beta$. Se admitirmos α/β a integral será $(\alpha/\beta)\Delta V$

[19]E. A. Moelwyn-Hughes e R. W. Missen, *Trans. Faraday Soc.* **53**, 607 (1957)

Soluções

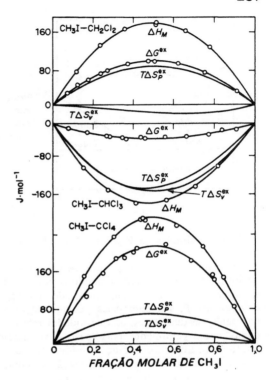

Figura 7.15 Funções termodinâmicas de excesso: CH_3I + clorometanos a 298 K

A Tab. 7.4 mostra algumas funções de excesso para solução de líquidos em líquidos[20]. Como esperaríamos, para soluções líquidas, $\Delta G_P \approx \Delta A_V$.

Tabela 7.4 Funções de excesso termodinâmicas de mistura a pressão constante e a volume constante para $X = 0,5$

Sistema	T K	ΔV_P^{ex} cm³·mol⁻¹	ΔG_P^{ex} J·mol⁻¹	ΔA_V^{ex} J·mol⁻¹	ΔH_P^{ex} J·mol⁻¹	ΔU_V^{ex} J·mol⁻¹
Cloreto de etileno + + benzeno	298	0,24	25,9	26,8	60,7	−32,6
Tetracloreto de carbono + + benzeno	308	0,01	81,6	81,6	109	106
Dissulfeto de carbono + + acetona	308	1,06	1 050	1 040	1 460	1 120
Tetracloreto de carbono + + neopentano	273	−0,5	318	318	314	427
n-perfluoro-hexano + + n-hexano	298	4,84	1 350	1 320	2 160	1 230

7.21. Equilíbrio sólido-líquido: diagramas eutéticos simples

Equilíbrios de dois componentes sólido-líquido, onde os líquidos são intersolúveis em todas as proporções e onde não há apreciável solubilidade sólido-sólido, fornecem

[20] R. L. Scott, *J. Phys. Chem.* **64**, 1 241 (1963)

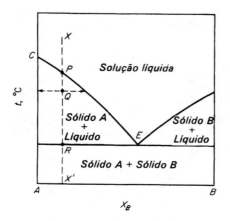

Figura 7.16 Diagrama eutético simples para dois componentes, A e B, completamente insolúveis como líquidos, mas com solubilidade sólido-sólido desprezível

o diagrama simples da Fig. 7.16. Na Tab. 7.5 são coletados exemplos de sistemas deste tipo.

Consideremos o comportamento de uma solução de composição X resfriando-se ao longo da isopleta XX'. Quando o ponto P for atingido, o sólido puro A começa a se separar da solução. Como resultado, a solução residual se torna mais rica no outro componente B, sua composição caindo ao longo da linha PE. Em qualquer ponto Q na região de duas fases, as quantidades relativas de A puro e da solução residual são dadas, como geralmente, pela razão dos segmentos na linha de correlação. Quando o ponto R for atingido, a solução residual terá a composição do eutético, E. Resfriamento posterior, agora, resulta na precipitação simultânea de uma mistura de A e B nas quantidades relativas correspondente a E.

Tabela 7.5 Sistemas com diagramas eutéticos simples, tais como o da Fig. 7.16

Componente A	Ponto de fusão de A (K)	Componente B	Ponto de fusão de B (K)	Eutético (K)	(Mol % B)
CHBr$_3$	280,5	C$_6$H$_6$	278,5	247	50
CHCl$_3$	210	C$_6$H$_5$NH$_2$	267	202	24
Ácido pícrico	395	TNT	353	333	64
Sb	903	Pb	599	519	81
Cd	594	Bi	444	417	55
KCl	1 063	AgCl	724	579	69
Si	1 685	Al	930	851	89
Be	1 555	Si	1 685	1 363	32

O ponto eutético é um ponto invariante num diagrama de pressão constante; como as três fases estão em equilíbrio $f = c - p + 2 = 2 - p + 2 = 4 - 3 = 1$, o único grau de liberdade é utilizado pela escolha de uma condição sob pressão constante.

O exame microscópico de ligas muitas vezes revela uma estrutura indicando que foram formadas de uma massa fundida por um processo de resfriamento semelhante ao considerado ao longo da isopleta XX' da Fig. 7.16. Encontram-se cristalitos de metal puro disperso em uma matriz de mistura eutética finamente dividida. Um exemplo é mostrado na Fig. 7.17.

Soluções

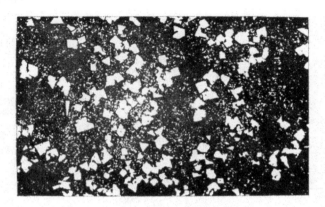

Figura 7.17 Fotomicrografia a 50 × de 80% Pb + 20% Sb, mostrando cristais de Sb numa matriz do eutético (Arthur Phillips, Universidade de Yale)

7.22. Formação de compostos

Fundindo simultaneamente anilina e fenol em proporções equimolares e resfriando-os, cristaliza um composto definido, $C_6H_5OH \cdot C_6H_5NH_2$. O fenol puro funde a 313 K e a anilina pura, a 267 K, e o composto funde a 304 K. O diagrama TX completo para este sistema, na Fig. 7.18, é típico para muitos casos onde compostos estáveis ocorrem como fases sólidas. Uma maneira conveniente de se olhar para estes diagramas é imaginá-los como formados de dois diagramas do tipo eutético simples, colocados lado a lado. Neste caso, um de tais diagramas seria o fenol + composto e o outro, composto + + anilina. Estão marcadas no diagrama as diversas fases correspondentes às diversas regiões do diagrama.

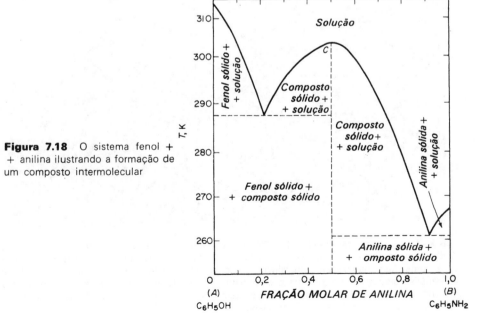

Figura 7.18 O sistema fenol + + anilina ilustrando a formação de um composto intermolecular

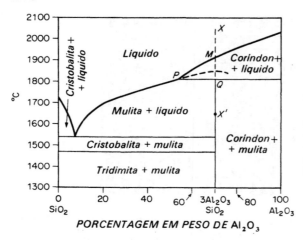

Figura 7.19 O sistema sílica + + alumina apresenta um ponto peritético em *P* acima da qual o composto mulita, $3Al_2O_3 \cdot SiO_2$, funde incongruentemente, formando coríndon sólido, Al_2O_3 + uma fase líquida

Figura 7.20 Uma liga fundida de 10% de Fe em Al foi resfriada muito rapidamente, de 1 200 °C, numa velocidade acima de 500 °C por minuto. Numa matriz do composto estável Al_6Fe, uma fase metaestável cristalizou como estrelas dendríticas de dez pontos. Uma microanálise eletrônica indicou que o composto metaestável era consideravelmente mais rico em ferro que Al_6Fe. (C. Adam e L. M. Hogam, Departamento de Engenharia de Minas e Metalurgia da Universidade de Queensland)

Soluções

241

Um máximo, tal como o ponto C, indica a formação de um composto com um ponto de fusão *congruente*, pois, se um sólido de composição $C_6H_5OH \cdot C_6H_5NH_2$ for aquecido a 304 K, fundir-se-á em um líquido de composição idêntica.

Em alguns sistemas, compostos sólidos são formados, mas ao serem fundidos não produzem um líquido da mesma composição, ao contrário, decompõem-se antes que tal ponto de fusão seja atingido. Um exemplo é o sistema sílica + alumina (Fig. 7.19), que inclui um composto, $3Al_2O_3 \cdot SiO_2$, denominado *mulita*. Se uma massa fundida contendo 40% de Al_2O_3 for preparada e resfriada lentamente, a mulita sólida começa a se separar ao redor de 2 053 K. Se se remover algum destes sólidos e o mesmo for reaquecido ao longo da linha XX', sofrerá decomposição a 2 573 K em coríndon sólido e uma solução líquida (em fusão) de composição P. Assim, $3Al_2O_3 \cdot SiO_2 \longrightarrow Al_2O_3 +$ + solução. Tal mudança é denominada *fusão incongruente*, pois a composição do líquido difere da do sólido.

O ponto P é o ponto de fusão incongruente ou *ponto peritético* (do grego, $\tau\eta\kappa\tau o\varsigma$, *fusão*, e $\pi\epsilon\rho\iota$, *ao redor*). A conveniência deste nome se torna evidente se se seguem os eventos à medida que a solução de composição $3Al_2O_3 \cdot SiO_2$ é gradualmente resfriada ao longo de XX'. Quando o ponto M for atingido, o coríndon sólido (Al_2O_3) começará a se separar da massa fundida, e a composição desta ficará mais rica em SiO_2, caindo ao longo da linha MP. Quando a temperatura for menor que a do peritético em P, ocorrerá a seguinte mudança: líquido + coríndon $\rightarrow$ mulita. O Al_2O_3, sólido que se separou, reage com a massa fundente vizinha para formar o composto mulita. Removendo-se e examinando-se em espécime num ponto como Q, verifica-se que o material sólido consiste de duas fases; um núcleo de coríndon rodeado de um revestimento de mulita. Desta aparência característica é que provém o nome *peritético*.

As microestruturas das fases sólidas podem, muitas vezes, ser controladas pela velocidade com a qual a massa fundida é resfriada lenta ou rapidamente. A Fig. 7.20 mostra uma estrutura incomum obtida por rápido resfriamento do sistema ferro + alumínio.

7.23. Soluções sólidas

Na teoria dos equilíbrios entre fases, as soluções sólidas não são diferentes dos outros tipos de soluções: são simplesmente fases sólidas contendo mais que um componente. A regra das fases não distingue o tipo de fase (gás, líquido ou sólido) que ocorre, estando interessada apenas no número de fases presentes. Portanto, para a maioria dos diagramas típicos de sistemas líquido-vapor e líquido-líquido encontram-se diagramas análogos correspondentes para sistemas sólido-líquido e sólido-sólido.

Duas classes gerais de soluções sólidas podem ser distinguidas com bases estruturais. Uma *solução sólida substitucional* é aquela onde átomos ou grupos de átomos do soluto são substituídos por átomos do solvente, ou grupos, na estrutura cristalina. Por exemplo, o níquel possui uma estrutura cúbica de face centrada; substituindo-se alguns dos átomos de níquel por átomos de cobre, ao acaso, obtém-se uma solução sólida. Esta substituição de um grupo por outro é apenas possível quando os substituintes não diferem apreciavelmente em tamanho. Uma *solução sólida intersticial* é aquela onde átomos ou grupos do soluto ocupam interstícios na estrutura cristalina do solvente. Por exemplo, átomos de carbono podem ocupar alguns dos interstícios na estrutura do níquel. Uma solução sólida intersticial pode ocorrer numa extensão apreciável apenas quando os átomos do soluto são pequenos em comparação com os do solvente.

Um exemplo de um sistema contendo uma série contínua de soluções sólidas é o cobre + níquel, Fig. 7.21. Ligas industriais importantes, tais como o constantan (60Cu, 40Ni) e o monel (60Cu, 35Ni, 5Fe), são soluções sólidas deste tipo.

Para sistemas intermetálicos, o diagrama eutético simples da Fig. 7.16 é geralmente uma supersimplificação. Em muitos casos, contudo, uma lacuna de solubilidade se estende

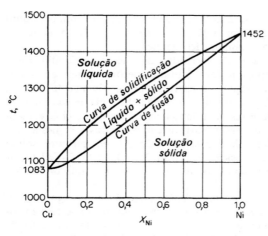

Figura 7.21 O sistema cobre + níquel — uma série contínua de soluções sólidas

através de *quase* todo o diagrama. Geralmente, também, a lacuna aumenta consideravelmente com o decréscimo de temperatura. Um caso interessante é mostrado no diagrama do alumínio + cobre da Fig. 7.22. Apenas a porção do sistema que se estende de Al puro ao composto intermetálico $CuAl_2$ é coberta. A solução sólida de cobre em alumínio é chamada fase α e a solução sólida de alumínio no composto $CuAl_2$ é chamada fase θ.

O fenômeno da têmpera de ligas por envelhecimento é interpretado em termos do efeito da temperatura sobre a lacuna de solubilidade nas soluções sólidas. Resfriando-se uma mistura em fusão contendo cerca de 4% de Cu e 96% de Al ao longo de XX', solidifica-se inicialmente numa solução sólida α. Esta solução sólida é mole e dútil. Resfriando-se rapidamente à temperatura ambiente, torna-se metaestável. As modificações no estado sólido são geralmente lentas, de modo que a solução metaestável persiste por algum tempo. Contudo, lentamente transforma-se na forma estável, que é uma mistura de duas fases, uma solução sólida α e uma solução sólida θ. Esta liga bifásica é muito menos plástica que a solução homogênea α. O mecanismo exato da têmpera não foi completamente elucidado, mas está sempre associado à mudança de uma liga unifásica a uma bifásica.

A Fig. 7.23 mostra uma estrutura lamelar numa liga contendo 33% de Cu e 67% de Al, examinada sob um microscópio eletrônico. As faixas escuras são a fase θ e as claras, a α.

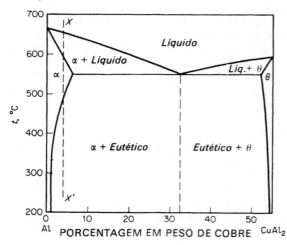

Figura 7.22 Uma seção do sistema alumínio + cobre. Ligas contendo até 6% de cobre exibem têmpera por envelhecimento

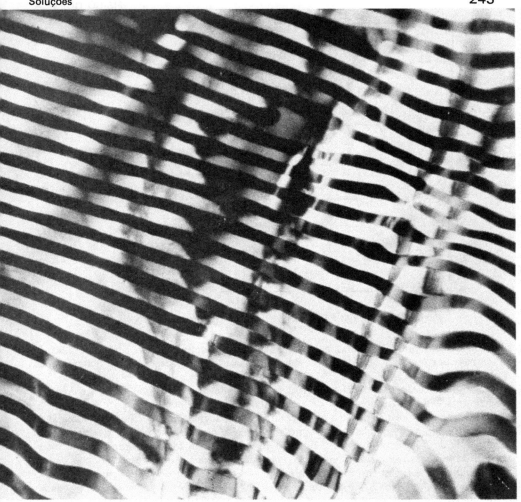

Figura 7.23 Micrografia eletrônica de transmissão direta de 33% de Cu + 67% de Al, a composição do eutético da Fig. 7.22. As faixas claras são a fase α e as escuras a θ (N. Takahashi e K. Ashinuma, Universidade de Yamanashi)

7.24. O diagrama ferro-carbono

Nenhuma discussão de diagramas de fase deve omitir o sistema ferro-carbono, que é a base teórica da metalurgia do ferro. A parte do diagrama de maior interesse se estende do ferro puro ao composto carbeto de ferro, ou *cementita*, Fe_3C. Esta seção está reduzida na Fig. 7.24.

O ferro puro existe sob duas modificações diferentes. A forma cristalina estável até 910 °C, chamada ferro α, possui estrutura cúbica de corpo centrado. A 910 °C, ocorre uma transição para estrutura cúbica de face centrada, o ferro γ, porém, a 1 401 °C, o ferro γ se transforma de novo numa estrutura cúbica de corpo centrado, agora denominada ferro δ. É um exemplo interessante, se bem que não único, de uma forma alotrópica que

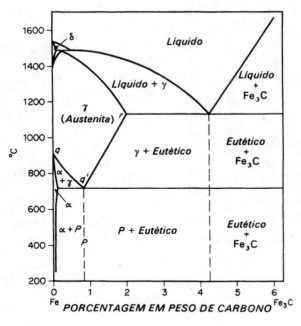

Figura 7.24 Uma parte do diagrama de fases ferro-carbono [Segundo J. B. Austin, *Metals Handbook* (Cleveland: American Society for Metals, 1949), p. 1 181]

é estável sob pressão constante, tanto abaixo como acima de um certo intervalo de temperatura. As soluções sólidas de carbono nas estruturas de ferro são denominadas *ferrita*.

Com exceção da pequena seção correspondente à ferrita δ, a porção superior do diagrama é um exemplo típico de solubilidade sólido-sólido limitada.

A curva qq' mostra como a temperatura de transformação de ferrita α a γ é abaixada pela dissolução intersticial de carbono no ferro. A região denominada α representa o intervalo de soluções sólidas de C no ferro α. A região marcada com γ representa o intervalo de soluções sólidas de C em ferro γ, as quais recebem o nome especial de *austenita*. A diminuição na temperatura de transição α → γ termina em q', onde a curva intercepta a curva de solubilidade rq' do carbono em ferro γ. Um ponto como q', que tem propriedades de um eutético, mas ocorre numa região completamente sólida, é denominado *eutetóide*.

As duas fases formadas pela decomposição do eutetóide da austenita são a ferrita α e a cementita. Estas fases formam uma estrutura lamelar de bandas alternadas chamada *perlita*. Se a composição for próxima à do eutetóide, o aço é composto essencialmente de perlita. Se a composição for mais rica em carbono, ou *hipereutetóide*, poderá conter grãos de cementita além dos de perlita. Se a composição for mais pobre em carbono, ou *hipoeutetóide*, e o aço resfriado lentamente, poderá conter grãos de ferrita adicionais. A Fig. 7.25 mostra a formação e o aspecto da perlita. O primeiro estágio de formação parece ser o da nucleação de um cristalito de cementita. À medida que cresce, remove o carbono da austenita circundante. A nucleação de ferrita ocorre então na superfície da cementita porque o baixo teor de carbono favorece a transformação de γ em α.

O diagrama da Fig. 7.24 explica a distinção entre os aços e ferros fundidos. Qualquer composição abaixo de 2% em carbono pode ser aquecida até a obtenção de uma solução sólida homogênea (austenita). Nesta condição, a liga é facilmente laminada a quente ou submetida a outras operações de moldagem. Por resfriamento, ocorre a segregação de duas fases. A cementita é um material duro, quebradiço e sua ocorrência nos aços perlíticos é responsável por sua alta resistência. A maneira como o resfriamento é realizado determina a velocidade de segregação das duas fases e as dimensões dos grãos, possibi-

Soluções

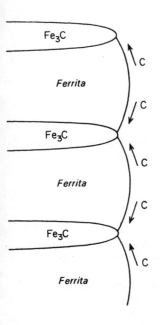
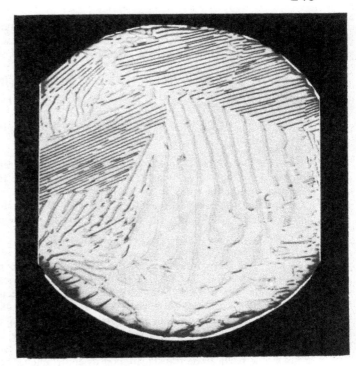

Figura 7.25 Formação e aspecto da perlita. A fotomicrografia está aumentada 1 250 vezes (U. S. Steel Corporation Research Center)

litando a obtenção de materiais de propriedades mecânicas diferentes por recozimento e têmpera.

Com composições acima de 2% em carbono obtém-se a classe geral de ferros fundidos. Não podem ser postos numa solução sólida por aquecimento e, portanto, não são convenientes para ser trabalhados mecanicamente. São obtidas pela moldagem de material fundido e usadas quando se desejam dureza e resistência à corrosão e quando a fragilidade devida ao alto conteúdo de cementita não é deletéria.

7.25. Mecânica estatística de soluções

Se conhecermos as propriedades de um par de componentes puros, poderemos fazer um tratamento teórico do que ocorre quando estes componentes são misturados para formar uma solução.

Primeiramente, vamos olhar o modelo mecânico estatístico para uma solução perfeita de N_A moléculas de A e N_B moléculas de B. Sendo Z_A e Z_B as funções de partição para A e B puros, a função de partição para a solução é

$$Z_{AB} = \frac{(N_A + N_B)!}{N_A! N_B!} Z_A Z_B \qquad (7.47)$$

O fator combinatório $(N_A + N_B)!/N_A! N_B!$ é o número de arranjos diferentes de moléculas de A e B que surgem de trocas de posição dentro da solução. Neste modelo, moléculas de A e B devem ser muito semelhantes e cada molécula deve estar no mesmo campo intermolecular de força, a despeito da identidade de seus vizinhos. Esta situação

246 FÍSICO-QUÍMICA

e a função de partição na Eq. (7.47) correspondem exatamente aos critérios descritos previamente para uma solução ideal. Em particular, como $A = -kT \ln Z$, a função de partição da Eq. (7.47) dá para a energia livre de Helmholtz de mistura,

$$\Delta A_M = (N_A + N_B) \, kT(X_A \ln X_A + X_B \ln X_B)$$

Como $\Delta A = \Delta U - T\Delta S$ para a mistura isotérmica, e $\Delta U = 0$ para este modelo,

$$\Delta S_M = -(N_A + N_B) \, k(X_A \ln X_A + X_B \ln X_B)$$

como na Eq. (7.31).

Se a solução não for ideal, ΔU_M diferirá de zero e teremos problemas para calcular a função de partição Z_{AB} da mistura para um modelo que inclua termos de energia para diferentes interações entre A e A, B e B e A e B.

A primeira aproximação feita é a separação do grau de liberdade translacional dos internos, isto é, como no caso do gás [Eq. (5.48)] podemos escrever para a solução

$$Z = Z_t \cdot Z_I \tag{7.48}$$

Esta será uma aproximação excelente para misturas de moléculas aproximadamente esféricas, tais como CCl_4 e $SiCl_4$. Para moléculas não-esféricas mas não-polares, a aproximação ainda será razoável, pois as forças entre tais moléculas não variarão fortemente com a direção. Para moléculas polares, contudo, a Eq. 7.48 se torna uma aproximação pobre, pois a rotação de uma molécula polar dependerá marcadamente da posição e da orientação de seus vizinhos. Nós nos restringiremos a casos dos quais a Eq. 7.48 é satisfatória. Em tais casos, a energia livre de excesso (ΔG^{ex} ou ΔA^{ex}) dependerá totalmente da função de partição de translação, pois as contribuições de graus de liberdade internos se cancelam.

É mais conveniente empregar a forma clássica de Z_t, como na Eq. (5.54)

$$Z_t = \frac{1}{N!} \frac{1}{h^{3N}} \int \cdots \int \exp\left(\frac{-\mathscr{H}}{kT}\right) dp_1 \cdot dp_{3N} \, dq_1 \cdots dq_{3N} \tag{7.49}$$

A integração dos momenta se estende de $-\infty$ a $+\infty$ e das coordenadas, sobre o volume do sistema. O hamiltoniano é

$$\mathscr{H} = \frac{1}{2m} \sum_{i=1}^{3N} p_i^2 + U(q_1 \cdots q_{3N})$$

Quando esta expressão é substituída na Eq. (7.49), a integração em relação aos momenta dá (como na Sec. 5.16)

$$\left(\frac{2\pi mkT}{h^2}\right)^{3N/2}$$

Este fator não pode contribuir para a energia livre de mistura, e é geralmente absorvido em Z_I para dar Z_I'.

O fator restante é

$$Q = \frac{1}{N!} \int \cdots \int \exp\left(\frac{-U}{kT}\right) dq_1 \cdots dq_{3N} \tag{7.50}$$

É chamado *integral de configuração* ou *função de partição configuracional*. Se pudéssemos avaliar esta função Q, a partir do conhecimento das propriedades das moléculas individuais, teríamos percorrido uma boa parte do caminho em direção a uma teoria mecânico-estatística completa dos líquidos e fase imperfeitos. A extensão de Q para uma

Soluções 247

solução de dois componentes A e B é, claramente,

$$Q = \frac{1}{N_A! N_B!} \int \cdots \int \exp\left(\frac{-U}{kT}\right) dq_1 \cdots dq_{3N} \qquad (7.51)$$

Vamos adiar qualquer discussão de tentativas de avaliar o próprio Q para o Cap. 19 e comentar apenas brevemente como a Eq. (7.51) tem sido usada na teoria de soluções[21].

Uma abordagem para o problema é avaliar Q em base do *modelo reticulado*. Admite-se que cada molécula de A e B ocupe uma posição definida num reticulado rígido. Assim, o volume será fixado por $N_A + N_B$ e $\Delta V^{ex} = 0$ para este modelo. Admite-se então que a energia potencial U pode ser desdobrada em dois termos: (1) a interação entre as moléculas em repouso e suas posições de equilíbrio nos pontos do reticulado; (2) a energia devida à vibração das moléculas ao redor dos pontos do reticulado. Então

$$Q = Q\,(\text{reticulado}) \times Q\,(\text{vibração})$$

Na formulação mais simples, supõe-se que apenas Q (*reticulado*) mude pela mistura de componentes. Assim, o modelo simples tenta calcular a energia livre da mistura pelo cálculo de Q (*reticulado*).

Simplificaremos ainda o modelo admitindo que apenas interações entre os *vizinhos mais próximos* devam ser considerados. Se cada molécula possui z vizinhos mais próximos, existirão em total $(N_A + N_B)z/2$ pares de vizinhos mais próximos, N_{AA} do tipo AA, N_{BB} do tipo BB e N_{AB} do tipo AB. Vemos que

$$zN_A = 2N_{AA} + N_{AB}$$
$$zN_B = 2N_{BB} + N_{AB}$$

Sejam u_{AA}, u_{BB} e u_{AB} as energias de interação entre os pares. Então a energia reticular será

$$E\,(\text{reticulado}) = N_{AA}u_{AA} + N_{AB}u_{AB} + N_{BB}u_{BB}$$
$$= \tfrac{1}{2}zN_A u_{AA} + \tfrac{1}{2}zN_B u_{BB} + N_{AB}(u_{AB} - \tfrac{1}{2}u_{AA} - \tfrac{1}{2}u_{BB})$$

Portanto, $w = u_{AB} - \tfrac{1}{2}u_{AA} - \tfrac{1}{2}u_{BB}$ é a energia ganhada na mistura pela criação de um par vizinho mais próximo AB. Podemos também escrever $E_A = \tfrac{1}{2}zN_A u_{AA}$ e $E_B = \tfrac{1}{2}zN_B u_{BB}$ como as energias de reticulado de A e B puras, respectivamente. Portanto,

$$Q\,(\text{reticulado}) = N \sum_{AB} g(N_A, N_B, N_{AB}) \exp\left[\frac{-(E_A + E_B + N_{AB}w)}{kT}\right]$$
$$= \exp\left[\frac{-(E_A + E_B)}{kT}\right] \sum_{AB} g(N_A, N_B, N_{AB}) \exp\left(\frac{-N_{AB}w}{kT}\right)$$

Aqui, $g(N_A, N_B, N_{AB})$ é o número de arranjos diferentes das N_A moléculas de A e N_B moléculas de B, que dão N_{AB} pares de vizinhos mais próximos do tipo AB. A energia livre de Helmholtz de mistura se tornará

$$\Delta A_M = -kT \ln\left[\sum g(N_A, N_B, N_{AB}) \exp\left(\frac{-N_{AB}w}{kT}\right)\right] \qquad (7.52)$$

O cálculo da soma na Eq. (7.52) é equivalente ao *problema de Ising* discutido no capítulo anterior.

Se colocarmos $w = 0$ na Eq. (7.52) vemos que

$$\sum_{AB} g(N_A, N_B, N_{AB}) = \frac{(N_A + N_B)!}{N_A! N_B!}$$

[21]A referência-padrão é I. Prigogine, *The Molecular Theory* of *Solutions* (Amsterdam: North Holland Publishing Co., 1957)

248   FÍSICO-QUÍMICA

e, como $N_A + N_B = N$,

$$\Delta A_M = -kT \ln \frac{N!}{N_A! N_B!}$$

como foi dado pela Eq. (7.47) para soluções perfeitas.

7.26. O modelo Bragg-Williams

A hipótese mais simples sobre os pares AB é a de uma distribuição completamente ao acaso na mistura. Este modelo foi introduzido inicialmente por Bragg e Williams na teoria de soluções sólidas metálicas. Uma distribuição completamente ao acaso daria o termo máximo no somatório de $g(N_A, N_B N_{AB})$ na Eq. (7.52), e o termo máximo é, obviamente, $N!/N_A! N_B!$ Uma boa aproximação é substituir o somatório de g por este termo máximo. Podemos também inserir o valor médio $\overline{N}_{AB}$ para obter

$$\Delta A_M = -kT \ln \frac{N!}{N_A! N_B!} + \overline{N}_{AB} w$$

Mas o valor médio de N_{AB} é simplesmente

$$\overline{N}_{AB} = z \frac{N_A N_B}{N_A + N_B}$$

Assim, para o modelo de Bragg-Williams,

$$\Delta A_M = kT[N_A \ln X_A + N_B \ln X_B] + zw \frac{N_A N_B}{N_A + N_B} \tag{7.53}$$

O primeiro termo é o valor para soluções ideais e o segundo, é o excesso ΔA^{ex}. Nesta aproximação, a entropia de excesso $\Delta S^{ex} = 0$ e o desvio total da idealidade são devidos ao excesso de energia ΔU^{ex}. Como vimos na Fig. 7.15 e na Tab. 7.4, contudo, experimentalmente o excesso de energia livre é encontrado razoavelmente dividido igualmente entre os termos de entropia e energia, exceção para as *soluções regulares*. O modelo de Bragg-Williams, portanto, pode ser razoável para soluções regulares mas não pode resolver satisfatoriamente os outros tipos de desvio da idealidade.

O modelo de Bragg-Williams prediz uma separação de fases em baixas temperaturas para todos os casos em que $w > 0$. Na Fig. 7.26(a) está mostrado o gráfico de $\Delta A_M / kT$, de acordo com a fórmula de Bragg-Williams [Eq. (7.53)]. Vemos que, quando a energia de interação zw se torna consideravelmente maior que kT, a curva de energia livre mostrará exatamente o comportamento descrito na Fig. 7.14 conduzindo à separação das fases.

Podemos também calcular as curvas de pressão de vapor do modelo de Bragg-Williams. A partir da Eq. (7.53), pode-se obter o potencial químico por diferenciação com respeito a N_A

$$\mu_A - \mu_A^{\bullet} = kT \ln X_A + (1 - X_A)^2 zw$$

Portanto, da Eq. (7.23)

$$a_A = \frac{\lambda_A}{\lambda_A^{\bullet}} = \frac{P_A}{P_A^{\bullet}} = X_A \exp\left[\frac{(1 - X_A)^2 zw}{kT}\right]$$

Na Fig. 7.26(b), mostram-se os gráficos de $P_A / P_A^{\bullet}$ para $zw/kT = 1, 0$ e -2. O caso $w = 0$, obviamente, é a Lei de Raoult. Para $w > 0$, existe um desvio positivo e para $w < 0$, um negativo. Assim, a teoria de Bragg-Williams, baseada no modelo do reticulado, dá uma interpretação bastante boa de algumas propriedades das soluções. O modelo não deveria,

Soluções

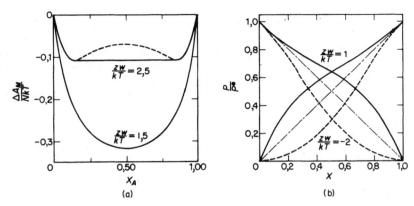

Figura 7.26 (a) Energia livre de mistura de acordo com a aproximação de Bragg-Williams. (b) Pressões parciais de vapor de acordo com a aproximação de Bragg-Williams para $zw/kT = 1, 0,$ e -2

contudo, ser considerado demasiadamente serio para soluções líquidas, pois não existe realmente qualquer estrutura reticulada ordenada em líquidos. Para soluções sólidas, contudo, o modelo deveria ser bastante realístico.

Seria realmente muito interessante acompanhar os futuros desenvolvimentos da teoria estatística para soluções não-ideais, mas o assunto se torna cada vez mais complexo e talvez se tenha dito o suficiente para mostrar a natureza dos problemas. É importante ir além do modelo de mistura ao acaso e considerar os casos em que as forças intermoleculares são suficientemente específicas para causar desvios da distribuição completamente ao acaso, que realmente estará refletida no excesso de entropia de mistura (pode ser + ou −). O tratamento-padrão de Prigogine seria referência excelente aos que se fascinam com desenvolvimentos teóricos.

A teoria das soluções é de grande importância para qualquer químico que deva escolher um solvente adequado para realizar uma reação de síntese. Até o momento, o químico tem se guiado não tanto pela teoria das soluções quanto pela familiaridade com uma imensa coleção de dados empíricos sobre efeitos de solventes. À medida que nossa compreensão das soluções melhora, deveria ser possível adequar o solvente a cada reação por meio de considerações teóricas firmemente estabelecidas.

PROBLEMAS

1. Preparam-se soluções de NaCl, a 25 °C, contendo n moles em 1,000 kg de água. Os volumes da solução, em centímetros cúbicos, variam com n da seguinte maneira: $V = 1001,38 + 16,6253n + 1,7738n^{3/2} + 0,1194n^2$. Desenhe gráficos mostrando os volumes molares parciais de H_2O e NaCl nas soluções em função da molalidade, de 0 a 2 molal. Mostre que a Eq. (7.21) se aplica a algum ponto particular em seus gráficos onde V_A é o volume molar parcial da água.

2. Supor uma mistura de n-propano ($X_A = 0,4$) e n-butano ($X_B = 0,6$) como uma solução líquida ideal a 77 K. Esquematizar um processo reversível isotérmico para separar a solução em seus componentes puros. Que limitações teria o seu processo para ser utilizado na prática? Calcular o trabalho mínimo necessário para separar 1 mol da solução em seus componentes puros.

3. O ponto de ebulição do tolueno puro é 110,60 °C. Uma solução contendo 5,00 g de difenilo, $C_{12}H_{10}$, em 100 g de tolueno ferve a 111,68 °C. Uma solução contendo 6,00 g

250 FÍSICO-QUÍMICA

de uma substância desconhecida não-volátil, em 200 g de tolueno, ferve a 112,00 °C. Calcular a massa molecular da amostra desconhecida.

4. Uma solução que contém 25,3 moles % de benzeno e 74,7 moles % de tolueno, ferve a 100 °C, a 1 atm. O líquido obtido por condensação do vapor ferve a 94,8 °C. Calcular a composição deste líquido. A pressão de vapor do benzeno puro é 1 357 torr a 100 °C e 1 108 torr a 94,8 °C. Admitir que o vapor e as soluções tenham comportamento ideal.

5. Um composto desconhecido é imiscível com água. É destilado com vapor a 98,0 °C e $P = 737$ torr. A pressão de vapor da água é 707 torr a 98,0 °C. O destilado continha 75,0% em peso de água. Calcular a massa molecular da amostra desconhecida.

6. Uma solução diluída contém m moles do soluto A em 1 kg de um solvente de constante de elevação do ponto de ebulição K_b. O soluto dimeriza em solução de acordo com a reação $2A \rightleftharpoons A_2$, com uma constante de equilíbrio K. Mostrar que

$$K = \frac{K_b(K_b m - \Delta T_b)}{(2\,\Delta T_b - K_b m)^2}$$

onde ΔT_b é a elevação do ponto de ebulição numa solução de molalidade m em A.

7. O fenol funde a 40 °C; α-naftilamina funde a 50 °C. No sistema binário, existem eutéticos nas seguintes composições: 75 moles % de fenol a 17 °C e 36 moles % de fenol a 23 °C. Um composto é formado com 50 moles % de fenol e seu ponto de fusão é 28 °C. Todos estes dados estão a 1 atm. (a) Esquematizar o diagrama de fase T—X a 1 atm para este sistema. (b) Descrever claramente o que ocorre quando uma mistura contendo 40 moles % de fenol for resfriada de 50 °C a 10 °C. (c) Descrever claramente o que ocorre quando uma mistura que contém 85 moles % de fenol for resfriada de 50 °C a 10 °C.

8. A solubilidade de ácido bórico em água é 50,4 g por quilo de água a 20 °C e 116 g por quilo de água a 50 °C. Calcular o ΔH médio (de solução) nesta faixa de temperatura. Trata-se de um calor de solução integral ou diferencial? Explicar.

9. O volume molar parcial V_2 de K_2SO_4 em soluções aquosas a 298 K é dado por

$$V_2(\text{cm}^3) = 32{,}280 + 18{,}216 m^{1/2} + 0{,}0222 m$$

Obter uma equação para V_1, o volume molar parcial da água. Admitir $V_1^{\bullet} = 17{,}963$ cm$^3 \cdot$ mol^{-1} para a água.

10. O calor de fusão do gelo é 6 008 J $\cdot$ mol^{-1} a 0 °C e $C_P = 37{,}20$ J $\cdot$ K$^{-1} \cdot$ mol^{-1} para o gelo, 75,42 J $\cdot$ K$^{-1} \cdot$ mol^{-1} para a água líquida e 32,97 J $\cdot$ K$^{-1} \cdot$ mol^{-1} para o vapor de água. (Dar uma explicação qualitativa sucinta do porquê o C_P para a água líquida é maior que o do vapor e o do gelo.) A pressão de vapor da água no ponto triplo de 273,16 K é 4,58 torr. A variação de entalpia-*padrão* para a vaporização de água líquida é $\Delta H_{298}^{\ominus} = 44{,}85$ torr. Calcular as pressões de vapor de (a) água líquida e (b) gelo a – 10 °C.

11. A água pura é saturada com uma mistura equimolar de H_2, N_2 e O_2 sob a pressão total de 5 atm. A água é então fervida e os gases, removidos. Calcular a composição da mistura gasosa obtida em porcentagem molar (após a secagem). Admitir a validade da Lei de Henry, $P_B = k X_B$, onde P_B é dado em atmosferas e $k \times 10^{-4} = 7{,}80$, 8,45 e 4,68, para H_2, N_2 e O_2, respectivamente.

12. Calcular as massas de (a) metanol e (b) etilenoglicol, que, quando dissolvidas em 5 kg de água, impedirão a formação de gelo a – 10 °C. Discutir brevemente as vantagens relativas destes dois compostos como aditivos anticongelantes para sistemas de refrigeração de automóveis.

13. Para soluções regulares onde os componentes têm moléculas do mesmo tamanho, a energia de Gibbs de mistura é

$$\Delta G_M = RT(n_1 \ln X_1 + n_2 \ln X_2) + (n_1 + n_2)X_1 X_2 w$$

onde n denota a quantidade do componente, X a fração molar e w é um parâmetro que

Soluções   251

mede o desvio da Lei de Raoult. Mostrar que para estas soluções os potenciais químicos são

$$\mu_1 = \mu_1^{\bullet} + RT \ln X_1 + w X_2^2$$
$$\mu_2 = \mu_2^{\bullet} + RT \ln X_2 + w X_1^2$$

onde $\mu_1^{\bullet}, \mu_2^{\bullet}$ se referem aos líquidos puros. Mostrar que os coeficientes de atividade são dados por

$$\ln \gamma_1 = X_2^2 \left(\frac{w}{RT} \right)$$

$$\ln \gamma_2 = X_1^2 \left(\frac{w}{RT} \right)$$

Benzeno e CCl_4 formam soluções regulares com $w = 324$ J·mol^{-1} a 298 K. Para uma solução equimolar, calcular as funções de mistura, ΔH_M e ΔS_M^{ex}. Calcular γ_1 e γ_2 dentro da faixa de frações molares de $X_1 = 0$ a 1 e colocar esses resultados em forma gráfica[22].

14. Por um procedimento semelhante ao utilizado para deduzir a Eq. (7.37), deduzir a expressão para a elevação do ponto de ebulição ΔT_b de um líquido A por adição de um soluto não-volátil, a baixa molalidade m_B,

$$\Delta T_b = K_B m_B = \frac{RT_b^{\bullet 2} M_A}{(\Delta H_v) \, 1\,000}$$

onde M_A é a massa molecular do solvente A, ΔH_v é a entalpia de vaporização por mol e $T_b^{\bullet}$ é seu ponto de ebulição.

15. Calcular o trabalho mínimo necessário para separar 1 mol de $C_2H_4Br_2$ puro de (a) um grande volume de uma solução equimolar de $C_2H_4Br_2$ e $C_3H_6Br_2$, e (b) uma solução contendo exatamente 2 moles de cada componente. As soluções são ideais.

16. Quando as células do vacúolo do esqueleto de um sapo foram colocadas numa série de soluções de NaCl de diferentes concentrações a 25 °C, observou-se microscopicamente que permaneciam inalteradas numa solução de NaCl 0,7 %, encolhiam em soluções mais concentradas e inchavam em soluções mais diluídas. A água congela de uma solução contendo 0,7 % de sal a $-0,406$ °C. Qual a pressão osmótica na célula citoplasmática a 25 °C?

17. O corpo humano contém cerca de 150 g de potássio em forma ionizada distribuídos de maneira que a concentração no interior das células é de 0,155 mol·dm^{-3} e que a do exterior das células é de 0,005 mol·dm^{-3}. Qual a energia de Gibbs total ΔG associada a esta distribuição desigual em comparação com a de uma concentração uniforme?

18. A pressão de vapor de um líquido que obedece à regra de Trouton aumenta de 20 torr·K^{-1} a temperaturas ao redor de seu ponto de ebulição normal. Estimar o ΔH (vaporização) e o T_b para este líquido.

19. A 1 atm de pressão de CO_2, 1,7 g de CO_2 se dissolve em 1 kg de água a 20 °C e a 40 °C, 1,0 g de CO_2 será dissolvido em 1 kg de água. Se uma garrafa suporta uma pressão máxima interna de gás de 2 atm, qual a pressão máxima de CO_2 a 20 °C, que pode ser utilizada com segurança, sabendo-se que a garrafa de bebida será exposta a 40 °C? Admitir que as soluções seguem a Lei de Henry.

20. Um novo antibiótico polipeptídico foi isolado, porém se dispõe de apenas 2 mg. Pelo método de ultracentrifugação, encontrou-se uma massa molecular $M = 12\,500$. Deseja-se conferir este valor por um outro método. Calcular o abaixamento do ponto de fusão, elevação do ponto de ebulição, abaixamento da pressão de vapor e pressão osmótica a 20 °C para a substância dissolvida em água. Qual dos métodos acima é acon-

---

[22]K. S. Pitzer e L. Brewer, *Thermodynamics*. 2.ª edição de um livro de G. N. Lewis e M. Randall (New York: McGraw-Hill, 1961), Cap. 19

252 FÍSICO-QUÍMICA

selhável com base nos cálculos realizados? Por quê? Que precauções se tomariam nas medidas? Qual seria a avaliação do erro provável em suas determinações de M, admitindo-se que se empreguem as melhores técnicas modernas?

21. Para as soluções ideais da Fig. 7.7, desenhar um gráfico mostrando como a fração molar X_1 de propanol-2 no vapor varia com a do líquido. Use esta curva para estimar o número de pratos teóricos necessários para que em uma coluna de destilação se obtenha um destilado de fração molar $X_1 = 0.9$ de uma solução com $X_1 = 0.1$. Admitir condição de refluxo total.

22. Os pontos de fusão e calores de fusão dos o-, p- e m- dinitrobenzeno são, respectivamente, 390,1, 446,7 e 363,0 K; e 16,33, 14,00 e 17,90 kJ $\cdot$ mol^{-1}. Admitindo um comportamento de solubilidade ideal, calcular a temperatura eutética ternária e a composição para a mistura dos compostos o, m e p.

23. A 387,5 °C, a pressão de vapor de K é 3,25 e a do Hg é 1 280 torr. Acima de uma solução de 50 moles % de K em Hg, a pressão de vapor de K é 1,07 e a do Hg, 13,0 torr. Calcular as atividades e os coeficientes de atividade de K e Hg na solução. Calcular o ΔG_M de 0,5 moles de K e 0,5 mol de Hg a 387,5 °C. Sendo ΔS_M ideal, calcular ΔH_M para a solução equimolar.

24. Fazer uma revisão da literatura mais recente sobre a anestesia. Pode você decidir então sobre a validade relativa da teoria de Pauling e da teoria da solubilidade de lipídeos? Tente projetar algumas experiências que possam testar criticamente as duas teorias.

25. A Fig. 7.20 mostra o crescimento dendrítico de uma fase rica em alumínio para dar origem a inclusões com forma de estrela, que geralmente mostram dez pontas. Pode você sugerir um mecanismo para este padrão? No Cap. 18 veremos que uma simetria rotacional dezenária é proibida numa estrutura cristalina. Como podem estas inclusões apresentar o que pode parecer como sendo uma simetria proibida?

26. Dos dados do Problema 23, calcular w/kT a partir do modelo de Bragg-Williams que forneceu a Eq. (7.53). Admitir $z = 12$. (Por quê?)

27. Desenhe o diagrama de fases para o sistema do níquel + magnésio na região condensada. O magnésio funde a 651 °C e o Ni a 1 452 °C. Formam um composto MfNi$_2$ que funde a 1 145 °C e o composto Mg$_2$Ni que se decompõe a 770 °C, dando um líquido que contém 50% em peso de Ni e 50% de MgNi$_2$. Os eutéticos se situam a 23% de Ni a 510 °C e a 89% de Ni a 1 080 °C.

28. Dispõem-se dos seguintes dados termodinâmicos a 1 100 K:

	$H_T^\ominus - H_0^\ominus$ (kJ$\cdot$mol^{-1})	$-(G_T^\ominus - H_0^\ominus)/T$ (kJ$\cdot$K$^{-1}\cdot$mol^{-1})
Cementita	112,71	154,5
Fe-α	34,71	40,59
Grafita	15,05	12,86

A solubilidade da cementita em Fe-α foi medida como

$$\log (\text{wt } \% \text{ C}) = \frac{-9\,700}{4,575T} + 0,41$$

Calcular a solubilidade da grafita em Fe-α a 1 100 K.

29. J. J. van Laar[23] forneceu uma equação semi-empírica muito útil para o excesso de entalpia livre de soluções

$$\Delta G^{\text{ex}} = \frac{b_{12} X_1 X_2}{b_1 X_1 + b_2 X_2}$$

[23]J. J. van Laar, Z. Physik. Chem. **72**, 723 (1910) e Z. Physik. Chem. **83**, 599 (1913)

Soluções 253

sendo b_{12}, b_1 e b_2 constantes características. Mostrar que a relação de Van Laar implica que

$$\sqrt{\frac{1}{\ln \gamma_1}} = \frac{\sqrt{A_{12}}}{B_{12}}\left(\frac{X_1}{X_2}\right) + \frac{1}{\sqrt{A_{12}}}$$

$$\frac{1}{\sqrt{\ln \gamma_2}} = \frac{\sqrt{B_{12}}}{A_{12}}\left(\frac{X_2}{X_1}\right) + \frac{1}{\sqrt{B_{12}}}$$

onde $A_{12} = (b_{12}/b_2 RT)$ e $B_{12} = (b_{12}/b_1 RT)$.

30. Dispondo-se dos seguintes dados para as soluções de acetona e clorofórmio a 50 C.

Fração molar de acetona		Pressão total
Líquido	*Vapor*	*Torr*
0	0	521
0,10	0,071	495
0,20	0,165	474
0,30	0,279	463
0,38	0,380	458
0,40	0,408	460
0,50	0,550	469
0,60	0,684	489
0,70	0,789	511
0,80	0,890	540
0,90	0,955	576
1,00	1,000	612

Calcular os coeficientes de atividade de ambos os componentes e colocá-los em gráficos de acordo com as expressões de Van Laar do Problema 29, determinando, portanto, A_{12} e B_{12}. Os coeficientes de Van Laar possuem alguma interpretação em termos de interações entre os componentes nas soluções?

8

Afinidade química

"Por exemplo", disse o Capitão, "aquilo que chamamos pedra calcária é uma terra calcária mais ou menos pura em combinação íntima com um ácido volátil conhecido por nós na forma gasosa. Se colocamos um pedaço desta pedra calcária numa solução fraca de ácido sulfúrico, este último tomará conta da cal e aparecerá com ela na forma de gesso; porém o delicado ácido gasoso escapará. Aqui vemos um caso de separação, e de uma nova combinação, de tal forma que pensamos estar corretos ao usar nesse caso a expressão afinidade eletiva, como se realmente parecesse que uma relação tenha sido deliberadamente escolhida em detrimento de uma outra."

"Perdoe-me assim como eu perdôo o cientista", disse Charlotte. "Mas nesse caso eu nunca pensaria numa escolha mas numa força compulsora — e nem mesmo isso. No fim das contas, deve ser meramente uma questão de oportunidade. A ocasião faz as relações, da mesma forma que faz os ladrões. Como para suas substâncias químicas, a escolha parece estar exclusivamente nas mãos do químico que colocou juntas essas substâncias. Mas, uma vez juntas, elas são unidas. Deus tenha piedade delas! No caso em pauta tenho dó apenas do pobre ácido gasoso que deve de novo vagar no espaço infinito."

"O ácido deve apenas combinar-se com água para restaurar sãos e doentes na forma de fonte mineral", replicou o Capitão.

"Isto é fácil de dizer para a cal", disse Charlotte. "A cal está arranjada; ela é uma substância; mas aqueles outros elementos deslocados devem ter muita dificuldade até que encontram novamente um lar."

Johann Wolfgang von Goethe
(1809)[1]

Os alquimistas dotavam suas substâncias químicas com natureza quase humana e acreditavam que as reações ocorriam quando os reagentes amavam uns aos outros. Robert Boyle, em *The Sceptical Chymyst* (1661), deu uma visão obscura de tais teorias:

> Eu encaro amizade e inimizade como sentimentos de seres inteligentes, e jamais encontrei explicado, por quem quer que seja, como esses apetites podem ser colocados em corpos inanimados e desprovidos de conhecimento ou sequer de sentido.

No mesmo ano, Isaac Newton ingressou no Trinity College, Cambridge, com a idade de 19 anos. Ele sempre teve um grande interesse pela experimentação química e despendia longas horas num laboratório no jardim atrás de seus quartos em Cambridge.

---

[1]*Elective Affinities*, traduzido por Elizabeth Mayer e Louise Bogan (Chicago: Henry Regnery Co., 1963), p. 41

Afinidade química

Ele muito raramente ia para a cama antes de 2 ou 3 horas da madrugada, algumas vezes não antes de 5 ou 6 (...) especialmente na primavera e no outono, quando ele costumava empregar cerca de seis semanas em seu laboratório, o fogo raramente se apagando noite ou dia, ele velando uma noite e eu outra, até que terminasse seus experimentos químicos.

Assim reportava Humphrey Newton, seu primo e assistente.

Apesar de jamais ter publicado um livro sobre química, Newton levantou um número de questões químicas importantes nas "Perguntas" ao fim da sua *Opticks*. Provavelmente, como resultado de seu trabalho sobre a atração gravitacional entre corpos, ele cogitava se a afinidade entre substâncias químicas diferentes poderia ser devida às forças atrativas entre seus átomos ou corpúsculos. Devemo-nos recordar de que no seu tempo não havia uma compreensão perfeita da distinção entre misturas, soluções e compostos químicos. De fato, foi apenas no século XIX que tais distinções puderam ser precisamente estabelecidas. Na Pergunta 31, Newton indagava:

Não teriam as pequenas partículas de corpos certos poderes, virtudes ou forças por meio dos quais elas atuariam a uma dada distância, não apenas sobre raios de luz para refleti-los, refratá-los e desviá-los, mas também umas sobre as outras para produzir uma grande parte dos fenômenos na natureza? Pois é perfeitamente conhecido que os corpos agem uns sobre os outros pelas atrações da gravidade, magnetismo e eletricidade; e esses exemplos mostravam a tendência e o curso da natureza, e tornam não improvável que possam existir mais forças atrativas além dessas. Isto porque a natureza é muito constante e de acordo com ela própria. Como essas atrações podem se dar, eu não considero aqui. O que eu chamo de atração pode ser efetuado por impulso, ou por algum outro meio desconhecido por mim.

A origem da afinidade entre diferentes substâncias químicas é, efetivamente, um dos maiores problemas da ciência química. Consideramos agora que a atração gravitacional não tem qualquer ligação com a afinidade química e que as novas espécies de força sugeridas por Newton não são necessárias. Veremos mais tarde como a questão que Newton levantou em 1714 recebeu finalmente uma resposta em 1926, depois da aplicação da teoria quântica aos problemas químicos: essencialmente, a resposta seria que a atração química é elétrica em sua origem.

Como é de hábito, contudo, inteiramente alheios ao mecanismo microscópico detalhado das afinidades químicas, os poderosos métodos da termodinâmica fornecem uma análise matemática dos fenômenos de *per si* e descrevem exatamente como a afinidade química é influenciada por fatores, tais como temperatura, pressão e concentração.

Dados experimentais sobre reatividades químicas foram sumarizados nas primitivas *Tabelas de Afinidade*, como as de Etienne Geoffroy em 1718, que registravam a ordem dentro da qual os ácidos expulsavam os ácidos mais fracos a partir da combinação com bases.

Claude Louis Berthollet, em 1801, no seu livro, *Essai de Statique Chimique*, discutia que essas tabelas estavam em princípio erradas, pois a quantidade de reagente presente tinha papel importante e uma reação podia ser invertida adicionando suficiente excesso de um dos produtos. Enquanto servia como consultor científico de Napoleão na expedição ao Egito em 1799, ele observou que carbonato de sódio se depositava ao longo das margens dos lagos salgados. A reação $Na_2CO_3 + CaCl_2 \rightarrow CaCO_3 + 2NaCl$ quando realizada em laboratório notoriamente se dava no sentido de se completar à medida que $CaCO_3$ precipitava. Berthollet reconheceu que o grande excesso de cloreto de sódio nas salmouras em evaporação causaria inversão da reação, transformando carbonato de cálcio em carbonato de sódio. Ele, contudo, foi longe demais e, finalmente, sustentou que a *composição* real de compostos químicos poderia ser alterada variando as proporções da mistura reagente. Na controvérsia que se seguiu com Louis Proust, a lei das

256 FÍSICO-QUÍMICA

proporções definidas foi bem estabelecida, mas as idéias de Berthollet sobre o equilíbrio químico, o bom junto com o mau, foram desacreditadas e conseqüentemente abandonadas por uns bons cinqüenta anos. Atualmente, admitimos muitos exemplos de afastamentos definitivos da composição estequiométrica em vários compostos inorgânicos sólidos, tais como óxidos e sulfetos metálicos, que são apropriadamente chamados *bertholitos*, para distingui-los dos *daltonitos*, nos quais as proporções definidas são rigorosamente mantidas.

8.1. Equilíbrio dinâmico

A forma correta daquilo que agora chamamos de *lei do equilíbrio químico* foi obtida como resultado de uma série de estudos, não de equilíbrio, mas de velocidades de reação química. Em 1850, Ludwig Wilhelmy investigou a hidrólise de açúcar com catalisadores ácidos e constatou que a velocidade era proporcional à concentração do açúcar que permanecia sem se decompor. Em 1862, Marcellin Berthelot e Péan de St.-Gilles relataram resultados semelhantes em seu famoso trabalho[2] sobre a hidrólise de ésteres, do qual alguns dados são mostrados na Tab. 8.1. O efeito da variação das concentrações dos reagentes sobre os produtos é imediatamente visível.

Em 1863, os químicos noruegueses C. M. Guldberg e P. Waage expressaram essas relações numa forma muito geral e aplicaram os resultados ao problema do equilíbrio químico. Eles reconheram que o equilíbrio químico é uma condição dinâmica e não estática. Ele é caracterizado não pela cessação de toda a interação mas pelo fato de as velocidades das reações direta e inversa se tornarem iguais.

Tabela 8.1 Dados de Berthelot e St. Gilles referentes à reação

$$C_2H_5OH + CH_3COOH \rightleftharpoons CH_3COOC_2H_5 + H_2O$$

(1 *mol de ácido acético é misturado a quantidades variáveis de álcool e a quantidade de éster presente no equilíbrio é determinada*)

Moles de álcool	Moles de éster produzidos	Constante de equilíbrio $K = \dfrac{[EtAc][H_2O]}{[EtOH][HAc]}$
0,05	0,049	2,62
0,18	0,171	3,92
0,50	0,414	3,40
1,00	0,667	4,00
2,00	0,858	4,52
8,00	0,966	3,75

Considere a reação geral, $A + B \rightleftharpoons C + D$. De acordo com a *lei da ação das massas*, a velocidade da reação direta é proporcional às concentrações de A e B. Se elas são escritas como $[A]$ e $[B]$, $v_{direta} = k_d[A][B]$. Analogamente, $v_{inversa} = k_i[C][D]$. No equilíbrio, portanto, $v_{direta} = v_{inversa}$, de tal forma que

$$k_d[A][B[= k_i[C][D]$$

Portanto,

$$\frac{[C][D]}{[A][B]} = \frac{k_d}{k_i} = K$$

[2] *Ann. Chim. Phys.* (3) **65**, 385 (1862)

Afinidade química   257

Mais genericamente, se a reação é $aA + bB \rightleftarrows cC + dD$, no equilíbrio,

$$\frac{[C]^c\,[D]^d}{[A]^a\,[B]^b} = K \qquad\qquad (8.1)$$

A Eq. (8.1) é uma expressão da *lei de Guldberg e Waage do equilíbrio químico*. A constante K é denominada *constante de equilíbrio* da reação. Ela fornece uma expressão quantitativa para a dependência da afinidade química das concentrações de reagentes e produtos. Por convenção, os termos de concentração para os *produtos* da reação são sempre colocados no *numerador* da expressão para a constante de equilíbrio.

Realmente, este trabalho de Guldberg e Waage não constitui uma prova geral da lei do equilíbrio, uma vez que ele é baseado num tipo especial de equação de velocidade, a qual certamente não é sempre obedecida, como veremos quando empreendermos o estu lo da cinética química. Seu trabalho foi importante porque eles reconheceram que a a idade química é influenciada por dois fatores: um *efeito de concentração* e aquilo que pode ser chamado uma *afinidade específica*, a qual depende das naturezas químicas das espécies reagentes, sua temperatura e pressão. Deduziremos mais tarde a lei de equilíbrio a partir de princípios termodinâmicos.

8.2. Entalpia livre e afinidade química

A função energia livre de Gibbs G (entalpia livre) descrita no Cap. 3 fornece a verdadeira medida da afinidade química sob condições de pressão e temperatura constantes. A variação de entalpia livre numa reação química pode ser definida como $\Delta G = G(\text{produtos}) - G(\text{reagentes})$. Quando a variação de entalpia livre é zero, não existe trabalho útil a ser obtido por qualquer variação ou reação sob pressão e temperatura constantes. O sistema está num estado de equilíbrio. Quando a variação de entalpia livre é positiva para uma reação proposta, trabalho útil deve ser fornecido ao sistema para efetuar a reação; de outra maneira, ela não poderá ocorrer. Quando a variação de entalpia livre é negativa, a reação pode proceder espontaneamente com realização de trabalho útil. Quanto maior a quantidade desse trabalho que pode ser realizado, mais afastada está a reação do equilíbrio. Por essa razão, $-\Delta G$ tem sido freqüentemente chamada de *força motriz* da reação. A partir do estabelecimento da lei do equilíbrio, é evidente que essa força motriz depende das concentrações dos reagentes e dos produtos. Depende, também, de suas constituições químicas específicas, e da temperatura e da pressão, as quais determinam as energias livres molares de reagentes e produtos.

Se considerarmos uma reação a temperatura constante, por exemplo, uma efetuada num termostato, $-\Delta G = -\Delta H + T\Delta S$. A força motriz é formada de duas partes, um termo $-\Delta H$ e um termo $T\Delta S$. O termo $-\Delta H$ é o calor de reação sob pressão constante, e o termo $T\Delta S$ é o calor dissipado quando o processo é conduzido de forma reversível. A diferença é a quantidade de calor de reação sob pressão constante que pode ser convertida em trabalho útil, a saber, calor total menos calor não-disponível.

Se uma reação a volume e a temperatura constantes for considerada, o decréscimo na função de Helmholtz, $-\Delta A = -\Delta E + T\Delta S$, poderá ser usada como uma medida adequada da afinidade dos reagentes ou da força motriz da reação. A condição de volume constante é encontrada menos freqüentemente na prática de laboratório.

Podemos agora ver porque o princípio de Berthelot e Thomsen (Sec. 2.21) estava errado. Eles consideraram apenas um dos dois fatores que constituem a força motora de uma reação química, a saber, o calor de reação. Desprezaram o termo $T\Delta S$. A razão para a aparente validade do seu princípio foi que, para muitas reações, o termo ΔH ultrapassa largamente o termo $T\Delta S$. Isto é especialmente válido nas baixas temperaturas; para temperaturas mais elevadas, o termo $T\Delta S$ naturalmente aumenta.

258   FÍSICO-QUÍMICA

O fato de que a força motora para uma reação seja elevada (ΔG é uma quantidade negativa grande) não significa que a reação necessariamente ocorrerá sob quaisquer condições especificadas. Um exemplo é um bulbo de hidrogênio e oxigênio na prateleira do laboratório. Para a reação, $H_2 + \frac{1}{2}O_2 \rightarrow H_2O(g)$, quando $T = 298$ K e cada um dos reagentes e produtos estão sob $P = 1$ atm, $\Delta G_{298} = -228,6$ kJ. A despeito do valor negativo grande de ΔG, a mistura reagente pode ser mantida por anos sem qualquer formação detectável de vapor de água; mas, se em qualquer tempo uma pitada do catalisador esponja de platina é adicionada, a reação ocorre com violência explosiva. A necessária afinidade certamente existia, mas a *velocidade* com que se atinge o equilíbrio depende de fatores inteiramente diferentes.

Outro exemplo é a resistência à oxidação de metais reativos, tais como alumínio e magnésio: $2Mg + O_2$ (1 atm) $\rightarrow 2MgO(c)$; $\Delta G_{2\,8} = -570,6$ kJ. Nesse caso, depois que o metal é exposto ao ar, ele se torna coberto com uma camada muito fina de óxido, e a reação posterior ocorre com uma velocidade extremamente lenta, porque os reagentes devem difundir através da película de óxido. Portanto, a condição de equilíbrio não é atingida. A bomba incendiária e a reação termita, por outro lado, nos recordam que o valor elevado $-\Delta G$ para essa reação é uma medida válida da grande afinidade entre os reagentes.

8.3. Condição para o equilíbrio químico

Daremos agora uma dedução matemática mais exata da condição para o equilíbrio. Consideremos a reação química

$$v_1 A_1 + v_2 A_2 + \cdots \longrightarrow v_n A_n + v_{n+1} A_{n+1} + \cdots \tag{8.2}$$

Ela pode ser escrita resumidamente como

$$\sum v_i A_i = 0 \tag{8.3}$$

se recordarmos a convenção segundo a qual os números de moles estequiométricos v_i são positivos para os produtos e negativos para os reagentes. Podemos representar a *extensão da reação*[3] pelo símbolo ξ. Uma variação de ξ até $\xi + d\xi$ significa que $v_1 d\xi$ moles de A_1, $v_2 d\xi$ moles de A_2 etc., reagiram para formar $v_n d\xi$ moles de A_n etc. Portanto, ξ é uma medida conveniente da *extensão da reação*. O número de moles de qualquer componente i que reagiu é

$$dn_i = v_i \, d\xi \tag{8.4}$$

Consideremos um sistema contendo os reagentes e os produtos da Eq. (8.2) em equilíbrio sob T e P constantes. Para deduzir a condição de equilíbrio, seguimos o processo previamente usado na discussão de equilíbrios de fase (Sec. 6.5). Suponhamos que tenha ocorrido uma reação de extensão $\delta\xi$. A variação da energia de Gibbs do sistema seria dada a partir da Eq. (6.5) como

$$\delta G = \sum \mu_i \, \delta n_i$$

A partir da Eq. (8.4), portanto,

$$\delta G = \sum v_i \, \mu_i \, \delta\xi$$

Donde,

$$\frac{\delta G}{\delta\xi} = \sum v_i \, \mu_i \tag{8.5}$$

[3]Anteriormente era chamada *grau de avanço* da reação

Afinidade química

259

No equilíbrio, contudo, G deve ser um mínimo com relação a qualquer deslocamento virtual da reação. Portanto,

$$\left(\frac{\delta G}{\delta \xi}\right)_{T,P} = 0 \tag{8.6}$$

Deduzimos portanto das Eqs. (8.5) e (8.6) a condição de equilíbrio,

$$(\sum \nu_i \, \mu_i)_{eq} = 0 = \Delta G_{eq} \tag{8.7}$$

Em 1922, o engenheiro termodinâmico belga De Donder introduziu uma nova função chamada *afinidade*, definida por

$$\mathscr{A} = -\left(\frac{\partial G}{\partial \xi}\right)_{P,T} \tag{8.8}$$

No equilíbrio, $\mathscr{A} = 0$.

8.4. Entalpias livre padrão

No Cap. 2, introduzimos a definição de estados-padrão para simplificar os cálculos com energias e entalpias. Convenções similares são úteis para serem usadas com a entalpia livre e várias escolhas de estados-padrão têm sido feitas.

Um estado-padrão freqüentemente usado é o *estado da substância sob 1 atm de pressão*. Esta é uma definição útil para reações gasosas; para reações em solução, outras escolhas de estado-padrão podem ser mais convenientes e serão introduzidas quando necessário. O expoente $\ominus$ será usado para indicar um estado-padrão. A temperatura absoluta será indicada como um índice. Freqüentemente escreveremos 298, quando 298,15 K (25 °C) estiver subentendido.

À forma mais estável de uma substância simples no estado-padrão (1 atm de pressão) e a uma temperatura de 298,15 K, será por convenção atribuída uma entalpia livre igual a zero.

A *entalpia livre de formação de um composto* é a entalpia livre da reação pela qual ele é formado a partir das substâncias simples, quando todos os reagentes e produtos estão nos estados-padrão. Por exemplo,

$$H_2 \,(1 \text{ atm}) + \tfrac{1}{2}O_2 \,(1 \text{ atm}) \longrightarrow H_2O \,(g; 1 \text{ atm}), \qquad \Delta G^{\ominus}_{298} = -228,61 \text{ kJ}$$

$$S \,(\text{cristal rômbico}) + 3F_2 \,(1 \text{ atm}) \longrightarrow SF_6 \,(g; 1 \text{ atm}), \qquad \Delta G^{\ominus}_{298} = -983,2 \text{ kJ}$$

Dessa maneira, é possível elaborar tabelas de entalpias livre padrão tais como as realizadas pelo National Bureau of Standards. Exemplos estão coletados na Tab. 8.2. Os métodos usados para determinar esses valores serão descritos posteriormente.

Equações de entalpia livre podem ser adicionadas e subtraídas da mesma forma que as equações termoquímicas, de modo que a entalpia livre de qualquer reação pode ser calculada a partir da soma das entalpias livres dos produtos menos a soma das entalpias livres dos reagentes:

$$\Delta G^{\ominus} = G^{\ominus}(\text{produtos}) - G^{\ominus}(\text{reagentes})$$

Se adotarmos a convenção de que o número estequiométrico ν_i de moles de um reagente é negativo na soma, esta equação pode ser escrita concisamente como

$$\Delta G^{\ominus} = \sum \nu_i \, G^{\ominus}_i \tag{8.9}$$

Por exemplo

$$Cu_2O(c) + NO(g) \longrightarrow 2CuO(c) + \tfrac{1}{2}N_2(g)$$

Tabela 8.2 Entalpias livres de formação-padrão a 298,15 K

Composto	Estado	$\Delta G_f^{\ominus}(298,15)$ (kJ·mol^{-1})	Composto	Estado	$\Delta G_f^{\ominus}(298,15)$ (kJ·mol^{-1})
$AgCl$	c	−109,70	HCN	aq	120,0
$AgBr$	c	−95,94	(ionizado)	aq	172,0
AgI	c	−66,32	HDO	l	−241,9
Al_2O_3	Corundum	−1582,0		g	−233,13
As_2O_5	c	−782,4	HF	g	−273,0
B_2O_3	c	−493,7	HN_3	g	328,0
$CaCO_3$	c	−1128,8	HNO_3	aq	−111,3
$CaSO_4$	c	−1320,3	H_2O	l	−237,18
CCl_4	l	−65,27		g	−228,59
	g	−60,63	H_2O_2	l	−120,4
CF_4	g	−879,0		g	−105,6
CH_3OH	l	−166,4	H_2S	g	−33,6
CH_4	g	−40,75	H_2SO_4	aq	−744,63
$CHCl_3$	l	−73,72	H_3PO_4	aq	−1142,7
	g	−70,37	(ionizado)	aq	−1019,0
CH_3COOH	l	−390,0	$NaCl$	c	−384,03
(ionizado)	aq	−369,4	NH_3	g	−16,5
(não ionizado)	aq	−396,6	NH_4Cl	c	−203,00
C_2H_2	g	209,2	NH_4CNO	aq	−177,0
C_2H_4	g	68,12	NH_4N_3	c	274,0
C_2H_6	g	−32,9	NH_4NO_3	c	−184,0
C_2H_5OH	l	−174,9	NH_4OH	aq	−263,8
	g	−168,6	(ionizado)	aq	−236,6
C_6H_6	l	124,50	NO	g	86,57
	g	129,66	NO_2	g	51,30
CO	g	−137,15	N_2O	g	104,2
CO_2	g	−394,36	N_2O_4	g	102,0
	aq	−386,0	N_2O_5	g	115,0
CO_3^{2-}	aq	−527,9		c	114,0
$CO(NH_2)_2$	c	−196,8	O	g	231,75
COS	g	−169,3	O_3	g	163,0
CS_2	l	−65,27	OH	g	34,2
	g	−67,15	P_4	g	24,5
CuO	c	−127,2	PCl_3	l	−272,0
Cu_2O	c	−146,4		g	−268,0
$CuBr_2$	c	−127,0	PF_3	g	−897,5
D	g	206,5	PH_3	g	13,4
D_2O	l	−243,49	PH_4I	c	0,8
	g	−234,55	S_8	g	49,66
Fe_2O_3	c	−741,0	SO_2	g	−300,19
Fe_2S_2	c	−166,7	SO_3	g	−371,1
H	g	203,26	SiF_4	g	−1572,7
H^+	aq	[0,0]	SiO_2	c (α-quartzo)	−856,67
Hg	g	1,72	$ZnCl_2$	c	−369,43
HBr	g	−53,43	ZnO	c	−318,3
HCl	g	−95,300	$ZnSO_4$	c	−874,5
	aq	−131,26	$ZnSO_4·H_2O$	c	−1132,1
HCO_3^-	aq	−586,85	$ZnSO_4·6H_2O$	c	−2324,8
HCN	g	125,0	$ZnSO_4·7H_2O$	c	−2563,1

*National Bureau of Standards Technical Note 270-4, *Selected Values of Chemical Thermodynamic Properties* (Washington: U. S. Government Printing Office, 1968, 1969). Os estados-padrão para os ácidos em solução aquosa correspondem à atividade unitária na escala de molalidades

Afinidade química

Tabela 8.3 Funções entalpia livre $(G^\ominus - H_0^\ominus)/T$, de 0 a 4 000 K

$(J\cdot K^{-1}\cdot mol^{-1})$

Composto	Fórmula	Estado	Temperatura (K)										
			0	298,15	400	600	800	1 000	1 500	2 000	2 500	3 000	4 000
Oxigênio	O_2	g	0	−175,98	−184,56	−196,51	−205,20	−212,12	−225,13	−235,73	−242,38	−248,81	−259,23
Hidrogênio	H_2	g	0	−102,19	−110,55	−122,19	−130,48	−136,98	−148,91	−157,61	−164,55	−170,37	−179,86
Hidroxila	OH	g	0	−154,07	−162,77	−174,77	−183,28	−189,89	−204,70	−210,94	−218,00	−223,93	−233,56
Água	H_2O	g	0	−155,53	−165,30	−178,94	−188,89	−196,72	−211,8	−223,34	−232,84	−240,96	
Nitrogênio	N_2	g	0	−162,41	−170,96	−182,79	−191,25	−197,93	−210,39	−219,57	−226,89	−232,99	−242,85
Óxido nítrico	NO	g	0	−179,83	−188,84	−201,21	−210,05	−217,00	−229,97	−239,86	−247,04	−253,34	−263,45
Carbono	C	Grafita	0	−2,164	−3,450	−6,180	−8,945	−11,59	−17,49				
Monóxido de carbono	CO	g	0	−168,82	−177,37	−189,21	−197,71	−204,43	−217,00	−226,26	−233,64	−239,80	−249,73
Dióxido de carbono	CO_2	g	0	−182,234	−191,74	−206,02	−217,13	−226,39	−244,68	−258,78	−270,29	−280,79	

262   FÍSICO-QUÍMICA

a partir da Tab. 8.2

$$\Delta G_{298}^{\ominus} = 2(-127,2) - \tfrac{1}{2}(0) - (-146,4) - 86,57 = -194,6\ kJ$$

Como $\Delta G^{\ominus}$ freqüentemente varia de forma considerável com a temperatura, não é uma função adequada para tabelas de dados termodinâmicos a partir dos quais a interpolação é geralmente necessária. Assim, $-(G_T^{\ominus} - H_{298}^{\ominus})/T$ ou $-(G_T^{\ominus} - H_0^{\ominus})/T$ são geralmente tabelados[4]. Nessas funções, a entalpia livre é expressa com referência quer à entalpia a 298 K quer à entalpia a 0 K. Um exemplo de uma tal tabulação de dados de entalpia livre é mostrado na Tab. 8.3.

8.5. Entalpia livre e equilíbrio em reações com gases ideais

Muitas aplicações importantes da teoria do equilíbrio se encontram no campo das reações gasosas homogêneas — isto é, reações que se dão inteiramente entre produtos e reagentes gasosos. Dentro de uma boa aproximação, em muitos de tais casos, os gases podem ser considerados como obedecendo às leis do gás ideal.

Sob temperatura constante, a diferencial da entalpia livre para um gás ideal é dada a partir da Eq. (3.49) como

$$dG = V\,dP = nRT\,d\ln P$$

Quando integramos entre $G^{\ominus}$ e $P^{\ominus}$, a entalpia livre e pressão no estado-padrão escolhido, até G e P, os valores em qualquer outro estado,

$$G - G^{\ominus} = nRT \ln\left(\frac{P}{P^{\ominus}}\right) \tag{8.10}$$

Como $P^{\ominus} = 1$ atm, isto se torna

$$G - G^{\ominus} = nRT \ln P \tag{8.11}$$

A Eq. (8.11) fornece a entalpia livre de um gás ideal sob pressão P (atm) e temperatura T, menos sua entalpia livre num estado-padrão sob $P = 1$ atm e temperatura T.

Se uma mistura de gases ideais é considerada, a lei de Dalton das pressões parciais subsiste e a pressão total é a soma das pressões que os gases exerceriam se cada um deles ocupasse sozinho todo o volume. Essas pressões são denominadas *pressões parciais* dos gases na mistura $P_1, P_2, \ldots, P_n$. Portanto, se v_i é o número de moles do gás i na mistura,

$$P_i V = v_i RT \tag{8.12}$$

Para cada gás individual i na mistura ideal, a Eq. (8.11) pode ser escrita

$$G_i - G_i^{\ominus} = RT \ln P_i \tag{8.13}$$

onde G_i é a entalpia livre molar sob P_i e $G_i^{\ominus}$ é a entalpia livre molar sob $P_i^{\ominus} = 1$ atm. Para uma reação química, portanto, a partir da Eq. (8.9),

$$\Delta G - \Delta G^{\ominus} = RT \sum v_i \ln P_i \tag{8.14}$$

Se considerarmos agora as pressões P_i como sendo as pressões de equilíbrio na mistura gasosa, ΔG deve ser igual a zero para a reação em equilíbrio [Eq. (8.7)]. Portanto, obtemos a relação importante,

$$-\Delta G^{\ominus} = RT \sum v_i \ln P_i^{eq}$$

---

[4]Ver K. S. Pitzer e L. Brewer, *Thermodynamics*, revisão do texto clássico de G. N. Lewis e M. Randall (New York: McGraw-Hill Book Company, 1961), pp. 166, 669

Afinidade química

263

ou

$$\sum \nu_i \ln P_i^{eq} = \frac{-\Delta G^\ominus}{RT} \qquad (8.15)$$

Como $\Delta G^\ominus$ é uma função exclusiva da temperatura, o segundo membro dessa expressão é igual a uma constante a temperatura constante. Para uma reação típica $aA + bB \rightleftharpoons cC + dD$, a soma pode ser escrita como

$$\sum \nu_i \ln P_i^{eq} = \ln \frac{(P_C^{eq})^c (P_D^{eq})^d}{(P_A^{eq})^a (P_B^{eq})^b}$$

Essa expressão é simplesmente o logaritmo da constante de equilíbrio em termos das pressões parciais, a qual representamos por $K_P(T)$. A Eq. (8.15) portanto se torna

$$-\Delta G^\ominus = RT \ln K_P \qquad (8.16)$$

A análise nesta seção tem agora estabelecido dois resultados importantes. Demos uma prova termodinâmica rigorosa de que para uma reação entre gases ideais existe uma constante de equilíbrio K_P, definida por

$$K_P = \frac{P_C^c P_D^d}{P_A^a P_B^b} \quad \text{(no equilíbrio)} \qquad (8.17)$$

Isto constitui uma prova termodinâmica da lei do equilíbrio químico. Em segundo lugar, uma expressão explícita foi deduzida, Eq. (8.16), a qual *relaciona a constante de equilíbrio com a variação de entalpia livre padrão* na reação química. Somos agora capazes, a partir de dados termodinâmicos, de calcular a constante de equilíbrio e portanto a concentração dos produtos a partir de quaisquer concentrações dadas dos reagentes, o que era um dos problemas fundamentais que a termodinâmica química pretendia resolver[5].

A partir da Eq. (8.16), K_P é uma função de temperatura, $K_P(T)$, e $\Delta G^\ominus$ é por si só uma função de T. Contudo, K_P é independente da pressão total e independente das variações das pressões parciais individuais. Estas pressões parciais são variadas alterando as proporções dos reagentes e os produtos na mistura reagente inicial. Depois que a mistura entra em equilíbrio, as pressões parciais devem estar de acordo com a Eq. (8.17). Não deve ser esquecido, contudo, que nossa teoria do equilíbrio até aqui foi restrita às misturas de gases ideais.

8.6. Constante de equilíbrio em unidades de concentração

Algumas vezes a constante de equilíbrio é expressa em termos da concentração c_i. Para um gás ideal, $P_i = n_i RT/V = c_i RT$. Substituindo este resultado na Eq. (8.17), encontramos

$$K_P = \frac{c_C^c c_D^d}{c_A^a c_B^b} (RT)^{c+d-a-b} = K_c (RT)^{\Delta \nu} \qquad (8.18)$$

Aqui, K_c é a constante de equilíbrio em termos de concentrações (por exemplo, em unidades de moles $\cdot$ dm^{-3}) e $\Delta \nu$ é o número de moles dos produtos *menos* o número de moles dos reagentes na equação estequiométrica para a reação.

[5] As dimensões de K_P algumas vezes causam dificuldade. A partir da Eq. (8.16) é evidente que K_P é desprovida de dimensão, mas a Eq. (8.17) pode parecer insinuar que ela tenha a dimensão de $P^{1\nu}$. O aparente paradoxo é resolvido quando consideramos que a Eq. (8.11) foi obtida da Eq. (8.10), fazendo $P^\ominus = 1$ atm. Portanto, as "pressões" que aparecem na Eq. (8.17) são na realidade relações entre as pressões e uma pressão-padrão de 1 atm, e, portanto, sem dimensão. É pois sempre necessário usar a atmosfera como unidade de pressão nas expressões de K_P, porque temos escolhido $P^\ominus$ como nosso estado-padrão

264   FÍSICO-QUÍMICA

Outra maneira de exprimir a composição de uma mistura em equilíbrio é em termos de frações molares X_i. A partir da Eq. (1.38),

$$P_i = X_i P \quad \text{e} \quad X_i = \frac{P_i}{P}$$

Portanto, a constante de equilíbrio em frações molares é

$$K_X = \frac{X_C^c X_D^d}{X_A^a X_B^b} = K_P\, P^{-\Delta v} \tag{8.19}$$

Como K_P para gases ideais é independente da pressão, é evidente que K_X é uma função da pressão exceto quando $\Delta v = 0$. Portanto K_X só é constante em relação às variações dos X sob T e P constantes.

8.7. Medida de equilíbrios gasosos homogêneos

Os métodos experimentais para a medida dos equilíbrios gasosos podem ser classificados em estáticos ou dinâmicos. Nos métodos estáticos, quantidades conhecidas dos reagentes são introduzidas em recipientes de reação adequados, os quais são fechados e mantidos num termostato até que o equilíbrio tenha sido atingido. Os conteúdos dos recipientes são então analisados para determinar as concentrações de equilíbrio. Se a reação procede muito lentamente em temperaturas abaixo da escolhida para a experiência, é por vezes possível "congelar o equilíbrio", resfriando rapidamente o recipiente de reação. O recipiente pode então ser aberto e seu conteúdo analisado quimicamente. Este foi o procedimento usado por Max Bodenstein[6] na sua investigação clássica do equilíbrio hidrogênio + iodo: $H_2 + I_2 \rightleftharpoons 2HI$. Os produtos da reação foram tratados com um excesso de álcali-padrão; iodeto e iodo foram determinados por titulação, e o gás hidrogênio foi coletado e seu volume medido. Para a formação de iodeto de hidrogênio $\Delta v = 0$; não existe variação no número de moles durante a reação. Portanto, $K_P = K_c = K_X$.

Se os números iniciais de moles de H_2 e I_2 são a e b, respectivamente, eles serão reduzidos a $a - x$ e $b - x$ com a formação de $2x$ moles de HI. O número total de moles no equilíbrio é, portanto, $a + b + c$, onde c é o número inicial de moles de HI. Conseqüentemente, a constante de equilíbrio pode ser escrita,

$$K_P = K_X = \frac{(c + 2x)^2}{(a - x)(b - x)}$$

Os termos $(a + b + c)$ necessários para converter números de *moles* em *frações molares* se cancelaram entre numerador e denominador. Numa experiência a 721 K, Bodenstein misturou 22,13 cm³ de H_2 com 16,18 cm³ de I_2 e encontrou 28,98 cm³ de HI no equilíbrio. Portanto,

$$K = \frac{(28,98)^2}{(22,13 - 14,49)(16,18 - 14,49)} = 65,0$$

No método dinâmico, os gases reagentes são passados através de um reator em temperatura elevada numa velocidade suficientemente lenta para permitir que se atinja completamente o equilíbrio. Esta condição pode ser testada fazendo-se experiências com velocidades cada vez mais baixas até que não haja mais qualquer alteração na extensão de reação observada. Os gases efluentes são rapidamente resfriados e analisados. Algumas vezes um catalisador é incluído na zona aquecida para acelerar a obtenção do equilíbrio. Este é um método mais seguro se um catalisador adequado é disponível, uma vez que minimiza a possibilidade de qualquer reação de retorno ocorrer depois que

[6]*Z. Physik Chem.* **22**, 1 (1897); **29**, 295 (1899)

Afinidade química

os gases deixam a câmara de reação. Um catalisador altera a velocidade da reação, não a posição do equilíbrio final.

Esses métodos de escoamento foram extensamente usados por W. Nernst e F. Haber (por volta de 1900) em seu trabalho pioneiro sobre reações gasosas tecnicamente importantes. Um exemplo é o *equilíbrio gás de água*, estudado quer na presença, quer na ausência de um catalisador de ferro[7]. A reação é

$$H_2 + CO_2 \rightleftharpoons H_2O + CO$$

com

$$K_P = \frac{P_{H_2O} P_{CO}}{P_{H_2} P_{CO_2}}$$

Se a mistura original contiver a moles de H_2, b moles de CO_2, c moles de H_2O e d moles de CO, a análise dos dados é a que se segue:

Constituinte	Número inicial de moles	No equilíbrio		
		Moles	Fração molar	Pressão parcial
H_2	a	$a - x$	$(a - x)/(a + b + c + d)$	$[(a - x)/n]P$
CO_2	b	$b - x$	$(b - x)/(a + b + c + d)$	$[(b - x)/n]P$
H_2O	c	$c + x$	$(c + x)/(a + b + c + d)$	$[(c + x)/n]P$
CO	d	$d + x$	$(d + x)/(a + b + c + d)$	$[(d + x)/n]P$

Número total de moles do equilíbrio: $a + b + c + d = n$

Substituindo as pressões parciais, obtemos

$$K_P = \frac{(c + x)(d + x)}{(a - x)(b - x)}$$

Valores para a composição de equilíbrio obtidos pela análise dos produtos gasosos foram usados para calcular as constantes na Tab. 8.4.

Tabela 8.4 O equilíbrio gás de água, $H_2 + CO_2 \rightleftharpoons H_2O + CO$ (1 259 K e 1 atm)

Composição inicial (mol %)		Composição de equilíbrio (mol %)			K_P
CO_2	H_2	CO_2	H_2	$CO = H_2O$	
10,1	89,9	0,69	80,52	9,40	1,59
30,1	69,9	7,15	46,93	22,96	1,57
49,1	51,9	21,44	22,85	27,86	1,58
60,9	39,1	34,43	12,68	26,43	1,61
70,3	29,7	47,51	6,86	22,82	1,60

8.8. Princípio de Le Chatelier e Braun

Se um sistema de reagentes e produtos químicos em equilíbrio estável é perturbado submetendo-o a uma pequena variação de uma das variáveis que definem o estado de equilíbrio, o sistema tenderá a retornar a um estado de equilíbrio, o qual geralmente é

[7]*Z. Anorg. Chem.* **38**, 5 (1904)

266   FÍSICO-QUÍMICA

um tanto diferente do estado inicial. Henry Le Chatelier (1888) e F. Braun[8] (1887) consideram esse problema teoricamente e chegaram ao princípio geral segundo o qual um sistema termodinâmico tende a contrabalançar ou neutralizar os efeitos de qualquer ação imposta. Nas palavras de Le Chatelier:

> Tout système en équilibre chimique éprouve, du fait de la variation d'un seul des facteurs de l'équilibre, une transformation dans un sens tel que, si elle produisait seul, elle amènerait une variation de signe contraire du facteur considéré[9].

O princípio indica, por exemplo, que, se calor é desprendido numa reação química, um acréscimo de temperatura tende a inverter a reação; se o volume decresce numa reação, um aumento de pressão desloca a posição de equilíbrio no sentido de formação dos produtos.

Uma demonstração do princípio de Le Chatelier-Braun aplicado a reações químicas vem a seguir[10]. A partir da Eq. (8.5) e da equação de Gibbs, Eq. (6.4),

$$dG = -S \, dT + V \, dP + \left(\sum_{i=1}^{c} \nu_i \mu_i \right) d\xi \tag{8.20}$$

No equilíbrio, das Eqs. (8.7) e (8.8), a afinidade $\mathscr{A}$ se anula e

$$-\mathscr{A} = 0 = \left(\frac{\partial G}{\partial \xi} \right)_{T,P} = \sum \nu_i \mu_i \tag{8.21}$$

A partir da Eq. (8.20), a diferencial total de $-\mathscr{A} = (\partial G/\partial \xi)$ é

$$-d\mathscr{A} = d\left(\frac{\partial G}{\partial \xi} \right)_{T,P} = -\left(\frac{\partial S}{\partial \xi} \right)_{T,P} dT + \left(\frac{\partial V}{\partial \xi} \right)_{T,P} dP + \left(\frac{\partial^2 G}{\partial \xi^2} \right)_{T,P} d\xi \tag{8.22}$$

Para todos os estados de equilíbrio,

$$-d\mathscr{A} = d\left(\frac{\partial G}{\partial \xi} \right)_{T,P} = 0$$

de modo que a Eq. (8.22) fornece

$$\left(\frac{\partial \xi_e}{\partial T} \right)_P = \frac{(\partial S/\partial \xi)_{T,P}}{(\partial^2 G/\partial \xi^2)_{T,P}} = \frac{T(dq/d\xi)_{T,P}}{(\partial^2 G/\partial \xi^2)_{T,P}} \tag{8.23}$$

e

$$\left(\frac{\partial \xi_e}{\partial P} \right)_T = -\frac{(\partial V/\partial \xi)_{T,P}}{(\partial^2 G/\partial \xi^2)_{T,P}} \tag{8.24}$$

onde ξ é o valor de equilíbrio da extensão de reação e dq é o calor reversível adicionado ao sistema. Agora, para um equilíbrio estável, sempre $(\partial^2 G/\partial \xi^2)_{T,P} > 0$ (condição de mínimo na energia livre de Gibbs). Portanto, a Eq. (8.23) mostra que, se T de um sistema reagente em equilíbrio é aumentada sob P constante, a extensão de reação aumenta naquela direção em que calor é absorvido pelo sistema em T e P constantes. De modo semelhante, a Eq. (8.24) mostra que um aumento de P sob T constante resulta numa variação na reação naquela direção em que o volume do sistema decresce sob P e T constantes.

[8]H. Le Chatelier, *Recherches sur les Equilibres Chemiques* (Paris: Vve. Ch. Dunod, 1888); *Ann. Mines* **13**, 200 (1888). F. Braun, *Z. Physik Chem.* **1**, 259 (1887)

[9]Qualquer sistema em equilíbrio químico, como resultado da variação em um dos fatores que determinam o equilíbrio, sofre uma transformação tal que, se essa transformação ocorresse de *per si*, ela teria introduzido uma variação do fator considerado na direção oposta

[10]Segundo J. G. Kirkwood e I. Oppenheim, *Chemical Thermodynamics* (New York: McGraw-Hill Book Company, 1961)

Afinidade química

8.9. Variação da constante de equilíbrio com a pressão

As constantes de equilíbrio K_P e K_c são independentes da pressão para gases ideais; a constante K_X depende da pressão. Como $K_X = K_P P^{-\Delta v}$,

$$\ln K_X = \ln K_P - \Delta v \ln P$$

$$\frac{d \ln K_X}{dP} = \frac{-\Delta v}{P} = \frac{\Delta V}{RT} \qquad (8.25)$$

Quando uma reação ocorre sem variação do número total de moles de gás no sistema, $\Delta v = 0$. Um exemplo é a reação gás de água anteriormente considerada. Em tais casos, a constante K_P é a mesma que K_X ou K_c e, para gases ideais, a posição do equilíbrio não depende da pressão total. Quando Δv não é igual a zero, a variação de K_X com a pressão é dada pela Eq. (8.25). Quando há um decréscimo no número de moles ($\Delta v < 0$), e portanto um decréscimo no volume, K_X aumenta com o aumento da pressão. Se existe um aumento em v e $V (\Delta v > 0)$, K_X decresce com o aumento da pressão.

Uma categoria importante de reações para as quais $\Delta v \neq 0$ é a das dissociações moleculares. Um exemplo é a dissociação do tetróxido de dinitrogênio em óxido $N_2O_4 \rightarrow 2NO_2$. Neste caso,

$$K_P = \frac{P^2_{NO_2}}{P_{N_2O_4}}$$

Se 1 mol de N_2O_4 está dissociado no equilíbrio numa extensão fracionária a, $2a$ moles de NO_2 são produzidos. O número total de moles em equilíbrio então se torna $(1 - a) + 2a = 1 + a$. Segue-se que

$$K_X = \frac{[2a/(1 + a)]^2}{(1 - a)/(1 + a)} = \frac{4a^2}{1 - a^2}$$

Como para esta reação $\Delta v = + 1$,

$$K_P = K_X P = \frac{4a^2}{1 - a^2} P$$

Quando a é pequeno comparado com a unidade, esta expressão prevê que o grau de dissociação a varia inversamente com a raiz quadrada da pressão.

Mesmo a temperaturas ambientes, N_2O_4 está apreciavelmente dissociado. Como resultado, sua pressão é maior do que seria previsível pela lei do gás ideal, já que cada mol produz $(1 + a)$ moles de gás após a dissociação. Portanto, $P(\text{ideal}) = nRT/V$, enquanto $P(\text{observado}) = (1 + a) nRT/V$. Portanto

$$a = \left(\frac{V}{nRT}\right)(P_{ob} - P_{id})$$

Esse comportamento fornece uma maneira simples da medida de a. Por exemplo, numa experiência a 318 K e 1 atm, a foi encontrado igual a 0,38. Portanto,

$$K_X = 4(0,38)^2/(1 - 0,38^2) = 0,67$$

A 10 atm, $K_X = 0,067$ e $a = 0,128$.

As dissociações de substâncias simples gasosas são importantes em processos a temperaturas elevadas e nas pesquisas sobre camadas superiores da atmosfera. Constantes para uns poucos desses equilíbrios são recolhidas na Tab. 8.5.

Um gás inerte adicionado a uma mistura de gases ideais reagentes não produz qualquer efeito se $\Delta v = 0$ para a reação. Se, contudo, $\Delta v \neq 0$, a adição do gás inerte influirá na extensão de reação no equilíbrio (ver o Problema 6).

268 FÍSICO-QUÍMICA

Tabela 8.5 Constantes de equilíbrio de reações de dissociação

	K_P (atm)				
T(K)	$O_2 \rightleftharpoons 2O$	$H_2 \rightleftharpoons 2H$	$N_2 \rightleftharpoons 2N$	$Cl_2 \rightleftharpoons 2Cl$	$Br_2 \rightleftharpoons 2Br$
600	$1{,}4 \times 10^{-37}$	$3{,}6 \times 10^{-33}$	$1{,}3 \times 10^{-56}$	$4{,}8 \times 10^{-16}$	$6{,}18 \times 10^{-12}$
800	$9{,}2 \times 10^{-27}$	$1{,}2 \times 10^{-23}$	$5{,}1 \times 10^{-41}$	$1{,}04 \times 10^{-10}$	$1{,}02 \times 10^{-7}$
1 000	$3{,}3 \times 10^{-20}$	$7{,}0 \times 10^{-18}$	$1{,}3 \times 10^{-31}$	$2{,}45 \times 10^{-7}$	$3{,}58 \times 10^{-5}$
1 200	$8{,}0 \times 10^{-16}$	$5{,}05 \times 10^{-14}$	$2{,}4 \times 10^{-25}$	$2{,}48 \times 10^{-5}$	$1{,}81 \times 10^{-3}$
1 400	$1{,}1 \times 10^{-12}$	$2{,}96 \times 10^{-11}$	$7{,}5 \times 10^{-21}$	$8{,}80 \times 10^{-4}$	$3{,}03 \times 10^{-2}$
1 600	$2{,}5 \times 10^{-10}$	$3{,}59 \times 10^{-9}$	$1{,}8 \times 10^{-17}$	$1{,}29 \times 10^{-2}$	$2{,}55 \times 10^{-1}$
1 800	$1{,}7 \times 10^{-8}$	$1{,}52 \times 10^{-7}$	$7{,}6 \times 10^{-15}$	$0{,}106$	
2 000	$5{,}2 \times 10^{-7}$	$3{,}10 \times 10^{-6}$	$9{,}8 \times 10^{-13}$	$0{,}570$	

8.10. Variação da constante equilíbrio com a temperatura

Uma expressão para a variação de K_P com a temperatura pode ser deduzida combinando as Eqs. (8.16) e (3.53). Como

$$-\Delta G^\ominus = RT \ln K_P \qquad (8.26)$$

e

$$\left[\frac{\partial}{\partial T}\left(\frac{\Delta G^\ominus}{T}\right)\right]_P = \frac{-\Delta H^\ominus}{T^2} \qquad (8.27)$$

portanto, como K_P é função exclusiva de T,

$$\left(\frac{\partial \ln K_P}{\partial T}\right)_P = \frac{d \ln K_P}{dT} = \frac{\Delta H^\ominus}{RT^2} \qquad (8.28)$$

Se a reação é endotérmica ($\Delta H^\ominus > 0$), a constante de equilíbrio aumenta com a temperatura; se a reação é exotérmica ($\Delta H^\ominus < 0$), a constante de equilíbrio decresce à medida que a temperatura é aumentada. A Eq. (8.28) também pode ser escrita

$$\frac{d \ln K_P}{d(1/T)} = \frac{-\Delta H^\ominus}{R} \qquad (8.29)$$

Portanto, se $\ln K_P$ é colocado num gráfico em função de $1/T$, o coeficiente angular da curva em qualquer ponto é igual a $-\Delta H^\ominus/R$. Como exemplo desse tratamento, dados[11] para a variação com a temperatura do equilíbrio $2HI \rightarrow H_2 + I_2$ são colocados em gráfico na Fig. 8.1. A curva é praticamente uma reta, indicando que $\Delta H^\ominus$ é constante para a reação dentro da faixa de temperatura experimental. O valor calculado a partir do coeficiente angular é $\Delta H^\ominus = 12{,}32$ kJ.

É também possível medir a constante de equilíbrio a uma temperatura e, com um valor de $\Delta H^\ominus$ obtido a partir de dados termoquímicos, calcular a constante em outras temperaturas. A Eq. (8.28) pode ser integrada para dar

$$\ln \frac{K_P(T_2)}{K_P(T_1)} = \int_{T_1}^{T_2} \frac{\Delta H^\ominus}{RT^2} \, dT$$

Como, numa faixa estreita de temperaturas, $\Delta H^\ominus$ pode ser freqüentemente quase constante, obtemos

$$\ln \frac{K_P(T_2)}{K_P(T_1)} = \frac{-\Delta H^\ominus}{R}\left(\frac{1}{T_2} - \frac{1}{T_1}\right) \qquad (8.30)$$

[11]A. H. Taylor e R. H. Crist, *J. Am. Chem. Soc.* **63**, 1 377 (1941)

Afinidade química

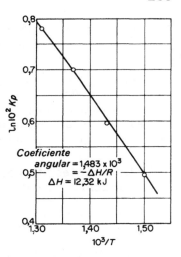

Figura 8.1 Variação com a temperatura de $K_p = P_{H_2}P_{I_2}/P^2HI$, ilustrando a equação de Van't Hoff [Eq. (8.29)].

Se as capacidades caloríficas dos reagentes e dos produtos são conhecidas em função da temperatura, uma expressão explícita para a variação de $\Delta H^\ominus$ com a temperatura pode ser deduzida a partir da Eq. (2.42). Esta expressão para $\Delta H^\ominus$ em função da temperatura pode então ser substituída na Eq. (8.28), com o que após a integração resulta uma equação explícita para K_P em função da temperatura. Esta tem a forma

$$\ln K_P = \frac{-\Delta H_0^\ominus}{RT} + A \ln T + BT + CT^2 + \cdots + I \qquad (8.31)$$

O valor para a constante de integração I pode ser determinada se o valor de K_P é conhecido em qualquer temperatura, quer experimentalmente, quer por cálculo a partir de $\Delta G^\ominus$. Recordemos que um valor de $\Delta H^\ominus$ é necessário para determinar $\Delta H_0^\ominus$, a constante de integração na equação de Kirchhoff.

Por conseguinte, a partir do conhecimento das capacidades caloríficas de reagentes e produtos, e de um par de valores para $\Delta H^\ominus$ e K_P, podemos calcular a constante de equilíbrio em qualquer temperatura. Por exemplo,

$$CO + H_2O(g) \rightleftharpoons H_2 + CO_2, \qquad K_P = \frac{P_{H_2}P_{CO_2}}{P_{CO}P_{H_2O}}$$

A partir da Tab. 8.2, a variação da entalpia-padrão a 298 K é

$$\Delta G_{298}^\ominus = -394{,}36 - (-228{,}59 - 137{,}15) = -28{,}62 \text{ kJ}$$

Portanto,

$$\ln K_P(298) = \frac{28{,}62}{298R} = 11{,}48 \quad \text{ou} \quad K_P(298) = 9{,}55 \times 10^4$$

A partir das entalpias de formação na Tab. 2.2,

$$\Delta H_{298}^\ominus = -393{,}50 - (-242{,}21 - 110{,}54) = -41{,}15 \text{ kJ}$$

A tabela de capacidades caloríficas, Tab. 2.5, fornece para essa reação,

$$\Delta C_P = C_P(CO_2) + C_P(H_2) - C_P(CO) - C_P(H_2O)$$
$$= -2{,}155 + 26{,}1 \times 10^{-3}T - 12{,}5 \times 10^{-6}T^2 \text{ J} \cdot K^{-1}$$

A partir da Eq. (2.42),

$$\Delta H^\ominus = \Delta H_0^\ominus - 2{,}155T + 13{,}1 \times 10^{-3}T^2 - 4{,}17 \times 10^{-6}T^3$$

270 FÍSICO-QUÍMICA

Substituindo $\Delta H^{\ominus} = -41,15$, $T = 298$ K. e tirando o valor de $\Delta H_0^{\ominus}$, obtemos $\Delta H_0^{\ominus} = -41,51$ kJ. Então, a variação da constante de equilíbrio com a temperatura, Eq. (8.31), torna-se

$$\ln K_P = \frac{41,51}{RT} - \frac{2,155}{R} \ln T + \frac{13,1 \times 10^{-3}}{R} T - \frac{4,17 \times 10^{-6}}{2R} T^2 + I$$

Entrando com o valor de $\ln K_P$ a 298 K, e $R = 8,314 \times 10^{-3} \, \text{kJ} \cdot \text{K}^{-1} \cdot \text{mol}^{-1}$, podemos obter a constante de integração, $I = 3,97$. Agora K_P pode ser facilmente calculada em qualquer temperatura. Por exemplo, a 800 K, $\ln K_P = 1,63$, $K_P = 5,10$.

8.11. Constantes de equilíbrio calculadas a partir de capacidades caloríficas e da terceira lei

Vimos como o conhecimento do calor de reação e da variação das capacidades caloríficas de reagentes e produtos com a temperatura nos permite calcular a constante de equilíbrio em qualquer temperatura, desde que exista um só valor experimental, quer de K_P, quer de $\Delta G^{\ominus}$ em uma dada temperatura. Se tivéssemos um método independente para obter a constante de integração I na Eq. (8.31), poderíamos calcular K_P sem recorrer a medidas experimentais do equilíbrio ou à variação de entalpia livre. Este cálculo seria equivalente ao cálculo da variação de entropia $\Delta S^{\ominus}$ exclusivamente a partir de dados térmicos, ou seja, a partir de calores de reação e capacidades caloríficas. Se conhecemos $\Delta S^{\ominus}$ e $\Delta H^{\ominus}$, K_P pode ser obtido a partir de

$$\Delta G^{\ominus} = \Delta H^{\ominus} - T \Delta S^{\ominus}$$

A partir da Eq. (3.57), a entropia de uma substância a temperatura T é dada por

$$S = \int_0^T \frac{C_P}{T} \, dT + S_0$$

onde S_0 é a entropia a 0 K. A terceira lei da termodinâmica nos permite fazer $S_0 = 0$ para o cristal perfeito a 0 K. Portanto, torna-se possível calcular $\Delta G^{\ominus}$, e em conseqüência K_P, inteiramente a partir de dados calorimétricos. O problema histórico da relação entre a afinidade química e as propriedades térmicas da matéria está portanto resolvido.

8.12. Termodinâmica estatística das constantes de equilíbrio

No Cap. 5, alardeamos que dada a função de partição Z ousaríamos calcular todas as propriedades de equilíbrio de uma substância. Portanto, dados os Z para produtos e reagentes, podemos calcular a constante de equilíbrio para a reação. Para o gás perfeito, podemos calcular Z, e portanto K_P, a partir de dados espectroscópicos relativos aos níveis energéticos das moléculas individuais não-interagentes.

A constante de equilíbrio K_P de uma reação química entre gases ideais é obtida a partir das funções de partição dos reagentes e produtos através da relação,

$$\Delta G^{\ominus} = -RT \ln K_P$$

A partir das Eqs. (5.44) e (5.46), a energia livre de Helmholtz por mol é

$$A_m = -kT \ln Z = -kT \ln \left(\frac{z^L}{L!} \right)$$

Como $G_m = A_m + PV_m = A_m + RT$ e $L! = (L/e)^L$ (fórmula de Stirling),

$$G_m = -RT \ln \left(\frac{z}{L} \right) \tag{8.32}$$

Afinidade química

Vamos escrever

$$z = z_I \frac{(2\pi mkT)^{3/2} V}{h^3} \quad (8.33)$$

onde z_I representa $z_r z_v z_e$ o produto das contribuições não translacionais para o valor de z. Se considerarmos 1 mol de gás ideal no seu estado-padrão de $P = 1$ atm,

$$V_m = \frac{RT}{P} = RT$$

e a Eq. (8.33) torna-se, para a função de partição de um gás ideal no estado-padrão,

$$z^\ominus = z_I \frac{(2\pi mkT)^{3/2}}{h^3}(RT) \quad (8.34)$$

Portanto, a partir da Eq. (8.32),

$$G_m^\ominus = -RT \ln\left(\frac{z^\ominus}{L}\right) \quad (8.35)$$

Consideremos a aplicação dessa teoria a uma reação simples

$$A \rightleftarrows B$$

Agora, A e B podem representar dois isômeros – por exemplo, butano e isobutano. A Fig. 8.2 mostra dois conjuntos de níveis energéticos, $\epsilon_j(A)$ pertencente a A e $\epsilon_j(B)$ pertencente a B. Em ambos os casos, o nível zero de energia nesse diagrama corresponde à dissociação completa da molécula em átomos no estado fundamental. A diferença nos níveis energéticos mais baixos, especificados por $j = 0$, dos dois compostos é

$$\Delta\epsilon_0 = \epsilon_0(B) - \epsilon_0(A) \quad (8.36)$$

Quando a reação $A \rightleftarrows B$ tiver atingido o equilíbrio, as moléculas de A se distribuirão de acordo com uma distribuição de Boltzmann nos níveis energéticos $\epsilon_j(A)$, e as moléculas de B se distribuirão de modo semelhante em seus níveis energéticos $\epsilon_j(B)$.

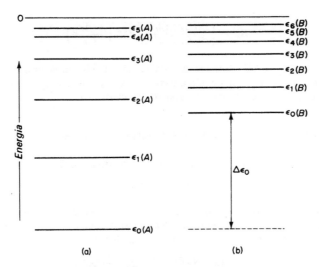

Figura 8.2 Conjuntos de níveis energéticos para duas moléculas isoméricas A e B

272 FÍSICO-QUÍMICA

Se tomarmos o nível zero de energia para o sistema global como o mais baixo nível de energia das moléculas de A, a função de partição para A é simplesmente

$$z_A = \sum_{j=0}^{\infty} \exp\left[\frac{-\epsilon_j(A)}{kT}\right]$$

Para discutir o equilíbrio entre A e B, precisamos considerar os níveis de energia de B a partir do mesmo nível zero usado para A. Portanto,

$$z_B = \sum_{j=0}^{\infty} \exp\left(\frac{-[\epsilon_j(B) + \Delta\epsilon_0]}{kT}\right) = \exp\left(\frac{-\Delta\epsilon_0}{kT}\right) \sum_{j=0}^{\infty} \exp\left(\frac{-\epsilon_j(B)}{kT}\right)$$

Tendo feito uma tal atribuição de um nível zero comum para as energias, podemos obter a expressão estatística para a constante de equilíbrio a partir da Eq. (8.35). Para a reação $A \rightleftarrows B$,

$$-RT \ln K_P = \Delta G^{\ominus} = -RT \ln\left[\frac{(z_B^{\ominus}/L)}{(z_A^{\ominus}/L)} \exp\left(\frac{-\Delta\epsilon_0}{kT}\right)\right]$$

ou

$$K_P = \frac{z_B^{\ominus}}{z_A^{\ominus}} \exp\left(\frac{-\Delta\epsilon_0}{kT}\right)$$

Podemos então dar à constante de equilíbrio uma interpretação estatística simples. É a soma das probabilidades de que o sistema seja encontrado no equilíbrio em um dos níveis energéticos de B dividido pela soma das probabilidades de que ele seja encontrado em um dos níveis de A.

A reação $A \rightleftarrows B$ é um caso especial, onde $\Delta\nu$, a variação do número de moles na reação, é zero. Consideremos agora a reação geral,

$$aA + bB \rightleftarrows cC + dD$$

A partir da Eq. (8.35)

$$\Delta G^{\ominus} = -RT \ln\frac{(z_C^{\ominus}/L)^c (z_D^{\ominus}/L)^d}{(z_A^{\ominus}/L)^a (z_B^{\ominus}/L)^b} \exp\left(\frac{-\Delta\epsilon_0}{kT}\right)$$

e

$$K_P = \frac{(z_C^{\ominus}/L)^c (z_D^{\ominus}/L)^d}{(z_A^{\ominus}/L)^a (z_B^{\ominus}/L)^b} \exp\left(\frac{-\Delta\epsilon_0}{kT}\right) \tag{8.37}$$

O valor de $L\Delta\epsilon_0 = \Delta U_0$ fornece ΔU da reação a 0 K. Essa grandeza é freqüentemente tabelada, mas pode ser calculada a partir de ΔU_{298} ou ΔH_{298} por meio da equação de Kirchhoff, Eq. (2.40), e dados de capacidade calorífica.

8.13. Exemplo de um cálculo estatístico de K_P

Calcularemos K_P a 1 000 K para a reação de dissociação

$$Na_2 \rightleftarrows 2Na$$

A energia de dissociação de Na_2 foi medida espectroscopicamente como $\Delta\epsilon_0^{\ominus} = 0{,}73$ eV. A freqüência da vibração fundamental de Na_2 se situa em $\lambda^{-1} = 159{,}23$ cm^{-1}, e a distância internuclear é 0,3078 nm. A partir da Eq. (8.37)

$$K_P = \frac{[z^{\ominus}(Na)]^2}{z^{\ominus}(Na_2)} \cdot \frac{1}{L} \exp\left(\frac{-\Delta\epsilon_0^{\ominus}}{kT}\right)$$

Afinidade química

273

A partir da Eq. (8.34) e Tab. 5.4,

$$K_P = \frac{(2\pi m_{Na} kT)^3/h^6}{(2\pi m_{Na_2} kT)^{3/2}/h^3} \cdot \frac{RT}{L} \cdot \frac{\sigma h^2[g^2(Na)/g(Na_2)]}{8\pi^2 IkT}(1 - e^{-hv_0/kT})\exp\left(\frac{-\Delta\epsilon_0^\ominus}{kT}\right)$$

$$m_{Na} = \tfrac{1}{2} m_{Na_2} = 23/(6,02 \times 10^{23}) = 3,82 \times 10^{-23}\ g$$

$$I = \mu r^2 = (1,91 \times 10^{-23})(3,078 \times 10^{-8})^2 = 1,81 \times 10^{-38}\ cm^2 \cdot g$$

$$\frac{hv_0}{kT} = \frac{6,62 \times 10^{-27} \times 3 \times 10^{10} \times 159,23}{1,38 \times 10^{-16} \times 10^3} = 0,229 \tag{8.38}$$

$$1 - e^{-hv_0/kT} = 1 - 0,795 = 0,205$$

$$\exp\left(\frac{-\Delta\epsilon_0^\ominus}{kT}\right) = \exp\frac{-0,73 \times 1,602 \times 10^{-12}}{1,38 \times 10^{-16} \times 10^3}$$

$$= \exp(-8,47) = 2,09 \times 10^{-4}$$

Observe-se que R na Eq. (8.38) tem as dimensões $cm^3 \cdot atm \cdot K^{-1}$ uma vez que ela foi introduzida em relação à definição do estado-padrão de 1 atm.

O estado fundamental de Na_2 é um singlete enquanto o estado fundamental de Na é um dublete (^2S). Dois estados quase superpostos constituem o estado fundamental de Na, e portanto seu peso estatístico $g = 2$. Fazendo as substituições, encontramos

$$K_P = 2,428$$

8.14. Equilíbrios em sistemas não-ideais — Fugacidade e atividade

O desenvolvimento da teoria da constante de equilíbrio para gases ideais foi iniciado com a equação

$$dG = V\,dP - S\,dT \tag{8.39}$$

Introduzimos $V = nRT/P$ e obtivemos a temperatura constante,

$$dG = nRT\,d\ln P \tag{8.40}$$

Por integração, encontramos para a entalpia livre *por mol*,

$$G_m = G_m^\ominus + RT\ln P \tag{8.41}$$

Para o caso geral de um componente A em uma solução não-ideal, em vez da Eq. (8.39), temos

$$d\mu_A = V_A\,dP - S_A\,dT \tag{8.42}$$

Ou, a temperatura constante,

$$d\mu_A = V_A\,dP \tag{8.43}$$

A Eq. (8.41) conduz a resultados de forma tão conveniente para cálculos de equilíbrio que gostaríamos de mantê-la tanto quanto fosse possível. Com esse objetivo em vista, G. N. Lewis introduziu uma nova função, denominada *fugacidade f*. Ele a definiu por uma equação análoga à Eq. (8.40),

$$d\mu_A = dG_A = RT\,d\ln f_A = V_A\,dP \tag{8.44}$$

Integrando entre o estado dado e um certo estado-padrão livremente escolhido, obtemos

$$\mu_A = \mu_A^\ominus + RT\ln\frac{f_A}{f_A^\ominus} \tag{8.45}$$

274 FÍSICO-QUÍMICA

A fugacidade é uma verdadeira medida da tendência de escapar de um componente em solução. Podemos pensar nela como um tipo de *pressão parcial idealizada* ou pressão de vapor parcial. Ela se torna igual à pressão parcial apenas quando o vapor se comporta como um gás ideal.

A comparação das Eqs. (8.45) e (7.17) indica que a fugacidade é proporcional à atividade absoluta λ. Portanto,

$$\frac{f}{f_A^\ominus} = \frac{\lambda_A}{\lambda_A^\ominus} = a_A \tag{8.46}$$

A relação da fugacidade de A e sua fugacidade num estado-padrão é igual à relação correspondente de atividades absolutas. Como foi mencionado na Sec. 7.3, esta relação é denominada a *atividade a_A*. A atividade é uma grandeza sem dimensão. Sempre que falarmos em atividade, precisamos saber qual o estado-padrão escolhido. Em termos de atividade, a Eq. (8.45) se torna

$$\mu_A = \mu_A^\ominus + RT \ln a_A \tag{8.47}$$

Quando o tratamento do equilíbrio na Sec. 8.5 é conduzido em termos de potenciais químicos e atividades, obtemos uma expressão K_a para a constante de equilíbrio, a qual é sempre válida, não apenas para gases ideais mas também para gases não-ideais e soluções.

$$K_a = \frac{a_C^c a_D^d}{a_A^a a_B^b} \tag{8.48}$$

$$\Delta\mu^\ominus = -RT \ln K_a \tag{8.49}$$

Para traduzir os cálculos de equilíbrio novamente em termos mensuráveis, precisamos ter alguma maneira de calcular as concentrações verdadeiras da mistura reagente a partir das atividades calculadas.

8.15. Gases não-ideais — Fugacidade e estado-padrão

Definimos o estado-padrão de um gás real A como o estado em que o gás tem fugacidade unitária, $f_A^\ominus = 1$, e onde, ademais, o gás se comporta como se fosse ideal. Observar que para um gás, portanto, a atividade é igual à fugacidade

$$a_A = f_A \text{ (para um gás)}. \tag{8.50}$$

A definição do estado-padrão pode parecer curiosa, uma vez que ele não é um estado real do gás, mas um *estado hipotético*. Queremos fazer com que o gás se comporte idealmente em seu estado-padrão de tal forma que possamos comparar as propriedades de gases diferentes em estados-padrão ideais uns com os outros e com cálculos teóricos.

A definição do estado-padrão de fugacidade unitária se torna clara a partir da Fig. 8.3. Sob pressão suficientemente baixa, todos os gases se comportam idealmente e sua fugacidade se torna então igual à sua pressão. Para obter a propriedade de um gás em seu estado-padrão, precisamos caminhar ao longo da curva experimental (em função da pressão) até que ela encontre a curva ideal, e então seguir de volta na curva ideal até que alcancemos o ponto de fugacidade unitária. Não existe problema em calcular a variação numa propriedade longo da curva ideal, pois temos equações simples para as propriedades de um gás ideal.

A fugacidade de um gás puro ou de um gás numa mistura pode ser calculado se forem disponíveis dados PVT suficientemente detalhados. No caso de um gás puro.

$$dG = n \, d\mu = V \, dP \tag{8.51}$$

Figura 8.3 Definição de estado-padrão de fugacidade unitária

Se o gás for ideal, $V = nRT/P$. Para um gás não-ideal, escrevemos

$$n\alpha = V\text{ (ideal)} - V\text{ (real)} = \left(\frac{nRT}{P}\right) - V$$

portanto $V = n(RT/P) - n\alpha$. Substituindo essa expressão na Eq. (8.44), encontramos que

$$RT\,d\ln f = d\mu = RT\,d\ln P - \alpha\,dP$$

A equação é integrada de $P' = 0$ até P.

$$RT\int_{f,P=0}^{f} d\ln f' = RT\int_{P=0}^{P} d\ln P' - \int_{0}^{P} \alpha\,dP'$$

À medida que sua pressão se aproxima de zero, um gás se aproxima da idealidade e para um gás ideal, a fugacidade torna-se igual à pressão, $f = P$ [Eqs. (8.10) e (8.45)]. Os limites inferiores das duas primeiras integrais devem portanto ser iguais, de modo que obtemos

$$RT\ln f = RT\ln P - \int_{0}^{P} \alpha\,dP' \qquad (8.52)$$

Esta equação nos permite calcular a fugacidade em qualquer pressão e temperatura, desde que dados PVT para o gás sejam disponíveis. Se o desvio em relação à idealidade do volume do gás é colocado num gráfico em função de P, a integral da Eq. (8.52) pode ser calculada graficamente. Alternativamente, uma equação de estado pode ser usada para calcular uma expressão para α em função de P, tornando possível calcular a integral por métodos analíticos.

A relação entre a fugacidade e a pressão define o *coeficiente de fugacidade*:

$$\gamma = \frac{f}{P} \qquad (8.53)$$

Para um gás ideal, $\gamma = 1$.

No Cap. 1, vimos que gases diferentes apresentam aproximadamente os mesmos desvios da idealidade se estiverem em estados correspondentes. Esta regra é ilustrada pelo fato de gases diferentes terem aproximadamente o mesmo coeficiente de fugacidade γ, quando estão na mesma temperatura reduzida e mesma pressão reduzida, $T_R = T/T_c$ e $P_R = P/P_c$.

A Fig. 8.4 mostra uma família de curvas[12] relacionando o coeficiente de fugacidade de um gás com P_R para vários valores da temperatura reduzida T_R. Dentro da aproximação em que a lei dos estados correspondentes é válida, todos os gases se ajustarão a este único conjunto de curvas. Podemos assim estimar a fugacidade de um gás unicamente a partir de um conhecimento de suas constantes críticas, T_c e P_c.

[12] R. H. Newton, *Ind. Eng. Chem.* **27**, 302 (1935).

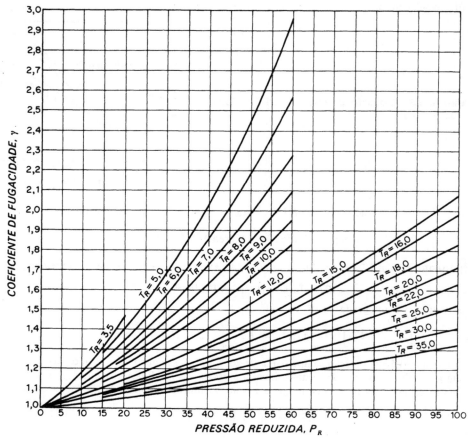

Figura 8.4(a) Coeficientes de fugacidade de gases na região de altas temperaturas. Cada curva corresponde a um valor particular da temperatura reduzida T_R

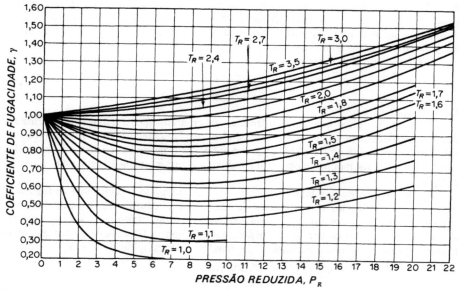

Figura 8.4(b) Coeficientes de fugacidade de gases na região intermediária de temperaturas

Afinidade química

8.16. Uso da fugacidade em cálculos de equilíbrio

A partir das Eqs. (8.48), (8.50) e (8.53), obtemos, para a constante de equilíbrio de uma reação entre gases não-ideais,

$$K_f = \frac{f_C^c\, f_D^d}{f_A^a\, f_B^b} = \frac{\gamma_C^c\, \gamma_D^d}{\gamma_A^a\, \gamma_B^b} \cdot \frac{P_C^c\, P_D^d}{P_A^a\, P_B^b} \tag{8.54}$$

ou

$$K_f = K_\gamma\, K_P$$

Naturalmente, K_γ não é uma constante de equilíbrio, mas simplesmente a relação de coeficientes de fugacidade necessária para converter as pressões parciais de K_P nas fugacidades de K_f.

Como um exemplo do uso de fugacidades em problemas de equilíbrio, consideremos a síntese do amoníaco, $\frac{1}{2}N_2 + \frac{3}{2}H_2 \to NH_3$. A reação industrialmente importante é conduzida sob pressões elevadas, onde a aproximação do gás ideal falharia inteiramente. A reação foi cuidadosamente investigada até 3 500 atm[13]. As porcentagens de NH_3 em equilíbrio com misturas 3:1 de H_2–N_2 a 723 K e várias pressões totais são mostradas na Tab. 8.6. Na terceira coluna da tabela estão os valores calculados a partir desses dados de

$$K_P = \frac{P_{NH_3}}{P_{N_2}^{1/2}\, P_{H_2}^{3/2}}$$

Como K_P para gases ideais deve ser independente da pressão, esses resultados mostram o grande afastamento da idealidade em pressões mais elevadas.

Nesse caso, o rendimento da obtenção de amônia é aumentado em pressões elevadas pelo aumento de K_P, bem como pelo efeito direto da pressão sobre a posição do equilíbrio (efeito Le Chatelier).

Vamos calcular a constante de equilíbrio K_f usando os coeficientes de fugacidade dos gráficos de Newton. Adotamos por esse meio a aproximação de que o coeficiente de atividade de um gás numa mistura é determinado apenas pela temperatura e pela *pressão total*. Essa aproximação ignora interações específicas entre componentes na mistura de gases. Consideremos o cálculo dos coeficientes de fugacidade γ a 723 K e 600 atm.

	P_c	T_c	P_R	T_R	$\gamma = f/P$
N_2	33,5	126	17,9	5,74	1,35
H_2	12,8	33,3	46,8	21,7	1,19
NH_3	111,5	405,6	5,38	1,78	0,85

Os valores de γ são lidos dos gráficos, nos valores de pressão reduzida P_R e temperatura reduzida T_R apropriados.

Nesse caso, $K_\gamma = \gamma_{NH_3}/\gamma_{N_2}^{1/2}\, \gamma_{H_2}^{2/3}$. Os valores de K_γ e K_f são mostrados na Tab. 8.6. Existe uma considerável melhoria na constância de K_f em comparação com K_P. Somente em pressões iguais ou maiores que 1 000 atm o tratamento aproximado das fugacidades parece falhar. Se tivéssemos o valor correto de K_γ, o valor de K_f permaneceria de fato constante. Para efetivar um tratamento termodinâmico, seria necessário calcular a fugacidade de cada gás na mistura particular sob estudo. Grande quantidade de dados PVT referentes às misturas seria necessária para tal cálculo.

Freqüentemente, conhecendo $\Delta G^\ominus$ para a reação, pretendemos calcular as concentrações de equilíbrio numa mistura reagente. O procedimento consiste em se obter K_f a partir de $-\Delta G^\ominus = RT \ln K_f$, estimar K_γ a partir dos gráficos e, a seguir, calcular as pressões parciais a partir de $K_P = K_f/K_\gamma$.

[13]L. J. Winchester e B. F. Dodge, *Am. Inst. Chem. Eng. J.* **2**, 431 (1956)

278 FÍSICO-QUÍMICA

Tabela 8.6 Equilíbrio na síntese de amônia a 723 K com relações de H_2 para N_2 de 3:1

Pressão total (atm)	% NH₃ no equilíbrio	K_P	K_γ	K_f (aproximada)
10	2,04	0,00659	0,995	0,00655
30	5,80	0,00676	0,975	0,00659
50	9,17	0,00690	0,945	0,00650
100	16,36	0,00725	0,880	0,00636
300	35,5	0,00884	0,688	0,00608
600	53,6	0,01294	0,497	0,00642
1 000	69,4	0,02496	0,434	0,01010
2 000	89,8	0,1337	0,342	0,0458
3 500	97,2	1,0751		

8.17. Estados-padrão para componentes de uma solução

A expressão obtida na Eq. (8.48) para a constante de equilíbrio K_a em termos de atividades representa uma solução perfeitamente geral para o problema do equilíbrio químico em soluções. Antes que possamos aplicá-la aos casos práticos, precisamos escolher e definir os estados-padrão para componentes de uma solução.

Existem dois estados-padrão distintos em uso corrente. Com diluição crescente, o solvente sempre se aproxima do comportamento ideal especificado pela Lei de Raoult, e o soluto sempre se aproxima do comportamento especificado pela Lei de Henry. Um estado-padrão (I) é portanto baseado na Lei de Raoult como uma lei-limite, e o outro estado-padrão (II) é baseado na Lei de Henry. Podemos escolher a definição que pareça mais conveniente para qualquer componente numa solução particular.

Caso I. Estado-padrão para um componente considerado um solvente. Neste caso, o estado-padrão de um componente A numa solução é tomado como sendo o líquido ou sólido puro sob pressão de 1 atm e na temperatura em questão. Esta escolha de estado--padrão foi usada na discussão de soluções líquidas no capítulo precedente.

Neste caso, a atividade

$$a_A = \frac{f_A}{f_A^\bullet} \approx \frac{P_A}{P_A^\bullet} \tag{8.55}$$

onde $P_A^\bullet$ é a pressão de vapor de A puro sob 1 atm de pressão total (ver a Sec. 7.5). É quase sempre suficientemente preciso tomar a atividade como a relação da pressão parcial P_A de A acima da solução e a pressão de vapor de A puro (sob 1 atm de pressão). É sempre possível, contudo, converter essas pressões de vapor em fugacidades, caso os vapores se afastem apreciavelmente do comportamento do gás ideal.

Com essa escolha de estado-padrão, a Lei de Raoult torna-se

$$a_A = \frac{P_A}{P_A^\bullet} = X_A$$

Portanto, para a solução ideal, ou para qualquer solução no limite, quando $X_A \to 1$, temos $X_A = a_A$.

Definimos um coeficiente de atividade γ_A por

$$a_A = \gamma_A X_A \tag{8.56}$$

Portanto, quando $X_A \to 1$, $\gamma_A \to 1$

Afinidade química

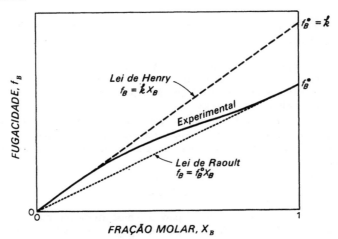

Figura 8.5 Definição de estado-padrão para um soluto B, baseada na Lei de Henry em solução diluída

Caso II. Estado-padrão para um componente considerado um soluto. Nesse caso escolhemos o estado-padrão de tal forma que no limite de diluição extrema, quando $X_B \to 0$, $a_B \to X_B$. Enquanto a Lei de Henry for obedecida, como se mostra na Fig. 8.5,

$$f_B = kX_B \quad (8.57)$$

O estado-padrão é obtido extrapolando a linha da Lei de Henry para $X_B = 1$. Portanto, vemos que a fugacidade no então padrão $f_B^\ominus$ é simplesmente igual a k, a constante da Lei de Henry:

$$f_B^\ominus = k \quad (8.58)$$

Como no caso do gás não-ideal, o estado-padrão é um *estado hipotético*. Podemos imaginá-lo em termos físicos como um estado no qual o soluto puro $B(X_B = 1)$ tem as propriedades que teria numa solução infinitamente diluída no solvente A.

Para todas as discussões teóricas, o uso de frações molares para expressar a composição de soluções pode eventualmente substituir as outras variáveis comuns de composição – m, a molalidade, e c, a concentração molar. No presente, contudo, existe um volume considerável de dados expressados nessas outras variáveis. Necessitamos portanto definir atividades e coeficientes de atividade baseados em m e c, os quais podemos grafar como $^m a$, $^m \gamma$, $^c a$ e $^c \gamma$.

Principiamos com o fato de que, numa solução suficientemente diluída, os coeficientes de atividade deverão se aproximar da unidade de tal forma que um estado-padrão baseado na Lei de Henry pode ser escolhido, da mesma maneira que é mostrada na Fig. 8.5, exceto que agora a fugacidade é colocada em função de m ou c em vez de X:

$$f_B = {}^m k m_B \quad \text{ou} \quad f_B = {}^c k c_B \quad (8.59)$$

As retas experimentais em elevadas diluições são extrapoladas para $m_B = 1$ ou $c_B = 1$ para definir os estados-padrão correspondentes. Podemos também definir coeficientes de atividade $^m \gamma$ e $^c \gamma$ por

$$^m a = {}^m \gamma \, m \quad \text{e} \quad ^c a = {}^c \gamma \, c \quad (8.60)$$

Relações entre os três coeficientes de atividade são facilmente deduzidas[14].

[14] S. Glasstone, *An Introduction to Electrochemistry* (Princeton, N. J.: D. Van Nostrand Co., Inc., 1942), p. 134

280 FÍSICO-QUÍMICA

8.18. Atividades de solvente e soluto não-volátil a partir da pressão de vapor da solução

Como um exemplo desse método importante, consideremos como as atividades de água A e de sacarose B são determinadas a partir de dados das pressões de vapor da solução. Esse mesmo método tem sido aplicado para obter atividade de aminoácidos, peptídios e outros solutos de interesse bioquímico.

A sacarose é não-volátil, de forma que a pressão total do vapor acima da solução neste caso é igual à pressão de vapor parcial da água, P_A. Se desprezarmos a pequena correção para a não-idealidade do vapor de água, podemos facilmente tabelar as atividades a_A da água a partir de

$$a_A = \frac{P_A}{P_A^{\bullet}}$$

Os resultados são mostrados na Tab. 8.7 para a temperatura particular de 323,2 K. Por exemplo, a 323,2 K, $P_A^{\bullet}$, a pressão de vapor da água pura, é 92,51 torr. A pressão de vapor de uma solução de sacarose na qual a fração molar da água é $X_A = 0,9665$ é $P_A = 88,97$ torr. Portanto $a_A = 88,97/92,51 = 0,9617$. O coeficiente de atividade $\gamma_A = 0,9617/0,9665 = 0,9949$ nessa concentração. Observe que o estado-padrão para o solvente água é escolhido como o líquido puro sob pressão de 1 atm. Quando $X_A \to 1$, $a_A \to X_A$ e $\gamma_A \to 1$.

Tabela 8.7 Atividades da água e sacarose em suas soluções a 323,2 K obtidas a partir do decréscimo da pressão de vapor e da equação de Gibbs-Duhem

Fração molar da água X_A	Atividade da água a_A	Fração molar da sacarose X_B	Atividade da sacarose a_B
0,9940	0,9939	0,0060	0,0060
0,9864	0,9934	0,0136	0,0136
0,9826	0,9799	0,0174	0,0197
0,9762	0,9697	0,0238	0,0302
0,9665	0,9617	0,0335	0,0481
0,9559	0,9477	0,0441	0,0716
0,9439	0,9299	0,0561	0,1037
0,9323	0,9043	0,0677	0,1390
0,9098	0,8758	0,0902	0,2190
0,8911	0,8140	0,1089	0,3045

A atividade da sacarose obviamente não pode ser determinada a partir de sua pressão de vapor parcial porque ela é imensuravelmente baixa. Se tivermos um soluto volátil — por exemplo, álcool —, poderíamos sem sombra de dúvida considerar o álcool puro como sendo seu estado-padrão e calcular a atividade a partir da Eq. (8.55). No caso da sacarose, por outro lado, deveríamos claramente escolher a segunda definição de estado-padrão, que é baseada na Lei de Henry para o soluto.

A atividade da sacarose pode ser calculada desde que conheçamos a pressão de vapor do solvente água em toda a faixa de concentrações de soluto desde $X_B = 0$ até as concentrações mais elevadas que possam interessar. A partir da equação de Gibbs-Duhem, Eq. (7.10),

$$n_A \, d\mu_A + n_B \, d\mu_B = 0$$

Afinidade química

281

A partir da Eq. (8.47), a equação anterior se torna

$$n_A \, d \ln a_A + n_B \, d \ln a_B = 0$$

Dividindo por $n_A + n_B$, obtemos

$$X_A \, d \ln a_A + X_B \, d \ln a_B = 0$$

Portanto,

$$\int d \ln a_B = - \int \left(\frac{X_A}{X_B} \right) d \ln a_A = - \int \left(\frac{X_A}{1 - X_A} \right) d \ln a_A \qquad (8.61)$$

Pretendemos calcular a_B a partir das medidas que dão a_A em função de X_A. Parece existir alguma dificuldade ao usar a integração precedente, uma vez que, quando $X_B \to 0$, $X_A \to 1$, e as integrais se aproximam de ∞. Essa dificuldade é facilmente contornada começando a integração, não em $X_A = 1$, mas em um valor de X_A no qual o solvente começa a seguir a Lei de Raoult, isto é, no qual $X_A = a_A$. Nesse valor, $X_B = a_B$, onde a_B é definido com base na Lei de Henry. Portanto, as integrais na Eq. (8.61) têm limites inferiores correspondentes a soluções extremamente diluídas. Os resultados de um tal cálculo de atividades da sacarose em soluções aquosas são mostrados na Tab. 8.7.

Em vista da importância desse método de determinação de coeficientes de atividade, mostraremos explicitamente como ele pode ser usado quando a composição da solução e os coeficientes de atividade são referidos à molalidade m_B. A composição da solução é então baseada em 1 kg (1 000/M_4 mol) de solvente. Se o solvente for água, $m_A = 55,51$. A atividade do soluto é $m_{\gamma_B} m_B = {}^m a_B$. A equação de Gibbs-Duhem torna-se

$$m_B \, d \ln a_B + m_A \, d \ln a_A = 0$$

dando

$$m_B \, d \ln m_B + m_B \, d \ln \gamma_B = -55,51 \, d \ln a_A = -55,51 \, d \ln \left(\frac{P_A}{P_A^{\bullet}} \right) \qquad (8.62)$$

Definimos o *coeficiente osmótico molal* ϕ *do soluto* por

$$\phi = \frac{-m_A \ln a_A}{m_B} = \frac{-55,51 \ln a_A}{m_B} \qquad (8.63)$$

Portanto, ϕ é determinado pela pressão de vapor do solvente e a molalidade do soluto. A partir da Eq. (8.63),

$$d(\phi m_B) = \phi \, dm_B + m_B \, d\phi = -55,51 \, d \ln {}^m a_B$$

Portanto, igualando os segundos membros das Eqs. (8.62) e (8.63), obtemos

$$d \ln \gamma_B = (\phi - 1) \, d \ln m_B + d\phi$$

Por integração desde o solvente puro até a solução final de molalidade m_B,

$$\int_0^{m_B} d \ln \gamma_B = \int_0^{m_B} (\phi - 1) \, d \ln m_B' + \int_0^{m_B} d\phi$$

A atividade do solvente puro é unitária, de modo que, à medida que $m_B \to 0$, $\phi \to 1$[15]. A integração portanto fornece

$$\ln {}^m \gamma_B = \int_0^{m_B} \frac{(\phi - 1) \, dm_B'}{m_B'} + (\phi - 1) \qquad (8.64)$$

[15]Vemos que $\ln a_A \to \ln X_A \to \ln(1 - X_B) \to -X_B$ de forma que $\phi = \dfrac{n_A X_B}{n_A} \approx 1$

282   FÍSICO-QUÍMICA

Um modo conveniente para determinar a atividade da água para uso em cálculos baseados na Eq. (8.64) é o método *isopiéstico*. Tomamos um conjunto de padrões de referência para a atividade da água. Soluções de sacarose são convenientes para essa finalidade. Colocamos a solução de referência e a solução de atividade desconhecida em recipientes abertos numa câmara em vácuo, como, por exemplo, um dessecador de vácuo. A água evaporará da solução de maior pressão de vapor e condensará na solução de menor pressão de vapor até que o equilíbrio seja atingido quando a pressão de vapor da água é a mesma nas duas soluções. Nesse *ponto isopiéstico*, a atividade da água é a mesma nas duas soluções. Medimos a composição das duas soluções. Conhecemos então a atividade da água na composição medida. Repetindo o método para diferentes composições, determinamos os valores de ϕ dentro da faixa de molalidades necessárias para calcular o coeficiente de atividade do soluto $^m\gamma_B$ a partir da Eq. (8.64). Alguns valores para compostos de interesse bioquímico medidos dessa maneira são sumarizados na Tab. 8.8.

Tabela 8.8 Coeficientes de atividade molal $^m\gamma$ de alguns aminoácidos e peptídios em solução aquosa a 298,15 K

Composto \ Molalidade m	0,2	0,3	0,5	1,0	1,5	2,0
Glicina	0,961	0, 44	0,913	0,854	0,812	0,782
Alanina	1,005	1,007	1,012	1,024	1,027	
Treonina	0,989	0,984	0,975	0,959	0,951	0,944
Prolina	1,019	1,028	1,048	1,097	1,149	1,205
Ácido ϵ-aminocapróico	0,971		0,951	0,942	1,002	1,072
Glicilglicina	0,912	0,879	0,828	0,745	0,697	
Glicilalanina	0,935	0,912	0,883	0,855		

8.19. Constantes de equilíbrio em solução

A relação

$$\Delta G^\ominus = -RT \ln K_a$$

é universalmente válida, mas, de fato, ela simplesmente sumariza a análise matemática do problema do equilíbrio. Podemos explicar o conteúdo dessa equação da maneira que se segue:

1. Definido um estado-padrão para cada um dos reagentes e produtos num equilíbrio químico, $aA + bB \rightleftarrows cC + dD$.

2. Calculado $\Delta G^\ominus$ para a reação na qual todos os componentes estão em seus estados--padrão.

3. Existirá sempre então uma função K_a (T, P), a qual estará relacionada com as atividades dos componentes na mistura em equilíbrio, da seguinte forma

$$K_a = \frac{a_C^c \, a_D^d}{a_A^a \, a_B^b}$$

Para obter qualquer informação sobre a composição real dessa mistura em equilíbrio ou, inversamente, para calcular K_a, e portanto $\Delta G^\ominus$, a partir da composição de equilíbrio, precisamos ser capazes de relacionar as atividades com algumas variáveis de composição. A escolha mais lógica é definir um coeficiente de atividade γ tal que

Afinidade química

283

$a = \gamma X$, onde X é a fração molar. Portanto,

$$K_a = \left(\frac{\gamma_C^c \, \gamma_D^d}{\gamma_A^a \, \gamma_B^b}\right)\left(\frac{X_C^c \, X_D^d}{X_A^a \, X_B^b}\right) = K_\gamma \, K_X$$

Observe-se que K_γ não é uma constante de equilíbrio, mas simplesmente o produto indicado dos coeficientes de atividade. Em geral, K_X não será também uma constante de equilíbrio já que não permanecerá constante sob T e P constantes, à medida que variamos a composição da mistura em equilíbrio. Em alguns casos, contudo, pode acontecer que K_γ não varie muito à medida que variamos a composição. Em particular, em soluções diluídas, nas quais os solutos seguem aproximadamente a Lei de Henry e o solvente segue aproximadamente a Lei de Raoult, podemos escolher os estados-padrão (como foi mostrado na seção anterior) de tal modo que todos os γ se aproximam da unidade. Nesse caso, $K_a \to K_X$ e

$$\Delta G^\ominus \longrightarrow -RT \ln K_X$$

Dentro da extensão em que essas aproximações são satisfatórias, poderemos usar uma constante de equilíbrio K_X em termos das frações molares na solução. Não vamos desprezar uma tal constante de equilíbrio aproximada, porque freqüentemente os dados experimentais não justificam de modo nenhum um tratamento termodinâmico mais elaborado do equilíbrio. Precisamos, contudo, manter clara em nossa mente a escolha de estados-padrão para $\Delta G^\ominus$. Para todos os reagentes, os estados-padrão seriam aqueles em que $X = 1$. No caso do solvente, seria o líquido puro. No caso dos solutos, seriam os estados hipotéticos nos quais $X = 1$, porém a vizinhança seria a de uma solução extremamente diluída.

Um exemplo do cálculo de K_X foi mostrado na Tab. 8.1, para um equilíbrio de esterificação. Realmente, não existem muitos estudos cuidadosos de equilíbrio em solução que não envolvam eletrólitos e, portanto, efeitos devidos à ionização. (Tais sistemas são discutidos no Cap. 10.) Um exemplo freqüentemente citado é o antigo trabalho (1895) de Cundall sobre a dissociação $N_2O_4 \rightleftarrows 2NO_2$ em solução de clorofórmio. Alguns desses dados são mostrados na Tab. 8.9 com o valor calculado de K_X.

Incluímos também os valores calculados de uma constante de equilíbrio em termos das concentrações c em moles por litro (ou por dm^3).

$$K_c = \frac{c_{NO_2}^2}{c_{N_2O_4}}$$

Observar cuidadosamente que o uso de K_c implica uma dedução a partir de $\Delta G^\ominus = -RT \ln K_a$ baseada numa nova e distinta escolha de estados-padrão. Precisamos então ter um novo conjunto de coeficientes de atividade $^c\gamma$, de tal forma que $a = {}^c\gamma \, c$ e, quando $c \to 0$, $^c\gamma \to 1$ e $K_a \to K_c$. O estado-padrão correspondente é o estado hipotético do soluto

Tabela 8.9 Dissociação do N_2O_4 em solução de clorofórmio a 8,2 °C

$X(N_2O_4)$	$X(NO_2)$	K_X	$c(N_2O_4)$	$c(NO_2)$	K_c
$1,03 \times 10^{-2}$	$0,93 \times 10^{-6}$	$8,37 \times 10^{-11}$	0,129	$1,17 \times 10^{-3}$	$1,07 \times 10^{-5}$
1,81	1,28	9,05	0,227	1,61	1,14
2,48	1,47	8,70	0,324	1,85	1,05
3,20	1,70	9,04	0,405	2,13	1,13
6,10	2,26	8,35	0,778	2,84	1,04
		Média $8,70 \times 10^{-11}$			Média $1,09 \times 10^{-5}$ $mol \cdot dm^{-3}$

284 FÍSICO-QUÍMICA

numa concentração de 1 mol $\cdot$ dm^{-3} ($c = 1$), mas com a mesma vizinhança de uma solução extremamente diluída.

Para escolha de estados-padrão consistentes com K_X, encontramos para a reação $N_2O_4 \rightleftarrows 2NO_2$

$$\Delta G_{(X)}^{\ominus} = -RT \ln K_X = 53,97 \text{ kJ}$$

Para a escolha de estados-padrão consistentes com K_c, encontramos

$$\Delta G_{(c)}^{\ominus} = -RT \ln K_c = 26,74 \text{ kJ}$$

Atenção: Não é conveniente usarem-se valores de $\Delta G^{\ominus}$ para reações em solução a menos que se esteja seguro de ter compreendido o estado-padrão exato no qual eles estão baseados.

8.20. Termodinâmica de reações bioquímicas

O Sol é a fonte última da energia de toda a vida na Terra. Através da participação das reações fotossintéticas nas plantas verdes um pouco dessa energia é armazenada na forma de energia livre química nos carboidratos,

$$nCO_2 + nH_2O \xrightarrow{h\nu} (CH_2O)_n + nO_2$$

O combustível carboidrato recebido no corpo animal é convertido nos seguintes usos finais:

1. manutenção da temperatura (em idiotermas);
2. movimento — trabalho muscular;
3. síntese de materiais estruturais, tais como proteínas;
4. atividade elétrica do sistema nervoso;
5. bombeamento de íons e moléculas contra gradientes de concentração.

Como os processos no corpo animal ocorrem em pressão e temperatura aproximadamente constantes, a energia livre de Gibbs G é o potencial termodinâmico correto para ser usado na discussão de forças motrizes, afinidades e composições de equilíbrio em vários processos de química fisiológica. A variação ΔG representa a energia disponível para as reações ou a energia que está livre para ser usada para acionar músculos, bombear íons ou produzir sinais elétricos.

As reações químicas em sistemas biológicos são geralmente caracterizadas por um ajuste bastante preciso da força motriz da reação às demandas do processo que deve ser conduzido. Dessa maneira, pouca energia livre é desperdiçada. Embora os processos fisiológicos não sejam reversíveis (mesmo uma lesma não leva uma eternidade para percorrer um caminho), o balanço sutil de cada força motriz contra uma força opositora considerável assegura que a utilização de energia livre no organismo vivo é consideravelmente eficiente. Em outras palavras, a queima do combustível carboidrato não se dá numa única centelha (como num ineficiente motor de combustão interna), mas antes numa série de estágios, cada um dos quais abaixa o potencial termodinâmico G de um degrau relativamente pequeno.

O cérebro humano contém 6×10^9 neurônios (células nervosas) e a fração da potência total que é empregada para operar os sistemas elétricos desse centro de computação é surpreendentemente grande. Num recém-nascido, 50% do consumo total de oxigênio é utilizado pelo cérebro; num adulto, essa demanda cai para 20% a 25%, mas um cérebro de 1,50 kg constitui apenas cerca de 2,5% da massa de um ser humano adulto. Um tal cérebro consome 5,5 g de glicose por hora (operando portanto numa potência média de 25 W).

Afinidade química

A atividade elétrica das células do cérebro usa energia livre que foi armazenada na forma de gradientes de concentração iônica através das membranas das células. A composição iônica dentro da célula é 150 mmol·dm^{-3} de K$^+$ e 15 mmol·dm^{-3} de Na$^+$, e a do fluido intersticial fora da célula é 5 mmol·dm^{-3} de K$^+$ e 150 mmol·dm^{-3} de Na$^+$. Os impulsos elétricos ao longo da membrana celular de um nervo (*potenciais de ação*) são devidos primariamente a uma invasão de íons Na$^+$ através de áreas temporariamente ativadas da membrana, as quais no estado de repouso teriam uma permeabilidade muito baixa aos íons, tais como o Na$^+$. Os íons de sódio que entram nas células devem ser bombeados *contra* o elevado gradiente de concentração. Este processo é executado por "bombas de sódio" nas membranas, cujo mecanismo ainda não é realmente entendido. É sabido, contudo, que a fonte de energia livre para a bomba de sódio é o ATP (trifosfato de adenosina) (Fig. 8.6). O ATP é também a fonte de energia livre para a contração muscular e para a síntese de proteínas. Mais de 90% da energia livre usada pelo cérebro é necessária para operar as bombas de sódio e é esta grande demanda que determina que o cérebro necessite um tão grande fornecimento de oxigênio.

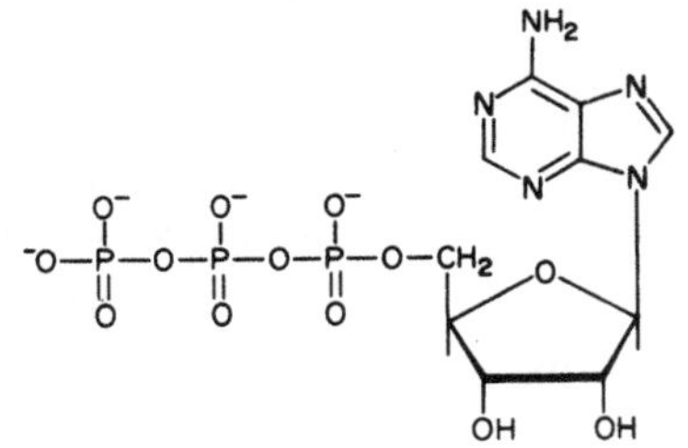

Figura 8.6 Trifosfato de adenosina (ATP)

8.21. Entalpia livre de formação de substâncias bioquímicas em solução aquosa

As reações bioquímicas se realizam num meio aquoso em pH e composição iônica um tanto rigorosamente controlada. Essas condições são inteiramente diferentes dos estados-padrão usuais para reações com gases ou líquidos não-polares, e há o problema de traduzir os dados termodinâmicos da condição padrão que é usual nos trabalhos calorimétricos às condições de interesse fisiológico. Por exemplo, podemos obter entalpias livres de formação padrão de substâncias bioquímicas no estado cristalino a 298,15 K por meio dos dados de entalpia de formação e entropias da terceira lei a partir de medidas de capacidade calorífica nos cristais. Exemplos de tais dados termodinâmicos são dados na Tab. 8.10.

A afinidade em reações bioquímicas será determinada pelo ΔG da reação num meio aquoso fisiológico. Portanto, em vez do $\Delta G_f^\ominus(c)$ dos compostos cristalinos, desejamos conhecer os $\Delta G_f^\ominus(w)$ dos compostos como solutos em solução aquosa. O estado-padrão apropriado estará geralmente na atividade unitária na escala de molalidade — isto é, em $^m a = 1$. Podemos facilmente calcular $\Delta G^\ominus(w)$ a partir de $\Delta G^\ominus(c)$ por um processo de dois estágios:

1. Dissolver os cristais em água para formar uma *solução saturada*. Como os cristais e o soluto estão em equilíbrio numa solução saturada, para esse estágio $\Delta G = 0$.

2. Calcular ΔG para a variação na atividade do soluto desde seu valor na saturação a_{sat} até sua atividade unitária no estado-padrão.

$$\Delta G = RT \ln \frac{1}{a^{sat}} = -RT \ln (^m\gamma \, m)^{sat}$$

286 FÍSICO-QUÍMICA

Tabela 8.10 Dados termodinâmicos para aminoácidos e peptídios a 298,15 K*

Composto	Estado cristalino			Solução aquosa		
	$\Delta H_f^\ominus$ (kJ·mol^{-1})	$\Delta S_f^\ominus$ (J·K^{-1}·mol^{-1})	$\Delta G_f^\ominus$ (kJ·mol^{-1})	Solubilidade (molalidade da solução sat.)	m_γ	$\Delta G_f^\ominus$** (kJ·mol^{-1})
DL-alanina	−563,6	−644	−372,0	1,9	1,046	−373,6
DL-alanilglicina	−777,8	−967	−489,5	3,161	0,73	−491,6
Ácido L-aspártico	−973,6	−812	−731,8	0,0377	0,78	−723,0
Glicina	−528,4	−431	−370,7	3,33	0,729	−372,8
Glicilglicina	−745,2	−854	−490,4	1,7	0,685	−490,8
DL-leucina	−640,6	−975	−349,4	0,0756	1,0	−343,1
DL-leucilglicina	−860,2	−1 310	−469,9	0,126	1,0	−468,4

*Extraídos de F. H. Carpenter, *J. Am. Chem. Soc.* **82**, 1 120 (1960), onde referências às fontes originais são fornecidas
**Para a forma dipolar iônica no estado-padrão $^m a = 1$ e pH do ponto iselétrico (nesse pH, a concentração dos íons dipolares está num máximo)

Para efetuar esse cálculo, precisamos saber apenas, além da molalidade da solução saturada, o coeficiente de atividade nessa molalidade. Portanto,

$$\Delta G_f^\ominus(w) = \Delta G_f^\ominus(c) - RT \ln(^m \gamma\, m)^{sat} \qquad (8.65)$$

Por exemplo, a solubilidade da glicina em água a 298,15 K é 3,30 molal. A partir da Tab. 8.10, $^m\gamma = 0,729$, e

$$\Delta G_f^\ominus(c) = -370,7 \text{ kJ·mol}^{-1}$$

Portanto,

$$\Delta G_f^\ominus(w) = -370,7 - (8,314)(298,15)(10^{-3})(2,303) \log (3,30 \times 0,729)$$

$$\Delta G_f^\ominus(w) = -370,7 - 2,2 = -372,9 \text{ kJ·mol}^{-1}$$

Podemos usar tais valores de $\Delta G^\ominus(w)$ para calcular as constantes de equilíbrio K_a para reações de interesse. Para ser exato, o meio solvente fisiológico não será água pura e, para cálculos precisos, gostaríamos de conhecer os vários coeficientes de atividade em soluções particulares contendo sais inorgânicos bem como solutos orgânicos. Além disso, uma temperatura de 310,7 K é mais típica que 298,2 K para reações bioquímicas *in vivo* e, freqüentemente, por escolha, igualmente *in vitro*.

Muitas substâncias bioquímicas importantes são ácidas ou bases, e o pH do meio pode ter um efeito considerável sobre as afinidades e constantes de equilíbrio. Afortunadamente, o meio fisiológico é bem tamponado em pH próximo a 7,0, de tal forma que é geralmente seguro admitir uma concentração hidrogeniônica de 10^{-7} molal. Se, contudo, numa dada reação, os íons H$^+$ são consumidos ou libertados, a força motriz ΔG pode ser extremamente sensível ao pH. O ΔG para diluição de H$^+$ desde a atividade unitária até 10^{-7} molal a 300 K seria em torno de

$$\Delta G = RT \ln \frac{10^{-7}}{1} = -40,2 \text{ kJ·mol}^{-1}$$

Como um exemplo da importância dos efeitos do pH e concentrações iônicas sobre os equilíbrios bioquímicos, consideremos a termodinâmica da hidrólise do ATP conforme a análise de Alberty[16]. A reação hidrolítica é

$$\text{ATP}^{4-} + \text{H}_2\text{O} \longrightarrow \text{ADP}^{3-} + \text{HPO}_4^{2-} + \text{H}^+ \qquad (8.66)$$

[16]R. A. Alberty, *J. Biol. Chem.* **244**, 3 290 (1969)

Afinidade química

287

mas as espécies realmente determinadas nas experiências usuais são o ATP total e o difosfato de adenosina total (ADP) nas formas ionizada e não-ionizada, de modo que a constante de equilíbrio empírica é geralmente escrita como

$$K = \frac{(ADP)(P_i)}{(ATP)} \tag{8.67}$$

onde P_i é o íon-fosfato.

Tanto o ATP como o ADP formam complexos com íons univalentes, tais como Na^+ e K^+, e com íons bivalentes, tais como Mg^{2+} e Ca^{2+}, os quais ocorrem em meios fisiológicos. Para simplificar a análise, contudo, Alberty considerou apenas os efeitos do Mg^{2+} num meio no qual a força iônica (ver a Sec. 10.18) foi mantida constante em cloreto de tetra-n-propilamônio 0,2 M, um sal com um cátion grande, o qual se complexaria apenas numa pequena extensão com os ânions ATP e ADP na presença de H^+ e Mg^{2+}.

Por uma análise com computador de todos os equilíbrios simultâneos, os parâmetros termodinâmicos, K, $\Delta G^\ominus$, $\Delta H^\ominus$ e $T\Delta S^\ominus$ foram calculados para a reação da Eq. (8.66) em função do pH e pMg $[-\log c(Mg^{2+})]$, e os resultados foram colocados em diagramas de curvas de nível, como é mostrado na Fig. 8.7. Em vista do papel-chave do ATP como fonte de energia livre para a maior parte dos processos fisiológicos, esses diagramas representam um dos fundamentos termodinâmicos para sistemas vivos (sujeitos sempre às restrições discutidas na p. 83.

A hidrólise do ATP no pH 9 produz 1 mol de H^+ por mol de ATP hidrolisado. A diluição do H^+ desde o estado-padrão até 10^{-9} molar produz uma grande contribuição ao $\Delta S^\ominus$ $[2,303(R)(pH) = 172\ J \cdot K^{-1} \cdot mol^{-1}$ em pH 9] e portanto ao $\Delta G^\ominus$ global da reação de hidrólise.

A Tab. 8.10 resume alguns dados termodinâmicos típicos de substâncias bioquímicas de interesse. Vamos usar dados da tabela para calcular $\Delta G^\ominus$ e K_a para a síntese de um dipeptídio simples a 298,2 K segundo a reação,

$$\text{alanina} + \text{glicina} \rightleftarrows \text{alanilglicina} + H_2O$$

Ignoraremos o efeito do pH e admitiremos que todos os reagentes e produtos estão completamente na forma de íons dipolares[17]. O $\Delta G_f^\ominus$ para a água líquida é - 237,2 kJ·mol^{-1} a partir da Tab. 8.2. Portanto,

$$\Delta G^\ominus = (-491,6 - 237,2) - (-373,6 - 372,8) = 17,6\ kJ$$

$$K_a = \exp(-\Delta G^\ominus/RT) = 8,13 \times 10^{-4} \quad \text{a}\quad 298,15\ K$$

Podemos concluir que a síntese de ligações peptídicas não ocorrerá espontaneamente numa extensão apreciável a partir de aminoácidos em solução aquosa. Alguma fonte externa de energia será necessária. Os estudantes de bioquímica estão familiarizados com os mecanismos pelos quais a energia livre do Sol, que foi armazenada na forma de ATP, pode ser liberada para conduzir os processos de formação de ligação peptídica na síntese de proteínas.

No Cap. 3, foi estabelecido de modo bastante categórico que a termodinâmica era capaz de tratar apenas de sistemas em equilíbrio e, portanto, nada poderia nos dizer sobre o que ocorre nas células vivas. Contudo estamos agora usando argumentos termodinâmicos para obter conclusões sobre reações bioquímicas. Os cálculos termodinâmicos indicam quais as reações possíveis e quais as impossíveis numa vizinhança in vitro especificada que simula o meio fisiológico numa célula viva. Para aplicar esses resultados a uma célula viva, necessitamos de algum postulado ou suposição adicional. Pareceria ser suficiente exigir que o processo que desejamos considerar na célula (por exemplo, a

[17]Um aminoácido $R \cdot CH_2 \cdot NH_{2+} \cdot COOH$ existe em soluções neutras, principalmente na forma $R \cdot CH_2 \cdot NH_3 \cdot COO^-$, quando R indica a cadeia lateral do aminoácido

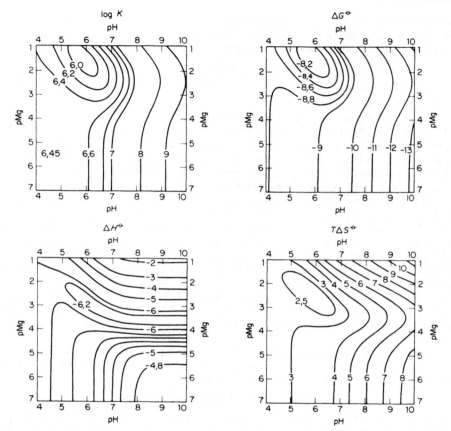

Figura 8.7 Parâmetros termodinâmicos para ATP + H$_2$O ⇌ ADP + Pi em função do pH e do pMg em cloreto de tetra-*n*-propilamônio de força iônica 0,2. Os valores numéricos sobre as curvas de nível estão em unidades de quilocalorias (kcal) onde 1 kcal = 4,1840 kJ por definição [R. A. A. Alberty, *J. Biol. Chem.* **244**, 3 290 (1969)]

síntese de uma ligação peptídica) não está acoplado de nenhuma forma com quaisquer outros processos físicos ou químicos ocorrendo na célula. Tudo o que podemos dizer é que, se tal acoplamento não existe, então podemos aplicar nossa termodinâmica de equilíbrio à reação dentro da célula. A demonstração de que o acoplamento está ausente é um problema empírico. Por exemplo, células vivas privadas de seu suprimento de ATP não sintetizam ligações peptídicas. Para apresentar um argumento teórico mais geral, seremos ainda forçados a estender a formulação da termodinâmica de maneira a nos permitir definir funções de estado, tais como G e S, em sistemas que não estão em equilíbrio.

8.22. Efeitos da pressão sobre as constantes de equilíbrio

A constante de equilíbrio K_x é a mais conveniente para descrever os efeitos da pressão sobre o equilíbrio em soluções ideais. A partir das Eqs. (7.12) e (8.49), temos

$$\left(\frac{\partial \ln K_x}{\partial P}\right)_T = \frac{-\Delta V^\bullet}{RT}$$

Afinidade química

Nesta equação, $\Delta V^{\bullet}$ é o volume dos produtos líquidos puros menos o volume dos reagentes líquidos puros. Para soluções não-ideais, as atividades e os coeficientes de atividade baseados em frações molares podem ser usados de modo que

$$\left(\frac{\partial \ln K_a}{\partial P}\right)_T = \frac{-\Delta V}{RT} \tag{8.68}$$

Se a reação se dá com um apreciável ΔV, haverá um efeito considerável da pressão sobre a constante de equilíbrio. Por exemplo, com $\Delta V = -20$ cm^3, uma pressão de 1 000 atm aumentaria o valor de K em cerca de 2,3 vezes, e uma pressão de 10 000 atm, em cerca de 3 500 vezes.

Para reações de moléculas não-polares em solventes não-polares, ΔV geralmente não é maior que uns poucos centímetros cúbicos, a menos que haja uma alteração no número de ligações covalentes. Quando existe um aumento no número de ligações, ΔV decresce, e vice-versa. Tais mudanças de volume são devidas à curteza relativa da ligação covalente entre átomos quando comparada com as distâncias entre átomos não-ligados. As reações de polimerização, é de se crer, têm um ΔV negativo considerável e, portanto, são marcadamente favorecidas por pressões elevadas. A dimerização do NO_2 foi estudada em solução de CCl_4[18], $2NO_2 \rightleftarrows N_2O_4$. Alguns dos resultados são mostrados na Tab. 8.11. A 324,7 K, K_m aumenta quatro vezes entre 1 e 1 500 atm, correspondendo a um ΔV médio igual a -23 cm^3. Para integrar a Eq. (8.68), necessitaríamos conhecer ΔV em função da pressão, mas é uma aproximação razoável usar um ΔV constante igual ao seu valor em 1 atm.

Tabela 8.11 Efeito da pressão sobre o equilíbrio $2NO_2 \rightleftarrows N_2O_4$ em solução de CCl_4

Temperatura (K)	Pressão (atm)	$K_m(P$ atm$)/$ $K_m(1$ atm$)$
295,2	750	2,08
	1 500	3,77
324,7	750	2,30
	1 500	4,06

A variação de volume ΔV numa reação química pode ser diretamente medida com um *dilatômetro*, que geralmente consiste de um bulbo reação ao qual se liga um tubo capilar calibrado. Linderstrom-Lang e seus colaboradores dos Laboratórios[19] Carlsberg usaram esse equipamento simples numa importante série de pesquisas sobre os ΔV de reações de interesse bioquímico, tais como desnaturação de proteínas e inativação ou inibição de enzimas. As alterações na conformação de proteínas causam freqüentemente apreciáveis variações de volume no meio aquoso. Quando uma ligação peptídica é hidrolisada, existe quase sempre um decréscimo em volume, porque novos grupos eletricamente carregados são formados (um NH_3^+ e um COO^-) e isso causa uma contração da água circundante, um efeito conhecido como *eletroestricção*. O efeito é visto também numa reação simples como

$$CH_3COOH + NH_3 \longrightarrow CH_3COO^- + NH_4^+$$

que tem um $\Delta V = -17,4$ cm^3 a 25 °C.

[18]A. H. Ewald, *Discussions Faraday Soc.* **22**, 138 (1956)
[19]Ver *Comptes Rendus* dos Laboratórios Carlsberg de 1940 até esta data

8.23. Efeito da pressão sobre a atividade

Vimos na Sec. 8.16 como a atividade (fugacidade) de um componente gasoso está relacionada com sua pressão. Em contraste com a forte dependência da atividade em relação à pressão para um gás, a atividade de um componente numa fase líquida ou sólida depende apenas fracamente da pressão. Sob pressões moderadas, podemos mesmo ignorar de todo o efeito da pressão sobre as atividades em fases condensadas, sem erro considerável. Em elevadas pressões, contudo, o efeito total da pressão pode se tornar apreciável e, nos estudos geoquímicos, oceanográficos e astroquímicos, as condições de alta pressão serão freqüentemente de principal interesse. Portanto, devemos saber certamente como incluir em nossa teoria termodinâmica do equilíbrio o efeito da pressão sobre fases condensadas.

A qualquer temperatura constante, podemos calcular a dependência da fugacidade de um componente A em relação à pressão total a partir da Eq. (8.44),

$$d\mu_A = RT\, d\ln f_A = V_A\, dP$$

A relação Γ entre a fugacidade em qualquer pressão P_2 e a fugacidade em 1 atm é por conseguinte dada por

$$\ln \Gamma = \ln \frac{f^{(P_2)}}{f^{(1\,\text{atm})}} = \frac{1}{RT} \int_1^{P_2} V_A\, dP \qquad (8.69)$$

onde escrevemos

$$\Gamma = \frac{f_A^{(P_2)}}{f_A^{(1\,\text{atm})}}$$

Portanto,

$$\frac{f_A^{(P_2)}}{f_A^{\ominus}} = \Gamma \frac{f_A^{(1\,\text{atm})}}{f_A^{\ominus}}$$

Ou, desde que $f_A^{\ominus}$ seja a fugacidade de A em seu estado-padrão,

$$a\,(\text{a } P_2) = \Gamma a\,(\text{a } 1\text{ atm}) \qquad (8.70)$$

Se usarmos o estado-padrão baseado em frações molares, a Eq. (8.70) se torna

$$a = \Gamma \gamma X \qquad (8.71)$$

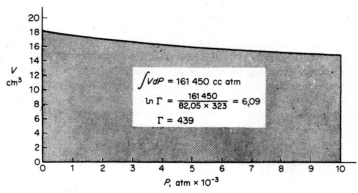

Figura 8.8 Cálculo da atividade da água a 323,2 K e 10^4 atm pelo método gráfico de obtenção da integral da Eq. (8.69). V é o volume molar da água

Afinidade química

291

Para um líquido ou sólido puro, a atividade em 1 *atm* é igual à unidade, se o estado-padrão for definido como um líquido ou sólido puro a 1 atm.

Como exemplo do uso da Eq. (8.69), vamos calcular a atividade da água líquida a 323,3 K e 10^4 atm a partir dos dados de Bridgman[20]. Neste caso, $V_A = V_A^{\bullet}$, e a integração da Eq. (8.69) pode ser efetuada graficamente, colocando-se o volume molar da água em função da pressão e tomando-se a área sob a curva. O cálculo é mostrado na Fig. 8.8. Da integração resulta $\Gamma = 439$, de forma que a atividade da água líquida pura a 323,3 K e 10^4 atm é $a = 439$. A 100 atm, a atividade da água seria cerca de 1,07.

8.24. Equilíbrios químicos envolvendo fases condensadas

Os exemplos mais simples de tais equilíbrios incluem reagentes sólidos ou líquidos puros. Consideremos um caso típico:

$$NiO(c) + CO \rightleftharpoons Ni(c) + CO_2$$

A expressão geral para a constante de equilíbrio é

$$K_a = \frac{a_{Ni} a_{CO_2}}{a_{NiO} a_{CO}}$$

Esta expressão pode ser reescrita como

$$K_a = \frac{f_{CO_2}}{f_{CO}} \cdot \frac{\Gamma_{Ni}}{\Gamma_{NiO}}$$

Sob pressões moderadas, Γ_{Ni} e $\Gamma_{NiO} = 1$ (a atividade dos sólidos puros = 1). Se considerarmos que os gases se comportam idealmente, K_a torna-se, simplesmente,

$$K_P = \frac{P_{CO_2}}{P_{CO}}$$

A regra prática é que para reações em pressões moderadas, as atividades das substâncias sólidas e líquidas são simplesmente tomadas iguais à unidade na constante de equilíbrio, de tal forma que não são incluídos qualquer de tais reagentes. Para a reação citada a 1 500 K, $\Delta G^{\ominus} = -81,09$ kJ, de forma que

$$K_P = \frac{P_{CO_2}}{P_{CO}} = 6,68 \times 10^2$$

Qualquer relação entre P_{CO_2} e P_{CO} menor que $6,68 \times 10^2$ reduzirá NiO a Ni. Qualquer relação maior do que esse valor oxidará Ni a NiO.

PROBLEMAS

1. A partir das entalpias livres padrão de formação da Tab. 8.2, calcular $\Delta G^{\ominus}$ e K_P para as seguintes reações a 298 K.
   a) $D_2O(g) + H_2O(g) \longrightarrow 2HDO(g)$
   b) $NO_2 + CO \longrightarrow NO + CO_2$
   c) $PH_3(g) + \frac{3}{2}F_2 \longrightarrow PF_3(g) + 3HF(g)$
   d) $SiO_2(c) + 2H_2 \longrightarrow Si(c) + 2H_2O(l)$

2. A constante de equilíbrio da reação I_2 + ciclopenteno $\rightarrow$ 2HI + ciclopentadieno foi medida espectrofotometricamente em fase gasosa entre 175 °C e 415 °C[21].

[20]P. W. Bridgman, *The Physics of High Pressure* (Londres: G. Bell & Sons, Ltd., 1949), p. 130
[21]S. Furuyama, D. M. Golden e S. W. Benson, *J. Chem. Thermodynamics* **2**, 187 (1970)

292 FÍSICO-QUÍMICA

$$\log_{10} K_P(\text{atm}) = 7,55 - \frac{22\,160}{4,575T}$$

Calcular $\Delta G^\ominus$, $\Delta H^\ominus$ e $\Delta S^\ominus$ para a reação a 300 °C. Se quantidades iniciais iguais de I_2 e ciclopenteno são misturadas a uma pressão total de 1 atm e 300 °C, quais seriam as pressões parciais de equilíbrio do I_2? Quais seriam a 10 atm?

3. A constante de equilíbrio de $COCl_2 \rightleftharpoons CO + Cl_2$ foi medida resultando[22]:

T (K)	635,7	670,4	686,0	722,2	760,2
K_P (atm)	0,01950	0,04414	0,07575	0,1971	0,5183

Colocar em gráfico esses resultados e extrapolar para 298 K. Calcular $\Delta H^\ominus$, $\Delta S^\ominus$ e $\Delta G^\ominus$ para a reação a 298 K.

4. Para a reação $\frac{1}{2}N_2 + \frac{3}{2}H_2 \rightarrow NH_3$ a 298 K, representar graficamente ΔG em função da extensão da reação ξ de $\xi = 0$ até $\xi = 1$. Representar também a afinidade da reação em função de ξ.

5. Para a reação $N_2O_4 \rightleftharpoons 2NO_2$, calcular K_P, K_X, K_c a 298 K e 1 atm a partir dos dados de $\Delta G_f^\ominus$ na Tab. 8.2. Em que pressão o N_2O_4 estaria 50% dissociado a 298 K? Para duas escolhas de estado-padrão, $P = 1$ atm e $c = 1$ mol $\cdot$ cm^{-3}, calcular $\Delta G^\ominus$ para a reação a 298 K.

6. O vapor de PCl_5 decompõe-se de acordo com $PCl_5 \rightarrow PCl_3 + Cl_2$. A densidade de uma amostra de vapor de PCl_5 parcialmente dissociada a 1 atm e 403 K era 4,800 g $\cdot$ dm^{-3}. Calcular o grau de dissociação α e ΔG (403 K) para a reação. Calcular α a 403 K se a pressão total é ainda 1 atm, mas 0,5 atm é a pressão parcial de argônio.

7. Se os gases na reação de síntese da amônia $N_2 + 3H_2 \rightarrow 2NH_3$ são todos ideais, provar que a concentração máxima de amônia no equilíbrio é atingida quando a relação de H_2 para N_2 é 3:1.

8. Calcular a constante de equilíbrio K_P para $Cl_2 \rightleftharpoons 2Cl$ a 1 200 K pela termodinâmica estatística. A freqüência de vibração fundamental de Cl_2 se dá em $\sigma = 565$ cm^{-1} e a distância de equilíbrio C—C é 0,199 nm. O valor U_0 da dissociação de Cl_2 é 2,48 eV.

9. Calcular a constante de equilíbrio da reação $H_2 + D_2 \rightleftharpoons 2HD$ a 300 K, dados

	H_2	HD	D_2
Vibração fundamental σ (cm^{-1})	4371	3786	3092
Momento de inércia I (g $\cdot$ cm$^2 \cdot 10^{40}$)	0,458	0,613	0,919

Utilizar as fórmulas da Tab. 5.4 para as funções de partição.

10. Os seguintes reagentes foram misturados e deixados a atingir o equilíbrio a 25 °C: 1,800 g de acetato de etila; 1,570 g de etanol; 1 052 g de ácido acético glacial. Foram usados como catalisador 5 cm³ de HCl exatamente 3N (5,23 g). A totalidade da amostra no equilíbrio foi titulada até o ponto de equivalência com 34,50 cm³ de NaOH exatamente 1N. Calcular a constante de equilíbrio K_X para a reação,

$$C_2H_5OH + CH_3COOH \rightleftharpoons CH_3COOC_2H_5 + H_2O$$

11. Os seguintes dados termodinâmicos são disponíveis a 298 K para os reagentes na reação, $ZnS(c) + H_2 \rightarrow Zn(c) + H_2S$.

	$\Delta H^\ominus$ (kJ $\cdot$ mol^{-1})	$S^\ominus$ (J $\cdot$ K^{-1} $\cdot$ mol^{-1})	C_P (J $\cdot$ K^{-1} $\cdot$ mol^{-1})
$H_2S(g)$	$-22,18$	205,6	$36,0 + 13,0 \times 10^{-3}T$
$Zn(c)$		41,6	$22,0 + 11,3 \times 10^{-3}T$
$ZnS(c)$	$-184,10$	57,7	$53,6 + 4,2 \times 10^{-3}T$
$H_2(g)$		130,5	$29,5 - 0,8 \times 10^{-3}T$

[22]A. Lord e H. O. Pritchard, *J. Chem. Thermodynamics* **2**, 187 (1970)

Afinidade química

293

Calcular $\Delta G^{\ominus}$ a 1 000 K para a reação, e daí as pressões parciais de H_2S quando H_2 a 1 atm é passado sobre ZnS aquecido a 1 000 K.

12. Para a reação, $6CH_4 \rightarrow C_6H_6(g) + 9H_2$, $\Delta H^{\ominus}(298 \text{ K}) = 127{,}0 \text{ kcal} \cdot \text{mol}^{-1}$, $\Delta S^{\ominus}(298 \text{ K}) = 77{,}7 \text{ cal} \cdot \text{K}^{-1} \cdot \text{mol}^{-1}$ e

$$\Delta C_P = 42{,}0 - 32{,}1 \times 10^{-3}T + 3{,}83 \times 10^{-6}T^2 \text{ cal} \cdot \text{K}^{-1} \cdot \text{mol}^{-1}$$

Se outras reações pudessem ser ignoradas, poderia essa reação fornecer um meio adequado para a produção de benzeno a partir de gás natural? (1 cal = 4.1848 J).

13. A 1 000 °C, K_P para $CO_2(g) + C(c) \rightleftarrows 2CO(g)$ é 121,5 atm. a) Calcular K_c. b) Se um recipiente inicialmente continha carbono e CO_2 a 10 atm e 1 000 °C, qual seria a pressão total no equilíbrio?

14. Deduzir uma fórmula para a fugacidade de um gás que obedece à equação de estado

$$PV_m = RT + AP + BP^2$$

onde V_m é o volume molar.

15. Deduzir as relações entre os coeficientes de atividade $^c\gamma$, $^m\gamma$ e γ (baseados em concentração molar, molalidade e fração molar, respectivamente).

16. Um gás segue uma equação de estado

$$P = \frac{nRT}{V} + \frac{n^2B}{V^2}$$

Deduzir uma expressão para sua fugacidade.

17. A síntese do metanol, $CO + 2H_2 \rightarrow CH_3OH$, é efetuada em altas pressões. A 1 000 K, para CH_3OH, $-(G - H_0^{\ominus})/T = 257{,}7 \text{ J} \cdot \text{K}^{-1} \cdot \text{mol}^{-1}$ e $\Delta H_0^{\ominus} = -190{,}6 \text{ kJ} \cdot \text{mol}^{-1}$; para CO, $\Delta H_0^{\ominus} = -113{,}8$. Os dados de entalpia livre estão na Tab. 8.3 para CO e H_2. Para CH_3OH, $T_c = 513{,}2 \text{ K}$ e $P_c = 78{,}5 \text{ atm}$. As constantes críticas para H_2 e CO estão na Tab. 1.2. Por meio dos gráficos de Newton, calcular K_f e K_P para a síntese do metanol a 1, 100, 500 e 1 000 atm.

18. Para a reação, $NiO(c) + CO(g) \rightarrow Ni(c) + CO_2(g)$,

T (K)	936	1 027	1 125
K_P	$4{,}54 \times 10^3$	$2{,}55 \times 10^3$	$1{,}58 \times 10^3$

Calcular $\Delta G^{\ominus}$, $\Delta H^{\ominus}$ e $\Delta S^{\ominus}$ para a reação a 1 000 K. ΔC_P para a reação é > 0 ou < 0? Uma atmosfera de 20% de CO_2, 5% de CO, 75% de N_2 oxidaria o níquel a 1 000 K?

19. Nitrogênio livre de oxigênio é freqüentemente preparado no laboratório passando o nitrogênio de cilindro sobre aparas de cobre aquecido. A reação é $2Cu(c) + \frac{1}{2}O_2(g) \rightarrow Cu_2O(c)$, para a qual $\Delta G = -39{,}850 + 15{,}06 \, T$ (cal). Qual seria a concentração residual do oxigênio no nitrogênio se o equilíbrio fosse atingido a 600 °C? Como se poderia medir essa concentração?

20. A partir dos dados nas Tabs. 8.2 e 8.10, calcular $\Delta G^{\ominus}(298 \text{ K})$ em solução aquosa para glicina + DL-leucina $\rightarrow$ DL-leucilglicina + H_2O. Que proporção do $\Delta G^{\ominus}$ global é constituída pelo termo $T\Delta S^{\ominus}$ para formar 1 mol de água líquida?

21. H. J. Morowitz[23] fez uma interessante estimativa do $\Delta S^{\ominus}$ de formação de uma proteína a partir de aminoácidos em solução. Verificou que

$$\Delta S = -kn \left[\ln \left(\frac{V}{\sum n_i V_i} \right) \left(\frac{x}{y} \right) \text{e} - \sum z_i \ln z_i \right]$$

onde n_i é o número de moléculas de aminoácido da espécie i, e volume V_i, e $n = \Sigma n_i$. $z_i = n_i/n$, e x/y é a relação do número de possíveis orientações dos monômeros livres

[23]H. J. Morowitz, *Energy Flow in Biology* (New York: Academic Press, Inc., 1968), p. 92

294 FÍSICO-QUÍMICA

comparado com o número de orientações da estrutura da proteína. A contribuição de x/y para o ΔS é aproximada como a perda de um grau de liberdade rotacional. Para uma proteína típica de $M = 30\,000$, calcular ΔS a partir da fórmula. A partir desse ΔS, é necessário subtrair o ΔS de n moléculas da água líquida. Fazer essa correção. Discutir o resultado final e os possíveis erros nas estimativas.

22. Amagat mediu os seguintes volumes molares para o CO_2 a 333 K:

P (atm)	13,01	35,42	53,65	74,68	85,35
V_m ($cm^3 \cdot mol^{-1}$)	2 000	666,7	400	250	200

Calcular a fugacidade f e o coeficiente de fugacidade $\gamma = f/P$ para o CO_2 a 333 K e $P = 10, 20, 40, 80$ atm.

23. A partir dos dados na Tab. 8.7, colocar num gráfico o logaritmo dos coeficientes de atividade da água e da sacarose (γ_A/γ_B) em função de X_A, a fração molar da água, de $X_A = 0,9$ a $X_A = 1$. Mostrar que

$$\int_0^1 \ln\left(\frac{\gamma_A}{\gamma_B}\right) dX_A = 0$$

24. Para o n-pentano (g) e isopentano (g) a 298 K, $\Delta G_f^\ominus = -194,4$ e $-200,8$ kJ $\cdot$ mol^{-1}, respectivamente. As pressões de vapor dos líquidos são dadas por

$$n\text{-pentano} \qquad \log_{10} P \text{ (atm)} = 3,9714 - \frac{1\,065}{T - 41}$$

$$\text{isopentano} \qquad \log_{10} P \text{ (atm)} = 3,9089 - \frac{1\,020}{T - 40}$$

Calcular K_P para a isomerização n-pentano $\rightleftharpoons$ isopentano em fase gasosa a 298 K e K_X para isomerização na fase líquida, supondo soluções ideais.

25. Supor que uma molécula grande P, como, por exemplo, uma enzima, contém n sítios reativos nos quais uma pequena molécula A possa ser ligada. Admitir que os n sítios reativos sobre P são todos equivalentes e independentes, isto é, as reações $P + A \rightleftharpoons$ $\rightleftharpoons PA$, $PA + A \rightleftharpoons PA_2$ etc. têm todas a mesma constante de equilíbrio para a associação K_{as}. Mostrar que o número médio de sítios ocupados por molécula é

$$\bar{v} = \frac{nK_{as}[A]}{1 + K_{as}[A]}$$

onde $[A]$ é a concentração de A[24].

[24]Ver J. I. Edsall e J. Wyman, *Biophysical Chemistry* (New York: Academic Press, Inc., 1958), p. 610, para discussão e extensão deste modelo, o qual inclui muitos problemas importantes de equilíbrio bioquímico

Velocidades das reações químicas

Como os elementos, a não ser que sejam alterados, não podem ser constituídos de corpos mistos; nem podem ser alterados a não ser que atuem e sofram a ação de um sobre outro; nem podem agir e serem atuados a não ser que se toquem, devemos primeiro falar um pouco a respeito do contato ou toque mútuo, ação, excitação e reação.

Daniel Sennert
(1660)[1]

As duas questões básicas da Físico-Química são as seguintes: "Onde vão as reações químicas?" e "Com que velocidade chegam aí?" A primeira, é o problema de equilíbrio ou estática química, e a segunda constitui o problema da velocidade com que o equilíbrio é atingido, ou cinética química.

A cinética química pode ser dividida no estudo das *reações homogêneas*, as quais ocorrem inteiramente numa só fase, e das *reações heterogêneas*, que ocorrem numa interface entre fases. Algumas reações, consistindo de um certo número de estágios, podem se iniciar numa superfície, continuar numa fase homogênea e terminar, às vezes, numa superfície.

O estudo da cinética de qualquer reação ainda pode ser dividido em duas partes, a saber: (1) formulação da velocidade da reação em termos das concentrações das espécies reagentes e das constantes de velocidade, e (2) explicação dos valores das constantes de velocidade em termos das estruturas e da dinâmica das espécies reagentes.

9.1. A velocidade das reações químicas

A *velocidade de reação* $\mathbf{v}$ é definida por:

$$\mathbf{v} \equiv \frac{d\xi}{dt} \tag{9.1}$$

onde ζ é a extensão da reação definida na Sec. 8.3. Para a equação estequiométrica geral

$$v_1 A_1 + v_2 A_2 + \cdots \longrightarrow v_1' A_1' + v_2' A_2' + \cdots, \text{ etc.}$$

tem-se

$$\mathbf{v} \equiv \frac{d\xi}{dt} = -\frac{1}{v_1}\frac{dn_1}{dt} = -\frac{1}{v_2}\frac{dn_2}{dt} = \frac{1}{v_1'}\frac{dn_1'}{dt} = \frac{1}{v_2'}\frac{dn_2'}{dt} = \cdots, \text{ etc.} \tag{9.2}$$

onde n_1 é a quantidade de reagente A_1, n_2, a do reagente A_2 e assim por diante. Se o volume V do sistema no qual ocorre a reação for independente do tempo, podemos exprimir, de um modo conveniente, a velocidade de reação em termos de concentrações $c_j = n_j/V$. Assim,

$$\mathbf{v} \equiv \frac{d\xi}{dt} = -\frac{V}{v_1}\frac{dc_1}{dt} = -\frac{V}{v_2}\frac{dc_2}{dt} = \frac{V}{v_1'}\frac{dc_1'}{dt} = \frac{V}{v_2'}\frac{dc_2'}{dt} = \cdots, \text{ etc.} \tag{9.3}$$

[1]*Thirteen Books of Natural Philosophy* (Londres: Peter Cole, 1660)

296 FÍSICO-QUÍMICA

Em sistemas de volume constante, a velocidade de reação por unidade de volume, v/V é, de um modo geral, conhecida simplesmente como a *velocidade de reação*.

Observações qualitativas de velocidades de reações químicas foram feitas por escritores antigos em metalurgia, fermentação e alquimia, mas a primeira investigação quantitativa significativa foi realizada por L. Wilhelmy, em 1850. Este pesquisador estudou a inversão da sacarose em soluções aquosas de ácidos, acompanhando a transformação com um polarímetro:

$$H_2O + C_{12}H_{22}O_{11} \longrightarrow C_6H_{12}O_6 + C_6H_{12}O_6$$

sacarose   glicose   frutose

A velocidade do decréscimo da concentração de açúcar c com o tempo t foi proporcional à concentração do açúcar não-invertido; assim:

$$-\frac{dc}{dt} = k_1 c$$

k_1 é chamada de *constante de velocidade* ou *velocidade específica* da reação[2]. Constatou-se que seu valor é proporcional à concentração do ácido. Como o ácido não aparece na equação estequiométrica da reação, está agindo como um catalisador, aumentando a velocidade de reação sem ser consumido.

Wilhelmy integrou a equação diferencial para a velocidade, obtendo

$$\ln c = -k_1 t + C$$

No tempo $t = 0$, a concentração apresenta seu calor inicial c_0, de modo que $C = \ln c_0$. Portanto, $\ln c = -k_1 t + \ln c_0$ ou

$$c = c_0 e^{-k_1 t}$$

As concentrações experimentais de sacarose seguiram muito de perto este decréscimo experimental com o tempo. Com base neste trabalho, Wilhelmy merece ser considerado o fundador da cinética química.

O importante trabalho de Guldberg e Waage, que foi publicado em 1863 (Sec. 8.1), enfatizou a natureza dinâmica do equilíbrio químico. Mais tarde, Van't Hoff igualou a constante de equilíbrio à relação entre as constantes de velocidade das reações direta e inversa, $K = k_f/k_b$.

Em 1865 e 1867, Harcourt e Esson[3] estudaram a reação entre permanganato de potássio e ácido exálico, mostrando como se calculam as constantes de velocidade para uma reação na qual a velocidade é proporcional ao produto das concentrações de dois reagentes. Estes autores também discutiram a teoria das reações consecutivas.

9.2. Métodos experimentais na cinética

A determinação experimental da velocidade de reação geralmente exige um termostato para manter o sistema em temperatura constante e um bom cronômetro para a medida do tempo. Esses dois requisitos não são difíceis de ser conseguidos. O acompanhamento da terceira variável, a saber, a concentração do reagente ou do produto, constitui a fonte da maioria das dificuldades. Não se pode iniciar e parar uma reação como se fosse uma torneira, embora uma reação que ocorre em temperaturas elevadas possa ser, com freqüência, virtualmente parada mediante o resfriamento brusco do sistema. De um modo

---

[2]As palavras *taxa* e *velocidade* (em inglês: *rate, speed, velocity*) são sinônimas em cinética, embora assim não seja na mecânica física; o termo recomendado é *velocidade de reação*

[3]A. V. Harcourt e W. Esson, *Proc. Roy. Soc.* **14**, 470 (1865); *Phil. Trans. Roy. Soc. London, Ser. A* **156**, 193 (1866); **157**, 117 (1867)

Velocidades das reações químicas

297

geral, é difícil determinar a concentração c num determinado tempo t por meio de qualquer técnica de amostragem.

O melhor método de análise é, portanto, o que é praticamente contínuo, baseando-se numa propriedade física, de modo a não necessitar a retirada de amostras sucessivas da mistura reagente. O uso da rotação óptica feito por Wilhelmy é um desses casos. Outros métodos físicos incluem:

1. Espectros de absorção e análise colorimétrica.
2. Medida da constante dielétrica[4]
3. Medida do índice de refração[5]
4. Métodos dilatométricos baseados na variação de volume devido à reação.
5. Variação de pressão em algumas reações em fase gasosa.

O simples acompanhamento da variação da pressão sem uma análise concomitante dos produtos da reação pode conduzir a resultados decepcionantes. Por exemplo, a decomposição de etano de acordo com $C_2H_6 \longrightarrow C_2H_4 + H_2$ ocorre com variação da pressão, mas na realidade uma certa quantidade de metano, CH_4, se encontra incluída nos produtos da reação.

Sistemas de escoamento são freqüentemente usados no estudo de reações rápidas, como é discutido na Sec. 9.16. Quando se deseja iniciar a medida da reação nas proximidades de um dado conjunto de condições iniciais, freqüentemente não é possível o uso do método do escoamento. Nestes casos, o *método do escoamento interrompido* (*stopped flow method*) pode ser utilizado. Este método foi largamente aplicado a reações em solução, especialmente reações enzimáticas, nas quais apresenta a vantagem adicional da economia de materiais. Um exemplo de um aparelho de escoamento interrompido para uma reação em fase gasosa é mostrado na Fig. 9.1(a). Foi projetado para o estudo da reação $2NO_2 +$ $+ O_3 \longrightarrow N_2O_5 + O_2$ em condições em que a reação se completa dentro de 0,1 s. Uma corrente de $O_2 + NO_2$ foi misturada com uma corrente de $O_3 + O_2$ numa câmara por meio de jatos tangenciais. Após a mistura, que se completou em 0,01 s, uma porta de aço operada magneticamente separou uma parte da mistura gasosa. O desaparecimento de NO_2, que é marrom, foi seguido pela mudança da intensidade de um feixe de luz transmitida. O feixe foi interrompido 300 vezes por segundo mediante um setor de disco rotativo e os pulsos assim formados eram dirigidos a uma válvula fotomultiplicadora, cujo sinal de saída se encontrava ligado a um osciloscópio. As pulsações na tela do osciloscópio foram fotografadas, a altura de cada pico fornecendo a concentração do NO_2 em intervalos de $1/300$ s.

Uma célula de escoamento interrompido projetada para reações em solução é mostrada nas Figs. 9.1. (b) e 9.1 (c). A aplicação de tal equipamento a reações muito rápidas é limitada pelo tempo necessário para encher a célula de observação com a mistura dos reagentes e pela "perturbação da interrupção" quando as portas são fechadas. Estes dois tempos não podem ser minimizados simultaneamente, pois, quanto maiores forem as velocidades de entrada dos reagentes, maior será a perturbação quando se isola a célula. A Fig. 9.1(d) apresenta dados típicos obtidos com o uso de uma célula como a mostrada na Fig. 9.1(c).

Para reações mais rápidas que as situadas no intervalo de milissegundos, existem vários *métodos de relaxação*, que serão discutidos na Sec. 9.17. Esses métodos evitam inteiramente o problema da mistura inicial ao começarem as observações após uma brusca perturbação inicial (por exemplo, na temperatura ou no campo elétrico) do estado estacionário existente ou da condição de equilíbrio presente.

[4]T. G. Majury e H. W. Melville, *Proc. Roy. Soc. London, Ser. A* **205**, 496 (1951)
[5]N. Grassie e H. W. Melville, *Proc. Roy. Soc. London, Ser. A* **207**, 285 (1951)

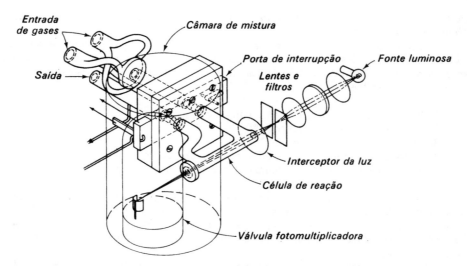

Figura 9.1(a) Aparelho de Johnston e Yost para o estudo de uma reação gasosa rápida: projeção isométrica da câmara de mistura, porta de interrupção e célula de reação de 2 mm de diâmetro, acompanhada do desenho esquemático da fonte luminosa, filtros e lentes [*J. Chem. Phys.* **17**, 386 (1949)]

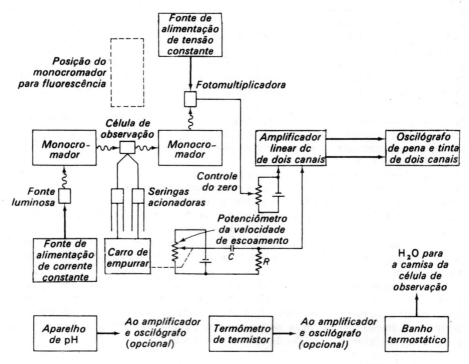

Figura 9.1(b) Diagrama de bloco de um aparelho de escoamento interrompido usado no estudo de reações rápidas em solução

Velocidades das reações químicas

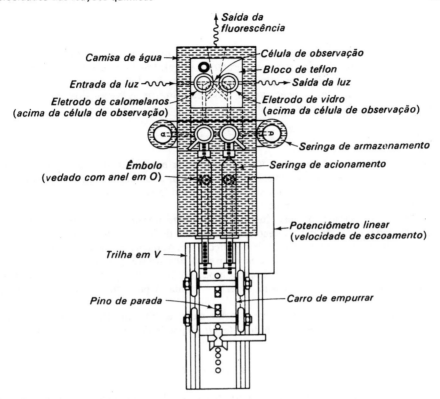

Figura 9.1(c) Representação esquemática (planta) do conjunto de manejo do fluido no aparelho de escoamento interrompido mostrado na Fig. 9.1 (b)

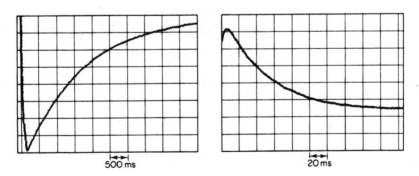

Figura 9.1(d) Um registro do osciloscópio de uma reação transitória obtido com o método do escoamento interrompido. Variações transitórias na absorção de um substrato cromofórico (furilacrilomida) na reação do éster metílico de N[β (2-furil) acriloíla]-L-triptofano com um excesso molar de α-quimiotripsina; pH = 5,30, 330 nm. (a) Com uma velocidade de varredura de 500 ms por divisão. (b) A mesma reação com uma velocidade de varredura de 20 ms por divisão. O intervalo de tempo entre a mistura e a observação é da ordem de alguns milissegundos e o tempo de resolução subseqüente é da ordem de 0,1 ms

300 FÍSICO-QUÍMICA

9.3. Ordem de uma reação

Os dados experimentais da cinética química são registros de concentrações de reagentes e produtos em diversos tempos, mantendo-se geralmente constante a temperatura durante toda a experiência. Por outro lado, as expressões teóricas para as velocidades de reação em função das concentrações dos reagentes, e às vezes dos produtos, são equações diferenciais da forma geral

$$\frac{dc_1}{dt} = f(c_1, c_2, \cdots, c_n)$$

onde c_1 é a concentração de um produto ou reagente particular que está sendo seguida para medir a velocidade da reação. Antes de comparar a teoria com a experiência, é necessário ou integrar a lei de velocidade teórica ou diferenciar a curva experimental da concentração em função do tempo.

As leis de velocidade ou leis cinéticas apresentam importância prática porque fornecem expressões concisas para o decorrer da reação e podem ser aplicadas para o cálculo de tempos de reação, rendimentos e condições econômicas ótimas. Também, as leis freqüentemente permitem esclarecer o *mecanismo*[6] através do qual a reação se processa. Em escala molecular, o curso de uma reação pode ser complexo, porém, às vezes, a forma da lei de velocidade empírica poderá sugerir o caminho particular pelo qual a reação ocorre.

Em muitos casos, verifica-se que a velocidade, escrita em termos do decréscimo da concentração do reagente A segundo $-dc_A/dt$, depende do produto de termos de concentração; assim,

$$-\frac{dc_A}{dt} = k' c_A^a c_B^b \cdots c_N^n$$

A *ordem* de reação é então definida como a soma dos expoentes dos termos de concentração que aparecem nesta lei de velocidade. Por exemplo, verificou-se que a decomposição de pentóxido de nitrogênio, $2N_2O_5 \rightarrow 4NO_2 + O_2$, segue a lei

$$\frac{-d[N_2O_5]}{dt} = k_1[N_2O_5]$$

onde os colchetes indicam concentrações. Esta reação é, pois, uma *reação de primeira ordem*. A decomposição do dióxido de nitrogênio, $2NO_2 \rightarrow 2NO + O_2$, segue a lei

$$\frac{-d[NO_2]}{dt} = k_2[NO_2]^2$$

Esta é uma *reação de segunda ordem*. A velocidade da reação, em solução de benzeno, entre a trietilamina e o brometo de etila,

$$(C_2H_5)_3N + C_2H_5Br \longrightarrow (C_2H_5)_4NBr$$

segue a equação

$$\frac{-d[C_2H_5Br]}{dt} = k_2[C_2H_5Br][(C_2H_5)_3N]$$

indicando que se trata também de uma reação de segunda ordem. Diz-se que esta reação é de *primeira ordem com respeito ao* C_2H_5Br, de *primeira ordem com respeito a* $(C_2H_5)_3N$ e, globalmente, de *segunda ordem*. A decomposição de acetaldeído, $CH_3CHO \rightarrow CH_4 + CO$,

---

[6]A palavra *quimismo* parece ser preferível, mas não é muito empregada em português, o mesmo ocorrendo com a palavra *chemism* em inglês. Por outro lado, em alemão, *Chemismus* é freqüentemente usado

em fase gasosa a 720 K se ajusta à expressão de velocidade:

$$\frac{-d[CH_3CHO]}{dt} = k'[CH_3CHO]^{3/2}$$

Esta reação é de *ordem três meios*.

A ordem de uma reação não necessita ser com número inteiro, podendo ser nula ou fracionária. É determinada unicamente pelo melhor ajuste ou concordância da equação de velocidade com os dados experimentais. É importante ter em mente que não existe uma conexão *necessária* entre a forma da equação estequiométrica da reação e a ordem cinética. Assim, as decomposições de N_2O_5 e de NO_2 apresentam equações estequiométricas de forma idêntica, embora uma seja de primeira ordem e a outra, de segunda.

As unidades da constante da velocidade dependem da ordem de reação. Para reações de primeira ordem, $-dc/dt = k_1 c$, de modo que a unidade usual de k_1 será $(mol \cdot dm^{-3} \cdot s^{-1})/(mol \cdot dm^{-3}) = s^{-1}$. Para a reação de segunda ordem, $-dc/dt = k_2 c^2$, sendo pois a unidade de k_2 $(mol \cdot dm^{-3} \cdot s^{-1})/(mol \cdot dm^{-3})^2 = mol^{-1} \cdot dm^3 \cdot s^{-1}$. De um modo geral, para uma reação de ordem n, as dimensões da constante k_n são $(tempo)^{-1}$ $(concentração)^{1-n}$.

9.4. Molecularidade de uma reação

Muitas reações químicas não são cineticamente simples mas se processam através de um certo número de passos ou estágios entre os reagentes iniciais e os produtos finais. Cada um dos estágios individuais é chamado *reação elementar*. Reações complexas são então constituídas de uma seqüência de reações elementares, cada uma delas ocorrendo num único estágio.

Na literatura antiga, os termos *unimolecular*, *bimolecular* e *trimolecular* foram usados para designar reações de primeira, segunda e terceira ordens. Hoje, reservamos o conceito de molecularidade de uma reação para indicar o mecanismo molecular pelo qual a mesma se realiza. Por exemplo, estudos cuidadosos feitos com a reação

$$NO + O_3 \longrightarrow NO_2 + O_2$$

mostraram que, quando uma molécula de NO colide com uma molécula de O_3 com suficiente energia cinética, a primeira pode capturar um átomo de O, completando-se, assim, a reação. Esta reação elementar envolve duas moléculas, sendo por isso chamada *reação bimolecular*.

Mais tarde, será mostrado que antes de se realizar uma reação química é necessário que a molécula ou as moléculas sejam levadas a um estado de energia potencial mais elevada. Diz-se então que essas moléculas estão *ativadas* ou que formam um *complexo ativado*. Este processo de ativação é apresentado de forma esquemática na Fig. 9.2. Nesta

Figura 9.2 Barreira de energia vencida por um sistema numa reação química

302

FÍSICO-QUÍMICA

figura, ambos os reagentes e os produtos se encontram em seus mínimos estáveis de energia potencial e o complexo ativado é o estado no topo da barreira de energia potencial.

A molecularidade de uma reação pode ser definida como o número de moléculas[7] de reagentes que são usadas para formar o complexo ativado. No caso do exemplo precedente, o complexo é formado a partir de duas moléculas, $NO + O_3$, e a reação é bimolecular. Está claro que a molecularidade de uma reação deve ser sempre um número inteiro e, de fato, encontrou-se que é igual a um, dois ou, raramente, três.

As medidas experimentais mostraram que a velocidade da reação de NO com O_3 é dada por

$$\frac{-d[NO]}{dt} = k_2[NO][O_3]$$

Esta reação é, portanto, de segunda ordem. Todas as reações bimoleculares são de segunda ordem, mas a recíproca não é verdadeira, pois algumas reações de segunda ordem não são bimoleculares.

Um bom exemplo de uma reação unimolecular é a desintegração radiativa, como, por exemplo, $Ra \rightarrow Rn + \alpha$. Em cada desintegração está envolvido apenas um átomo e a reação é unimolecular. Além disso, obedece a uma lei de primeira ordem, $-dC_{Ra}/dt = k_1 C_{Ra}$, onde C_{Ra} é a concentração numérica de átomos de rádio presentes num instante qualquer.

O exemplo apresentado é uma reação nuclear e não uma reação química. Reações químicas unimoleculares ou são isomerizações ou são decomposições. A isomerização de ciclopropano a propeno constitui um dos protótipos mais estudados de reações unimoleculares:

$$\underset{CH_2-CH_2}{\overset{CH_2}{\triangle}} \longrightarrow CH_3-CH=CH_2$$

Muitas reações de decomposição apresentam mecanismos complexos, mas é possível isolar alguns estágios que parecem ser unimoleculares. Um exemplo é a dissociação do etano em dois radicais metila, $C_2H_6 \rightarrow 2CH_3$.

O conceito de molecularidade deve ser aplicado apenas a reações elementares individuais. Se a reação ocorre através de vários estágios, não podemos falar de sua moleculadidade, porque um estágio pode envolver duas moléculas, outro três e assim por diante. Sob o risco da repetição, convém lembrar que *ordem de reação* se aplica à equação de velocidade experimental e que *molecularidade* se aplica ao mecanismo teórico.

9.5. Mecanismo de reação

Existem dois significados de uso comum para o termo *mecanismo de reação*. Num sentido, *mecanismo de reação* significa a seqüência particular de reações elementares conduzindo à transformação química global, cuja cinética está sendo estudada. Num segundo sentido, *mecanismo de reação* significa a análise detalhada de como as ligações químicas (ou os núcleos e elétrons) nos reagentes se rearranjam para formar o complexo ativado. Por ora, entenderemos que o mecanismo de uma reação estará estabelecido quando tivermos encontrado uma seqüência de reações elementares que explica o comportamento cinético observado. Admitimos que cada uma dessas equações elementares apresenta por si mesma um *mecanismo* definitivo; todavia, a teoria ainda não é capaz de elucidar esse detalhe mais refinado.

---

[7]O termo *molécula* é usado em seu sentido geral de modo a incluir também reagentes atômicos

Velocidades das reações químicas

303

Consideramos, por exemplo, a reação em fase gasosa,

$$2O_3 \longrightarrow 3O_2$$

Não podemos prever a lei cinética a que esta reação obedece olhando apenas para sua equação estequiométrica. Se fosse uma reação elementar bimolecular, seguiria a lei de velocidade.

$$\frac{-d[O_3]}{dt} = k_2[O_3]^2$$

(Esta lei de velocidade é uma condição necessária, mas não suficiente para que a reação seja bimolecular.) Na realidade, a experiência mostra que a lei de velocidade é

$$\frac{-d[O_3]}{dt} = \frac{k_a[O_3]^2}{[O_2]}$$

Com esta informação podemos sugerir um mecanismo razoável, a saber:

$$O_3 \underset{k_{-1}}{\overset{k_1}{\rightleftarrows}} O_2 + O$$

$$O + O_3 \overset{k_2}{\longrightarrow} 2O_2$$

A dissociação reversível é admitida ser rápida, conduzindo a uma concentração de equilíbrio dos átomos de oxigênio, dado por

$$[O] = \frac{K[O_3]}{[O_2]}$$

onde $K = k_1/k_{-1}$. Então, o segundo passo, mais lento, fornece a velocidade resultante da decomposição de O_3,

$$\frac{-d[O_3]}{dt} = k_2[O][O_3] = \frac{k_2 K[O_3]^2}{[O_2]}$$

Desta maneira, o mecanismo sugerido conduz à lei de velocidade observada. Esta concordância não prova que o mecanismo está correto. É uma condição necessária, mas não suficiente, para que seja correto.

Um cético poderia argumentar que a condição suficiente nunca será obtida em uma matéria experimental como a cinética química; por isso devemos nos satisfazer com uma condição razoavelmente suficiente, baseada no peso da evidência. (Um problema cinético, como um crime, exige uma prova além da "dúvida razoável" e não uma prova matemática.) Uma vez encontrado um mecanismo que forneça a cinética observada, ele pode ser verificado de várias maneiras. Poder-se-ia, por exemplo, medir independentemente as velocidades de reação individuais e as constantes de equilíbrio envolvidas para verificar se a relação prevista é, de fato, confirmada. Na decomposição do ozônio, por exemplo,

$$k_a = k_2 K$$

de modo que poderemos medir ou calcular K e medir k_2 mediante a introdução de átomos de oxigênio, de concentração conhecida, no ozônio.

A prova de um mecanismo não é uma tarefa fácil. Assim, existem muitas reações cujas cinéticas são bem conhecidas; existem algumas para as quais mecanismos razoáveis têm sido propostos; todavia, existem apenas poucas razões para as quais os mecanismos têm sido provados além da dúvida razoável.

304 FÍSICO-QUÍMICA

9.6. Equações de velocidade de primeira ordem

Consideramos a reação $A \to B + C$. Seja a mol·dm^{-3} a concentração inicial de A. Se, após o intervalo de tempo t, x mol·dm^{-3} de A foram decompostos, a concentração de A que permanece no tempo t é $a - x$ e se formaram x mol·dm^{-3} de B ou C. A velocidade de formação de B ou C é, portanto, dx/dt. Para uma reação de primeira ordem, esta velocidade é proporcional à concentração instantânea de A, de modo que

$$\frac{dx}{dt} = k_1(a - x) \tag{9.4}$$

Separando as variáveis e integrando, obtemos

$$-\ln(a - x) = k_1 t + C$$

onde C é a constante de integração. A condição inicial usual é que $x = 0$ em $t = 0$, de modo que $C = -\ln a$ e a equação integrada se tornam

$$\ln \frac{a}{a - x} = k_1 t \tag{9.5}$$

ou

$$x = a(1 - e^{-k_1 t})$$

Se $\ln[a/(a - x)]$ for colocado num gráfico em função de t, obter-se-á uma reta passando pela origem, cujo coeficiente angular é a constante de velocidade de primeira ordem k_1.

Se a Eq. (9.4) for integrada entre os limites x_1 a x_2 e t_1 a t_2, o resultado será o seguinte

$$\ln \frac{a - x_1}{a - x_2} = k_1(t_2 - t_1)$$

Esta fórmula relativa a intervalos pode ser usada para calcular a constante de velocidade a partir de qualquer par de medidas de concentração.

As aplicações dessas equações à decomposição de primeira ordem de N_2O_5 gasoso são apresentadas na Tab. 9.1 e Fig. 9.3[8].

Outra verificação de uma reação de primeira ordem é obtida por meio de seu *período de meia-vida* τ, que é o tempo necessário para reduzir a concentração de A à metade de seu valor inicial. Na Fig. 9.5, quando $x = a/2$, $t = \tau$ e

$$\tau = \frac{\ln 2}{k_1} \tag{9.6}$$

Tabela 9.1 Decomposição do pentóxido de nitrogênio (T = 318,2 K)

Tempo, t (s)	$P_{N_2O_5}$ (torr)	k_1 (s^{-1})	Tempo, t (s)	$P_{N_2O_5}$ (torr)	k_1 (s^{-1})
0	348,4		4 200	44	0,000478
600	247		4 800	33	0,000475
1 200	185	0,000481	5 400	24	0,000501
1 800	140	0,000462	6 000	18	0,000451
2 400	105	0,000478	7 200	10	0,000515
3 000	78	0,000493	8 400	5	0,000590
3 600	58	0,000484	9 600	3	0,000467
			∞	0	

[8]F. Daniels, *Chemical Kinetics* (Ithaca: Cornell University Press, 1938), p. 9

Velocidades das reações químicas

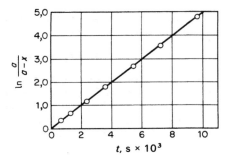

Figura 9.3 Uma reação de primeira ordem. A decomposição térmica de pentóxido de nitrogênio grafada segundo a Eq. (9.5)

Portanto, o período de meia-vida de uma reação de primeira ordem é independente da concentração inicial do reagente. Numa reação de primeira ordem, levaria assim o mesmo tempo para reduzir a concentração de 0,1 mol·dm^{-3} a 0,05 ou de 10 mol·dm^{-3} a 5.

9.7. Equações de velocidade de segunda ordem

Consideremos uma reação escrita sob a forma $A + B \rightarrow C + D$. Sejam as concentrações iniciais em $t = 0$ de A e B, respectivamente, a mol·dm^{-3} e b mol·dm^{-3}. Após um tempo t, x mol·dm^{-3} de A e B reagiram formando x mol·dm^{-3} de C e D. No caso de a reação seguir uma lei de velocidade de segunda ordem, temos

$$\frac{dx}{dt} = k_2(a - x)(b - x) \qquad (9.7)$$

Separando as variáveis, resulta:

$$\frac{dx}{(a - x)(b - x)} = k_2 \, dt$$

O primeiro membro desta equação é integrado pela decomposição em frações parciais[9]. A integração fornece

$$\frac{\ln(a - x) - \ln(b - x)}{a - b} = k_2 t + C$$

Quando $t = 0$, $x = 0$, de modo que $C = \ln(a/b)/(a-b)$. Portanto, a equação integrada da lei de velocidade de segunda ordem é

$$\frac{1}{a - b} \ln \frac{b(a - x)}{a(b - x)} = k_2 t \qquad (9.8)$$

[9]Seja

$$\frac{1}{(a - x)(b - x)} = \frac{A}{(a - x)} + \frac{B}{(b - x)} = \frac{A(b - x) + B(a - x)}{(a - x)(b - x)}$$

Então

$$(bA + aB) - (A + B)x = 1$$

e

$$bA + aB = 1 \qquad \longrightarrow \qquad A = \frac{-1}{(a - b)}$$
$$A + B = 0 \qquad\qquad\qquad B = \frac{1}{(a - b)}$$

Uma reação que se constatou ser de segunda ordem é a reação entre brometo de etileno e iodeto de potássio em metanol a 99%,

$$C_2H_4Br_2 + 3KI \longrightarrow C_2H_4 + 2KBr + KI_3$$

Convém notar que, neste caso, a equação estequiométrica não apresenta qualquer relação simples com a ordem de reação. Experimentalmente, ampolas seladas contendo a mistura reagente foram mantidas num termostato. Em intervalos de 2 ou 3 min, retirava-se uma ampola e se analisava o teor de iodo $I_2 (= KI_3)$ de seu conteúdo por meio de titulação com tiossulfato. A lei de velocidade de segunda ordem encontrada foi

$$\frac{d[I_2]}{dt} = \frac{dx}{dt} = k_2[C_2H_4Br_2][KI] = k_2(a-x)(b-3x)$$

sendo a equação integrada[10]

$$\frac{1}{3a-b} \ln \frac{b(a-x)}{a(b-3x)} = k_2 t$$

A Fig. 9.4 representa o gráfico do primeiro membro desta equação em função do tempo. A excelente linearidade confirma a lei de segunda ordem e o coeficiente angular da reta é a constante de velocidade cujo valor é $k_2 = 0,299$ dm$^3 \cdot$ mol$^{-1} \cdot$ min^{-1}.

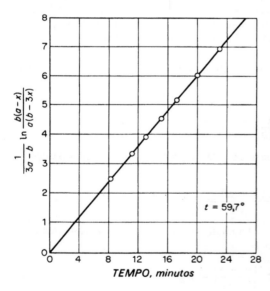

Figura 9.4 A reação de segunda ordem $C_2H_4Br_2 + 3KI \longrightarrow C_2H_4 + 2KBr + KI_3$ [De R. T. Dillon, *J. Am. Chem. Soc.* **54**, 952 (1932)]

Um caso especial de equação geral de segunda ordem, a Eq. (9.7) surge quando as concentrações iniciais de ambos os reagentes são iguais, $a = b$. Essa condição pode ser arranjada propositadamente em qualquer caso, sendo necessariamente verdadeira sempre que apenas um reagente se encontre envolvido na reação de segunda ordem. Um exemplo é a decomposição de ácido iodídrico gasoso, $2HI \rightarrow H_2 + I_2$, a qual segue a lei de velocidade

$$-d[HI]/dt = k_2[HI]^2$$

---

[10]Notar que podemos exprimir todas as concentrações em equivalentes por unidade de volume e usar sempre a Eq. (9.8)

Nesses casos, a equação integrada, Eq. (9.8), não pode ser aplicada pois, quando $a = b$, se reduz à indeterminação $k_2 t = 0/0$. Então, é melhor voltar à equação diferencial, que se torna

$$\frac{dx}{dt} = k_2(a - x)^2$$

e cuja integração fornece diretamente:

$$\frac{1}{(a - x)} = k_2 t + C$$

Quando $t = 0$, $x = 0$, de modo que $C = a^{-1}$. A equação de velocidade integrada é, portanto,

$$\frac{x}{a(a - x)} = k_2 t \qquad (9.9)$$

O período de meia-vida de uma decomposição de segunda ordem é obtida a partir da Eq. (9.9) fazendo $x = a/2$ quando $t = \tau$, de modo que

$$\tau = \frac{1}{k_2 a} \qquad (9.10)$$

O período de meia-vida varia, portanto, inversamente com a concentração inicial.

A Fig. 9.5 mostra as curvas da concentração em função do tempo para reações de primeira e segunda ordens, as quais apresentam o mesmo período de meia-vida. A reação de segunda ordem é do tipo $2A \rightarrow$ produtos.

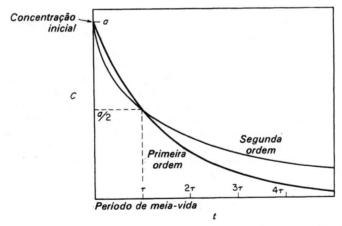

Figura 9.5 Curvas da concentração em função do tempo para reações de primeira e segunda ordens com as mesmas concentrações iniciais *a* e mesmos períodos de meia-vida τ

9.8. Equações de velocidade de terceira ordem

Em fase gasosa, as reações de terceira ordem são muito raras e todas as que foram estudadas pertencem à classe:

$$2A + B \longrightarrow \text{produtos}$$
$$a - 2x \quad b - x \qquad\quad x$$

308 FÍSICO-QUÍMICA

A equação de velocidade diferencial é, conseqüentemente, dada por

$$\frac{dx}{dt} = k_3(a - 2x)^2(b - x)$$

Esta equação pode ser integrada decompondo-a em frações parciais. Após aplicar a condição inicial $x = 0$ em $t = 0$, obtém-se o seguinte resultado

$$\frac{1}{(2b - a)^2}\left[\frac{(2b - a)2x}{a(a - 2x)} + \ln\frac{b(a - 2x)}{a(b - x)}\right] = k_3 t$$

Exemplos de reações gasosas de terceira ordem, que seguem esta lei de velocidade são

$$2NO + O_2 \longrightarrow 2NO_2$$
$$2NO + Br_2 \longrightarrow 2NOBr$$
$$2NO + Cl_2 \longrightarrow 2NOCl$$

e, em todos os casos, $-d[NO]/dt = k_3[NO]^2[X_2]$.

A recombinação de átomos em fase gasosa requer geralmente a presença de um terceiro corpo M para absorver o excesso de energia da reação exotérmica. Dessa maneira, essas reações são freqüentemente de terceira ordem, como, por exemplo,

$$Cl + Cl + M \longrightarrow Cl_2 + M \quad \text{etc.}$$
$$\frac{-d[Cl]}{dt} = k_3 [Cl]^2 [M]$$

9.9. Determinação da ordem de reação

Para reações simples de primeira e segunda ordens, não é difícil estabelecer a ordem e determinar as constantes de velocidade. Os dados experimentais são simplesmente introduzidos nas diferentes equações de velocidade integradas até se encontrar um valor constante para k. Para isso são úteis os métodos gráficos que conduzem traçados lineares.

Para as reações mais complicadas, é freqüentemente desejável adotar outros métodos para se ter, pelo menos, uma informação preliminar da cinética das mesmas. O método da *velocidade de reação inicial* fornece, com freqüência, informações valiosas, pois, numa reação suficientemente lenta, a velocidade dx/dt pode ser obtida com certa precisão antes que tenha ocorrido uma transformação química extensa. É, então, possível admitir que todas as concentrações dos reagentes ainda estejam efetivamente nos seus valores iniciais constantes. Para a reação $A + B + C \rightarrow$ produtos, com as respectivas concentrações iniciais a, b, c, a velocidade pode ser escrita, de um modo completamente geral, segundo

$$\frac{dx}{dt} = k (a - x)^{n_1} (b - x)^{n_2} (c - x)^{n_3}$$

Se x for muito pequeno, a velocidade inicial será:

$$\frac{dx}{dt} = k\, a^{n_1}\, b^{n_2}\, c^{n_3}$$

Mantendo b e c constantes, a concentração inicial a pode ser variada e a variação resultante permite a medida da velocidade inicial. Desse modo, o valor de n_1 pode ser estimado. Analogamente, mantendo a e c constantes enquanto variamos b, o valor de n_2 pode ser determinado. Finalmente, com a e b constantes, a variação de c fornece n_3. O método da velocidade inicial é especialmente útil para as reações que não devem ser deixadas progredir apreciavelmente sem que se envolvam em grandes complicações. Se a ordem de reação encontrada usando o método das velocidades iniciais for diferente da obtida

Velocidades das reações químicas 309

usando o método da equação de velocidade integrada, é provável que os produtos estejam interagindo com os reagentes iniciais.

Uma maneira sistemática de determinar a ordem de reação a respeito de cada reagente é o *método do isolamento*, introduzido por W. Ostwald. Neste método, a mistura reagente é feita de modo que um reagente particular A apresente uma concentração inicial que seja pequena em comparação com as concentrações de todos os outros reagentes. À medida que a reação progride, a variação fracionária na concentração de A será muito maior que a de qualquer outro reagente. De fato, pelo menos nos estágios iniciais da reação, as concentrações dos reagentes B, C, D etc. podem ser consideradas efetivamente constantes e em seus valores iniciais. Dentro de uma boa aproximação, a equação de velocidade toma então a forma

$$\frac{dx}{dt} = k\,(a - x)^{n_1}\, b^{n_2}\, c^{n_3} \cdots = k'\,(a - x)^{n_1}$$

Comparando os dados com as formas integradas desta equação para diversas escolhas de n_1, é possível determinar a ordem da reação com respeito ao componente A. As ordens com respeito a B, C etc. são encontradas de maneira análoga.

Uma situação semelhante à do método de isolamento freqüentemente ocorre com reação em solução quando um dos reagentes é o solvente. Por exemplo, na hidrólise de acetato de etila,

$$CH_3COOC_2H_5 + H_2O \longrightarrow CH_3COOH + C_2H_5OH$$

a concentração do éster é muito menor que a do solvente, que é a água. A reação segue uma lei de velocidade que é de primeira ordem em relação ao éster e a concentração da água efetivamente constante não aparece na equação de velocidade:

$$\frac{-d[CH_3COOC_2H_5]}{dt} = k_2\,[CH_3COOC_2H_5]\,[H_2O] = k_1\,[CH_3COOC_2H_5]$$

Esse tipo de reações é, às vezes, denominado reação de *pseudoprimeira ordem*. Um outro meio de manter constante a concentração é o uso de uma solução saturada onde sempre se encontra presente um excesso de soluto puro.

9.10. Reações reversíveis

Em muitas reações, a posição de equilíbrio, na temperatura e na pressão escolhidas para a experiência, se encontra tão deslocada para o lado dos produtos que, para todos fins práticos, se pode dizer que a reação se *completou*. Este é o caso da decomposição de N_2O_5 e da oxidação do íon-iodeto, anteriormente descritas. Existem outros casos em que ainda permanece uma concentração considerável de reagentes quando o equilíbrio é atingido. Um exemplo muito conhecido desses casos é a hidrólise do acetato de etila em solução aquosa,

$$CH_3COOC_2H_5 + H_2O \rightleftharpoons CH_3COOH + C_2H_5OH$$

Nesses exemplos, à medida que as concentrações dos produtos aumentam gradualmente, a velocidade da reação inversa se torna apreciável. Então a velocidade medida para a transformação química é conseqüentemente diminuída e, para deduzir uma equação de velocidade que se ajuste aos dados experimentais, é necessário levar em consideração a reação inversa.

Para *reações reversíveis de primeira ordem*, $A \rightleftharpoons B$, sejam k_1 e k_{-1} as constantes de velocidade de primeira ordem nos sentidos direto e inverso, respectivamente. Inicialmente, no tempo $t = 0$, a concentração de A é a e a de B é b. Se após o tempo t, a con-

310   FÍSICO-QUÍMICA

centração x de A foi transformada em B, a concentração de A será $a - x$ e a de B, $b + x$. A equação diferencial da velocidade é, portanto,

$$\frac{dx}{dt} = k_1(a - x) - k_{-1}(b + x)$$

ou

$$\frac{dx}{dt} = (k_1 + k_{-1})(m - x)$$

onde $m = (k_1 a - k_{-1} b)/(k_1 + k_{-1})$. A integração fornece:

$$-\ln(m - x) = (k_1 + k_{-1})t + C$$

Quando $t = 0$, $x = 0$, de modo que $C = -\ln m$. Então

$$\ln \frac{m}{m - x} = (k_1 + k_{-1})t \qquad (9.11)$$

De acordo com o princípio de Guldberg e Waage, a constante de equilíbrio $K = k_1/k_{-1}$. Por conseguinte, as medidas de equilíbrio podem ser combinadas com os dados de velocidade para separar as constantes direta e inversa na Eq. (9.11).

Essas reações reversíveis de primeira ordem são encontradas em alguns rearranjos intramoleculares e isomerizações[11]. A isomerização *cis-trans* de vapor de cianeto de estirila foi acompanhada pela variação do índice de refração da solução obtida por condensação.

$$C_6H_5{-}CH \atop \| \atop NC{-}CH \quad \rightleftharpoons \quad C_6H_5{-}CH \atop \| \atop CH{-}CN$$

O equilíbrio a 573 K se dá com cerca de 80% de isômero *trans*.

O caso das *reações reversíveis de segunda ordem* foi tratado pela primeira vez por Max Bodenstein em seu clássico estudo da combinação de hidrogênio e iodo[12]. A reação $H_2 + I_2 \rightarrow 2HI$ pode ser convenientemente estudada entre as temperaturas de 523 K e 773 K, porém, em temperaturas mais elevadas, o equilíbrio se encontra demasiadamente deslocado para o lado dos reagentes. Mesmo no intervalo de temperatura citado, devemos levar em conta a reação inversa para obter constantes da velocidade satisfatórias. As concentrações num tempo t serão denotadas como se segue:

$$H_2 \quad + \quad I_2 \quad \underset{k_{-2}}{\overset{k_2}{\rightleftharpoons}} \quad 2HI$$

$$a - \left(\frac{x}{2}\right) \quad b - \left(\frac{x}{2}\right) \qquad x$$

A velocidade resultante da formação de HI é, então,

$$\frac{d[HI]}{dt} = \frac{dx}{dt} = k_2\left(a - \frac{x}{2}\right)\left(b - \frac{x}{2}\right) - k_{-2}\,x^2 \qquad (9.12)$$

---

[11]G. B. Kistiakowsky, *et al.*, *J. Am. Chem. Soc.* **54**, 2 208 (1932); **56**, 638 (1934); **57**, 269 (1935); **58**, 2 428 (1936)

[12]*Z. Physik. Chem.* **13**, 56 (1894); **22**, 1 (1897); **29**, 295 (1898). O mecanismo dessas reações aparentemente simples ainda não está estabelecido e o estado atual do nosso conhecimento acerca das mesmas será discutido na Sec. 9.34

Velocidades das reações químicas

Quando a constante de equilíbrio $K = k_2/k_{-2}$ é introduzida na Eq. (9.12) e a equação resultante é integrada, resulta:

$$k_2 = \frac{2}{mt}\left[\ln\left(\frac{\frac{a+b+m}{1-4K^{-1}} - x}{\frac{a+b-m}{1-4K^{-1}} - x}\right) + \ln\left(\frac{a+b-m}{a+b+m}\right)\right](1 - 4K)^{-1}$$

onde

$$m = \sqrt{(a+b)^2 - 4ab(1 - 4K)^{-1}}$$

Desta expressão algo enorme, foram obtidos bons valores constantes, conforme mostra a Tab. 9.2 para diversas temperaturas, onde são também apresentados os respectivos valores de K e k_{-2} obtidos de experiências separadas[13].

Tabela 9.2 Constantes de velocidade para a reação $H_2 + I_2 \rightleftharpoons 2HI$

T (K)	$cm^3 \cdot mol^{-1} \cdot s^{-1}$		$K = k_2/k_{-2}$
	k_2	k_{-2}	
300	$2,04 \times 10^{-16}$	$2,24 \times 10^{-19}$	912
400	$6,61 \times 10^{-9}$	$2,46 \times 10^{-11}$	371
500	$2,14 \times 10^{-4}$	$1,66 \times 10^{-6}$	129
600	$2,14 \times 10^{-1}$	$2,75 \times 10^{-3}$	77,8
700	$3,02 \times 10^{1}$	$5,50 \times 10^{-1}$	54,9

9.11. Princípio do balanceamento detalhado

Quando um sistema químico atinge o equilíbrio, a velocidade da reação direta é igual à da reação inversa. Por exemplo, se ocorrer a interconversão de A e C por meio de um processo reversível de primeira ordem,

$$A \underset{k_{-1}}{\overset{k_1}{\rightleftharpoons}} C$$

no equilíbrio temos

$$\frac{d[A]}{dt} = 0 = -k_1[A] + k_{-1}[C]$$

Suponhamos, todavia, que exista um outro caminho de reação (ou mecanismo) de A para C pelo intermediário B:

$$\begin{array}{ccc} & B & \\ k_2 \nearrow & & \searrow k_3 \\ A & \xleftarrow{\quad} & C \\ & k_{-1} & \end{array}$$

É possível manter o equilíbrio entre A e C permitindo que A passe a C pelo intermediário B, mas que C volte diretamente de A? Podemos manter certamente uma concentração constante de A neste processo cíclico:

$$\frac{d[A]}{dt} = 0 = -k_2[A] + k_{-1}[C]$$

[13] A. F. Trotman-Dickenson e G. S. Milne, *Tables of Bimolecular Gas Reactions* (NSRDS-NBS 9) (Washington: U.S. Government Printing Office, 1967)

312 FÍSICO-QUÍMICA

Todavia, este balanceamento cíclico de velocidades de reação é rigorosamente proibido pelo princípio geral de mecânica estatística chamado *princípio de balanceamento detalhado*, que pode ser enunciado do seguinte modo: quando se atinge o equilíbrio num sistema reagente, qualquer reação química particular e o inverso exato desta reação deverão, em média, ocorrer com a mesma velocidade.

O princípio do balanceamento detalhado é uma conseqüência, para sistemas em larga escala, do *princípio da reversibilidade microscópica*[14], que se aplica na escala de processos moleculares individuais. Consideremos um processo de colisão perfeitamente geral entre duas moléculas. Os estados dessas moléculas serão definidos pelas coordenadas e quantidades de movimento de todos seus átomos. Suponhamos agora que os sentidos de todas as quantidades de movimento sejam invertidas para fornecer um segundo processo de colisão, que pode ser denominado o *inverso* do primeiro. No equilíbrio, a probabilidade da existência de qualquer configuração particular de moléculas depende apenas de energia da configuração e esta não é alterada pela simples inversão dos sentidos dos vetores de quantidade de movimento. Portanto, a probabilidade da colisão inversa é idêntica à probabilidade da colisão direta original. Este resultado é um exemplo de princípio da reversibilidade microscópica. Se estendermos esse argumento a todas as possíveis colisões diretas e inversas no sistema reagente, podemos assim estabelecer o princípio do balanceamento detalhado.

Por exemplo, na reação

$$H_2 + I_2 \rightleftharpoons 2HI$$

na temperatura de 663 K, verificou-se que cerca de 10% da velocidade da reação direta no equilíbrio procedem através de um mecanismo de cadeia:

$$I_2 \rightleftharpoons 2I$$
$$I + H_2 \longrightarrow HI + H$$
$$H + I_2 \longrightarrow HI + I$$
$$H + I \longrightarrow HI$$

A partir do princípio de balanceamento detalhado, podemos concluir que 10% da reação inversa devem proceder no equilíbrio através do inverso desse mecanismo em cadeia.

A aplicação do princípio de balanceamento detalhado a reações em equilíbrio é rigorosamente válida. Todavia, é necessário tomar cuidado em aplicá-lo a reações que não se encontrem em equilíbrio[15]. Então, cada caso deve ser analisado em detalhes para se decidir se é provável ou possível que não ocorram variações no mecanismo, à medida que as condições da reação se afastam das presentes na mistura de equilíbrio. Nessas circunstâncias, o princípio do balanceamento detalhado pode ser um guia qualitativo para as espécies de reações que devem ser consideradas no mecanismo do processo inverso, quando o mecanismo de reação direta já foi estabelecido.

9.12. Constantes de velocidade e constantes de equilíbrio

Consideremos uma reação geral numa temperatura constante,

$$aA + bB \rightleftharpoons cC + dD$$

---

[14]R. C. Tolman, *Principles of Statistical Mechanics* (Oxford: Oxford University Press. 1938), p. 163. O princípio de reversibilidade microscópica pode ser deduzido a partir da forma matemática necessária das expressões quantomecânicas para probabilidade de transição

[15]R. M. Krupka, H. Kaplan e K. J. Laidler, *Trans. Faraday Soc.* **62**, 2 755 (1966)

Velocidades das reações químicas

Excetuados os efeitos devidos à não-idealidade da solução, podemos sempre escrever uma constante de equilíbrio para a reação em questão na forma:

$$K_c = \frac{C^c D^d}{A^a B^b}$$

ou

$$\frac{A^a B^b}{C^c D^d} K_c = 1 \qquad (9.13)$$

onde, por razões de simplicidade, na notação subseqüente escrevemos C, D, A, B como as *concentrações de equilíbrio* das espécies reagentes. No equilíbrio, as velocidades das reações direta e inversa devem ser iguais, $v_f = v_r$. Essas velocidades serão certas funções da concentração, de modo que

$$\frac{v_f(A, B, C, D)}{v_r(A, B, C, D)} = 1 \qquad (9.14)$$

Para que ambas as Eqs. (9.13) e (9.14) sejam satisfeitas, uma condição suficiente[16] é que

$$\frac{v_f(A, B, C, D)}{v_r(A, B, C, D)} = \left[\frac{A^a B^b}{C^c D^d} K_c\right]^s \qquad (9.15)$$

onde s é uma constante real qualquer.

Em muitos casos, verifica-se que s é igual a $+1$ ou a um número inteiro pequeno, de modo que se pode obter uma relação simples entre as velocidades e a expressão de equilíbrio. Quando as velocidades são proporcionais aos produtos de termos de concentrações elevadas a potências inteiras e pequenas, a Eq. (9.15) se torna

$$\frac{k_f A^{n_1} B^{n_2} C^{n_3} D^{n_4}}{k_b A^{n'_1} B^{n'_2} C^{n'_3} D^{n'_4}} = \left[\frac{A^a B^b}{C^c D^d} K_c\right]^s \qquad (9.16)$$

de modo que

$$n_1 - n'_1 = as, \qquad n_2 - n'_2 = bs \qquad \text{etc.}$$

e

$$\frac{k_f}{k_b} = K_c^s \qquad (9.17)$$

Estas regras são freqüentemente usadas para determinar a constante de velocidade k_b da reação inversa a partir dos valores de k_f e K_c. Por exemplo,

$$2NO(g) + O_2(g) \rightleftharpoons 2NO_2(g)$$

$$K_c = \frac{[NO_2]^2}{[NO]^2[O_2]}$$

A velocidade[17] da reação inversa foi encontrada ser igual a

$$\frac{-d[NO_2]}{dt} = k_r [NO_2]^2$$

[16] A Eq. (9.14) não é uma condição necessária, e soluções mais complicadas podem ocorrer. Ver A. Hollingsworth, *J. Chem. Phys.* **20**, 921 (1952)

[17] O volume constante V não foi explicitamente incluído nessas "velocidades de reação" (Sec. 9.1)

314 FÍSICO-QUÍMICA

Portanto, da Eq. (9.16),

$$\left[\frac{[NO]^2[O_2]}{[NO_2]^2}K_c\right]^s = \frac{k_f[NO]^{n_1}[O_2]^{n_2}[NO_2]^{n_3}}{k_r[NO_2]^2}$$

$$2s = n_1$$
$$s = n_2$$
$$0 = n'_3, n'_1, n'_2$$
$$2s = n'_3 = 2$$

(9.18)

Então, $s = 1$ e $n_1 = 2$; $n_2 = 1$, de modo que a velocidade de reação direta no equilíbrio deva ser dada por

$$v_f = k_f[NO]^2[O_2] \quad e \quad K = \frac{k_f}{k_r}$$

resultados que foram verificados experimentalmente.

Todavia, devemos enfatizar de novo que essas relações foram deduzidas para reações em equilíbrio e que as mesmas devem ser usadas com cautela para reações não em equilíbrio. Consideremos, por exemplo, a seqüência de reações[18]

$$A \underset{k_{-1}}{\overset{k_1}{\rightleftharpoons}} B \underset{k_{-2}}{\overset{k_2}{\rightleftharpoons}} C$$

No equilíbrio

$$\frac{[C]}{[A]} = \frac{k_1 k_2}{k_{-1} k_{-2}} = K$$

Se medirmos o consumo de A nos estágios iniciais e reação, obteríamos simplesmente:

$$\frac{-d[A]}{dt} = k_1[A]$$

Analogamente, a velocidade inicial de consumo de C seria $k_{-2}[C]$. Está claro que é errôneo deduzir, a partir da Eq. (9.17) e de k_1, que $k_{-2} = K/k_1$. Podemos mostrar que no equilíbrio

$$v_f = \frac{k_1 k_2}{k_{-1} + k_2}[A]$$

$$v_r = \frac{k_{-1} k_{-2}}{k_{-1} + k_2}[C]$$

A relação destas duas constantes de velocidade compostas é $k_1 k_2 / k_{-1} k_{-2} = K$, como deve ser no equilíbrio.

9.13. Reações consecutivas

Ocorre freqüentemente que o produto de uma reação se torna o próprio reagente da reação seguinte. Pode existir uma série de estágios consecutivos. Apenas nos casos mais simples foi possível obterem-se soluções analíticas para as equações diferenciais das velocidades desses sistemas reagentes. São especialmente importantes em processos de polimerização e despolimerização. Com os modernos computadores, qualquer um desses esquemas de reação em seqüência pode ser integrado numericamente para os parâmetros e tempos que interessam.

[18]Este exemplo é discutido por K. J. Laidler em *Chemical Kinetics* (New York: McGraw-Hill Book Company, 1965), p. 329

Velocidades das reações químicas

Um esquema simples de reações consecutivas, que pode ser tratado com exatidão, é o que envolve apenas etapas irreversíveis de primeira ordem. O caso geral de n estágios tem sido resolvido[19], mas discutiremos aqui apenas o exemplo de duas etapas, que podem ser escritas como

$$A \xrightarrow{k_1} B \xrightarrow{k'_1} C$$
$$x \qquad y \qquad z$$

As equações diferenciais simultâneas são:

$$-\frac{dx}{dt} = k_1 x, \qquad -\frac{dy}{dt} = -k_1 x + k'_1 y, \qquad \frac{dz}{dt} = k'_1 y$$

A primeira equação pode ser integrada diretamente, dando $-\ln x = k_1 t + C$. Quando $t = 0$, seja $x = a$, a concentração inicial de A. Então, $C = -\ln a$ e $x = a\, e^{-k_1 t}$. A concentração de A diminui exponencialmente com o tempo, como em qualquer reação de primeira ordem.

A substituição do valor encontrado para x na segunda equação fornece:

$$\frac{dy}{dt} = -k'_1 y + k_1 a\, e^{-k_1 t}$$

que é uma equação diferencial de primeira ordem, cuja solução[20] é

$$y = e^{-k'_1 t} \left[\frac{k_1 a\, e^{(k'_1 - k_1)t}}{k'_1 - k_1} + C \right]$$

Quando $t = 0$, $y = 0$ de modo que $C = -k_1 a/(k'_1 - k_1)$.

Temos agora as expressões para x e y. Na seqüência da reação não há variação no número total de moléculas já que todas as vezes que um A desaparece, aparece um B, e todas as vezes que desaparece um B, surge um C. Assim, $x + y + z = a$ e z pode ser calculado, dando

$$z = a\left(1 - \frac{k'_1\, e^{-k_1 t}}{k'_1 - k_1} + \frac{k_1\, e^{-k'_1 t}}{k'_1 - k_1} \right) \qquad (9.19)$$

Na Fig. 9.6, as concentrações x, y, z são colocadas num gráfico em função do tempo para o caso de $k_1 = 2k'_1$. A concentração intermediária y aumenta até um máximo e depois diminui assintoticamente a zero, enquanto que o produto final aumenta gradualmente até o valor a.

Esta seqüência da reação foi encontrada na decomposição térmica (pirólise) de acetona[21]

$$(CH_3)_2 CO \longrightarrow CH_2{=}CO + CH_4$$
$$CH_2{=}CO \longrightarrow \tfrac{1}{2}C_2 H_4 + CO$$

A concentração do intermediário, ceteno, aumenta até um máximo e então diminui no decorrer da reação. Todavia, na realidade, a decomposição é mais complexa do que implicam as simples equações consideradas.

Ao lidar com estágios consecutivos de primeira ordem, podemos aplicar o *princípio de estrangulamento*. Se um dos estágios apresentou uma *velocidade específica* muito menor

---

[19]H. Dostal, *Monatshefte für Chemie* **70**, 324 (1937). Para estágios de segunda ordem, ver P. J. Flory, *J. Am. Chem. Soc.* **62**, 1 057, 1 561, 2 255 (1940)

[20]W. A. Granville, P. F. Smith e W. R. Longley, *Elements of Calculus* (Boston: Ginn & Co., 1957), p. 380

[21]C. A. Winkler e C. N. Hinshelwood, *Proc. Roy. Soc. London, Ser. A* **149**, 340 (1935)

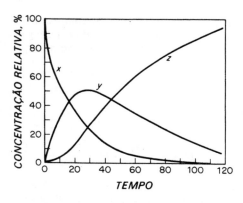

Figura 9.6 Variações de concentração em reações consecutivas de primeira ordem

que qualquer um dos demais, a velocidade global será controlada pela velocidade específica (constante de velocidade) deste estágio mais lento. Assim, se no exemplo precedente $k_1 \ll k'_1$, a Eq. (9.19) se reduz a

$$z = a(1 - e^{-k_1 t})$$

que é idêntica à Eq. (9.5) e inclui somente a constante de velocidade de reações mais lenta.

9.14. Reações paralelas

Algumas vezes, uma dada substância pode reagir ou se decompor de mais de uma maneira. Então, as reações paralelas alternativas devem ser incluídas na análise de dados cinéticos. Consideramos uma par esquemático de reações paralelas de primeira ordem.

$$A \begin{cases} \xrightarrow{k_1} B \\ \xrightarrow{k_2} C \end{cases}$$

As equações de velocidade para formação de B e C são

$$\frac{db}{dt} = k_1(a_0 - b - c)$$

$$\frac{dc}{dt} = k_2(a_0 - b - c)$$

onde b e c denotam as concentrações de B, C, respectivamente, e a_0 é a concentração inicial de a. A expressão integrada para $b = c = 0$ no tempo $t = 0$ se torna

$$b = \frac{k_1 a_0}{k_1 + k_2}[1 - e^{-(k_1+k_2)t}]$$

$$c = \frac{k_2 a_0}{k_1 + k_2}[1 - e^{-(k_1+k_2)t}]$$

(9.20)

No caso de tais processos paralelos, a velocidade mais elevada determina o caminho predominante da reação global. Se $k_1 \gg k_2$, a decomposição de A fornecerá preponderantemente o produto B. Por exemplo, os álcoois podem ser tanto desidratados a olefinas, como desidrogenados a aldeídos, segundo

$$C_2H_5OH \begin{cases} \xrightarrow{k_1} C_2H_4 + H_2O \\ \xrightarrow{k_2} CH_3CHO + H_2 \end{cases}$$

Velocidades das reações químicas

317

Mediante a escolha adequada do catalisador e da temperatura, pode se fazer com que uma das velocidades se torne muito maior que a outra. No caso das reações paralelas, a composição da mistura dos produtos da reação depende das velocidades relativas e não das constantes de equilíbrio das duas reações.

9.15. Relaxação química

A aplicação de métodos de relaxação ao estudo de reações químicas rápidas, que ocorrem em soluções, foi iniciado por Manfred Eigen ao redor de 1950 e muitos dos desenvolvimentos subseqüentes foram realizados em seu laboratório no Instituto Max Planck de Físico-Química, de Göttingen[22]. A idéia básica é submeter o sistema reagente, que já se encontra em equilíbrio, a uma brusca variação em qualquer parâmetro físico do qual depende o valor da constante do equilíbrio K. O sistema então deve se deslocar para um novo estado de equilíbrio e a velocidade deste deslocamento é observada. Os principais parâmetros, que se adaptam a estudos de relaxação, são a temperatura, a pressão e o campo elétrico. A absorção ultra-sônica também é, às vezes, utilizada, quando ocorre num sistema submetido a uma onda de compressão de elevada freqüência e apreciável amplitude. Um aparelho para o método do salto de temperatura (T) é esquematizado na Fig. 9.7. O volume da amostra é geralmente cerca de 1 cm^3 e o salto de T é produzido pela descarga de um capacitor através da mistura reagente com uma energia de entrada de cerca 50 kJ em 1 μs (uma potência de 5×10^7 W).

Desde que o deslocamento do equilíbrio seja suficientemente pequeno, a velocidade de restauração do equilíbrio seguirá sempre uma lei cinética de primeira ordem, independentemente das cinéticas das reações direta e inversa. Assim, se Δx_0 for o deslocamento inicial de uma concentração qualquer x, que descreve a composição da mistura, e Δx, o valor deste deslocamento num tempo qualquer t, a perturbação inicial

$$\Delta x = \Delta x_0 \, e^{-t/\tau} \tag{9.21}$$

onde τ é o *tempo de relaxação química* para o sistema reagente. A relação entre τ e as constantes de velocidade do sistema tem sido estabelecida para a maioria dos casos de interesse[23]. Apresentaremos dois exemplos para mostrar como isso é feito.

Consideremos uma reação reversível de primeira ordem

$$A \underset{k_{-1}}{\overset{k_1}{\rightleftharpoons}} B$$

Seja a a concentração de $A + B$ e x a concentração de B num tempo qualquer. Então

$$\frac{dx}{dt} = k_1(a - x) - k_{-1}x$$

De acordo com esta expressão, a velocidade da variação $\Delta x = x - x_e$ é

$$\frac{d(\Delta x)}{dt} = k_1(a - \Delta x - x_e) - k_1(\Delta x + x_e) \tag{9.22}$$

Todavia, no equilíbrio temos

$$\frac{dx}{dt} = 0 = k_1(a - x_e) - k_{-1}x_e$$

Portanto, a Eq. (9.22) se torna

$$\frac{d(\Delta x)}{dt} = -(k_1 + k_{-1}) \, \Delta x$$

[22] M. Eigen, *Discussions Faraday Soc.* **17**, 194 (1954)
[23] G. H. Czerlinski, *Chemical Relaxation* (New York: Marcel Dekker, Inc., 1966)

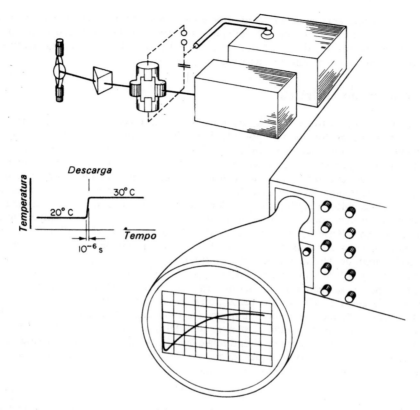

Figura 9.7 Princípio da técnica de relaxação do salto de temperatura e do pulso de campo elétrico. O pulso de campo pode ser gerado ou pela descarga de um capacitor (pulso exponencial ou criticamente amortecido) ou por uma descarga de cabo emparelhado (pulso quadrado). Saltos de temperatura também são produzidos por pulsos de microondas de elevada potência [M. Eigen, *Nobel Symposium* **5**, 333 (1967)]

de modo que

$$\tau = (k_1 + k_{-1})^{-1} \qquad (9.23)$$

Um caso um pouco mais complicado seria o constituído de uma reação direta de primeira ordem com uma reação inversa de segunda ordem,

$$A \underset{k_2}{\overset{k_1}{\rightleftharpoons}} B + C$$

Este tipo de processo inclui a ionização de um ácido fraco num grande excesso de solvente, como, por exemplo

$$CH_3COOH + H_2O \rightleftharpoons CH_3COO^- + H_3O^+$$

Seja a a concentração de $CH_3COOH + CH_3COO^-$ e x a concentração de equilíbrio de H_3O^+ (igual a de CH_3COO^-). Incluindo a concentração constante de água em k_1, podemos escrever

$$\frac{dx}{dt} = k_1(a - x) - k_2 x^2$$

Velocidades das reações químicas

de modo que, com $\Delta x = x - x_e$,

$$\frac{d(\Delta x)}{dt} = k_1(a - x_e - \Delta x) - k_2(x_e + \Delta x)^2 \qquad (9.24)$$

No equilíbrio,

$$\frac{dx}{dt} = 0 = k_1(a - x_e) - k_2 x_e^2$$

Quando o afastamento do equilíbrio Δx é muito pequeno, o termo em $(\Delta x)^2$ pode ser desprezado em comparação com o em Δx e a Eq. (9.24) se torna

$$\frac{d(\Delta x)}{dt} = -(k_1 + 2k_2 x_e)\,\Delta x$$

de modo que

$$\tau = (k_1 + 2k_2 x_e)^{-1} \qquad (9.25)$$

Se combinarmos a Eq. (9.25) com $K = k_1/k_2$, podemos obter, de τ e da constante de equilíbrio K, as constantes de velocidade direta e inversa para a reação de ionização.

A Tab. 9.3 apresenta alguns dos resultados muito interessantes que foram obtidos por meio de vários métodos de relaxação. Os detalhes experimentais podem ser encontrados nos trabalhos originais.

Tabela 9.3 Constantes de velocidade experimentais para reações rápidas em soluções aquosas*

Reação	T (K)	Método	Referência	k_2 $dm^3 \cdot mol^{-1} \cdot s^{-1}$
$H^+ + HS^- \longrightarrow H_2S$	298	Efeito Wien	(1)	$7,5 \times 10^{10}$
$H^+ + N(CH_3)_3 \longrightarrow N(CH_3)_3H^+$	298	RMN	(2)	$2,5 \times 10^{10}$
$H^+ + (NH_3)_5CoOH^{2+} \longrightarrow$ $\rightarrow H_2O + (NH_3)_5Co^{3+}$	285	Salto de T	(3)	$1,4 \times 10^9$
$H^+ + AlOH^{2+} \longrightarrow H_2O + Al^{3+}$	298	Efeito Wien	(4)	$3,8 \times 10^9$
$OH^- + $ ácido dietilmalônico $\longrightarrow$ $\rightarrow H_2O + $ dietilmalonato	298	Salto de T	(5)	$2,4 \times 10^8$
$H^+ + OH^- \longrightarrow H_2O$	298	Salto de T	(6)	$1,5 \times 10^{11}$

*Referências para esta tabela são as seguintes:
1. M. Eigen e K. Kustin, *J. Am. Chem. Soc.* **82**, 5952 (1960)
2. E. Grunwald *et al.*, *J. Chem. Phys.* **33**, 556 (1960)
3. M. Eigen e W. Kruse. *Z. Naturforsch.* **186**, 857 (1963)
4. L. P. Holmes, D. L. Cole e E. M. Eyring, *J. Phys. Chem.* **72 (1)**, 301 (1968)
5. M. H. Miles *et al.*, *J. Phys. Chem.* **70**, 3490 (1966)
6. M. Eigen, *Discussions Faraday Soc.* **17**, 194 (1954)

9.16. Reações em sistemas de escoamento[24]

Todas as equações de velocidade até aqui discutidas se aplicam a *sistemas estáticos*, nos quais a mistura reagente está encerrada num recipiente de volume e temperatura constantes. É necessário considerar agora *sistemas de escoamento*, nos quais os reagentes entram continuamente na entrada do recipiente de reação enquanto a mistura dos pro-

[24]Uma excelente referência geral é a obra de K. G. Denbigh, *Chemical Reactor Theory* (Cambridge University, 1965)

dutos é retirada da saída do mesmo. Descreveremos dois exemplos de sistemas de escoamento: (a) um reator onde não há agitação e (b) um reator onde a mistura completa é realizada durante todo o tempo por meio de agitação vigorosa.

A Fig. 9.8 mostra um reator tubular através do qual a mistura reagente passa com uma vazão volumétrica u (por exemplo, medida em litros por segundo). Consideremos um elemento de volume dV correspondente a uma fatia deste tubo e focalizaremos nossa atenção sobre um componente particular K, que entra neste elemento de volume com a concentração c_K e sai do mesmo com a concentração $c_K + dc_K$. Se não existir mistura longitudinal, a variação resultante da quantidade de K com o tempo em dV, (dn_K/dt), será a soma de dois termos, a saber, um devido à reação química dentro de dV e outro ao excesso de K que entra em dV em relação ao que sai. Assim,

$$\frac{dn_K}{dt} = R_K\, dV - u\, dc_K \qquad (9.26)$$

onde a velocidade de reação química *por unidade de volume* é denotada por R_K. A forma explícita de R_K é determinada pela lei de velocidade da reação; para uma reação de primeira ordem com respeito a K, $R_K = -k_1 c_K$; para uma curva de segunda ordem, $R_K = -k_2 c_K^2$ etc.

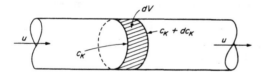

Figura 9.8 Elemento de volume num reator de escoamento

Depois que a reação se processou durante um certo tempo no sistema de escoamento, é atingido um *estado estacionário* no qual o número de moles de cada componente não varia mais com o tempo em qualquer elemento de volume do sistema; o afluxo no elemento é então exatamente contrabalançado pela reação que nele se processa. Então, $dn_K/dt = 0$ e a Eq. (9.26) se torna

$$R_K\, dV - u\, dc_K = 0 \qquad (9.27)$$

Esta equação pode ser integrada quando se conhece R_K em função de c_K. Por exemplo, para $R_K = -k_1 c_K$,

$$-k_1 \frac{dV}{u} = \frac{dc_K}{c_K}$$

A integração é feita entre a entrada e a saída de reator, fornecendo

$$\begin{aligned}\frac{-k_1}{u}\int_0^{V_0} dV &= \int_{c_{K1}}^{c_{K2}} \frac{dc_K}{c_K} \\ -k_1 \frac{V_0}{u} &= \ln \frac{c_{K2}}{c_{K1}}\end{aligned} \qquad (9.28)$$

onde V_0 é o volume total do reator e c_{K2} e c_{K1} são as concentrações de K na saída e na entrada, respectivamente.

A Eq. (9.28) se reduz à lei de velocidade integrada para uma reação de primeira ordem num sistema estático, se o tempo t for substituído por V_0/u. A quantidade V_0/u é chamada *tempo de contato* para a reação; é o tempo médio que uma molécula despenderia para atravessar o reator. A Eq. (9.28) nos permite então calcular a constante de velocidade k_1 a partir do conhecimento do tempo de contato e das concentrações de qualquer espécie reagente na entrada e na saída do reator. Também, para outras ordens

Velocidades das reações químicas

da reação, a equação correta para um reator de escoamento é obtida substituindo-se t por V_0/u na equação válida para o sistema estático. Muitas reações que são demasiadamente rápidas para serem convenientemente estudadas em um sistema estático podem ser seguidas facilmente num sistema de escoamento, onde o tempo de contato é reduzido pelo uso de elevadas velocidades de escoamento e um pequeno volume[25].

Na dedução da Eq. (9.27), admitimos tacitamente que não houve variação de volume ΔV como resultado da reação. Se $\Delta V \neq 0$, a velocidade de escoamento sob pressão constante não é mais constante. Em sistemas de escoamento de líquidos, efeitos devidos a ΔV são geralmente desprezíveis, mas para sistemas gasosos a forma das equações de velocidade é consideravelmente modificada quando $\Delta V \neq 0$. Uma coleção conveniente de leis de velocidade integradas que inclui esses casos é dada por Hougen e Watson[26].

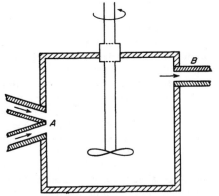

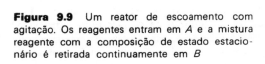

Figura 9.9 Um reator de escoamento com agitação. Os reagentes entram em A e a mistura reagente com a composição de estado estacionário é retirada continuamente em B

A Fig. 9.9 mostra um exemplo de um *reator de escoamento com agitação*[27]. Os reagentes entram no recipiente em A e sua mistura, dentro de cerca de 1 s, é efetuada por agitação com elevada velocidade (cerca de 3 000 rpm). A velocidade de saída da mistura dos produtos em B é exatamente contrabalançada pela velocidade da alimentação. Após atingir um estado estacionário, a composição da mistura no reator permanece invariável desde que sejam mantidas invariáveis a composição e a velocidade de suprimento dos reagentes. A Eq. (9.27) ainda se aplica, mas no presente caso dV se torna igual ao volume total do reator V_0 e dc_K se torna $c_{K2} - c_{K1}$, onde c_{K1} e c_{K2} são as concentrações inicial e final do reagente K. Assim,

$$R_K = \frac{u}{V_0}(c_{K2} - c_{K1}) = \frac{dc_K}{dt}$$

Com este método, não há necessidade de integrar a equação de velocidade. Cada ponto da curva de velocidade é obtido de cada medida em estado estacionário, sendo necessário um certo número de experiências com diferentes velocidades de alimentação e concentrações iniciais para determinar a ordem da reação.

Uma aplicação importante do reator de escoamento com agitação está no estudo de intermediários transitórios, cujas concentrações num sistema estático podem atingir rapidamente um valor máximo para então cair a zero (como foi mostrado na Fig. 9.6).

[25] Os métodos experimentais são descritos em *Techniques of Organic Chemistry* (New York: Interscience Publishers, 1953), pp. 669-738

[26] O. A. Hougen e K. W. Watson, *Chemical Process Principles*, Parte 3 (New York: John Wiley & Sons, Inc., 1947), p. 834

[27] K. G. Denbigh, *Trans. Faraday Soc.* **40**, 352 (1944); *Discussions Faraday Soc.* **2**, 263 (1947)

322 FÍSICO-QUÍMICA

Por exemplo, quando Fe^{3+} é adicionado a $Na_2S_2O_3$, aparece uma coloração violeta, que desaparece de 1 a 2 min. Num reator de escoamento com agitação, as condições podem ser ajustadas de tal modo que a cor seja mantida e o intermediário, responsável pela mesma, que parece ser $FeS_2O_3^+$, possa ser estudado pela espectrometria de absorção.

9.17. Estados estacionários e processos dissipativos

Num recipiente de reação estático (ou de batelada), as concentrações dos reagentes e dos produtos variam com o tempo até que se atinja uma condição de equilíbrio. Em temperatura T e sob pressão P constantes, esse equilíbrio é representado pelo mínimo na energia livre de Gibbs G em relação à conversão relativa dos reagentes em produtos.

Num sistema estático, a variação da composição ocorre com a coordenada tempo, enquanto que num sistema de escoamento a variação na composição é deslocada para uma coordenada espacial, seja continuamente ao longo do eixo de um reator de escoamento tubular, seja descontinuamente de um tanque para outro numa série de reatores continuamente agitados. Se a velocidade de alimentação de tal sistema de escoamento for constante, a composição em função da coordenada espacial apropriada geralmente (mas nem sempre ou necessariamente) atingirá um valor de estado estacionário. Esta conversão em estado estacionário não estará no mínimo de G, mas num outro valor determinado pelas velocidades de escoamento e pelas constantes de velocidade do sistema. Esses sistemas de escoamento são sistemas abertos (Sec. 6.4) no sentido termodinâmico e, portanto, seus estados invariantes com o tempo não são *estados de equilíbrio*, mas *estados estacionários*.

Existe uma analogia básica entre uma célula viva e um reator de escoamento continuamente agitado, e a mesma análise teórica pode, freqüentemente, ser aplicada à cinética química de ambos sistemas. No caso da célula, obviamente não existe um agitador interno, mas as distâncias de uma a qualquer outra parte são geralmente pequenas[28], de modo que a mistura por difusão deverá ser adequada para manter a condição "bem agitada". Para um diâmetro de célula de 10^{-3} cm, o tempo médio de difusão, através da célula, de uma molécula com coeficiente de difusão de 10^{-5} $cm^2 \cdot s^{-1}$ seria da ordem de $\tau = (10^{-3})^2/10^{-5} = 10^{-1}$ 10^{-1} s. A célula não possui entrada e saída definidas como um reator, mas toda a parede ou membrana externa da célula apresenta essas funções e substâncias podem entrar ou sair da célula ou através de difusão transmembrânica ou através de processos de transporte ativo.

Essencialmente, o mesmo método matemático usado na cinética química pode também ser aplicado a velocidades de transporte de substâncias de uma a outra região de um organismo vivo. Por exemplo, iodo radiativo injetado parenteralmente se distribui entre o sangue e a glândula tiróide. Poderemos querer calcular a velocidade de aumento e declínio da concentração de iodo radiativo no sangue e sua velocidade de apreensão pela tiróide. O problema é bem análogo a um sistema de reações químicas acopladas. O mecanismo pelo qual o iodo radiativo é transportado do sangue à tiróide não é especificado, mas, desde que a velocidade seja proporcional à concentração do iodo radiativo no sangue, pode ser representado formalmente como um processo de primeira ordem[29].

Quando as relações entre os compartimentos de tais sistemas são lineares, isto é, envolvem apenas processos de primeira ordem, o tratamento matemático pode ser baseado nos métodos convenientes que são disponíveis para resolver sistemas de equações

[28]No caso das células nervosas (como um motoneurônio no músculo da girafa), mecanismos especiais são exigidos para transferir substâncias de uma parte da célula para outra

[29]R. Aris, "Compartmental Analysis and the Theory of Residence Time Distributions", em *Intracellular Transport*, ed. K. B. Warren (New York: Academic Press, 1966)

Velocidades das reações químicas

diferenciais lineares[30]. Todavia, se as equações se tornam não-lineares, as dificuldades matemáticas se tornam muito maiores e a integração numérica com o computador digital é geralmente necessária.

Sistemas de cinética química em estado estacionário podem, às vezes, dar origem a um fenômeno notável, que poderá ser a chave do que chamamos "vida". Num sistema usual de processos lineares acoplados, ambos os estados de equilíbrio e estacionário são estáveis em relação a pequenas perturbações nos parâmetros que caracterizam o sistema. Assim, por exemplo, se injetarmos um pulso extra de um dado reagente A na corrente de entrada de uma série de reatores agitados, existirá uma onda transitória de concentrações alteradas através dos reatores, mas o estado estacionário anterior é rapidamente restaurado. Todavia, no caso de certos sistemas de reação não-lineares, pode-se mostrar que alguns estados estacionários são instáveis em relação à perturbação. Então, é possível estabelecer oscilações persistentes nas concentrações dos reagentes e dos produtos, ou mesmo fazer com que todo o sistema se desloque de um estado estacionário a outro mais afastado do equilíbrio. Podemos observar uma analogia com este fenômeno no efeito Bénard relativo à hidrodinâmica de um fluido aquecido. Se o fluido for aquecido na parte inferior, sob certas condições poderá se deslocar de um regime, que segue a equação ordinária da condução de calor, a um regime diferente onde se mantêm correntes de convecção. A convecção é um movimento de massa, fornecendo uma energia cinética a todo o fluido. Portanto, a energia térmica ao acaso está sendo convertida em energia mecânica em larga escala. Como o sistema não está operando num ciclo, isto não implica uma contradição com a segunda lei da termodinâmica. O escoamento considerável de calor ao longo do gradiente de temperatura entre os contornos do sistema fornece a possibilidade para a ocorrência de um *processo dissipativo*, o qual mantém o interior do sistema num estado de escoamento de matéria que está bastante afastado do equilíbrio, ou, mesmo, do estado estacionário da transmissão de calor.

O reconhecimento de que um processo dissipativo semelhante poderia se dar em sistemas de reação química foi aparentemente manifestado pela primeira vez num trabalho de Turing[31], que dizia respeito a reações químicas acopladas com a difusão dos reagentes. Prigogine[32] iniciou um estado teórico geral de tais processos. Se existir uma seqüência de reações

$$A \rightleftharpoons X_1 \rightleftharpoons X_2 \cdots \rightleftharpoons B$$

que inclui estágios não-lineares (por exemplo, estágios de segunda e terceira ordens), poderá existir mais de uma solução de estado estacionário para as concentrações dos intermediários X_1, X_2 etc. correspondente a uma dada relação fixa A/B de não-equilíbrio. Em particular, uma dessas soluções poderá conduzir a grandes gradientes de concentração entre os valores de $[X_1]$, $[X_2]$ etc. Em outras palavras, o sistema assume um estado estacionário no qual a entropia da mistura é invulgarmente baixa ou a negentropia é invulgarmente alta. O sistema, então, apresenta um estado ordenado e se mantém neste estado estacionário de elevada ordem à custa de uma dissipação de energia livre, que é fornecida pela relação fixa de não-equilíbrio A/B para a seqüência de reações. Mas

---

[30] Esses problemas podem ser manejados facilmente com métodos empregando a transformada de Laplace, que converte as equações diferenciais em equações algébricas simultâneas. Ver A. Rescigno e G. Segre, *Drug and Tracer Kinetics* (Waltham, Mass.: Blaisdell Publishing Company, 1966)

[31] A. M. Turing, *Phil. Trans. Roy. Soc. London, Soc. Ser. B.* **237**, 37 (1952). Alguma mudança na nomenclatura parece ser desejável de modo a não sermos forçados a dizer que uma vida de "dissipação" é a única maneira de viver

[32] I. Prigogine. "Dissipative Strutures in Chemical Systems", *Fifth Nobel Symp.* (New York: John Wiley & Sons, Inc. 1967), p. 371, "Structure, Dissipation and Life", em *Theoretical Physics in Biology* (Versalhes: Institut de La Vie, 1969)

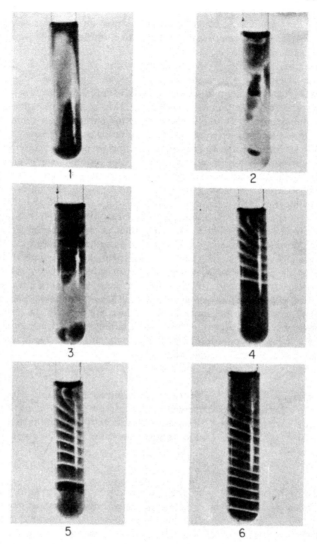

Figura 9.10 Desenvolvimento de uma estrutura dissipativa numa reação química homogênea longe do equilíbrio. A mistura reagente consiste de volumes iguais de 1,2 M ácido malônico, 0,35 M $KBrO_3$, 4×10^{-3} M $Ce_2(SO_4)_3$ e 1,5 M H_2SO_4, com algumas gotas do indicador *ferroína*. O decurso no tempo da evolução da estrutura dissipativa num tubo de ensaio de 2,0 cm^3, mantido a 21,0 °C, é mostrado nas fotografias de 1 a 6. A estrutura final é geralmente estável durante 15 a 30 min e desaparece à medida que a reação se aproxima do equilíbrio. As bandas mais claras são regiões azuis com excesso de Ce^{4+} e as bandas mais escuras são regiões vermelhas com excesso de Ce^{3+}. A reação é complexa, mas os principais estágios parecem ser:

(1) $CH_2(COOH)_2 + 6Ce^{4+} + 2H_2O \rightarrow 2CO_2 + HCOOH + 6Ce^{3+} + 6H^+$
(2) $10Ce^{3+} + 2HBrO_3 + 10H^+ \rightarrow 10Ce^{4+} + Br_2 + 6H_2O$
(3) $CH_2(COOH)_2 + Br_2 \rightarrow CHBr(COOH)_2 + HBr$

Velocidades das reações químicas   325

não será isso exatamente o que entendemos por um sistema vivo — uma região localizada da ordem que se mantém por si mesma pela alimentação da energia livre armazenada em seu ambiente?

Um exemplo de uma estrutura ordenada num sistema dissipativo do tipo previsto pela teoria de Prigogine e Glansdorff[33] foi descoberto por Marcelle Herschkowitz[34] numa reação química homogênea, na qual ácido malônico reage numa solução oxidante composta de íons Ce^{3+} e BrO_3^-. Os resultados de uma experiência típica são mostrados na Fig. 9.10. A solução reagente inicialmente exibe oscilações em relação ao tempo, passando periodicamente de uma coloração vermelha, indicativa de excesso de Ce^{3+}, a uma azul, indicativa de um excesso de Ce^{4+}. Essas oscilações não ocorrem no mesmo instante em todas as partes da solução, mas se iniciam num ponto e se propagam em todas as direções com velocidades diferentes. Após um número variável de oscilações, aparece uma pequena região de concentração não-homogênea, a partir da qual procedem, umas após as outras, camadas alternadamente coloridas de vermelho e azul até encherem o tubo. A evolução dessas estruturas é apresentada na Fig. 9.10. Essas estruturas dissipativas aparecem somente quando o sistema está reagindo bem afastado do equilíbrio. À medida que a reação se aproxima do equilíbrio, as camadas coloridas desaparecem e a solução se torna de novo homogênea.

9.18. Termodinâmica de não-equilíbrio

Em nossas discussões sobre termodinâmica, feitas até aqui, dois fatos básicos foram enfatizados, a saber, (1) o assunto trata de relações entre propriedades mensuráveis de materiais e (2) foi formulado apenas para sistemas em equilíbrio. Existem muitas propriedades mensuráveis em sistemas que não se encontram em equilíbrio (condutividade térmica, coeficiente de difusão, viscosidade, para mencionar apenas algumas), as quais são semelhantes às propriedades termodinâmicas, tais como a temperatura, a densidade ou a entropia, no sentido de que suas definições não se baseiam em qualquer modelo para a estrutura da matéria. Essas propriedades são freqüentemente denominadas *fenomenológicas*. Portanto, é natural perguntar-se se existe qualquer teoria que possa fornecer relações entre tais propriedades fenomenológicas de *não-equilíbrio*. A resposta é dada pela matéria chamada *termodinâmica de não-equilíbrio* ou *termodinâmica dos processos irreversíveis*[35].

A termodinâmica se baseia em algumas poucas definições de funções de estado (P, V, T) e de três leis gerais. As leis da termodinâmica são postulados estabelecidos de modo a serem universalmente válidos; certamente, não se restringem apenas a processos reversíveis ou sistemas em equilíbrio. Não é curioso, portanto, que todos os cálculos e deduções que fizemos a partir das leis de termodinâmica (nos Caps. 3 e 8, especialmente) tenham sido referidos exclusivamente a sistemas em equilíbrio? A razão é que algumas das funções de estado, que são essenciais para descrições dos sistemas de interesse, foram definidas apenas para estados de equilíbrio.

Se examinarmos as variáveis de estado, verificaremos que elas caem em duas classes. Algumas podem ser usadas para descrever estados de não-equilíbrio sem qualquer dificuldade. Exemplos desta classe de variáveis são o volume V, a massa m, a concen-

---

[33]P. Glansdorff e I. Prigogine, *Thermodynamic Theory of Structure, Stability, and Fluctuations* (New York: John Wiley & Sons, Inc., 1971)

[34]M. Herschkowitz-Kaufman, *C. R. Acad. Sci.* (Paris) **270**, 1 049 (1970)

[35]Um tratamento introdutório deste assunto foi escrito por I. Prigogine, *Introduction to Thermodynamics of Irreversible Processes* (New York: John Wiley & Sons, Inc., 1967). Uma discussão excelente acerca da teoria básica é encontrada em *Treatise on Irreversible and Statistical Thermophysics*, por W. Yourgrau, A. van der Merwe e G. Raw (New York: The Macmillan Company, 1966)

tração c, a quantidade da substância n e a energia U. Essas funções são perfeitamente bem definidas para qualquer sistema ou qualquer parte do sistema, independentemente de estarem ou não em equilíbrio. Por outro lado, sérias dificuldades surgem quando tentamos usar funções, tais como P, T e S, na descrição de sistemas não em equilíbrio. A impossibilidade de definir a pressão de um gás durante uma expansão irreversível foi discutida na Sec. 1.7. O mesmo problema ocorre quando desejamos definir a temperatura T durante um processo irreversível. Consideremos, por exemplo, na Fig. 9.11 dois reservatórios a T_1 e $T_2 > T_1$ ligados por uma barra metálica ao longo da qual o calor é conduzido do reservatório mais quente ao mais frio, isto é, um processo tipicamente irreversível. Não temos meio para definir temperatura em qualquer ponto ao longo da barra, uma vez que T foi definido apenas para um sistema em equilíbrio.

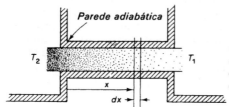

Figura 9.11 Condução do calor numa barra metálica entre reservatórios nas temperaturas constantes T_2 e T_1. A barra pode ser dividida em células de espessura dx e a temperatura é definida em qualquer ponto x ao longo da barra

Para vencer este obstáculo, de modo a poder efetuar cálculos termodinâmicos em sistemas não em equilíbrio, devemos introduzir um novo postulado que nos permitirá definir P e T em qualquer ponto do sistema onde esteja ocorrendo um processo irreversível. Para isso, introduzimos o *postulado do equilíbrio local*: um sistema pode ser dividido (conceitualmente) em células tão pequenas que cada uma corresponda efetivamente a um dado ponto no sistema, mas tão grandes que cada uma contenha milhares de moléculas. Num tempo t, a matéria numa dada célula está isolada de sua vizinhança e é permitida atingir o equilíbrio de modo que em $t + \delta t$, a pressão P e a temperatura T da célula possam ser especificadas. O postulado do equilíbrio local diz então que no tempo t podemos tomar P e T em qualquer ponto do sistema original de não-equilíbrio como sendo igual a P e T na célula correspondente, quando o equilíbrio é atingido no tempo $t + \delta t$.

Antes de aplicar a termodinâmica a um sistema de não-equilíbrio, necessitamos de um postulado adicional, a saber, as relações entre P, V, T etc., como definidas pelo postulado do equilíbrio local, são idênticas às relações entre as funções ordinárias de equilíbrio, de modo que todas as relações entre as funções de estado que foram deduzidas para estados de equilíbrio também sejam válidas para as funções que agora definimos para os estados de não-equilíbrio.

O postulado do equilíbrio local não é desarrazoado ou invulgar. Na Física teórica clássica, a função temperatura é exatamente tratada desta maneira e os problemas da condução do calor são analisados em termos de uma temperatura T definida em cada ponto ao longo de um gradiente de temperatura. Não queremos afirmar, todavia, que o postulado possa ser aplicado a *todos* os sistemas irreversíveis, mas deve existir um intervalo de validade que compreende sistemas em que as propriedades não variam rapidamente demais com o tempo. Nesses casos, o tempo δt exigido para atingir o equilíbrio local é curto em comparação com os tempos exigidos para variações mensuráveis no sistema total[36]. Como no caso de qualquer análise teórica baseada em postulados estabelecidos, a justificação última dos postulados será encontrada na validade das relações entre as quantidades experimentais que deles podem ser deduzidas.

[36] Assim, podemos aplicar com confiança o postulado à condução de calor através de uma junção de um par termelétrico, mas não poderemos estar seguros de sua aplicação a uma explosão nuclear

Velocidades das reações químicas

A definição da entropia S parece apresentar um problema especial na termodinâmica irreversível, uma vez que esta função é introduzida na termodinâmica ordinária por meio da definição $dS = dq_{rev}/T$, explicitamente em termos de uma transferência reversível do calor. Na prática, porém, as entropias das várias substâncias são calculadas por meio de outras equações, que foram deduzidas a partir da definição original, isto é, especialmente a Eq. (3.61). Podemos, então, usar os nossos dois postulados para calcular a entropia S de cada célula de um sistema que sofre um processo irreversível e, portanto, a entropia por unidade de massa $S/m = s$ em cada ponto do sistema. Por exemplo, na Fig. 9.11 a barra é dividida em fatias finas normais de gradiente de temperatura, e em cada fatia T e P são definidos e constantes. Então podemos calcular S para qualquer fatia usando a equação que relaciona entropia do metal com sua capacidade calorífica C_P, a saber, $S = \int_0^T C_P d \ln T$.

Uma conseqüência dos novos postulados é a de que podemos aplicar a equação de Gibbs, Eq. (6.4), a cada célula do sistema

$$T\,dS = dU + P\,dV - \Sigma\mu_i\,dn_i \qquad (9.29)$$

Como outro exemplo de um sistema de não-equilíbrio, consideremos a mistura dos gases H_2 e O_2 num reservatório a T e P na presença de um catalisador conveniente para a reação $H_2 + \frac{1}{2}O_2 \to H_2O$. Em qualquer tempo t, o recipiente conterá quantidades definidas de H_2, O_2 e H_2O. Como conhecemos as entropias molares de cada uma dessas substâncias, poderemos calcular a entropia do sistema somando as entropias dos gases presentes em qualquer instante e incluindo a entropia da mistura calculada na hipótese de que a composição era uniforme através de todo recipiente. Como a reação não ocorre na ausência do catalisador, podemos mesmo cessar experimentalmente a reação em qualquer instante e fazer qualquer medida necessária para determinar o desvio do comportamento do gás ideal na mistura gasosa que reagiu parcialmente. Como o exemplo escolhido não difere de maneira fundamental da generalidade das reações químicas, parece não existir nenhuma razão por que não podemos determinar S em função do tempo t e, portanto, dS/dt, que é a velocidade de produção de entropia durante o andamento da reação. Para manter a temperatura do sistema constante, poderia ser necessário que calor entre ou saia do recipiente durante a reação, de modo que poderíamos escrever para a variação diferencial de entropia

$$dS = d_iS + d_eS \qquad (9.30)$$

onde d_iS é devido a variações no interior do sistema e d_eS é devido ao fluxo de entropia do exterior para o sistema.

9.19. O método de Onsager

A extensão da termodinâmica a processos irreversíveis começou com a investigação teórica de William Thomson (Kelvin) das propriedades dos pares termelétricos (1854--1857). Este pesquisador notou que dois efeitos térmicos irreversíveis, o desprendimento de calor de Joule (I^2R) e a condução do calor, estavam ocorrendo simultaneamente com dois efeitos reversíveis, a transferência de calor de Peltier na junção do par termelétrico e o calor (de Thomson) associado ao escoamento da corrente elétrica. Os últimos dois efeitos tinham seus sinais invertidos com a inversão do sentido do escoamento da corrente. Thomson tratou os efeitos reversíveis ignorando simplesmente os efeitos irreversíveis simultâneos. Apesar da base teórica aparentemente injustificada para esta análise, as equações do par termelétrico[37] obtidas foram confirmadas pela experiência. Um trata-

[37]Ver M. Zemansky, *Heat and Thermodynamics* (New York: McGraw-Hill Book Company, 1969), p. 409

328 FÍSICO-QUÍMICA

mento semelhante ao de Thomson foi aplicado por Eastman e Wagner à difusão térmica (difusão na presença de um gradiente de temperatura). Em trabalhos subseqüentes, todavia, tornou-se cada vez mais difícil decidir quais dos fenômenos deviam ser chamados "reversíveis" e quais deles, "irreversíveis", tornando as teorias mais arbitrárias e menos convincentes. Uma formulação adequada da termodinâmica para processos irreversíveis foi pela primeira vez fornecida por Onsager em 1931. Esta teoria foi refinada por Casimir, formando a base da maioria dos tratamentos atuais do assunto.

A formulação de Onsager pode ser resumida da seguinte maneira:

1. A teoria se baseia no *princípio da reversibilidade microscópica*: sob condições de equilíbrio, qualquer processo e o inverso do mesmo ocorrerão, em média, com a mesma velocidade.

2. Podem-se escrever *equações termodinâmicas de movimento* para os vários processos de transporte nos quais as velocidades de escoamento ou *fluxos* são iguais a uma soma de termos, cada um dos quais é proporcional a uma força termodinâmica[38]. Esta proporcionalidade linear entre os componentes dos fluxos e as forças é uma importante restrição ao intervalo de validade da teoria. Em alguns casos (por exemplo, transmissão do calor), o termo do fluxo é proporcional à força correspondente (o gradiente de temperatura) dentro de um intervalo grande. Em outros casos, como nas reações químicas, a proporcionalidade linear vale apenas para pequenos afastamentos de equilíbrio.

As equações de movimento no caso de dois fluxos J_1 e J_2 tomam a forma geral

$$J_1 = L_{11}X_1 + L_{12}X_2$$
$$J_2 = L_{21}X_1 + L_{22}X_2 \tag{9.31}$$

Por exemplo, J_1 poderia ser o escoamento de calor e J_2, o escoamento de matéria; X_1 seria o gradiente de temperatura e X_2 seria a força apropriada para a difusão, isto é, o gradiente de potencial químico na ausência de forças externas. Os coeficientes L_{ij} são chamados *coeficientes fenomenológicos*. Os L_{ii} são os *coeficientes diretos* ordinários que fornecem o fluxo de uma quantidade em termos de uma força que está relacionada com o gradiente de um fator da intensidade correspondente[39] a quantidade considerada. Os coeficientes cruzados L_{ij} (chamados *coeficientes de arraste* por Eckart) fornecem o fluxo de uma quantidade causado por um gradiente de um fator de intensidade não diretamente relacionado. Por exemplo, na Eq. (9.31) o fluxo da matéria causado por um gradiente de temperatura é determinado por L_{21} e o fluxo de calor causado por um gradiente de potencial químico é determinado por L_{12}.

Onsager mostrou que, mediante a escolha apropriada dos fluxos e das forças, temos sempre $L_{21} = L_{12}$ ou, de um modo geral,

$$L_{ij} = L_{ji} \tag{9.32}$$

Uma "escolha apropriada" significa que $J = dF/dt$, onde F é uma *função de estado*. A Eq. (9.32) é chamada *relação recíproca de Onsager*. A dedução da relação de Onsager se baseia no *princípio da reversibilidade microscópica* e na aplicação de mecânica estatística a condições *próximas do equilíbrio*. A relação de Onsager, todavia, tem sido confirmada experimentalmente numa grande variedade de situações que se afastam consideravelmente do equilíbrio e pode ser usada com confiança mesmo se não for com fé inquestionável[40].

---

[38]As forças da termodinâmica irreversível não são forças newtonianas porque geralmente não estão relacionadas com acelerações

[39]O produto de um fluxo pela sua força conjugada deve ter as dimensões de velocidade de produção de entropia

[40]D. G. Miller, *Chem. Rev.* **60**, 15 (1960)

Velocidades das reações químicas

Tabela 9.4 Exemplos de forças e fluxos generalizados em processos irreversíveis

Processo	Força generalizada, X	Fluxo generalizado, J	Relação entre coeficientes convencionais e fenomenológicos
Reação química $A \underset{k_{-1}}{\overset{k_1}{\rightleftharpoons}} B$	$\mathscr{A} = -\Sigma v_i \mu_i$	$\dfrac{1}{V}\dfrac{d\xi}{dt}$	$L = k_1 c_A^{eq}/RT^*$
Condução de calor	$-T^{-2}\,\mathrm{grad}\,T$	w (velocidade de escoamento de energia/área unitária)	$L_{11} = \lambda T^2$
Difusão binária	$-\mathrm{grad}\,\mu_i$	J_i (velocidade de escoamento material/área unitária)	$D = L(\partial\mu/\partial c)^{**}$
Condutância elétrica de um eletrólito binário	$-\mathrm{grad}\,\Phi$	i (densidade de corrente)	$\dfrac{\kappa}{F^2} = z_1^2 L_{11}$ $+ 2z_1 z_2 L_{12} + z_2^2 L_{22}$

*Expressão válida apenas nas proximidades do equilíbrio
**Notar que não existem termos cruzados num sistema de difusão binária (ver Sec. 4.28)

Alguns exemplos de forças e fluxos generalizados para processos irreversíveis importantes se encontram resumidos na Tab. 9.4.

Algumas das aplicações mais valiosas da termodinâmica de não-equilíbrio se encontram em sistemas onde duas ou mais forças estão agindo simultaneamente. Sempre que $L_{ij} \neq 0$, existem *efeitos cruzados* nos fenômenos observados. Um importante princípio geral fornece a condição suficiente que $L_{ij} = 0$, isto é, a ausência de acoplamento entre os processos de modo que a força X_i não pode produzir o fluxo J_i. O princípio foi originalmente estabelecido por Pierre Curie em 1908 na seguinte forma: *causas macroscópicas não podem possuir mais elementos de simetria do que os efeitos que produzem*. Um exemplo do princípio de Curie é o de que a afinidade química $\mathscr{A}$, que não possui propriedades direcionais e, portanto, é uma quantidade escalar, não pode produzir um escoamento dirigido de calor, eletricidade ou matéria, porque todos esses escoamentos apresentam propriedades vetoriais e, portanto, são menos simétricos de que a afinidade $\mathscr{A}$. Como neste caso $L_{ij} = 0$, segue-se da Lei de Onsager que também $L_{ji} = 0$ e uma força vetor, como um gradiente de temperatura, não pode produzir uma velocidade de reação química[41].

9.20. Produção de entropia

O conceito da produção de entropia em um sistema, que é sede de processos irreversíveis, desempenha um papel importante na termodinâmica de não-equilíbrio. Consideremos, por exemplo, um sistema a T sob P constantes no qual ocorre uma reação química. Se combinarmos a Eq. (9.29) com a Eq. (9.30) e notarmos que $Td_e S = dq = dU + PdV$, uma vez que o calor pode ser transferido reversivelmente ao sistema isotérmico, obteremos

$$d_i S = -\frac{1}{T} \sum \mu_i \, dn_i \tag{9.33}$$

[41]No caso em que o espaço, onde os fluxos ocorrem, não for isotrópico, a afinidade $\mathscr{A}$ não será necessariamente escalar. Por exemplo, numa membrana de uma célula, o acoplamento entre a velocidade da reação e o transporte de componentes pode ocorrer como no transporte ativo de íons Na^+ que está acoplado com a hidrólise de ATP

330 FÍSICO-QUÍMICA

Com a extensão da reação ξ dada na Eq. (8.4), a Eq. (9.33) fornece a velocidade de produção de entropia,

$$\dot{S} = \frac{d_i S}{dt} = -\frac{1}{T}\frac{d\xi}{dt}\sum v_i \mu_i \qquad (9.34)$$

onde os v_i são os coeficientes estequiométricos da equação de reação. A afinidade $\mathscr{A} = -\Sigma v_i \mu_i$, de modo que

$$\frac{T}{V}\frac{d_i S}{dt} = \frac{d\xi}{dt}\frac{\mathscr{A}}{V} = v\mathscr{A} \qquad (9.35)$$

Neste caso, o fluxo generalizado J é a velocidade de reação $v = d\xi/dt$ por unidade de volume e a força generalizada X é a afinidade $\mathscr{A}$. Não devemos concluir, todavia, que a velocidade de reação v é sempre uma função linear de $\mathscr{A}$, embora esta relação seja válida na vizinhança de equilíbrio.

9.21. Estados estacionários

Discutimos anteriormente alguns exemplos de estados estacionários, estados de não-equilíbrio em sistemas onde estão ocorrendo processos dissipativos. Em um estado de equilíbrio, a velocidade da produção de entropia $\dot{S} = 0$. Em um estado estacionário, por outro lado, foi mostrado que a produção de entropia apresenta um valor mínimo consistente com as restrições externas impostas ao sistema. Este teorema parece que foi pela primeira vez apresentado por Prigogine em 1947. Sua validade está sujeita às condições de que as equações fenomenológicas sejam lineares, os coeficientes L_{ij} sejam constantes e que as relações recíprocas de Onsager sejam aplicáveis. Tais estados estacionários de não-equilíbrio são estáveis em relação a pequenas perturbações nas variáveis que definam o sistema.

Para obter uma prova (que pode ser tornada geral) do teorema, consideremos um sistema onde matéria e energia são transferidas entre duas fases em temperaturas diferentes. A restrição feita ao sistema é a de que as temperaturas das duas fases sejam mantidas constantes e que não seja permitido o escoamento de matéria para dentro ou para fora do sistema. As leis fenomenológicas são

$$\begin{aligned} J_e &= L_{11}X_e + L_{12}X_m \\ J_m &= L_{21}X_e + L_{22}X_m \end{aligned} \qquad (9.36)$$

onde J_e e J_m são os fluxos de energia e matéria, respectivamente. A velocidade de produção de entropia é

$$\frac{d_i S}{dt} = J_e X_e + J_m X_m > 0 \qquad (9.37)$$

Da Eq. (9.36)

$$\frac{d_i S}{dt} = L_{11}X_e^2 + 2L_{21}X_e X_m + L_{22}X_m^2 > 0 \qquad (9.38)$$

A derivada da Eq. (9.38) em relação a X_m, quando X_e é constante, é dada por

$$\frac{\partial}{\partial X_m}\left(\frac{d_i S}{dt}\right) = 2(L_{21}X_e + L_{22}X_m) = 2J_m$$

Portanto, se

$$\frac{\partial}{\partial X_m}\left(\frac{d_i S}{dt}\right) = 0$$

Velocidades das reações químicas

331

(isto é, se a velocidade de produção de entropia é um mínimo[42]), então $J_m = 0$. Mas esta é exatamente a condição para o estado estacionário,

$$J_m = 0 = L_{21}X_e + L_{22}X_m$$

Neste sistema, o calor escoa de uma fase a outra, mas não existe uma transferência resultante de matéria entre as duas fases.

Não daremos aqui a prova de que o estado estacionário é estável em relação a pequenas perturbações. Uma demonstração direta é dada por Prigogine, o qual mostra que, como resultado de qualquer processo irreversível dentro de um sistema, a velocidade de produção de entropia S só pode diminuir. Portanto, uma vez atingido o estado estacionário pelo sistema, este último não pode ser perturbado do estado em questão por qualquer perturbação irreversível espontânea.

9.22. Efeito da temperatura sobre a velocidade de reação

Neste ponto, deixamos o assunto da cinética química clássica e vamos nos dirigir ao que tem sido chamado *teoria das velocidades de reação absolutas*, que é entendida como a teoria das constantes de velocidade das reações químicas. Nossa finalidade última seria poder calcular a constante de velocidade de qualquer reação elementar a partir das estruturas das moléculas reagentes e das propriedades do meio no qual estão reagindo. Esta tarefa mostrou-se ser realmente árdua, estando, de fato, além do alcance da teoria atual, a não ser no caso da mais simples das reações,

$$H + H_2 \longrightarrow H_2 + H$$

Já foi dito num outro contexto que "é melhor viajar com esperança do que chegar". Neste campo da Físico-Química, a esperança é certamente animadora, a paisagem é fascinante e o destino está bem além do horizonte.

O efeito da variação da temperatura tem sido a chave mais importante para a teoria dos processos de velocidade. Em 1889, Arrhenius salientou que, como a equação de Van't Hoff para o coeficiente de temperatura da constante de equilíbrio K_c era $d \ln K_c/dT = \Delta U/RT^2$, enquanto a lei da ação das massas relacionava a constante de equilíbrio a uma relação de constantes de velocidades $K_c = k_f/k_b$, uma equação razoável para a variação da constante de velocidade k' com a temperatura poderia ser

$$\frac{d \ln k'}{dT} = \frac{E_a}{RT^2} \tag{9.39}$$

onde a quantidade E_a é chamada *energia de ativação* da reação.

Se E_a não depender da temperatura, a Eq. (9.39), por integração, fornece

$$\ln k' = \frac{E_a}{RT} + \ln A \tag{9.40}$$

onde $\ln A$ é uma constante de integração. Portanto,

$$k' = A \exp\left(\frac{-E_a}{RT}\right) \tag{9.41}$$

Nesta equação, A é chamado *fator de freqüência* ou *fator pré-exponencial*. Esta equação é a famosa equação de Arrhenius para a constante de velocidade.

[42]Como d_iS/dt na Eq. (9.38) é uma expressão bem definida quadrática e positiva, a condição de extremos deve ser um mínimo e não um máximo ou um ponto de inflexão

Da Eq. (9.40), segue-se que o gráfico do logaritmo da constante de velocidade em função do recíproco da temperatura absoluta deve ser uma reta. A validade da equação de Arrhenius tem sido confirmada excelentemente desta maneira para um grande número de constantes de velocidade experimentais. Um exemplo extraído dos dados de Bodenstein para a reação $H_2 + I_2 \rightarrow 2HI$ é mostrado na Fig. 9.12. Veremos mais tarde que a equação de Arrhenius é apenas uma boa representação aproximada da dependência da temperatura de k'.

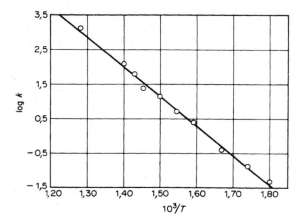

Figura 9.12 Dependência da temperatura da constante de velocidade na formação de ácido iodídrico, ilustrando a aplicabilidade de equação de Arrhenius

De acordo com Arrhenius, a Eq. (9.41) indica que as moléculas devem adquirir uma certa energia crítica E_a antes de poder reagir, o fator de Boltzmann $e^{-E_a/RT}$, sendo a fração das moléculas que conseguiram obter a energia necessária. Esta interpretação ainda é considerada como sendo essencialmente correta.

Referindo-nos à Fig. 9.2, a imagem que podemos ter da energia de ativação é a de uma barreira ou montanha de energia potencial, que deve ser subida para atingir o estado ativado. É evidente também que o calor de reação a volume constante ΔU_V é a diferença entre as energias de ativação das reações direta e inversa,

$$\Delta U_V = E_f - E_b \qquad (9.42)$$

A variação da temperatura nos permite variar a energia média dos reagentes e, de acordo com a função de distribuição de Maxwell-Boltzmann, as proporções das moléculas especialmente energéticas. Em anos recentes foram desenvolvidos métodos experimentais para produzir feixes de moléculas com energias bem definidas. Como veremos mais tarde, esses métodos sobrepujaram as limitações que o estabelecimento da média relativa a velocidades e direções tem imposto ao desenvolvimento da teoria das velocidades de reação.

9.23. Teoria da colisão em reações gasosas

As velocidades de reação têm sido estudadas em soluções gasosas, líquidas e sólidas, e nas interfaces entre fases. As reações homogêneas em soluções líquidas têm sido investigadas mais amplamente porque são de grande importância prática e geralmente requerem métodos experimentais simples. Do ponto de vista teórico, porém, sofrem da desvantagem de a mecânica estatística das soluções líquidas ainda se encontrar num estágio bastante primitivo de desenvolvimento, pelo menos quanto à profundidade exigida para fornecer cálculos quantitativos de constantes de velocidade. Por outro lado, reações homogêneas gasosas são mais acessíveis às técnicas teóricas disponíveis, embora sejam mais difíceis de ser estudadas experimentalmente. A mecânica estatística e a teoria cinética dos gases já se encontram desenvolvidas num estágio tal que às vezes é possível o cálculo de constantes de velocidade a partir de propriedades moleculares.

As primeiras teorias das reações gasosas se baseavam na teoria cinética dos gases[43], postulando que durante as colisões entre moléculas gasosas ocorria às vezes um rearranjo das ligações químicas, de modo a formar novas moléculas a partir das antigas. A velocidade de reação química foi então posta igual ao número de colisões por unidade de tempo (fator de freqüência) multiplicado pela fração das colisões que resultavam em transformações químicas.

No Cap. 4, relativo à teoria dos gases, a freqüência de colisões entre moléculas gasosas foi calculada na base do modelo que tratava as moléculas como esferas rígidas. Neste caso, não há interação entre as moléculas até que os centros das esferas atinjam a separação $(d_1 + d_2)/2$, na qual ocorre uma colisão elástica, e as moléculas então se deslocam com velocidades que podem ser computadas a partir das leis da conservação da energia cinética translacional e da quantidade de movimento. Este processo idealizado está longe do que deve acontecer quando ligações químicas são rompidas, formadas ou rearranjadas durante uma *colisão reativa* entre duas moléculas gasosas. Por isso não devemos ficar muito surpresos ao verificar que o modelo das esferas rígidas de uma colisão elástica fornece apenas uma espécie de "aproximação de ordem zero" para os complexos processos que ocorrem durante as colisões reativas consideradas.

Qualquer que seja o modelo escolhido para a colisão, uma maneira conveniente e concisa de descrever os resultados é dada em termos de *seção de colisão* (ou *de choque*) σ. Uma seção de colisão é uma medida da *probabilidade* de ocorrer uma dada colisão. Consideremos na Fig. 9.13 uma área plana A_o coberta por uma coleção de alvos circulares. Se dispararmos um projétil perpendicularmente à área, a probabilidade de atingir um dos alvos é a relação entre a área dos alvos e a área total.

$$p = \frac{A}{A_o}$$

Se o número de alvos por unidade de área for Γ, então $A = \Gamma \sigma A_o$ e

$$p = \Gamma \sigma \qquad (9.43)$$

Constatamos então que σ apresenta a dimensão de uma área, que, quando multiplicada por Γ, fornece a probabilidade p, um número compreendido entre 0 e 1.

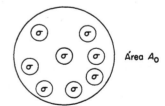

Figura 9.13 A área A_o contém N alvos circulares, cada um de área σ, a seção transversal da colisão

Na Fig. 9.14 mostramos um feixe de moléculas incidente sobre um centro de espalhamento C. Podemos considerar o centro como sendo uma molécula admitida a ser estacionária enquanto uma molécula do feixe se aproxima dela com uma velocidade relativa v. O processo de espalhamento depende de uma quantidade b chamado *parâmetro de impacto*, que é a menor distância de aproximação do centro de espalhamento pela trajetória da partícula incidente extrapolada ao longo de sua direção inicial sem

[43]W. C. McC. Lewis, *J. Chem. Soc.* **113**, 471 (1918); M. Trautz, *Z. Anorg. Chem.* **96**, 1 (1916).

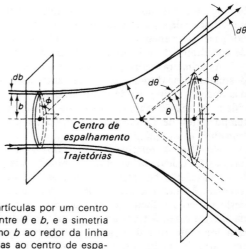

Figura 9.14 Deflexão das trajetórias de partículas por um centro de espalhamento. A figura ilustra a relação entre θ e b, e a simetria cilíndrica do conjunto de trajetórias de mesmo b ao redor da linha $b = 0$. A maior aproximação dessas trajetórias ao centro de espalhamento é r_0. A figura foi adaptada de um artigo de E. F. Greene e A. Kupperman, *J. Chem. Ed.* **45**, 361 (1968), que fornece uma excelente introdução ao uso das seções transversais de reação em cinética química

qualquer deflexão. As linhas na figura, portanto, representam uma seção de feixe incidente definida pelos parâmetros de impacto entre b e $b + db$. Vamos admitir agora que o centro de espalhamento atua sobre as partículas no feixe apenas por forças centrais (isto é, a energia potencial de interação $U(r)$ depende apenas da separação da partícula incidente do centro). Neste caso, o conjunto de trajetórias para um dado b apresentará uma simetria cilíndrica ao redor da linha $b = 0$. O segmento do feixe defletido pode então ser caracterizado por dois parâmetros, a saber, a distância de maior aproximação r_0 e o ângulo de deflexão θ. Moléculas com parâmetros de impacto compreendidas entre b e $b + db$ serão defletidas segundo ângulos compreendidos entre θ e $\theta + d\theta$.

Cada colisão para a qual θ difere de zero corresponderá uma deflexão de feixe incidente. Portanto, definimos uma seção de choque diferencial

$$d\sigma = 2\pi b(\theta)\, db \qquad (9.44)$$

Então, a seção transversal de colisão total é

$$\sigma = \int_{b_{min}}^{b_{max}} 2\pi b(\theta)\, db \qquad (9.45)$$

onde b_{max} corresponde a $\theta = 0$ e b_{min} a $\theta = \pi$.

A Fig. 9.15 resume três modelos para colisões. Mostramos nesta figura a função de energia potencial intermolecular e uma representação esquemática da colisão para cada caso. Nos diagramas de colisão, uma molécula é admitida estacionária enquanto a outra se aproxima da primeira com a velocidade relativa inicial.

O caso (a) é o modelo das esferas rígidas previamente mencionado na Sec. 4.22; neste caso, $b_{min} = 0$ e $b_{max} = d_{12}$, o diâmetro de colisão de esferas rígidas. Então, da Eq. (9.45), $\sigma = d_{12}^2$, como é dado na Sec. 4.22.

No caso (b), de esferas rígidas com um dado potencial de atração, o resultado deste potencial é desviar a molécula que se dirige à molécula-alvo. A seção de colisão é um pouco diminuída [$U(d_{12})$ sendo negativo] uma vez as moléculas rígidas só poderem entrar em contato quando o parâmetro de impacto for maior que d_{12}.

Velocidades das reações químicas

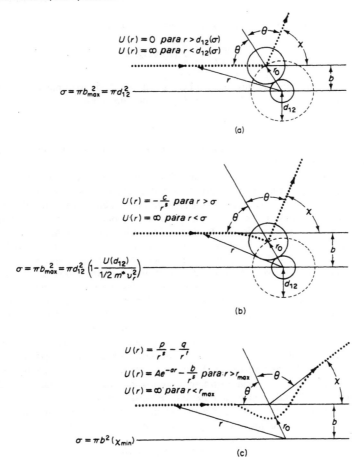

Figura 9.15 Trajetórias para três diferentes modelos para colisões moleculares: (a) esferas rígidas elásticas; (b) esferas rígidas elásticas com superposição de atrações centrais fracas; (c) moléculas com forças repulsivas e atrativas centrais e finitas [Segundo I. Amdur e G. G. Hammes, *Chemical Kinetics, Principles and Selected Topics* (New York: McGraw-Hill Book Company, 1966)]

O caso (c), de potenciais atrativos e repulsivos do tipo Lennard-Jones, não conduz a qualquer fórmula simples para σ, que pode ser maior ou menor que o caso das esferas rígidas, dependendo dos valores relativos dos termos atrativos e repulsivos no potencial. É possível, porém, fazerem-se cálculos de computação no decorrer real da colisão para qualquer escolha particular de parâmetros.

9.24. Velocidades de reação e seções transversais

Podemos estender o conceito de seção de colisão para definir uma seção transversal da reação, que constitui uma medida da probabilidade de ocorrer uma reação química num dado processo de colisão. Consideremos de novo a reação $A + B \to C + D$ para o caso em que a molécula A se aproxima da molécula B com a velocidade v. A velocidade

336 FÍSICO-QUÍMICA

de reação por unidade de volume pode ser expressa por

$$-\frac{dC_A}{dt} = \sigma_r(v)\, vC_A C_B \tag{9.46}$$

onde C representa o número das moléculas por unidade de volume e $\sigma_r(v)$ e a *seção transversal de reação*. Como $-dC_A/dt = k_2 C_A C_B$, podemos escrever

$$k_2(v) = v\sigma_r(v) \tag{9.47}$$

onde $k_2(v)$ é a constante de velocidade bimolecular para moléculas com um valor particular v para a velocidade relativa.

Estas seções de reação têm sido usadas há muito tempo em reações nucleares, mas sua aplicação a reações químicas é um desenvolvimento mais recente. Numa reação nuclear típica, um feixe de partículas de energia definida incide sobre um alvo e estamos interessados na probabilidade de uma reação particular ocorrer num tipo particular de colisão onde a energia é especificada. Para reações químicas, todavia, devemo-nos contentar com uma velocidade de reação resultante da média tomada em relação a todos os diferentes tipos de colisão num volume de moléculas gasosas, as quais estão se deslocando em direções ao acaso com velocidades relativas distribuídas de acordo com a lei de Maxwell-Boltzmann, $f(v)$. Recentemente, foram desenvolvidas teorias para produzir *feixes moleculares mono-energéticos*; com estes, podemos estudar reações químicas entre pares de moléculas apresentando energias e direções de aproximação exatamente definidas. Podemos, obviamente, obter muito mais informações acerca de reações com este procedimento (à custa de muito mais trabalho experimental). Deveríamos, então, ser capazes de calcular a velocidade de reação ordinária numa mistura gasosa tomando a média em relação a todas as colisões, cada uma ponderada por sua seção de choque particular. Tal tratamento permitiria também diagnosticar as causas para as falhas dos vários modelos simplificados para a cinética de uma reação química.

De acordo com a Eq. (9.47), portanto, formularemos a constante de velocidade ordinária numa mistura de moléculas gasosas como

$$k_2 = \int_0^\infty f(v)\, \sigma_r(v)\, v\, dv \tag{9.48}$$

Esta expressão é válida para qualquer distribuição de velocidades relativas $f(v)$, independentemente de ser ou não maxwelliana. Assim, seria válida para moléculas produzidas em reações fotoquímicas ou para moléculas num feixe com um certo espalhamento de velocidades. Em uma mistura de gases reagentes mantida em temperatura constante, a maioria das colisões não conduz a reações químicas. Estas colisões não-reativas fornecem o mecanismo pelo qual a distribuição maxwelliana de velocidades moleculares é mantida. As colisões reativas provêm continuamente das moléculas mais energéticas presentes apenas na extremidade da distribuição, mas a distribuição normal é rapidamente restaurada pelas colisões não-reativas das moléculas com a parede de recipiente e com outras moléculas.

Se substituirmos a velocidade relativa v na Eq. (9.48) pela energia cinética relativa $E = (1/2)\,\mu v^2$, obtemos

$$k_2 = \frac{1}{\mu} \int_0^\infty f(E)\, \sigma_r(E)\, dE \tag{9.49}$$

Esta equação permite o cálculo de k_2 para uma reação gasosa bimolecular, desde que seja conhecida a lei de distribuição $f(E)$ e a seção de choque de reação $\sigma_r(E)$. O desenvolvimento subseqüente da teoria da colisão consiste em calcular os resultados de vários modelos específicos para cada um desses fatores.

9.25. Cálculo das constantes de velocidade na teoria da colisão

Até o presente não temos muitas informações acerca da variação de σ_r com E, mas sabemos, de um modo geral, como a função deve se comportar. Abaixo de um certo outro limite E_0, σ_r deve ser nulo. A seguir, deve aumentar até um máximo para então cair de novo. A diminuição de σ_r em energias elevadas é razoável, se considerarmos que em elevadas velocidades o tempo despendido por qualquer par de moléculas num processo de colisão se torna pequeno e, portanto, a probabilidade do rearranjo das ligações para determinar uma reação química se torna bastante pequena. Uma dependência típica de σ_r para E é apresentada na Fig. 9.16 para a reação $T + H_2 \rightarrow HT + H$, onde T é o trítio [$^3H$]. Esta curva foi calculada por Karplus e colaboradores[44], e representa sem dúvida um quadro geral correto de $\sigma_r(E)$ para esta reação. Notamos que mesmo o valor máximo de σ_r é menor (por um fator de cerca de 10) que a seção de choque sugerida pelo tamanho da molécula determinado a partir de fenômenos de transporte, como a viscosidade.

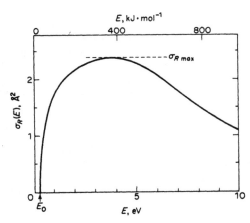

Figura 9.16 Cálculo teórico da variação da seção transversal de reação com a energia cinética inicial relativa E para $T + H_2 \rightarrow TH + H$

Para a maioria das reações que nos interessa, a energia crítica E_0 é muito maior que kT. Por exemplo, $80 \text{ kJ} \cdot \text{mol}^{-1}$ é uma energia da ativação moderada, mas, mesmo a 500 K, corresponderia acerca de $E_0/RT = 80\,000/4\,157 = 19,25$. Apenas uma pequena fração de moléculas no equilíbrio térmico apresenta energias que são muito maiores que kT. Isso pode ser visto considerando a distribuição de Maxwell-Boltzmann em dois graus de liberdade, Eq. (4.30), que apresenta a forma[45]

$$\frac{\Delta N}{N_0} = \frac{1}{RT} e^{-E/RT} \Delta E$$

Para $\Delta E = 4 \text{ kJ}$ a $E = 80 \text{ kJ}$, e $RT = 4 \text{ kJ}$, temos $\Delta N/N_0 = e^{-20}$. A fração compreendendo todas as moléculas com energias maiores que 80 kJ seria

$$\frac{\Delta N}{N_0} = \int_E^\infty \frac{1}{RT} e^{-E'/RT} dE' = -e^{-E/RT} \Big|_E^\infty = e^{-E/RT} = e^{-20}$$

Portanto, a 500 K, virtualmente todas as moléculas com energias maiores que 80 kJ apresentam energias muito próximas de 80 kJ.

[44]M. Karplus, R. N. Porter e R. D. Sharma, *J. Chem. Phys.* **43**, 3 529 (1965)
[45]Este resultado não é exato, porque substituímos dN por ΔN em vez de tomar
$$\int_{E_0}^{E_0+\Delta E} f(E)\,dE$$

338 FÍSICO-QUÍMICA

A diminuição exponencial no número de moléculas com energias muito maiores que kT é tão rápida que, falando praticamente, quase todas as moléculas energéticas, que apresentam energias maiores que o valor crítico E_0, estão aglomeradas nas vizinhanças imediatas da própria E_0. Para obter informação experimental acerca da curva σ_r em função da E, portanto, não podemos nos apoiar nos estudos cinéticos comuns feitos em várias temperaturas constantes. Devemos inventar um método para estudar reações de moléculas que são selecionadas de modo a apresentarem o intervalo de energia desejado. Este tipo de experimento é realmente possível por meio de método de feixes moleculares a ser descrito na Sec. 9.32.

Para calcular a constante de velocidade a partir da Eq. (9.49), suponhamos inicialmente que $f(E)$ seja a expressão comum de Maxwell para a energia cinética em três graus de liberdade translacionais, dada a partir da Eq. (4.32) por

$$f_3(E) = \left(\frac{\mu}{\pi}\right)^{1/2}\left(\frac{2}{kT}\right)^{3/2} E \, e^{-E/kT} \tag{9.50}$$

Um modelo da teoria de colisão, um pouco diferente, postula que apenas dois graus de liberdade sejam utilizados, os quais podem ser considerados as componentes de translação de cada molécula ao longo da linha que une seus centros no instante da colisão. Em outras palavras, somente as componentes de velocidade na direção da colisão frontal são consideradas efetivas. É impossível justificar essa restrição de modo rigoroso, mas é contudo interessante incluir aqui o cálculo para tal modelo. A lei de distribuição $f(E)$ é a baseada nas velocidades em duas dimensões, Eq. (4.30), que fornece

$$f_2(E) = \left(\frac{1}{kT}\right) e^{-E/kT} \tag{9.51}$$

Podemos, agora, usar qualquer uma dessas funções de distribuição para calcular k_2 a partir da Eq. (9.49), desde que conheçamos $\sigma_r(E)$ ou formulemos algumas hipóteses acerca deste parâmetro.

O modelo simples das esferas rígidas corresponderia a

$$\begin{aligned} \sigma_r &= 0 \quad \text{para } E < E_a \\ \sigma_r &= \pi d_{12}^2 \text{ para } E > E_a \end{aligned} \tag{9.52}$$

Da Eq. (9.50), isso forneceria

$$k_2 = \left(\frac{1}{\pi\mu}\right)^{1/2}\left(\frac{2}{kT}\right)^{3/2} (\pi d_{12}^2) \int_{E_a}^{\infty} E \, e^{-E/kT} \, dE$$

Integrando, encontramos

$$k_2 = \left(\frac{8kT}{\pi\mu}\right)^{1/2} (\pi d_{12}^2)\left(1 + \frac{E_a}{kT}\right) e^{-E_a/kT} \tag{9.53}$$

Analogamente, o uso da Eq. (9.51) e das hipóteses, Eq. (9.52), conduz a

$$k_2 = \left(\frac{8kT}{\pi\mu}\right)^{1/2} (\pi d_{12}^2) \, e^{-E_a/kT} \tag{9.54}$$

A constante de velocidade calculada pela Eq. (9.54), como se pode ver, é um pouco menor que obtida a partir da Eq. (9.53), como deveríamos esperar, lembrando-se de que um grau de liberdade a menos está contribuindo para a energia de ativação.

A constante de velocidade calculada pela Eq. (9.49) através da Eq. (9.54) foi baseada em concentrações expressadas em termos de moléculas por unidade de volume, de modo que, se as unidades na Eq. (9.49) forem expressas no sistema centímetro-grama-segundo (cgs), as unidades de k_2 seriam (moléculas/cm^3)s^{-1}. Para converter

Velocidades das reações químicas

339

isto em $dm^3 \cdot mol^{-1} \cdot cm^{-1}$, que é uma unidade mais usual para a constante de velocidade de segunda ordem, é necessário multiplicar k_2 da Eq. (9.49) por $L/10^3$, onde L é o número de Avogadro. Para reações gasosas, uma unidade comum é $cm^3 \cdot mol^{-1} \cdot s^{-1}$ e, se esta for usada, k_2 na Eq. (9.49) deve ser multiplicado por L.

9.26. Verificação da teoria da colisão de esferas rígidas

A simples teoria da colisão pode ser comparada com a experiência de diversos modos. Todavia, em virtude das várias incertezas experimentais, a melhor comparação é entre os fatores pré-experimentais A calculado e experimental. A equação de Arrhenius pode ser tomada como sendo uma expressão empírica de constante de velocidade,

$$k_2 = A\, e^{-E_a/RT} \quad \text{(experimental)} \tag{9.55}$$

Qualquer equação teórica, como a Eq. (9.54), pode ser escrita na forma,

$$k_2 = B(T)\, e^{-U_a/RT} \quad \text{(teórica)} \tag{9.56}$$

Em virtude da dependência da temperatura do fator pré-experimental teórico, alguns termos de correção são necessários antes de obtermos um coeficiente teórico A da Eq. (9.56). Assim,

$$E_a = RT^2\, \frac{d \ln k_2}{dT} = U_a + \theta RT$$

onde

$$A = B\, e^\theta \quad \text{e} \quad \theta = T\!\left(\frac{d \ln B}{dT}\right) \tag{9.57}$$

As correlações na Eq. (9.57) podem ser usadas para comparar qualquer k_2 teórico da forma da Eq. (9.56) com os dados experimentais de k_2 expressos na forma da Eq. (9.55).

A comparação crítica mais satisfatória entre esses métodos foi feita para uma série de doze reações bimoleculares[46]. Os diâmetros moleculares d_1 e d_2 usados para calcular o diâmetro de colisão de esferas rígidas $d_{12} = (d_1 + d_2)/2$ foram deduzidos a partir de dados acerca das dimensões das moléculas obtidas de difração de elétrons ou da espectroscopia. O volume da molécula foi calculado e o diâmetro d foi tomado como sendo o de uma esfera de volume equivalente. Os resultados finais dos cálculos e a comparação com a experiência são mostrados na Tab. 9.5. Também estão incluídos na tabela os fatores pré-exponenciais calculados a partir da *teoria de complexo ativado* (*teoria do estado de transição*), que será discutida mais tarde.

Os fatores pré-exponenciais calculados a partir da teoria da colisão são todos consideravelmente mais elevados que os valores experimentais. Esta falha do modelo das esferas rígidas foi descoberta nos primórdios da teoria da colisão e uma tentativa foi feita para explicá-la, introduzindo o *fator estérico p* na expressão teórica, a qual então se tornaria

$$k_2 = pB(T)\, e^{-U_a/RT} \tag{9.58}$$

O *fator estérico* foi baseado na idéia de que algumas colisões seriam mais efetivas que outras, dependendo de certos fatores direcionais. Por exemplo, numa reação, tal como

$$CH_3 \cdot CH_2 \cdot CH_2 \cdot Br + Na \longrightarrow NaBr + CH_3 \cdot CH_2 \cdot CH_2$$

um átomo de sódio colidindo com a extremidade metila da molécula não teria possibilidade de capturar o átomo de bromo. O conceito de um fator estérico, embora possa parecer razoável em termos qualitativos, apresenta pouco valor nos cálculos quantita-

[46]D. R. Herschbach, H. S. Johnston, K. S. Pitzer e R. E. Powell, *J. Chem. Phys.* **25**, 736 (1956)

340 FÍSICO-QUÍMICA

Tabela 9.5 Parâmetros cinéticos de algumas reações bimoleculares

Reação	Energia de ativação $(kJ \cdot mol^{-1})$	Logaritmo do fator de freqüência $(cm^3 \cdot mol^{-1} \cdot s^{-1})$			Referên-cia*
		Obser-vado	Calculado pela teoria do estado de transição [Eq. (9.64)]	Calculado pela teoria simples de colisão	
1. $NO + O_3 \longrightarrow NO_2 + O_2$	10,5	11,9	11,6	13,7	a
2. $NO_2 + O_3 \longrightarrow NO_3 + O_2$	29,3	12,8	11,1	13,8	b
3. $NO_2 + F_2 \longrightarrow NO_2F + F$	43,5	12,2	11,1	13,8	c
4. $NO_2 + CO \longrightarrow NO + CO_2$	132,0	13,1	12,8	13,6	d
5. $2NO_2 \longrightarrow 2NO + O_2$	111,0	12,3	12,7	13,6	e
6. $NO + NO_2Cl \longrightarrow NOCl + NO_2$	28,9	11,9	11,9	13,9	f
7. $2NOCl \longrightarrow 2NO + Cl_2$	103,0	13,0	11,6	13,8	g
8. $NOCl + Cl \longrightarrow NO + Cl_2$	4,6	13,1	12,6	13,8	h
9. $NO + Cl_2 \longrightarrow NOCl + Cl$	84,9	12,6	12,1	14,0	i
10. $F_2 + ClO_2 \longrightarrow FClO_2 + F$	35,6	10,5	10,9	13,7	j
11. $2ClO \longrightarrow Cl_2 + O_2$	0,0	10,8	10,0	13,4	k
12. $COCl + Cl \longrightarrow CO + Cl_2$	3,5	14,6	12,3	13,8	h

*Referências da tabela são as seguintes:
  (a) H. S. Johnston e H. J. Crosby, *J. Chem. Phys.* **22**, 689 (1954)
  (b) H. S. Johnston e D. M. Yost, *J. Chem. Phys.* **17**, 386 (1949)
  (c) R. L. Perrine e H. S. Johnston, *J. Chem. Phys.* **21**, 2 200 (1953)
  (d) H. S. Johnston, W. A. Bonner e D. J. Wilson, *J. Chem. Phys.* **26**, 1 002 (1957)
  (e) M. Bodenstein e H. Ramstetter, *Z. Physik Chem.* **100**, 106 (1922)
  (f) E. C. Freiling, H. S. Johnston e R. A. Ogg, *J. Chem. Phys.* **20**, 327 (1952)
  (g) G. Waddington e R. C. Tolman, *J. Am. Chem. Soc.* **57**, 689 (1935)
  (h) W. G. Burns e F. S. Dainton, *Trans. Faraday Soc.* **48**, 39, 52 (1952)
  (i) P. G. Ashmore e J. Chanmugan, *Trans. Faraday Soc.* **49**, 270 (1953)
  (j) P. J. Aynoneno, J. E. Sicre e H. J. Schumacher, *J. Chem. Phys.* **22**, 756 (1954)
  (k) G. Porter e F. J. Wright, *Discussions Faraday Soc.* **14**, 23 (1953)

tivos de constantes de velocidades. Ninguém até agora propôs qualquer meio satisfatório para calcular p a partir das propriedades das moléculas. O fator estérico p é simplesmente uma medida numérica da falha da teoria de colisão de esferas rígidas devida ao fato de que tal modelo grosseiro tem sido adotado para a variação da seção de choque de reação com a energia e a direção.

Notamos que as constantes de velocidades calculadas segundo essa teoria são, de um modo geral, demasiadamente elevadas. O que é pior, porém, é que os fatores pré--exponenciais A apresentam todos mais ou menos o mesmo valor. A teoria não mostra de qualquer maneira as variações consideráveis de A devido a mudanças nas estruturas dos reagentes. Um tratamento teórico mais profundo será necessário para que isso possa ser feito e veremos que a teoria do estado de transição não só fornece uma melhor concordância quantitativa para os fatores A como também auxilia explicar como e por que esses fatores diferem de uma a outra molécula.

9.27. Reações de átomos e moléculas de hidrogênio

Quando consideramos a velocidade de uma reação em termos da simples teoria da colisão de esferas rígidas, estamos usando um método que é claramente uma aproxi-

Velocidades das reações químicas

ção muito rude. Uma bola de bilhar vermelha se choca com outra verde, ambas desaparecem instantaneamente e aparecem correndo duas bolas amarelas. Aceitar esta imagem seria desistir de qualquer esperança de acompanhar as intricadas variações graduais que ocorrem em qualquer processo de reação real.

Por exemplo, consideremos a reação

$$H_2 + D_2 \longrightarrow 2HD$$

As moléculas H_2 e D_2 não interagem como se fossem duas esferas rígidas. Quando seguimos os movimentos dos dois núcleos H e os dos dois núcleos de D, veremos um rearranjo gradual durante a realização da reação. À medida que H_2 se aproxima de D_2, os átomos H começam a formar ligações tênues com os átomos D, quando as moléculas ainda se encontram bastante afastadas. Ao mesmo tempo, as ligações H—H e D—D são enfraquecidas de alguma forma e começam a se esticar. Quanto mais H_2 se aproxima de D_2, maiores serão esses efeitos. Na maioria dos casos, as moléculas não possuem energia cinética suficiente para vencer sua repulsão mútua e para se aproximarem umas das outras o suficiente de modo a completar os processos de reação. Às vezes, porém, suas energias cinéticas são suficientemente grandes e ambas atingem uma configuração crítica, a partir da qual podem chegar à formação do produto, 2HD. A configuração crítica pode ser desenhada com um complexo quadrado (Fig. 9.17), onde as ligações H—H e D—D são consideravelmente alongadas e enfraquecidas, começando a se formar ligações definidas de H—D. Esta configuração intermediária, que é formada quando as moléculas possuem energia suficiente para reagir ($E > E_a$, a energia de ativação), é chamada *complexo ativado* ou *estado de transição*. Se considerarmos que o processo de reação exige a passagem sobre uma montanha de energia potencial, podemos identificar o complexo ativado com a configuração de sistema no máximo (topo) da barreira de energia potencial. Convém notar que o mesmo complexo ativado se forma para ambas as reações direta e inversa, $H_2 + D_2 \rightleftharpoons 2HD$.

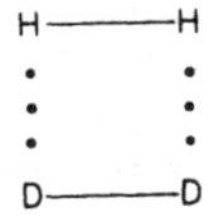

Figura 9.17 Complexo ativado para a reação bimolecular de quatro centros entre H_2 e D_2

No presente, um cálculo altamente exato para a energia potencial de todos os estágios de reação foi feito apenas para reações de troca de quatro centros,

$$H_2 + D_2 \longrightarrow 2HD \qquad \text{etc.}$$

e para reações de três centros,

$$H + H_2 \longrightarrow H_2 + H$$

Este último tipo de reação pode ser estudado como um processo térmico por meio de para H_2 ou orto D_2[47].

$$(1)\ H + p\text{–}H_2 \longrightarrow o\text{–}H_2 + H$$
$$(2)\ D + o\text{–}D_2 \longrightarrow p\text{–}D_2 + D$$

O outro método experimental é seguir a troca isotópica, como em

$$(3)\ D + H_2 \longrightarrow HD + D$$
$$(4)\ H + D_2 \longrightarrow HD + H$$

---

[47]Em moléculas diatômicas homomoleculares com *spins* nucleares, estes podem ser paralelos ou opostos, dando origem a dois isômeros de *spin* nuclear

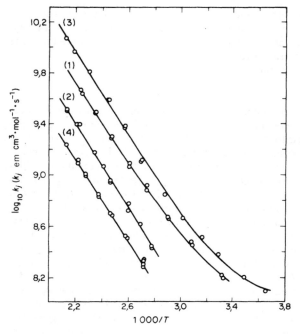

Figura 9.18 Constantes de velocidade para as reações $H + H_2 = H_2 + H$ (1), $D + D_2 = D_2 + D$ (2), $D + H_2 = DH + H$ (3) e $H + D_2 = HD + D$ (4)

e reações semelhantes com trítio. A Fig. 9.18 mostra os gráficos de Arrhenius obtidos no estudo dessas reações na Universidade de Toronto[48].

Um trabalho importante sobre reações foi também realizado no Laboratório de Física Aplicada (Universidade Johns Hopkins)[49]. Neste trabalho, foi usado um novo e interessante tipo de aparelho, mostrado na Fig. 9.19, onde átomos de H e D são gerados numa descarga elétrica e então misturados com as espécies moleculares para estudar as reações (3) ou (4). A concentração dos átomos D foi medida por observação direta de seu espectro de ressonância de *spin* eletrônico (ESR), descrito na Sec. 17.36. Esta técnica

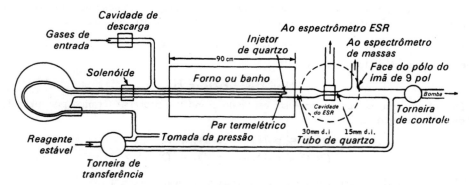

Figura 9.19 Aparelho para estudo da cinética de reações atômicas através da medida da concentração atômica por ressonância de *spin* eletrônico. Tanto o forno mostrado como uma câmara de resfriamento podem ser usados, de modo que é possível um largo intervalo de temperaturas de operação

[48] Referência (a), Tab. 9.6
[49] Referência (b), Tab. 9.6

Velocidades das reações químicas

343

é aplicável a muitas reações atômicas porque os átomos geralmente apresentam *spins* eletrônicos não-emparelhados e, portanto, fornecem espectros ESR simples e característicos. No aparelho mostrado na Fig. 9.19, o forno de reação pode ser substituído por uma câmara de resfriamento, de modo que esta técnica pode ser utilizada para estudar constantes de velocidades no intervalo de 10^7 a $5 \times 10^{11}\,cm^3 \cdot mol^{-1} \cdot s^{-1}$.

Os resultados desses estudos com reações de hidrogênio de três centros são apresentados na forma de parâmetros de Arrhenius na Tab. 9.6. Na obtenção desses parâmetros, ignoramos a curvatura nos gráficos de Arrhenius em temperaturas baixas, que pode ser claramente observada na Fig. 9.18. Alguns acreditam ser esta curvatura devida a um *efeito túnel* quantomecânico, através do qual um átomo de hidrogênio pode *atravessar* o topo da barreira de energia de ativação em vez de passar *sobre* o mesmo. Este efeito será discutido na Sec. 13.21.

Tabela 9.6 Parâmetros de velocidade experimentais para reações de troca de três centros de hidrogênio

Reação	Energia de ativação E_a $(kJ \cdot mol^{-1})$	$\log_{10} A$ $(cm^3 \cdot mol^{-1} \cdot s^{-1})$	Referência*
1. $H + H_2$	36,8	13,68	c
2. $D + D_2$	31,9	13,21	a
3. $D + H_2$	37,9	14,08	c
	31,8	13,64	b
4. $H + D_2$	30,5	12,64	a
	39,3	13,69	b

*Referências da tabela são as seguintes:
(a) D. J. LeRoy, B. A. Ridley e K. A. Quickert, *Discussions Faraday Soc.* **44**, 92 (1967)
(b) A. A. Westenberg e N. deHaas, *J. Chem. Phys.* **47**, 1 393 (1967)
(c) B. A. Ridley, W. R. Schulz e D. J. LeRoy, *J. Chem. Phys.* **44**, 3 344 (1966)

Demos ênfase ao trabalho experimental relativo a essas reações de hidrogênio, porque ele fornece o melhor material para a verificação rigorosa das várias teorias de velocidades de reação absolutas.

9.28. Superfície de energia potencial para $H + H_2$

Descreveremos a reação em termos de $D + H_2$ a fim de facilitar a distinção entre a molécula-alvo e o átomo que se aproxima. Para descrever a configuração deste sistema reagente em qualquer instante, necessitamos de três coordenadas espaciais, que podem ser tomadas como sendo a distância atômica entre H e H, a distância entre D e o ponto médio da ligação H—H e o ângulo entre a ligação H—H e o vetor a partir do ponto médio desta ligação a D. Se desejássemos representar a energia potencial desse sistema em função das coordenadas, necessitaríamos tabular a representação num espaço de quatro dimensões, consistindo em três coordenadas e na energia E. A única maneira como poderíamos representar tal função graficamente seria manter uma das coordenadas constantes e grafar as outras em três dimensões. Os problemas de computação numa tal representação completa são obviamente enormes e, na realidade, ainda não foi efetuada esta representação.

Felizmente, uma grande simplificação do problema provém do fato de uma direção particular de aproximação de D com H—H ser energeticamente mais favorável que

344 FÍSICO-QUÍMICA

qualquer outra. Este é o caso em que D se aproxima de H—H ao longo da linha dos centros – em outras palavras o ângulo θ é sempre igual a 180°. Daremos mais tarde uma justificação quantitativa desta afirmação, após considerar os resultados dos cálculos da superfície de energia potencial.

A energia potencial, quando o sistema reagente mantém esta configuração linear, fornecerá então o caminho mais favorável ao longo do qual a reação pode proceder. Neste caso, E é uma função de apenas duas coordenadas, a saber, a distância D—H e a distância H—H. Colocamos, num plano, uma dessas distâncias nas abscissas e a outra nas ordenadas, de modo que a energia seja colocada ao longo do eixo vertical. Deste modo, podemos representar a energia potencial do sistema como uma superfície tridimensional.

O cálculo em questão é tornado possível pelo fato de se poder separar os movimentos dos núcleos dos átomos dos movimentos de seus elétrons. Esta idenpendência entre os movimentos eletrônicos e nucleares é chamada *aproximação de Born-Oppenheimer*. Este princípio forma a base dos cálculos quantitativos que foram feitos para as energias de sistemas moleculares. Essencialmente, consideram-se os núcleos dos átomos fixos em algumas posições definidas e então se calculam as interações entre os elétrons e os núcleos fixos, e entre uns e outros. A energia eletrostática total de tal interação é computada por meio de métodos de mecânica quântica molecular. Podemos chamar esta energia total de *energia potencial* do sistema de átomos fixos nas posições escolhidas para os núcleos. Esta energia inclui a energia potencial de interação entre as cargas nucleares e eletrônicas e ambas as energias, potencial *e* cinética, dos elétrons. Contudo, é absolutamente convencional reportá-la como a *energia potencial* do sistema. Então, deslocamos os núcleos a novas posições e repetimos os cálculos. Deste modo calculamos a *energia potencial* do sistema em função das posições dos núcleos. Podemos então considerar que os núcleos se movam num campo potencial dado por esta função de energia computada.

A idéia de que uma reação química pode ser representada por tal superfície de energia potencial foi sugerida por Marcelin[50] em 1915, mas a primeira superfície foi realmente computada em 1931, num trabalho de Eyring e Polanyi[51], o qual constitui um dos marcos fundamentais no progresso da cinética química. Com as técnicas e os computadores disponíveis naquele tempo, estes autores não foram capazes de realizar um cálculo puramente teórico, mas se apoiaram num tratamento semi-empírico que usava dados espectroscópicos. De qualquer modo, a superfície que construíram pela combinação de cálculo e intuição era essencialmente correta e é apresentada na Fig. 9.20 na forma de desenhos de um modelo tridimensional.

Podemos traçar o *caminho da reação* nesta superfície como o caminho do lado dos reagentes ao dos produtos que segue o contorno de energia potencial mínima[52]. O caminho atravessa um vale profundo (D + H_2), eleva-se sobre a garganta (ou passo) de uma montanha até o ponto de sela ou passagem entre montanhas na configuração linear do complexo ativado (D—H—H) e então passa para o outro lado da garganta até um outro vale profundo (DH + H).

O caminho de reação será por nós seguido em maiores detalhes por meio de um mapa de contornos, ou curvas de nível baseado não na superfície histórica de Eyring--Polanyi, mas nos cálculos teóricos exatos de Shavitt e colaboradores[53], como são mostrados na Fig. 9.21.

Consideremos um corte feito através do mapa na distância $r_2 = 0,38$ nm, isto é, numa separação H—H suficientemente grande para deixar a molécula D—H pratica-

[50]*Ann. Phys.* **3**, 158 (1915)

[51]H. Eyring e M. Polanyi, *Z. Physik. Chem.*, B **12**, 279 (1931)

[52]Se a interconversão de energias translacional e vibracional for considerada, o caminho de reação é mais parecido com o de um trenó deslizando em seu movimento

[53]I. Shavitt, R. M. Stevens, F. L. Minn e M. Karplus, *J. Chem. Phys.* **48**, 2 700 (1968)

Velocidades das reações químicas 345

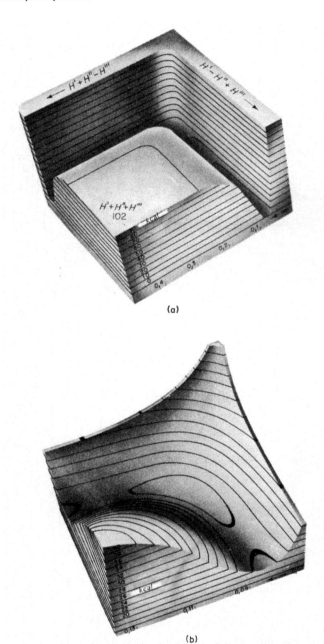

Figura 9.20 (a) Desenho feito da fotografia de um modelo da superfície de energia potencial para a reação $H + H_2 \rightarrow H_2 + H$, construído por Goodeve (1934) de acordo com as linhas de contorno calculadas por Eyring e Polyani (1931). Neste modelo, foram consideradas apenas as forças de ressonância. (b) *Close-up* da região de sela de um modelo no qual foram consideradas as forças coulômbicas e as de ressonância [Segundo F. H. Johnson, H. Eyring e M. J. Polissar, *The Kinetic Basis of Molecular Biology* (New York: John Wiley & Sons. Inc., 1954), p. 16]

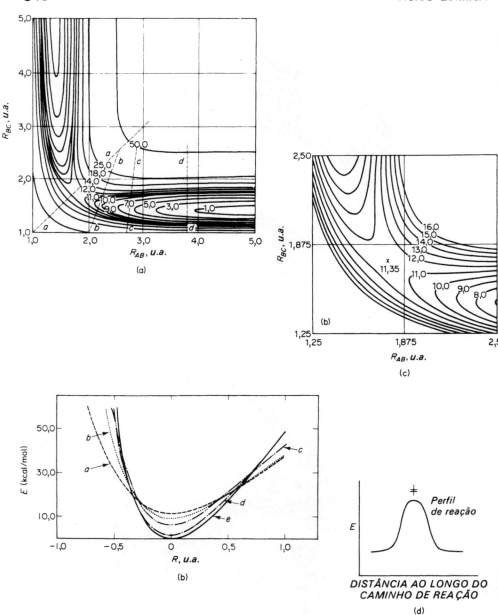

Figura 9.21 (a) Mapa de contorno da superfície de energia potencial para H_3 linear. As linhas tracejadas indicam as posições das seções grafadas em (b). Energia em quilocalorias em relação ao limite H_2, H. (b) Seções transversais através da superfície de potencial de H_3 linear, perpendiculares ao caminho de energia mínima. As posições das seções a–d são indicadas pelas linhas tracejadas em (a); a seção e é para uma molécula de hidrogênio isolada. (c) Mapa de contorno da superfície de energia potencial na região do ponto de sela para H_3 linear: energia em quilocalorias relativa ao limite H_2 + H. (d) Perfil da energia potencial ao longo do caminho de reação (1 kcal = 4,184 kJ, 1 u.a. = 0,1 nm)

Velocidades das reações químicas

347

mente sem distorção. A seção transversal, mostrada na Fig. 9.21(b), é, então, simplesmente a curva de energia potencial para a molécula HD (como é apresentada na Fig. 15.4).

Caminhando-se ao longo do fundo do vale, de modo a seguir a linha tracejada no mapa, a vista da direita para esquerda aparece como a seção transversal em (b). A elevação, todavia, sobe gradualmente à medida que se atravessa o passo da montanha, atingindo a altura de 47,5 KJ no ponto de sela[54]. Esta é a configuração do complexo ativado, que ocorre em $r_1 = r_2 = 0,093$ nm. Esta distância é consideravelmente maior que a separação internuclear normal de H_2, a qual é 0,074 nm. Quando o sistema atinge esta configuração, pode ser decomposto em DH + H descendo para o outro vale, ou retornar a D + H_2 pelo caminho original. Se a energia potencial for traçada em função da distância ao longo do caminho de reação, obtém-se a Fig. 9.21 (d).

A superfície de energia potencial fornece uma descrição da reação química de início até o fim. Em qualquer reação existe sempre uma certa configuração no topo do passo da montanha. Em vários aspectos esta configuração de átomos é semelhante a um molécula ordinária, com exceção de que não se apresenta num estado de equilíbrio estável. Chama-se *complexo ativado*, e suas propriedades são designadas com o símbolo ‡. Podemos agora considerar que qualquer reação se realiza em dois estágios, a saber, (1) os reagentes se reúnem para formar um complexo ativado e (2) o complexo ativado se decompõe nos produtos de reação. Estes estágios não são nitidamente separados e, do ponto de vista dinâmico, o processo de reação é suave e contínuo. Podemos, todavia, indicar um *estado de transição* como a região mais elevada da superfície de energia potencial ao longo do caminho de reação, isto é, a máxima elevação do ponto de sela ou colada, passando do vale dos reagentes ao dos produtos[55].

O mesmo método de cálculo usado para obter a superfície de energia potencial para a aproximação de D a H_2 ao longo da linha dos centros nucleares ($\theta = 180°$) foi também usado para calcular a aproximação em outros ângulos. Embora os resultados desses cálculos confirmem nossa suposição de que essas outras direções são menos favoráveis (isto é, exigem que o reagente ultrapasse uma passagem da montanha mais elevada), eles não indicam que as aproximações em diversos ângulos possam ser completamente desprezadas. Mesmo que trajetórias não-colineares tornem os caminhos de reação mais difíceis, existem tantos deles que o "estado de transição médio" é curvado de cerca de 20°. Qualquer teoria quantitativa completa das velocidades de reação deverá levar em consideração tais encontros não-lineares, tornando ainda mais difícil um cálculo que já é impossível com os computadores e técnicas atuais.

---

[54]Este valor se refere ao valor de H + H_2 calculado na base das mesmas funções de onda. Como é sabido que o valor calculado para H_2 é um pouco alto demais (em relação tanto à experiência como ao cálculo exato), um valor corrigido para a energia de ativação calculada seria 38 kJ · mol^{-1}

[55]Na presente discussão, estamos formulando sempre a hipótese de que o caminho de reação é um caminho contínuo sobre uma única superfície de energia potencial. Na teoria dos processos de velocidade, uma reação que obedece a esse critério é chamada uma *reação adiabática*. É possível que em alguns exemplos, pouco usuais, o caminho da reação mude de uma a outra superfície de energia potencial. Este tipo é chamado uma reação *não-adiabática*. O termo *adiabático* como é usado aqui não tem o mesmo significado do termo *adiabático* usado em termodinâmica

348 FÍSICO-QUÍMICA

9.29. Teoria do complexo ativado[56]

Em termos da superfície de energia potencial, podemos considerar o curso de uma reação química como a trajetória de um ponto representativo no espaço configuracional do lado dos reagentes ao lado dos produtos da superfície. Todavia, é possível formular a velocidade de reação inteiramente em termos das propriedades dos reagentes e do estado de transição, no qual as moléculas interagentes formaram o *complexo ativado* para reação considerada. A velocidade da reação é o número de complexos ativados que passam por segundo sobre o topo da barreira de energia potencial. Esta velocidade é igual à concentração dos complexos ativados multiplicada pela freqüência média com que um complexo se move para o lado dos produtos.

O cálculo da concentração dos complexos ativados é grandemente simplificado, se admitirmos que esses complexos se encontram em equilíbrio com os reagentes. Este equilíbrio pode ser formalmente tratado por meio da termodinâmica ou da mecânica estatística. O complexo ativado não é um estado de equilíbrio estável, uma vez que está situado no ponto de sela (máximo) e não num mínimo de energia potencial. Mesmo assim, cálculos mais detalhados mostraram que, provavelmente, o erro cometido ao tratar o equilíbrio pelos métodos ordinários da termodinâmica ou da mecânica estatística é muito pequeno, exceto no caso de reações extremamente rápidas[57]. A dificuldade fundamental é, portanto, não a hipótese do equilíbrio entre complexos ativados e reagentes mas a impossibilidade, no presente, de calcular a estrutura e as propriedades dos complexos ativados.

Vamos considerar a formulação da velocidade específica segundo a teoria do estado de transição para um reação bimolecular simples:

$$A + B \longrightarrow [AB^{\ddagger}] \longrightarrow \text{produtos}$$

Apresentamos uma dedução[58] da teoria do complexo ativado para a constante de velocidade bimolecular k_2 que é de certa forma mais transparente que a dedução original. A curva RXP da Fig. 9.21(d) mostra uma seção de caminho da reação ao longo de uma superfície da energia potencial, como as das Figs. 9.20 e 9.21. Uma região estreita no topo da barreira de energia, de comprimento arbitrário δ, define a região onde existe o complexo ativado; esta região é o estado de transição para a reação química.

Se os complexos ativados $[AB^{\ddagger}]$ se encontram em equilíbrio com os reagentes, a constante de equilíbrio para a formação de complexos é

$$\frac{[AB^{\ddagger}]}{[A][B]} = K^{\ddagger}$$

e a concentração de complexos é então dada por

$$[AB^{\ddagger}] = K^{\ddagger}[A][B]$$

[56]A formulação quantitativa das velocidades de reação absolutas em termos de complexos ativados foi usada largamente pela primeira vez no trabalho de Eyring [*J. Chem. Phys.* **3**, 107 (1935); *Chem. Rev.* **17**, 65 (1935)]. Esta teoria tem sido aplicada a uma grande variedade de *processos de velocidade*, além de reações químicas, como ao escoamento de líquidos, à difusão, à perda dielétrica e ao atrito interno de altos polímeros. Outras contribuições notáveis à teoria básica foram feitas por M. G. Evans e M. Polanyi [*Trans. Faraday Soc.* **31**, 875 (1935)] e por H. Pelzer e E. Wigner [*Z. Physik. Chem., B* **15**, 445 (1932)]

[57]R. D. Present, *J. Chem. Phys.* **31**, 747 (1951). Mesmo quando a energia de ativação for tão pequena como $5RT$, a velocidade da reação é apenas cerca de 8 % menor que a prevista pela teoria de equilíbrio. É possível, todavia, deduzir uma expressão do estado de transição para a constante de velocidade de uma reação bimolecular sem recorrer à hipótese insustentável do equilíbrio [John Ross e Peter Mazur, *J. Chem. Phys.* **35**, 19 (1961)]. Esta dedução também conduz a uma compreensão mais profunda dos parâmetros que entram na teoria

[58]K. J. Laidler e J. C. Polanyi, *Prog. Reaction Kinetics* **3**, 1 (1965)

Velocidades das reações químicas

Quando $K^{\ddagger}$ é escrita em termos das funções de partição moleculares por unidade de volume[59], temos

$$[AB^{\ddagger}] = [A][B]\frac{z'_{\ddagger}}{z'_A z'_B} \, e^{-E_0/kT} \tag{9.59}$$

onde $z'_{\ddagger}$ é a função de partição por unidade de volume do complexo ativado e E_0 é a altura do nível de energia mais baixo do complexo acima da soma dos níveis de energia mais baixos dos reagentes $A + B$.

De acordo com a teoria do complexo ativado, a velocidade de reação é

$$\frac{-d[A]}{dt} = k_2[A][B] = [AB^{\ddagger}] \times (\text{freqüência de passagem do complexo sobre a barreira}). \tag{9.61}$$

A freqüência $v^{\ddagger}$ da passagem de $AB^{\ddagger}$ sobre a barreira é igual à freqüência com que um complexo se decompõe nos produtos. O complexo se decompõe quando uma de suas vibrações se torna uma translação e o que era originalmente uma das ligações, mantendo complexo unido, se torna agora a direção de translação dos fragmentos de complexo separado.

Das Eqs. (9.59) e (9.61) podemos, pois, escrever a constante de velocidade segundo

$$k_2 = v^{\ddagger}\frac{z'_{\ddagger}}{z'_A z'_B} \, e^{-E_0/kT} \tag{9.62}$$

Se examinarmos $z'_{\ddagger}$, concluiremos que é exatamente análoga à função de partição para uma molécula normal, com exceção de que um de seus graus de liberdade vibracionais está passando para a translação ao longo da coordenada de reação. Da Tab. 5.4, a expressão ordinária para a função de partição em um grau de liberdade vibracional é

$$z_v^{\ddagger} = (1 - e^{-hv^{\ddagger}/kT})^{-1} \tag{9.63}$$

Para esta vibração particular anômala ao longo da coordenada da reação, podemos estar certo de que $hv/kT \ll 1$, uma vez que, a qualquer temperatura na qual a reação é detectável, esta "vibração de decomposição" do complexo deve ser, por hipótese, completamente excitada. Então, quando expandirmos

$$e^{-hv^{\ddagger}/kT} = 1 - \frac{hv^{\ddagger}}{kT} + \frac{1}{2}\left(\frac{hv^{\ddagger}}{kT}\right)^2 - \cdots$$

podemos desprezar os termos além da primeira potência em $(hv^{\ddagger}/kT)$. A Eq. (9.63), nessas condições, se torna

$$z_v^{\ddagger} = \left(\frac{hv^{\ddagger}}{kT}\right)^{-1} = \frac{kT}{hv^{\ddagger}}$$

[59]Deve-se notar que a constante de equilíbrio é usada aqui em termos da concentração, K_c. Podemos observar diretamente que para qualquer reação $aA + bB \rightleftharpoons cC + dD$,

$$K_c = \frac{[C]^c[D]^d}{[A]^a[B]^b} = \frac{(z_C/V)^c(z_D/V)^d}{(z_A/V)^a(z_B/V)^b}$$

Se escrevermos z' para a função de partição por unidade de volume

$$K_c = z'^c_C z'^d_D / z'^a_A z'^b_B \tag{9.60}$$

Quando usamos a função de partição translacional da Eq. (5.49), cancelamos, portanto, o volume. Se os outros fatores na Eq. (8.27) são dados nas unidades cgs usuais, o volume é dado em centímetro cúbico e, portanto, as concentrações em K_c são dadas em moléculas por centímetro cúbico. As unidades da constante de velocidade bimolecular k_2 calculada na presente seção serão então (moléculas/cm^3)$\cdot$s^{-1}. Para converter a (mol cm^3)$^{-1}\cdot$s^{-1}, a constante k_2 calculada, Eq. (9.65), deve ser multiplicada por L

O próximo passo é fatorar este $z_t^{\ddagger}$ particular do $z_{\ddagger}'$ completo, de modo que

$$z_{\ddagger}' = z_v^{\ddagger} z^{\ddagger\prime} = \left(\frac{kT}{h\nu^{\ddagger}}\right) z^{\ddagger\prime}$$

Substituindo esta expressão na Eq. (9.62), obtemos a famosa *equação de Eyring* para a constante de velocidade,

$$k_2 = \frac{kT}{h} \frac{z^{\ddagger\prime}}{z_A' z_B'} \, e^{-E_0/kT} \tag{9.64}$$

Esta expressão para k_2 deve ser multiplicada pelo fator κ, o *coeficiente de transmissão*, que é a probabilidade de que o complexo se dissociará nos produtos em vez de voltar para os reagentes. Para a maioria das reações, κ está compreendido entre 0,5 e 1,0. Assim,

$$k_2 = \kappa \frac{kT}{h} \frac{z^{\ddagger}}{z_A z_B} \, e^{-E_0/kT} \tag{9.65}$$

Esta é a expressão teórica fornecida pela teoria do complexo ativado para a constante de velocidade bimolecular. Pode-se notar imediatamente que ela inclui explicitamente termos que dependem das propriedades das moléculas reagentes e de complexo ativado. Nessas condições, é provavelmente muito melhor que a Eq. (9.53) da teoria da colisão de esferas rígidas, a qual realmente não fornece nenhum meio para entender as variações nos fatores pré-exponenciais observados.

No mesmo trabalho em que apresentaram a comparação entre as constantes de velocidade bimoleculares experimentais de reações gasosas e as calculadas de acordo com a teoria da colisão de esferas rígidas (nossa Tab. 9.5), os autores incluíram as constantes de velocidade teóricas calculadas pela teoria do complexo ativado, segundo a Eq. (9.64). O cálculo das funções de partição para as moléculas reagentes foi feito a partir de estruturas moleculares conhecidas e foram admitidas estruturas para os complexos ativados, que se baseavam em comprimentos e ângulos de ligação conhecidos. A Fig. 9.22 mostra os modelos assim construídos para os complexos ativados de algumas dessas reações. Os fatores pré-experimentais resultantes assim calculados são dados na Tab. 9.5. Em quase todos esses exemplos, a equação de complexo ativado fornece melhores resultados que a teoria da colisão de esferas rígidas. Também a teoria do complexo ativado trouxe à baila as propriedades das moléculas de um modo realista. Em vez de uma correção insatisfatória por meio de um fator estérico arbitrário, podemos agora estimar quantitativamente a dependência do fator pré-exponencial da estrutura molecular.

Tomemos um exemplo numérico de cálculo de fator pré-exponencial em k_2, a partir da equação do estado de transição, Eq. (9.64), para a reação $2ClO \rightarrow Cl_2 + O_2$. O complexo ativado é apresentado na Fig. 9.22. Os seguintes parâmetros moleculares são dispo-

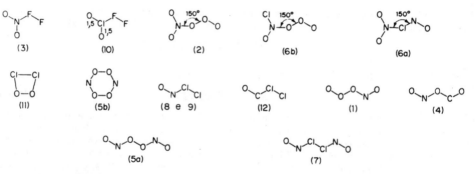

Figura 9.22 Modelos de complexos ativados para as reações da Tab. 9.5

Velocidades das reações químicas   351

níveis, tendo sido obtidos de dados espectroscópicos para os reagentes e estimados para o complexo ativado a partir de dados de estruturas conhecidas com geometrias e ligações semelhantes.

^{35}ClO: $\quad g = 2, \quad \sigma = 1, \quad I = 4,3 \times 10^{-39}\,g \cdot cm^2, \quad \lambda^{-1} = 800\,cm^{-1}$

$(^{35}ClO)_{\frac{1}{2}}^{\ddagger}$: $\quad g = 1, \quad \sigma = 2, \quad \mathscr{A}BC = 2,20 \times 10^{-114}\,(g \cdot cm^2)^3, \quad \lambda_i^{-1} = 1500, 700,$
$$800, 600, 200\,cm^{-1}$$

Convém notar que a molécula diatômica ClO apresenta dois graus de liberdade rotacionais comum único momento de inércia I e um grau de liberdade vibracional. O complexo ativado possui três graus de liberdade rotacionais e o produto dos três momentos de inércia $\mathscr{A}BC$ foi computado a partir das dimensões das moléculas e das massas atômicas. Deveríamos ter $3n - 6 = 6$ graus de liberdade vibracionais na molécula normal, mas o complexo possui apenas 5, pois um foi perdido na coordenada de reação. Embora as freqüências de vibração do complexo sejam apenas valores estimados, resultará que a expressão para a constante de velocidade é pouco sensível aos valores de v, de modo que bons valores calculados podem ser esperados mesmo a partir de freqüências v_i um tanto imprecisas.

Vamos escrever explicitamente o fator pré-experimental na Eq. (9.64) usando as fórmulas para as funções de partição dadas na Tab. 5.4:

$$\frac{kT}{h}\frac{z'^{\ddagger}}{(z'_{ClO})^2} = \frac{kT}{h} \cdot \frac{(2\pi m^{\ddagger}kT)^{3/2}/h^3}{(2\pi mkT)^3/h^6} \frac{g^{\ddagger}}{g^2} \frac{8\pi^2(8\pi^3\,\mathscr{A}BC)^{1/2}(kT)^{3/2}/\sigma^{\ddagger}h^3}{(8\pi^2 IkT)^2/\sigma^2 h^4}$$

$$\times \frac{\prod_{i=1}^{5}(1 - e^{-h\nu_i/kT})^{-1}}{(1 - e^{-h\nu/kT})^{-2}}$$

Inserindo inicialmente os valores numéricos para todas as constantes π, k, h, obtemos

$$A = 2,649 \times 10^{-65}T^{-1}\frac{m^{\ddagger\,3/2}}{m^3}\frac{g^{\ddagger}\sigma^2}{g^2\sigma^{\ddagger}}\frac{(\mathscr{A}BC)^{1/2}}{I^2}\frac{\prod_{i=1}^{5}(1 - e^{-\nu^{\ddagger}/\theta T})^{-1}}{(1 - e^{-\nu/\theta T})^{-2}} \qquad (9.66)$$

onde $\theta = 2,083 \times 10^{10}K^{-1} \cdot s^{-1}$. Agora, vamos introduzir os parâmetros moleculares e calcular A a 400 K. Assim:

$$A = (2,469 \times 10^{-65})(2,5 \times 10^{-3})(3,64 \times 10^{33})(1)(5,90 \times 10^{19})(2,405)$$
$$A = 3,20 \times 10^{-14}\,cm^3 \cdot s^{-1}$$

Os termos entre parênteses correspondem aos termos da Eq. (9.66). Em unidades de $(mol/cm^3)^{-1} \cdot s^{-1}$, obtemos

$$A = (3,20 \times 10^{-14})(6,02 \times 10^{23}) = 1,93 \times 10^{10}$$

Como para a reação considerada $E_0 = 0$, $A = k_2$, a partir da Eq. (9.41).

9.30. Teoria do estado de transição em termos termodinâmicos

O formalismo da teoria do estado de transição é freqüentemente expresso em termos de funções termodinâmicas, em vez de funções de partição. Se considerarmos de novo a equação

$$A + B \longrightarrow (AB^{\ddagger}) \longrightarrow \text{produtos}$$

com

$$K^{\ddagger} = \frac{[AB^{\ddagger}]}{[A][B]}$$

352 FÍSICO-QUÍMICA

podemos escrever a constante de velocidade a partir da Eq. (9.64) segundo

$$k_2 = \frac{kT}{h} K^{\ddagger} \tag{9.67}$$

Como

$$\Delta G^{\ominus \ddagger} = -RT \ln K^{\ddagger} \tag{9.68}$$

e

$$\Delta G^{\ominus \ddagger} = \Delta H^{\ominus \ddagger} - T \Delta S^{\ominus \ddagger}$$

a Eq. (9.67) pode ser escrita na forma[60]:

$$k_2 = \frac{kT}{h} e^{-\Delta G^{\ominus \ddagger}/RT} = \frac{kT}{h} e^{\Delta S^{\ominus \ddagger}/R} \, e^{-\Delta H^{\ominus \ddagger}/RT} \tag{9.69}$$

As quantidades $\Delta G^{\ominus \ddagger}$, $\Delta H^{\ominus \ddagger}$ e $\Delta S^{\ominus \ddagger}$ são chamadas *energia livre de Gibbs de ativação*, *entalpia de ativação* e *entropia de ativação*[61].

O estado-padrão ao qual $K^{\ddagger}$ e $\Delta G^{\ominus \ddagger}$ são referidos geralmente é tomado igual a 1 $mol \cdot cm^{-3}$ para reações gasosas, sendo neste caso as unidades correspondentes de k_2 na Eq. (9.69) dadas por $(mol/cm^3)^{-1} \cdot s^{-1}$. Se preferirmos, todavia, basear K_c em concentrações molares, as unidades de k_2 seriam $(mol/dm^3)^{-1} \cdot s^{-1}$.

A entropia de ativação experimental[62] pode ser calculada a partir da constante de velocidade, numa dada temperatura, e da energia de ativação experimental. Como exemplo, consideramos a dimerização do butadieno:

$$2C_4H_6 \longrightarrow C_8H_{12} \text{ (3-vinilcicloexeno)}.$$

[60]Nesta formulação, ignoramos a vibração anormal no complexo ativado ao longo da coordenada de reação e tratamos o complexo como se fosse uma molécula normal. Este procedimento não apresenta efeito apreciável nas aplicações práticas da equação

[61]O coeficiente de temperatura da constante de velocidade é deduzido convenientemente da Eq. (9.67), tomando os logaritmos e derivando segundo

$$\frac{d \ln k_2}{dT} = \frac{1}{T} + \frac{d \ln K^{\ddagger}}{dT}$$

Como $K^{\ddagger}$ é uma constante de equilíbrio em termos de concentração,

$$\frac{d \ln K^{\ddagger}}{dT} = \frac{\Delta U^{\ddagger}}{RT^2}$$

Portanto,

$$\frac{d \ln k_2}{dT} = \frac{RT + \Delta U}{RT^2}$$

Então, a energia de ativação de Arrhenius da Eq. (9.39) é

$$E_a = RT + \Delta U^{\ddagger}$$

Da Eq. (2.12), $\Delta U^{\ddagger} = \Delta H^{\ddagger} - \Delta(PV)^{\ddagger}$. Em sistemas líquidos e sólidos, $\Delta(PV)^{\ddagger}$ é muito pequeno em pressões ordinárias e podemos tomar

$$E_a \approx \Delta H^{\ddagger} + RT \tag{9.70}$$

Para reações de gases ideais, da Eq. (2.33),

$$\Delta H^{\ddagger} = \Delta U^{\ddagger} + \Delta n^{\ddagger} RT$$

onde $\Delta n^{\ddagger}$ é o número de moles do complexo sempre igual a 1 menos o número de moles dos reagentes. Numa reação unimolecular, portanto, $\Delta n^{\ddagger} = 0$ e a Eq. (9.70) é válida. Para uma reação bimolecular, $\Delta n^{\ddagger} = -1$ e

$$E_a = \Delta H^{\ddagger} + 2RT$$

[62]A idéia de uma entropia de ativação foi desenvolvida por Rodebush, La Mer e outros antes do advento da teoria do estado de transição, a qual lhe deu uma formulação precisa. W. H. Rodebush, *J. Am. Chem. Soc.* **45**, 606 (1923); *J. Chem. Phys.* **4**, 744 (1936). V. K. La Mer, *J. Chem. Phys.* **1**, 289 (1933)

Velocidades das reações químicas · 353

De 440 K a 660 K, a constante de velocidade experimental é

$$k_2 = 9,2 \times 10^9 \exp(-99,12 \text{ kJ/RT}) \text{ cm}^3 \cdot \text{mol}^{-1} \cdot \text{s}^{-1}$$

De
$$E_a = \Delta H^{\ominus\ddagger} + 2RT$$
a 600 K
$$\Delta H^{\ominus\ddagger} = 99,12 - 9,96 = 89,16 \text{ kJ}$$
De
$$k_2 = e^2 \left(\frac{kT}{h}\right) \exp\left(\frac{\Delta S^{\ominus\ddagger}}{R}\right) \exp\left(\frac{-E_a}{RT}\right)$$
a 600 K
$$9,2 \times 10^9 = (7,360)(1,25 \times 10^{13}) \exp\left(\frac{\Delta S^{\ominus\ddagger}}{R}\right)$$
$$\Delta S^{\ominus\ddagger} = -76,6 \text{ J} \cdot \text{K}^{-1}$$

Devemos notar que o estado-padrão é o da concentração de 1 mol $\cdot$ cm^{-3}.

O conceito de *entropia de ativação* é um aperfeiçoamento definitivo em relação ao conceito menos preciso do *fator estérico*, que foi usado na teoria da colisão. A entropia experimental $\Delta S^{\ominus\ddagger}$ fornece uma das melhores indicações acerca da natureza do estado de transição. Uma entropia de ativação $\Delta S^{\ddagger}$ positiva significa que a entropia do complexo maior que a dos reagentes. Um complexo frouxamente ligado apresenta uma entropia maior que um firmemente unido. Na maioria das vezes ocorre um decréscimo na entropia ao se passar ao estado ativado. Em reações bimoleculares, o complexo é formado pela associação de duas moléculas individuais e ocorre uma perda de graus de liberdade translacionais e vibracionais, de modo que $\Delta S^{\ddagger}$ é geralmente negativo. De fato, às vezes, $\Delta S^{\ddagger}$ não é notavelmente diferente de ΔS da reação completa. Quando esta situação ocorre em reações de tipo $A + B \longrightarrow AB$, indica que o complexo ativado $[AB]^{\ddagger}$ é semelhante em estrutura à molécula do produto AB. Antigamente, essas reações eram consideradas "anormais", porque apresentavam fatores estéricos invulgarmente baixos. Com o advento da teoria do estado de transição, tornou-se claro que um baixo fator estérico é o resultado do aumento de ordem e conseqüente diminuição da entropia, quando o complexo é formado.

9.31. Dinâmica química — Métodos de Monte Carlo

Acabamos de discutir duas importantes linhas de ataque no cálculo teórico das constantes de velocidade de reações químicas, a saber, a teoria da colisão e a teoria de complexo ativado. Existe uma outra maneira de atacar o problema, mais direta e mais excitante para muitos teóricos contemporâneos, que se tornou possível graças do desenvolvimento de computadores digitais de elevadas velocidades e de vastas memórias. Este método está baseado na idéia de fazer realmente uma "experiência de computação", onde milhares de colisões entre reagentes são simulados no computador e são tomadas as médias das probabilidades de reação resultantes para deduzir a constante de velocidade. O cálculo envolve a integração das equações simultâneas (geralmente clássicas) de movimento dos corpos envolvidos nas colisões.

Cálculos desse tipo exigem uma técnica matemática para efetuar uma escolha ao acaso de condições iniciais (coordenadas, energias, velocidades, parâmetros de impacto), sujeita à limitação de o conjunto de moléculas obedecer à distribuição de equilíbrio de Maxwell-Boltzmann. O elemento da probabilidade na escolha de parâmetros iniciais pode ser introduzido pela geração de uma seqüência de números ao acaso. Tal processo lembrou o estalido da bolinha de uma roleta em movimento, razão pela qual este tipo de experimento de computador tornou-se conhecido como um *cálculo de Monte Carlo*.

Os cálculos para reação $H + H_2$ são certamente de interesse em vista de todas as informações disponíveis a partir de outros métodos, mas devemos levar em conta que (1) os experimentos de computador podem não fornecer ainda um modelo seguro de colisões reais e, (2) mesmo que forneçam, a extensão desses resultados a reações mais complexas pode não ser justificada. Com essas cautelas, mostramos na Fig. 9.23 uma série de colisões computadas para a reação em questão. As colisões são quase sempre muito simples, com um tempo de interação aproximadamente igual ao tempo exigido para um átomo passar desimpedido por uma molécula. Não existe um complexo de colisão com um tempo de vida suficientemente longo para permitir a aplicação da mecânica estatística à distribuição de energia entre seus graus de liberdade. Este resultado não contradiz necessariamente o formalismo da teoria do complexo ativado, embora sugira que a Eq. (9.65) deva ser considerada como uma espécie de primeira aproximação para algum resultado mais exato. As colisões reativas computadas também mostraram que a energia vibracional pode ser usada para fornecer algo da energia necessária para vencer a barreira de energia de ativação, mas que a energia rotacional não pode ser usada.

Cálculos de Monte Carlo interessantes para reações mais complexas já foram feitos[63] e o método parece ser capaz de sofrer importantes desenvolvimentos posteriores. A investigação de reações químicas em feixes moleculares fornece dados experimentais que podem ser diretamente comparados com os resultados dos cálculos dinâmicos das trajetórias de reação individuais, especialmente em relação a distribuições angulares dos produtos de reação.

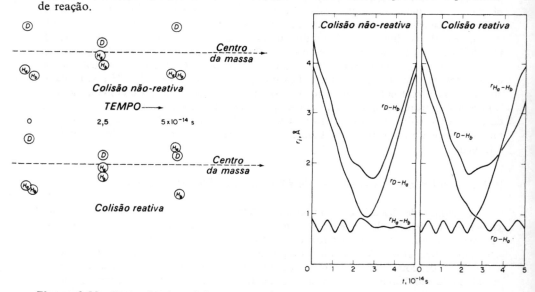

Figura 9.23 Ilustração de colisões reativas e não-reativas entre D e H_2. (a) à *esquerda,* posições relativas das três partículas D, H, H em três tempos. (b) *direita,* a variação das três distâncias internucleares com o tempo para $E = 2$ eV. Notar a rotação da molécula produto H_aD após a colisão reativa

9.32. Reações em feixes moleculares

Um aparelho experimental para o estudo de reações químicas em feixes moleculares é mostrado na Fig. 9.24. O aparelho inclui duas fontes, uma para cada espécie reagente,

[63] Ver especialmente a série de artigos de D. C. Bunker e colaboradores, por exemplo, *J. Chem. Phys.* **41**, 2 377 (1964); *Sci. Am.* **211**, 100 (1964)

Velocidades das reações químicas

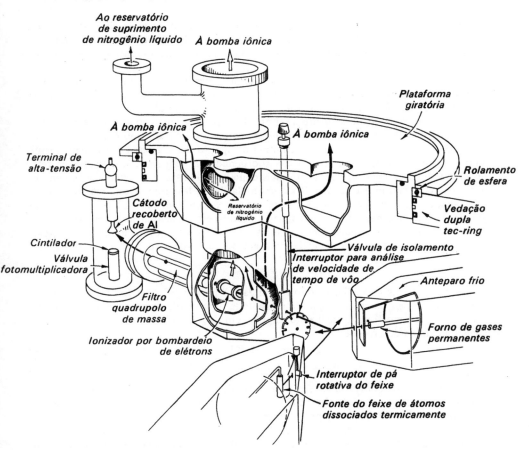

Figura 9.24 Aparelho de espalhamento de feixe molecular reativo com detector de bombardeio eletrônico [Y. T. Lee, J. D. McDonald, P. R. LeBreton e D. R. Herschbach, *Rev. Sci. Inst.* **40**, 1 402 (1969)]

e um detector de produtos, todos montados dentro de uma grande câmara de alto vácuo. Este aparelho seria usado para estudar reações em feixes cruzados. Em muitos casos, todavia, apenas um reagente se apresenta na forma de um feixe, que intercepta uma região contendo o segundo reagente numa forma mais difusa. O trabalho mais exato requer que cada feixe seja submetido a uma *análise de velocidade* antes de entrar na zona reagente. Idealmente, portanto, as velocidades das moléculas reagentes poderiam ser controladas independentemente e as direções da interseção dos feixes cruzados poderiam ser seletivamente determinadas.

A primeira experiência com feixes cruzados foi realizada por Taylor e Datz[64] para a reação

$$K + HBr \longrightarrow H + KBr$$

Estes autores usaram *feixes térmicos*, isto é, não utilizaram uma análise de velocidade. A escolha da reação foi devida ao fato de que se dispunha de um detector sensível, o qual podia distinguir os átomos de K das moléculas de KBr. Este era o detector de ionização

[64] E. H. Taylor e S. Datz, *J. Chem. Phys.* **23**, 1 711 (1955)

de superfície de Kingdon-Langmuir. Sempre que um átomo de K se chocava com um fio de tungstênio aquecido, o átomo perdia um elétrom e deixava o fio como um íon K^+. A corrente iônica positiva podia então ser seguida para a medida da concentração dos átomos de K.

Quando se constrói um aparelho e se monta o mesmo no laboratório, então, naturalmente, se descreve qualquer evento ocorrendo neste aparelho em termos de um sistema de referência, que fornece um conjunto de coordenadas no laboratório [L] para cada ponto de interesse. O acontecimento a ser estudado pode ser uma colisão entre moléculas A e B. As moléculas, não importa onde foram colocados os eixos coordenados e a cinemática de seus encontros, não têm nenhuma obrigação de se ajustar convenientemente dentro de uma descrição em termos das coordenadas L. Um sistema diferente de referência, que fornece uma representação mais concisa da colisão, apresenta sua origem no centro de massa das moléculas A e B. Coordenadas baseadas nesta origem em movimento são chamadas coordenadas de *centro de massa* [C]. Nas coordenadas L, o centro de massa está em movimento, mas, nas coordenadas C, o centro está estacionário. A velocidade v em coordenadas L é a observada com o aparelho montado no laboratório. Se c for a velocidade do centro de massa, a velocidade u em coordenadas C é

$$u = v + c$$

As relações entre as velocidades estão resumidas[65] na Fig. 9.25, sendo obtidas mediante a aplicação das leis da conservação de massa e da quantidade de movimento às colisões.

A Fig. 9.26 mostra a distribuição angular em coordenadas C para os produtos de haletos alcalinos das reações[66]

$$K + Br_2 \longrightarrow KBr + Br \qquad (A)$$
$$K + CH_3I \longrightarrow KI + CH_3 \qquad (B)$$

A transformação de coordenadas L a C envolve algumas aproximações, mas o resultado é considerado ser essencialmente correto. As dependências angulares completamente diferentes nas distribuições dos produtos nestas reações são realmente impressionantes. A reação (A) é uma reação típica de *stripping*. A máxima intensidade dos produtos ocorre a 0° ou na mesma direção da velocidade relativa das duas moléculas reagentes. Por outro

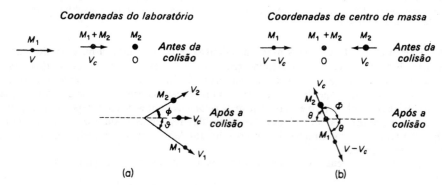

Figura 9.25 (a) Em coordenadas L, o centro de massa, marcado por ⊗, se move com velocidade constante V_c antes, durante e após a colisão. (b) Em coordenadas C, o centro de massa, marcado por ⊗, é estacionário

---

[65] De R. D. Evans, *The Atomic Nucleus* (New York: McGraw-Hill Book Company, 1955). O Apêndice B contém uma clara apresentação do problema cinemático
[66] D. R. Herschbach, *Adv. Chem. Phys.* **10**, 319 (1966)

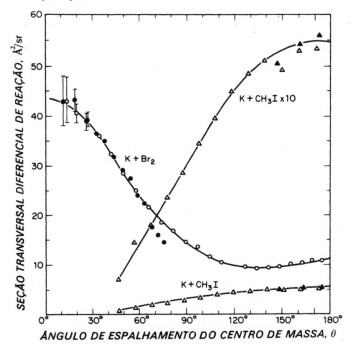

Figura 9.26 Comparação das distribuições angulares (no sistema de centro da massa) dos produtos de haletos alcalinos das reações K + CH$_3$I e K + Br$_2$, como deduzidas na aproximação de velocidade fixada

lado, na reação (B), a intensidade máxima do produto está a 180°; esta reação é uma reação típica *rebound*. O produto KI é rechaçado em sentido oposto ao do átomo de K incidente.

A seção de choque da reação total σ_r pode ser facilmente calculada integrando a diferencial $d\sigma$ em relação a todos os ângulos. Para a reação (A), $\sigma_r = 2,10$ nm^2 e, para (B), $\sigma_r = 0,30$ nm^2. O valor para (B) se encontra próximo de σ para uma colisão de esferas rígidas, mas o valor para (A) é consideravelmente maior, sugerindo que nesta reação as forças são de alcance bastante longo.

9.33. Teoria das reações unimoleculares

De 1918 a 1935, verificou-se que um certo número de reações gasosas era cineticamente de primeira ordem e aparentemente simples decomposições unimoleculares. Essas reações apresentavam o seguinte paradoxo: a energia de ativação necessária deve provir evidentemente da energia cinética transferida durante as colisões, porém a velocidade de reação não dependia da freqüência de colisão.

Em 1922, F. A. Lindemann (Cherwell) mostrou como um mecanismo de colisão para a ativação poderia conduzir a uma cinética de primeira ordem[67]. Consideremos uma molécula A que se decompõe de acordo com $A \rightarrow B + C$ e segundo uma lei de velocidade de primeira ordem, $-d[A]/dt = k_{ex}[A]$. Num recipiente cheio de A, as colisões intermoleculares estão continuamente fornecendo moléculas com energia maiores que

---

[67] *Trans. Faraday Soc.* **17**, 598 (1922). Uma interpretação essencialmente correta foi dada anteriormente por I. Langmuir, *J. Am. Chem. Soc.* **42**, 2 190 (1920).

358   FÍSICO-QUÍMICA

a média e, algumas vezes, moléculas com uma energia acima de um certo valor crítico necessário para a *ativação*, que precede a decomposição. Suponhamos, agora, que exista um certo intervalo de tempo ou defasagem entre a ativação e a decomposição; então, a molécula ativada não se decompõe imediatamente, mas se move ainda durante um certo tempo em seu estado ativado. Algumas vezes, esta molécula pode encontrar uma outra molécula pobre em energia e na subseqüente colisão pode perder energia suficiente de modo a ser *desativada*.

A situação pode ser representada da seguinte maneira:

$$A + A \underset{k_{-2}}{\overset{k_2}{\rightleftharpoons}} A + A^\star$$

$$A^\star \overset{k_1}{\longrightarrow} B + C$$

As moléculas ativadas são denotadas por $A^\star$. A constante de velocidade bimolecular para ativação é k_2 e a da desativação é k_{-2}. A decomposição de uma molécula ativada é uma reação unimolecular verdadeira com constante de velocidade k_1.

O processo chamado *ativação* consiste essencialmente em uma transferência de energia cinética translacional para a energia armazenada nos graus de liberdade internos, especialmente graus de liberdade de vibração. O simples fato de uma molécula estar se movendo rapidamente, isto é, possuir uma energia cinética translacional elevada, não torna a molécula instável. Para ocorrer a reação, a energia deve entrar nas ligações químicas, onde vibrações de elevada amplitude conduzirão a rupturas e rearranjos. A transferência de energia de translação para vibração só pode ocorrer em colisões com outras moléculas ou com a parede do recipiente. A situação é semelhante a de dois automóveis movendo-se rapidamente; suas energias cinéticas não os arrebentarão, a não ser que se choquem e, neste caso, a energia do todo é transformada nas energias internas das partes.

A base da teoria de Lindemann é a de que existe uma defasagem entre a ativação dos graus de liberdade internos e a subseqüente decomposição. A razão disso está no fato de uma molécula poliatômica poder absorver energia de colisão em um certo número de seus $3N - 6$ graus de liberdade vibracionais e, então, pode decorrer um certo tempo antes que a energia se transmita à ligação que é rompida. As equações diferenciais para o mecanismo de Lindemann são

$$\frac{d[A^\star]}{dt} = k_2[A]^2 - k_{-2}[A^\star][A] - k_1[A^\star]$$

$$\frac{-d[A]}{dt} = k_2[A]^2 - k_{-2}[A^\star][A]$$

$$\frac{d[B]}{dt} = k_1[A^\star]$$

Este conjunto de equações não pode ser resolvido em forma fechada e então é necessário se recorrer à *aproximação do estado estacionário*. Admite-se neste caso que, após a reação ter ocorrido durante um tempo curto, a velocidade de formação das moléculas ativadas pode ser igualada à sua velocidade de desaparecimento, de modo que a velocidade resultante na transformação de $[A^\star]$ seja nula, $d[A\ ]/dt = 0$. Para justificar esta hipótese, pode-se dizer que não existem muitas moléculas ativadas presentes, de modo que o valor de $[A\ ]$ é necessariamente pequeno e sua velocidade de transformação também será pequena, podendo ser geralmente posta igual a zero sem erro sério.

Com $d[A^\star]/dt = 0$, a primeira das equações precedentes fornece a concentração de estado estacionário de $A^\star$

$$[A^\star] = \frac{k_2[A]^2}{k_{-2}[A] + k_1}$$

Velocidades das reações químicas

A velocidade de reação é a velocidade com que $A^\star$ se decompõe em B e C, ou seja,

$$\frac{d[B]}{dt} = k_1[A^\star] = \frac{k_1 k_2 [A]^2}{k_{-2}[A] + k_1}$$

Se a velocidade de decomposição A é muito maior que sua velocidade de desativação, $k_1 \gg k_2[A]$, e a velocidade resultante se reduz a

$$\frac{d[B]}{dt} = k_2[A]^2$$

expressão esta que é uma lei comum de velocidade de segunda ordem.

Por outro lado, se a velocidade de desativação de $A^\star$ é muito maior que sua velocidade de decomposição, $k_{-2}[A] \gg k_1$, e a velocidade global se torna

$$\frac{d[B]}{dt} = \frac{k_1 k_2}{k_{-2}}[A] = k[A]$$

Torna-se, assim, evidente que uma cinética de primeira ordem pode ser obtida por um mecanismo de colisão para ativação. Este será o resultado sempre que a molécula ativada apresente uma vida tão longa, que geralmente é desativada por colisão antes de ter a oportunidade de se romper em fragmentos.

À medida que a pressão do sistema reagente é diminuída, a velocidade de desativação $k_{-2}[A^\star][A]$ deve também decrescer e, em pressões suficientemente baixas, a condição para uma cinética de primeira ordem deve sempre falhar, quando $k_{-2}[A]$ não é mais muito maior que k_1. A constante de velocidade de primeira ordem observada deve, portanto, diminuir em pressões baixas.

Se os dados são expressos em termos de uma constante de velocidade experimental k_{ex}, de

$$-\frac{d[A]}{dt} = k_{ex}[A]$$

segue-se que

$$k_{ex} = \frac{k_1 k_2 [A]}{k_{-2}[A] + k_1} \tag{9.71}$$

A constante de velocidade de primeira ordem-limite em pressões elevadas é então:

$$k_\infty = \frac{k_1 k_2}{k_{-2}}$$

É conveniente reescrever a Eq. (9.71) como

$$\frac{1}{k_{ex}} = \frac{1}{k_\infty} + \frac{1}{k_2[A]} \tag{9.72}$$

A teoria deve então prever uma relação entre $1/k_{ex}$ e $1/[A]$, sendo $[A]$ proporcional à pressão de A.

Na Fig. 9.27 foram postas em gráfico as constantes de velocidade obtidas por Trotman-Dickenson e seus colaboradores para a isomerização térmica de primeira ordem de ciclopropano em várias pressões, segundo

$$\begin{array}{c} CH_2 \\ \diagup \;\; \diagdown \\ CH_2 \!\!-\!\! CH_2 \end{array} \longrightarrow CH_3 \!-\! CH \!=\! CH_2$$

A queda marcante de k_{ex} com a diminuição de pressão confirma as previsões teóricas de um modo qualitativo, porém a previsão quantitativa da Eq. (9.72) tem falhado. Este exemplo é típico de todos os casos que têm sido estudados.

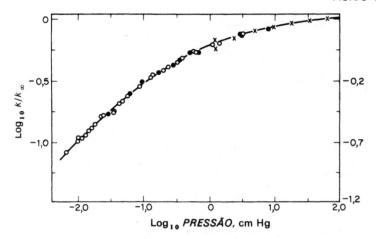

Figura 9.27 Dependência da velocidade de isomerização de ciclopropano da pressão. Curva superior: ○, experimentos até cerca de 30% de conversão; ●, experimentos até cerca de 70% de conversão; x, resultados de Chambers e Kistiakowsky [H. O. Pritchard, R. G. Sowden e A. F. Trotman-Dickenson, *Proc. Roy. Soc.*, A **217**, 563 (1953)]

Se o decréscimo em k_{ex} em pressões baixas fosse meramente o resultado de uma diminuição da probabilidade de desativação de A^*, deveria ser possível restaurar a velocidade inicial por um aumento suficiente da pressão graças à adição de um gás completamente inerte. Este efeito do gás inerte tem sido realmente confirmado em um certo número de casos. A Tab. 9.7 resume as eficiências relativas de vários gases em restaurar a constante de velocidade da isomerização de ciclopropano a seu valor de pressão elevada.

Tabela 9.7 Eficiências relativas de gases adicionados para manter a velocidade de isomerização do ciclopropano

Molécula	Eficiência (pressão/pressão)	Diâmetro de colisão (nm)	Eficiência (colisão/colisão)
Ciclopropano	1,000	0,50	1,000
Hélio	0,060 ± 0,011	0,22	0,048
Argônio	0,053 ± 0,007	0,36	0,070
Hidrogênio	0,24 ± 0,03	0,27	0,12
Nitrogênio	0,060 ± 0,003	0,38	0,070
Monóxido de carbono	0,072 ± 0,009	0,38	0,084
Metano	0,27 ± 0,03	0,41	0,24
Água	0,79 ± 0,11	0,40	0,74
Propileno	~ 1,0	0,50	~ 1,0
Benzotrifluoreto	1,09 ± 0,13	0,85	0,75
Tolueno	1,59 ± 0,13	0,80	1,10
Mesitileno	1,43 ± 0,26	0,90	0,89

A teoria de Lindemann para as reações unimoleculares é plausível e fornece a melhor explicação para muitas experiências. A Tab. 9.8 apresenta uma lista de algumas reações, que atualmente se acredita serem verdadeiros processos unimoleculares. Muitas reações,

Velocidades das reações químicas

Tabela 9.8 Decomposições unimoleculares em fase gasosa*

Reagentes	Produtos	$\log A \ (s^{-1})$	$E_a(kJ \cdot mol^{-1})$
$CH_3 \cdot CH_2Cl$	$C_2H_4 + HCl$	14,6	254
$CCl_3 \cdot CH_3$	$CCl_2{=}CH_2 + HCl$	12,5	200
t-Brometo de Butila	Isobuteno + HBr	14,0	177
t-Álcool butílico	Isobuteno + H_2O	11,5	228
$ClCOOC_2H_5$	$C_2H_5Cl + CO_2$	10,7	123
$ClCOOCCl_3$	$COCl_2$	13,15	174
Ciclobutano	C_2H_4	15,6	262
Perfluorociclobutano	C_2F_4	15,95	310
N_2O_4	NO_2	16	54

*De S. W. Benson, *The Foundations of Chemical Kinetics* (New York: McGraw-Hill Book Company, 1960)

inicialmente admitidas como simples decomposições unimoleculares, têm-se revelado a proceder, na realidade, através de um complexo mecanismo em cadeia, o qual muitas vezes fornece, decepcionantemente, equações de velocidade simples. Este aspecto de reações gasosas será considerado ainda neste capítulo.

Quando a velocidade de primeira ordem começa a cair em pressões baixas, a velocidade de formação de moléculas ativadas não é mais muito maior que sua velocidade de decomposição e, de fato, a velocidade global começa a ser determinada pela velocidade de suprimento das moléculas ativadas. De acordo com a simples teoria de colisão, portanto, a velocidade neste ponto deve ser aproximadamente $Z_{11}e^{-E/RT}$. Quando esta previsão foi comparada com a experiência em um caso típico, como a isomerização do ciclopropano, verificou-se que a reação se dava cerca de 5×10^5 mais rapidamente que o permitido pela simples teoria da colisão.

Uma solução para esta contradição foi dada por Hinshelwood[68]. O termo $e^{-E/RT}$ usado para calcular a fração de moléculas ativadas está baseado na condição de que a energia crítica é adquirida em dois graus de liberdade translacionais apenas. Se a energia em graus de liberdade vibracionais também pode ser transferida nas colisões, a probabilidade de que uma molécula obtenha a necessária E é grandemente ampliada. Em vez de um simples termo $e^{-E/RT}$, a probabilidade é agora[69]

$$P_E = \frac{e^{-E/RT}(E/RT)^{s-1}}{(s-1)!} = f_s \, e^{-E/RT} \tag{9.73}$$

onde s é o número de vibrações nas quais a energia E pode ser adquirida.

A velocidade de ativação pode ser agora aumentada de um grande fator f_s. Para o caso do ciclopropano, com $E = 61,8 \ kJ$, $T = 764 \ K$, o fator $f_s = 5 \times 10^5$ quando $s = 7$. Como a molécula contém 9 átomos, existem ao todo $3N - 6 = 21$ vibrações. A teoria de Hinshelwood incluiria, então, um terço dessas vibrações no processo de ativação.

[68]C. N. Hinshelwood, *Proc. Roy. Soc. London, Ser. A* **113**, 230 (1926). Ver também G. N. Lewis e D. F. Smith, *J. Am. Chem. Soc.* **47**, 1 508 (1925)

[69]Esta é uma boa fórmula aproximada quando $E \gg RT$. Uma dedução é dada por E. A. Moelwyn-Hughes, *Physical Chemistry*, 2.ª ed. (New York: Pergamon Press, 1961), p. 42

362 FÍSICO-QUÍMICA

Tem sido sempre possível encontrar um valor de s menor que $3N - 6$ que se ajuste à velocidade de ativação observada[70] por meio da Eq. (9.73).

Como a teoria de Lindemann-Hinshelwood é falha para explicar quantitativamente a queda de k_{ex} com a pressão, o modelo em se baseia evidentemente exige alguma modificação. Por volta de 1928, Kassel, Rice e Ramsperger apontaram o defeito básico do modelo. Admitia-se até que as vidas de todas as moléculas energizadas $A^\star$ deveriam ser as mesmas, independentemente da quantidade de energia interna que adquiriam durante a ativação por colisão. No modelo de Rice-Ramsperger-Kassel, quanto maior o excesso de energia adquirido por $A^\star$, tanto maior é a probabilidade de sua decomposição num dado intervalo de tempo e, portanto, menor sua chance de ser desativada antes de se decompor. Mostraram, ainda, que a probabilidade de decomposição é proporcional a $[1 - (E_a/E)]^{s-1}$, onde E_a é a energia crítica mínima para qualquer decomposição. As equações teóricas obtidas a partir deste modelo, e de seus subseqüentes refinamentos, se encontram em boa concordância com a experiência, como é mostrado, por exemplo, na Fig. 9.27.

No limite de pressão alta, a formulação do estado de transição pode ser aplicado diretamente às reações unimoleculares, uma vez que existirá um equilíbrio de Maxwell-Boltzmann entre as moléculas reagentes A e os complexos ativados $A^\ddagger$. Na formulação devida a Marcus e dada por

$$A + A \rightleftharpoons A^\star + A$$
$$A^\star \rightleftharpoons A^\ddagger \longrightarrow \text{produtos}$$

a molécula energizada $A^\star$ deve sofrer uma mudança considerável ao passar ao estado de transição $A^\ddagger$, a partir do qual se decompõe. Do ponto de vista da teoria do estado de transição, todavia, tais processos intermediários são irrelevantes, e é possível escrever

$$\frac{[A^\ddagger]}{[A]} = K^\ddagger$$

Da Eq. (9.64), esta expressão fornece

$$k_1 = \frac{kT}{h} K^\ddagger = \frac{kT}{h} \cdot \frac{z^\ddagger}{z} \tag{9.74}$$

O problema que surge, agora, é sempre o problema difícil de como obter informações que permitam um cálculo razoável da $z^\ddagger$.

---

[70]R. A. Ogg, em *J. Chem. Phys.* **21**, 2 079 (1953), propôs um mecanismo interessante para o caso N_2O_5, que anteriormente parecia ser exepcional.

$$N_2O_5 \underset{2}{\overset{1}{\rightleftharpoons}} NO_2 + NO_3$$

$$NO_2 + NO_3 \overset{3}{\longrightarrow} NO + O_2 + NO_2$$

$$NO + NO_3 \overset{4}{\longrightarrow} 2NO_2$$

O tratamento do estado estacionário aplicado a $[NO_3]$ e $[NO]$ fornece

$$\frac{-d[N_2O_5]}{dt} = k_0[N_2O_5] = \frac{2k_3k_1}{k_2 + 2k_3}[N_2O_5]$$

de modo que a constante de velocidade de primeira ordem k_0 é uma constante composta

Velocidades das reações químicas

363

9.34. Reações em cadeia: formação de ácido bromídico

Depois de Bodenstein ter completado seu estudo da reação de hidrogênio-iodo, voltou-se para a reação $H_2 + Br_2 \longrightarrow 2HBr$, esperando, provavelmente, encontrar um outro exemplo de uma cinética de segunda ordem. Os resultados[71] foram surpredentemente diferentes, pois foi constatado que a velocidade de reação se adaptava a expressão bem mais complicada,

$$\frac{d[HBr]}{dt} = \frac{k_a[H_2][Br_2]^{1/2}}{k_b + [HBr]/[Br_2]}$$

onde k_a e k_b são constantes. A velocidade é, assim, inibida pelo produto HBr. Nos estágios iniciais da combinação, $[HBr]/[Br_2] \ll k_b$, de modo que $d[HBr]/dt = k'[H_2][Br_2]^{1/2}$, com uma ordem global de 3/2.

Não houve interpretação para esta curiosa equação de velocidade durante treze anos. Então o problema foi resolvido independentemente e quase simultaneamente por Christiansen, Herzfeld e Polanyi, propondo uma cadeia de reações com os seguintes estágios:

Iniciação da cadeia	(1) Br_2	$\xrightarrow{k_1}$ $2Br$
Propagação da cadeia	(2) $Br + H_2$	$\xrightarrow{k_2}$ $HBr + H$
	(3) $H + Br_2$	$\xrightarrow{k_3}$ $HBr + Br$
Inibição da cadeia	(4) $H + HBr$	$\xrightarrow{k_4}$ $H_2 + Br$
Ruptura da cadeia	(5) $2Br$	$\xrightarrow{k_5}$ Br_2

A reação é iniciada por átomos de bromo, provenientes da dissociação térmica $Br_2 \longrightarrow 2Br$. Os estágios de propagação de cadeia (2) e (3) formam duas moléculas de HBr e regeneram o átomo de bromo, pronto para entrar no outro ciclo. Assim, são necessários muito poucos átomos de bromo para causar o aparecimento de uma reação extensa. A etapa (4) é introduzida para levar em conta a inibição observada com HBr; como esta inibição é proporcional à relação $[HBr]/[Br_2]$, é evidente que HBr e Br_2 competem entre si, de modo que o átomo que está sendo removido deve ser o H de preferência ao de Br.

Para deduzir a lei cinética para este mecanismo em cadeia, aplicamos o tratamento do estado estacionário aos átomos reagentes, os quais devem estar presentes em baixas concentrações. Assim,

$$\frac{d[Br]}{dt} = 0 = 2k_1[Br_2] - k_2[Br][H_2] + k_3[H][Br_2] + k_4[H][HBr] - 2k_5[Br]^2$$

$$\frac{d[H]}{dt} = 0 = k_2[Br][H_2] - k_3[H][Br_2] - k_4[H][HBr]$$

A resolução dessas duas equações simultâneas fornece as concentrações do estado estacionário para os átomos, que são

$$[Br] = \left[\frac{k_1}{k_5}[Br_2]\right]^{1/2}, \qquad [H] = k_2 \frac{(k_1/k_5)^{1/2}[H_2][Br_2]^{1/2}}{k_3[Br_2] + k_4[HBr]}$$

A velocidade de formação do produto, HBr, é

$$\frac{d[HBr]}{dt} = k_2[Br][H_2] + k_3[H][Br_2] - k_4[H][HBr]$$

[71] M. Bodenstein e S. C. Lind, *Z. Physik. Chem.* **57**, 168 (1906)

364 FÍSICO-QUÍMICA

Introduzindo os valores de [H] e [Br], e rearranjando os termos, encontramos

$$\frac{d[HBr]}{dt} = 2\frac{k_3 k_2 k_4^{-1} k_1^{1/2} k_5^{-1/2}[H_2][Br_2]^{1/2}}{k_3 k_4^{-1} + [HBr][Br_2]^{-1}}$$

Esta equação concorda exatamente com a expressão empírica, mas agora as constantes k_a e k_b são interpretadas como composições de constantes para reações intermediárias da cadeia. Convém notar ainda que $k_1/k_5 = K$ é a constante de equilíbrio para a dissociação $Br_2 \leftrightarrows 2Br$.

A reação $H_2 + Cl_2 \longrightarrow 2HCl$ é mais difícil de ser estudada. É extremamente sensível à luz, que inicia a reação em cadeia por fotodissociação do cloro, $Cl_2 + h\nu \longrightarrow 2Cl$. Os estágios subseqüentes da reação são semelhantes aos da reação com Br_2. A reação térmica procede analogamente, mas é complicada por efeitos de parede e traços de umidade e oxigênio.

Durante muitos anos após os estudos cinéticos pioneiros de Bodenstein, a reação $H_2 + I_2 \longrightarrow 2HI$ e sua inversa $2HI \longrightarrow H_2 + I_2$ eram consideradas processos puramente bimoleculares. Em 1934, porém, foi observada uma curiosa anomalia[72]. Deixando-se proceder a reação até o equilíbrio e adicionando-se para-H_2 puro à mistura de equilíbrio, a velocidade de interconversão, p-$H_2 \leftrightarrows$ o-H_2, era muito maior do que poderia ser explicado através das simples reações moleculares

$$H_2 + I_2 \rightleftharpoons 2HI \tag{A}$$

Foi feita então a sugestão de que o iodo atômico estava sendo formado dentro de alguma extensão e atuava catalizando a conversão para-orto H_2. Esta observação não foi suficientemente dramática para influenciar as citações dos livros-textos de que $H_2 + I_2$ era um processo puramente bimolecular. Mas, em 1955, Benson e Srinivasan[73] descobriram que as energias de ativação de ambas as reações direta e enversa em (A) aumentavam apreciávelmente com a temperatura. Parecia como se algum novo mecanismo com energia de ativação global maior estava ocorrendo em temperaturas mais elevadas. Esses pesquisadores sugeriram então um mecanismo em cadeia semelhante ao de $H_2 + Br_2$, como se segue:

$$I_2 \rightleftharpoons 2I$$
$$I + H_2 \longrightarrow HI + H$$
$$H + I_2 \longrightarrow HI + I$$
$$H + HI \longrightarrow H_2 + I$$
$$I + HI \longrightarrow I_2 + H$$

Em 1967, J. H. Sullivan[74] sugeriu que a parte não encadeada da reação $H_2 + I_2$ também ocorria com átomos de iodo como intermediários

$$I_2 \overset{K}{\rightleftharpoons} 2I \tag{A}$$
$$I + H_2 \longrightarrow (IH_2) \tag{B}$$
$$I + (IH_2) \longrightarrow 2HI \tag{C}$$

Os dois últimos estágios podem se combinar dando uma reação trimolecular

$$H_2 + 2I \overset{k_3}{\longrightarrow} 2HI \tag{D}$$

[72] E. J. Rosenbaum e T. R. Hogness, *J. Chem. Phys.* **2**, 267 (1934)
[73] S. W. Benson e R. Srinivasan, *J. Chem. Phys.* **23**, 200 (1955)
[74] J. H. Sullivan, *J. Chem. Phys.* **46**, 73 (1967)

Velocidades das reações químicas

Da reação (A), $K = [I]^2/[I_2]$, de modo que

$$[I] = K^{1/2} [I]^{1/2}$$

Da (D), temos

$$\frac{d[HI]}{dt} = 2k_3[H_2][I]^2$$
$$= 2k_3 K[H_2][I_2] = k_{ex}[H_2][I_2]$$

de modo que a constante de velocidade experimental de segunda ordem seria a constante composta

$$k_{ex} = 2k_3 K$$

Existem atualmente dúvidas se reações simples de quatro centros podem proceder através de um mecanismo bimolecular. Noyes[75] obteve evidência de que certas reações interalogêneas em solução são bimoleculares. Por exemplo,

$$2IBr \rightleftharpoons I_2 + Br_2$$

Em fase gasosa,

$$HCl + Br_2 \longrightarrow HBr + BrCl$$

pode ser bimolecular[76].

9.35. Cadeias de radicais livres

Em 1900, Moses Gomberg descobriu que o hexafeniletano se dissociava em solução, dando dois radicais trifenilmetila

$$(C_6H_5)_3C{-}C(C_6H_5)_3 \longrightarrow 2(C_6H_5)_3C$$

Acreditou-se inicialmente que tais compostos com átomos de carbono trivalentes constituíam anomalias químicas capazes de ocorrer apenas em moléculas complexas.

Uma das primeiras sugestões de que radicais simples podem atuar como transportadores ou propagadores de cadeia em reações químicas foi feita, em 1925, por Hugh Taylor[77]. Se uma mistura de hidrogênio e vapor de mercúrio for irradiada com luz ultravioleta de comprimento de onda $\lambda = 253{,}7$ nm, os átomos de mercúrio são elevados a um nível eletrônico mais alto. Reagem, então, nessas circunstâncias com moléculas de hidrogênio, produzindo átomos de hidrogênio:

$$Hg(^1S_0) + h\nu(253{,}7 \text{ nm}) \longrightarrow Hg(^3P_1)$$
$$Hg(^3P_1) + H_2 \longrightarrow HgH + H$$

Adicionando-se etileno à mistura reagente, ocorre uma reação rápida para formar etano, butano e alguns hidrocarbonetos poliméricos mais elevados. Taylor sugeriu que o átomo de hidrogênio se combinava com etileno formando um radical livre etila, C_2H_5, que então iniciava a reação em cadeia.

$$H + C_2H_4 \longrightarrow C_2H_5$$
$$C_2H_5 + H_2 \longrightarrow C_2H_6 + H, \quad \text{etc.}$$

[75]P. R. Walton e R. M. Noyes, *J. Am. Chem. Soc.* **88**, 4 324 (1966)
[76]R. M. Noyes, *J. Am. Chem. Soc.* **88**, 4 318 (1966)
[77]*Trans. Faraday Soc.* **21**, 560 (1925)

Em 1929, F. Paneth e W. Hofeditz obtiveram boa evidência de que radicais livres alifáticos ocorrem na decomposição de moléculas de alquilas metálicos como mercúrio dimetila e chumbo tetraetila. O experimento de Paneth[78] é representado na Fig. 9.28. Uma corrente de nitrogênio puro sob a pressão de 2 mm é saturada com vapor de chumbo tetraetila ao passar sobre o líquido em A. Os vapores, a seguir, passam através de um tubo aquecido em B acerca de 450 °C. A decomposição do $Pb(CH_3)_4$ deposita um espelho de chumbo na seção aquecida do tubo. Quando os vapores provenientes da decomposição, depois de atravessarem uma distância de 10 a 30 cm do tubo, passam sobre um espelho de chumbo previamente depositado a 100 °C, este espelho é gradualmente removido. Parece, portanto, que o alquila metálico inicialmente se decompõe em radicais metila livres, segundo $Pb(CH_3)_4 \rightarrow Pb + 4CH_3$. Estes radicais são carregados pela corrente de nitrogênio dentro de uma distância considerável antes de se recombinarem na forma de hidrocarbonetos estáveis. Além disso, esses radicais removem os espelhos metálicos reagindo com o metal para formar alquilas voláteis. Assim, se o espelho for de zinco, $Zn(CH_3)_2$, pode ser recuperado, e, se for de antimônio, $Sb(CH_3)_3$, é recuperado à medida que o espelho é removido. De 1932 a 1934, F. O. Rice[79] e colaboradores mostraram que a decomposição térmica, feita pela técnica de Paneth, de muitos compostos orgânicos, como $(CH_3)_2CO$, C_2H_6 e outros hidrocarbonetos, forneciam produtos que removiam espelhos metálicos. Esses autores, por isso, concluíram que radicais livres eram formados nos estágios iniciais da decomposição de todas essas moléculas.

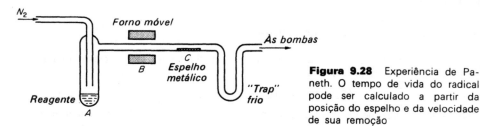

Figura 9.28 Experiência de Paneth. O tempo de vida do radical pode ser calculado a partir da posição do espelho e da velocidade de sua remoção

Em 1935, Rice e Herzfeld[80] mostraram como mecanismos de cadeia por radicais livres poderiam ser concebidos de modo a conduzir a uma cinética global simples. Os produtos das decomposições estavam em boa concordância com os mecanismos por radicais propostos. Um exemplo típico é o seguinte mecanismo possível para a decomposição de acetaldeído $CH_3CHO \rightarrow CH_4 + CO$:

(1) $CH_3CHO \xrightarrow{k_1} CH_3 + CHO$

(2) $CH_3CHO + CH_3 \xrightarrow{k_2} CH_4 + CO + CH_3$

(3) $2CH_3 \xrightarrow{k_3} C_2H_6$

Uma ruptura primária em radicais metila pode resultar na decomposição de muitas moléculas de CH_3CHO, porque o transportador de cadeia, CH_3, é regenerado no estágio (2). O tratamento do estado estacionário para a concentração de CH_3 fornece

$$\frac{d[CH_3]}{dt} = 0 = k_1[CH_3CHO] - 2k_3[CH_3]^2$$

[78] *Berichte* **62**, 1 335 (1929)
[79] F. O. Rice, *J. Am. Chem. Soc.* **53**, 1 959 (1931); F. O. Rice, W. R. Johnston e B. L. Evering, *J. Am. Chem. Soc.* **54**, 3 529 (1932); F. O. Rice e A. L. Glasebrook, *J. Am. Chem. Soc.* **56**, 2 381 (1934)
[80] *J. Am. Chem. Soc.* **56**, 284 (1934)

Velocidades das reações químicas

de modo que

$$[CH_3] = \left(\frac{k_1}{2k_3}\right)^{1/2}[CH_3CHO]^{1/2}$$

A velocidade de reação baseada na formação de metano é então

$$\frac{d[CH_4]}{dt} = k_2[CH_3][CH_3CHO] = k_2\left(\frac{k_1}{2k_3}\right)^{1/2}[CH_3CHO]^{3/2}$$

O esquema baseado nos radicais livres prevê uma ordem de 3/2, que está em concordância razoável com a experiência.

A ruptura primária em radicais livres geralmente requer uma elevada energia de ativação, enquanto que E para uma decomposição elementar nos produtos finais pode ser consideravelmente mais baixa. Entretanto, uma reação rápida é possível, a despeito da elevada E inicial, em virtude da existência de uma longa cadeia de estágios de baixa energia de ativação seguindo a formação dos radicais. Às vezes, pode ocorrer um balanceamento delicado entre os dois mecanismos e, em certos intervalos de temperatura, o mecanismo de radicais e o mecanismo de decomposição intramolecular podem se dar simultaneamente dentro de apreciável extensão. As cadeias de radicais livres desempenham um papel importante nas pirólises de hidrocarbonetos, aldeídos, éteres, cetonas, alquilas metálicos e muitos outros compostos orgânicos.

Às vezes, uma boa verificação para um mecanismo de radicais pode ser feito estudando a mistura com espécies isotopicamente substituídas. Suponhamos, por exemplo, que aquecemos a mistura de CH_3CHO e CD_3CDO. Se ocorrer o mecanismo *intramolecular*

$$CH_3CHO \longrightarrow CH_4 + CO$$
$$CD_3CDO \longrightarrow CD_4 + CO$$

devemos obter uma mistura de CH_4 e CD_4 nos produtos. Se o mecanismo de cadeia for seguido, devemos obter também CH_3D e CD_3H a partir dos estágios

$$CH_3 + CD_3CDO \longrightarrow CH_3D + CO + CD_3$$
$$CD_3 + CH_3CHO \longrightarrow CD_3H + CO + CH_3$$

Realmente, são encontradas todas as misturas isotópicas de metano, indicando tratar-se de um mecanismo por radicais[81].

9.36. Cadeias ramificadas — Reações explosivas

A teoria das reações em cadeia fornece uma boa interpretação de muitos dos aspectos peculiares das explosões.

A formação de H_2O a partir de H_2 e O_2, quando a mistura é aquecida ou a reação é iniciada de outra forma, tem sido objeto de centenas de artigos, constituindo ainda um problema de pesquisa ativa. A reação exibe os limites de pressão superior e inferior, característicos de muitas explosões, como é mostrado na Fig. 9.29. Se a pressão de uma mistura de H_2 e O_2 na proporção de 2:1 for mantida abaixo da linha inferior do diagrama, a reação térmica se dará lentamente. Na temperatura de 500 °C, este limite de pressão inferior aparece a 1,5 mm, como mostra a figura, mas seu valor depende do tamanho do recipiente de reação. Elevando-se a pressão acima deste valor, a mistura explode. À medida que a pressão é ainda mais aumentada, existe um limite de 50 mm a 500 °C acima do qual não ocorre mais uma explosão, porém outra vez uma reação relativamente lenta. Este segundo limite de explosão depende fortemente da temperatura, mas não varia com o tamanho do recipiente.

[81]L. A. Wall e W. J. Moore, *J. Phys. Chem.* **55**, 965 (1951)

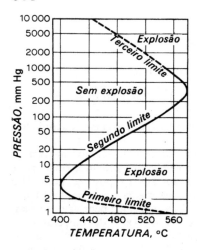

Figura 9.29 Limites de explosão da mistura estequiométrica de hidrogênio-oxigênio num recipiente esférico recoberto de KCl de 7,4 cm de diâmetro [Segundo B. Lewis e G. V. Elbe, *Combustion, Flames and Explosions of Gases* (New York: Academic Press, 1953), p. 29]

Quando uma reação exotérmica é realizada num espaço confinado, o calor desprendido freqüentemente não pode ser dissipado. A temperatura então aumenta, de modo que a velocidade da reação aumenta e existe um correspondente aumento na velocidade de produção de calor. A velocidade de reação cresce praticamente sem limites e o resultado é chamado *explosão térmica*. O terceiro limite de explosão da Fig. 9.29 surge desta maneira.

Em outros sistemas, os efeitos térmicos são menos decisivos e a explosão é devida a uma causa diferente, a saber, a ocorrência de *cadeias ramificadas* no mecanismo de reação. Nas reações em cadeia até aqui discutidas, cada seqüência de propagação conduziu à formação de uma molécula do produto e à regeneração de *um* transportador ou propagador de cadeia. Numa cadeia ramificada, mais de um transportador é produzido em cada seqüência de reação. Na seguinte reação em cadeia esquemática, R representa o transportador reativo da cadeia:

$$A \xrightarrow{k_1} R$$
$$R + A \xrightarrow{k_2} P + \alpha R$$
$$R \xrightarrow{k_3} \text{destruição.}$$

Neste esquema, P é o produto final e α é o número de transportadores de cadeias formados a partir de um R inicial no estágio de propagação de cadeia. A destruição dos transportadores da cadeia pode ocorrer de duas maneiras. Os transportadores podem difundir até as paredes do recipiente de reação, onde são adsorvidos e se combinam numa reação de superfície, ou então podem ser destruídos na fase gasosa. Se o esquema acima fornece uma velocidade de reação estacionária, $d[R]/dt$ deve ser nulo; assim,

$$\frac{d[R]}{dt} = 0 = k_1[A]^n - k_2[R][A] + \alpha k_2[R][A] - k_3[R]$$

ou

$$[R] = \frac{k_1[A]^n}{k_2[A](1-\alpha) + k_3}$$

A probabilidade de destruição, proporcional a k_3, pode ser escrita como a soma de dois termos k_g para a reação em fase gasosa e k_w para a reação na parede, de modo que

$$[R] = \frac{k_1[A]^n}{k_2[A](1-\alpha) + k_g + k_w} \tag{9.75}$$

Velocidades das reações químicas

369

Em todos os casos tratados anteriormente, α tem sido igual à unidade de modo que $(1 - \alpha) = 0$, deixando uma concentração de radicais proporcional à velocidade de formação dividida pela velocidade de destruição.

Quando α é maior que a unidade, ocorre ramificação da cadeia. Em particular, uma situação crítica surge quando α se torna tão grande que $k_2[A](\alpha - 1) = k_g + k_w$, pois neste caso o denominador se torna nulo e a concentração do transportador $[R]$ tende para o infinito. A velocidade de reação é proporcional à concentração do transportador de modo que também aumenta sem limites nesta condição crítica. O tratamento do estado estacionário então falha completamente e a reação se dá tão rapidamente que ocorre uma explosão.

Está claro agora por que podem existir ambos os limites superior e inferior de explosão. A velocidade de destruição nas paradas k_w depende da difusão dos transportadores até a parede, e esta se dá mais rapidamente em pressões baixas. Então, quando a pressão diminui até um ponto em que os transportadores da cadeia estão sendo destruídos na parede tão rapidamente como estão sendo produzidos, já não é mais possível que ocorra uma explosão. Este limite de pressão inferior, portanto, depende do tamanho e do material do recipiente da reação: num recipiente maior, um número menor de radicais atinge a parede. O limite de explosão superior é atingido quando as colisões destrutivas na fase gasosa sobrepujam a ramificação da cadeia.

Para a reação hidrogênio-oxigênio, um esquema de cadeia mais ou menos como o que se segue parece ser razoável:

(1) $H_2 + O_2 \longrightarrow HO_2 + H$

(2) $H_2 + HO_2 \longrightarrow OH + H_2O$

(3) $OH + H_2 \longrightarrow H_2O + H$

(4) $O_2 + H \longrightarrow OH + O$

(5) $H_2 + O \longrightarrow OH + H$

(6) $HO_2 + parede \longrightarrow remoção$

(7) $H + parede \longrightarrow remoção$

(8) $OH + parede \longrightarrow remoção$

O radical hidroxila, OH, tem sido detectado espectroscopicamente na mistura reagente. A ramificação da cadeia ocorre nos estágios (4) e (5), uma vez que OH, O e H são todos transportadores ativos de cadeia[82].

9.37. Reações trimoleculares

A necessidade de um terceiro corpo para remover o excesso de energia em recombinações atômicas está bem estabelecida. Os estudos mostraram que reações, tais como $M + H + H \rightarrow H_2 + M$ e $M + Cl + Cl \rightarrow Cl_2 + M$ são de terceira ordem. Os fatores, que determinam as eficiências relativas de diferentes terceiros corpos M em promoverem recombinação, são de grande interesse em relação ao problema da transferência de energia entre moléculas. Num estudo da recombinação de átomos de iodo e bromo produzidos por decomposição térmica de moléculas, Rabinowitsch[83] mediu as cons-

---

[82]R. C. Anderson, "Combustion and flame", *J. Chem. Ed.* **44**, 248 (1967), fornece mais referências para esta reação numa revisão geral dos problemas cinéticos fascinantes que aparecem nas reações em chamas

[83]*Trans. Faraday Soc.* **33**, 283 (1937)

370 FÍSICO-QUÍMICA

tantes de velocidade da reação,

$$X + X + M \longrightarrow X_2 + M: \frac{-d[X]}{dt} = k_3[X]^2[M]$$

encontrando os seguintes valores relativos de k_3:

$M =$	He	Ar	H_2	N_2	O_2	CH_4	CO_2	C_6H_6
$X = Br$	0,76	1,3	2,2	2,5	3,2	3,6	5,4	
$X = I$	1,8	3,8	4,0	6,6	10,5	12	18	100

É difícil calcular o número de *colisões triplas* que ocorrem num gás, porém uma estimativa bastante boa deveria ser obtida fazendo a relação entre as colisões binárias Z_{12} e triplas Z_{121} igual à relação entre a trajetória livre média e o diâmetro molecular λ/d. Como d é da ordem de 10^{-8} cm e λ sob a pressão de 1 atm é de 10^{-5} cm para a maioria dos gases, a relação é aproximadamente igual a 1 000. Rabinowitsch encontrou que esta relação Z_{12}/Z_{121} seguia de perto as constantes de velocidade das reações de recombinação de átomos de halogênios. Neste caso, pelo menos, a eficiência do terceiro corpo parece depender principalmente do número das colisões triplas que o mesmo sofre.

Além das recombinações de três corpos, as únicas reações gasosas conhecidas que podem ser trimoleculares são as reações de terceira ordem do óxido nítrico, mencionadas na Sec. 9.8. Trautz mostrou que estas reações podem, na realidade, consistir em reações bimoleculares, como, por exemplo,

$$(1) \qquad 2NO \rightleftharpoons N_2O_2$$

$$(2) \qquad N_2O_2 + O_2 \xrightarrow{k_2} 2NO_2$$

Se o equilíbrio se estabelecer em (1), $K = [N_2O_2]/[NO]^2$. Então, de (2)

$$\frac{d[NO_2]}{dt} = k_2[N_2O_2][O_2] = k_2K[NO]^2[O_2]$$

A constante da terceira ordem observada é $k_3 = k_2K$. Como se poderia saber se a reação procede através da formação de um intermediário N_2O_2 ou através de uma colisão de três corpos?

9.38. Reações em solução

Não podemos fazer uma análise teórica completa das velocidades de reações em soluções líquidas, embora muitos aspectos especiais dessas reações estejam bem compreendidos. Poderia parecer que a teoria da colisão dificilmente seria aplicável uma vez que não existe um modo inequívoco de calcular as freqüências de colisão. Acontece, porém, que mesmo as expressões da cinética em fase gasosa, às vezes, dão valores razoáveis para os fatores de freqüência.

Reações de primeira ordem, como a decomposição de N_2O_5, Cl_2O ou CH_2I_2, e a isomerização do pineno se dão com praticamente a mesma velocidade em fase gasosa e em solução. Parece, portanto, que a velocidade é a mesma, quer uma molécula seja ativada por colisão com moléculas do solvente, quer pelas colisões na fase gasosa com outras de sua própria espécie. É ainda mais notável que muitas reações de segunda ordem, presumivelmente bimoleculares, apresentam velocidades próximas das previstas pela teoria da colisão da cinética gasosa. Alguns exemplos são mostrados na última coluna da Tab. 9.9.

Velocidades das reações químicas

Tabela 9.9 Exemplos de reações em solução

Reação	Solvente	E_a (kJ·mol⁻¹)	A (Eq. 9. 41) (dm³·mol⁻¹·s⁻¹)	A_{calc}/A_{obs}
$C_2H_5ONa + CH_3I$	C_2H_5OH	81,6	$2,42 \times 10^{11}$	0,8
$C_2H_5ONa + C_6H_5CH_2I$	C_2H_5OH	83,3	$0,15 \times 10^{11}$	14,5
$NH_4CNO \longrightarrow (NH_2)_2CO$	H_2O	97,1	$42,7 \times 10^{11}$	0,1
$CH_2ClCOOH + OH^-$	H_2O	108,4	$4,55 \times 10^{11}$	0,6
$C_2H_5Br + OH^-$	C_2H_5OH	89,5	$4,30 \times 10^{11}$	0,9
$(C_2H_5)_3N + C_2H_5Br$	C_6H_6	46,9	$2,68 \times 10^2$	$1,9 \times 10^9$
$CS(NH_2)_2 + CH_3I$	$(CH_3)_2CO$	56,9	$3,04 \times 10^6$	$1,2 \times 10^5$
$C_{12}H_{22}O_{11} + H_2O \longrightarrow 2C_6H_{12}O_6$ (sacarose)	$H_2O(H^+)$	107,9	$1,5 \times 10^{15}$	$1,9 \times 10^{-4}$

A explicação dessa concordância parece ser a seguinte. Qualquer molécula dada do soluto reagente deve difundir dentro de uma certa distância através da solução antes de encontrar uma outra molécula reagente. Então, o número de tais encontros será menor do que em fase gasosa. Uma vez tendo sido encontrado, porém, as duas moléculas reagentes permanecerão uma próxima da outra durante um tempo considerável por estarem circundados por uma *gaiola* de moléculas do solvente. Então, colisões repetidas podem ocorrer entre o mesmo par de moléculas reagentes. O resultado final é que o número efetivo de colisão não é muito diferente do observado em fase gasosa.

Existem outros casos em que as constantes calculadas se desviam por fatores que vão de 10^9 até 10^{-9}. Um alto fator de freqüência corresponde a um $\Delta S^{\ddagger}$ grande e positivo e um baixo fator de freqüência, a um $\Delta S^{\ddagger}$ negativo. As observações sobre o significado de $\Delta S^{\ddagger}$ em reações gasosas se aplicam igualmente aqui. Devemos esperar que reações de associação apresentem baixos fatores de freqüência devido a um decréscimo de entropia quando se forma o complexo ativado. Um exemplo é a reação de Menschutkin, na qual ocorre a combinação de um haleto de alquila com uma amina terciária:

$$(C_2H_5)_3N + C_2H_5Br \longrightarrow (C_2H_5)_4NBr$$

Estas reações apresentam valores de $\Delta S^{\ddagger}$ de -140 a -200 J·K⁻¹·mol⁻¹, geralmente quase iguais aos $\Delta S^{\ominus}$ para a reação global.

Num gás, um limite superior para a velocidade de uma reação bimolecular é fixado pela freqüência de colisão. Num líquido, um limite superior seria fixado pela freqüência dos *primeiros encontros* entre moléculas reagentes deslocando-se em movimento browniano ao acaso através da solução. Em 1917, Smoluchowski[84] tratou um problema semelhante na sua teoria sobre o crescimento de uma partícula coloidal pelo acréscimo de partículas que difundiam para a partícula e se incorporavam na sua superfície. Debye[85] aplicou esta teoria a reações em soluções e estendeu-a à situação em que existia uma energia potencial intermolecular $U(r)$ definida entre as moléculas.

Consideramos as moléculas A que estão se movendo através da solução num movimento browniano ao acaso e que encontram moléculas estacionárias B com as quais reagem durante cada encontro. O fluxo de A é

$$-J_A = -D_A\left[\frac{\partial C_A}{\partial r} + \frac{C_A}{kT}\frac{\partial U}{\partial r}\right] \tag{9.76}$$

[84]M. v. Smoluchowski, *Z. Physik. Chem.* **92**, 129 (1917)
[85]P. Deybe, *Trans. Electrochem. Soc.* **82**, 265 (1942)

372   FÍSICO-QUÍMICA

Esta expressão é uma extensão da Primeira Lei de Fick da difusão, Eq. (4.65), na qual adicionamos ao fluxo difusivo um termo determinado pela força $\partial U/\partial r$ do potencial $U(r)$. A mobilidade generalizada v_A (velocidade por unidade de força) está relacionada ao coeficiente de difusão pela equação de Einstein, Eq. (10.19),

$$\frac{D_A}{kT} = v_A$$

O escoamento de moléculas A através da superfície de uma esfera de raio r é

$$I_A = 4\pi r^2 J_A = -4\pi r^2 D_A \left[\frac{\partial C_A}{\partial r} + \frac{C_A}{kT} \frac{\partial U}{\partial r} \right] \tag{9.77}$$

As condições de contorno para a Eq. (9.77) são as que, quando $r = \infty$, $C_A = C_A^\circ$ e $U = O$; e, quando $r = d_{12}$, o diâmetro de colisão, $C_A = 0$ e $U = U(d_{12})$. Podemos, então, escrever[86] a integral da Eq. (9.77) como

$$I_A \int_{d_{12}}^{\infty} \frac{e^{U/kT}}{r^2}\, dr = 4\pi D_A \int_0^{C_A^\circ} d(C_A\, e^{U/kT})$$

$$I_A = -\frac{4\pi D_A\, C_A^\circ}{\displaystyle\int_{d_{12}}^{\infty} e^{U/kT}(dr/r^2)}$$

Como ambas as moléculas A e B são móveis, devemos substituir D_A por $D_A + D_B$. Se a concentração das moléculas de B é C_B, a velocidade de reação-limite se torna $I_A C_B$ e a constante de velocidade de segunda ordem passa a ser

$$k_2 = \frac{4\pi(D_A + D_B)}{\displaystyle\int_{d_{12}}^{\infty} e^{U/kT}\,(dr/r^2)} \tag{9.78}$$

No caso especial em que $U = 0$, $\int_{d_{12}}^{\infty} dr/r^2 = 1/d_{12}$ e a Eq. (9.78) fornece

$$k_2 = 4\pi d_{12}(D_A + D_B)$$

Esta constante de velocidade seria dada em unidades baseadas em concentração molecular e a conversão para unidades baseadas em concentrações molares daria:

$$k_2 = 4\pi d_{12}(D_A + D_B)L \tag{9.79}$$

Com valores típicos de $d_{12} = 5 \times 10^{-8}$ cm, $D = 10^{-5}$ cm$^2 \cdot$ s^{-1}, a Eq. (9.79) dá $k_2 = 4 \times \times 10^9$ mol$^{-1} \cdot$ dm$^3 \cdot$ s^{-1}. Para uma reação gasosa, a freqüência de colisão corresponderia a um máximo de k_2 de cerca de $10^{11} \cdot$ mol$^{-1} \cdot$ dm$^3 \cdot$ s^{-1}. Como já foi mencionado, devido ao efeito gaiola, a freqüência de colisão em soluções líquidas pode ser aproximadamente igual a dos gases, mas a constante de velocidade em líquidos não pode atingir este valor-limite, porque o controle por difusão predomina sobre o controle por colisão para valores de k_2 da ordem de $10^9 \cdot$ mol$^{-1} \cdot$ dm$^3 \cdot$ s^{-1}.

9.39. Catálise

A palavra catálise (*Katalyse*) foi introduzida em 1835 por Berzelius: "Catalisadores são substâncias que por sua mera presença evocam reações químicas que não se realizariam de outra maneira". A palavra chinesa *tsoo mei* é mais pitoresca, significando o "agente de casamento" e implicando, deste modo, uma teoria de ação catalítica. A idéia

---

[86]Notar que

$$d[C_A\, e^{U/kT}] = e^{U/kT} \left[C_A \frac{dU}{kT} + dC_A \right]$$

Velocidades das reações químicas

373

de catálise remonta a tempos antigos da história da Química. Num manuscrito árabe do século XIV, Al Alfani descreve o "xerion, elixir, pedra nobre, magistério que cura os doentes e transforma os metais básicos em ouro, sem que ele mesmo sofra a menor transformação". Pesquisadores antigos ficaram fascinados com a idéia de que um mero traço de catalisador, às vezes, era suficiente para produzir grandes mudanças.

A *ação catalítica* tem sido comparada à de uma moeda inserida numa máquina papa-níquel que rende produtos valiosos e também devolve a moeda. Numa reação química, o catalisador entra num estágio e sai num outro. A essência do catalisador não é a entrada mas a saída.

Wilhelm Ostwald foi o primeiro a enfatizar que um catalisador influencia a velocidade de uma reação química, mas não tem efeito sobre a posição de equilíbrio. Sua famosa definição foi: "Um catalisador é uma substância que altera a velocidade de uma reação química sem que o mesmo apareça nos produtos finais". A prova de Ostwald desta afirmação se baseou na primeira lei da termodinâmica. Consideremos uma reação gasosa que procede com uma variação de volume. O gás se encontra confinado num cilindro provido de um pistão; o catalisador se encontra num pequeno receptáculo dentro do cilindro e pode ser alternadamente exposto e coberto. Se a posição de equilíbrio fosse alterada ao se expor o catalisador, a pressão deveria variar, o pistão deveria se mover para cima e para baixo, fornecendo uma máquina de movimento perpétuo.

Como o catalisador muda a velocidade, mas não o equilíbrio, *deve acelerar as reações direta e inversa na mesma proporção*. Assim, catalisadores que aceleram a hidrólise de ésteres devem também acelerar a esterificação de álcoois; catalisadores de desidrogenação, como o níquel e a platina, são também bons catalisadores de hidrogenação; enzimas, como a pepsina e a papaína, que catalisam a ruptura da ligação de peptídios, também devem catalisar sua formação.

Distingue-se entre *catálise homogênea*, na qual toda a reação ocorre numa só fase, e *catálise heterogênea*, na qual a reação ocorre em interfaces entre fases. A última é também chamada *catálise de contato* ou de *superfície* e será discutida no Cap. 11. A maioria dos exemplos de catálise homogênea tem sido estudada em soluções líquidas. De fato, catálise em solução é uma regra antes de ser uma exceção e pode-se mesmo afirmar que a maioria das reações em soluções líquidas não se daria com uma velocidade apreciável, se os catalisadores fossem rigorosamente excluídos. Exemplos de catálise por ácidos e bases serão discutidos na Sec. 10.29.

9.40. Catálise homogênea

Um exemplo de catálise homogênea em fase gasosa é o efeito do vapor de iodo na decomposição de aldeídos e éteres. A adição de uma pequena porcentagem de iodo freqüentemente aumenta a velocidade da pirólise de centenas de vezes. A velocidade da reação obedece à equação:

$$\frac{-d[\text{ éter }]}{dt} = k_2 [I_2] [\text{ éter}]$$

A dependência da velocidade da concentração do catalisador é uma característica na catálise homogênea.

O catalisador atua fornecendo um mecanismo para a decomposição que apresenta uma energia de ativação consideravelmente menor que o mecanismo não-catalisado. No presente exemplo, a pirólise não-catalisada apresenta $E_a = 210\,\text{kJ}$, enquanto que com a adição de iodo a E_a cai a 140 kJ. O mecanismo mais provável é $I_2 \longrightarrow 2I$, seguido de um ataque do éter pelos átomos de I para formar radicais.

A teoria do estado de transição fornece a afirmação mais geral de que a catálise se baseia na existência de algum mecanismo para a diminuição da *energia livre de ativação*,

374 FÍSICO-QUÍMICA

ΔG. Uma nova seqüência de reações é então introduzida, com um novo estado de transição, que apresenta uma energia livre menor que a da reação não-catalisada. Embora a energia de ativação possa ser diminuída em muitas reações catalisadas, não é invulgar encontrar exemplos nos quais a velocidade aumentada da reação catalisada é devida principalmente a um aumento de entropia de ativação.

9.41. Reações enzimáticas

Os catalisadores fabricados pelo homem têm sido notáveis aceleradores da velocidade de reações químicas. Não obstante, seus sucessos aparecem insignificantes quando comparados com a atividade catalítica das enzimas sintetizadas pelas células vivas. Consideremos um exemplo, entre muitos outros, a saber, a formação de proteínas. A síntese de uma proteína no laboratório exige um equipamento elaborado, mas é levada a efeito rápida e continuamente pelas células vivas. As experiências com traçadores isotópicos feitas por R. Schoenheimer[87] mostraram que as proteínas no fígado do rato têm uma vida média de apenas dez dias. Além desse contínuo anto-reabastecimento, o fígado sintetiza glicogênio ou amido animal da glicose; fabrica uréia, que é excretada como produto final no metabolismo do nitrogênio; e também se encarrega de desintoxicar qualquer número de substâncias indesejáveis, tornando-as inofensivas ao organismo animal.

H. Büchner foi o primeiro a estabelecer, em 1897, que a célula intata não é necessária para essas ações catalíticas, uma vez que se podiam preparar filtrados isentos de células contendo as *enzimas* em solução. Como todas as enzimas conhecidas são proteínas, elas caem dentro do intervalo de diâmetro de partícula compreendido entre 10 e 100 nm. A catálise enzimática é, portanto, um meio-termo entre a catálise homogênea e a heterogênea, e uma discussão teórica pode ser baseada tanto na formação de um composto intermediário entre a enzima e as moléculas do substrato em solução como na adsorção do substrato na superfície da enzima.

As enzimas são específicas em suas ações catalíticas. Assim, a *urease* catalisará a hidrólise da uréia, $(NH_2)_2CO$, em diluições tão elevadas como uma parte da enzima em 10^7 de solução, não apresentando, todavia, um efeito detectável sobre a velocidade da hidrólise de uréias substituídas, como, por exemplo, metiluréia, $(NH_2)(CH_3NH)CO$. *Pepsina* catalisará a hidrólise do peptídio glicil-L-glutamil-L-tirosina, porém é completamente inativa se um dos aminoácidos apresentar a configuração óptica oposta da forma d, ou se o peptídio for ligeiramente diferente, como, por exemplo, L-glutamil-L-tirosina. Esta especificidade, todavia, não é absoluta e muitas enzimas são efetivas dentro de alguma extensão com qualquer substrato apresentando uma estrutura bastante semelhante a do natural.

Quase todas as enzimas caem em uma das duas grandes classes, a saber, as enzimas hidrolíticas e as enzimas de oxirredução. As enzimas da primeira classe parecem ser catalisadores ácido-base complexos, acelerando reações iônicas, principalmente, a transferência de íons-hidrogênio. As enzimas de oxirredução catalisam a transferência de elétrons, talvez através da formação de radicais intermediários.

9.42. Cinética das reações enzimáticas

Os mecanismos para a cinética enzimática geralmente começam com um primeiro estágio em que a enzima E se combina com o substrato S para formar um complexo.

---

[87]R. Schoenheimer, *The Dynamic State of Body Constituents* (Cambridge, Mass.: Harvard University Press, 1946)

Velocidades das reações químicas

Esta formulação foi dada originalmente por V. Henri[88], em 1903, e estendida por Michaelis e Menten[89], em 1913, e por Briggs e Haldane[90], em 1925. Henri admitiu que o complexo se encontrava em equilíbrio com os reagentes e que o estágio determinante da velocidade na reação catalisada era a decomposição do complexo para dar os produtos P. O mecanismo mais simples deste tipo seria representado por

$$E + S \underset{k_{-1}}{\overset{k_1}{\rightleftharpoons}} ES \underset{k_{-2}}{\overset{k_2}{\rightleftharpoons}} E + P \qquad (9.80)$$

A reação inversa entre E e P para reconstituir ES é, na maioria das vezes, suficientemente lenta para ser desprezada e será sempre desprezível nos estágios iniciais das reações quando P é muito baixo. Com esta aproximação, a velocidade de transformação de ES, após um estágio inicial transitório, atinge o estado estacionário

$$\frac{d[ES]}{dt} = k_1[E][S] - k_{-1}[ES] - k_2[ES] = 0$$

Então a concentração do estado estacionário $[ES]$ é

$$[ES] = \frac{k_1[E][S]}{k_{-1} + k_2} = \frac{[E][S]}{K_m} \qquad (9.81)$$

onde $K_m = (k_{-1} + k_2)/k_1$ é freqüentemente chamado de *constante de Michaelis*.

Da Eq. (9.81), a velocidade da reação catalisada enzimaticamente (por unidade de volume) se torna:

$$v = -\frac{d[S]}{dt} = k_2[ES] = \frac{k_2[E][S]}{K_m}$$

Nesta forma, a equação não é útil para fins práticos, porque inclui a concentração da enzima livre $[E]$, enquanto que a quantidade experimentalmente conhecida é $[E_0]$, a concentração total da enzima, tanto livre como combinada, na mistura reagente. Como $[E_0] = [E] + [ES]$, obtemos da Eq. (9.81)

$$[ES] = \frac{[E_0][S]}{K_m + [S]}$$

e a velocidade é dada pela *equação de Michaelis-Menten*,

$$v = \frac{-d[S]}{dt} = k_2[ES] = \frac{k_2[E_0][S]}{K_m + [S]} \qquad (9.82)$$

Freqüentemente, convém reescrever esta equação em termos da velocidade máxima V, que é atingida quando $[S]$ se torna tão grande que $[S] \gg K_m$. Então, da Eq. (9.82), temos $V = k_2[E_0]$ e

$$\frac{v}{V} = \frac{[S]}{[S] + K_m} \qquad (9.83)$$

A variação de v/V com $[S]$ para um exemplo com $K_m = 0,2$ é apresentado na Fig. 9.30. Quando $[S] = K_m$, $v = V/2$.

[88]V. Henri, *Compt. Rend. Acad. Sci.*, Paris **135**, 916 (1902)
[89]L. Michaelis e M. L. Menten, *Biochem. Z.* **49**, 333 (1913)
[90]G. E. Briggs e J. B. S. Haldane, *Biochem. J.* **19**, 338 (1925)

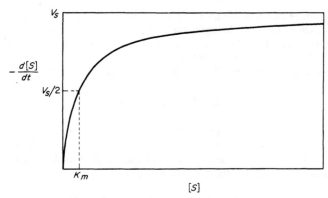

Figura 9.30 Gráfico da equação de Michaelis-Menten, Eq. (9.82). Notar que, quando a velocidade é a metade do valor máximo, a concentração do substrato $[S] = K_m$

Em aplicações práticas, é melhor transformar a Eq. (9.83) numa equação linear, dada segundo uma das seguintes maneiras;

$$\frac{1}{v} = \frac{K_m}{V}\frac{1}{[S]} + \frac{1}{V} \quad \text{(Lineweaver–Burk)} \tag{9.84}$$

$$v = -\frac{v}{[S]}K_m + V \quad \text{(Eadie)} \tag{9.85}$$

$$\frac{[S]}{v} = \frac{K_m}{V} + \frac{1}{V}[S] \quad \text{(Dixon)} \tag{9.86}$$

O valor de v em função de $[S]$ pode ser obtido geralmente a partir dos coeficientes angulares iniciais das curvas de velocidade. Então, por meio de um dos gráficos lineares, podem-se obter K_m e V. Como $[E_0]$ é conhecido, V fornece k_2. A partir de k_2 e K_m pode-se então obter a constante de equilíbrio para a formação de $[ES]$.

9.43. Inibição de enzimas

Os estudos da inibição de reações catalisadas por enzimas contribuíram para compreender melhor os mecanismos enzimáticos e para a elucidação da base molecular de muitos mecanismos biológicos, incluindo processos de controle na célula e o modo de ação de várias drogas.

Foram caracterizados diferentes tipos de inibição. Na *inibição competitiva*, a própria molécula do inibidor se liga à enzima no sítio normalmente ocupado pela molécula do substrato (ou, em alguns casos, um inibidor se combina com o substrato no sítio normalmente usado para se ligar à enzima). Vários mecanismos diferentes da *inibição não-competitiva* têm sido examinados, onde o inibidor pode alterar a atividade da enzima sem realmente bloquear o sítio ativo.

Consideramos um caso de inibição competitiva de acordo com a seguinte cinética:

$$E + S \underset{k_{-1}}{\overset{k_1}{\rightleftharpoons}} ES$$

$$E + I \underset{k_{-3}}{\overset{k_3}{\rightleftharpoons}} EI, \qquad K_I = \frac{[E][I]}{[EI]}$$

$$ES \overset{k_2}{\longrightarrow} E + P$$

Velocidades das reações químicas

Convém notar que é convenção na literatura de enzimas escrever as constantes de equilíbrio como *constantes de dissociação*. A concentração da enzima livre $[E]$ está agora relacionada à concentração $[E_0]$ adicionada ao sistema reagente por

$$[E] = [E_0] - [ES] - [EI]$$

A velocidade de reação se torna

$$v = \frac{V[S]}{[S] + K_m[1 + ([I]/K_I)]} \qquad (9.87)$$

A velocidade máxima V_m é a mesma que se observa na ausência de inibição, mas a velocidade para qualquer concentração dada de substrato é reduzida. Quando a Eq. (9.87) é posta na forma Lineweaver-Burk,

$$\frac{1}{v} = \frac{K_m}{V}\left[1 + \frac{[I]}{K_I}\right]\cdot\frac{1}{[S]} + \frac{1}{V}$$

obtém-se ainda uma reta, mas o coeficiente angular é uma função linear da concentração do inibidor $[I]$. Este resultado é uma boa verificação diagnóstica para a inibição competitiva.

Um exemplo da inibição não-competitiva é o caso em que o inibidor I se combina com ES e o torna inativo.

$$E + S \rightleftharpoons ES \longrightarrow P + E$$
$$ES + I \rightleftharpoons ESI \qquad K_{SI}$$
$$E + I \rightleftharpoons EI \qquad K_I$$

Supondo que $K_{SI} = K_I$, isto é, que a afinidade do sítio do inibidor para o inibidor não depende de como E está ligado a S, a velocidade se torna

$$v = \frac{V[S]}{([S] + K_m)(1 + [I]/K_I)}$$

Na forma Lineweaver-Burk,

$$\frac{1}{v} = \left\{1 + \frac{[I]}{K_I}\right\}\left\{\frac{K_m}{V}\cdot\frac{1}{[S]} + \frac{1}{V}\right\}$$

e, neste caso, ambos o coeficiente angular e a interseção com as ordenadas são multiplicados pelo mesmo fator.

9.44. Uma enzima exemplar: a acetilcolinoestirase

Durante muitos anos, a acetilcolinoestirase (ACE) vem sendo estudada intensamente, devido sua importância fisiológica e também porque inibidores desta enzima incluem inseticidas efetivos e gases de nervos. A reação catalisada é a hidrólise da acetilcolina (AC);

$$CH_3)_3N^+\cdot CH_2CH_2O\overset{\overset{O}{\|}}{C}\cdot CH_3 + H_2O \rightarrow H^+ + CH_3\overset{\overset{O}{\|}}{C}{-}O^- + CH_3)_3N^+\cdot CH_2\cdot CH_2OH$$

A acetilcolina é o transmissor químico em sinapses entre terminações nervosas e músculos, e, provavelmente, também entre muitos neurônios no sistema nervoso central. A AC é libertada da terminação nervosa quando chega um impulso elétrico ao longo do nervo; difunde através da fenda sinática de cerca de 20 nm de largura e despolariza a membrana post-sinática por aumentar abruptamente sua condutância de íons Na⁺ e K⁺. (Como a AC faz isto é um mistério.) A enzima ACE catalisa a remoção de AC da junção dentro de uma fração de um milissegundo, deixando o canal desimpedido para outra transmissão de pulso. A acetilcolinoestirase é uma das enzimas mais ativas conhecidas. Se medirmos a atividade pelo *número de transformação molecular* (NT), que é igual ao número de moléculas do substrato que reagem na unidade de tempo para uma única molécula de enzima, o NT para ACE é de cerca de 10^6 min^{-1} a 37 °C.

A constante de Michaelis para a dissociação do complexo *ES* é $K_m = 4,5 \times 10^{-4}$ a 25 °C. Entre os inibidores competitivos de ACE temos íons de amônio alquilados, por exemplo, $(CH_3)_4N^+$ com $K_I = 1,62 \times 10^{-3}$ e $(C_2H_5)_4N^+$ com $K_I = 4,5 \times 10^{-4}$. Um inibidor competitivo muito mais poderoso é a eserina com $K_I = 6,1 \times 10^{-8}$.

Um exemplo de um inibidor não-competitivo que reage com o complexo enzima-substrato é o tensilon com $K_I = 3,3 \times 10^{-7}$.

$(CH_3)_2(C_2H_5)N^+$⟨ ⟩ tensilon
$\qquad\qquad\quad$ OH

A acetilcolinoesterase também está sujeita à *inibição irreversível*, na qual o inibidor reage com o sítio ativo, mas não pode ser recuperado sem alteração. Vários compostos organofósforos caem nesta classe. Por exemplo, um dos primeiros gases de nervos foi o sarina

$$\begin{array}{c} \text{CH}_3 \quad \text{O} \\ \text{CH}_3 \quad \diagdown \text{P} \diagup \\ \diagdown \text{C}-\text{O} \quad \diagdown \text{F} \quad \text{sarina} \\ \text{CH}_3 \end{array}$$

Esses inibidores irreversíveis podem ser usados para fixar o sítio ativo da enzima por meio de experimentos que mostram onde o inibidor está ligado após a hidrólise parcial da enzima a peptídios pequenos. Como é mostrado na Fig. 9.31(a), a ACE apresenta dois sítios de ligação, um denominado *sítio aniônico* e o outro, *sítio esterático*. Os inibidores organofósforos agem fosforizando o grupo —OH de um resíduo de serina que toma parte do sítio esterático.

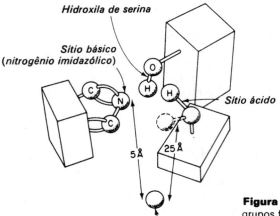

Figura 9.31(a) Arranjo proposto para os grupos funcionais nos centros ativos da acetilcolinoesterase

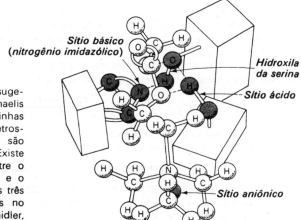

Figura 9.31(b) Uma estrutura sugerida para o complexo de Michaelis entre acetilcolina e a enzima; as linhas pontilhadas indicam atrações eletrostáticas e também ligações que são formadas durante a acetilação. Existe também atração eletrostática entre o átomo de nitrogênio imidazólico e o átomo de carbono carbonílico. As três ligações rompidas são indicadas no diagrama [R. M. Krupka e K. J. Laidler, *J. Am. Soc.* **83**, 1 458 (1961)]

A verdadeira estrutura de ACE pura e cristalina ainda não foi determinada, de modo que não podemos representar a conformação exata do sítio ativo. Evidência indireta apóia a conformação esquemática da Fig. 9.31(b). O mecanismo da reação sugerido por Krupka[91] é o seguinte: o nitrogênio duplamente ligado no anel imidazólico abstrai um próton da hidroxila da serina, e o ânion alcóxido resultante então efetua um ataque nucleofílico sobre o grupo acetil do substrato. Uma mudança na conformação da enzima aproxima a serina acetilada a um segundo grupo imidazólico, que transfere um próton da água ao grupo acetil, efetuando assim a hidrólise.

PROBLEMAS

1. Os seguintes dados foram obtidos na reação entre o tiossulfato de sódio e o brometo de propila normal, a 37,50 °C. A quantidade de $S_2O_3^{2-}$ que não reagiu foi medida por titulação com I_2. Os valores de I_2 usados na titulação são dados em centímetro cúbico de uma solução de 0,02572 N de iodo por 10,02 cm³ de amostra da mistura reagente.

t (s)	0	1 110	2 010	3 192	5 052	7 380	11 232	78 840
I_2(titulante)	37,63	35,20	33,63	31,90	29,80	28,04	26,01	22,24

Escrever a equação balanceada da reação. Determinar a ordem da reação e a constante de velocidade nas unidades-padrão. Qual a extensão da reação ξ após 4 000 s?

2. A reação gasosa de primeira ordem $SO_2Cl_2 \longrightarrow SO_2 + Cl_2$ apresenta um valor de $k_1 = 2{,}20 \times 10^{-5} s^{-1}$ a 593 K. Qual a porcentagem de uma amostra de SO_2Cl_2 que se decompõe no aquecimento a 593 K durante 2 h?

3. A reação $A + B \longrightarrow C$ ocorre em dois estágios através do mecanismo $2A \rightleftharpoons D$ seguido de $B + D \xrightarrow{k_2} A + C$. O primeiro estágio atinge rapidamente o equilíbrio (constante de K_1). Deduzir uma expressão para a velocidade de formação de C em termos de K_1, k_2, $[A]$ e $[B]$.

4. A reação $CH_3CH_2NO_2 + OH^- \longrightarrow CH_3CHNO_2^- + H_2O$ foi efetuada a 273 K com uma concentração inicial de cada reagente de $5{,}00 \times 10^{-3}$ mol·dm⁻³. A concentração de OH^- caiu a $2{,}60 \times 10^{-3}$ após 5 min; $1{,}70 \times 10^{-3}$ após 10 min; e $1{,}30 \times 10^{-3}$ após 15 min. Mostrar graficamente que a reação é de segunda ordem e determinar k_2 a partir do coeficiente angular deste gráfico.

[91] R. M. Krupka, *Biochemistry* **5**, 1 988 (1966)

380 FÍSICO-QUÍMICA

5. Admitindo que a concentração de água é tão grande que a inversão da sacarose pode ser considerada de primeira ordem, deduzir uma fórmula para a constante de velocidade k_1 em termos do ângulo de rotação da luz polarizada no início da reação, no tempo t e no fim da reação.

6. Se todos os reagentes apresentarem a mesma concentração inicial a e se a reação possuir uma ordem n, mostrar que o período de meia-vida é dado por

$$\tau = \frac{(2^{n-1} - 1)}{a^{n-1}k_s(n - 1)}$$

onde k_s é a constante de velocidade.

7. Considerando a reação de troca

$$CH_3S^*H + C_2H_5SH \rightleftharpoons CH_3SH + C_2H_5S^*H$$

onde S^* é um isótopo radiativo presente em quantidades de traçador e no início totalmente nas moléculas CH_3SH, mostrar que a velocidade de troca de S^* entre as duas espécies moleculares será de primeira ordem, independentemente das ordens das reações individuais direta e inversa[92].

8. A reação $2NO + 2H_2 \longrightarrow N_2 + 2H_2O$ foi estudada com quantidades equimolares de NO e H_2 em várias pressões iniciais.

P inicial (torr)	354	340,5	375	288	251	243	202
Meia-vida τ (min)	81	102	95	140	180	176	224

Calcular a ordem global da reação (ver Problema 6). Como se poderá imaginar um mecanismo consistente com esta ordem?

9. Um possível mecanismo para a hidrogenação de etileno, $C_2H_4 + H_2 \longrightarrow C_2H_6$, em presença de vapor de mercúrio é

$$Hg + H_2 \xrightarrow{k_1} Hg + 2H$$

$$H + C_2H_4 \xrightarrow{k_2} C_2H_5$$

$$C_2H_5 + H_2 \xrightarrow{k_3} C_2H_6 + H$$

$$H + H \xrightarrow{k_4} H_2$$

Determinar a velocidade de formação de C_2H_6 em termos das constantes da velocidade e das concentrações [Hg], [H_2] e [C_2H_4]. Admitir que H e C_2H_5 atinjam as concentrações do estado estacionário.

10. Quais são as proporções de colisões binárias cujas energias cinéticas ao longo da linha dos centros excedem 100 kJ a 300 K, 600 K e 1 200 K?

11. Uma certa reação se apresenta 20% completa em 12,6 min a 300 K e em 3,20 min a 340 K. Estimar a energia de ativação E_a.

12. Dada a reação

$$A(g) \underset{k_2}{\overset{k_1}{\rightleftharpoons}} B(g) + C(g)$$

onde $k_1 = 0,20\,s^{-1}$ e $k_2 = 5,0 \times 10^{-4}\,s^{-1} \cdot atm^{-1}$ a 298 K, e cada valor é dobrado quando a temperatura passa a 310 K, calcular (a) a constante de equilíbrio a 298 K e (b) as energias de ativação para as reações direta e inversa, (c) $\Delta H^\ominus$ para a reação global e (d) o tempo necessário para P (total) atingir 1,5 atm quando se parte de apenas A na $P = 1$ atm a 298 K.

[92]Ver A. A. Frost e R. G. Pearsen, *Kinetics and Mechanism* (New York: John Wiley & Sons, Inc., 1961), p. 192

Velocidades das reações químicas

381

13. A isomerização térmica de biciclo-[2,1]-pent-2-eno é uma reação unimolecular com $\log_{10} k_1(s^{-1}) = 14{,}21 - 112{,}4\theta^{-1}$, onde $\theta = 2{,}303\,RT$ KJ $\cdot$ mol^{-1}. Calcular a energia de ativação de Arrhenius E_a e $\Delta S^{\ddagger}$. Fazer comentários sobre o valor de $\Delta S^{\ddagger}$ encontrado[93].

14. Em temperaturas abaixo de 800 K, a dimerização de tetrafluoretileno, $2C_2F_4 \longrightarrow$ $\longrightarrow$ ciclo–C_4F_8, segue uma cinética de segunda ordem com $k_2 = 10^{11{,}07}\exp(-107$ kJ/RT) cm$^3 \cdot$ mol$^{-1} \cdot$ s^{-1}. O diâmetro molecular obtido de difração de életrons é $5{,}12 \times 10^{-10}$m. Calcular k_2 por meio da simples teoria da colisão de esferas rígidas e, portanto, estimar o fator estérico p a 725 K. Discutir os resultados brevemente[94].

15. A reação entre CO e O foi estudada num sistema de escoamento entre 409 a 503 K sob a pressão de 1 atm[95]. A reação era de terceira ordem

$$CO + O + M \longrightarrow CO_2 + M$$

onde M representa CO em O_2 e $k_3 = 10^{11{,}83}\exp(12{,}5$ kJ/RT) cm$^6 \cdot$ mol$^{-2} \cdot$ s^{-1}. Como se poderia interpretar a energia de ativação negativa? Suponha que átomos de O numa concentração de 10^{-4} mol $\cdot$ dm^{-3} sejam introduzidos na entrada de um tubo com uma corrente de escoamento de CO a 500 K e 1 atm. Se a velocidade de escoamento for 10 cm$^3 \cdot$ s^{-1}, qual a concentração de átomos de oxigênio na saída de um tubo de 50 cm de comprimento e 1 cm de diâmetro?

16. O composto CH_3—O—N$=$O sofre uma isomerização *cis-trans* através da rotação interna ao redor da ligação O—N. O período de meia-vida da conversão de primeira ordem da forma *cis* foi medida por técnicas de ressonância magnética nuclear, sendo igual a 10^{-6}s a 298 K. Admitindo que $\Delta S^{\ddagger} = 0$ para esta reação, calcular a altura da barreira à rotação. Quão boa é a hipótese $\Delta S^{\ddagger} = 0$? Explicar.

17. Para a decomposição de N_2O_5, temos:

θ (°C)	25	35	45	55	65
$10^5\,k_1(s^{-1})$	1,72	6,65	24,95	75	240

Calcular A e E_a para a reação de acordo com a equação $k_1 = Ae^{-Ea/RT}$. Calcular $\Delta G^{\ddagger}$, $\Delta S^{\ddagger}$, $\Delta U^{\ddagger}$, $\Delta H^{\ddagger}$ para a reação a 50 °C.

18. A constante de velocidade para a reação gasosa de segunda ordem, $H_2 + I_2 \longrightarrow$ $\longrightarrow$ 2HI, é 0,0234 mol$^{-1} \cdot$ dm$^3 \cdot$ s^{-1} a 400 °C e a energia de ativação $E_a = 150$ kJ $\cdot$ mol^{-1}. Calcular $\Delta H^{\ddagger}$ e $\Delta S^{\ddagger}$.

19. Na reação reversível

$$D—R_1R_2R_3CBr \rightleftharpoons L\cdot R_1R_2R_3CBr$$

ambas as reações direta e inversa são de primeira ordem com $\tau = 10$ mm. Partindo-se com 1,000 mol de D-brometo, quantos moles de L-brometo estarão presentes após 10 min?

20. Um possível mecanismo para a reação $C_2H_6 + H_2 \longrightarrow 2CH_4$ é a seqüência

$$C_2H_6 \rightleftharpoons 2CH_3 \qquad K$$
$$CH_3 + H_2 \longrightarrow CH_4 + H \qquad k_1$$
$$H + C_2H_6 \longrightarrow CH_4 + CH_3 \qquad k_2$$

Admitindo-se que a primeira reação se encontra em equilíbrio e H está no estado estacionário, deduzir a lei de velocidade para a formação de CH_4, $d[CH_4]/dt = 2k_1K^{1/2}$ $[C_2H_6]^{1/2}[H_2]$. Como se poderia verificar esta lei de velocidade com dados experimentais ou teóricos?

[93]D. M. Golden e J. I. Branman, *Trans. Faraday Soc.* **65**, 464 (1969)
[94]G. A. Drennan e D. R. Matula, *J. Phys. Chem.* **72**, 3 462 (1968)
[95]V. N. Kondratiev e E. I. Intezarova, *Int. J. Chem. Kin.* **1**, 105 (1969)

382 FÍSICO-QUÍMICA

21. Um possível mecanismo para a reação $2NO + O_2 \longrightarrow 2NO_2$ é

(1) $NO + NO \longrightarrow N_2O_2 \quad k_1$

(2) $N_2O_2 \longrightarrow 2NO \quad k_2$

(3) $N_2O_2 + O_2 \longrightarrow 2NO_2 \quad k_3$

(a) Aplicar a aproximação do estado estacionário a $[N_2O]$ para obter a lei de velocidade

$$\frac{d[NO_2]}{dt} = \frac{2k_1k_3[NO]^2[O_2]}{k_2 + k_3[O_2]}$$

(b) Se apenas uma pequena fração do N_2O_2 formada em (1) passa a formar os produtos em (3), enquanto que a maioria de N_2O_2 se converte a NO na reação (2), e se as energias de ativação forem $E_1 = 82\ kJ$, $E_2 = 205\ kJ$ e $E_3 = 82\ kJ$, qual será a energia de ativação global?

22. Formular uma equação baseada na teoria do estado de transição para o efeito da pressão sobre a constante de velocidade de uma reação, definindo e introduzindo o conceito do volume de ativação $\Delta V^{\ddagger}$ Qual seria o valor de $\Delta V^{\ddagger}$ por mol de uma reação para a qual a constante de velocidade é dobrada por meio de um aumento de pressão de 1 a 3 000 atm a 298 K?

23. As constantes de velocidade para a solvólise de cloreto de benzila em uma solução acetona-água a 290 K foram iguais a

P (kbar)	0,001	0,345	0,689	1,033
$k \times 10^6$ (s^{-1})	7,18	9,58	12,2	15,8

Calcular $\Delta V^{\ddagger}$, o volume de ativação. Como podem ser interpretados os resultados em termos de mecanismo de reação[96]?

24. Mostrar que, para uma reação de primeira ordem, o tempo necessário para que $99,9\%$ da reação se complete é dez vezes o tempo necessário para que $50,0\%$ da reação se complete.

25. Nas reações de polimerização $2A \longrightarrow A_2 ; A_2 + A \longrightarrow A_3 ; A_3 + A \longrightarrow A_4 \ldots$, etc., se todas as constantes de velocidade k_2 são iguais, mostrar que a expressão integrada de velocidade é $y = ak_2t[(4 + k_2t)/(2 + k_2t)^2]$, onde y é a quantidade total de polímero $(A_2 + A_3 + A_4 + \ldots + A_n)$ e a, a quantidade incial do reagente A. Qual é dy/dt, a velocidade de polimerização? Qual a ordem aparente de reação numa única experiência? Qual a ordem baseada nas velocidades iniciais se a concentração a é variada?

26. A reação $N + C_2H_4 \longrightarrow HCN + CH_3$ foi estudada num reator de escoamento com agitação de $10\ cm^3$ de volume, introduzindo N atômico com uma velocidade de escoamento de $10^{-6}\ mol \cdot s^{-1}$ numa corrente de N_2 de $3,6 \times 10^{-5}\ mol \cdot s^{-1}$. A velocidade de escoamento de C_2H_4 foi $6,0 \times 10^{-6}\ mol \cdot s^{-1}$. A constante de velocidade para a reação a 313 K foi $1,6 \times 10^{-13}$ (moléculas $\cdot cm^{-3})^{-1} \cdot s^{-1}$. Qual a concentração dos radicais CH_3 no interior do reator[97]?

27. A hidrólise da sacarose pela enzima invertase foi seguida medindo-se a velocidade inicial da variação das leituras de um polarímetro para várias concentrações iniciais de sacarose

Sacarose (mol·dm^{-3})	0,0292	0,0584	0,0876	0,117	0,146	0,175	0,234
Velocidade inicial	0,182	0,265	0,311	0,330	0,349	0,372	0,371
Velocidade inicial ($2M$ uréia)	0,083	0,111	0,154	0,182	0,186	0,192	0,188

[96]K. J. Laidler e R. Martin, *Int. J. Chem. Kin.* **1**, 113 (1969)

[97]E. Milton e H. Dunford, *J. Chem. Phys.* **34**, 51 (1961)

Velocidades das reações químicas

383

Por meio do gráfico de Lineweaver-Burk, calcular a constante de Michaelis K_m para o complexo enzima-substrato[98].

28. O efeito de um inibidor de enzima I sobre o esquema cinético simples de Michaelis e Menten dependerá do fato de I ser competitivo ou não-competitivo, isto é, se I se liga ao mesmo sítio ativo de substrato ou a um sítio diferente na enzima.

(1) Competitivo

$$I + E \underset{k_{-1}}{\overset{k_1}{\rightleftharpoons}} EI$$

(2) Não-competitivo

$$EI + S \underset{k_{-v}}{\overset{k_v}{\rightleftharpoons}} ESI \overset{k_s}{\longrightarrow} EI + P$$

Deduzir as equações correspondentes à Eq. (9.83) para o caso (1) e (2). A reação no Problema 27 também foi estudada na presença de 2M uréia que agia como um inibidor reversível. Aplicar a análise teórica para determinar se uréia é um I competitivo ou não-competitivo para esta reação[99].

29. A reação luminescente de luceferina catalisada pela enzima luceferase obtida do crustáceo *Cyridina* foi medida numa concentração de enzima de 10^{-9}M. A concentração inicial de luceferina é dada em cm^3 de $8,0 \times 10^{-5}$M de luceferina em $20\,cm^3$ da mistura reagente

Conc. luceferina	0,04	0,06	0,08	0,10	0,20	0,40	0,90
Velocidade inicial (15°C)	15	19	23	26	44	56	76
Milivolts por minuto							
(22°C)	18	22	33	37	62	91	123

O fator de conversão das leituras em milivolt do integrador fotelétrico para moles de luceferina que reagiu foi $8,6 \times 10^{-12}$ $mol \cdot mV^{-1}$ a $22\,°C$ e $7,7 \times 10^{-12}$ a $15\,°C$. Para esta reação, estimar $\Delta H^{\ddagger}, \Delta S^{\ddagger}$ e $\Delta H^{\ominus}, \Delta S^{\ominus}$ para a formação do complexo enzima-substrato. Qual o estado-padrão usado[100]?

[98]A. M. Chase, H. C. V. Meier e V. J. Menna, *J. Cellular Comp. Physiol.* **59**, 1 (1962)
[99]M. Dixon, *Biochem. J.* **55**, 170 (1953)
[100]W. J. Kauzmann, A. M. Chase e E. H. Brigham, *Arch. Biochem.* **24**, 281 (1949)